FLORE

FRANÇAISE.

FLORE FRANÇAISE,

OU

DESCRIPTIONS SUCCINCTES

DE TOUTES LES PLANTES

QUI CROISSENT NATURELLEMENT

EN FRANCE,

Disposées selon une nouvelle Méthode d'Analyse,
et précédées par un Exposé des Principes élémen-
taires de la Botanique;

TROISIEME ÉDITION;

Par MM. DE LAMARCK et DECANDOLLE.

TOME QUATRIÈME.
Seconde Partie.

A PARIS,

Chez H. AGASSE, rue des Poitevins, N°. 6.

DE L'IMPRIMERIE DE STOUPE, AN XIII (1805).

DCXXIII. CORRIGIOLE.   *CORRIGIOLA.*

Corrigiola. Linn. Juss. Lam. Gœrtn.

Car. Ce genre diffère du précédent, parce que les divisions du calice sont membraneuses et blanchâtres sur les bords, que le fruit est une noix recouverte par le calice, arrondie, triangulaire, à une seule graine attachée au fond de la noix par un cordon ombilical.

3636. Corrigiole des rives.   *Corrigiola littoralis.*

Corrigiola littoralis. Linn. spec. 388. Lam. Dict. 3. p. 128. Illustr. t. 213. — Parr. ic. 532.

β. *Corrigiola telephiifolia.* Pourr. Act. Toul. 3. p. 316.

Ses tiges sont longues de 15-20 centim., très - menues, rameuses, couchées et disposées en rond sur la terre ; elles sont garnies de feuilles oblongues, moins larges que celles du téléphe, alternes, un peu distantes et d'un verd glauque presque blanchâtre ; on observe à la base de chaque feuille une couple de stipules fort petites et argentées ; les fleurs sont blanches, extrêmement petites et ramassées en bouquets serrés aux extrémités des rameaux et des tiges ; la variété β trouvée par M. Pourret aux environs de Narbonne, a les feuilles un peu plus larges, et semblables à celles du téléphe. ☉. On trouve cette plante dans les lieux sablonneux, sur le bord des ruisseaux, aux environs de Paris, de Strasbourg, et dans presque toute la partie de la France plus méridionale que ces deux villes.

DCXXIV. POURPIER.   *PORTULACA.*

Portulaca. Adans. Juss. Lam. Gœrtn. — *Portulacæ sp.* Tourn. Linn.

Car. Le calice est persistant, comprimé, divisé en 2 valves ; la corolle est à 5 pétales ; les étamines sont au nombre de 6 à 12 ; l'ovaire est quelquefois adhérent par sa base avec le calice, surmonté d'un style à 4 ou 5 stigmates ; la capsule s'ouvre en travers, comme une boête à savonnette ; les graines sont nombreuses, adhérentes à 5 placenta centraux.

Obs. Quelques espèces de pourpiers qui ont l'aisselle des feuilles garnie d'un faisceau de poils, paroissent se rapprocher des Cierges.

3637. Pourpier cultivé.　　*Portulaca oleracea.*

Portulaca oleracea. Linn. spec. 638. Lam. Illustr. t. 402. f. 1.
Dec. pl. grass. t. 123. — Fuchs. Hist. p. 113. ic.
β. *Sativa viridis.* — Fuchs. Hist. p. 112. ic.
γ. *Sativa aurea.* — Tourn. Inst. p. 236.

Ses tiges sont tendres, charnues, lisses, rameuses, couchées; ses feuilles sont oblongues, en forme de coin, obtuses, charnues, glabres, lisses, sessiles, caduques; ses fleurs sont jaunes, sessiles, réunies plusieurs ensemble vers le sommet des branches; elles s'ouvrent à 11 heures du matin, et se flétrissent vers 2 heures de l'après-midi. La variété α croît spontanément dans les lieux cultivés; elle a la tige appliquée sur la terre, ordinairement rougeâtre; ses fleurs sont au nombre de 1-3; elle est assez petite dans toutes ses parties. La variété β qui est cultivée dans les potagers, est plus grande, moins couchée, d'un verd gai, et porte 5 ou 6 fleurs réunies en une espèce de cime. La variété γ, qu'on désigne sous le nom de *pourpier doré*, ne se distingue de la précédente qu'à la couleur jaunâtre de toute la plante; ces différences paroissent se conserver au moins quelque temps par les graines. Le pourpier est un légume sain et rafraîchissant. ☉.

DCXXV. MONTIE.　　*M O N T I A.*

Montia. Mich. Linn. Juss. Lam. Gœrtn. — *Alsinoides.* Vaill.

Car. Le calice est persistant, divisé en 2 ou 3 valves; la corolle est monopétale, à 5 parties, dont 3 alternes plus petites; les étamines sont au nombre de 3 ou 5; l'ovaire porte 3 styles et 3 stigmates; le fruit est une capsule recouverte par le calice, à 3 valves, à 3 graines attachées au fond de la capsule par des cordons ombilicaux.

3638. Montie des fontaines.　　*Montia fontana.*

Montia fontana. Linn. spec. 129. Lam. Dict. 4. p. 270. Illustr.
t. 50. — Vaill. Bot. t. 3. f. 4. — Mich. Gen. t. 13. f. 2.
β. *Major.* — Mich. Gen. t. 13. f. 1.

Petite herbe glabre, foible, un peu charnue, à racine fibreuse; à tige branchue, très-rameuse; à feuilles opposées, oblongues ou en spatule, très-entières; à fleurs axillaires, pédonculées, petites, blanches, penchées après la fleuraison, et rarement épanouies. La variété α n'a que 4-8 centim. de hauteur; sa couleur est un peu jaunâtre, ou quelquefois même rougeâtre;

ses tiges sont presque droites ; elle croit sur les bords des mares desséchées , et dans les terreins peu humides. La variété β atteint 2 décim. de longueur ; ses rameaux sont longs , couchés et un peu rampans ; son feuillage est d'un verd gai ; elle croît dans les lieux très-humides, le long des eaux vives ; l'une et l'autre se trouvent dans presque toute la France. ☉.

DCXXVI. GNAVELLE.   *SCLERANTHUS.*

Scleranthus. Linn. Juss. Lam. Gœrtn. — *Alchemillæ sp.* Tourn.

Cᴀʀ. Le calice est adhérent (Gœrtn.), tubuleux, resserré à son orifice , à 5 lobes ; la corolle est nulle ; les étamines sont au nombre de 5-10 , insérées sur le calice ; l'ovaire porte 2 styles ; la capsule est monosperme.

Oʙs. Les gnavelles sont des herbes à feuilles opposées, linéaires , à fleurs en corimbes terminaux ; leur place dans l'ordre naturel est loin d'être fixée ; leur port les rapproche des Cariophyllées ; leurs caractères ont une grande analogie avec ceux des Thymélées ou des Éléagnées , et l'on doit peut-être les transporter dans l'une de ces familles.

3639. Gnavelle vivace.   *Scleranthus perennis.*

Scleranthus perennis. Linn. spec. 58o. Lam. Dict. 3. p. 763. Illustr. t. 374. — Vaill. Bot. t. 1. f. 5.

Ses tiges sont longues de 1 – 2 décimètres , articulées, à demi-couchées à la base, dressées, rameuses et un peu paniculées à leur sommet ; ses feuilles sont opposées, légèrement réunies par leur base , linéaires , aiguës et très-étroites : les fleurs sont ramassées 2 ou 3 ensemble par petits bouquets portés sur des pédoncules pubescens et paniculés ; les fleurs sont à 5 lanières droites , émoussées à leur sommet, blanches sur les bords, et traversées par une nervure verte assez prononcée. ♃. Cette plante croît dans les champs, les terreins sablonneux.

3640. Gnavelle annuelle.   *Scleranthus annuus.*

Scleranthus annuus. Linn. spec. 58o. Lam. Dict. 3. p. 763. Gœrtn. Fruct. 2. p. 196. t. 126.
β. *Scleranthus polycarpos.* Linn. spec. 581 ?

Ses tiges sont articulées, rameuses , plus longues , plus étalées et plus irrégulières que celles de l'espèce précédente ; elles sont légèrement pubescentes : les fleurs sont ramassées par

petits paquets soutenus par des pédoncules rameux et paniculés. Les fleurs sont remarquables par leurs divisions aiguës,
simplement verdâtres, et point resserrées pendant la maturation des graines. ☉. Cette plante est commune dans les
champs.

SOIXANTE-SIXIÈME FAMILLE.

C I E R G E S.   *C A C T I.*

Cactoideæ. Vent. — *Cactorum gen.* Juss. — *Succulentarum
gen.* Linn.— *Portulacearum gen.* Adans.

CETTE famille est intermédiaire entre celle des Saxifragées
dont elle diffère par l'absence du périsperme et le nombre
indéterminé des pétales et des étamines, et celle des Ficoïdes
dont elle se distingue par l'absence du périsperme; elle renferme un seul genre, dont le port est variable, mais qui se
distingue toujours à ses tiges charnues, à ses feuilles petites,
caduques, peu apparentes, aux faisceaux d'aiguillons disposés
en quinconce sur la tige, à ses fleurs solitaires, à ses fruits
pulpeux et charnus.

D C X X V I I. C I E R G E.   *C A C T U S.*

Cactus. Linn. Juss. Lam. Gœrtn. — *Melocactus et Opuntia.*
Tourn.

CAR. Le calice est adhérent, tubuleux ou en godet, souvent recouvert d'écailles; la corolle est formée de pétales
nombreux, insérés vers le haut du calice, soudés par la base,
disposés sur plusieurs rangs, dont les intérieurs sont les plus
grands; les étamines sont en nombre indéterminé, insérées
au sommet du calice, plus courtes que les pétales; l'ovaire
est simple, adhérent, le style simple, ordinairement tubuleux, le stigmate à plusieurs lobes; le fruit est une baie ombiliquée au sommet, lisse ou hérissée d'aiguillons, à une loge,
à plusieurs graines nichées dans la pulpe, entourées d'un rebord calleux; le périsperme est nul; l'embryon est courbé ou
presque roulé en spirale.

OBS. Les cierges seront probablement un jour divisés en
plusieurs genres très-distincts par le port : tous ont le tissu

cellulaire dilaté et très-charnu ; dans les uns, la tige est anguleuse, ailleurs elle est cylindrique, ou enfin composée d'articles comprimés : dans ces derniers, les seuls que nous possédions en France, le centre de la baie est vide avant la maturité ;
les graines tapissent les parois de cette loge ; les feuilles séminales sont ovales, planes et très-développées.

3641. Cierge raquette.   *Cactus opuntia.*

Cactus opuntia. Linn. sper. 669. — *Cactus opuntia,* **α.** Lam.
Dict. 1. p. 542.—*Cactus opuntia vulgaris.* Dec. pl. grass. t. 138.
Opuntia vulgaris. Mill. Dict. n. 1. Ic. t. 191.

La *raquette,* ou l'*opuntia,* est un arbrisseau rameux, de
1-5 mètres de hauteur, dont la tige est composée d'articles
charnus, foliacés, comprimés, ovales ou oblongs, placés les
uns au-dessus des autres ; ces articles sont traversés par un
axe ligneux, et leur apparence foliacée provient du grand développement du tissu cellulaire ; en vieillissant, ils deviennent
ligneux, cylindriques et presque continus ; leur surface est
chargée de faisceaux d'aiguillons jaunâtres et inégaux ; ces
faisceaux sont disposés en quinconce sur la tige et les calices ;
les feuilles sont petites. caduques, cylindriques, pointues,
placées sous chaque faisceau d'aiguillons ; les fleurs sont
grandes, sessiles, de couleur jaune, placées sur le tranchant
des articulations supérieures ; le fruit est une baie ovoïde
rouge, pulpeuse, douce et rafraîchissante, qu'on mange après
qu'on l'a dépouillée de ses piquans. ♃. Cette plante, indigène
de l'Amérique, est maintenant naturalisée dans le midi de
la France ; elle croît sur les rochers en Provence (Lam.),
entre Ivrée et Sospello (All.).

* * *

SOIXANTE-SEPTIÈME FAMILLE.

GROSEILLERS. *GROSSULARIÆ.*

Cactorum gen. Juss. — *Saxifragearum gen.* Vent.

CETTE famille qui ne renferme qu'un seul genre, est intermédiaire entre les Cierges et les Saxifragées ; elle diffère
des premiers par la présence d'un périsperme, le nombre déterminé de ses pétales et de ses étamines, et des secondes par
son fruit charnu.

DCXXVIII. GROSEILLER.   *RIBES.*

Ribes. Linn. Juss. Lam. — *Grossularia.* Tourn. Gœrtn.

Car. Le calice est ventru, adhérent, à 5 lobes un peu colorés; les pétales sont au nombre de 5; les étamines sont en nombre égal à celui des pétales; l'ovaire est adhérent, surmonté d'un style bifurqué à stigmates obtus; la baie est globuleuse, à une loge, à plusieurs graines; celles-ci sont attachées par de petits cordons ombilicaux, à 2 placenta opposés aux parois de la baie; l'embryon est droit, très-petit, situé à la base d'un périsperme dur et corné.

Obs. Les groseillers sont des arbrisseaux quelquefois garnis d'aiguillons, à bourgeons écailleux placés à l'aisselle des aiguillons, à feuilles alternes, dont les nervures sont palmées, à fleurs en grappes axillaires dans les espèces sans aiguillons, et pédonculées, solitaires ou géminées dans les espèces piquantes.

§. Ier. *Arbrisseaux sans aiguillons.*

3642. Groseiller rouge.   *Ribes rubrum.*

Ribes rubrum. Linn. spec. 290. Lam. Fl. fr. 3. p. 472. — *Ribes vulgare.* Lam. Dict. 3. p. 47. — Lob. ic. 2. p. 202. f. 1.

α. *Sylvestre, petiolis pedunculisque subhirsutis.*

β. *Hortense, petiolis pedunculisque glabris, fructu rubro.*

γ. *Idem fructu flavescente.*

Arbrisseau de 1-2 mètres de hauteur, droit, très-rameux, à écorce brune ou cendrée, dont l'épiderme se fendille en long; les feuilles sont pétiolées, échancrées en cœur, à trois lobes, dentés et divergens : le pétiole atteint 5-6 centim. de longueur; il est souvent cilié dans sa jeunesse, hérissé de petits poils dans les individus sauvages, glabre dans les variétés cultivées; les fleurs sont disposées en grappes simples, pendantes; les bractées sont beaucoup plus courtes que les pédicelles; leur corolle est évasée, presque plane, d'un blanc jaunâtre ou verdâtre; la baie est globuleuse, d'une saveur acide et agréable, glabre, lisse, rouge dans la plupart des individus, d'un blanc jaunâtre et moins acide dans la variété γ. ♭. Cet arbrisseau croît dans les vallées du Jura et des basses Alpes. On le cultive dans presque tous les jardins, sous les noms de *groseiller, raisin de mars*, etc.; ses fruits servent d'aliment, soit crus, soit confits au sucre, et de boisson sous forme de sirop : ils sont très-rafraichissans.

3643. Groseiller de roche.   *Ribes petræum.*

Ribes petræum. Jacq. ic. rar. 1. t. 49. Lam. Dict. 3. p. 48. Illustr.
t. 146. f. 2. — *Ribes Alpinum, var.* Delarb. Auv. 166.

Cet arbrisseau ressemble beaucoup au groseiller rouge,
mais on l'en distingue à sa stature un peu moins élevée, à ses
feuilles peu ou point échancrées en cœur à leur base, à ses
grappes droites, du moins à l'époque de la fleuraison, à ses
calices très-colorés en rouge, à ses corolles moins évasées et
d'un rouge brun, enfin à sa baie, dont la saveur est à-la-fois
acide, acerbe et astringente. ♄. Il croît dans les montagnes, aux
lieux couverts, parmi les pierres près des ruisseaux; il a été
observé par M. Lamarck au Mont-d'Or, sous le rocher du
Capucin; par M. Schleicher dans les Alpes du Valais au-dessus
de Bex; par M. Clarion dans les Alpes de la Provence; par,
M. Ramond à la vallée de Cauterets dans les Pyrénées.

3644. Groseiller des Alpes.   *Ribes Alpinum.*

Ribes Alpinum. Linn. spec. 291. Lam. Dict. 3. p. 49. — *Ribes
dioicum.* Mœnch. Meth. 683. — J. Bauh. Hist. 2. p. 98. ic.

Ses tiges sont hautes de 1-2 mètres, rameuses et recouvertes
d'une écorce blanchâtre; ses feuilles sont petites, pétiolées,
glabres, trilobées, dentées, vertes en dessus et un peu pâles en
dessous; les fleurs forment de petites grappes dressées, garnies
de bractées longues et pointues; elles sont le plus souvent
dioïques par l'avortement de l'un des deux sexes; les pétales
sont très-petits, et Withering a observé qu'ils se changent
quelquefois en étamines : les baies sont d'un blanc rougeâtre,
d'une saveur très-fade. ♄. Cet arbrisseau croît dans les haies
des pays montagneux, au pied des Alpes, du Jura et des Vosges;
à Royac en Auvergne (Delarb.); dans les Cévennes près Montpellier (Gou.); aux environs de Barrèges.

3645. Groseiller noir.   *Ribes nigrum.*

Ribes nigrum. Linn. spec. 291. Lam. Dict. 3. p. 49. — *Ribes
olidum.* Mœnch. Meth. 683. — J. Bauh. Hist. 2. p. 99. f. 1.

Cet arbrisseau s'élève à 1-2 mètres; sa tige est droite,
rameuse; ses feuilles sont assez grandes, pétiolées, glabres,
anguleuses, à trois ou cinq lobes un peu pointus et dentés;
leur surface inférieure est couverte ainsi que celle des fruits
de points jaunes, glanduleux, qui rendent toute la plante odorante; les grappes sont lâches, pendantes, velues, composées

ordinairement de cinq à six fleurs, assez grandes, campanulées et d'un verd blanchâtre; les bractées sont plus courtes que les pédicelles; les fruits sont globuleux, plus gros que ceux du groseiller rouge, noirs, tachetés de petites glandes jaunes; leur saveur est aromatique; ils sont toniques, cordiaux et stomachiques. ♄. Cet arbrisseau croît dans les bois des montagnes de l'Auvergne (Delarb.); à Prades et à Meyrueis près Montpellier (Gou.); en Dauphiné? (Vill.); au mont Cenis et à la vallée de Viu en Piémont (All.). On le cultive dans les jardins, sous les noms de *cassis* ou *cassier*.

§. II. *Arbrisseaux garnis d'aiguillons.*

3646. Groseiller piquant.　　*Ribes uva crispa.*

Ribes uva crispa. Lam. Dict. 3. p. 5o. — *Ribes spinosum.* Lam. Fl. fr. 3. p. 47o.

α. *Sylvestris.*—*Ribes uva crispa.* Linn. spec. 292 ?—*Grossularia uva crispa.* Mill. Dict. n. 3.—Lob. ic. 2. p. 206.

β. *Sativa.* — *Ribes grossularia.* Linn. spec. 292. — *Grossularia hirsuta.* Mill. Dict. n. 2. — Blackw. t. 277.

Ses tiges sont hautes de 10-15 décim. rameuses et garnies d'épines ou d'aiguillons, disposés communément 2 ou 3 ensemble; ses feuilles sont petites, pétiolées, arrondies, crénelées, incisées, à 3 ou 5 lobes, et un peu velues en dessous; les fleurs naissent des boutons à feuilles, attachées une ou deux ensemble à des pédoncules courts et pendans; il leur succède des baies verdâtres, un peu velues dans leur jeunesse, mais qui deviennent glabres dans leur maturité. ♄. Cet arbrisseau est commun dans les haies. La variété β est cultivée dans les jardins, sous le nom de *grosseiller à maquereaux* ou *d'embresailles*; elle est un peu plus grande dans toutes ses parties; ses feuilles sont glabres, un peu luisantes; ses baies sont plus grosses; on en distingue 2 variétés principales : savoir, le groseiller à fruit rouge et celui à fruit d'un blanc jaunâtre; ces fruits sont acides avant leur maturité; on les emploie alors dans certaines pâtisseries et pour assaisonner les maquereaux; ils deviennent doux et un peu fades à leur maturité : on les emploie alors comme alimens; en Angleterre, on s'en sert pour faire une espèce de vin.

SOIXANTE-HUITIÈME FAMILLE.

SALICARIÉES. *SALICARIÆ.*

Salicariæ. Juss. Adans. Lam. — *Calycanthemæ.* Vent. — *Caly-
canthemarum gen.* Linn.

LES Salicariées sont en général des herbes ou des sous-arbrisseaux à bourgeons non écailleux, à feuilles simples, sessiles,
dépourvues de stipules, et opposées ou alternes dans le haut
des plantes; leurs fleurs sont axillaires ou terminales, quelquefois dépourvues de corolle, toujours hermaphrodites; le calice
est libre, tubuleux, persistant; les pétales sont en nombre déterminé, insérés au sommet du calice, alternes avec ses divisions; les étamines sont attachées au milieu du calice, en
nombre égal à celui de ses divisions, ou en nombre double;
l'ovaire est simple, libre, caché dans le calice; le style est
unique; le stigmate ordinairement en tête; le fruit est une
capsule entourée ou couverte par le calice, à une ou plusieurs
loges; les graines sont nombreuses, insérées sur un placenta
central; le périsperme est nul, l'embryon droit, et la radicule
inférieure.

DCXXIX. SALICAIRE. *LYTHRUM.*

Lythrum. Linn. Juss. Lam. Gœrtn. — *Salicaria.* Tourn. Lam.

CAR. Le calice est cylindrique, strié, à 6 ou 12 dents, dont
6 alternes plus petites; la corolle est à 6 (rarement 4 ou 5)
pétales; les étamines sont au nombre de 12, disposées sur 2
rangs; la capsule est oblongue, couverte par le calice, à 2
loges, à 2 valves qui sont quelquefois divisées en 2 lobes au
sommet. Le placenta adhère à chaque côté de la cloison qui est
opposée aux valves.

§. Ier. *Feuilles opposées; 12 étamines ou plus.*

3647. Salicaire commune. *Lythrum salicaria.*

Lythrum salicaria. Linn. spec. 640. Lam. Illustr. t. 408. f. 1. —
Salicaria spicata. Lam. Fl. fr. 3. p. 103.
β. *Foliis verticillatis ternis seu quaternis.* Poll. pal. n. 450.

Sa tige est haute de 6-9 décim., droite, ferme, carrée,
rougeâtre et un peu rameuse vers son sommet; ses feuilles

sont opposées, quelquefois ternées, lancéolées, un peu en cœur à leur base, lisses, pointues et très-entières; ses fleurs sont purpurines, et forment de beaux épis aux extrémités des rameaux et de la tige; elles ont un calice strié et à 12 dents, 6 pétales oblongs et une douzaine d'étamines. ♃. Cette plante est commune sur le bord des ruisseaux, des étangs et des fossés aquatiques; elle est vulnéraire, astringente.

§. II. *Feuilles alternes ; 6 étamines ou moins.*

3648. Salicaire à feuilles d'hysope.   *Lythrum hyssopifolia.*

Lythrum hyssopifolia. Linn. spec. 642. Jacq. Austr. t. 133. — *Salicaria hyssopifolia.* Lam. Fl. fr. 3. p. 103. — *Lythrum hyssopifolium.* Gou. Hort. 228.

Ses tiges sont longues de 2 décimètres, un peu dures, rameuses et quelquefois assez droites; ses feuilles sont alternes, linéaires, très-entières et obtuses à leur sommet; ses fleurs n'ont que 6 étamines et un pareil nombre de pétales rougeâtres et lancéolés; elles sont axillaires, ordinairement solitaires et presque sessiles : il leur succède une capsule cylindrique qui est divisée en quatre loges, selon Scopoli. ☉. On trouve cette plante dans les champs voisins des bois, dans les lieux humides et sablonneux aux environs de Paris, et dans presque toutes les parties de la France plus méridionales que cette ville.

3649. Salicaire à feuilles de thym.   *Lythrum thymifolia.*

Lythrum thymifolia. Linn. spec. 642. — *Salicaria thymifolia.* Lam. Fl. fr. 3. p. 104. — *Lythrum thymifolium.* Gou. Hort. 228. — Barr. ic. 773. f. 2.

Cette espèce est une fois plus petite que la précédente, avec laquelle elle a beaucoup de rapport; sa tige est droite et rameuse; ses feuilles sont linéaires, peu distantes, la plupart alternes, mais les inférieures opposées; ses fleurs sont axillaires, solitaires, sessiles et à 4 pétales. ☉. Elle croît dans les lieux humides des provinces méridionales; dans les sables voisins du Paillon près Nice (All.); dans les Pyrénées; à Sause près St.-Paul-Trois-Châteaux; aux environs d'Embrun (Vill.); en Provence (Gér.); à Grammont près Montpellier (Gou.); en Auvergne (Delarb.).

DCXXX. GLAUX.   *GLAUX.*

Glaux. Linn. Juss. Lam. — *Glaucis sp.* Tourn.

Car. Le calice est coloré, en cloche, à 5 lobes roulés en dehors ; la corolle manque ; les étamines sont au nombre de 5 ; la capsule est globuleuse, entourée par le calice, à une loge, à 5 valves, à 5 graines insérées sur un placenta creusé et globuleux.

5650. Glaux maritime.   *Glaux maritima.*

Glaux maritima. Linn. spec. 301. Lam. Illustr. t. 141.

Ses tiges sont longues de 2 décimètres, glabres, rameuses, couchées et étalées sur la terre ; ses feuilles sont petites, ovales, elliptiques, sessiles, glauques, un peu charnues, nombreuses et très-rapprochées les unes des autres ; les fleurs sont axillaires, fort petites et d'un blanc tirant un peu sur le rose. ♃. On trouve cette plante sur le bord de l'Océan ; aux environs d'Ostende, le long de l'Escaut sous Anvers (Rouç.) ; à la prairie de Lavier près Abbeville (Bouch.) ; aux rives d'Oystreham près Caen (Rouss.) ; dans l'anse de Pontchastel, vis-à-vis de Brest ; au Croisic, à Guerrande et à Piriac près Nantes (Bon.) ; entre Bordeaux et Bayonne, à la tête de Busch ('Thor.) ; on ne l'indique aux bords de la Méditerranée qu'aux environs de Nice, où elle paroît rare (All.) ; on la trouve au bord des salines près Durckheim, Franckenstal, Oggersheim et Nauenheim dans le Palatinat.

DCXXXI. SUFFRÉNIE.   *SUFFRENIA.*

Suffrenia. Bell.

Car. Le calice est d'une seule pièce, en forme de cloche, à 4 dents droites et pointues ; la corolle manque ; les étamines sont au nombre de 2, insérées sur la corolle vis-à-vis l'une de l'autre ; l'ovaire est libre, arrondi, surmonté d'un style très-court et d'un stigmate ; la capsule est ovale-oblongue, à une loge, à 2 valves ; les graines sont nombreuses, attachées à un réceptacle central.

5651. Suffrénie filiforme.   *Suffrenia filiformis.*

Suffrenia filiformis. Bell. Act. Acad. Tur. 7. p. 444. t. 1. f. 1.—
Polygala repens nuperorum. Lob. Obs. 227. f. 3. Icon. t. 416. f. 1.

Petite herbe couchée, rampante, grèle, simple ou peu

rameuse, longue de 2 décim., glabre dans toutes ses parties, garnie de feuilles opposées un peu écartées, sessiles,
ovales-oblongues, obtuses, entières et plus courtes que les
entre-nœuds; les fleurs sont petites, jaunâtres, sessiles et solitaires à l'aisselle de chacune des feuilles supérieures. ⊙. Cette
plante croît sur le bord des rizières, aux environs d'Ivrée et
de Verceil en Piémont, où elle a été découverte par M. de
Suffren; elle fleurit à la fin de l'été.

DCXXXII. PÉPLIDE.　　*P E P L I S.*

Peplis. Linn. Juss. Lam. Gœrtn. — *Chabrœa.* Adans. — *Glaucis
sp.* Tourn. — *Glaucoides.* Mich.

Car. Le calice est en cloche, à 12 dents, dont 6 alternes
plus courtes; la corolle est à 6 pétales qui manquent quelquefois; les étamines sont au nombre de 6; la capsule est recouverte par le calice, à 2 loges qui ne s'ouvrent pas d'elles-
mêmes, à plusieurs graines; le placenta adhère aux deux côtés
de la cloison.

5652. Péplide pourpier.　　*Peplis portula.*

Peplis portula. Linn. spec. 474. Lam. Illustr. t. 262. — Vaill.
Bot. t. 15. f. 5.

Ses tiges sont longues de 1-2 décimètres, glabres, souvent
rougeâtres, couchées sur la terre, et souvent fixées par de petites racines qui partent des aisselles; ses feuilles sont petites,
lisses, un peu charnues, entières, arrondies et presque spatulées; les fleurs sont très-petites, solitaires, couleur de chair,
axillaires et sessiles. ⊙. Cette plante croît dans les marais, sur
le bord des étangs et des mares alternativement inondées et à
moitié desséchées.

DCXXXIII. CORNIFLE.　　*CERATOPHYLLUM.*

Ceratophyllum. Linn. Juss. Lam. Gœrtn. — *Hydroceratophyl-
lum.* Vaill.

Car. Les fleurs sont monoïques, et ont un calice à plusieurs parties; les mâles ont des étamines en nombre double
de celui des divisions du calice, c'est-à-dire, de 14 à 20; les
femelles ont un ovaire comprimé, surmonté d'un stigmate oblique; le fruit est une noix ovale, pointue, à une graine:
celle-ci n'a point de périsperme (?), un embryon droit, à
cotylédons divisés, et à radicule inférieure (Gœrtn.).

Obs. La place de ce genre dans l'ordre naturel n'est point fixée : je le rapporte à la suite des Salicariées, à cause de sa radicule inférieure ; il se rapproche, par le port, des pesses et sur-tout des volans-d'eau.

5653. **Cornifle nageant.** *Ceratophyllum demersum.*

> *Ceratophyllum demersum.* Linn. spec. 1409. Gœrtn. Fruct. 1. p. 212. t. 44. Lam. Illustr. t. 775. f. 2. — *Ceratophyllum asperum.* Lam. Fl. fr. 2. p. 196.

Sa tige est longue, très-rameuse et garnie dans toute sa longueur par les verticilles des feuilles, qui sont très-rapprochés, sur-tout aux extrémités des rameaux, où ils forment des paquets serrés d'un verd foncé : ces feuilles sont nombreuses à chaque verticille, découpées en lobes linéaires garnis de petites dents qui les rendent rudes au toucher ; son fruit est elliptique, muni de 3 cornes de longueur variable, dont une droite, terminale, très-longue, et 2 divergentes placées près de la base. ♃. On trouve cette plante dans les étangs, les rivières et les fossés.

5654. **Cornifle submergé.** *Ceratophyllum submersum.*

> *Ceratophyllum submersum.* Linn. spec. 1409. Lam. Illustr. t. 775. f. 1. — *Ceratophyllum demersum,* β. Huds. Angl. 419. — *Ceratophyllum læve.* Lam. Fl. fr. 3. p. 197.

Cette plante ressemble beaucoup à la précédente, et se trouve dans les mêmes lieux, mais plus rarement ; elle en diffère par ses feuilles plus divisées et nullement bordées de petites dentelures épineuses ; par les folioles de son calice, dentées au sommet (Smith.), et sur-tout par son fruit, qui est ovoïde, absolument dépourvu de cornes saillantes.

SOIXANTE-NEUVIÈME FAMILLE.

ONAGRAIRES. *ONAGRARIÆ.*

> *Onagrariæ.* Juss. — *Onagræ.* Adans. Juss. — *Epilobianæ.* Vent. — *Calycanthemarum gen.* Linn.

Les Onagraires sont la plupart des herbes à feuilles opposées, toujours simples, entières ou dentées, et dépourvues de stipules ; leur calice est d'une seule pièce, adhérent avec l'ovaire,

tubuleux, divisé au sommet; la corolle est rarement nulle,
presque toujours composée de 4 pétales insérés au sommet du
calice, et alternes avec ses divisions; les étamines sont insérées au sommet du calice en nombre égal ou double de celui
des pétales; l'ovaire est simple, adhérent, surmonté d'un style
unique, à stigmate simple ou divisé; le fruit est séparé en
plusieurs loges, rempli ordinairement de plusieurs graines,
dont le point d'attache est au sommet de chaque loge; ces
graines n'ont point de périsperme; leur embryon est droit; la
radicule, qui est supérieure, est généralement plus longue que
les deux lobes. Dans quelques genres le fruit n'a qu'une seule
loge qui ne s'ouvre pas d'elle-même; dans d'autres, les ovaires
ne sont pas solitaires, mais au nombre de 4.

** Genres voisins des Onagraires.*

DCXXXIV. CALLITRICHE.   *CALLITRICHE.*

Callitriche. Linn. Juss. Lam. Gœrtn. — *Stellaria.* Vaill.

Car. Les fleurs sont monoïques ou hermaphrodites; le calice
manque; la corolle est à deux pétales; les fleurs mâles ont une
seule étamine saillante; les fleurs femelles ont un ovaire chargé
de 2 styles; le fruit est à 4 loges monospermes, et qui ne s'ouvrent pas d'elles-mêmes; l'embryon est attaché à la partie supérieure des loges, et a la radicule plus longue que les cotylédons (Gœrtn.).

Obs. Ce genre a le fruit des Onagraires, et n'en diffère que
par la fleur, qui mérite d'être étudiée de nouveau.

5655. Callitriche à fruit sessile.   *Callitriche sessilis.*

Callitriche aquatica. Huds. Angl. 439. Smith. Fl. brit. 1. p. 8.
α. *Callitriche verna.* Linn. spec. 6. Fl. dan. t. 129. Lam. Ill. t. 5.
β. *Callitriche æstivalis.* Thuil. Fl. paris. II. 1. p. 2.
γ. *Callitriche dubia.* Thuil. Fl. paris. II. 1. p. 2. — *Callitriche
intermedia.* Wild. spec. 1. p. 29.
δ. *Callitriche autumnalis.* Linn. spec. 6.

Herbe aquatique qui flotte sur l'eau au moment de la fécondation, et qui est submergée pendant le reste de sa durée;
ses tiges sont grêles, longues de 1-4 décim.; elles poussent
çà et là des racines; les feuilles sont opposées, glabres, d'un
vert clair, serrées au sommet, écartées dans le bas de la
plante, presque en spatule dans la variété α, ovales ou arrondies dans la variété β, oblongues, et les supérieures échancrées au sommet dans la variété γ, toutes linéaires, et les

supérieures échancrées au sommet dans la variété ♂; les fleurs sont sessiles, axillaires, monoïques; le fruit est sessile, court, creusé de 4 sillons et à 4 angles saillans. ⊙. Cette plante se trouve dans les fossés d'eau peu bourbeuse, les mares et les ruisseaux tranquilles. On la trouve en fleur depuis le printemps jusqu'à l'automne.

3656. Callitriche à fruit   *Callitriche pedunculata.*
    pédonculé.

Cette espèce a le port des dernières variétés de la précédente, mais elle est plus petite, plus grèle; ses feuilles inférieures sont linéaires; les supérieures sont oblongues : toutes sont obtuses et non échancrées au sommet; le fruit ressemble à celui de l'espèce précédente, mais il est porté sur un pédicelle qui s'alonge après la fleuraison, et qui est d'autant plus long, qu'il appartient à une fleur plus éloignée du sommet; il atteint jusqu'à 1 centimètre de longueur; le fruit supérieur est presque sessile. ⊙. Cette plante a été observée dans les mares de la forêt de Fontainebleau par M. Deleuze : je l'y ai retrouvée d'après ses indications; elle étoit en fruit au commencement de l'été.

DCXXXV. PESSE.   *HIPPURIS.*

Hippuris. Linn. Juss. Lam. Gœrtn. — *Limnopeuce.* Vaill.

Car. L'ovaire est adhérent, monosperme, bordé en dessus par le limbe du calice qui est entier et très-petit; il n'y a point de corolle, une seule étamine, et un style reçu dans le sillon de l'anthère; la graine est attachée au sommet des loges ; l'embryon est à 2 lobes, entouré par un périsperme charnu qui semble être la membrane intérieure épaissie : la radicule est plus longue que les cotylédons.

Obs. Ce genre n'a qu'un rapport éloigné avec les Onagraires. M. de Jussieu soupçonne qu'il doit peut-être se placer dans la famille des Eléagnées, laquelle exige un nouvel examen.

3657. Pesse commune.   *Hippuris vulgaris.*

Hippuris vulgaris. Linn. spec. 6. Gœrtn. Fruct. 2. p. 24. t. 84. f. 7. Fl. dan. t. 87. Lam. Illustr. n. 39. t. 5. f. 1. Bull. Herb. t. 365. Juss. ann. 3. p. 323. t. 30. f. 3.
β. *Hippuris fluviatilis.* Hoffm. Germ. 3. p. 1. — Ray. syn. 136.

Ses tiges sont droites, simples, feuillées, et s'élèvent au-dessus de la surface de l'eau jusqu'à 2-3 décimètres; elles sont garnies dans toute leur longueur de feuilles verticillées, étroites et linéaires : les verticilles sont nombreux, très-rapprochés, et composés de 10 à 12 feuilles; la longueur de ces feuilles est d'autant moindre, que les verticilles sont plus voisins du sommet des tiges : les fleurs sont petites, axillaires, sessiles. ♃. On trouve cette plante dans les fossés aquatiques et sur le bord des étangs. Les feuilles qui naissent sous l'eau sont plus longues, plus minces, plus diaphanes; quelquefois lorsque la plante n'est pas encore à l'âge de fleurir, ou que l'eau dans laquelle elle a crû s'est élevée pendant sa croissance, alors la plante entière porte des feuilles semblables à celles que je viens de décrire; telle est l'origine de la variété β qui est stérile, dont le port est fort différent, et qui paroîtroit une espèce distincte, si des échantillons intermédiaires et l'observation de la végétation de ces plantes ne montroient son identité. M. Broussonet m'en a envoyé un échantillon trouvé dans la fontaine de Vaucluse par M. Boucher.

** *Vraies Onagraires ; plusieurs ovaires.*

DCXXXVI. VOLANT-D'EAU. *MYRIOPHYLLUM.*

Myriophyllum. Linn. Juss. Lam. Gœrtn. Desf. — *Pentapteris.* Hall.

CAR. Les fleurs sont ordinairement monoïques, tantôt dépourvues de corolle, tantôt munies d'une corolle à 4 pétales dans les fleurs mâles; celles-ci ont un calice à 4 folioles et 8 étamines; les femelles ont le calice à 4 folioles, 4 ovaires libres; le fruit est composé de 4 noix monospermes et à-peu-près globuleuses; la graine est munie d'un périsperme qui paroît n'être que l'épaississement de la membrane intérieure.

OBS. Herbes aquatiques flottantes dans l'eau, qui élèvent leurs sommités hors de l'eau au moment de la fleuraison, et qui sont munies de feuilles verticillées et pinnatifides.

5658. Volant-d'eau à épi. *Myriophyllum spicatum.*

Myriophyllum spicatum. Linn. spec. 1409. Lam. Illustr. t. 775. Desf. Atl. 2. p. 345. — C. Bauh. prod. 73. f. 1.

Ses tiges sont rameuses, assez longues, foibles et flottantes dans l'eau; les feuilles sont verticillées au nombre de 4 ou 5 à chaque nœud, et elles sont découpées en manière de plume; les verticilles des feuilles finissent subitement dans l'endroit où commence
l'épi

l'épi des fleurs qui est tout-à-fait nu, long de 6-9 cent. et presque linéaire; les verticilles des fleurs sont un peu écartés et les mâles occupent le sommet. ♃. On trouve cette plante dans les eaux tranquilles.

365g. Volant-d'eau verti- *Myriophyllum verti*
cillé. *cillatum.*

Myriophyllum verticillatum. Linn. spec. 1410. Lam. Fl. fr. 2. p. 196. — Clus. Hist. 2. p. 252. f. 1.

Cette espèce a le port de la précédente, mais les feuilles ne cessent point à la place où commencent les fleurs, de sorte que celles-ci forment de petits verticilles axillaires, ou, si l'on veut, un épi entremêlé de feuilles : ces fleurs sont le plus souvent hermaphrodites. ♃. Elle croît de même dans les eaux tranquilles.

**** Vraies Onagraires ; un seul ovaire.*

DCXXXVII. CIRCÉE. *CIRCÆA.*

Circæa. Tourn. Linn. Juss. Lam. Gœttn.

Car. Le calice est court, caduc, à 2 parties; les pétales et les étamines sont au nombre de 2; la capsule est en forme de poire, hérissée de poils écailleux, à 2 loges qui ne s'ouvrent pas d'elles-mêmes, à 2 graines.

3660. Circée de Paris. *Circœa Lutetiana.*

Circœa Lutetiana. Linn. spec. 12. Lam. Illustr. t. 16. f. 1. — *Circœa major.* Lam. Fl. fr. 3. p. 473. — Lob. ic. 266. f. 2.

Sa racine est très-rampante; sa tige est droite, un peu rameuse, velue, et haute de 5 décim. ; ses feuilles sont opposées, pétiolées, ovales, non échancrées en cœur à leur base, pointues, et à peine dentées en leur bord; ses fleurs sont blanches ou rougeâtres, portées sur des pédoncules velus, et disposées au sommet de la tige et des rameaux, en longues grappes : les folioles de leur calice sont réfléchies, peu ou point membraneuses; les capsules sont presque sphériques, très-hérissées. ♃. On trouve cette plante dans les bois. On la nomme vulgairement l'*herbe de Saint-Étienne.*

3661. Circée des Alpes. *Circœa Alpina.*

Circœa Alpina. Linn. spec. 12. Lam. Illustr. t. 16. f. 2. Smith. Fl. brit. 14. — *Circœa minima.* Lam. Fl. fr. 3. p. 473.
β. *Circœa intermedia.* Hoffm. Germ. 3. p. 4. Fl. dan. t. 256.

Cette espèce diffère de la précédente par sa tige ordinairement couchée ou ascendante, toujours glabre; par ses feuilles

Tome IV. Dd

échancrées en cœur à la base, luisantes, constamment glabres, bordées de dents pointues, écartées et saillantes; par ses fleurs moins nombreuses, à calice coloré et membraneux; par ses capsules un peu en massue et hérissées seulement au sommet. Elle croît dans les lieux humides et ombragés des hautes montagnes; la variété β qu'on trouve dans les montagnes peu élevées, se distingue à sa grandeur et à sa tige droite qui lui donnent le port de la précédente. ♃.

DCXXXVIII. M A C R E.   *T R A P A.*

Trapa. Linn. Juss. Lam. Gœrtn. — *Tribuloides.* Tourn.

Car. Le calice est persistant, à 4 parties; les pétales et les étamines sont au nombre de 4; l'ovaire est à 2 loges, dont une avorte à la maturité; le fruit est une noix dure, coriace, à 2 ou à 4 cornes épineuses; la graine est grande, charnue, à 2 cotylédons, dont un est très-petit, et l'autre qui est très-grand, paroît seul à l'époque de la germination.

3662. Macre flottante.   *Trapa natans.*

Trapa natans. Linn. spec. 175. Lam. Illustr. t. 75. All. Ped. n. 872. — Cam. Epit. 715. ic.

Sa tige est longue, rampe dans l'eau, et jette çà et là quelques feuilles capillaires, garnies vers leur base de filets latéraux, disposés en forme d'aile; elle s'élève jusqu'à la surface de l'eau, et produit alors beaucoup de feuilles flottantes disposées en rond, et qui forment une belle rosette à la superficie de ce fluide; ces feuilles sont glabres en dessus, triangulaires ou rhomboïdales, dentées et portées sur de longs pétioles; ceux-ci sont souvent renflés vers le milieu en une vésicule pleine d'air qui semble destinée à soutenir la plante sur l'eau; les fleurs sont petites, verdâtres, presque sessiles aux aisselles des feuilles; les fruits sont noirs, cornés, munis de 4 cornes pointues et divergentes, remplis d'une pulpe blanche, farineuse, bonne à manger. ♃. Cette plante croît dans les étangs et les fossés pleins d'eau; en Belgique; dans les bassins de Versailles; dans la Sologne et le canal d'Orléans (Dub.); dans le Maine, l'Anjou, le Limosin, la Champagne, l'Alsace, la Bourgogne, l'Auvergne, le Dauphiné, le Piémont, la Corse : dans quelques pays, ses fruits, grillés ou cuits à l'eau, servent d'aliment, et se vendent sur les marchés. On connoît la plante sous les noms de *macre, châtaigne d'eau, saligot, tribule d'eau, truffe d'eau, écharbot, cornes, cornuelle, corniolle, noix-d'eau, galarin.*

DCXXXIX. ISNARDE.   *ISNARDIA.*

Isnardia. Linn. Juss. Lam. — *Dantia.* Pet. Guett.

Car. Le calice est tubuleux, adhérent avec l'ovaire, à 4 divisions : la corolle manque ; les étamines sont au nombre de 4 insérées au sommet du calice ; le style est simple, terminé par un seul stigmate ; le fruit est une capsule à 4 loges polyspermes (Juss. ann. 3. p. 473.).

3663. Isnarde des marais.   *Isnardia palustris.*

Isnardia palustris. Linn. spec. 175. Lam. Illustr. t. 77. — Bocc. Mus. t. 84. f. 2.

Cette plante ressemble beaucoup à la péplide pourpière, mais elle est plus grande dans toutes ses parties ; sa tige est grèle et rampante ou flottante dans l'eau ; ses feuilles sont ovales-arrondies, opposées, entières, glabres et un peu épaisses ; ses fleurs sont sessiles, petites, verdâtres et axillaires : les fruits semblent être de très-petits cloux de gérofle. ♃. Elle croît dans les fossés d'eau tranquille ou dans les ruisseaux qui coulent lentement ; aux environs du Mans ; d'Abbeville (Bouch.) ; le long de la Loire, autour de Sully et dans la prairie de Réaumur (Guett.) ; à l'étang de la Jonchère près Orléans (Dub.) ; en Alsace (Lin.) ; dans le Lyonnois et le Forez (Latour.) ; en Bourgogne (Dur.) ; en Dauphiné, à Ciers et à la plaine de Saint-Didier (Vill.) ; aux environs de Dax (Thor.) ; de Tarbes et de Lourdes : elle est commune en Piémont (All.).

DCXL. ONAGRE.   *ŒNOTHERA.*

Œnothera. Linn. Juss. Lam. Gœrtn. — *Onagra* Scop. Lam. — *Onagræ sp.* Tourn.

Car. Le calice est alongé, cylindrique, et son limbe se divise en 4 parties caduques : la corolle est à 4 pétales ; les étamines sont au nombre de 8 ; leurs anthères sont remplies d'un pollen, dont les globules sont liés par une humeur visqueuse ; la capsule est alongée, à 4 angles obtus, à 4 loges, à 4 valves, et renferme plusieurs graines non couronnées par une houppe de poils.

3664. Onagre bisannuelle.   *Œnothera biennis.*

Œnothera biennis. Linn. spec. 492. Lam. Illustr. t. 279. f. 1. Dict. 4. p. 550. — *Onagra biennis.* Lam. Fl. fr. 3. p. 478.

Sa tige est haute de 1 mètre et plus, velue, feuillée et un peu rameuse vers son sommet ; ses feuilles sont ovales-lancéolées, planes, dentées en leur bord, et remarquables par une nervure blanche qui les traverse dans leur longueur ; ses fleurs sont jaunes, grandes, pédonculées, axillaires, à-peu-près disposées en épi terminal. ♂. Cette plante est indigène de la Virginie, d'où elle a été transportée en Europe l'an 1614 : elle est maintenant commune dans les marais et les taillis humides.

N. B. Les onagres exotiques, cultivées dans les jardins, se naturalisent facilement dans la campagne ; ainsi l'*œnothera longiflora* se trouve sauvage dans quelques endroits aux environs de Paris, et notamment au Plessis-Piquet : l'*œnothera muricata* a été trouvée par M. Nestler dans l'ancien lit de la rivière d'Ill près Colmar.

DCXLI. ÉPILOBE.   *EPILOBIUM.*

Epilobium, Linn. Juss. Lam. Gœrtn. — *Chamœnerion.* Tourn.

CAR. Ce genre diffère du précédent, parce que les globules du pollen ne sont pas réunis par une humeur visqueuse, et que les graines sont couronnées par une houppe de poils.

OBS. Les épilobes sont des herbes à fleurs roses ou purpurines, et jamais jaunes comme dans les onagres.

§. 1er. *Fleurs irrégulières ; étamines et pistil inclinés.*

5665. Épilobe à épi.   *Epilobium spicatum.*

Epilobium spicatum. Lam. Dict. 2. p. 373. — *Epilobium angustifolium.* Ait. Kew. 2. p. 4. — *Epilobium angustifolium*, α. Linn. spec. 493. — *Epilobium Gessneri.* Vill. Dauph. 3. p. 507. — *Chamœnerion angustifolium.* Scop. Carn. ed. 2. n. 455. — J. Bauh. 2. p. 907. f. 1.

β. *Epilobium latifolium.* Schmidt. Bohem. n. 372. non Linn. — *Epilobium angustifolium*, β. Linn. spec. 494.

Le *laurier Saint-Antoine* est une belle plante, dont la tige est haute de 1 mètre et plus, simple, glabre et souvent rougeâtre ; ses feuilles ressemblent un peu à celles de l'amandier : elles sont longues, lancéolées, pointues, à peine dentelées, glabres, traversées par une nervure blanche et longitudinale, et d'un verd blanchâtre en dessous ; ses fleurs sont grandes, fort belles, d'une couleur rouge ou violette, et forment un épi superbe au sommet de la tige ; elles ont leur calice coloré et leur ovaire cotonneux : elles naissent à l'aisselle d'une bractée linéaire, et n'adhèrent nullement avec elles. ♃. On trouve cette plante dans les bois montagneux : on la cultive comme plante d'ornement.

3666. Épilobe à feuilles de romarin. *Epilobium rosmarini-folium.*

Epilobium rosmarinifolium. Haenk. Jacq. Coll. 2. p. 5o. — *Epilobium angustifolium*, γ. Linn. spec. 494. — *Epilobium angustifolium.* Lam. Dict. 2. p. 374. — *Epilobium angustissimum.* Ait. Kew. 2. p. 5. — Lob. ic. t. 343. f. 2.

β. *Epilobium dodonæi.* Vill. Dauph. 3. p. 5o7. — *Epilobium Halleri.* Retz. Prod. ed. 2. n. 458.

Sa tige est haute de 6 décimètres, cylindrique, glabre et rameuse; ses feuilles sont alternes, éparses, linéaires, étroites et rarement dentées; ses fleurs sont assez grandes, purpurines, et portées sur des pédoncules chargés à leur base d'une bractée longue et linéaire; elles ont leurs pétales presque entiers, oblongs, et moins larges que ceux de l'espèce précédente. La variété α a la tige droite, haute de 5-6 décim., et ses bractées naissent sur le pédicelle même qui porte la fleur, ordinairement vers le milieu de sa longueur : elle se trouve dans les lieux humides des plaines aux environs de Paris et dans presque toute la France; la variété β, qui est peut-être une espèce distincte, a la tige tortue, demi-couchée, haute de 2-5 décim., et ses bractées naissent à la base du pédicelle. Cette dernière croît dans le sable ou le gravier, le long des fleuves et des torrens des Alpes. ♃.

§. II. *Fleurs régulières ; étamines droites ; pétales échancrés.*

3667. Épilobe hérissé. *Epilobium hirsutum.*

Epilobium hirsutum, α. Linn. spec. 494. — *Epilobium hirsutum.* Wild. spec. 2. p. 315. — *Epilobium amplexicaule.* Lam. Dict. 2. p. 374. — *Epilobium grandiflorum.* All. Ped. n. 1018. — *Epilobium ramosum.* Huds. Angl. 162. — *Epilobium aquaticum.* Thuil. Fl. paris. II. 1. p. 191. — *Chamænerion hirsutum.* Scop. Carn. ed. 2. n. 452. — Fuchs. Hist. 491. ic.

Sa tige est haute de 1-2 mètres, cylindrique, feuillée, velue et branchue dans sa partie supérieure; ses feuilles sont grandes, ovales-lancéolées, pointues, d'un verd noirâtre, velues sur-tout sur les nervures, alternes ou opposées, toutes embrassantes à leur base, et ont leurs bords un peu décurrens, et qui se réunissent pour former une gaine plus ou moins distincte; les fleurs sont purpurines, fort grandes, et ont leurs pétales échancrés en cœur. ♃. On trouve cette plante sur le bord des eaux.

3668. Épilobe mollet.   *Epilobium molle.*

Epilobium molle. Lam. Dict. 2. p. 475. — *Epilobium hirsutum,*
β. Linn. spec. 494. — *Epilobium hirsutum.* All. Ped. n. 1017.
— *Epilobium pubescens.* Roth. Germ. 1. p. 167. — *Epilobium
parviflorum.* Schreb. Spic. 146. — *Epilobium villosum.* Ait.
Kew. 2. p. 5. non Thunb. — Moris. s. 3. t. 11. f. 4.

Cette espèce me paroît suffisamment distinguée de la précédente; sa tige est simple, haute de 1 mètre, velue et cylindrique; ses feuilles sont lancéolées, dentelées, non embrassantes, d'un verd blanchâtre, très-molles et pubescentes sur
toute leur surface : ses fleurs sont petites, composées de 4 pétales
échancrés, peu ouverts, et d'une couleur de chair assez pâle. ♃.
On trouve cette plante dans les lieux humides et couverts.

3669. Épilobe des marais.   *Epilobium palustre.*

Epilobium palustre. Linn. spec. 495. Lam. Dict. 2. p. 375. —
  Tab. ic. 856.
β. *Foliis ternis.* Ram. Pyr. ined.

Sa tige est droite, cylindrique, simple, haute de 3 décim.,
glabre ou un peu velue; ses feuilles sont opposées ou alternes,
lancéolées-linéaires, pointues, entières ou à peine dentelées,
glabres, réunies par leur base au moyen d'une petite nervure
qui embrasse la tige : les fleurs sont d'un pourpre pâle; le stigmate est linéaire, entier; les siliques sont pubescentes; on en
trouve une variété à feuilles ternées. ♃. Il croît aux bords des
fossés et des étangs.

3670. Épilobe tétragone.   *Epilobium tetragonum.*

Epilobium tetragonum. Linn. spec. 495. Fl. dan. t. 1029. Lam.
  Dict. 2. p. 375. — *Chamænerion tetragonum.* Scop. Carn. ed.
  2. n. 454.

Sa tige est droite, rameuse, tétragone, presque glabre,
haute de 3-5 décim.; ses feuilles sont lancéolées, opposées ou
alternes dans le haut de la plante, dentées en scie, à-peu-près
glabres, sessiles, non réunies par une nervure transversale,
mais prolongées par leurs bords en deux nervures qui descendent le long de la tige; les grappes sont peu considérables, entremêlées de feuilles; les fleurs sont petites, purpurines; le stigmate est entier, en forme de massue. ♃. Il croît au bord des
fossés, des marais, et dans les lieux inondés.

3671. Épilobe rose.   *Epilobium roseum.*

α. *Caule glabro.* — *Epilobium roseum.* Schreb. spic. 147.
β. *Caule utrinque lineâ pilosâ notato.* — *Epilobium alpestre.*

Schmidt. Bohem. n. 377. Schleich. cent. exsic. n. 44. — Hall.
Helv. n. 996. β.

γ. *Foliis ternis.* — *Epilobium trigonum.* Schranck. Bav. n. 594.

Epilobium alpestre. Hop. cent. exs. 1. — Hall. Helv. n. 999. γ.

Sa tige est droite, simple, feuillée, cylindrique et pubescente dans le haut, glabre et à 2 ou 3 angles obtus dans le bas ;
les feuilles sont alternes vers le haut, opposées dans le bas de
la plante, ternées dans la variété γ, ovales, un peu pointues,
bordées de déntelures en scie assez écartées, embrassantes à
leur base, glabres sur toute leur surface, pubescentes sur
les nervures à la surface inférieure ; leurs bords inférieurs se
prolongent sur la tige en une raie proéminente, glabre dans
la variété α, hérissée dans la variété β de petits poils qui
descendent longitudinalement jusqu'à la feuille suivante ; la
tige paroît alors marquée de deux raies velues et opposées,
comme dans la véronique petit-chêne ; les fleurs naissent à
l'aisselle des feuilles supérieures, et sont plus courtes qu'elles ;
elles sont rougeâtres ; leur stigmate est entier ; les siliques sont
pubescentes. ♃. Cette espèce a été trouvée dans les Alpes, au
mont l'Avaraz, par M. Schleicher ; dans les Pyrénées voisines
de Barrèges, par M. Ramond.

3672. Épilobe de montagne. *Epilobium montanum.*

Epilobium montanum. Linn. spec. 494. Fl. dan. t. 922. Lam.
Dict. 2. p. 375. — *Chamænerion montanum.* Scop. Carn. ed.
2. n. 453.

β. *Caule ramosissimo.*

γ. *Caule nano.*

Cette espèce, quoique sujette à un grand nombre de variations, se distingue toujours, 1°. à ses feuilles ovales-lancéolées,
rétrécies en un court pétiole, dentées en scie sur les bords,
à-peu-près glabres sur toute leur surface, excepté sur les nervures de la surface postérieure, qui sont pubescentes ; 2°. à
ses fleurs assez petites, purpurines, dont les pétales sont fortement échancrés, et dont le stigmate est divisé en 4 lobes profonds. La variété α a la tige cylindrique, presque simple, haute
de 3-5 décim. ; elle est assez commune dans les bois et les
pays de montagnes. La variété β est de moitié plus petite,
très-rameuse, et a sa tige presque tétragone à la base ; elle se
trouve dans les bois, parmi les rochers des Alpes de Savoie, au-
dessus de Servoz, et dans les montagnes de Seyne en Provence.
La var. γ que M. Ramond a observée dans les Pyrénées, et que

j'ai retrouvée dans les Alpes, a le port nain des deux suivantes, mais son stigmate a 4 lobes, et ses siliques divergentes prouvent son identité avec l'épilobe de montagne. ♃.

5673. Épilobe à feuilles   *Epilobium origanifolium.*
      d'origan.

Epilobium origanifolium. Lam. Dict. 2. p. 376. Schleich. cent. exs. n. 43. — *Epilobium alsinefolium.* Vill. Dauph. 3. p. 511.

Cette espèce, long-temps confondue avec la suivante, s'en rapproche en effet par sa petitesse, et parce qu'elle est presque entièrement glabre; mais sa tige est droite ou ascendante, non rampante à sa base; ses feuilles sont pointues, un peu dentées en scie sur les bords; la sommité de la plante est souvent penchée ou inclinée; elle est foible, simple ou un peu rameuse, longue de 1-2 décim.; ses feuilles sont opposées, ovales, glabres; les fleurs sont purpurines, axillaires, pédonculées, à-peu-près de la grandeur de celles de l'épilobe de montagne. ♃. Elle croit au bord des ruisseaux et des fontaines dans les Monts-d'Or, les Alpes, les Pyrénées. M. Ramond en a observé des échantillons gigantesques, longs de 5 déc. environ.

5674. Épilobe des Alpes.   *Epilobium Alpinum.*

Epilobium Alpinum. Linn. spec. 495. Fl. dan. t. 322. Lam. Fl. fr. 3. p. 481. — *Epilobium anagallidifolium.* Lam. Dict. 2. p. 376.

Cette plante est entièrement glabre, et atteint à peine 1 décimètre de longueur; sa tige est rampante à sa base, puis un peu dressée, cylindrique, simple ou peu rameuse; ses feuilles sont opposées, ovales ou oblongues, obtuses, entières sur les bords, un peu luisantes; les fleurs sont purpurines, axillaires, presque sessiles, au nombre de 1 à 3, placées vers le sommet; les siliques sont droites, glabres. ♃. Cette espèce croit sur les rochers arrosés par des eaux de source, dans les hautes montagnes des Monts-d'Or, des Alpes et des Pyrénées.

~~~~~~

SOIXANTE-DIXIÈME FAMILLE.

MYRTES.   *MYRTI.*

Myrti. Juss. Adans. — *Myrtoideæ.* Vent. — *Hesperideæ.* Linn.

Arbres ou arbrisseaux, la plupart exotiques, qui exhalent une odeur agréable, et dont le port est élégant; leurs rameaux sont opposés, ainsi que les feuilles; celles-ci sont simples, dépourvues de stipules, ordinairement entières, et munies dans
~~~~~~

leur tissu de glandes transparentes ; les fleurs sont hermaphrodites , axillaires ou terminales ; leur calice est d'une seule pièce,
persistant , adhérent en tout ou en partie avec l'ovaire, divisé en un nombre déterminé de lobes ; les pétales sont insérés au sommet du calice, alternes avec ses divisions ; les étamines sont nombreuses (20 et au-delà) , insérées sur le calice
au-dessous des pétales ; l'ovaire est simple , adhérent en tout ou
en partie ; le style est unique ; le stigmate est simple ou divisé ;
le fruit est une baie , une drupe ou une capsule à une ou plusieurs loges ; les graines n'ont point de périsperme ; leur embryon est droit ou courbé , à cotylédons planes.

DCXLII. SERINGAT.   *PHILADELPHUS.*

Philadelphus. Linn. Juss. Lam. Gœrtn.—*Syringa.* Tourn. non Linn.

Car. Le calice est en toupie , à 5 ou 6 divisions ; la corolle
est à 4 ou 5 pétales ; le stigmate à 4 ou 5 lobes ; le fruit est une
capsule demi-adhérente au calice , à 4 loges, à 4 valves , à
plusieurs graines ; les cloisons sont opposées aux valves , et
portent les graines sur leur bord intérieur ; les graines sont
petites , munies d'un arille frangé au sommet.

Obs. Gœrtner dit que les graines du seringat ont un périsperme charnu , que Ventenat soupçonne être la membrane interne épaissie.

3675. Seringat odorant.   *Philadelphus coronarius.*

Philadelphus coronarius Linn. spec. 671. Lam. Illustr. t. 420.
β. *Philadelphus nanus.* Mill. Dict. n. 2.

Arbrisseau élégant, d'un mètre environ de hauteur, à rameaux souvent opposés, à écorce rousse ou brunâtre, à feuilles
opposées, nullement munies de glandes transparentes, ovales,
pointues, un peu dentées en scie sur les bords, et d'une consistance plus molle que dans les autres genres de cette famille ;
les fleurs sont blanches, très-odorantes, pédicellées, disposées
3 ou 5 ensemble au sommet des rameaux en petites grappes ; la
fleur terminale fleurit la première, et a 5 pétales ; les autres
n'en ont que 4. ♃. Cet arbrisseau croît naturellement dans les
haies du Bas-Valais ; du Piémont (All.) ; en Dauphiné, entre
Charbillac et Pisançon (Vill.). Il est cultivé dans les jardins et
les bosquets sous les noms de *seringat*, de *citronelle*.

DCXLIII. MYRTE.   *MYRTUS.*

Myrtus. Tourn. Linn. Juss. Lam. Gœrtn.

Car. Le calice est à 5 divisions ; la corolle à 5 pétales ; le stigmate obtus; le fruit est une baie ovoïde ou sphérique, couronnée par le limbe du calice, à 2 à 5 loges qui renferment chacune 1 à 5 graines presque osseuses.

3676. Myrte commun.　　*Myrtus communis.*

Myrtus communis. Linn. spec. 673. Lam. Illustr. t. 419.

α. *Romana.* — Mill. ic. t. 184. f. 1.

β. *Tarentina.* — Mill. Dict. n. 6.

γ. *Italica.* — Mill. Dict. n. 5.

δ. *Bætica.* — Blackw. t. 114.

ε. *Lusitanica.* — Clus. Hist. p. 66. f. 1.

ζ. *Belgica.* — Mill. Dict. n. 2.

θ. *Mucronata.* — Clus. Hist 1. p. 67.

Arbrisseau peu élevé, dont la tige se divise en beaucoup de rameaux flexibles, feuillés, et d'un port très-agréable; ses feuilles sont petites, nombreuses, fort rapprochées les unes des autres, lancéolées, pointues, vertes, lisses et un peu dures : elles ne tombent point pendant l'hiver; ses fleurs sont blanches, axillaires, solitaires, pédonculées et munies de 2 petites bractées sous leur calice. La variété α a les feuilles ovales et les pédicelles assez longs. La variété β, ou le *myrte de Tarente*, le *myrte à feuilles de bois*, a les fleurs petites, les baies arrondies, les feuilles ovales, petites et sessiles. La variété γ s'élève droite, a les feuilles lancéolées, aiguës, les fleurs petites, un peu rougeâtres au sommet, les baies ovales. La variété δ est plus élevée, plus ferme; ses feuilles sont ovales-lancéolées, réunies en paquets; ses fleurs sont en petit nombre. La variété ε a les feuilles très-aiguës, d'un verd sombre, des fleurs et des baies très-petites. La variété ζ a les feuilles rapprochées, petites, et dont la côte longitudinale est rouge en dessous; ses pédoncules sont très-courts. La variété θ, ou le *myrte à feuilles de romarin*, ou *myrte à feuilles de thym*, est remarquable par ses feuilles presque linéaires, terminées en pointe roide et aiguë. On cultive encore dans les jardins des variétés à fleur double. Le myrte est commun sur les collines arides des environs de Nice, de Savone (All.); dans les forêts pierreuses de la Provence méridionale (Gér.).

DCXLIV. GRENADIER.　　*PUNICA.*

Punica. Tourn. Linn. Juss. Lam. Gœrtn.

Car. Le calice est coriace, coloré, à 5 ou 6 divisions; les pétales sont au nombre de 5 ou 6; le stigmate est en tête; le fruit est une grosse baie sphérique à écorce coriace, couronnée par les divisions du calice, divisée par un diaphragme transversal

en deux cellules inégales, la supérieure grande, partagée en
7 ou 9 loges; l'inférieure plus petite, séparée en 5 ou 4 loges :
les graines sont nombreuses, entourées de pulpe; leurs cotylédons sont roulés en spirale.

3677. Grenadier commun. *Punica granatum.*

> *Punica granatum.* Linn. spec. 676. Lam. Illustr. t. 415.
> α. *Sylvestris.* — *Punica sylvestris.* Tourn. Inst. 636. — *Punica
> spinosa.* Lam. Fl. fr. 3. p. 483.
> β. *Sativa.* — Duham. Arb. t. 44.
> γ. *Flore albo.*

Arbrisseau toujours verd, qui s'élève à 2 ou 3 mètres de hauteur, et dont les branches sont très-nombreuses et à-peu-près
disposées en tête; ses feuilles sont petites, lisses, opposées,
lancéolées, entières, rougeâtres dans leur jeunesse, ainsi que
les jeunes pousses; les fleurs sont grandes, presque sessiles,
disposées au sommet des branches; leur calice est charnu,
coloré; les pétales sont chiffonnés, d'un rouge éclatant dans les
deux premières variétés, blancs dans la variété γ. Le grenadier sauvage a les rameaux épineux à leur extrémité, et les
fruits acides; le grenadier cultivé, ou *balaustier*, n'a pas les
rameaux sensiblement épineux, et a les fruits plus doux; ces fruits
sont de la grosseur d'une pomme, recouverts d'une écorce coriace,
astringente et d'un brun rougeâtre; ils sont remplis d'un grand
nombre de graines enveloppées d'une pulpe rouge rafraîchissante.
Cet arbrisseau croît naturellement dans les provinces méridionales; la variété β est cultivée dans le Midi pour en recueillir les
fruits; on cultive dans les jardins des provinces septentrionales,
des grenadiers à fleur double qu'on rentre dans l'orangerie
pendant l'hiver, et qui servent à l'ornement pendant l'été.

SOIXANTE-ONZIÈME FAMILLE.

ROSACÉES. *ROSACEÆ.*

> *Rosaceæ.* Juss. — *Rosæ* et *Zizyphorum* gen. Adans. — *Senticosæ
> et Pomaceæ.* Linn.

LE nom même de cette famille, en rappelant celui de la
rose, indique l'élégance des végétaux qui la composent; elle
renferme des arbres et des herbes à tige cylindrique, à branches alternes; les feuilles sont tantôt simples, tantôt composées, presque toujours pliées, avant leur développement, sur
leurs nervures principales, ordinairement pétiolées, munies à

leur base de 2 stipules souvent adhérentes au pétiole ; les fleurs
sont complettes, hermaphrodites ; elles se présentent sous diverses
dispositions, et ont beaucoup de facilité à doubler, comme
toutes les plantes qui ont un grand nombre d'étamines.

Le calice est ordinairement persistant, tantôt adhérent et
tubuleux, tantôt libre et ouvert, quelquefois recouvrant les
ovaires comme un sac, mais sans adhérer avec eux ; son limbe
est divisé en un nombre de parties égal ou double de celui des
pétales ; la corolle est composée de pétales en nombre déterminé (ordinairement 5), insérés au sommet du calice, alternes
avec les divisions du calice lorsque celles-ci sont en nombre
égal à celui des pétales, ou placés devant les plus petits lobes
du calice lorsque ceux-ci sont en nombre double des pétales ;
les étamines sont presque toujours en nombre indéterminé, insérées sur le calice un peu au-dessous des pétales ; l'ovaire est
simple ou multiple, libre ou adhérent dans les divers ordres ;
le fruit est aussi variable, comme on peut le voir en comparant
le caractère des ordres qui composent cette famille ; les graines
sont marquées sur le côté et un peu au-dessous du sommet,
d'un ombilic auquel s'insère un cordon ombilical qui part du
fond du réceptacle ; le périsperme est nul, mais la membrane
intérieure de la semence est quelquefois renflée ou légèrement
charnue ; l'embryon est droit, et ses cotylédons sont planes.

La famille des Rosacées est composée de plusieurs grouppes
très-prononcés, qu'on peut indifféremment considérer comme
des sections d'une même famille, ou comme des familles distinctes.

PREMIER ORDRE.

POMMACÉES.   *POMACEÆ.*

*Ovaire simple, adhérent au calice, chargé de plu-
sieurs styles ; pomme ombiliquée et couronnée
par les lobes du calice, divisée en plusieurs
loges ; radicule inférieure ; tige ligneuse ; fleurs
complettes hermaphrodites ; étamines en nombre indéterminé ; feuilles simples ou ailées.*

DCXLV. POMMIER.   *MALUS.*

Malus. Tourn. Juss. Lam. Desf. — *Pyri sp.* Linn. — *Sorbi sp.*
Crantz.

Car. Les styles sont au nombre de 5, velus et soudés à la

base ; le fruit est une pomme sphéroïde, glabre, ombiliquée aux deux extrémités, à 5 loges centrales, cartilagineuses, qui contiennent chacune deux pepins, c'est-à-dire, deux graines cartilagineuses.

OBS. Le fruit de ce genre et du suivant peut être considéré comme formé de 5 capsules enveloppées d'une chair solide (Vent.).

3678. Pommier commun. *Malus communis.*

Malus communis. Lam. Illustr. t. 435. Poir. Dict. 5. p. 560. — *Pyrus malus.* Linn. spec. 686. — *Sorbus malus.* Crantz. Austr. 93.

α. Malus sylvestris. Mill. Dict. n. 1. Blackw. t. 178.

β. Malus sativa. — Duham. Arb. fruit. 8°. vol. 2. p. 81. t. 1-13.

Arbre de moyenne grandeur, dont les rameaux étalés forment une tête régulière et hémisphérique ; les rameaux sont épineux dans les individus sauvageons (variété *α*) ; les feuilles sont pétiolées, ovales, un peu aiguës, légèrement dentées, d'un verd sombre en dessus, un peu velues en dessous ; les fleurs sont d'un blanc mêlé de rose, assez grandes, disposées en ombelle presque sessile : les fruits sont arrondis, glabres, de forme et de grandeur variables, très-acerbes dans l'espèce sauvage ; le pommier cultivé n'est point épineux, est plus grand dans toutes ses parties, sur-tout dans ses feuilles et ses fruits : ceux-ci doivent être divisés en deux classes, 1°. les pommes dites *à couteau*, c'est-à-dire, qui sont agréables à manger ; on en connoît environ 40 variétés, dont on peut voir la description dans l'histoire des arbres fruitiers de Duhamel ; 2°. les *pommes à cidre*, qui sont cultivées en Normandie et dans quelques provinces voisines, pour en fabriquer du cidre ; la distinction de leurs variétés est encore mal établie, et mérite l'attention des agriculteurs et des botanistes. On en peut voir une énumération succincte dans le Dictionnaire d'Agriculture de Rozier.

DCXLVI. POIRIER. *PYRUS.*

Pyrus. Lam. Desf. Poir. — *Pyrus et Cydonia.* Tourn. Juss. — *Pyri sp.* Linn. — *Sorbi sp.* Crantz.

CAR. Ce genre diffère du précédent, parce que les 5 styles sont distincts à leur base, que le fruit est en forme de toupie ombiliquée au sommet, et non à la base.

3679. Poirier commun.   *Pyrus communis.*

Pyrus communis. Linn. spec. 686. Lam. Illustr. t. 433. — *Sorbus pyrus.* Crantz. Austr. 93.

α. *Sylvestris.* — Duham. Arb. 2. t. 45.

β. *Sativa.* — Duham. Arb. fruit. 8°. vol. 3. t. 1. ad t. 57.

Arbre élevé, à bois dur et rougeâtre, à écorce fendillée sur les vieux troncs, lisse et rougeâtre sur les jeunes pousses, à branches fortes et demi-étalées qui avortent et deviennent épineuses dans les individus sauvageons, et qui poussent sans se changer en épines dans les variétés cultivées ; les fleurs sont blanches, et naissent 5 ou 6 ensemble avant les feuilles ; celles-ci sont pétiolées, coriaces, glabres, lisses en dessus, ovales ou lancéolées, légèrement dentées ; les fruits sont pédonculés, de forme, de grandeur et de couleur variables, toujours glabres : ces fruits sont âpres et très-petits dans les poiriers sauvageons ; la culture et peut-être aussi le croisement des races et des greffes, les ont singulièrement améliorés, et en ont fait un aliment très-agréable ; le nombre des variétés connues de ce fruit, s'élève à plus de 200 ; le défaut d'espace nous empêche d'entrer dans aucun détail sur cet arbre ; ceux qui desireront connoître avec quelque précision les variétés des poires, doivent consulter l'article poirier de l'histoire des arbres fruitiers, où Duhamel a décrit et figuré 119 variétés, et celui du Dictionnaire d'Agriculture, où Rozier a, d'après Duhamel, indiqué 120 variétés.

5680. Poirier coignassier.   *Pyrus cydonia.*

Pyrus cydonia. Linn. spec. 687. Lam. Fl. fr. 3. p. 492.

α. *Sylvestris.* Duham. Arb. 1. t. 83.

β. *Cydonia oblonga.* Mill. Dict. n. 1. — Blackw. t. 137.

γ. *Cydonia maliformis.* Mill. Dict. n. 2.

δ. *Cydonia lusitanica.* Mill. Dict. n. 3. — Duham. Arb. fruit. 1. p. 295. ic.

Arbre médiocre, souvent tortu, dont le tronc et les grosses branches sont bruns, et les jeunes pousses couvertes d'un duvet cotonneux ; les feuilles sont grandes, pétiolées, ovales, molles, très-entières, vertes en dessus, blanches et cotonneuses en dessous ; les fleurs sont grandes, d'un blanc mêlé de rose, portées sur un court pédicelle, solitaires à l'aisselle des feuilles supérieures ; les fruits sont gros, jaunâtres, odorans, couverts d'un duvet fin ; la variété α est petite, tortue ; la variété β a le fruit oblong ; la variété γ a le fruit arrondi, en forme de pomme ; la variété δ est très-grande dans toutes ses parties.

Cet arbre croit naturellement dans les provinces méridionales,
en Provence ; on le cultive dans les jardins ; ses fruits passent
pour stomachiques, et se mangent en compotes et en confi-
tures.

DCXLVII. ALISIER. *CRATÆGUS.*

Cratægus. Tourn. Juss. Lam. Desf.—*Mespili et Cratægi sp.* Linn.
—*Pyri sp.* Wild. — *Sorbi sp.* Crantz.

CAR. Ce genre diffère du suivant par ses graines cartilagineuses non osseuses, et du précédent, parce qu'il n'a pas le
fruit en forme de poire, et a rarement 5 styles.

3681. Alisier anti-dysenté- *Cratægus torminalis.*
rique.

Cratægus torminalis. Linn. spec. 681. Lam. Dict. 1. p. 83. —
Pyrus torminalis. Wild. spec. 2. p. 1022. — *Sorbus tormina-*
lis. Crantz. Austr. p. 85. Cam. Epit. 162. ic.

Arbrisseau ou arbre médiocre, rameux et dont l'écorce est
rougeâtre ; ses feuilles ressemblent un peu à celles de quelques
espèces d'érable ; elles sont pétiolées, assez larges, courtes,
un peu en cœur à leur base et divisées en 5 ou 7 angles dentés et
dont les inférieurs sont grands, écartés et divergens : elles sont
légèrement velues en dessous, mais presque point cotonneuses ;
les fleurs sont blanches, disposées en corimbe, et portées sur
des pédoncules un peu cotonneux. ♄. On trouve cet arbre dans
les forêts ; son écorce, qui est astringente, étoit jadis employée
contre la dysenterie.

3682. Alisier à large feuille. *Cratægus latifolia.*

Cratægus latifolia. Lam. Fl. fr. 3. p. 486. Dict. 1. p. 83. —
Cratægus dentata. Thuil. Fl. paris. II. 1. p. 245. — Duham.
Arb. 1. t. 80. n. 2.

Arbre élevé, très-rameux, dont l'écorce est grisâtre et le
bois blanc, mais assez dur ; ses feuilles sont pétiolées, larges,
non échancrées en cœur à leur base, ovales-arrondies, pointues, dentées, anguleuses particulièrement vers leur base,
vertes en dessus, blanchâtres et un peu cotonneuses en dessous :
ses fleurs sont blanches, et disposées en corimbe ; leurs pédoncules et leurs calices sont cotonneux ; ses fruits sont d'un rouge
jaunâtre, et d'un goût amer. ♄. On trouve cet arbre dans la
forêt de Fontainebleau ; il porte le nom vulgaire d'*alisier de
Fontainebleau ;* quelques personnes le regardent comme une
hybride du *cratægus aria* et du *sorbus aucuparia ;* mais il se

conserve sans altération depuis le temps de Vaillant , et mérite
d'être considéré comme une espèce constante.

3683. Alisier allouchier.   *Cratægus aria.*

Cratægus aria. Linn. spec. 681. Lam. Dict. 1. p. 82. — *Pyrus
aria.* Wild. spec. 2. p. 1021. — *Mespilus aria.* Scop. Carn. n.
591.—*Sorbus aria.* Crantz. Austr. 1. t. 2. f. 2. Dalech. Hist. 202.
β. *Longifolia.*

Arbrisseau communément de 3-5 mètres , et qui s'élève en
arbre jusqu'à la hauteur de 10-13 mètres , lorsqu'on le cultive ;
ses feuilles sont pétiolées , ovales , dentées , un peu fermes ,
vertes en dessus , et garnies en dessous d'un coton blanc très-
remarquable : ses pétioles, ses pédoncules et ses calices sont
aussi très-cotonneux ; ses fleurs sont blanches, disposées en corimbe, et portées sur des pédoncules rameux ; il leur succède
des baies globuleuses, rouges dans leur maturité, et bonnes à
manger. ♄. On trouve cet arbrisseau dans les bois ; il porte les
noms vulgaires d'*aria, alisier , alisier commun, allouchier ,
allouche de Bourgogne, allier , droullier.*

3684. Alisier faux-neflier. *Cratægus chamæmespilus.*

Cratægus chamæmespilus. Jacq. Austr. t. 231. — *Mespilus chamæmespilus.* Linn. spec. 685. — *Cratægus humilis.* Lam. Dict.
1. p. 83. — Clus. Hist. 1. p. 63. f. 1.

Arbrisseau de 6-9 décim. , rameux , tortueux , et dont l'é-
corce est noirâtre ; ses feuilles sont ovales , dentées en scie ,
un peu dures , d'un verd foncé en dessus , pâles en dessous ,
glabres des deux côtés dans leur parfait développement , et
portées sur de courts pétioles : les fleurs sont rougeâtres , disposées en corimbe au sommet des rameaux , et n'ont que 2
styles , selon MM. de Haller, Jacquin et Scopoli ; les fruits
sont à leur maturité des baies d'un jaune rougeâtre , à-peu-près
globuleuses , à une ou 2 loges qui renferment chacune 2 pepins. ♄.
Cet arbrisseau croît parmi les buissons des montagnes élevées ;
dans les Alpes ; les Pyrénées ; les Monts-d'Or ?

3685. Alisier amélanchier. *Cratægus amelanchier.*

Mespilus amelanchier. Linn. spec. 685. — Jacq. Austr. t. 300.
— *Pyrus amelanchier.* Linn. F. suppl. 256. Lam. Fl. fr. 3. p.
493. — *Cratægus amelanchier.* Desf. Cat. 173. — *Cratægus
rotundifolia.* Lam. Dict. 1. p. 83. — *Sorbus amelanchier.*
Crantz. Austr. t. 90. — *Vitis idæa* III. Clus. Hist. 1. p. 62. ic.

Arbrisseau de 12-18 décim. , rameux , et dont l'écorce est

d'un

d'un rouge noirâtre ; ses feuilles sont pétiolées, ovales, presque obtuses, dentées, glabres, souvent rougeâtres, et pubescentes en dessous dans leur jeunesse : ses fleurs sont blanchâtres et remarquables par leurs pétales alongés et lancéolés ; il leur succède des fruits lisses, d'un bleu noirâtre, ombiliqués, d'une saveur douce, et qui renferment 6–10 semences semblables à des pepins. On trouve cet arbrisseau dans les lieux pierreux et un peu découverts au pied des montagnes des Alpes, du Jura, des Vosges, des Monts-d'Or, des Pyrénées ; à Fontainebleau ; dans l'isle de Corse, etc.

DCXLVIII. NÉFLIER. *MESPILUS.*

Mespilus. Tourn. Juss. Lam. Desf. Gœrtn. — *Mespili et Cratægi sp,* Linn.

Car. Le nombre des styles varie de 1 à 5 ; le fruit est une pomme sphérique, à 2 – 5 graines osseuses.

Obs. Arbrisseaux souvent épineux, à feuilles entières ou lobées, à fleurs le plus souvent disposées en corimbes terminaux.

3686. Néflier aubépine. *Mespilus oxyacantha.*

Mespilus oxyacantha. Gœrtn. Fruct. 2. p. 43. t. 87. Lam. Dict. 4. p. 437. — *Cratægus oxyacantha.* Linn. spec. 683. Lam. Fl. fr. 3. p. 484. var. *u.* — *Cratægus monogyna.* Jacq. Austr. t. 292. f. 1.

β. *Flore roseo.*

Arbrisseau élevé, dont le bois est dur, le tronc tortueux, et les rameaux nombreux, diffus et armés de fortes épines ; ses feuilles sont alternes, pétiolées, glabres, lisses, vertes des deux côtés, profondément découpées, incisées, à lobes un peu pointus et divergens ; ses fleurs sont blanches, disposées par bouquets semblables à des corimbes, n'ont ordinairement qu'un seul style, et exhalent une odeur très-agréable ; les fruits sont rouges, et quelquefois monospermes. ♄. Cet arbrisseau est commun dans les haies et autour des bois ; ses fruits sont un peu astringens ; il est connu sous les noms d'*aubépine*, *épine blanche*, *noble-épine*, *bois de mai.* La variété β, qu'on connoît sous le nom d'*épine rose*, est cultivée dans les bosquets.

3687. Néflier fausse-aubépine. *Mespilus oxyacanthoides.*

Cratægus oxyacanthoides. Thuil. Fl. paris. II. 1. p. 245. — *Cratægus oxyacantha.* Jacq. Fl. austr. t. 292. f. 2.

Cette espèce a le port de la précédente, mais elle en diffère,

parce que ses fleurs ont plus souvent 2 styles, et sur-tout par
ses feuilles, beaucoup moins découpées, de forme ovale, à
5 lobes courts, obtus, dentés, non divergens. ♃. Cet arbuste
croît dans les environs de Paris; il est beaucoup moins commun
que le précédent.

3688. Néflier azerolier.   *Mespilus azarolus.*

Mespilus azarolus. Lam. Dict. 4. p. 438. — *Cratægus azarolus.*
Linn. spec. 683. — *Cratægus oxyacantha*, β. Lam. Fl. fr. 2.
p. 484. — *Pyrus azarolus.* Scop. Carn. n. 597. — J. Bauh. 1.
p. 67. ic.

L'azerolier ressemble tellement à l'aubépine, qu'on a été
porté à croire qu'il en est une variété produite par la culture; il est plus grand dans toutes ses parties, s'élève à 7-8
mètres, et a le port d'un arbre; ses branches sont peu épineuses; ses feuilles sont un peu pubescentes, profondément
découpées, à lobes nombreux, un peu dentés; les calices ont
leurs lobes ovales et obtus (Wild.), et les fruits sont gros,
arrondis, de couleur rouge ou jaunâtre, pulpeux et d'une saveur agréable; ces fruits, connus sous le nom d'*azeroles*, servent
d'aliment dans les provinces méridionales, où l'azerolier est
assez généralement cultivé. ♃. Il croît naturellement dans les
champs et les vignes, aux environs de Montpellier (Lin.), à
Castelnau et Montferrier (Gou.).

3689. Néflier buisson-ardent. *Mespilus pyracantha.*

Mespilus pyracantha. Linn. spec. 685. Lam. Dict. 4. p. 440. —
Lob. ic. 2. p. 182. f. 1.

Arbrisseau très-rameux, diffus, disposé en buisson, et garni
de fortes épines; son écorce est rougeâtre ou noirâtre; ses
feuilles sont ovales-lancéolées, légèrement dentées, un peu
fermes, lisses en dessus, nerveuses, et quelquefois un peu
velues en dessous; ses fleurs sont d'une couleur pâle ou rougeâtre, et sont remplacées par des fruits petits, ovoïdes, d'un
rouge écarlate, et qui, par leur grand nombre, font souvent
paroître cet arbrisseau comme en feu. ♃. Il croît dans les haies,
en Provence; dans le midi du Dauphiné, à Orange, Seuse et
Avignon (Vill.); en Savoie (All.); sur les côteaux voisins de
Tarbes.

3690. Néflier d'Allemagne.   *Mespilus Germanica.*

Mespilus Germanica. Linn. spec. 684. Lam. Dict. 4. p. 443. —
Mespilus domestica. Gat. Fl. montaub. 92.
α. *Sylvestris.* — Duham. Arb. fruit. 8°. v. 2. p. 152. t. 2.

β. Macrocarpa. — Duham. loc. cit. p. 154. t. 3.
γ. Apyrena. —Duham. loc. cit. p. 157. t. 4.

Arbrisseau ou arbre médiocre, dont le tronc est tortueux, et les rameaux ordinairement garnis de fortes épines, qu'ils perdent lorsqu'on le cultive; ses feuilles sont ovales-lancéolées, légèrement dentées en leurs bords, vertes en dessus, d'une couleur pâle, et un peu velues en dessous : leurs pétioles sont très-courts; les fleurs sont blanches ou un peu rougeâtres, solitaires, terminent les rameaux, et sont remarquables par les découpures de leur calice, alongées et pointues : il leur succède des fruits connus sous le nom de *nèfle*. La variété *α*, qui est la souche primitive, se trouve naturellement dans les bois : elle est plus petite dans toutes ses parties que les 2 suivantes; la variété *β* qu'on cultive dans les jardins, sous les noms de *néflier à gros fruit, néflier de Nottingham*, est remarquable par la grandeur de toutes ses parties et sur-tout par celle de son fruit : ses feuilles sont plus fortement dentées, la variété *γ*, qui est produite par la culture, donne des fruits pulpeux et dépourvus de graine; son calice a ses lanières plus alongées : sa fleur n'a que 5 styles. ♃. On trouve cet arbrisseau dans les bois et les haies : les nèfles sont un peu astringentes.

3691. **Néflier cotonnier.**   *Mespilus cotoneaster.*

> *Mespilus cotoneaster.* Linn. spec. 686. Lam. Dict. 4. p. 445. —
> *Mespilus tomentosa.* Schleich. cent. exs. n. 52. non Lam. —
> Clus. Hist. 1. p. 60. f. 2.

Arbrisseau peu élevé, tortueux, rameux, et dont l'écorce est d'un rouge noirâtre; ses feuilles sont pétiolées, ovales, arrondies, très-entières, vertes en dessus, blanchâtres et cotonneuses en dessous; ses fleurs sont petites, de couleur herbacée, et disposées 2 à 5 ensemble par bouquets axillaires; elles n'ont souvent que 5 styles, et leurs fruits sont des baies rouges, obtuses et à 3 graines. ♃. Cet arbrisseau croît parmi les rochers, dans les lieux exposés au soleil, au pied des montagnes. On le trouve au pied du mont Salève près Genève, en Savoie, en Piémont (All.), en Dauphiné (Vill.), en Provence (Gér.), dans les Pyrénées.

DCXLIX. S O R B I E R.   *S O R B U S.*

> *Sorbus.* Tourn. Linn. Juss. Lam.— *Pyri sp.* Gærtn.—*Sorbi sp.* Crantz.

Car. Ce genre diffère des alisiers par ses styles au nombre

de 5 : son fruit est globuleux ou en toupie, mol, à 5 graines cartilagineuses.

Obs. Arbres à feuilles pinnatifides, ou plus souvent ailées avec impaire.

5692. Sorbier des oiseleurs.   *Sorbus aucuparia.*

Sorbus aucuparia. Linn. spec. 683. Duham. Arb. 2. t. 73. Lam. Fl. fr. 3. p. 487. — *Mespilus aucuparia*. All. Ped. n. 1810. — *Pyrus aucuparia*. Gœrtn. Fruct. 2. p. 45. t. 87.

Arbre droit, rameux et médiocre; ses feuilles sont ailées, composées de 15 à 17 folioles ovales-lancéolées, pointues, dentées en leurs bords, glabres des deux côtés, mais d'une couleur pâle en dessous, et même un peu velues dans leur jeunesse; ses fleurs sont blanches et disposées en corimbe, sur des pédoncules rameux : il leur succède des fruits d'un beau rouge, contenant 3 ou 4 semences. ♄. Cet arbre est commun dans les bois.

5693. Sorbier domestique.   *Sorbus domestica.*

Sorbus domestica. Linn. spec. 684. Lam. Fl. fr. 3. p. 488. — *Mespilus domestica*. All. Ped. n. 1811. — *Pyrus domestica*. Smith. Fl. Brit. 532. — *Pyrus sorbus*. Gœrtn. Fruct. 2. p. 45. t. 87. — Cam. Epit. 160. ic.

Cet arbre est plus élevé que le précédent; son tronc est uni et fort droit, et ses branches forment une tête assez régulière; les folioles de ses feuilles sont ovales, dentées, un peu obtuses, blanchâtres et légèrement velues en dessous, même dans leur développement parfait; ses fleurs sont blanches, disposées en corimbe, et remplacées par des fruits d'un rouge jaunâtre et semblables à de petites poires. ♄. On trouve cet arbre dans les bois en Alsace; en Provence; en Piémont (All.) : ses fruits sont astringens. On le cultive sous les noms de *cormier*, *sorbier*, dans presque toute la France : ses fruits connus sous le nom de *sorbes*, *sourbes*, *cormes*, ne sont mûrs qu'en hiver; on les emploie sur-tout à la fabrication du cidre.

SECOND ORDRE.

ROSIERS.   *ROSÆ.*

Ovaires nombreux, monospermes, non adhérens, mais recouverts par le calice qui est en forme de godet et qui est resserré à son orifice; un style

*pour chaque ovaire ; radicule supérieure ; tige
ligneuse ; fleurs complettes hermaphrodites ; étamines en nombre indéterminé ; feuilles ailées.*

DCL. ROSIER.   ROSA.

Rosa. Tourn. Linn. Juss. Lam. Gœrtn.

CAR. Le calice est en forme de godet, ovoïde ou sphérique,
resserré à l'orifice, divisé en 5 lobes, dont 2 ou 3 munis d'appendices qui paroissent des folioles avortées ; ce calice devient
charnu à la maturité, et renferme plusieurs semences osseuses,
hérissées ; la corolle est à 5 pétales : les étamines et les pistils
sont nombreux.

§. Ier. *Fruits globuleux.*

3694. Rosier églantier.   *Rosa eglanteria.*

Rosa eglanteria. Linn. spec. 703. — *Rosa lutea.* Mill. Dict. n.
11. Lam. Fl. fr. 3. p. 132. — *Rosa cerea.* Rœssig. Ros. t. 2. —
Rosa chlorophylla. Ehrh. Beitr. 2. p. 69. — *Rosa fœtida.* All.
Ped. n. 1792.

β. *Rosa bicolor.* Jacq. Hort. Vind. t. 1. — *Rosa punicea.* Rœss.
Ros. t. 5.

Arbrisseau élégant, à racine traçante, à tige haute de 2
mètres, garnie d'aiguillons droits épars, à feuilles odorantes ;
ces feuilles sont ailées, à 5 ou 7 folioles ovoïdes, obtuses, dentées en scie sur-tout vers le sommet : les pétioles sont munis de
petits aiguillons ; les stipules sont dentées en scie ; leurs dents
sont glanduleuses, aussi bien que celles qui se trouvent au bas
des folioles ; les fleurs sont solitaires sur des pédoncules terminaux ; elles sont d'un jaune vif dans la variété α, d'un rouge
orangé à la face supérieure des pétales dans la variété β ; le tube
du calice est sphérique, à 5 divisions réfléchies après la fleuraison, pinnatifides vers le sommet, munies en dessus de
poils blancs et nombreux, et en dessous de poils rares et glanduleux. . Il croît sur les collines autour d'Alliano, en Piémont
(All.) ; en Provence, entre le Poet et Sisteron (Vill.) ; dans
les haies près de Soissons (Poir.) ; aux environs de Paris (Vaill.)?
Il est cultivé dans les jardins, sous les noms d'*églantier jaune*
qu'on donne à la première variété, et de *rosier ponceau* ou
rosier capucine qu'on donne à la seconde.

5695. Rosier jaune-soufre.　　*Rosa sulphurea.*

Rosa sulphurea. Ait. Kew. 2. p. 201. —*Rosa glaucophylla.* Ehrh.
Beitr. 2. p. 69. — *Rosa lutea multiplex.* Knorr. Del. 1. t. R.

Cet arbrisseau, cultivé dans tous les jardins sous le nom de
rosier jaune, a été long-temps regardé comme une variété du
précédent, mais il en diffère par ses feuilles non odorantes,
d'un verd glauque, pâle, d'une consistance délicate et légèrement pubescente, par ses stipules découpées, par sa fleur d'un
jaune plus pâle et qui ne devient jamais ponceau : cette fleur
est toujours double dans nos jardins, et s'épanouit même avec
difficulté. ♄. Cet arbrisseau passe pour indigène d'Orient. Garidel dit qu'il est commun aux environs d'Aix en Provence.

5696. Rosier des champs.　　*Rosa arvensis.*

Rosa arvensis. Linn. Mant. 245. Smith. Fl. brit. 538. — *Rosa
sylvestris.* Poll. pal. n. 485. — J. Bauh. 2. p. 44. f. 1.
β. *Rosa serpens.* Ehrh. Arb. 35. Schl. Cat. 42.

Arbrisseau tortueux, souvent rampant, qui s'élève à peine à
la hauteur d'un mètre, qui est glabre dans toutes ses parties,
et dont les rameaux sont alongés, garnis d'aiguillons épars
et crochus; les feuilles sont ailées, à 5 ou 7 folioles ovoïdes,
pâles et quelquefois pubescentes en dessous, bordées de dents
qui se terminent par une petite pointe; les fleurs naissent 1 à 5
ensemble, portées sur des pédicelles légèrement garnis de poils
glanduleux; ces fleurs sont blanches, odorantes; leur calice a le
tube sphérique, glabre; les pétales et les étamines sont insérés
sur le bord d'un disque charnu formé par la soudure naturelle
de tous les styles : du milieu de ce disque s'élève une petite
colonne glabre qui s'épanouit au sommet en plusieurs stigmates
distincts. ♄. Cette espèce, très-remarquable par son style, croît
dans les haies, les buissons, sur les collines et le bord des
champs.

5697. Rosier pimprenelle.　　*Rosa pimpinellifolia.*

Rosa spinosissima. Linn. spec. 705. Smith. Fl. brit. 537. —
Clus. Hist. 1. p. 116. f. 1. 2.
β. *Rosa pimpinellifolia.* Linn. spec. 703. Sut. Fl. helv. 1. p. 300.
Thuil. Fl. paris. II. 1. p. 250. non Vill.
γ. *Inermis.*

Arbrisseau d'un mètre au plus de hauteur, à rameaux courts,
droits et nombreux, remarquable par les aiguillons grêles,
droits, inégaux, qui couvrent abondamment la tige et les

branches; les feuilles sont ailées, à 7 ou 9 folioles ovales-
arrondies, fortement dentées en scie, glabres et assez petites ;
les pédoncules sont glabres, hérissés de quelques aiguillons
dans la variété *α*, nus dans la variété *β* qui est la plus commune ; les fleurs sont blanches avec l'onglet un peu jaunâtre ;
le tube du calice est globuleux, et le limbe a 5 lanières glabres,
étroites, égales et entières : le fruit est d'un rouge qui devient
noir à la maturité. . Cet arbuste est assez commun dans les terreins pierreux ou sablonneux, sur les collines et parmi les buissons. La variété *γ* diffère des deux précédentes par sa tige
entièrement dépourvue d'épines. Elle m'a été communiquée
par M. Nestler qui l'a trouvée sur la roche de Neunerstein au
champ du feu dans les Vosges.

3698. Rosier à mille épines. *Rosa myriacantha.*

Ce rosier, qui m'a été envoyé sous le nom de *rosa spinosissima*, convient en effet à la phrase spécifique de Linné, mais
nullement à sa synonimie et aux descriptions des auteurs sub-
séquens ; il diffère de l'espèce précédente par ses aiguillons de
moitié plus longs et plus nombreux ; par ses branches roides,
droites qui émettent latéralement des rameaux courts, feuillés
et uniflores ; par ses folioles, de moitié plus petites ; par ses
pédicelles hérissés d'aiguillons et de poils glanduleux ; par ses
fleurs, dont le diamètre ne dépasse pas 2 centim. ; enfin par
les poils courts et glanduleux qui se trouvent sur les pétioles,
les dents des folioles, et sur-tout les lanières du calice. . Il
est indigène du Dauphiné ou des environs de Lyon ; je la trouve
parmi les plantes envoyées à M. Delessert par M. Mouton-
Fontenille.

3699. Rosier cannelle.   *Rosa cinnamomea.*

Rosa cinnamomea. Linn. spec. 703. — *Rosa collincola.* Ehrh.
Beitr. 2. p. 70. — *Rosa fæcundissima.* Roth. Germ. 1. p. 218.
— J. Bauh. Hist. 2. p. 39. f. 1.
β. Rosa mayalis. Desf. Fl. atl. 1. p. 400. Regnier. act. soc. Laus.
1. p. 68. t. 4.

Arbrisseau de 1-2 mètres, à écorce lisse, d'un brun jaunâtre
qui approche de la teinte de la cannelle ; les aiguillons sont
blancs, à peine courbés, rarement épars, ordinairement placés
2 ou 3 ensemble sous l'origine des feuilles ; celles-ci sont ailées,
à 5 ou 7 folioles ovales-oblongues, dentées en scie, glabres
et vertes en dessus, blanchâtres et pubescentes en dessous ; les

stipules sont larges , à peine dentées; les pédicelles sont glabres, peu alongés, et dépassent à peine la longueur des stipules
dans la variété *β* ; les calices ont le tube lisse , globuleux , le
limbe à 5 divisions étroites , entières , un peu cotonneuses sur
les bords; la corolle est rouge , odorante. ♄. Il croît sur les
collines voisines du lac de Genève , à Pully près Lausanne ;
dans les bois du mont Chapé près Exilles (All.); dans la Marche
près d'Aubusson (Brid.); dans les bois de l'Auvergne (Delarb.);
au Ballon dans les Vosges (J. Bauh.).

3700. Rosier velu.   *Rosa villosa.*

Rosa villosa. Linn. spec. 704. Smith. Fl. brit. 538. — *Rosa po-
mifera.* Herm. Ros. n. 11. — *Rosa hispida.* Poir. Dict. 6. p.
286. — *Rosa eglanteria , β.* Lam. Fl. fr. 3. p. 131. — J. Bauh.
Hist. 2. p. 38. f. 1.
β. Fructu lævi. — *Rosa mollissima.* Wild. Prod. n. 1237.

Arbrisseau droit , rameux , de 1-2 mètres de hauteur, garni
d'aiguillons épars , grèles , droits , peu ou point élargis à leur
base ; les feuilles sont ailées , à 5 ou 7 folioles elliptiques ,
obtuses , doublement dentées en scie , plus grandes vers l'extrémité des feuilles , couvertes sur leurs deux surfaces de
poils mols , nombreux , couchés et grisâtres ; le pédoncule
est court , hérissé , ainsi que le tube du calice , d'aiguillons
mols , droits et en forme d'alène ; le calice a le tube globuleux , qui se change en un fruit très-gros , hérissé , couleur
de sang ; les divisions du calice portent en dessous des poils
glanduleux ; les pétales sont d'un rouge assez foncé.   . Il croît
sur les collines et dans les bois montueux de presque toute la
France. La variété *β* , dont je possède un échantillon recueilli
au mont Laurenti , dans les Pyrénées , a le tube du calice , et
conséquemment le fruit, lisse et sans aiguillons.

§. II. *Fruits ovoïdes.*

3701. Rosier cotonneux.   *Rosa tomentosa.*

Rosa tomentosa. Smith. Fl. brit. 539. — *Rosa villosa ,* . Huds.
Angl. 219. — *Rosa villosa.* Poir. Dict. 6. p. 285. excl. syn. —
J. Bauh. Hist. 2. p. 44. f. 2 ?

Cette epèce ressemble beaucoup au rosier velu par ses feuilles
couvertes de poils mols , nombreux et couchés ; mais son port
approche de celui du rosier des chiens ; ses aiguillons sont crochus , plus gros , élargis et comprimés à leur base ; ses folioles

sont un peu plus petites; ses fleurs sont d'un rose plus pâle; sur-tout enfin ses fruits sont ellipsoïdes et non globuleux; le pédicule et le tube du calice sont hérissés d'aiguillons mols et souvent glanduleux, caractère qui le distingue du suivant. Cette espèce croît dans les haies et les buissons; aux environs de Montbeillard (J. Bauh.)? elle m'a été envoyée de Neuchâtel en Suisse par M. Chaillet; M. Lamarck l'a trouvée dans l'Auvergne; on la retrouvera sans doute dans plusieurs parties de la France, lorsqu'on la distinguera de la précédente et de la suivante.

3702. Rosier des collines. *Rosa collina.*

Rosa collina. Jacq. Austr. 2. t. 197.

β. *Rosa collina.* Hall. fil. in Rœm. arch. 1. st. 2. p. 6.

Cette espèce de rosier ressemble beaucoup à la précédente, mais elle s'en distingue, parce que ses pédoncules sont plus courts et entièrement dégarnis de poils et d'aiguillons, aussi bien que les tubes des calices; la variété α s'en éloigne encore par ses feuilles glabres en dessus; la variété β semble tenir le milieu entre les deux plantes, et a les folioles pubescentes en dessus. ♄. Elle croît parmi les buissons, sur les collines aux environs de Turin (All.); dans les garennes de Sèvres près Paris; aux environs du Mans; j'ai reçu la variété β des environs de Narbonne; l'une et l'autre variétés ont été trouvées à la vallée de Servan, dans les Alpes, par M. Schleicher, qui me les a envoyées comme appartenant à la même espèce.

3703. Rosier en toupie. *Rosa turbinata.*

Rosa turbinata. Ait. Kew. 2. p. 206. — *Rosa campanulata.* Ehrh. Beitr. 6. p. 97. — *Rosa francofurtensis.* Desf. Cat. 175. — *Rosa francofurtana.* Munchh. Hausv. 5. p. 24. ex Wild. spec. 2. p. 1073. — *Rosa francfurtensis.* Rœss. Ros. t. 11.

Arbrisseau intermédiaire, par le port, entre le rosier velu et le rosier à cent feuilles; ses aiguillons sont un peu recourbés, peu nombreux; ses feuilles ont le pétiole un peu velu, chargé de 5 à 7 folioles ovales, grandes, fortement dentées en scie, velues en dessous; les pédicelles sont fortement hérissés de poils glanduleux qu'on retrouve en petit nombre au bas du tube du calice; ce tube est lisse dans le reste de son étendue, remarquable par sa forme, qui s'évase beaucoup vers le sommet, et qui est couronné par un large étranglement qui lui donne la forme d'une toupie, et qui l'a fait nommer vulgairement *rosier à gros cul;* les fleurs sont grandes, d'un rouge foncé. On ignore le lieu natal de ce rosier, qui passe pour indigène d'Europe; il est cultivé dans un grand nombre de jardins.

3704. Rosier à cent feuilles.   *Rosa centifolia.*

Rosa centifolia. Linn. spec. 704. Rœss. Ros. t. 1. Poir. Dict. 6. p. 276. var. α.

β. *Rosa cariophyllea.* Poir. loc. cit. var. 4. —*Rosa unguiculata.* Desf. Cat. 175.

Ce rosier a reçu le nom de *rosier à cent feuilles*, parce qu'il porte des fleurs doubles dans les jardins; M. Dupont, en recueillant les graines d'un rosier de cette espèce à fleurs semi-doubles, est parvenu à en obtenir un pied à fleurs simples. Cet arbrisseau s'élève à 1 ou 2 mètres; ses branches portent des aiguillons nombreux, presque droits; les pétioles portent quelques poils glanduleux, mais point d'aiguillons; les folioles sont au nombre de 5, ovales, pubescentes en dessous, munies vers le bord de quelques poils glanduleux, bordées de fortes dentelures en scie qui sont elles-mêmes un peu dentées; les pédicelles sont fortement hérissés de poils glanduleux; le tube du calice est ovale, presque hémisphérique; la fleur est de couleur rose, d'une odeur agréable. ♄. Cet arbuste, dont la patrie est inconnue, est cultivé dans tous les jardins. La variété β est très-singulière par ses pétales demi-avortés, rétrécis en onglet, déchiquetés au sommet; elle est cultivée dans quelques jardins, sur-tout aux environs du Mans, sous les noms de *rose-déchiquetée*, *rose-guenille*, *rose-œillet*, *rose onguiculée.*

3705. Rosier mousseux.   *Rosa muscosa.*

Rosa muscosa. Ait. Kew. 2. p. 207. Rœss. Ros. t. 6. — Mill. ic. t. 221. f. 1.

Cette espèce diffère de tous les rosiers, parce que ses pétioles, ses jeunes rameaux, et sur-tout ses pédoncules et ses calices, sont hérissés de longs poils verdâtres, glanduleux, très-nombreux, qui lui donnent le même aspect que si elle étoit couverte de mousse; ses aiguillons sont droits, grêles; les lobes de son calice sont pinnatifides; ses fleurs sont presque toujours doubles. ♄. Cet arbrisseau n'a jamais été trouvé sauvage, et n'est probablement qu'une monstruosité du rosier à cent feuilles, produite, soit par la culture, soit par le croisement de quelque autre race; on le cultive dans les jardins.

3706. Rosier de tous les mois. *Rosa semperflorens.*

Rosa semperflorens. Desf. Cat. 175. non Curt. — *Rosa omnium
calendarum.* Rœss. Ros. t. 8. — *Rosa centifolia bifera.* Poir.
Dict. 6. p. 276. var. ζ.

Cette espèce diffère du rosier à cent feuilles par ses fruits
plus alongés ; par ses fleurs, au nombre de 3-4 , disposées en
corimbe ; par ses aiguillons plus recourbés ; par ses folioles pubescentes sur les bords , mais dépourvues de poils glanduleux,
entourées de dentelures en scie peu profondes , et non dentées
sur le dos. ♄. On ignore son pays natal ; ce rosier est cultivé dans
les jardins , et on le préfère aux autres espèces , parce qu'il
fleurit plusieurs fois dans l'été.

3707. Rosier ponpon. *Rosa pomponia.*

Rosa burgundiaca. Desf. Cat. 175. non Rœss. Dur. — *Rosa Gallica ,* ε. Poir. Dict. 6. p. 278. — *Rosa provincialis , var.* Curt.
Bot. Mag. t. 407.

Sous-arbrisseau de 7-8 décim. de hauteur, rameux, droit ,
dont les aiguillons sont grèles , droits , un peu inclinés vers la
terre , dont les pétioles , et sur-tout les pédoncules et les calices , sont garnis de poils épars , glanduleux ; les feuilles sont
à 5 folioles ovales , dentées en scie , pubescentes et pâles en
dessous , un peu velues sur les bords des dentelures ; la feuille
supérieure n'a que 3 folioles : toutes sont d'un verd clair ; les
fleurs sont d'un rose pâle , un peu plus vif dans le centre , et
n'ont pas plus de 3 centim. de diamètre ; elles naissent ordinairement deux à deux ; le tube de leur calice est presque
sphérique ; les lanières sont demi-pinnatifides. Je n'ai jamais
vu cette espèce à fleur simple ; la variété double est cultivée
dans tous les jardins sous le nom de *rose-ponpon ;* on la nomme
aussi souvent *rose de Bourgogne ;* mais je n'ai pas conservé
ce dernier nom, qui semble devoir appartenir à l'espèce connue sous le nom de *rose de Champagne.* Elle est très-probablement indigène de France ; mais il existe chez tous les auteurs une telle confusion sur les rosiers cultivés, que je n'ose
indiquer aucun lieu précis.

3708. Rosier de Champagne. *Rosa Remensis.*

Rosa Remensis. Desf. Cat. 175. — *Rosa burgundiaca.* Rœss.
Ros. t. 4. Dur. Bourg. 1. p. 196. non Desf. — *Rosa damascena.*
Lob. ic. 2. t. 206. f. 2 ?

Sous-arbrisseau assez touffu , et dont la hauteur ne passe

pas 6 – 8 décim. ; ses aiguillons sont peu nombreux, presque
droits; ses pétioles portent à-la-fois quelques aiguillons, des
poils glanduleux et des poils non glanduleux ; ses feuilles ont 5
folioles ovales, un peu lancéolées, glabres et d'un verd foncé
en dessus , pâles en dessous, pubescentes sur les nervures ,
bordées de dents en scie glanduleuses, et munies elles-mêmes
de dents glanduleuses ; les fleurs sont petites , solitaires , d'un
rouge pourpre foncé, ordinairement doubles ; leur pédicelle est
glabre , muni de 2 ou 3 aiguillons avortés , à peine visibles ; le
tube du calice est glabre , ovoïde; ses lanières sont très-velues
en dedans. ♄. Cet arbuste est connu sous les noms de *rose de
Meaux*, *rose de Rheims*, *rose de Champagne;* ce qui peut
faire penser qu'il est réellement indigène de Champagne ; il est
commun sur les montagnes aux environs de Dijon (Dur.).

3709. Rosier de France.   *Rosa Gallica.*

Rosa Gallica. Linn. spec. 704. —*Rosa Austriaca.* Crantz. Austr.
86. — *Rosa rubra.* Lam. Fl. fr. 3. p. 130. — *Rosa sylvatica.*
Gat. Fl. montanb. 94. — Duham. Arb. 2. t. 53.
β. *Rosa versicolor.* Rœss. Ros. t. 14. — *Rosa prænestina.* Mill.
Dict. t. 221. f. 2.
γ. *Rosa pumila.* Jacq. Austr. t. 198.

Cet arbrisseau s'élève à 1 mètre de hauteur ; ses jeunes
rameaux sont hérissés d'aiguillons nombreux , droits , rougeâtres ,
qui tombent promptement , de sorte que les tiges anciennes
en sont dépourvues ; les stipules, les pétioles, le bord et les
nervures des feuilles, les pédoncules et la base des calices, sont
garnis de poils glanduleux ; les feuilles sont à 5 folioles ovales ,
arrondies , un peu fermes , glabres, et d'un verd foncé en dessus , d'un blanc glauque et pubescentes en dessous , bordées de
dents en scie glanduleuses , et elles-mêmes dentées ; les pédoncules sont hérissés de poils roides dans le bas , glanduleux
dans le haut ; le tube du calice est ovoïde, divisé en lanières
alongées , demi-pinnatifides , chargées en dessous de poils glanduleux. La variété α, connue sous le nom de *rose de Provins*,
rose pourpre, a la fleur grande , d'un rouge pourpre très-foncé;
le tube de son calice est hérissé à sa base, lisse dans presque
toute sa surface. La variété β, qu'on nomme *rose bigarrée*,
rose mi-partie, a la fleur panachée de bandes purpurines ,
roses ou blanches. Enfin la variété γ ne me paroît différer de
la première que par sa stature moins élevée, le tube de son

calice plus hérissé. ♭. Cet arbuste croît sur les collines boisées et pierreuses aux environs de Genève; de Turin; d'Orléans (Dub.); à Vichy et Brughat en Auvergne (Delarb.).

3710. Rosier rouillé. *Rosa rubiginosa.*

Rosa rubiginosa. Linn. Mant. 564. Jacq. Austr. t. 5o. — *Rosa eglanteria.* Mill. Dict. n. 4. Lam. Fl. fr. 3. p. 131. var. *α.* — *Rosa suavifolia.* Lightf. Scot. 262. — *Rosa eglanteria rubra.* Rœss. Ros. t. 10.

Arbrisseau de 9-12 décim., dont les tiges sont rameuses et hérissées d'aiguillons un peu crochus et nombreux; ses feuilles sont composées de 5 ou 7 folioles assez petites, ovales, dentées, odorantes, un peu rudes au toucher, et remarquables par des poils glanduleux, visqueux et roussâtres, placés entre leurs dentelures et dans toute leur surface postérieure; les fleurs sont rouges, petites, et portées sur des pédoncules courts et hérissés; les pétales sont échancrés en cœur, et les fruits sont lisses, ellipsoïdes. ♭. Ce rosier est assez commun dans les terreins secs et pierreux le long des champs et des routes; on le connoît sous les noms d'*églantier*, d'*églantier rouge*, de *rosier à odeur de pomme de reinette.*

3711. Rosier à feuilles rougeâtres. *Rosa rubrifolia.*

Rosa rubrifolia. Vill. Dauph. 3. p. 549. Wild. spec. 3. p. 1075. *Rosa glauca.* Desf. Cat. 175. — *Rosa canina,* *β.* Sut. Fl. helv. 1. p. 302. — *Rosa rubicunda.* Hall. fil. in Rœm. Arch. 1. st. 2. p. 6. — *Rosa multiflora.* Reyn. act. soc. Laus. 1. p. 70. t. 6.

Arbrisseau de 2 – 3 mètres, dont toutes les parties ont une couleur rougeâtre, et sont recouvertes d'une poussière glauque; ses aiguillons sont blancs, peu nombreux, légèrement courbés, élargis en base elliptique; ses feuilles ont des aiguillons sur leur pétiole, sont ailées, à 7 folioles ovales-oblongues, glabres, dentées en scie vers le sommet; les fleurs sont rouges, portées sur des pédoncules glabres, peu alongés; le tube du calice est ovoïde, glabre; ses lanières sont plus longues que les pétales, chargées en dessous de poils glanduleux. ♭. Cet arbrisseau croît dans les prairies exposées au nord et un peu humides des montagnes; elle a été trouvée dans les Alpes de Savoie; en Dauphiné, par M. Villars; dans les Vosges, au Ballon, par M. Nestler; dans les montagnes d'Auvergne; aux environs de Gavarni dans les Pyrénées, par M. Ramond.

3712. Rosier des Alpes.   *Rosa Alpina.*

Rosa Alpina. Linn. spec. 703. Lam. Fl. fr. 3. p. 132. var. *a.* —
Rosa inermis. Mill. Dict. n. 6. —*Rosa rupestris.* Crantz. Austr.
85.— J. Bauh. 2. p. 39. f. 2.
β. *Rosa lagenaria.* Vill. Dauph. 3. p. 553.

Sa tige est haute de 6–10 décimètres, rameuse, glabre
et point hérissée d'aiguillons ; ses feuilles sont composées de
7 ou de 9 folioles ovales, glabres et dentées ; elles ont leurs
pétioles communs, et leurs stipules ciliés ou chargés de pointes
foibles extrêmement petites ; les fleurs sont petites, d'un rouge
foncé, mais très-vif, solitaires ou géminées, et portées sur des
pédoncules couverts de petites pointes peu sensibles ; le tube du
calice est ovoïde, glabre : ses divisions sont simples, et leurs pétales ont les onglets blancs : son fruit est très-gros, pendant,
presque sphérique. Dans la variété β, le fruit s'alonge beaucoup,
se renfle au milieu et se rétrécit aux deux extrémités. ♄. Cet arbrisseau croît dans les lieux pierreux des montagnes ; il est commun dans les Alpes ; on le retrouve dans les Vosges, dans les
Pyrénées, les Monts-d'Or, les Cévennes.

3713. Rosier des Pyrénées.   *Rosa Pyrenaica.*

Rosa Pyrenaica. Gou. Illustr. 31. t. 19. Wild. spec. 3. p. 1076.
— *Rosa Alpina*, β. Lam. Fl. fr. 3. p. 132. — *Rosa hispida.*
Krock. Siles. n. 783.

Cette espèce est extrêmement voisine du rosier des Alpes,
et n'en est peut-être qu'une simple variété ; elle se distingue
à ses calices, dont le tube est hérissé de poils roides ou
glanduleux. Toutes les autres différences indiquées par Gouan
sont communes aux diverses variétés des deux plantes. On le
trouve dans les Pyrénées ; il se retrouve dans les Alpes voisines
du Valais et du lac de Genève.

3714. Rosier toujours-verd.   *Rosa sempervirens.*

Rosa sempervirens. Linn. spec. 704. Poir. Dict. 5. p. 293.—Dill.
Elth. 326. t. 246. f. 318.

Ce rosier se distingue de la plupart des autres espèces,
parce qu'il conserve son feuillage pendant l'hiver ; il s'élève à la
hauteur d'un mètre et demi, et porte sur ses rameaux et sur
ses pétioles des aiguillons crochus et épars : ses feuilles sont
glabres, lisses, fermes, à stipules étroites et acérées, à 5
ou 7 folioles lancéolées, pointues, dentées en scie ; les fleurs
sont disposées en corimbe, portées sur des pédicelles hérissés de poils glanduleux : à la base de chaque pédicelle, est

une bractée étalée ou réfléchie ; les calices ont le tube ovoïde , hérissé de poils glanduleux , les divisions courtes, entières , ovales à la base, acérées au sommet : les corolles sont blanches , odorantes. ♭. Il a été trouvé en Provence près de Marseille , sur les bords de l'Uveaume , par M. Poiret ; je l'ai reçu de M. Broussonet , qui l'a trouvé en Languedoc.

3715. Rosier musqué. *Rosa moschata.*

Rosa moschata. Ait. Kew. 2. p. 207. Desf. Atl. 1. p. 400. —
Rosa opsostemma. Ehrh. Beitr. 2. p. 72. — J. Bauh. Hist. 2.
p. 46. ic.

Cette belle espèce de rosier ressemble par son feuillage au rosier toujours-verd , mais on l'en distingue facilement à ses fleurs blanches, disposées en corimbe : elle s'élève jusqu'à la hauteur d'un homme ; ses aiguillons sont fermes , recourbés , peu nombreux ; les pétioles portent quelques aiguillons et des poils glanduleux ; les folioles sont au nombre de 5 à 9 , ovales , pointues, lisses , dentées en scie , d'un verd foncé ; les pédoncules sont garnis de poils courts et glanduleux : le tube du calice est un peu velu , ovale-oblong : la fleur est très-odorante , et fournit une huile essentielle très-aromatique. J'indique cette plante d'après M. Bridel , qui m'a assuré l'avoir trouvée sauvage dans le Roussillon. On en cultive dans les jardins , sur - tout dans les provinces méridionales , une variété à fleurs doubles , connue sous le nom de *rosier - muscade ;* Garidel dit en avoir vu un pied qui, dans sa jeunesse, portoit des fleurs simples , et qui, dans sa vieillesse , en donnoit de doubles.

3716. Rosier des chiens. *Rosa canina.*

Rosa canina. Linn. spec. 704. Poir. Dict. 6. p. 287. Fl. dan. t. 555.
— *Rosa sepium.* Lam. Fl. fr. 3. p. 129.
β. *Rosa sepium.* Thuil. Fl. paris. ed. 2. vol. 1. p. 252.
γ. *Rosa dumetorum.* Thuil. Fl. paris. ed. 2. vol. 1. p. 250.

Arbrisseau élégant , droit , à rameaux élancés , glabre dans presque toutes ses parties ; ses aiguillons sont épars , comprimés, larges à leur base , crochus au sommet ; ses folioles sont au nombre de 5-7 , ovales , dentées en scie ; ses fleurs sont d'un blanc tirant sur le rose , portées sur des pédicelles courts et glabres ; le tube du calice est lisse , ovoïde ; les divisions sont 2 entières, 3 demi-pinnatifides ; les pistils sont courts et distincts , caractère qui distingue cette espèce de la rose des

champs. La variété β a les folioles et les pétioles chargés en
dessous de glandes sessiles, et les fruits très-alongés; la variété γ a les feuilles pubescentes en dessous, et les fruits presque sessiles. Cette espèce paroît renfermer plusieurs races distinctes, mais je ne les connois pas suffisamment pour oser
les distinguer. ♄. Elle est assez commune dans les haies et les
buissons.

3717. Rosier blanc.   *Rosa alba.*

Rosa alba. Linn. spec. 705. Lam. Fl. fr. 3. p. 130. — *Rosa usi-*
tatissima. Gat. Fl. montaub. 94.
β. *Flore pleno.* Rœss. Ros. t. 15.

Arbrisseau très-rameux, diffus et haut de 1-2 mètres; ses
feuilles sont composées de 7 folioles ovales, dentées, d'un verd
foncé, glabres, mais portées sur des pétioles pubescens et garnis
d'aiguillons; les stipules sont étroites; les fleurs sont grandes,
tout-à-fait blanches et odorantes; elles ont les divisions de leur
calice pinnatifides, et sont portées sur des pédicelles hérissés
de poils glanduleux; le tube de leur calice est glabre, ovoïde;
les feuilles qui sont à la base des pédicelles, sont avortées, réduites seulement à leurs stipules, ce qui forme des feuilles
simples, ovales-lancéolées. ♄. Cet arbrisseau croît dans les haies,
sur les collines; on le cultive dans tous les jardins.

TROISIÈME ORDRE.
AGRIMONIÉES.   *AGRIMONIACEÆ.*

Ovaires monospermes, solitaires ou en nombre dé-
terminé, recouverts par le calice qui est en godet
resserré à son orifice; un seul style pour chaque
ovaire; radicule supérieure; tige herbacée ou
demi-ligneuse; fleurs souvent sans pétales et
quelquefois unisexuelles; feuilles ailées ou di-
gitées.

DCLI. PIMPRENELLE.   *POTERIUM.*

Poterium. Linn. Juss. Lam. — *Pimpinellæ sp.* Tourn.

Car. Les fleurs sont dioïques, sans corolle; le calice est coloré, à 4 lobes, muni en dehors de 5 écailles; les mâles ont
30 étamines; les femelles 2 ovaires, 2 styles, 2 stigmates en
forme de pinceau, 2 semences renfermées dans le calice qui
ressemble à une capsule.

Obs.

Obs. Herbes ou sous-arbrisseaux à feuilles ailées avec impaire, à stipules adhérentes au pétiole, à fleurs disposées en
têtes ou en épis terminaux; la pimprenelle épineuse se distingue
des autres par ses calices qui se changent en baies après la
fécondation : elle a presque le port d'un rosier et doit peut-
être former un genre distinct.

3718. Pimprenelle sangui-   *Poterium sanguisorba.*
      sorbe.

Poterium sanguisorba. Linn. spec. 1411. Lam. Illustr. t. 777. —
Pimpinella minor. Lam. Fl. fr. 3. p. 343. — Cam. Epit. 777. ic.

Ses tiges sont un peu anguleuses, plus ou moins velues, légèrement rameuses, et ne s'élèvent que jusqu'à 5 décim. ; ses
feuilles sont composées de 11 à 15 folioles assez petites , glabres ,
presque toutes égales, ovales et garnies de dentelures profondes ;
ses fleurs sont terminales et disposées en tête ovale ou quelquefois entièrement arrondie ; les unes sont femelles , et n'ont
que deux styles plumeux et rougeâtres : ce sont les supérieures ;
d'autres sont mâles, et ont 30 à 40 étamines fort longues ;
d'autres enfin sont hermaphrodites. ♃. On trouve cette plante
dans les prés secs et montagneux; elle est vulnéraire, astringente : elle entre comme assaisonnement dans les salades ;
elle porte les noms de *petite pimprenelle* , *pimpinelle* , *pim-*
panela.

3719. Pimprenelle bâtarde.   *Poterium hybridum.*

Poterium hybridum. Linn. spec. 1412. — Barr. t. 632.

Elle a le port de la précédente , mais elle est plus velue dans
toutes ses parties; sa tige est cylindrique, ses folioles sont
ovales-oblongues , ses étamines dépassent à peine la longueur
du calice. ♃. Elle croît dans les provinces méridonales (Poir.)?
à Montpellier (Lin.)?

3720. Pimprenelle épineuse.   *Poterium spinosum.*

Poterium spinosum. Linn. spec. 1412. All. Ped. n. 499. — Moris.
3. s. 8. t. 18. f. 5. — J. Bauh. 1. p. 2. p. 409.

Petit arbrisseau tortu, très-rameux, et dont les branches
persistent et se changent en épines pointues, rameuses et divergentes; les feuilles sont ailées avec impaire, à 7 ou 9 paires
de folioles ovales, petites, d'un verd obscur, fortement dentées sur-tout vers le sommet, un peu cotonneuses en dessous
dans leur jeunesse et ensuite glabres; les fleurs sont en épis ,

munies à leur base de bractées petites et ciliées ; le calice est à 4 lobes glabres, ovales, ouverts et pubescens ; les fruits sont charnus, sphériques, rougeâtres et couronnés par les lobes du calice. ♃. Cette espèce n'est pas rare dans la partie méridionale du Piémont (J. Bauh); dans les montagnes autour de Garrexio et de la Morra (All.).

DCLII. SANGUISORBE. *SANGUISORBA.*

Sanguisorba. Linn. Juss. Lam. — *Pimpinellæ sp.* Tourn. Gœrtn.

CAR. Les fleurs sont hermaphrodites, sans corolle ; le calice est coloré, à 4 lobes, muni de 2 écailles à sa base ; les étamines sont au nombre de 4 ; les ovaires sont au nombre de 2, chargés chacun d'un style et d'un stigmate simple : les 2 graines sont contenues dans le calice, qui ressemble à une capsule.

3721. Sanguisorbe officinale. *Sanguisorba officinalis.*

Sanguisorba officinalis. Linn. spec. 169. Lam. Illustr. t. 85. — *Pimpinella officinalis.* Lam. Fl. fr. 3. p. 343.

Ses tiges sont droites, anguleuses, glabres, médiocrement rameuses et hautes de 1 mètre ; ses feuilles sont alternes, un peu distantes, pétiolées et composées de 11 ou 13 folioles cordiformes, obtuses à leur sommet, dentées en leur bord et d'un verd glauque en dessous ; les fleurs sont terminales, rougeâtres et disposées en une tête ovale ou un épi fort court. ♃. Cette plante croit dans les prés secs : elle est vulnéraire et astringente.

DCLIII. AIGREMOINE. *AGRIMONIA.*

Agrimonia. Tourn. Linn. Juss. Lam. Gœrtn.

CAR. Le calice est oblong, à 5 lobes, hérissé en dehors de pointes crochues à leur sommet, entouré d'un petit involucre à 2 lobes ; la corolle est à 5 pétales ; les étamines sont au nombre de 12 à 20 ; les ovaires sont au nombre de 2, chargés chacun d'un style et d'un stigmate : les graines sont au nombre de 2, contenues dans le calice qui ressemble à une capsule.

OBS. Herbes à feuilles ailées avec impaire, dont les folioles sont alternativement grandes et petites, à fleurs jaunes disposées en longs épis.

3722. Aigremoine eupatoire. *Agrimonia eupatoria.*

Agrimonia eupatoria. Linn. spec. 643. Lam. Illustr. t. 409. f. 1. — *Agrimonia minor.* Mill. Dict. n. 2. — *Agrimonia officinarum.* Lam. Fl. fr. 3. p. 477.

β. *Flore albo.*

Sa tige est haute de 6 décim., plus ou moins, un peu dure, velue, et ordinairement simple; ses feuilles sont alternes, ailées avec une impaire, et composées de 7 ou 9 folioles ovales-oblongues, dentées en scie, velues, et entre lesquelles on en trouve d'autres extrêmement petites : les folioles vont en augmentant de grandeur vers le sommet des feuilles; les fleurs sont jaunes, petites, presque sessiles, et forment un épi grêle, alongé et terminal; les fruits sont très-hérissés de pointes crochues. ♃. On trouve cette plante le long des haies, des chemins et dans les bois : elle est vulnéraire, astringente.

3723. Aigremoine odorante. *Agrimonia odorata.*

Agrimonia odorata. Camer. Hort. 7. Mill. Dict. n. 3. Thuil. Fl. paris. II. 1. p. 232. — *Agrimonia eupatoria*, γ. Desf. Cat. 176.

Cette plante ressemble à la précédente, mais elle est plus grande dans toutes ses parties; ses fleurs sont odorantes, ses folioles sont oblongues, leur longueur est double de leur largeur, et celles du bas de chaque pétiole sont beaucoup plus petites que celles du sommet. ♃. Elle croit dans les bois, au château de la Chasse près Montmorency (Vaill.) et ailleurs, dans les environs de Paris (Thuil.).

DCLIV. ALCHIMILLE. *ALCHEMILLA.*

Alchimilla. Tourn. Lam. Desf. — *Alchemilla et Aphanes.* Linn. Juss. Gœrtn.

CAR. Le calice est tubuleux, à 8 découpures, dont 4 alternes plus petites et plus extérieures : la corolle manque; les étamines sont au nombre de 4, très-courtes; l'ovaire est solitaire, chargé d'un style et d'un stigmate, et se change en une graine recouverte par le calice.

3724. Alchimille commune. *Alchemilla vulgaris.*

Alchemilla vulgaris. Linn. spec. 178. Lam. Illustr. t. 86. f. 1.
β. *Alchemilla hybrida.* Linn. spec. 179. — Pluk. t. 240. f. 2.
γ. *Glabra.*

Sa racine est grosse, ligneuse, garnie de beaucoup de fibres chevelues, et pousse plusieurs tiges cylindriques, rameuses, légèrement velues, feuillées et hautes de 3 décim. ou environ; ses feuilles sont pétiolées, arrondies, à 8 ou 10 lobes dentés, glabres en dessus, nerveuses et veinées en dessous, et chargées de quelques poils en leur bord et sur leurs nervures : celles de

la racine sont assez grandes, et portées sur de longs pétioles ;
les fleurs sont petites, nombreuses, verdâtres, et disposées par
bouquets pédonculés au sommet et dans les aisselles supérieures
des tiges. La variété β est un peu moins grande dans toutes ses
parties ; ses tiges et le dessous de ses feuilles sont plus abondamment garnis de poils. La variété γ que M. Clarion a observée auprès des glaciers dans les montagnes de Seyne en Provence, diffère des précédentes, parce qu'elle est entièrement
glabre, et que ses fleurs sont un peu plus grandes. ♃. On trouve
cette plante dans les prés et les bois montagneux ; sa variété
croît dans les Alpes.

3725. Alchimille des Alpes.   *Alchemilla Alpina.*

Alchemilla Alpina. Linn. spec. 179. — *Alchemilla argentea.*
Lam. Fl. fr. 3. p. 3o3. — Cam. Epit. 909. ic.

Cette plante a un aspect charmant ; sa racine est assez grosse,
ligneuse, et pousse plusieurs tiges hautes de 2 décimètres,
grêles, souvent simples, feuillées et pubescentes ; ses feuilles
sont pétiolées, composées de 5 ou 7 folioles très-distinctes,
disposées en manière de digitations ; ces folioles sont ovales,
un peu rétrécies vers leur base, dentées à leur sommet, vertes
en dessus, soyeuses, luisantes et très-argentées en dessous ; les
fleurs sont petites, ramassées par bouquets serrés, et disposées au sommet et dans les aisselles supérieures des tiges. ♃.
Cette plante croît dans les prairies et les lieux pierreux des
montagnes ; dans les Alpes de la Savoie, du Piémont, du Dauphiné, de la Provence ; dans les Monts-d'Or ; sur les sommités
du Jura ; elle est très-rare dans les Vosges, où M. Herman ne
l'a trouvée qu'au Tossberg dans le Sundgau près du Masevaux.

3726. Alchimille à cinq   *Alchemilla pentaphyllea.*
feuilles.

Alchemilla pentaphyllea. Linn. spec. 179. Lam. Dict. 1. p. 77.
— Bocc. Mus. p. 18. t. 1.

Sa racine est fibreuse, noirâtre, et pousse plusieurs tiges
menues, glabres, feuillées, et longues de 1 décimètre ; ses
feuilles sont pétiolées, vertes, chargées dans leur jeunesse de
quelques poils écartés les uns des autres, deviennent glabres
en vieillissant, et sont composées de 3 folioles et non de 5 :
ces folioles sont profondément divisées en découpures étroites
et presque linéaires ; les deux latérales sont quelquefois

partagées en 2, au-delà de moitié, ce qui fait paroître les feuilles quinées, mais elles ne le sont pas réellement; les fleurs sont verdâtres, et disposées 7 à 9 ensemble en ombelles extrêmement petites, garnies d'une ou 2 feuilles sessiles, situées en manière de collerette. ♃. Cette plante croît parmi les gazons, dans les lieux froids, pierreux et exposés au nord; dans les hautes Alpes, en Savoie au col du Bonhomme; au Saint-Bernard près le couvent; en Piémont; en Dauphiné au mont *Cælo*, au bourg d'Oysans et au Valgaudemar (Vill.).

3727. Alchimille des champs. *Alchemilla arvensis.*

Alchemilla arvensis. Scop. Carn. 1. p. 115. Lam. Dict. 1. p. 78. — *Aphanes arvensis.* Linn. spec. 179. Fl. dan. t. 973. — *Alchemilla aphanes.* Leers. Herb. n. 122.

Cette plante est petite et légèrement velue dans toutes ses parties; ses tiges sont grèles, feuillées et hautes de 6-9 cent.; ses feuilles sont petites, blanchâtres, arrondies, découpées en 5 lobes bifides ou trifides, et portées par des pétioles fort courts, à la base desquels on trouve, comme dans les espèces précédentes, une stipule embrassante et vaginale; les fleurs sont très-petites, herbacées, sessiles et ramassées dans les aisselles des feuilles; les fruits sont souvent composés de 2 semences. ⊙. On trouve cette plante dans les champs; elle passe pour diurétique: on la connoît sous le nom de *perchepier.*

DCLV. SIBBALDIE. *SIBBALDIA.*

Sibbaldia. Linn. Juss. Lam. Gœrtn. — *Fragariæ sp.* Tourn.

CAR. Le calice est ouvert, divisé en 10 découpures, dont 5 alternes plus petites; les pétales, les étamines, les ovaires, les styles et les stigmates sont au nombre de 5 : les graines sont recouvertes par le calice qui se referme après la fleuraison.

3728. Sibbaldie couchée. *Sibbaldia procumbens.*

Sibbaldia procumbens. Linn. spec. 406. Lam. Illustr. t. 221. f. 1. Fl. dan. t. 32.

Sa racine se divise en plusieurs souches garnies d'écailles brunes; ses tiges sont longues de 6-9 centimètres, très-grèles, foibles, feuillées, légèrement velues, et portent à leur sommet 2 ou 5 fleurs blanchâtres, assez petites : les feuilles radicales sont pétiolées, et composées de 5 folioles cunéiformes, tronquées à leur sommet, et terminées par 5 dents verdâtres, un peu velues, et légèrement soyeuses dans leur jeunesse : celles de la tige

sont presque sessiles et en petit nombre; chaque fleur a une petite bractée à sa base. ♃. Elle croît dans les prairies exposées au
nord, parmi les ravins et le long des glaciers, dans les hautes
Alpes de Savoie; de Piémont; de Dauphiné; de Provence;
dans les Pyrénées.

QUATRIÈME ORDRE.
DRYADÉES.　　　*DRYADEÆ.*

*Ovaires monospermes, libres, nombreux, portés
sur un réceptacle commun, surmontés chacun
d'un style; radicule supérieure; tiges herbacées
ou rarement ligneuses; étamines en nombre indéterminé; feuilles simples, ailées ou digitées.*

DCLVI. TORMENTILLE.　　*TORMENTILLA.*

Tormentilla. Tourn. Linn. Juss. Lam.

Car. Le calice est à 8 découpures, dont 4 alternes plus
petites; la corolle est à 4 pétales; le réceptacle des graines est
petit, non charnu.

Obs. Herbes à feuilles digitées, qui ont le port des potentilles, et n'en diffèrent que par le nombre des parties.

3729. **Tormentille droite.** *Tormentilla erecta.*

Tormentilla erecta. Linn. spec. 716. Lam. Illustr. t. 444. —
Tormentilla officinalis. Curt. Fl. lond. t. 35. — *Potentilla
tormentilla.* Abbot. Bedf. 114. — Cam. Epit. 685. ic.

Ses tiges sont menues, chargées de quelques poils, rameuses,
longues de 2 décimètres, quelquefois assez droites, mais
souvent couchées et diffuses; ses feuilles sont sessiles et composées de 3 ou de 5 folioles digitées, lancéolées, dentées en
scie : ses fleurs sont petites, solitaires, pédonculées et de couleur jaune. ♃. Cette plante est commune sur le bord des bois,
des chemins, sur les pelouses et dans les pâturages secs : elle
est vulnéraire et astringente.

3730. **Tormentille couchée.** *Tormentilla reptans.*

Tormentilla reptans. Linn. spec. 716. Smith. Fl. brit. 553. —
Potentilla procumbens. Sibth. Oxon. 162.

Sa tige est grêle, couchée, non rampante, plusieurs fois
bifurquée; les feuilles sont pétiolées, digitées, à 5 folioles
en forme de coin, dentées au sommet, peu velues; les stipules sont entières, lancéolées; les fleurs ressemblent à celles
de la précédente; mais leurs pédicelles, au lieu de sortir de

l'aisselle des feuilles, naissent entre la bifurcation des rameaux ; les pétales ne sont pas échancrés au sommet. ♃. Elle a été
trouvée à la forêt de Cressy près Abbeville, par M. Boucher.

DCLVII. POTENTILLE. *POTENTILLA.*

Potentilla. Linn. Juss. Lam. — *Quinquefolium*, *Pentaphylloides et Fragariæ sp.* Tourn.

CAR. Le calice est ouvert, à 10 découpures, dont 5 alternes
plus petites ; la corolle est à 5 pétales ; le réceptacle des graines
est petit, persistant, non charnu, souvent garni de poils.

OBS. Les potentilles sont presque toutes des herbes à feuilles
alternes, pétiolées, ailées ou digitées, ou ternées, dont les stipules adhèrent à la base du pétiole ; les fleurs sont ordinairement
disposées en corimbes terminaux, de couleur jaune ou blanche ;
leur réceptacle est toujours plus ou moins hérissé de poils. Les
vraies potentilles ont les graines ridées en travers ; quelques-
unes des dernières espèces du genre, qui ont la graine lisse et
la fleur blanche comme les fraisiers, doivent peut-être former
un genre particulier.

§. Ier. *Fleurs jaunes : feuilles découpées en manière
d'aile (Pentaphylloides , Tourn.).*

5751. Potentille arbrisseau.   *Potentilla fruticosa.*

Potentilla fruticosa. Linn. spec. 709. Poir. Dict. 5. p. 584.
Duham. ed. sec. p. 11. t. 4.

Arbrisseau d'un mètre de hauteur, à écorce brune tombant
toutes les années, à jeunes pousses velues, à stipules marcescentes, lancéolées ; ses feuilles ont un pétiole court qui porte 5
ou 7 lanières linéaires, oblongues, disposées en manière d'aile,
et dont les 3 du sommet sont un peu soudées par la base ; les
fleurs sont jaunes, pédonculées, terminales, solitaires ou en
petit nombre. ♄. Il croît dans les lieux exposés au soleil ; dans
les montagnes de l'Inferno, près Tende en Piémont (All.) ;
M. Nestler l'a trouvé dans les haies de la haute Alsace ; je l'ai
rencontré dans les dunes de la Hollande ; mais peut-être il
a été planté dans ces deux dernières stations.

5752. Potentille argentine.   *Potentilla anserina.*

Potentilla anserina. Linn. spec. 710. Bull. Herb. t. 157. —
Fragaria anserina. Crantz. Austr. 71. — *Argentina vulgaris.*
Lam. Fl. fr. 3. p. 119. — G. n. Epit. 705. ic.

Ses tiges sont menues, rampantes, traçantes, légèrement
velues et rameuses ; ses feuilles sont assez grandes, ailées et

composées de 15 à 17 folioles ovales-oblongues, peu distantes,
dentées en leur bord, velues, verdâtres en dessus, mais blanchâtres, soyeuses et luisantes en dessous : entre ces folioles,
on en trouve souvent d'autres fort petites, qui sont comme
avortées ; les fleurs sont jaunes, axillaires, solitaires, et portées
sur de longs pédoncules radicaux ; les divisions moyennes de
leur calice sont quelquefois découpées ou dentées. ♃. Cette plante
est très-commune sur le bord des chemins et dans les lieux un
peu humides. Elle est vulnéraire, astringente et dessicative.

3733. Potentille couchée.　　*Potentilla supina.*

Potentilla supina. Linn. spec. 711. — *Fragaria supina.* Crantz.
Austr. 73. — *Argentina supina.* Lam. Fl. fr. 3. p. 119. — Clus.
Hist. 2. p. 107. f. 2.

Ses tiges sont longues d'un décim., couchées, rameuses vers
leur sommet, et légèrement velues ; ses feuilles sont pétiolées,
ailées, un peu velues, d'un verd pâle ou assez clair, et composées de folioles incisées et pinnatifides ; les fleurs sont petites,
et disposées, vers l'extrémité des tiges, sur des pédoncules solitaires, axillaires et d'une longueur médiocre ; leurs pétales sont
jaunes, et ne dépassent pas la longueur du calice ; le réceptacle
est épais, hérissé de poils. ☉. Elle croit dans les champs pierreux ou sablonneux, dans les lieux où l'eau a séjourné pendant
l'hiver ; aux environs de Paris ; en Bourgogne (Dur.); en Lorraine (Buch.); à Strasbourg ; sur les collines voisines de Turin
(All.); aux environs de Nantes (Bon.).

3734. Potentille découpée.　　*Potentilla multifida.*

Potentilla multifida. Linn. spec. 710. — Hall. Helv. n. 1125.

Cette plante a le port de la potentille argentée ; sa tige est
ascendante, presque glabre ; ses feuilles sont composées de
lobes pinnatifides, glabres en dessus, couverts en dessous d'un
coton blanchâtre ; mais ces lobes, au lieu de partir tous du
sommet du pétiole, comme dans la potentille argentée, naissent le long du pétiole, disposés en manière d'aile : chaque
pétiole en porte 5 ou 4 paires ; les fleurs sont jaunes, disposées en corimbe ; les pétales atteignent à peine la longueur
du calice, et sont échancrés au sommet et en forme de cœur
renversé. ♃. Cette plante croit dans les montagnes du Piémont,
sur le sommet de la Vanoise (All.); au mont Stock et au mont
Sylvio (Sut.) (1).

____

(1) Outre les potentilles à feuilles pennées que je viens de décrire, on

§. II. *Fleurs jaunes : feuilles digitées (Quinquefolium*, Tourn.).

3735. Potentille droite.　　*Potentilla recta.*

Potentilla recta. Linn. spec. 711. Jacq. Fl. austr. t. 383. — Lob.
ic. 689. f. 2.

β. *Potentilla sulfurea.* Lam. Fl. fr. 3. p. 114.—Garid. Aix. t. 83.

Elle se distingue de toutes les espèces voisines à ses stipules
profondément découpées en lobes linéaires sur leur bord extérieur; sa tige est haute de 6 décim. , très-droite, cylindrique,
feuillée , velue et simplement verdâtre ; ses feuilles sont pétiolées , un peu épaisses , velues, et presque rudes au toucher :
les inférieures sont composées de 7 digitations oblongues et
dentées en scie ; les supérieures sont presque sessiles , et n'en
ont ordinairement que 5 : les fleurs sont terminales, d'un
jaune de soufre , les unes ramassées et soutenues par des pédoncules fort courts, et les autres solitaires sur les pédoncules
qui naissent des bifurcations de la tige , et qui sont assez
longs. ♃. On trouve cette plante en Provence (Gér.), en Piémont (All.) ; en Languedoc; dans le Dauphiné près Gap et
Embrun (Vill.) ; dans la Bresse et le Lyonnois (Latourr.) ; en
Bourgogne (Dur.).

3736. Potentille hérissée.　　*Potentilla hirta.*

Potentilla hirta. Linn. spec. 712. All. Ped. n. 1478. t. 71. —
Potentilla recta. Lam. Fl. fr. 3. p. 115. var. α. Thuil. Fl. paris.
II. 1. p. 256 ?

β. *Potentilla rubens.* All. Ped. n. 1486. non Vill.

Sa tige est droite , rougeâtre , hérissée de longs poils blancs ,
moins épaisse que celle de la potentille droite, haute de 3-4
décim. , terminée par un corimbe irrégulier, de 7 - 8 fleurs
grandes, d'un beau jaune , portées sur des pédicelles hérissés :
les stipules sont étroites , longues , pointues , entières ou à
peine dentées; les feuilles sont à 5 folioles oblongues , un peu
rétrécies à la base , fortement dentées dans toute leur longueur, hérissées de poils épars : celles du bas ont quelquefois
7 folioles; celles du haut sont presque sessiles , et n'en ont
que 3. La variété α a les folioles élargies au sommet, en forme

---

trouve aux environs de Paris, à Arcueil et au bois de Boulogne , la *potentilla pensylvanica* , qui se distingue à sa tige droite , herbacée, pubescente, à ses feuilles ailées, à 7-11 folioles fortement dentées; mais cette
plante est étrangère et a été semée autour de Paris.

de coin; la variété β a les folioles plus étroites et plus pointues. ♃. Elle croit dans les lieux secs et pierreux des provinces
méridionales ; dans le Piémont , la Provence , le Dauphiné
(Vill.), le Languedoc ; elle a été retrouvée aux environs de
Mayence (Kœl.) ; au bord des champs dans la haute Alsace et
près de Colmar , par M. Nestler ; au bois de Boulogne près Paris.

5757. Potentille intermé-   *Potentilla intermedia.*
        diaire.

> *Potentilla intermedia.* Linn Mant. 76. Vill. Dauph. 3. p. 568.
> non Poir.

Cette espèce est intermédiaire entre la potentille droite et la
potentille de Norvège ; sa tige est longue de 3-4 décim. , ascendante , à peine velue , une ou plusieurs fois bifurquée ; les
stipules sont étroites , entières , longues et pointues ; les feuilles
inférieures sont portées sur de longs pétioles , à 7 folioles
oblongues , très-profondément divisées en dents étroites et
pointues ; celles du milieu de la tige ont le pétiole plus court ,
et seulement 5 folioles ; celles du sommet sont presque sessiles ,
et à 3 folioles : les fleurs naissent , soit au sommet , soit à la
bifurcation des rameaux , portées sur de longs pédicelles ; leurs
pétales sont d'un jaune vif , en forme de cœur renversé , à
peine plus longs que le calice. ♃. Elle nait parmi les rochers
des montagnes du Dauphiné , à la Cou dans le Champsaur , à
Chaudun près de la rivière du Buech (Vill.) ; dans les montagnes du Valais.

5758. Potentille de Savoie.   *Potentilla Sabauda.*

> *Potentilla rubens.* Vill. Dauph. 3. p. 566. non All.—*Potentilla
> Sabauda.* Vill. ined. ex. herb. Desf.

Sa racine est longue , ligneuse , grêle , couverte vers le haut
d'écailles brunes ; elle pousse 2 ou trois tiges droites ou demi-
étalées , presque nues , pubescentes ou un peu velues , longues
de 2 décim. ; les feuilles radicales sont portées sur de longs
pétioles hérissés de poils mols , composées de 5 folioles digitées ,
légèrement velues , sur-tout en dessous , ovales , rétrécies en
coin , divisées vers le haut en 5 ou 7 dents très-profondes et
un peu obtuses : celles de la tige naissent à l'origine des rameaux , ordinairement opposées , sessiles , munies de 2 grandes
stipules foliacées , divisées en 3 folioles incisées : les fleurs sont
au nombre de 2 ou 4 , portées sur de longs pédicelles ; les pétales sont d'un jaune doré , échancrés au sommet , plus grands

que le calice. ♃. Cette plante croît dans les fentes des rochers, et dans les pâturages élevés des Alpes du Dauphiné ; de la Savoie ; de Piémont? du Valais. La *potentilla filiformis* de Villars ne paroît pas différer de notre plante.

3739. Potentille des Pyrénées. *Potentilla Pyrenaica.*

Potentilla Pyrenaica. Ram. Pyr. ined.

Elle ressemble beaucoup à la potentille dorée, mais elle s'en distingue dès le premier coup-d'œil, parce que ses feuilles ne sont point bordées d'un liseré de poils blancs et soyeux, mais portent au contraire des poils épars et un peu hérissés : elle a été aussi confondue avec la potentille à grande fleur, dont elle se distingue par ses feuilles radicales à 5 folioles ; elle paroît s'éloigner encore des espèces voisines, parce que les lobes de son calice sont presque égaux. ♃. Elle croît dans les prairies des Pyrénées ; M. Ramond l'a trouvée fréquemment dans les environs de Barrèges, et M. Pourret l'a aussi recueillie dans l'extrémité orientale de la chaîne.

3740. Potentille dorée. *Potentilla aurea.*

Potentilla aurea. Linn. spec. 712. — *Fragaria aurea.* Crantz. Austr. 77. — Hall. Helv. n. 1122. t. 31.

Cette espèce a beaucoup de rapport avec la suivante, mais elle est un peu plus grande et moins hérissée dans toutes ses parties ; ses tiges sont longues de 15-18 centim., très-menues, couchées à leur base, mais redressées dans leur partie supérieure ; les folioles de ses feuilles sont légèrement soyeuses en leur bord, et celles des inférieures ne sont pas sensiblement tronquées à leur sommet ; les fleurs sont grandes, d'un beau jaune, et portées sur d'assez longs pédoncules ; leurs pétales sont en cœur, et souvent d'un jaune de safran à leur base. ♃. Elle naît dans les prairies et les lieux herbeux des montagnes ; dans les Alpes de Savoie, de Piémont, de Provence, de Dauphiné ; au Mont-d'Or, à la roche Sanadoire en Auvergne (Delarb.); à la Dole et au Chasseral dans le Jura (Hall.); dans les Vosges (Buch.); les montagnes du Foréz (Latourr.); aux environs de Mayence (Kœl.).

3741. Potentille printannière. *Potentilla verna.*

Potentilla verna. Linn. spec. 712. Lam. Fl. fr. 3. p. 116. — *Fragaria verna.* Crantz. Austr. 74. t. 1. f. 1. — Clus. Hist. 2. p. 106. f. 2.

Ses tiges sont couchées, menues, rameuses, et longues de

10-15 centim.; ses feuilles sont petites, pétiolées et composées de folioles cunéiformes, légèrement velues, mais point soyeuses en leur bord ni en leurs nervures postérieures; les folioles latérales sont moins grandes que les autres; les fleurs sont jaunes, pédonculées et assez petites; leurs pétales sont un peu en cœur, et quelquefois tachés de roux à leur base; les lobes du calice sont pointus, et les plus grands d'entre eux atteignent presque l'extrémité des pétales. Cette plante est très-variable dans son port et dans sa grandeur; il est très-probable que les *potentilla serotina* et *rotundifolia* de Villars n'en sont que des variétés. ♃. Elle est commune sur les collines sèches et le bord des chemins; elle fleurit au printemps, et refleurit souvent une seconde fois à la fin de l'automne, comme cela arrive à plusieurs plantes à fleur printannière.

3742. Potentille opaque. *Potentilla opaca.*

Potentilla opaca. Linn. spec. 713. Jacq. ic. rar. t. 91. non Vill. nec Poll. — Clus. Hist. 2. p. 106. f. 3.

Elle ressemble beaucoup à la précédente, mais s'en distingue par ses tiges plus grèles, plus longues, plus couchées, hérissées, ainsi que les pétioles, de poils longs et très-étalés; par ses feuilles, dont les inférieures ont presque toujours 7 folioles; par ses folioles plus étroites, plus fortement dentées, hérissées et non pubescentes; par ses pédicelles plus longs; par ses fleurs plus petites, jamais tachées, et qui ne s'ouvrent que pour l'heure de midi, et sont fermées le reste du temps (Wild.). ♃. Elle est commune dans les lieux arides et sablonneux autour de Turin, d'où elle m'a été envoyée par M. Balbis; le long des routes et des haies en Provence (Gér.); en Auvergne sur les côteaux (Delarb.)?

3743. Potentille cendrée. *Potentilla cinerea.*

Potentilla cinerea. Chaix. ex Schleich. cent exs. n. 58. — *Potentilla opaca.* Vill. Dauph. 3. p. 566. non Linn. — Barr. icon. 709.

Cette espèce, souvent confondue avec la potentille printannière et la potentille opaque, leur ressemble en effet par son port et la forme de ses feuilles; mais elle diffère de l'une et de l'autre, parce qu'elle est couverte, non de poils hérissés, mais d'un léger duvet soyeux, couché, et qui donne à son feuillage un aspect un peu cendré : elle s'en éloigne encore par sa fleur, plus grande, d'un jaune plus pâle, jamais marquée de tache

orangée ; enfin par son calice plus court , et dont les lanières
sont obtuses. ♃. Elle croît parmi les rochers et les broussailles ,
sur une montagne des Baux près Gap en Dauphiné (Vill.) ;
dans le Valais.

3744. Potentille rampante.   *Potentilla reptans.*

Potentilla reptans. Linn. spec. 714. Lam. Fl. fr. 3. p. 115. —
Fragaria pentaphyllum. Crantz. Austr. 80. — Fuchs. Hist.
624. ic.

Ses tiges sont menues, longues de 3-9 décim. , feuillées ,
rampantes , et poussent des racines à leurs articulations ; ses
feuilles sont portées sur de longs pétioles , et sont composées
communément de 5 folioles ovales, obtuses, dentées, un peu
velues et d'un verd foncé ; ses fleurs sont jaunes, axillaires ,
solitaires et soutenues par de fort longs pédoncules. ♃. On trouve
cette plante sur le bord des champs et dans les lieux un peu
humides et couverts. Elle est vulnéraire , astringente ; elle porte
le nom vulgaire de *quinte-feuille.*

3745. Potentille argentée.   *Potentilla argentea.*

Potentilla argentea. Linn. spec. 712. Lam. Fl. fr. 3. p. 114. —
Cam. Epit. 760. ic.

Sa tige est dure , rougeâtre dans sa partie inférieure , cotonneuse et blanchâtre vers son sommet , et s'élève jusqu'à
3 décim. ; ses feuilles sont pétiolées et composées de 5 folioles
découpées, demi-pinnatifides , chargées en dessous d'un coton
fin et très – blanc; les fleurs sont petites, de couleur jaune ,
terminales , et portées sur des pédoncules un peu courts ; elles
ont leur calice velu et cotonneux ; les pétales sont très – obtus ,
non échancrés. ♃. On trouve cette plante dans les lieux secs
et incultes.

3746. Potentille inclinée.   *Potentilla inclinata.*

Potentilla inclinata. Vill. Dauph. 3. p. 567. t. 45.

Cette espèce a beaucoup de rapport avec la potentille argentée , mais elle s'en distingue à ses tiges et aux surfaces inférieures de ses feuilles , qui ne sont ni blanches ni cotonneuses ,
mais grisâtres et velues; sa tige est ascendante , longue de 2
décim. , bifurquée au sommet , où elle porte 7 ou 8 fleurs
jaunes , disposées en corimbe , à peine aussi grandes que celles
de la potentille printannière ; les feuilles sont pétiolées, digitées , d'un verd foncé , velues en dessous, à 5 ou 3 folioles
oblongues, étroites, obtuses, fortement dentées en scie ; les

pétales dépassent à peine le calice, et sont tronqués, presque
échancrés au sommet; le calice est très-velu. ♃. Elle a été
trouvée par M. Villars aux environs de Sigoyer en Dauphiné.

3747. Potentille couleur de neige. *Potentilla nivea.*

Potentilla nivea. Linn. spec. 715. Gunn. Norv. t. 3. f. 1.

Sa racine, qui est grêle et brunâtre, donne naissance à 2 ou
3 tiges ascendantes, hautes de 6-10 centim.; les feuilles sont
presque toutes radicales, très-courtes, pétiolées, à 3 folioles
ovales, fortement incisées, vertes et glabres en dessus, couvertes en dessous par un duvet blanc et serré : celles de la
tige ont des stipules grandes et divergentes; celles qui naissent
à la base des pédicelles sont réduites aux deux stipules et au
pétiole, qui devient foliacé et qui forme un troisième lobe intermédiaire; enfin les pédicelles portent 1 ou 2 folioles simples
et linéaires; les fleurs sont jaunes, petites ♃. Elle croît dans
les Alpes du Valais, près de la frontière de France; au mont
Sylvio (Sut.); au mont Lettcherberg, d'où elle m'a été envoyée par M. Necker de Saussure; dans les environs du grand
Saint-Bernard; dans les landes voisines de Nantes, depuis
Sautron jusqu'à la Roche-Bernard (Bon.).

3748. Potentille des frimats.   *Potentilla frigida.*

Potentilla frigida. Vill. Dauph. 3. p. 563. Poir. Dict. 5. p. 602.
— *Potentilla Helvetica.* Schleich. Cat. p. 40. — *Potentilla
Norvegica.* Sut. Fl. helv. 1. p. 310. — Hall. Helv. n. 1115.
β. *Potentilla Brauniana.* Hopp. cent. exs. 2. — *Potentilla minima.* Schleich. cent. exs. n. 59.

Cette plante est la plus petite de toutes les potentilles connues, et n'atteint pas 4 centim. de hauteur; sa racine est noirâtre; ses tiges sont droites ou demi-couchées; les feuilles sont
pétiolées, à 3 folioles ovales, assez fortement dentées dans
leur moitié supérieure; les stipules sont assez grandes et lancéolées; la fleur est jaune, terminale, solitaire; ses pétales
sont en forme de cœur renversé, très-légèrement échancrés au
sommet, à peine plus longs que le calice. La variété *α* est très-
abondamment chargée de poils sur toute sa surface; la variété *β*
est moins velue, mais ces deux plantes se ressemblent trop pour
que j'ose les séparer; elles semblent au premier coup-d'œil être
des variétés naines de la potentille printannière, dont elles diffèrent par leurs feuilles ternées. ♃. Elle croît sur les plus hautes
sommités des Alpes, auprès des neiges éternelles; dans le

Valais au mont Enzeindaz , à la vallée de Saint-Nicolas ; en
Piémont ; en Dauphiné sur le sommet de Chaillol-le-Vieux
(Vill.) ; en Provence ; sur les sommités des hautes Pyrénées.

3749. Potentille à courte tige. *Potentilla subacaulis.*

> *Potentilla subacaulis.* Linn. spec. 715. Jacq. Coll. 2. p. 145. Poir.
> Dict. 5. p. 602. non Wild. — *Leucas.* J. Bauh. Hist. 2. p. 398.
> g. f. 1. — *Potentilla grandiflora.* Scop. Carn. n. 626. t. 22. —
> *Potentilla opaca.* Poll. Pal. n. 498. ex Hoffm. Germ. 3. p. 234.

Cette espèce se distingue de toutes les potentilles à ce qu'elle
est entièrement couverte d'un duvet court , serré , blanchâtre ,
composé de poils disposés en faisceaux, comme dans les *althœa*,
auxquelles on a , avec raison , comparé l'aspect de notre plante ;
sa tige est très-courte , rameuse au collet ; les feuilles sont à 3
folioles ovales ou oblongues , obtuses , dentées dans toute leur
longueur ; les pétioles sont assez courts, comparativement à la
longueur des folioles ; les fleurs sont jaunes , pédonculées , un
peu plus grandes que dans la potentille printannière. ♃. Cette
plante sort des fentes des rochers , sur le mont Victoire et dans
d'autres montagnes de la Provence (Gér.) ; elle se trouve
parmi les cailloux le long des routes près Valence , Lauréol ,
Orange , entre Saint-André et Jonquières (Vill.) ; dans les
prés et les bruyères sablonneuses du Palatinat ; à Holzhof près
Durckheim (Poll.) ; dans les lieux exposés au soleil della Pava-
rina , dans la vallée de Pisi en Piémont.

3750. Potentille à grande   *Potentilla grandiflora.*
      fleur.

> *Potentilla grandiflora.* Linn. spec. 715. Poir. Dict. 5. p. 599.
> excl. Vaill. syn. — *Fragaria grandiflora.* Lam. Fl. fr. 3. p.
> 112. — Hall. Helv. n. 1114. t. 21.

Sa racine est épaisse , de couleur brune ; ses tiges sont droites
ou ascendantes , rougeâtres , légèrement velues et longues de
1-5 décim. ; ses feuilles sont pétiolées et composées de 3 folioles ovales, assez grandes , un peu velues et profondément
dentées en scie ; ses fleurs sont pédonculées, terminales. fort
grandes et d'un beau jaune ; les pétales sont arrondis , échancrés , deux fois plus longs que le calice. ♃. Cette plante se
rencontre dans les prairies des Alpes de Savoie ; de Piémont ;
de Provence (Gér.), de Dauphiné (Vill.) ; elle se retrouve à
Fontainebleau (Thuil.) (1).

____

(1) J'omets ici deux espèces de potentilles indiquées en France par quelques

§. III. *Fleurs blanches : feuilles découpées en manière d'aile.*

3751. Potentille des rochers.   *Potentilla rupestris.*

Potentilla rupestris. Linn. spec. 711. Jacq. Fl. austr. t. 114. — *Fragaria rupestris.* Crantz Austr. 72. — *Argentina rupestris.* Lam. Fl. fr. 3. p. 120. — J. Bauh. Hist. 2. p. 398. d. f. 2.

Sa tige est haute de 3 décim. ou un peu plus, droite, rougeâtre, légèrement velue, et rameuse vers son sommet ; ses feuilles sont pétiolées, ailées et composées de 5 ou 7 folioles ovales-arrondies, dentées, vertes, et dont les inférieures sont les moins grandes ; les fleurs sont blanches, pédonculées et terminales ; leurs pétales sont un peu plus grands que le calice ; celui-ci est plane, à 10 divisions, dont 5 alternes portent 2 lobes latéraux. ♃. Elle croît dans les terreins pierreux et parmi les rochers sur les côtes des montagnes de moyenne hauteur ; dans les Alpes, les Pyrénées, les montagnes de la Bresse et du Lyonnois (Latourr.).

§. IV. *Fleurs blanches : feuilles digitées.*

3752. Potentille ascendante. *Potentilla caulescens.*

Potentilla caulescens. Linn. spec. 713. Jacq. Austr. t. 220. — *Potentilla caulescens,* α. Poir. Dict. 5. p. 597. — *Potentilla alba,* β. Lam. Fl. fr. 3. p. 118.

Sa racine, qui est une souche brunâtre, donne naissance à plusieurs tiges ascendantes, longues de 2 décimètres, terminées par un corimbe de 15 à 20 fleurs blanches ; les tiges, les pédoncules, les calices, les pétioles et le bord des feuilles sont garnis de poils blancs et couchés ; les feuilles sont pétiolées, munies de 2 longues stipules lancéolées, aiguës et courbées en faulx, composées de 5 folioles digitées, oblongues, dentées en scie vers le sommet, pubescentes en dessous ; les pétales sont étroits, presque en forme de coin, un peu plus longs que le

---

auteurs, savoir : 1°. le *potentilla Monspeliensis,* qui se distingue à sa tige droite, à ses feuilles ternées, à ses folioles ovales, obtuses : elle n'a point été retrouvée depuis Magnol, et il est même douteux que le synonyme de Magnol s'y rapporte ; 2°. le *potentilla Norvegica* d'Allioni paroît n'être point celui de Linné, et sa synonymie semble indiquer que c'est notre *potentilla frigida.*

calice.

calice. ♃. Cette plante croît parmi les rochers et sur les murailles dans les pays de montagnes; dans les Pyrénées; dans les
Cévennes; à l'Hort-de-Diou (Lin.); dans les Alpes du Dauphiné, au mont Genèvre, au-dessus de Seyssins, à la grande
Chartreuse, au château d'Entremont, près de Grenoble (Vill.);
en Piémont près Tende, Termignon, Fenestrelle, la Tuile,
Vinadio (All.); à l'Allée-Blanche; dans les Vosges près Bussang
au-dessus de la source de la Moselle (Buch.).

3753. Potentille de Valderio. *Potentilla Valderia.*

Potentilla Valderia. Linn. spec. 714. excl. Tourn. syn. All.
Ped. n. 1454. t. 24. f. 1. non Vill. Poir.

Cette plante s'élève jusqu'à 4 décim.; sa tige est droite, ou
à peine coudée à sa base, pubescente ainsi que les pédicelles
et les pétioles; ceux-ci sont très-longs dans les feuilles inférieures; les stipules sont étroites, adhérentes au pétiole, dans
une longueur de 2-3 centim.; les feuilles sont digitées, à 5
folioles ovoïdes, presque en forme de coin, rétrécies à la base,
obtuses, dentées en scie dans toute leur longueur, blanchâtres,
cotonneuses en dessous, glabres en dessus; les fleurs sont au
nombre de 8 à 10 disposées en un petit corimbe serré, terminal, velu; les pétales sont blancs, plus courts que le calice.
♃. Elle croît parmi les rochers, dans les Alpes de Vinadio, de
Valderio et de Tende en Piémont.

3754. Potentille des neiges. *Potentilla nivalis.*

Potentilla nivalis. Lapeyr. act. Toul. 1. p. 210. t. 16. — *Poten-
tilla lupinoides.* Wild. spec. 2. p. 1107. — *Potentilla lanata.*
Lam. Fl. fr. 3. p. 646. excl syn. — *Potentilla Valderia.* Vill.
Dauph. 3. p. 572. Poir. Dict. 5. p. 598. non Linn. All.

Sa racine est ligneuse, cylindrique, garnie à son collet
d'écailles brunâtres; sa tige est droite, haute de 1-2 décim.,
hérissée ainsi que les pétioles de poils mols, horizontaux, nullement couchés, terminés par un corimbe serré de 8 à 10
fleurs blanches; les feuilles radicales sont pétiolées, à 7 folioles ovales, rétrécies à la base, obtuses, garnies de poils
soyeux sur les deux surfaces et sur-tout vers les bords, terminées par plusieurs dentelures rapprochées, presque obtuses; les
feuilles de la tige n'ont que 5 folioles; leur pétiole est plus court,
les stipules sont larges, grandes, et dans les supérieures n'adhèrent pas au pétiole dans la moitié de leur longueur; les pétales sont un peu plus courts que le calice. ♃. Cette plante

croît parmi les rochers disposés au nord et voisins de la neige
éternelle ; dans les Alpes du Dauphiné, à Belledone, au-dessus
d'Allemont, au-dessus de Brande en Oysans, au col de l'Arc,
près de Grenoble, à Orcière, au Noyer, dans le Champsaur.
(Vill.), à la montagne d'Uriage; dans les montagnes de Seyne
en Provence ; dans les Pyrénées, à la montagne de Crabères,
près le village de Molle en haut Comminge (Lapeyr.), au
mont Laurenti et dans les hautes Pyrénées.

3755. Potentille alchi- *Potentilla alchemilloides.*
mille.

> *Potentilla alchemilloides.* Lapeyr. act. Toul. 1. p. 212. t. 17.
> Poir. Dict. 5. p. 597. — Tourn. Inst. 297. n. 19.

Sa racine est dure, cylindrique, brunâtre, garnie au collet
d'écailles dues aux débris des anciennes feuilles; la tige est
droite ou ascendante, pubescente, longue de 2 décim., terminée par un corimbe de 5 à 6 fleurs blanches; les feuilles
radicales sont portées sur de longs pétioles; celles de la tige
ont les pétioles plus courts et les stipules étroites et aiguës ;
toutes sont composées de 5 folioles digitées, oblongues, glabres et vertes en dessus, garnies en dessous de poils blancs,
soyeux et couchés, terminées par 5 ou 5 dents rapprochées
et très-aiguës; les pétales sont ovales-arrondis, rétrécis en
onglet très-court, échancrés en cœur au sommet. ♃. Cette
plante croît sur les rochers, dans les Pyrénées; au haut du
pic de Gard, dans la vallée de Laspujoles, sur le mont Gi-
sole près Saint-Béat (Lapeyr.). Je l'ai reçue de M. Ramond
qui l'a trouvée dans les hautes Pyrénées.

3756. Potentille blanche. *Potentilla alba.*

> *Potentilla alba.* Linn. spec. 713. Jacq. Austr. t. 115. Lam. Fl.
> fr. 3. p. 118. var. α. — Clus. Hist. 2. p. 105. f. 1.

Cette espèce est assez petite et dépasse rarement 5-6 centim.
de hauteur ; ses feuilles naissent du collet, pétiolées, composées
de 5 folioles oblongues un peu dentelées au sommet seulement ;
leurs pétioles et leur surface inférieure sont garnis de poils
soyeux, luisans et couchés ; la surface supérieure est glabre : ses
tiges sont grêles, un peu couchées, terminées par un petit
nombre de fleurs blanches pédicellées, et dont le diamètre ne
dépasse pas 15 millim. ; leurs pétales sont larges, très-obtus; leur
réceptacle est très-velu. ♃. Elle croît parmi les gazons des montagnes en Provence; au-dessus de Prémol et au mont Bayard

près Gap (Vill.); dans le Bugey (Latourr.); à la forêt de Pran-
gin près Genève (Sut.); en Piémont (All.).

3757. Potentille brillante. *Potentilla splendens.*

Potentilla splendens. Ram. Pyr. ined. — *Potentilla nitida.*
Thuil. Fl. paris. II. 1. p. 257. non Linn. —Vaill. Bot. t. 10. f. 1.

Sa racine est longue, dure, brunâtre; ses feuilles et ses
tiges forment un gazon lâche et irrégulier, dont la hauteur varie de 5 centim. à 2 décim.; ses feuilles sont portées sur de
longs pétioles hérissés de poils longs, mols, étalés et jamais
couchés; elles sont composées de 3, 4 ou rarement 5 folioles
ovales – oblongues, dentées en scie vers le sommet, glauques
en dessous, et garnies de poils soyeux et couchés, vertes en
dessus, où elles sont munies de poils épars et couchés; les tiges
sont à demi-couchées, et portent de 3 à 6 ou 8 fleurs pédicellées, blanches, de la grandeur de celles du fraisier stérile,
à 5 pétales en forme de cœur, échancrés au sommet, rétrécis
à la base. ♃. Cette plante croît dans les terreins sablonneux,
dans les gazons, sur le bord des bois; à la forêt de Fontainebleau; dans les Pyrénées sur les montagnes de moyenne hauteur.

3758. Potentille luisante. *Potentilla nitida.*

Potentilla nitida. Linn. spec. 714. Jacq. Austr. 5. t. 25. Poir.
Dict. 5. p. 598. Lam. Fl. fr. 3. p. 117. —*Potentilla subacaulis.*
Scop. Carn. n. 627.

Elle diffère de la précédente, parce qu'elle est ordinairement plus petite, que ses poils sont couchés sur toute sa surface, même sur ses pétioles, et aussi nombreux sur la surface supérieure des feuilles que sur l'inférieure, parce qu'enfin
sa fleur est 2 fois plus grande et un peu rougeâtre : ses tiges
ne dépassent guères 5-6 centim. de longueur; sa surface entière est couverte de poils soyeux et luisans; ses feuilles sont
à 3 ou 5 folioles digitées, oblongues, terminées par 2 ou 3
dentelures aiguës et rapprochées; les fleurs sont au nombre
de 1 à 3, de la grandeur de celles du pêcher. ♃. Elle croît dans
les lieux ombragés exposés au nord, parmi les rochers des
montagnes; en Dauphiné, à la grande Chartreuse, au mont
Bovinant, au Collet près Charmanson, au-dessus de Saint-
Robert de Cornillon; en Savoie, à la montagne de Petit-Son
(Bocc. All.); dans les bois de Haie et de Custine en Lorraine
(Buch.)?

5759. **Potentille fraisier.**   *Potentilla fragaria.*

Potentilla fragaria. Poir. Dict. 5. p. 599. — *Fragaria sterilis.*
Linn. spec. 709. — *Potentilla fragarioides.* Vill. Dauph. 3. p.
561. — *Comarum fragarioides.* Roth. Germ. 1. p. 224. —
Potentilla emarginata Desf. Cat. 177. — Lob. ic. t. 698. f. 1.

Cette espèce, et la suivante, s'éloignent de toutes les précédentes, et se rapprochent des fraisiers par leurs folioles, toujours
au nombre de 5, ovales, bordées dans tout leur pourtour de
larges crénelures qui se terminent par une petite pointe ; ses
tiges sont longues de 9-12 cen im., presque filiformes, velues
et couchées sur la terre; elles sont garnies à leur base de plusieurs stipules lancéolées et d'une couleur souvent ferrugineuse; ses feuilles sont petites, velues, un peu soyeuses en
dessous, pétiolées et composées de 3 folioles ovales, courtes,
obtuses et dentées; ses fleurs sont blanches et plus petites que
celles de l'espèce précédente; le réceptable des semences se
dessèche et ne grandit point. ♃. On trouve cette plante dans
les bois et les lieux arides : elle fleurit de bonne heure.

5760. **Potentille à petite fleur.** *Potentilla micrantha.*

Potentilla micrantha. Ram. Pyr. ined.

Elle ressemble beaucoup à la précédente, mais elle reste
plus basse et plus rabougrie ; le collet de sa racine n'émet aucun
drageon ni aucun jet stérile; ses pétioles et ses pédicelles ne
dépassent pas 2 centim. de hauteur; ses pétales sont plus courts
que le calice, ovales, presque toujours entiers au sommet,
très-rarement échancrés. ♃. Elle croît sur les rochers, dans
les Pyrénees, à la vallée d'Asté près Bagnères, au pic d'E-
reslids près Barrèges, où elle a été découverte par M. Ramond.

DCLVIII. **FRAISIER.**   *FRAGARIA.*

Fragaria sp. Tourn. Linn. — *Fragaria.* Lam. Duch.

Car. Le calice est ouvert, à 10 découpures, dont 5 alternes plus petites; la corolle est à 5 pétales; le réceptacle
des graines est pulpeux, grand, hémisphérique, coloré, ordinairement caduque.

5761. **Fraisier de table.**   *Fragaria vesca.*

Fragaria vesca. Linn. spec. 708. Lam. Dict. 2. p. 528. Illustr.
t. 442.
β. *Fragaria magna.* Thuil. Fl. paris. II. 1. p. 254.
γ. *Fragaria grandiflora.* Thuil. Fl. paris. II. 1. p. 254.
δ. *Fragaria efflagellis.* Duch. in Lam. Dict. 2. p. 532.

Sa racine est noirâtre, fibreuse, rameuse, et pousse plusieurs tiges grêles, velues, peu garnies de feuilles, et hautes de 12-15 centim.; les feuilles sont la plupart radicales, velues, portées sur de longs pétioles, et composées de 5 folioles ovales, presque soyeuses en dessous et fortement dentées en scie; les fleurs sont blanches, pédonculées et terminales : leurs pétales sont arrondis; le réceptacle des semences grandit après la fleuraison, devient pulpeux, succulent, acquiert ordinairement une couleur rougeâtre et se transforme en une espèce de fruit d'une odeur agréable, d'un goût exquis, et qui est connu généralement sous le nom de *fraise.* ♃. Cette plante croît sur les coteaux ombragés, parmi la mousse et jusques sur les hautes montagnes, où son fruit est encore plus odorant. On en trouve dans la nature quelques variétés; la variété β se distingue par sa grandeur qui atteint 2-3 décim.; la variété γ y est, au contraire, assez petite, et son calice est aussi grand que ses pétales; la variété δ est entièrement dépourvue des drageons rampans qu'on a regardés long-temps comme le caractère de l'espèce. Dans les jardins, la culture et le croisement des races ont multiplié les variétés jusqu'au nombre de 25. On doit en lire les détails dans l'Histoire naturelle des Fraisiers de M Duchesne : ces variétés se divisent en deux races : les *fraisiers* proprement dits, qui ont les ovaires petits, nombreux et les étamines courtes; les *capitons*, dont les ovaires sont gros et rares, et les étamines longues : ces derniers sont peut-être tous d'origine exotique; parmi les premiers, on doit distinguer le fraisier *à fruit blanc*, le fraisier *de Versailles*, dont toutes les feuilles n'ont qu'une seule foliole; le fraisier *capiton* dont le fruit est très-gros, etc.

DCLIX. COMARET. *COMARUM.*

Comarum. Linn. Juss. Lam. Gærtn. — *Pentaphylloidis sp.* Tourn. — *Potentillæ sp.* Scop.

CAR. Le calice est à 10 divisions, dont 5 alternes plus petites; la corolle est à 5 pétales; le réceptacle des graines est grand, ovoïde, spongieux, persistant.

3762. Comaret des marais. *Comarum palustre.*

Comarum palustre. Linn. spec. 718. Lam. Illustr. t. 444. — *Argentina rubra.* Lam. Fl. fr. 3. p. 120. — *Potentilla palustris.* Scop. Carn. ed. 2. n. 617. — *Fragaria palustris.* Crantz. Austr. 73.

Sa tige est longue presque de 5 décim., et couchée dans sa

moitié inférieure; ses feuilles sont pétiolées, ailées, et composées de 5 ou 7 folioles ovales-oblongues, un peu étroites, vertes en dessus, blanchâtres, et chargées d'un duvet très-court en dessous; les fleurs sont terminales, pédonculées et remarquables par leur calice coloré, à 10 divisions pointues, alternativement grandes et petites, et par leurs pétales rouges, ligulés et fort courts : le réceptacle est un peu charnu. ♃. On trouve cette plante en Belgique (Roug.); à Villers-sur-Anthie près Abbeville (Bouch.), près du Bocage en basse Normandie (Roœss.); à Montfort, Saint-Léger et Rambouillet près Paris (Thuil.); à Montaran près la forêt d'Orléans (Dub.); à Semur (Dur.); sur les bords de la Moselle, à Raon-l'Etape et au-dessus de Remiremont (Buch.); dans les montagnes d'Auvergne (Delarb.); de la Bresse, du Lyonnois et du Forez (Latourr.); à Nantes (Bon.); à Haguenau.

DCLX. BENOITE. *GEUM.*

Geum. Linn. Juss. Lam. Gœrtn. non Tourn. — *Caryophyllata.* Lam. — *Cariophyllatæ sp.* Tourn.

CAR. Le calice est à 10 découpures, dont 5 alternes plus petites; la corolle est à 5 pétales; le réceptacle des graines est oblong et velu; les graines se terminent par des barbes longues, ordinairement genouillées, souvent plumeuses ou crochues vers leur sommet.

OBS. Herbes à feuilles ailées ou rarement digitées, dont le lobe impair est plus grand que les autres, et dont les stipules sont adhérentes au pétiole.

§. Ier. *Barbe des semences tortillée dans le milieu de sa longueur.*

3763. Benoite commune. *Geum urbanum.*

Geum urbanum. Linn. spec. 716. Fl. dan. t. 672. — *Caryophyllata urbana.* Scop. Carn. n. 628. — *Caryophyllata vulgaris* Lam. Dict. 1. p. 399.
β. *Geum intermedium.* Ehrh. Beitr. 6. p. 143. — Fuchs. Hist. 385. ic.

Sa tige est haute de 5 décim., droite, feuillée, légèrement velue, et rameuse dans sa partie supérieure; ses feuilles radicales sont ailées, à pinnules peu nombreuses, dont la terminale est fort grande et dentée : celles de la tige sont à 3 folioles incisées, ou même simples et à 3 lobes; les fleurs sont jaunes, pédonculées, terminales, ordinairement droites et assez petites;

leurs pétales sont très-ouverts , et les barbes des semences sont rouges et presque entièrement glabres. ♃. Cette plante est commune dans les bois , les lieux couverts et les haies ; elle est sudorifique , vulnéraire et un peu astringente. La variété β a le port de l'espèce suivante , et la fleuraison de celle-ci.

3764. Benoite des ruisseaux.   *Geum rivale.*

> *Geum rivale.* Linn. spec. 717. — *Caryophyllata aquatica.* Lam. Dict. 1. p. 399. — *Caryophyllata rivalis.* Scop. Carn. n. 629. *Geum nutans.* Crantz. Austr. 70. — Lob. ic. t. 694.
>
> β. *Geum hybridum.* Jacq. ic. rar. t. 94. — *Anemone dodecaphylla.* Krock. Sil. 2. p. 235. t. 20. ex Wild. — Cam. Epit. 726. ic.

Ses tiges sont hautes de 3 décim. , quelquefois davantage , droites , velues et presque simples ; leurs feuilles sont petites , ternées ou à 3 lobes dentés , et sont portées sur de fort courts pétioles : celles de la racine sont longues , ailées , à pinnules latérales , petites et peu nombreuses ; mais la terminale est fort grande , arrondie , dentée , et souvent à 3 lobes ; les fleurs, au nombre de 2 ou 3 , sont pédonculées , penchées , et terminent les tiges ; leur calice est d'un rouge noirâtre , et les pétales sont un peu échancrés , légèrement couleur de rose , médiocrement ouverts , et point plus grands que le calice : les barbes des semences sont tordues dans le milieu , et légèrement plumeuses dans toute leur longueur ; mais cette espèce est surtout caractérisée , selon l'observation de M. Ramond , parce que les graines sont , à la maturité , portées sur une espèce de pédicelle qui les soulève au-dessus du calice. La variété β diffère de la précédente par ses calices plus grands que les pétales, et développés en folioles dentées. ♃. On trouve cette plante dans les lieux aquatiques des montagnes , sur le bord des ruisseaux.

3765. Benoite des Pyrénées.   *Geum Pyrenœum.*

> *Geum Pyrenœum.* Ram. bull. Philom. n. 42. p. 140. t. 10. f. 3. — *Geum Pyrenaicum.* Wild. spec. 2. p. 1115.

Cette espèce ressemble à la précédente par ses feuilles inférieures et le nombre de ses fleurs , à la suivante par la forme, la couleur et la grandeur de ses corolles ; sa racine , qui est une souche brune , épaisse et horizontale , émet une tige presque nue , longue de 2-3 décim. , ordinairement terminée par 3 fleurs pédonculées , grandes , un peu penchées , à corolle ouverte , et

d'un beau jaune ; les feuilles radicales sont ailées , un peu velues ; les folioles latérales sont très-petites , dentées , inégales ;
celle du sommet est très-grande , arrondie , à 5 ou 7 lobes
très-courts , dentés et obtus ; les feuilles de la tige sont sessiles , à
5 lobes incisés, et très-petites : les semences sont grosses, velues,
recourbées, prolongées en une arête glabre , tortillée dans le
milieu , et dont l'extrémité est caduque. ♃. Cette plante est
commune dans les Pyrénées ; M. Ramond l'a observée depuis 15
à 1600 mètres d'élévation, jusques à environ 2000 ou 2200.
On en trouve des individus uniflores.

§. II. *Barbe des semences droite.*

3766. Benoite de montagne.   *Geum montanum.*

Geum montanum. Linn. spec. 717. Lam. Illustr. t. 443.—*Caryo-*
phyllata montana. Cam. Epit. 727. ic.

Sa tige est haute de 2 décimètres, droite, simple, cylindrique et légèrement velue ; elle est presque nue ou chargée
de quelques feuilles sessiles, distantes et fort petites : les
feuilles radicales sont grandes, pétiolées, ailées, velues, et
composées de pinnules qui vont en augmentant de grandeur
vers le sommet de chaque feuille, de sorte que la pinnule terminale est ovale et a au moins 6 centim. de largeur ; la fleur
est grande, droite, ouverte, d'un beau jaune, et ses pétales
sont un peu échancrés ; les barbes des semences sont plumeuses,
droites et non tortillées. ♃. Elle croît dans les hautes sommités
des montagnes, dans les prairies et auprès des neiges ; dans les
Alpes ; les Pyrénées ; les montagnes d'Auvergne ; les Cévennes ;
dans les Vosges au pied du Ballon (Buch.); dans les montagnes du Bugey (Latourr.).

3767. Benoite traçante.   *Geum reptans.*

Geum reptans. Linn. spec. 717. — *Caryophyllata reptans.* Lam.
Dict. 1. p. 400. — Barr. ic. t. 400.

Sa racine est fort grande , et pousse souvent, outre les feuilles
et les tiges, des rejets grêles, couchés et presque traçans ;
ses tiges sont à peine plus longues que les feuilles , et portent
chacune à leur sommet une fleur jaune et très-grande : les
feuilles radicales sont longues, ailées, à pinnules découpées,
et beaucoup moins larges que celles de l'espèce précédente. ♃.
Elle croît parmi les graviers et les débris de rochers dans les
hautes Alpes, auprès des neiges éternelles ; je l'ai trouvée dans

les Alpes voisines du Mont-Blanc. On l'indique dans le Piémont au mont Cenis, au mont Assiète, à Montveran, à la descente d'Arbriez, au col de la Croix, à la vallée de Queyras (All.); dans le Gapençois, le Champsaur, l'Oysans, le Briançonnois, à Allevard, Sept-Laus, etc. (Vill.); dans les Alpes de Barcelonette en Provence (Gér.).

DCLXI. DRYADE.   *DRYAS.*

Dryas. Linn. Juss. Lam. Gœrtn. — *Caryophyllatæ sp.* Tourn.

CAR. Le calice est à 8 découpures égales; la corolle à 8 pétales; le réceptacle des graines est conique, pubescent, creusé de petites fossettes; les graines sont terminées par une longue barbe plumeuse, jamais entortillée au milieu de sa longueur.

3768. Dryade à huit pétales.   *Dryas octopetala.*

Dryas octopetala. Linn. spec. 717. Lam. Illustr. t. 443. — *Geum chamædryfolium.* Crantz. Austr. 70. — *Leucas.* Fl. dan. t. 51.

Ses tiges sont longues de 1-2 décim., couchées, rameuses, diffuses, rougeâtres, feuillées, dures et presque ligneuses; ses feuilles sont pétiolées, simples, ovales, crénelées, fermes, vertes en dessus, fort blanches et couvertes d'un coton court en dessous; les fleurs sont blanches, assez grandes, solitaires, pédonculées. ♃. Cette plante croît dans les prairies sèches et découvertes des montagnes des Alpes, du Jura, des Pyrénées.

DCLXII. RONCE.   *RUBUS.*

Rubus. Tourn. Linn. Juss. Lam. Gœrtn.

CAR. Le calice est ouvert, à 5 divisions; la corolle à 5 pétales; le réceptacle des graines est court, conique, glabre; les graines sont enveloppées chacune par une pulpe aqueuse, et leur réunion forme une baie composée.

OBS. Les ronces sont la plupart des arbrisseaux sarmenteux, garnis d'aiguillons; quelques espèces sont herbacées et dépourvues de piquans; leurs feuilles sont ordinairement à 3 ou 5 folioles digitées ou ailées; les stipules sont très-petites, un peu adhérentes au pétiole.

3769. Ronce des rochers.   *Rubus saxatilis.*

Rubus saxatilis. Linn. spec. 708. Lam. Fl. fr. 3. p. 133. Fl. dan. t. 134.

Ses tiges sont plus ou moins couchées, longues de 3-9 décimètres, presque herbacées, rameuses, glabres ou chargées

de quelques aiguillons très-petits ; ses feuilles sont composées
de 3 folioles ovales , grandes, vertes et glabres des deux côtés ,
grossièrement et inégalement dentées ; on remarque sur leur pétiole et sur leurs nervures postérieures , quelques aiguillons
extrêmement fins ; les fleurs sont blanches et disposées une
à 3 sur des pédoncules axillaires, légèrement hérissés ; les pétales sont oblongs et un peu plus grands que le calice : les
baies sont composées de 3 ou 4 grains rouges, lisses et séparés. ♃ , ♄. Elle vient au bord des bois parmi les pierres et les
rochers des montagnes ; aux environs de Mayence (Kœl.); en
Alsace sur le Ballon, près Colmar, d'où elle m'a été envoyée
par M. Nestler ; dans le Jura sur le Chasseral, aux environs
de Motiers-Travers et à Thoiry ; dans les Alpes de Savoye ,
de Dauphiné , de Piémont , de Provence ; dans les Pyrénées.

3770. Ronce à fruit bleuâtre.　　*Rubus cæsius.*

Rubus cæsius. Linn. spec. 706. Lam. Fl. fr. 3. p. 134. Bull. Herb.
t. 381. — J. Bauh. Hist. 2. p. 59. f. 1.

Ses tiges sont des sarmens ligneux , longs, foibles, couchés ,
cylindriques, rougeâtres, feuillés et chargés de beaucoup d'aiguillons ; ses feuilles sont pétiolées, ternées, un peu velues en
dessous , et leurs folioles latérales sont souvent à 2 lobes : les
baies sont bleuâtres, couvertes d'une poussière fine que le toucher fait disparoître , composées de grains assez gros et peu nombreux. ♄. On trouve ce sous-arbrisseau dans les haies, le long
des murs, et sur le bord des chemins.

3771. Ronce glanduleuse.　　*Rubus glandulosus.*

Rubus glandulosus. Bell. act. Tur. 3. p. 230. Sut. Fl. helv. 1. p.
304. — *Rubus hybridus*. Vill. Dauph. 3. p. 559.

Arbrisseau à jets un peu sarmenteux , à branches rougeâtres,
couvertes , ainsi que les pétioles et les pédoncules , de poils
glanduleux, entremêlés de très-petites épines ; dans les échantillons que j'ai sous les yeux, les feuilles sont toutes à 5 folioles ,
à l'exception de la supérieure , qui est simple ; ces folioles sont
grandes, velues sur les deux surfaces, bordées de dentelures
en scie, aiguës, et souvent elles-mêmes dentées, ovales, obtuses dans les feuilles inférieures, souvent prolongées en pointe
dans la foliole impaire des feuilles supérieures ; les stipules sont
linéaires, étroites, insérées sur le pétiole à environ 1 centim.
de la tige ; les fleurs sont blanches, disposées en grappe ; le
calice est hérissé de poils roides et glanduleux ; les bractées

sont linéaires, velues, égales à la longueur du pédicelle. ♄.
Cet arbrisseau croît dans les forêts ombragées des montagnes;
au-dessus de Bex dans le Valais; dans les bois de la grande
Chartreuse, d'Allevard, de Lans, de Taillefer en Dauphiné;
dans les montagnes de Pisi et de Bissimauda en Piémont (Bell.);
dans les Pyrénées aux vallées de Barrèges et de Cauterets, où
il a été observé par M. Ramond.

3772. Ronce à feuilles de noisettier. — *Rubus corylifolius.*

Rubus corylifolius. Smith. Fl. brit. 542. — *Rubus fruticosus*, a.
Poir. Dict. 5. p. 240. — Schmid. ic. t. 2.

Cet arbrisseau, long-temps confondu avec le suivant, et que
M. Smith en a séparé, se distingue par ses tiges plus longues,
plus élancées, moins anguleuses; par ses aiguillons plus grêles
et presque droits; par ses feuilles plus grandes, glabres et d'un
verd gai en dessus, vertes et un peu velues en dessous, mais
nullement cotonneuses ni blanchâtres; par ses folioles latérales
sessiles et un peu lobées du côté extérieur dans les feuilles à 5
folioles; par ses pétioles, ses pédicelles et ses calices velus et
non cotonneux; par ses calices, dont les folioles sont plus longues et prolongées en pointe un peu foliacée, souvent tortillée;
enfin par son fruit plus rougeâtre, plus acide, et composé d'un
moins grand nombre de grains. ♄. Il croît naturellement dans
les haies, aux environs de Bagnères, de Genève, de Honfleur,
et probablement dans toute la France.

3773. Ronce arbrisseau. — *Rubus fruticosus.*

Rubus fruticosus. Linn. spec. 707. Lam. Illustr. t. 441. f. 2. —
Rubus tomentosus. Thuil. Fl. paris. II. 1. p. 253.
β. *Inermis.* — Barr. ic. t. 395.
γ. *Laciniatus.* — Mapp. als. 272.

Ses tiges sont ligneuses, plus ou moins couchées, longues,
sarmenteuses, anguleuses et garnies d'aiguillons très-forts et
crochus; ses feuilles sont la plupart composées de 5 folioles
pétiolées, ovales, pointues, dentées, d'un verd foncé en dessus, un peu cotonneuses et blanchâtres en dessous : la foliole
impaire est écartée des deux ou des quatre autres; les fleurs
sont blanches ou un peu rougeâtres, et disposées en bouquet terminal; et les fruits sont composés de beaucoup de grains noirâtres. La variété β se distingue, parce que sa tige est dépourvue d'aiguillons. La variété γ a les folioles découpées en lobes

nombreux. ♃. Cette plante est commune dans les haies, les buissons et sur le bord des bois ; ses fruits, connus sous les noms de
mûres sauvages, meurons, mûres de renard, sont d'une saveur douceâtre ; les enfans les mangent avec plaisir, mais ils
sont un peu astringens, et sujets à causer des coliques lorsqu'on
en mange trop.

3774. **Ronce cotonneuse.**   *Rubus tomentosus.*

> *Rubus tomentosus.* Will. spec. 2. p. 1083. — *Rubus triphyllus.*
> Bell. act. Tur. 3. p. 231. excl. syn.

Cette espèce est très-voisine de la précédente, mais elle s'en
distingue par des caractères faciles, et qui paroissent constans ;
sa tige est peu ou point anguleuse, garnie d'aiguillons plus petits, plutôt velue ou pubescente que cotonneuse ; ses feuilles
ont tantôt 3 folioles, dont les 2 latérales sont légèrement pétiolées, un peu lobées du côté extérieur ; tantôt 5 folioles, dont
4 sont insérées 2 à 2 au même point, et la cinquième pétiolée ;
toutes sont dentées en scie, excepté vers leur base, blanches
et cotonneuses en dessous, couvertes en dessus de poils mols,
courts et doux au toucher ; les fleurs sont blanches, assez petites ; leur calice a ses folioles réfléchies, velues, concaves,
obtuses. ♄. Elle croît sur les collines sèches et pierreuses ; je l'ai
trouvée aux environs de Fontainebleau ; je l'ai reçue des environs de Montpellier et de Turin.

3775. **Ronce framboisier.**   *Rubus idæus.*

> *Rubus idæus.* Linn. spec. 706. — *Rubus frambœsianus.* Lam. Fl.
> fr. 3. p. 135. — Duham. Arb. fruit. ed. 8°. vol. 3. p. 191. t. 1.
> β. *Fructu albo.*
> γ. *Inermis.*

Sa racine est traçante ; ses tiges sont hautes de 1-2 mètres, assez
droites, foibles, blanchâtres, et chargées d'aiguillons très-petits
et peu piquans ; ses feuilles inférieures sont ailées, composées de
5 folioles ovales-oblongues, pointues, dentées, d'un verd gai
en dessus, et blanchâtres en dessous ; les supérieures sont ternées : ses fleurs sont blanches, et disposées sur des pédoncules
velus et un peu rameux ; il leur succède des fruits rougeâtres,
blancs dans une variété, velus, d'une odeur très-suave, et que
tout le monde connoît sous le nom de *framboise.* ♄. Il croît dans
les lieux pierreux de la Provence septentrionale (Gér.) ; dans
les montagnes du Dauphiné (Vill.), du Piémont (All.), de la
Suisse (Hall.), de l'Alsace (Mapp.) ; dans les bois du Mont-

d'Or, de la Roche-Sanadoire et du Cantal (Delarb.); dans la
Flandre et le Brabant (Roug.); à la forêt de Cressy près Abbeville (Bouch.); aux environs de Paris (Thuil.); à Cîteaux
(Dur.); dans le Lyonnois, le Forèz, le Bugey (Latour.); dans
les Pyrénées.

CINQUIÈME ORDRE.

ULMAIRES. *ULMARIÆ.*

*Ovaires libres, en nombre fixe, chargés d'un seul
style, et qui se changent en autant de capsules
à une ou plusieurs graines; radicule supérieure;
tige herbacée ou ligneuse; fleurs ordinairement
complettes et hermaphrodites; étamines en nombre indéterminé; feuilles simples ou ailées.*

DCLXIII. SPIRÉE. *SPIRÆA.*

Spiræa. Linn. Juss. Lam. Gœrtn. — *Spiræa, Ulmaria, Barba
capræ et Filipendula.* Tourn.

CAR. Le calice est ouvert, à 5 divisions; la corolle à 5 pétales; les ovaires au nombre de 5 à 12; les capsules à une loge,
bivalves à l'intérieur; les graines au nombre de 1 à 3, insérées
à la suture interne des valves.

OBS. Herbes ou arbrisseaux à fleurs petites, blanches et
nombreuses.

§. Ier. *Tige ligneuse.*

3776. Spirée à feuilles de saule. *Spiræa salicifolia.*

Spiræa salicifolia. Linn. spec. 700. — Duham. Arb. t. 75.

Arbrisseau d'un mètre, à rameaux grèles, à écorce lisse,
jaunâtre, à feuilles glabres, éparses, presque pétiolées, oblongues, lancéolées, dentées en scie; les fleurs sont couleur de
chair, disposées au sommet des rameaux en plusieurs grappes,
dont la réunion forme une panicule serrée; au-dessous de chacune d'elles est une bractée linéaire, pubescente; les pétales
sont arrondis. ♃. Cet arbrisseau croît dans les montagnes d'Auvergne, au Mont-d'Or et au Cantal (Delarb.).

3777. Spirée crénelée. *Spiræa crenata.*

Spiræa crenata. Linn. spec. 700. Pall. Fl. ross. t. 19.

β. *Spiræa crenata.* Gou. Illustr. 31. — Barr. ic. t. 564.

Arbrisseau de 1 mètre et plus, dont les rameaux sont nombreux, grèles, rougeâtres et flexibles; ses feuilles sont petites,

alternes, vertes, glabres, spatulées, quelquefois entières, mais la plupart dentées ou crénelées à leur sommet; ses fleurs sont blanches, pédonculées et disposées par bouquets semblables à des ombelles placés sur le côté et dans la partie supérieure des rameaux. ♄. La variété *α*, qui est originaire de Sibérie et de Hongrie, est cultivée dans les jardins et les bosquets. La variété *β*, que je n'ai point été à portée de voir, paroît différer de la précédente par ses feuilles plus longues et à 5 nervures, par ses fleurs plus petites et plus serrées; elle a été observée par M. Gouan dans les Cévennes, au mont Larzac, entre Campestre et Baniols-les-Bains, à la Liquisse près Nant.

§. II. *Tige herbacée.*

5778. Spirée filipendule.   *Spirea filipendula.*

Spirœa filipendula. Linn. spec. 702. Lam. Illustr. t. 439. f. 1.— Cam. Epit. 608. ic.

Sa racine est composée de plusieurs tubérosités d'une forme ovale, attachées et comme suspendues à des filets très-déliés; elle pousse une tige haute de 5 décim., droite, peu feuillée, très-glabre, et souvent simple; ses feuilles sont composées de beaucoup de folioles assez égales entre elles, petites, ovales ou oblongues, dentées en leur bord, glabres et d'un verd foncé; les stipules sont embrassantes, dentées et un peu adhérentes sur les pétioles; les fleurs sont blanches, quelquefois rougeâtres, nombreuses et disposées en une panicule terminale semblable à une ombelle; elles ont leur calice réfléchi : les styles sont au nombre de 8 à 12. ♃. On trouve cette plante dans les bois et les prés couverts. Elle est incisive, diurétique, vulnéraire et un peu astringente.

5779. Spirée ulmaire.   *Spirœa ulmaria.*

Spirœa ulmaria. Linn. spec. 702. Fl. dan. t. 547. Lam. Fl. fr. 3. p. 126.

Sa tige est haute de 6-9 déc., droite, un peu rameuse, dure, glabre et rougeâtre : ses feuilles sont grandes, ailées, composées de folioles ovales, pointues, dentées, d'un verd foncé en dessus, et toujours un peu blanchâtres en dessous; la foliole terminale est plus grande que les autres, et partagée en 5 lobes; les fleurs sont petites, nombreuses, de couleur blanche et ramassées au sommet de la tige en panicule un peu serrée; il leur succède un fruit composé de 5 à 8 capsules comprimées et torses, ou contournées en spirale : les styles sont au nombre de 6-8. ♃. On trouve cette plante dans les prés humides ; elle est vulnéraire, astringente, tonique et sudorifique ; elle est connue sous les noms de *reine des prés*, *ulmaire*.

5780. **Spirée barbe de chèvre.** *Spiræa aruncus.*

Spiræa aruncus. Linn. spec. 702. Lam. Fl. fr. 3. p. 126. — Cam. Hort. t. 9.

Sa tige est haute de 12 décim., droite, ferme, glabre, feuillée et un peu rameuse ; ses feuilles sont alternes, pétiolées, trois fois ailées, et composées de folioles ovales, pointues et dentées en scie : les fleurs sont blanches, terminales, très-petites, extrêmement nombreuses, et disposées en une panicule ample, formée par un grand nombre d'épis cylindriques, portés sur des pédoncules rameux ; elles sont la plupart unisexuelles, et du même sexe sur chaque individu ; mais on trouve souvent des fleurs hermaphrodites sur les pieds femelles, et même sur les pieds mâles, quoique stériles. ♃. Cette plante croit dans les bois des pays de montagnes ; dans les Pyrénées, les Alpes, le Jura, les montagnes du Bugey, de l'Auvergne ; au Ballon et dans presque toutes les vallées des Vosges.

SIXIÈME ORDRE.

DRUPACÉES. *DRUPACEÆ.*

Ovaire simple, libre, chargé d'un seul style, et qui se change en un drupe dont le noyau est à une ou deux graines ; membrane intérieure de la semence un peu renflée et demi-charnue ; radicule supérieure ; tige ligneuse ; fleurs complettes hermaphrodites ; étamines en nombre indéterminé ; feuilles simples, chargées de glandes vers leurs bases ou sur leurs pétioles.

DCLXIV. CERISIER. *CERASUS.*

Cerasus. Juss. — *Cerasus et Laurocerasus.* Tourn. — *Cerasus et Padus.* Mœnch. — *Pruni sp.* Linn. Lam.

CAR. Le calice est en cloche, caduc, à 5 lobes ; la corolle à 5 pétales ; le fruit charnu, arrondi, glabre, un peu sillonné d'un côté, non couvert de poussière glauque ; son noyau est lisse, arrondi, marqué latéralement d'un angle un peu saillant.

Obs. Arbres ou arbrisseaux à feuilles oblongues, à stipules caduques, étroites, un peu adhérentes à la base du pétiole, à fleurs blanches disposées en épis terminaux ou en bouquets latéraux, et qui naissent dans plusieurs espèces avant le développement des feuilles : celles-ci, dans leur bouton, sont pliées sur leurs nervures longitudinales.

3781. Cerisier à grappes.   *Cerasus padus.*

Prunus padus. Linn. spec. 677. Fl. dan. t. 205. — *Padus avium.* Mill. Dict. n. 1. — *Prunus racemosa.* Lam. Fl. fr. 3. p. 107. β. *Fructu rubro.* — *Prunus rubra.* Wild. Arb. 237.

Arbrisseau de 2 – 3 mètres, dont l'écorce est d'un brun rougeâtre; les feuilles ovales-lancéolées, pétiolées, glabres, dentées en leur bord, et d'un verd gai; les fleurs blanches, pédonculées et disposées en grappes plus longues que les feuilles; les pétales denticulés à leur sommet; et les fruits petits, ronds et d'un goût amer et désagréable : ces fruits sont noirs dans la variété α, rouges dans la variété β qui est cultivée dans les jardins. ♄. Cet arbrisseau connu sous les noms de *mérisier à grappes*, de *putiet*, de *faux bois de Sainte-Lucie*, croît naturellement dans les haies et les bois des collines; en Piémont (All.); en Dauphiné (Vill.); dans les montagnes du Forez (Latourr.); dans le Jura près du Doubs (Hall.); en Lorraine près Plombières et Giromagny (Buch.); en Alsace (Mapp.); aux environs de Paris (Thuil.); au Mont-d'Or et au Cantal (Delarb.); dans les haies de Tarbes et auprès des torrens à l'Escoubous dans les Pyrénées. On le cultive dans les bosquets : les oiseaux sont avides de ses fruits.

Le laurier-cerise (*prunus lauro-cerasus*, L.) qui est cultivé dans plusieurs jardins et presque naturalisé, diffère de cet arbrisseau par ses feuilles persistantes, lisses, coriaces et munies de 2 glandes sur leur face inférieure.

3782. Cerisier mahaleb.   *Cerasus mahaleb.*

Cerasus mahaleb. Mill. Dict. n. 4. — *Prunus mahaleb.* Linn. spec. 678. Jacq. Fl. austr. t. 237. — *Prunus odoratus.* Lam. Fl. fr. 3. p. 108.

Arbre qui s'élève dans les jardins, jusqu'à 6 mètres de hauteur; son écorce est brune ou grisâtre, et son bois dur et odorant; ses feuilles sont pétiolées, arrondies, mais avec une
pointe

pointe à leur sommet, dentées en leur bord, vertes, glabres
et un peu fermes; elles ont une odeur agréable, sur-tout lorsqu'elles sont sèches; les fleurs sont blanches, pédonculées et
disposées presque en corimbe sur un pédoncule commun, long
de 5-6 centim.; leurs pétales sont alongés et très-étroits : il
leur succède un fruit noirâtre, petit, rond, d'un goût désagréable et amer. ♄. On trouve cet arbre dans les lieux incultes
et les bois; en Dauphiné, parmi les fentes des rochers (Vill.);
aux environs de Lyon (Latourr.); dans les haies de la val
d'Aost, les bois de Suze et les montagnes de Nice (All.); au
marais de Cambron près Abbeville (Bouch.); aux environs de
Paris (Thuil.); à Chenove, Plombières et Larrey en Bourgogne (Dur.); en Auvergne (Delarb.); dans les Pyrénées. On
le nomme vulgairement *quénot*, *malagué*, et sur-tout *bois de
Sainte-Lucie*, parce qu'il croît à Sainte-Lucie près Milnel en
Lorraine (Buch.).

3783. Cerisier tardif.   *Cerasus semperflorens.*

Prunus semperflorens. Wild. spec. 2. p. 992. — *Prunus serotina.* Roth Cat. 1. p. 58. — Duham. Arb. fruit. ed. 8°. vol. 1.
p. 265. n. x. t. 7.

β. *Pedunculo foliato.* Tourn. Inst. 626.

Arbrisseau qui se ramifie dès la base, et dont les branches
sont touffues et pendantes; les feuilles sont glabres, ovales-
lancéolées, dentées en scie, d'un verd foncé en dessus; les
boutons à fruit donnent au printemps de petites branches qui
portent à l'aisselle de leurs feuilles supérieures les boutons des-
tinés à fleurir l'année suivante; les fleurs sont portées sur de
longs pédicelles axillaires et solitaires; les folioles du calice
sont fortement dentées en scie; la fleur s'ouvre peu, et ses
pétales ne sont point creusés en cuiller; le fruit est rond, à
noyau blanc, à chair tendre, légèrement acide, à peau d'un
rouge clair. ♄. Cet arbre est à-la-fois chargé de fleurs et de fruits;
ceux-ci mûrissent jusqu'à la fin de l'automne : ce qui a fait
nommer cet arbre *cerisier de la Toussaint* ou *de la Saint-
Martin;* la variété β qu'on trouve sauvage dans les bois, et
qu'on nomme *cerisier à la feuille*, ne paroît différer du précédent, qu'en ce que le pédoncule porte la feuille à sa base,
au lieu de naître à son aisselle.

5784. Cerisier griottier.　　*Cerasus caproniana.*

Prunus cerasus. Linn. spec. 679. var. *α*, *β*, *γ*. Lam. Fl. fr. 3. p.
105. — *Cerasus vulgaris.* Mill. Dict. n. 1. — Duham. Arb.
fruit. ed. 8°. vol. 1. p. 252. t. 3-16. excl. var. X. et t. 7.

Je réunis ici toutes les variétés nommées *cerisiers* à Paris,
griottiers dans les provinces, et *cerisiers à fruit rond* par
Duhamel. Ces arbres ne s'élèvent guères au-delà de 7 à 8
mètres; leurs branches sont étalées; leurs feuilles sont glabres,
d'un verd foncé et portées sur des pétioles assez fermes; leurs
fleurs sont assez ouvertes et un peu plus petites que celles du
guignier; ils en diffèrent sur-tout par leurs fruits sphériques,
fondans, toujours plus ou moins acides, et dont la peau se
sépare facilement de la chair; ces fruits sont ordinairement
rouges, mais leur teinte varie dans diverses variétés depuis le
rouge pâle au pourpre noirâtre. Duhamel en distingue 21 variétés que le défaut d'espace m'empêche de rapporter ici. Cet
arbre est généralement cultivé : il est peut-être sauvage dans
nos bois. ♃.

5785. Cerisier guignier.　　*Cerasus juliana.*

Prunus cerasus, *ε*. Linn. spec. 679. Lam. Fl. fr. 3. p. 105. —
Duham. Arb. fruit. ed. 8°. vol. 1. p. 238. t. 1.

Les guigniers appelés spécialement *cerisiers* dans plusieurs
provinces, sont des arbres qui s'élèvent jusqu'à 10 ou 12 mètres
de hauteur, et qui soutiennent leurs branches dans une direction presque verticale dans leur jeunesse, peu étalée dans leur
vieillesse; leurs feuilles sont grandes, souvent pendantes, assez
profondément dentées en scie, glabres sur leurs 2 surfaces; leur
fleur est peu ouverte et plus grande que celle des griottiers;
enfin leurs fruits sont à-peu-près en forme de cœur, de couleur rouge ou noirâtre, jamais acides, couverts d'une peau
très-adhérente à la chair : celle-ci est tendre et aqueuse. Duhamel distingue 5 variétés de guigniers. ♃.

5786. Cerisier merisier.　　*Cerasus avium.*

Cerasus avium. Mœnch. Meth. 672. — *Prunus avium.* Linn. spec.
680. — *Prunus cerasus*, *α*. Lam. Fl. fr. 3. p. 105. — *Cerasus
nigra.* Mill. Dict. n. 2. — Duham. Arb. fruit. ed. 8°. 1. p. 235.

Cet arbre s'élève à 10-12 mètres; ses branches sont fortes,
étalées; son écorce lisse; ses feuilles sont grandes, pendantes,
vertes et lisses en dessus, blanchâtres et un peu pubescentes
par dessous; ses fleurs sortent 2 ou 3 ensemble d'un bouton

long et pointu; leurs corolles sont peu ouvertes, de 3-4 centimètres de diamètre; leurs fruits sont très-petits dans les variétés sauvages, de forme presque ovoïde, de couleur qui varie
selon le degré de maturité et qui finit par être d'un pourpre
noir; leur peau adhère à la chair qui est tendre, aqueuse et
de saveur douce et sucrée : le suc de ce fruit est coloré. Cet
arbre est commun dans les grandes forêts, sur-tout dans les
pays de montagnes : la culture en a obtenu une variété à fleur
double et une autre à gros fruit. ♄.

3787. Cerisier bigarreautier. *Cerasus duracina.*

Prunus avium, β et γ. Linn. spec. 680. — *Prunus cerasus*, δ.
Lam. Fl. fr. 3. p. 105. — Duham. Arb. fruit. ed. 8°. vol. 1. p.
216. t. 2.

Les bigarreautiers, regardés par la plupart des auteurs comme
des variétés des merisiers, me semblent suffisamment distincts
pour en être séparés : ce sont des arbres élevés, à rameaux dressés, et dont le port approche de celui des guigniers; les boutons
sont gros, obtus; les feuilles grandes, moins larges vers le
pétiole que vers le sommet, régulièrement dentelées, pendantes; leur pétiole et leur nervure sont souvent rougeâtres :
les fleurs sont peu ouvertes et naissent jusqu'à 5 ou 6 ensemble
du même bouton; enfin leurs fruits sont en forme de cœur,
marqués d'un côté par un sillon longitudinal, assez gros,
de consistance ferme et cassante; leur couleur varie du rouge
au noir : leur peau est très-adhérente. Cet arbre ne se trouve
point sauvage : on le multiplie en le greffant sur le merisier. ♄.

DCLXV. PRUNIER. *PRUNUS.*

Prunus. Tourn. Juss. — *Pruni sp.* Linn. Lam. Gœrtn.

Car. La fleur est comme dans le genre précédent; le fruit
est glabre, couvert d'une poussière glauque, arrondi ou ovoïde,
un peu sillonné d'un côté; le noyau est ovoïde ou oblong,
comprimé, pointu au sommet, un peu raboteux, sillonné et
anguleux vers les bords.

Obs. Arbres à feuilles simples dentées, qui, dans les boutons, sont roulées sur leur nervure, et dont les dents inférieures sont glanduleuses : les stipules sont étroites, un peu
adhérentes; les fleurs sont blanches et naissent avant les
feuilles, disposées le long des branches par petits bouquets qui
sortent de bourgeons écailleux.

5788. Prunier épineux.   *Prunus spinosa.*

Prunus spinosa. Linn. spec. 681. Lam. Fl. fr. 3. p. 106. — *Prunus acacia.* Crantz. Austr. 193. — Blackw. t. 494.

Arbrisseau médiocre, très-rameux, diffus, épineux et souvent en buisson; son écorce est brune; ses feuilles sont ovales-lancéolées, assez petites et dentelées; ses fleurs sont blanches, pédonculées, solitaires, et paroissent avant les feuilles; ses fruits, d'abord verdâtres, deviennent d'un bleu foncé en mûrissant. Ils sont petits et connus vulgairement sous le nom de *prunelle.* ♄. On trouve cet arbrisseau dans les haies et dans les lieux arides : ses feuilles, son écorce et ses fruits, avant leur maturité, sont astringens.

5789. Prunier de Briançon.   *Prunus Brigantiaca.*

Prunus Brigantiaca. Vill. Dauph. 1. p. 299. 3. p. 535.

Ce prunier s'élève rarement au-delà de 5 mètres; son écorce est lisse, d'un roux brun; ses feuilles sont vertes, glabres, excepté sur leurs nervures postérieures, pétiolées, ovales, terminées en pointe étroite, bordées de dents en scie dentées elles-mêmes et assez profondes; les stipules sont petites, divisées presque jusqu'à la base en deux lobes linéaires et dentés; les fleurs naissent un peu avant les feuilles, sortent d'un bourgeon ovale, brun, écailleux; elles sont presque sessiles, assez petites, ramassées 2 ou 3 ensemble; les étamines sont 2 fois plus longues que les pétales; les fruits sont ronds, lisses, d'un blanc jaunâtre ou noisette, souvent un peu rouges du côté du soleil; le noyau est un peu applati, mais très-court et strié : l'amande est amère, ovale, applatie. C'est du noyau de ce fruit qu'on tire l'*huile de marmotte;* cet arbrisseau croît aux environs de Briançon dans la vallée de Monestier, à Saint-Chaffrey et ailleurs (Vill.); dans la vallée de Queyras entre Oulx et Césane (All.). ♄.

5790. Prunier domestique.   *Prunus domestica.*

Prunus domestica. Linn. spec. 680. excl. var. ζ et ν. Lam. Fl. fr. 3. p. 106. — Duham. Arb. fruit. ed. 8°. vol. 2. p. 257. n. 1-35. et n. 41-44. t. 1-16

β. *Prunus insititia.* Linn. spec. 680.

Arbre médiocrement élevé, dont les branches sont étalées, le bois veiné et rougeâtre, l'écorce brune un peu cendrée, et les feuilles alternes, pétiolées, ovales-oblongues, nerveuses, d'un verd triste , dentées en leur bord , et velues en dessous ; ses fleurs sont blanches, et remplacées par un fruit ovale , chargé, dans sa maturité, d'une poussière fine, à laquelle on donne vulgairement le nom de *fleur*, et qu'on n'observe jamais sur les cerises. La culture a développé ou conservé une foule de variétés qui sont figurées et décrites dans les ouvrages de Duhamel et de Rozier ; elles diffèrent par la couleur violette, verdâtre ou jaunâtre du fruit, par la chair adhérente ou non adhérente au noyau. La variété β qu'on trouve sauvage dans les bois , et qui probablement est le type naturel de plusieurs variétés cultivées, se distingue à ses feuilles plus ovales, et à ses rameaux qui deviennent épineux en vieillissant. ♄.

3791. Prunier pyramidal. *Prunus pyramidalis.*

Prunus. Duham. Arb. fruit. ed. 8°. vol. 2. p. 310. n. 36-40. t. 17. 18? — *Prunus galatensis.* Linn. spec. 680. var. γ?

Cet arbre, connu dans les environs de Genève sous le nom de *pruneaulier*, constitue certainement une espèce distincte du prunier domestique ; au lieu de porter ses branches étalées , il les redresse en forme de pyramide alongée , et conserve cette disposition jusqu'à la fin de sa vie : ses fleurs ont des pétales de moitié plus étroits et plus écartés que dans l'espèce précédente ; enfin son fruit est oblong, 2 fois plus long que large, un peu pointu aux 2 extrémités, de couleur violette , couvert de poussière glauque : sa chair se détache du noyau ; celui-ci est oblong, comprimé, pointu aux 2 bouts : ses fruits sont très-bons à sécher comme pruneaux ; ils diffèrent des vraies prunes soit par leur saveur, soit parce que la cuisson les rend plus sucrés , au lieu de les faire tendre à l'acide. ♄. On ignore son pays natal.

DCLXVI. ABRICOTIER. *ARMENIACA.*

Armeniaca. Tourn. Juss. Lam.—*Pruni* sp. Linn.

Car. La fleur ne diffère pas des deux genres précédens ; le fruit est arrondi , sillonné d'un côté, couvert d'un duvet court : le noyau est arrondi, comprimé, marqué sur les côtés de deux crètes saillantes , l'une obtuse, l'autre aiguë.

Obs. Arbres à feuilles roulées sur elles-mêmes avant leur épanouissement, à stipules étroites, un peu adhérentes, à fleurs disposées par bouquets le long des branches, et sortant de boutons écailleux avant la naissance des feuilles.

5792. Abricotier commun.   *Armeniaca vulgaris.*

Armeniaca vulgaris. Lam. Dict. 1. p. 2. — *Prunus armeniaca.*
Linn. spec. 679.—Duham. Arb. fruit. ed. 8°. v. 1. p. 203. t. 5. 6.

Arbre de moyenne grandeur, à écorce brune, à rameaux
étendus, disposés en tête assez large; les feuilles sont pétiolées,
grandes, fermes, glabres, dentelées en leurs bords, ovales,
presque en forme de cœur; les fleurs sont blanches, sessiles. ♄.
Cet arbre passe pour indigène de l'Arménie; Allioni assure
qu'on trouve l'abricotier sauvage dans les bois du Montferrat.
On le cultive dans presque tous les jardins; la culture en a
obtenu plusieurs variétés qu'on distingue à la couleur plus ou
moins jaune ou rougeâtre du fruit, à sa grosseur, à son amande
douce ou amère. *Voyez* Duhamel et Rozier.

DCLXVII. AMANDIER.   *AMYGDALUS.*

Amygdalus. Tourn.— *Amygdali sp.* Linn. Juss. Lam. Gœrtn.

Car. La fleur diffère peu des genres précédens; le fruit est
oblong, peu ou point charnu, couvert d'un duvet court; le
noyau est oblong, pointu au sommet, lisse, parsemé de petits
pores épars.

Obs. Arbres ou arbrisseaux à feuilles oblongues ou lancéolées, pliées sur leur nervure avant leur développement, à stipules un peu adhérentes, dentées en scie.

5793. Amandier commun.   *Amygdalus communis.*

Amygdalus communis. Linn. spec. 677. Lam. Dict. 1. p. 101.
α. *Dulcis.* — Duham. Arb. fruit. ed. 8°. vol. 1. p. 186. n. 1-5.
t. 1. 2.
β. *Amara.* —Duham. loc. cit. p. 192. n. 6. 7.

Arbre de 3-5 mètres, dont le bois est assez dur, l'écorce du
tronc un peu gercée, et celle des rameaux lisse et grisâtre;
ses feuilles sont alternes, pétiolées, longues, étroites, pointues
et dentées en leur bord; ses fleurs sont blanches, un peu rougeâtres vers le centre, presque sessiles, solitaires ou géminées:
il leur succède un fruit suffisamment connu sous le nom d'*a-
mande*, dont on distingue deux sortes, les amandes douces
et les amandes amères. ♄. Cet arbre est commun dans les provinces méridionales; les amandes fournissent, par l'expression,
une huile douce, laxative et très-anodine.

DCLXVIII. PÊCHER.   *PERSICA.*

Persica. Tourn. — *Amygdali sp.* Linn. Juss. Lam. Gœrtn.

Car. Les pêchers ne diffèrent des amandiers que par leur

fruit plus arrondi, plus charnu, tantôt glabre, tantôt cotonneux, et sur-tout par leur noyau plus ovale, marqué de sillons ou de crevasses profondes, et anastomosées irrégulièrement.

3794. Pêcher commun. *Persica vulgaris.*

Persica vulgaris. Mill. Dict. n. 1. — *Amygdalus persica.* Linn. spec. 677. Lam. Dict. 1. p. 98. excl. var. 21-27. — Duham. Arb. fruit. ed. 8°. vol. 2. p. 172. n. 1-20. et 28-42. t. 1-14. et t. 20-32.
α. *Carne a nucleo secedente.*
β. *Carne nucleo adhærente.*

Arbre de médiocre grandeur, originaire de la Perse, cultivé maintenant dans tous les jardins, et presque naturalisé dans les vignes et les lieux cultivés; ses branches forment une tête peu touffue; son écorce est lisse, verte ou rougeâtre sur les jeunes pousses; ses feuilles sont étroites, lancéolées, pointues, dentées en scie, glabres, lisses et portées sur de courts pétioles; les fleurs sont d'un rose vif, sessiles, solitaires; elles naissent avant le développement des feuilles, et dans chaque branche au-dessous des bourgeons à feuilles; les fruits sont de consistance charnue, un peu aqueuse, délicate; leur peau est couverte d'un duvet court, serré et peu adhérent; le noyau est fortement crevassé. Les variétés de pêches sont très-nombreuses; on doit les classer sous deux races principales : α, les *pêches* proprement dites, dont la chair n'adhère point au noyau, et dont la peau s'enlève facilement; elles sont plus estimées et plus communes dans les provinces du Nord : β, les *pavies* ou *alberges*, dont la chair adhère au noyau, même à l'époque de la maturité, et dont la peau s'enlève difficilement; elles sont plus répandues dans les provinces du Midi. ♄.

3795. Pêcher à fruit lisse. *Persica lævis.*

Amygdalus persica. Lam. Dict. 1. p. 98. var. 21-27. — Duham. Arb. fruit. ed. 8°. vol. 2. p. 200. n. 21-27. t. 15-19.
α. *Carne a nucleo secedente.*
β. *Carne nucleo adhærente.*

Cet arbre se distingue du précédent à ses fruits, dont la chair est plus ferme, dont le noyau est moins sillonné, et dont la peau est lisse, entièrement dépourvue de duvet; la saveur et l'odeur même de ces fruits diffèrent de celles des véritables pêches. On y distingue deux races principales qui correspondent à celles de l'espèce précédente : *α*, la *pêche violette*, dont la chair se sépare du noyau à la maturité ; *β*, le *brugnon*, dont la chair reste adhérente au noyau, même à l'époque de sa maturité. Cet arbre est cultivé dans la plupart des jardins ; il est probablement originaire de la Perse. ♄.

SOIXANTE-DOUZIÈME FAMILLE.

LÉGUMINEUSES. *LEGUMINOSÆ.*

Leguminosæ. Juss. Adans. — *Papilionaceæ et Lomentaceæ.* Linn.

Les légumineuses méritent de fixer notre attention d'une manière spéciale, soit parce qu'un grand nombre d'entre elles sont indigènes de l'Europe, soit parce qu'elles sont journellement employées comme fourrages ou comme plantes potagères, soit enfin parce qu'elles offrent au plus haut degré ces mouvemens singuliers qu'on a désignés sous les noms de *sommeil* et de *réveil des feuilles*, et que quelques-unes même sont mises en mouvement par le simple contact. Cette famille renferme des herbes, des arbustes ou des arbres ; les racines sont presque toujours fibreuses, et les fibres de plusieurs espèces portent de petits tubercules charnus ; les tiges sont quelquefois grimpantes ; les feuilles sont toujours articulées sur la tige, rarement simples, presque toujours composées de plusieurs folioles ailées ou digitées ; la base du pétiole commun offre 2 stipules, tantôt libres, tantôt adhérentes au pétiole ; on retrouve même dans certains genres de petites stipules à l'origine des folioles. Dans quelques genres le pétiole, au lieu de se terminer par une foliole, se prolonge en une vrille simple ou rameuse ; les fleurs sont presque toujours hermaphrodites, et offrent différens modes de dispositions.

Le calice est d'une seule pièce, en cloche ou en tube, ordinairement à 5 divisions ; la corolle est de forme bizarre et variable : dans quelques genres, elle manque entièrement ; ailleurs, ses pétales sont soudés ensemble ; presque toujours elle est composée de 5 pétales insérés au fond du calice. Dans la première section (les Lomentacées, Lin.), qui est presque toute exotique, les pétales sont égaux, disposés comme dans

les Rosacées; dans les autres, qui sont la plupart européennes,
et qui ont reçu le nom de Papillonacées, les 5 pétales sont
irréguliers, et imitent un peu, par leur disposition, l'apparence d'un papillon qui vole : les deux pétales inférieurs,
rapprochés ou réunis, forment une espèce d'étui qui entoure
les organes sexuels, et qui a reçu le nom de *carène* ou *na-
celle;* les deux du milieu, placés à côté de la carène, ont
reçu le nom d'*ailes ;* le supérieur, qui enveloppe tous les
autres avant la fleuraison, porte le nom d'*étendard* ou de *pavillon;* les étamines sont presque toujours au nombre de 10,
insérées sur le calice au-dessous des pétales; leurs filamens
sont tantôt distincts, tantôt soudés tous ensemble, plus souvent on en trouve 9 soudés en une gaîne qui entoure l'o-
vaire, et le dixième, placé devant l'étendard, reste libre. L'o-
vaire est simple, libre, souvent pédicellé; le style est unique,
courbé du côté de l'étendard; le stigmate est simple; le fruit
porte le nom particulier de *gousse* ou de *légume ;* il est de
forme assez variable, de consistance foliacée, tantôt à une
loge, tantôt à 2 loges longitudinales, quelquefois divisé en 2
ou plusieurs loges par des cloisons, des étranglemens ou des
articulations transversales; il est le plus souvent composé de
2 valves appliquées l'une contre l'autre, et qui se séparent
au moment de la maturité; les graines sont toujours attachées à une seule des sutures latérales, tantôt solitaires,
tantôt nombreuses; dans ce dernier cas, elles adhèrent alternativement à l'une et à l'autre valves; elles sont arrondies ou en forme de rein, marquées d'une cicatricule très-
visible; dans les Lomentacées, la membrane intérieure des
graines, renflée et épaissie, prend l'apparence d'un périsperme, et la radicule est droite ; dans les Papillonacées, la
membrane interne n'est point renflée, et la radicule est courbée
sur les lobes : ceux-ci sont arrondis ou ovales, ordinairement
épais et charnus; dans la plupart des genres, ils se changent
en feuilles séminales au moment de la germination; ils conservent leur apparence et leur nature dans les Légumineuses
munies de vrilles, et dans quelques autres genres; dans ce dernier cas, tantôt ils restent enfouis en terre, tantôt ils sortent
de terre à la germination. Les feuilles primordiales sont presque toujours différentes des feuilles ordinaires de la plante

** Toutes les étamines distinctes.*

DCLXIX. CAROUBIER. *CERATONIA.*

Ceratonia. Linn. Juss. Lam. Gœrtn. — *Siliqua.* Tourn.

CAR. Les fleurs sont très-souvent dioïques par avortement, toujours dépourvues de corolle; le calice est petit, à 5 divisions inégales; les étamines sont au nombre de 5-7, placées devant les lanières du calice, portées sur des filamens longs et distincts; l'ovaire est entouré d'un disque charnu, à 5 lobes, qui porte les étamines dans les fleurs hermaphrodites; la gousse est alongée, comprimée, pulpeuse en dedans, assez coriace en dehors, et ne s'ouvre pas d'elle-même; les semences sont dures, luisantes.

3796. Caroubier à longues   *Ceratonia siliqua.*
   gousses.

Ceratonia siliqua. Linn. spec. 1513. Lam. Dict. 1. p. 635. Cav. ic. t. 113. — *Siliqua edulis.* Duham. Arb. t. 262.

Arbre de 8-10 mètres, dont les rameaux forment une tête arrondie; les feuilles sont persistantes, ailées sans impaire, à 6-10 folioles coriaces, ovales, obtuses, un peu pâles en dessous; les fleurs sont disposées en une grappe simple, composée de plusieurs branches droites; elles sont presque sessiles le long de l'axe; leur calice est rouge, sur-tout avant leur épanouissement; les gousses sont longues de 2 décim., charnues, comprimées, pendantes, souvent arquées, de couleur marron; leur pulpe est ordinairement noirâtre; elle est blanche dans une variété cultivée en Espagne. ♄. Cet arbre, connu sous les noms de *caroubier* ou de *carouge*, croît naturellement dans les rochers voisins de la mer et exposés au soleil; en Provence; aux environs de Nice, de Monaco. Ses gousses, qui sont pulpeuses et douceâtres, servent d'aliment aux pauvres et aux enfans; on le donne sur-tout aux bestiaux. Le bois du caroubier est dur, utilement employé dans les arts.

DCLXX. CERCIS. *CERCIS.*

Cercis. Linn. Juss. Lam. Gœrtn. — *Siliquastrum.* Tourn.

CAR. Le calice est en godet à 5 dents, ventru à sa base; la corolle à 5 pétales rétrécis en onglet; l'étendard arrondi; les ailes assez grandes; la carène à 2 pétales; les étamines, au nombre de 10, ont leurs filets distincts et inclinés; la gousse est comprimée, bordée en dessus d'une aile étroite et membraneuse.

3797. Cercis gaînier. *Cercis siliquastrum.*

Cercis siliquastrum. Linn. spec. 534. Lam. Illustr. t. 328.

Arbre très-étalé, rameux, et dont l'écorce est un peu gercée, brune ou rougeâtre; ses feuilles sont glabres, pétiolées, arrondies, échancrées en cœur à leur base, et presque réniformes : ses fleurs sont de couleur rouge, portées sur de courts pédoncules, et ramassées par bouquets le long des rameaux, et quelquefois sur le tronc même; elles paroissent avant les feuilles : il leur succède des légumes alongés, larges, très-applatis, qui ressemblent à des gaînes de couteau, et qui renferment des semences fort petites. ♄. Cet arbre, connu sous les noms d'*arbre de Judée*, d'*arbre de Judas*, de *gaînier*, croît dans les forêts et parmi les rochers en Languedoc, près Narbonne (Lin.), Montpellier (Gou.), aux environs de Nice (All.); dans le midi du Dauphiné, à Montélimart (Vill.). On le cultive comme arbre d'ornement dans le reste de la France.

DCLXXI. ANAGYRIS. *ANAGYRIS.*

Anagyris. Tourn. Linn. Juss. Lam.

Car. Le calice est persistant, en godet à 5 dents; la corolle est papillonacée; l'étendard est court, en cœur renversé; la carène est à 2 pétales; les 10 étamines sont distinctes; la gousse est alongée, comprimée, un peu courbée, à plusieurs graines.

3798. Anagyris fétide. *Anagyris fœtida.*

Anagyris fœtida. Linn. spec. 534. Lam. Illustr. t. 328.

Arbrisseau de 12-15 décim., dont la tige est droite, rameuse et recouverte d'une écorce grisâtre; ses feuilles sont pétiolées, ternées, blanchâtres et pubescentes en dessous : les stipules sont opposées aux feuilles, et bifides à leur sommet; les fleurs sont jaunes, pédonculées et disposées en manière de grappe; leur corolle est remarquable par sa carène très-alongée et son pavillon fort court; le fruit est un légume assez grand, oblong, presque cylindrique, qui contient des semences réniformes et bleuâtres. ♄. Il croît parmi les rochers, dans les collines et les montagnes peu élevées des provinces méridionales;

à Nice (All.); près Arles (Gér); à Montbasin et St.-Guillin-le-Désert près Montpellier (Gou.). Il porte le nom de *bois puant*, parce que son écorce et ses feuilles, froissées entre les doigts, rendent une odeur fétide.

** *Etamines monadelphes ou toutes réunies en un seul faisceau.*

DCLXXII. AJONC.   *ULEX.*

Ulex. Linn. Juss. Lam. Gœrtn. — *Genista-spartium.* Tourn.

Car. Le calice est à 2 grandes folioles courbées en carène, et munies entre elles à leur base de 2 autres très-petites; la carène est à 2 pétales; la gousse est renflée, et renferme un petit nombre de graines.

Obs. Arbrisseaux très-épineux, à fleurs jaunes, axillaires.

3799. Ajonc d'Europe.   *Ulex Europœus.*

Ulex Europœus. Linn. spec. 1045. var. *a.* Lam. Illustr. t. 621. Smith. Fl. brit. 756. — *Ulex grandiflorus.* Pourr. act. Toul. 3. p. 333. — *Ulex vernalis.* Thor. Land. 299.

Arbrisseau de la hauteur d'un mètre, à rameaux dressés, et tout hérissé d'épines vertes, roides et divergentes, qui sont formées, soit par les sommités des rameaux, soit par les feuilles elles-mêmes, devenues épineuses en vieillissant; ces feuilles sont simples, sessiles, persistantes, linéaires; les fleurs sont pédonculées, solitaires dans les aisselles supérieures; leur pédicelle sort d'entre deux petites folioles opposées, et porte 3 écailles concaves, pubescentes, ovales, étalées; leur calice est à 2 folioles pubescentes, jaunâtres, longues de 15 millim., et dont l'inférieure est entière, obtuse au sommet; l'étendard est échancré, plié sur la nervure longitudinale; la carène est un peu plus courte que les ailes. ♄. Il est assez commun dans les landes, les terreins stériles, le long des routes, dans presque toutes les plaines de la France; il porte les noms de *landier*, d'*ajonc marin*, de *vigneau*; on le cultive sous ce dernier nom dans le département du Calvados, et on se sert de ce bois pour chauffer les fours à chaux.

3800. Ajonc nain.   *Ulex nanus.*

Ulex nanus. Smith. Fl. brit. 757. Willd. spec. 3. p. 969 — *Ulex minor.* Roth. Cat. 1. p. 83. — *Ulex Europœus,* β. Linn. spec.

1045. — *Ulex parviflorus*. Pourr. act. Toul. 3. p. 333. — *Ulex
autumnalis*. Thor. Land. 299.

Il diffère du précédent, parce qu'il est plus petit, que ses
branches sont plus étalées, ses épines plus courtes, ses feuilles
glabres, ses fleurs plus petites et plus nombreuses ; les folioles
de son calice sont presque glabres, et l'inférieure se termine
par 5 dents ; l'étendard est entier au sommet, et presque plane ;
les ailes sont plus courtes que la carène ; les écailles du pédicelle sont très-petites, et exactement appliquées. ♄. Il croît
sur les collines arides et dans les lieux sablonneux ; à Fontainebleau ; dans les Pyrénées ; dans le bas Languedoc (Pourr.);
aux environs de Dax ; l'une et l'autre espèces d'ajonc fleurissent
d'ordinaire au printemps , et refleurissent souvent à l'automne.

DCLXXIII. GENÊT.   *GENISTA*.

Genista. Lam. Juss.— *Genista et Spartium*. Linn. — *Genista ,
Spartium , Genista-spartium et Genistella*. Tourn.—*Genista,
Genistoïdes , Genistella et Scorpius*. Mœnch.

Car. Le calice est tubuleux ou en cloche, à 2 lèvres, dont
la supérieure à 2, et l'inférieure à 5 dents ; la carène est tombante, et n'enferme qu'incomplettement les organes sexuels ;
la gousse est oblongue, à une loge , à une ou plusieurs
graines.

Obs. Arbrisseaux souvent épineux , à fleurs jaunes ou rarement blanches , à stipules adhérentes au pétiole , à feuilles
tantôt toutes simples , tantôt les unes simples et les autres
ternées.

§. Ier. *Rameaux non épineux.*

5801. Genêt monosperme.   *Genista monosperma.*

Genista monosperma. Lam. Dict. 2. p. 616.— *Spartium monos-
permum*. Linn. spec. 995. — *Genista defoliata , ß*. Lam. Fl. fr.
2. p. 619.— Lob. ic. 2. p. 91. f. 2.

Sa tige est droite , divisée en rameaux striés, effilés, dressés et presque toujours dépouillés de feuilles ; celles-ci , lorsqu'elles existent, sont en petit nombre, lancéolées-linéaires ,
sessiles, simples, pubescentes ; les fleurs naissent en grappes
latérales le long des rameaux supérieurs ; elles sont de couleur blanche, ce qui distingue facilement cette espèce du *spartium sphærocarpon*. Linn., avec lequel elle a les plus grands
rapports ; ses fruits sont ovoïdes, obtus, lisses, à une loge , à

une graine. ♄. Ce sous-arbrisseau croît dans les environs **de**
Montpellier (Sauv.), à Valène et à l'Esperou (Gou. excl. syn.
Bauh.).

5802. Genêt purgatif.　　　*Genista purgans.*

Genista purgans. Linn. spec. 999. Lam. Dict. 2. p. 617. Bull.
Herb. t. 115. — *Spartium purgans.* Linn. Syst. Nat. 474.

Ses tiges sont droites, très-rameuses, cannelées et hautes
de 5 décim. ou un peu plus ; les rameaux inférieurs sont nus,
durs et presque piquans, quoique tronqués à leur extrémité :
les supérieurs, sur-tout dans leur jeunesse, sont pubescens,
soyeux, argentés vers leur sommet, et garnis de petites feuilles
ovales-lancéolées, vertes en dessus, blanchâtres, et pareillement soyeuses en dessous : les fleurs sont d'un jaune pâle,
solitaires, portées sur un pédicelle de 5-7 millim., disposées
le long des rameaux ; leur calice est à 2 lèvres larges, obtuses,
à peine dentées au sommet ; la gousse est oblongue, comprimée, velue. ♄. Le *genêt griot* croît dans les lieux secs, stériles, montueux et découverts, aux environs de Nice (All.);
dans la basse Provence (Gér.); à l'Esperou près Montpellier
(Gou.); dans le Lyonnois et le Forèz (Latourr.); à Narbonne ; dans les marais des Monts-d'Or ; auprès du canal de
Briare (Bull.); dans l'isle St.-Loup et les bords de la Loire
près Orléans (Dub.).

5803. Genêt cendré.　　　*Genista cinerea.*

Spartium cinereum. Vill. prosp. 40. Wild. spec. 3. p. 927. —
Genista scoparia. Vill. Dauph. 3. p. 420. excl. Cæs. Math.
Dalech. et Tab. syn. — *Genista linifolia.* Vill. Fl. delph. 74.
non Linn. — *Spartium*, n°. 5. Ger. Gallopr. 481. ex syn. —
—*Cytiso-genista*, Garid. Aix. p. 145. — *Genista florida.* Asso.
arrag. 94. non Linn.

Arbrisseau de 4 à 8 décim., droit, cendré, branchu, à rameaux effilés, dressés et marqués de 10 cannelures longitudinales très-prononcées ; les feuilles sont éparses, simples, pubescentes ou velues, petites, lancéolées ; les fleurs sont jaunes,
pubescentes sur leur carène, oblongues, solitaires, et presque
sessiles à l'aisselle des feuilles le long des rameaux ; le calice
est pubescent ou velu, à 5 dents profondes et pointues ; la gousse
est velue, oblongue, et renferme 5 à 5 graines. ♄. Il croît sur
tous les côteaux du midi du Dauphiné près Gap, Veynes,
Serres et les Baronies ; dans la haute Provence, depuis

Manosque à Sisteron ; dans les montagnes de Seyne ; aux environs de Nice et de Limoni (Bell.); dans les Landes voisines d'Agen (Saint-Am.) ; on l'emploie à faire les balais : les Provençaux lui donnent le nom de *genesto*.

3804. Genêt à branche de jonc. *Genista juncea.*

Genista juncea. Lam. Dict. 2. p. 617.—*Spartium junceum.* Linn. spec. 995. — *Genista odorata.* Mœnch. Meth. 144. —Duham. Arb. 1. t. 103.

Cet arbrisseau s'élève jusqu'à 6-9 mètres ; ses rameaux sont nombreux , droits , verdâtres , flexibles , striés , pleins de moëlle , et ressemblent aux tiges de plusieurs espèces de jonc ; les feuilles sont lancéolées , peu nombreuses , toutes simples , quelquefois presque opposées , mais plus souvent alternes ; les fleurs sont jaunes , fort grandes , et ont une odeur suave ; les gousses sont velues : on cultive cet arbrisseau dans les jardins , sous le nom de *genêt d'Espagne.* ♄. Il croit en Languedoc ; en Piémont (All.); en Provence ; à Montélimart et au Buis dans le midi du Dauphiné (Vill.); à Gramout près Montpellier (Gou.); à Ribai et Pechboyé près Montauban (Gat.); sur les côteaux des environs de Tarbes.

3805. Genêt des teinturiers. *Genista tinctoria.*

Genista tinctoria. Linn. spec. 998. Lam. Dict. 2. p. 618. — *Spartium tinctorium.* Roth. Germ. 1. p. 302. — *Genistella tinctoria.* Mœnch. Meth. 133. — Fuchs. Hist. 808. ic.

Ses tiges sont basses, un peu couchées, ligneuses, et poussent beaucoup de rameaux droits, grêles, striés, très-feuillés et verdâtres; les feuilles sont lancéolées, éparses , ordinairement glabres ou légèrement velues sur les bords; les fleurs sont jaunes, terminales et disposées en épi ; les gousses sont glabres , oblongues. ♄. Ce sous-arbrisseau croit sur les collines et sur le bord des bois; ses fleurs donnent une teinture jaune. Il porte les noms de *genestrola, herbe à jaunir, genestra.*

3806. Genêt à fleur velue. *Genista pilosa.*

Genista pilosa. Linn. spec. 999. Lam. Dict. 2. p. 619. — *Genista repens.* Lam. Fl. fr. 2. p. 618. — *Spartium pilosum.* Roth. Germ. 1. p. 303. — *Genistella tuberculata.* Mœnch. Meth. 133. — Clus. Hist. 1. p. 103. f. 2.
β. *Foliis tenuioribus et longioribus.*

Ses tiges sont grêles, rameuses, vertes, striées, longues

de 5 décim., couchées et étalées sur la terre; ses feuilles sont extrêmement petites, ovales, dures, d'un verd triste, pliées en gouttière, légèrement velues en dessous et disposées seulement vers le sommet des rameaux; ses fleurs sont jaunes, presque sessiles et ramassées 2 ou 3 ensemble dans les aisselles des feuilles; le calice et la corolle sont garnis de poils courts, soyeux et couchés; les gousses sont oblongues, comprimées, couvertes de poils couchés. La variété β a la tige presque droite, haute de 3-5 décimètres, et les feuilles plus longues et plus étroites. ♃. Cette espèce est assez commune dans les lieux secs, pierreux et sablonneux, sur les collines et les basses montagnes; à Fontainebleau; dans les Vosges; le Jura; les basses Alpes; les Monts-d'Or; les Cévennes; les Pyrénées, etc. etc.

3807. Genêt couché.   *Genista prostrata.*

Genista prostrata. Lam. Dict. 2. p. 618. — *Spartium decumbens.* Dur. Bourg. 1. p. 299. — *Genista pedunculata.* L'Her. Stirp. 184. — *Genista Halleri.* Reyn. Mem. 1. p. 211. ic. — *Genista procumbens.* Wild. spec. 3. p. 940? — Hall. Helv. n. 355.

Sous-arbrisseau rameux, couché et étalé sur la terre en forme de touffe applatie; ses rameaux sont grèles, striés, un peu velus, simples au moment de la fleuraison; ils se ramifient et s'allongent ensuite, de sorte que les fruits sont placés à la base des jeunes pousses; les feuilles sont oblongues, sessiles, rétrécies à la base, obtuses ou à peine pointues; les pédoncules naissent 2-3 ensemble à l'aisselle des feuilles, et dépassent un peu leur longueur : ils sont garnis de poils ainsi que les calices, mais les corolles sont parfaitement glabres; les fleurs sont jaunes, solitaires sur chaque pédicelle; les gousses sont oblongues, comprimées, noirâtres, hérissées de poils. ♃. Il croît dans les terreins secs et pierreux en Bourgogne; sur les montagnes du Jura près de la Brevine, et de la Chaux-de-Fond.

3808. Genêt en gazon.   *Genista humifusa.*

Genista humifusa. Linn. spec. 998? Vill. Dauph. 3. p. 421. t. 44.

Cette plante est composée d'une souche ligneuse, trèsépaisse, rabougrie, divisée en troncs courts et couchés par terre, d'où s'élèvent plusieurs petites branches velues, striées, disposées en gazon irrégulier, et dont la hauteur n'atteint pas 6 centim.; les feuilles sont simples, petites, lancéolées, velues

sur

sur toute leur surface ; les fleurs sont jaunes , solitaires, portées sur de courts pédicelles ; leur corolle est toute couverte de
poils couchés ; la gousse est oblongue , très-velue , et renferme
4 graines. ♄. Ce très-petit arbrisseau a été trouvé sur la montagne de la Batie , de Mont-Saléon , à Brame et Bucu près Gap ,
par M. Villars.

3809. Genêt à tige ailée.　*Genista sagittalis.*

Genista sagittalis. Linn. spec. 998. Lam. Dict. 2. p. 620. — *Genista herbacea.* Lam. Dict. 2. p. 616. — *Genistella racemosa.*
Mœnch. Meth. 133. — J. Bauh. 1. p. 2. p. 393. f. 3.

Ses tiges sont presque herbacées , demi-couchées , longues de
2-3 décim. , légèrement velues et bordées dans toute leur longueur d'une membrane verte qui forme 2 ou 3 saillies courantes ,
et qui est rétrécie en manière d'articulation à la base de chaque
feuille : ses feuilles sont simples , ovales , sessiles et distantes ;
les fleurs sont jaunes , disposées en grappes courtes, garnies d'un
calice velu , et terminent les tiges. ♃. On trouve cette plante
dans les terreins secs , pierreux , sablonneux.

3810. Genêt triangulaire.　*Genista triquetra.*

Genista triquetra. Ait. Kew. 3. p. 14. L'Her. Stirp. 183. Lam.
Dict. 2. p. 622. Wild spec. 3. p. 958.

Sous-arbrisseau bas et touffu , remarquable, parce que ses
branches sont triangulaires , munies de 3 appendices foliacés ;
ses feuilles inférieures sont portées sur de courts pétioles à 3
folioles ovales - oblongues , dont celle du milieu est la plus
grande ; les feuilles supérieures sont simples ou à 2, et même
quelquefois à 5 folioles ; toutes sont un peu velues : les fleurs
sont jaunes , disposées en grappes courtes au sommet des rameaux ; leur calice est pubescent , à 5 divisions pointues. ♄.
Cette espèce croît dans l'isle de Corse (Wild.).

3811. Genêt à balais.　*Genista scoparia.*

Genista scoparia. Lam. Dict. 2. p. 623. non Vill. — *Spartium
scoparium.* Linn. spec. 996. — *Genista hirsuta.* Mœnch. Meth.
144. — Duham. Arb. t. 84.

Cet arbrisseau s'élève jusqu'à 1 mètre environ ; ses rameaux
sont nombreux , droits , verdâtres , anguleux et flexibles ; ses
feuilles sont petites et légèrement velues ; les inférieures sont
pétiolées et ternées , et toutes les autres sont simples , ovales-
lancéolées et presque sessiles : ses fleurs sont jaunes , fort

grandes, portées sur de courts pédoncules, et disposées presque
en épi dans la partie supérieure des rameaux : les gousses sont
oblongues, comprimées, garnies de longs poils vers les deux
bords. ♃. On trouve cet arbrisseau dans les bois et les lieux
incultes et sablonneux ; il est commun aux environs de Paris
et dans presque toutes les plaines étendues ou les basses montagnes, excepté aux environs des Alpes, où il est rare.

§. II. *Rameaux épineux.*

3812. Genêt épine-fleurie. *Genista scorpius.*

Spartium scorpius. Linn. spec. 995. — *Genista spiniflora.* Lam.
Dict. 2. p. 621.—Clus. Hist. 1. p. 106. f. 1.

Arbrisseau dont les tiges sont rameuses, étalées, diffuses,
très-hérissées d'épines, et hautes à peine de 5 décim. ; les
feuilles sont petites, oblongues, pointues, molles, blanchâtres,
et ne se trouvent que sur les jeunes pousses ; les fleurs sont d'un
jaune plus ou moins foncé, et naissent ramassées 3 ou 4 ensemble
sur les plus fortes épines vers le sommet des rameaux. ♃. On
trouve cet arbrisseau dans les lieux stériles et montagneux en Provence ; dans le midi du Dauphiné, près du Buis et entre Lauréol et Montélimart (Vill.) ; à Gramont, Montferrier, Lavalette et la Vérune près Montpellier, où on le connoît sous le
nom de *genêt épineux* ou *arjalas* (Gou.) ; à Cabarieu et Beau-
Soleil près Montauban (Gat.) ; dans les environs de Tarbes et
dans les vallées inférieures des Pyrénées.

3813. Genêt d'Angleterre. *Genista Anglica.*

Genista Anglica. Linn. spec. 999. Lam. Dict. 2. p. 621. — *Genista minor.* Lam. Fl. fr. 2. p. 615.—Lob. ic. 2. p. 93. f. 2.

Ses tiges sont grêles, longues à peine de 3 décimètres, rameuses, glabres et souvent un peu couchées ; elles sont garnies d'épines nombreuses, feuillées et jaunâtres à leur sommet :
ses feuilles sont glabres, petites, lancéolées, un peu étroites :
les fleurs sont jaunes, axillaires, solitaires, portées sur de
courts pédoncules, et disposées vers le sommet des tiges : les
rameaux qui les portent ne sont pas épineux ; les gousses sont
courtes, glabres, un peu renflées, presque cylindriques, terminées en pointe. ♃. Cet arbrisseau croît sur les côteaux
arides et sablonneux ; à Fontainebleau, près de Paris ; en Auvergne ; en Languedoc, et dans presque toute la France.

3814. Genêt d'Allemagne. *Genista Germanica.*

Genista Germanica. Linn. spec. 999. Lam. Dict. 2. p. 621. —
Genista villosa, α. Lam. Fl. fr. 2. p. 615. — *Scorpius spi-*
nosus. Mœnch. Meth. 134. — Fuchs. Hist. 220. ic.

Ses tiges sont rameuses, striées, un peu velues, très-garnies
de feuilles dans leur jeunesse, et s'élèvent jusqu'à 5 décim.; les
épines sont feuillées, simples à l'époque de la fleuraison, et soutiennent à leur base d'autres épines qui les font paroître légèrement rameuses : les feuilles sont ovales-lancéolées, vertes
et très-velues; les fleurs sont jaunes, portées sur de courts pédoncules, disposées au sommet des tiges en grappes courtes; le
calice est pubescent, ainsi que la carène; les gousses sont courtes,
hérissées de poils, même à leur maturité. ♄. Il croît dans les bois
et sur les collines pierreuses ou sablonneuses; aux environs de
Genève; en Savoie; à Lyon (Latourr.); en Dauphiné (Vill.);
en Piémont (All.); dans les montagnes d'Auvergne (Delarb.);
aux environs de Montbar (Dur.); en Alsace près Strabourg;
dans le Palatinat (Poll.); à l'Esperou près Montpellier (Gou.);
à St.-Etienne près Montauban (Gat.).

3815. Genêt d'Espagne. *Genista Hispanica.*

Genista Hispanica. Linn. spec. 999. Lam. Illustr. t. 619. f. 3.—
Genista villosa, β. Lam. Fl. fr. 2. p. 615. — *Genista sylves-*
tris. Scop. Carn. n. 875. — J. Bauh. 1. p. 2. p. 400. f. 1.

Cette espèce paroît différer de la précédente par sa tige plus
basse, plus couchée, et qui dépasse rarement 2 décim. de hauteur; par ses épines vertes et très-rameuses, même sur les
branches qui portent les fleurs; parce qu'elle est beaucoup plus
velue sur ses jeunes pousses et sur ses calices, tandis que sa
carène est presque glabre, et que ses gousses portent seulement quelques poils épars dans leur jeunesse, et deviennent
glabres en vieillissant. ♄. Elle croît sur les collines pierreuses
et exposées au soleil des provinces méridionales; aux environs de
Nice (All.); en Provence; au mont Ventoux près Avignon; au
Buis dans le midi du Dauphiné (Vill.); près Montpellier; à
Narbonne.

3816. Genêt de Lobel. *Genista Lobelii.*

Spartium aphyllum fruticosum junceis aculeis lanatis capitulis.
Lob. adv. p. 409. ic. opt.

Sous-arbrisseau touffu, très-épineux, qui ressemble par son

port au genêt très-épineux et au genêt de Portugal, mais qui diffère de l'un et de l'autre par ses rameaux alternes et non opposés ; sa tige est roussâtre, presque lisse, droite, haute de 2
décim. : ses vieilles branches sont striées en long, de couleur
jaunâtre, chargées de tubercules qui sont les cicatrices des anciennes feuilles et des anciens rameaux : les jeunes pousses sont
vertes, lisses, piquantes ; les feuilles sont peu nombreuses, caduques, petites, sessiles, tantôt ternées, plus souvent simples,
pliées longitudinalement, couvertes de poils courts et couchés,
longues de 4 millim. : les fleurs sont jaunes, plus petites que
dans l'espèce suivante, solitaires ou géminées à l'aisselle des
feuilles supérieures, portées sur des pédicelles courts et un
peu hérissés : le calice est en cloche, un peu velu, à 5 lobes
presque égaux ; la corolle est couverte de poils soyeux et couchés. ♄. Cet arbuste croît dans les montagnes de la Provence,
aux Alpes de la Magdeleine (Lob.), et au mont de Sainte-
Victoire : il se retrouve dans l'isle de Corse.

3817. Genêt très-épineux.   *Genista horrida.*

Spartium horridum. Vahl. Symb. 1. p. 51. excl. syn. Wild. spec.
3. p. 936. — *Genista radiata.* Vill. Dauph. 3. p. 419 ? — *Ge-*
nista lusitanica. Desf. Cat. 184. non Lam. (1). — Clus. Hist.
1. p. 107. f. 1. — J. Bauh. 1. p. 2. p. 403. f. 1.

Cette espèce a le port de l'*anthyllis erinacea* ; elle forme
un petit arbuste touffu, épineux, de couleur cendrée, haut
de 2-3 décim., à rameaux opposés, lisses, marqués de 6 stries,
et qui deviennent épineux en vieillissant : les stipules sont petites, persistantes, presque épineuses ; les feuilles sont opposées, pétiolées, à 3 folioles linéaires, pliées sur leur nervure

---

(1). Il diffère du genêt de Portugal de M. Lamarck, par son calice pubescent, à poils couchés, et non pas hérissé de longs poils roux et étalés ;
mais laquelle des deux espèces est le *genista lusitanica* de Linné ? La figure
de l'Écluse et conséquemment celle de J. Bauhin, appartiennent certainement à ma plante ; d'un autre côté, je suis certain qu'elle est bien la même
que celle décrite par Vahl, car j'ai sous les yeux un échantillon envoyé
par ce botaniste du lieu même où il dit avoir trouvé son *spartium horridum* ;
mais la figure de Lobel qu'il y rapporte, appartient évidemment à notre
genêt de Lobel, et ne répond point à la description de Vahl, puisqu'elle a
les rameaux alternes et tuberculeux ; aussi M. Wildenow, sans connoître
la plante figurée par Lobel, n'a point cité sa figure pour son *spartium hor-*
ridum. L'inspection seule de l'herbier de Linné, peut apprendre si son
genista lusitanica est la plante décrite par Lamarck ou celle-ci.

longitudinale, couvertes de poils soyeux et couchés ; les fleurs sont
d'un jaune pâle , assez grandes , entourées de bractées ; celles-ci
sont pubescentes , ovales , terminées en pointe acérée : le calice
est pubescent , pâle , à deux lèvres , dont la supérieure profondément partagée en 2 lobes pointus ; l'inférieure à 3 dents aiguës ; la carène est pubescente ; les gousses sont oblongues ,
couvertes de poils blancs hérissés , et dépassent peu la carène
qui persiste. ♭. Cet arbuste croît aux environs de Bayonne et
de Bordeaux (Clus.); il a été trouvé dans les hautes Pyrénées
par M. Ramond ; à la montagne de Courgeon , près de la Saône,
à 2 lieues de Lyon , par M. Hénon.

DCLXXIV. CYTISE.   *CYTISUS.*

Cytisus. Lam. Juss. — *Cytisi , Spartii et Genistæ sp.* Linn. —
Cytisi sp. Tourn.

Car. Ce genre est très-voisin du précédent , et n'en diffère
que parce que sa carène est droite et enveloppe complettement
les organes sexuels : les gousses sont un peu rétrécies à leur base ,
et renferment plusieurs graines.

Obs. Les cytises sont des arbrisseaux qui ont le port des
genêts , mais qui sont plus rarement épineux , et dont toutes
les feuilles sont ternées ; les fleurs sont jaunes , ou très-rarement rouges. On doit exclure de ce genre , 1°. le *cytisus cajan*
et le *cytisus pseudo-cajan*, Jacq. , qui ont les étamines diadelphes , la gousse un peu tordue et bourrelée par la saillie
des graines , qui constituent un genre particulier ; 2°. le *cytisus wolgaricus*, Pall. , qui a les étamines diadelphes et les
feuilles ailées , et qui diffère peu de notre *astragalus megalan-
thus* ; 3°. le *cytisus violaceus* , Aubl. , que Lamarck rapporte
avec raison au genre *crotalaria*.

§. Ier. *Calice court en cloche.*

3818. Cytise aubour.   *Cytisus laburnum.*

Cytisus laburnum. Linn. spec. 1041. Lam. Dict. 2. p. 246. —
Cytisus Alpinus. Lam. Fl. fr. 2. p. 621. — J. Bauh. Hist. 1. p.
2. p. 361. ic.

β. *Cytisus Alpinus.* Mill. Dict. n. 2. Hop. ccat. exs. 4.

Arbrisseau de 3-4 mètres , dont l'écorce est unie et un peu
verdâtre ; ses feuilles sont composées de trois folioles ovales-
oblongues , velues en dessous , et portées sur des pétioles fort
longs : les fleurs sont jaunes , et forment de belles grappes

tout-à-fait pendantes aux extrémités des rameaux : ses légumes
sont légèrement velus, et contiennent 5 à 6 semences réniformes. La variété *α* a les rameaux un peu blanchâtres, les
pétioles et les pédicelles couverts de poils ras et couchés, la
surface inférieure des feuilles pubescente, les fleurs inodores,
grandes, un peu pâles, avec l'étendard taché de rouge. La variété *β* a les fleurs plus petites, plus jaunes et odorantes, l'étendard non taché, les folioles presque glabres, les pédicelles
hérissés de poils non couchés, et les jeunes pousses glabres. ♃.
Cet élégant arbuste croît dans les lieux pierreux des basses
Alpes et du Jura ; les collines de la Bourgogne (Dur.), de la
Bresse, du Bugey (Latourr.). On assure qu'il croît naturellement à Bacon près Meung, dans les environs d'Orléans
(Dub.). On le nomme *aubours*, *amborn*, *faux ébénier*, *cytise à grappes*, *cytise des Alpes* ; il est cultivé comme arbre
d'ornement dans les bosquets; les chèvres sont les seuls animaux qui dévorent les feuilles de cet arbuste.

5819. Cytise noirâtre.   *Cytisus nigricans.*

Cytisus nigricans. Linn. spec. 1041. Lam. Illustr. t. 618. f. 3. —
Cytisus glaber, α. Lam. Fl. fr. 2. p. 621. — Clus. Hist 1. p.
95. f. 1.

Arbrisseau d'un mètre et demi de hauteur, à rameaux grêles,
flexibles, alongés, pubescens, sur-tout vers le sommet; les
feuilles sont alternes, pétiolées, à 3 folioles ovales-oblongues,
glabres et d'un verd foncé en dessus, pubescentes en dessous ;
les fleurs sont jaunes, pédicellées, odorantes, disposées en
longues grappes droites, terminales; les pédicelles, les calices
et les gousses sont pubescens; les bractées sont linéaires, en
forme d'alène, insérées tantôt à la base du pédicelle, tantôt
vers son sommet. ♃. Cet arbrisseau croît au bord des forêts
abattues, dans les lieux arides en Piémont, autour de Giaveno, et dans la vallée de St.-Martin, au-dessus de Pignerol
(All.); dans les environs de Sion en Valais.

5820. Cytise à feuilles sessiles. *Cytisus sessilifolius.*

Cytisus sessilifolius. Linn. spec. 1041. Lam. Illustr. t. 618. f. 2.
Cytisus glaber, β. Lam. Fl. fr. 2. p. 621. — J. Bauh. 1. p. 2.
p. 373. f. 2.

Arbrisseau de 1-2 mètres, droit, très-rameux et entièrement glabre ; ses feuilles sont nombreuses, petites, sessiles
dans le haut des branches, portées sur des pétioles très-courts

dans le bas , à 3 folioles arrondies , terminées par une petite
pointe; chaque rameau est terminé par 2-5 fleurs pédicellées ,
jaunes , droites ; le calice est entouré à sa base d'une feuille florale sessile , à 2-3 folioles ; les gousses sont oblongues , glabres , à 5-7 graines noirâtres. ♄. Il croit sur les collines arides
et exposées au soleil, le long des bois et des haies, en Languedoc près Montpellier, Sorrèze ; en Provence (Lin.); à Grenoble, à Die et le bas Dauphiné (Vill.) ; aux environs de Nice,
de Turin , et dans le Montferrat (All.); on le cultive dans les
jardins sous le nom de *trifolium des jardiniers.*

3821. Cytise à feuilles pliées. *Cytisus complicatus.*

Spartium complicatum. Linn. spec. 996. — *Cytisus parvifolius.*
Lam. Fl. fr. 2. p. 623. — *Cytisus divaricatus.* L'Her. Stirp.
184. — Clus. Hist. 1. p. 94. f. 1.

Sa tige est droite , glabre , blanchâtre , et s'élève jusqu'à
9-12 décim. ; elle pousse beaucoup de rameaux diffus, très-
ouverts, et dont les inférieurs sont un peu couchés sur la terre
et presque rampans : les jeunes pousses sont pubescentes ; les
feuilles sont petites, et leurs folioles sont souvent pliées en
deux longitudinalement : leur surface supérieure est glabre , et
quelquefois tachée de blanc , et l'inférieure est comme ridée
et légèrement velue : les fleurs sont jaunes et disposées en
grappes droites , lâches et terminales ; les calices et les légumes
sont garnis de glandes rougeâtres et pédicellées. ♄. Cette plante
croit abondamment dans les environs de Saint-Pierre-du-Che-
min et de la Tardière , près la Châtaignerie en bas Poitou, où
elle a été observée par M. Galon; aux environs de la Rochelle
(Bon.); de Dax (Thor.); de Tarbes et de Bagnères ; près Montpellier, au Vigan et à Gramont vers Mauguio , au mont de l'Éperon ; dans les lieux incultes de la Provence septentrionale (Gér.).
M. Ramond observe que dans son pays natal ses fleurs sont odorantes.

3822. Cytise épineux.   *Cytisus spinosus.*

Cytisus spinosus. Lam. Dict. 2. p. 247. — *Spartium spinosum.*
Linn. spec. 997. — J. Banh. 1. p. 2. p. 376. ic.

Sa tige est haute de 6-9 décim. , droite , ligneuse , rameuse,
ferme, et garnie de fortes épines ; ses feuilles sont pétiolées et
composées de 3 folioles assez petites , ovales et un peu obtuses
à leur sommet : les fleurs sont jaunes , pédonculées et ramassées 3 ou 4 ensemble par petits bouquets placés sur les épines :

les légumes sont glabres, oblongs et ont un applatissement ou une espèce de gouttière sur leur dos ; ils renferment 5 ou 4 semences fort dures. ♄. Cet arbrisseau croit dans les lieux montueux et arides de la Provence méridionale ; il est commun aux environs de Nice et d'Oneille (All.) ; on le trouve à Lamalou, Valmagne, Beziers et au bois de Candiac en Languedoc (Gou.) ; dans l'isle de Corse près Ajacio ; St.-Fiorenzo (Vall.).

5825. Cytise laineux. *Cytisus lanigerus.*

Spartium lanigerum. Desf. Atl. 2. p. 135. — *Spartium villosum.* Poir. voy. Barb. 2. p. 207.

Cet arbrisseau ressemble beaucoup au précédent, mais il paroît plus fort et plus épais ; sa tige et ses feuilles sont légèrement pubescentes ; ses bractées et ses calices sont abondamment garnis de poils blancs un peu soyeux ; ses fleurs sont un peu plus grandes, et sur-tout ses gousses sont un peu renflées et garnies de poils laineux très-abondans. ♄. Je l'indique d'après un échantillon envoyé de Corse par M. Noisette, et conservé dans l'herbier de M. Clarion.

5824. Cytise blanchâtre. *Cytisus candicans.*

Cytisus candicans, α. Lam. Dict. 2. p. 248. — *Genista candicans.* Linn. sp. 997. — *Cytisus Monspessulanus.* Gou. Hort. 375.

Ses tiges sont hautes de 9-12 décim., droites, rameuses, profondément cannelées, et chargées, ainsi que les feuilles, les calices et les légumes, de poils couchés d'abord blanchâtres, mais qui deviennent roussâtres par la suite : les feuilles sont assez distantes, portées, même les supérieures, sur de courts pétioles, et leurs folioles sont ovales, d'un blanc sale tirant sur le roux, et garnies en dessous d'une nervure très-saillante : les fleurs sont petites, de couleur jaune, et disposées 4 ou 5 ensemble sur des pédoncules latéraux, feuillés et alternes ; la gousse est oblongue, hérissée de poils mols, comprimée, un peu resserrée entre les graines. ♄. Cet arbuste croit sur les collines des provinces méridionales ; dans l'isle de Corse ; aux environs de Nice (All.) ; de Montpellier ; de Narbonne ; en Poitou près la Châtaignerie (Bon.).

5825. Cytise à feuilles de lin. *Cytisus linifolius.*

Cytisus linifolius. Lam. Dict. 2. p. 249. — *Genista linifolia.* Linn. spec. 405. — *Spartium linifolium.* Desf. Atl. 2. p. 134. t. 181.

Arbrisseau fort bas, dont les rameaux sont droits, chargés inférieurement des cicatrices des anciennes feuilles, marqués de nervures qui partent 5 ensemble de chaque cicatrice , et très-feuillés dans leur partie supérieure; ses feuilles sont alternes , assez rapprochées , et composées de 5 folioles sessiles sur la tige , linéaires, pointues , repliées en leur bord , soyeuses et argentées en dessous : les fleurs sont jaunes , disposées en grappes droites et terminales , et sont remplacées par des lé-gumes velus. ♄. On trouve cet arbrisseau dans les isles d'Hyères , et notamment dans celles du Levant et de Porqueyrolles (Gar.).

3826. **Cytise à fleurs ternées.**   *Cytisus triflorus.*

> *Cytisus triflorus.* L'Her. Stirp. 184. Desf. Atl. 2. p. 139. non
> Lam. — *Cytisus villosus.* Pourr. act. Toul. 3. p. 317. — Clus.
> Hist. 1. p. 94. f. 3.

Arbrisseau à rameaux nombreux , effilés , noirâtres , velus sur-tout vers le haut , et qui atteint la hauteur d'un homme ; ses feuilles sont pétiolées , d'un verd foncé , hérissées de poils roussâtres , sur-tout sur le pétiole et la surface inférieure des folioles ; celles-ci sont au nombre de 3 , ovales, obtuses : les fleurs naissent 3 ensemble à l'aisselle des feuilles supérieures , portées sur des pédicelles longs de 10-12 millim., et hérissés de poils roussâtres ; le calice est velu , en cloche , à 2 lèvres ; la corolle est jaune , assez grande ; les gousses sont comprimées, un peu arquées , très-hérissées. ♄. Cet arbuste croît en Pro-vence près d'Hyères ; aux environs d'Antibes , où il a été trouvé par M. Redouté ; en Languedoc, par M. Broussonet ; à Narbonne et à Fontlaurier , par M. Pourret. L'espèce décrite sous le même nom par M. Lamarck , diffère de celle-ci par son calice cylindrique , deux fois plus long , et par sa tige couchée.

§. II. *Calice tubuleux.*

3827. **Cytise en tête.**   *Cytisus capitatus.*

> *Cytisus capitatus.* Jacq. Austr. t. 33. Lam. Fl. fr. 2. p. 622. —
> *Cytisus hirsutus.* Lam. Dict. 2. p. 250. — *Cytisus supinus.* Linn.
> spec. 1842. ex Wild. spec. 3. p. 1153. Vill. Dauph. 3. p. 410.
> — Clus. Hist. 1. p. 96. f. 1 et f. 3.
>
> β. *Cytisus supinus.* Lam. Dict. 1. p. 250. — *Cytisus lotoides.*
> Pourr. act. Toul. 3. p. 318.

Ses tiges sont hautes de 5 décim. , cylindriques , très-velues , noirâtres , souvent simples et feuillées dans toute leur longueur ; ses feuilles sont composées de 3 folioles ovales , un peu ob-tuses, d'un verd obscur ou noirâtre , velues en leur bord et dans toute leur surface inférieure : leurs pétioles sont aussi très-velus, et n'ont pas 5 centim. de longueur ; les fleurs sont grandes, disposées 5 à 8 ensemble en manière de tête au sommet des tiges; elles sont jaunes, mêlées quelquefois d'un rouge obscur, et sont remplacées par des légumes très-velus. Il arrive souvent que les rameaux s'alongent pendant la durée de la fleuraison, de sorte qu'à la fin de l'été, les fleurs paroissent latérales et comme disposées en épi entremêlé de feuilles. La variété β ne diffère de la précédente que parce qu'elle est plus couchée, plus petite, et que ses têtes de fleurs sont moins nombreuses. ♄. Ces deux sous-arbrisseaux croissent sur les collines et au bord des bois des provinces méridionales.

3828. Cytise argenté.   *Cytisus argenteus.*

Cytisus argenteus. Linn. spec. 1043. Lam. Dict. 2. p. 251. — J. Bauh. Hist. 2. p. 359. f. 3. — Lob. ic. 2. p. 41. f. 2.

Ses tiges sont longues de 2 – 5 décim., ligneuses inférieurement, rameuses, et un peu couchées; ses feuilles sont pétiolées, composées de 5 folioles lancéolées, garnies ainsi que les calices et les jeunes pousses, en leur bord et en dessous, de poils couchés, blancs et soyeux : les fleurs sont jaunes, presque sessiles, et disposées dans les aisselles supérieures des rameaux ; leur calice est partagé en 5 découpures longues et aiguës; les gousses sont oblongues, pointues, comprimées, velues. ♄. Ce sous-arbrisseau croit dans les lieux pierreux, stériles et exposés au soleil des provinces méridionales; aux environs de Narbonne, de Montpellier; dans la Provence méridionale; à Nice, à Turin et dans le Montferrat (All.); aux environs de Gap et de Grenoble (Vill.).

DCLXXV. LUPIN.   *LUPINUS.*

Lupinus. Tourn. Linn. Jass. Lam. Gœrtn.

Car. Le calice est à 2 lèvres entières ou dentées; la carène est à 2 pétales presque entièrement distincts : les étamines sont toutes soudées par leur base; la gousse est coriace, oblongue, à plusieurs graines.

Obs. Herbes à feuilles digitées, souvent velues, à stipules adhérentes au pétiole, à fleurs disposées en épis terminaux.

3829. Lupin blanc.   *Lupinus albus.*

Lupinus albus. Linn. spec. 1015. Lam. Dict. 3. p. 621. — *Lupinus sativus.* Gat. montaub. 126. — Clus. Hist. 2. p. 228. f. 1.

Sa tige est droite, cylindrique, un peu velue; ses feuilles

sont pétiolées, digitées, à 5 ou 7 folioles oblongues, entières,
molles, glabres et d'un verd foncé en dessous, couvertes en
dessus et sur les bords, de poils longs, soyeux et couchés,
qu'on retrouve sur les stipules et les calices; les fleurs sont
blanches, alternes, pédicellées, disposées en grappe droite
terminale, dépourvues de bractées; la lèvre supérieure du calice est entière, l'inférieure est à 5 dents ou 5 lobes; la gousse
est épaisse, hérissée, et renferme 5 ou 6 graines orbiculaires,
applaties, blanchâtres, amères. ☉. Cette plante, qu'on regarde
comme indigène, est généralement cultivée, sur-tout dans les
provinces méridionales; sa graine sert pour la nourriture des
bestiaux, pour quelques usages médicinaux, et même étant
dépouillée de son amertume par la macération, elle est employée comme aliment par les paysans Corses et Piémontois.

383o. Lupin bigarré. *Lupinus varius.*

Lupinus varius. Linn. spec. 1015. — *Lupinus sylvestris, α.* Lam.
Fl. fr. 2. p. 627. — *Lupinus semi-verticillatus.* Lam. Dict. 4.
p. 623.

Sa tige est cylindrique, velue, quelquefois rameuse, et
s'élève jusqu'à 5 décim.; ses feuilles sont composées de 5 à
8 folioles digitées, lancéolées, un peu étroites, vertes en dessus,
velues et blanchâtres en dessous : les fleurs sont disposées en
épi, et varient du rouge au bleu; elles sont portées sur des pédicelles très-courts, disposées le long de l'axe en demi-verticilles,
munies de bractées à leur base; le calice est à 2 lèvres, dont
la supérieure à 2, et l'inférieure à 5 dents : la gousse est hérissée; les graines sont rondes, panachées. ☉. Il croit parmi
les moissons dans les provinces méridionales, aux environs de
St.-Sever dans les landes (Thor.); de Narbonne; de Montpellier; dans les champs maritimes de la Provence (Gér.); à
Nice (All.).

383i. Lupin à feuilles étroites. *Lupinus angustifolius.*

Lupinus angustifolius. Linn. spec. 1015. Lam. Dict. 2. p. 624.

Sa racine est pivotante, presque simple, sa tige droite,
simple, haute de 5 décim., garnie dans toute sa longueur de
feuilles nombreuses, pétiolées, à 5 ou 7 folioles linéaires, obtuses, pubescentes en dessous, longues de 2-5 centim. sur
1 millim. de largeur; les fleurs sont bleues, sessiles, alternes,

disposées en épi droit, munies de bractées, et plus petites que
dans les autres espèces ; les gousses sont oblongues, velues, à 5
ou 6 graines. ⊙. Cette plante est assez commune dans les environs
de Bordeaux et de Dax, où on la cultive ; on la retrouve dans les
terres sablonneuses voisines du Mans (Desp.), et aux environs
d'Orléans, près les Cassines, à Olivet près la Trésorerie (Dub.).
La figure de Jean Bauhin, vol. 2. p. 291, rapportée par tous les
auteurs à l'espèce précédente, représente très-bien notre plante ;
mais la description appartient au lupin bigarré.

3832. Lupin jaune.   *Lupinus luteus.*

Lupinus luteus. Linn. spec. 1015. Lam. Dict. 2. p. 624. — J.
Bauh. Hist. 2. p. 290. ic.

Sa tige est haute de 2 décim. , ordinairement simple et légèrement velue vers son sommet ; ses feuilles sont composées
de 7 à 9 folioles digitées, oblongues dans le bas de la plante,
un peu étroites, presque linéaires et pointues dans le haut ; les
fleurs sont assez petites, verticillées, entourées de bractées,
disposées en un épi fort court ; elles sont un peu odorantes ;
la lèvre supérieure du calice est courte, divisée en 2 parties,
l'inférieure est plus longue, à 3 dents. ⊙. Il croît dans les
champs aux environs de Montpellier (Lob.), à Rouquet et à
Valène (Gou.).

3833. Lupin hérissé.   *Lupinus hirsutus.*

Lupinus hirsutus. Linn. spec. 1015. — J. Bauh. 2. p. 289. ic.

Cette espèce ressemble beaucoup à la précédente, mais elle
en diffère , 1°. parce qu'elle est toute hérissée, sur-tout dans
la partie supérieure, de longs poils un peu roussâtres, et qui
ne sont pas couchés , ni d'un aspect soyeux ; 2°. par ses fleurs
un peu plus petites, alternes le long de l'axe, et non demi-
verticillées. ⊙. Il croît abondamment à la Garrigue de Pérauls
près Montpellier (Gou.).

DCLXXVI. ONONIS.   *ONONIS.*

Ononis. Linn. Juss. Lam. Gœrtn. — *Anonis.* Tourn. — *Anonis
et Natrix.* Mœnch.

CAR. Le calice est en cloche, à 5 découpures linéaires ; l'é-
tendard est grand, strié ; les étamines sont réunies ensemble par
leur base ; la gousse est renflée, sessile, et renferme un petit
nombre de graines.

OBS. Herbes ou sous-arbrisseaux à feuilles ternées, à folioles
dentées en scie, à stipules adhérentes au pétiole , à fleurs rare-

mont terminales, presque toujours axillaires, sessiles ou pédonculées, jaunes ou rougeâtres.

§. Ier. *Fleurs presque sessiles.*

5834. Ononis des anciens.   *Ononis antiquorum.*

Ononis antiquorum. Linn. spec. 1006. Lam. Dict. 1. p. 505.

Cette espèce ressemble beaucoup à l'ononis des champs, mais
elle en diffère, parce qu'elle est plus courte, plus roide, plus épineuse, que ses tiges et ses feuilles sont presque entièrement
glabres, que ses fleurs sont plus petites, et que ses ailes ont le
limbe plus ovale. ♃. Elle croît le long des chemins, sur le bord
des fossés, à Riom en Auvergne, où elle a été observée par
M. Lamarck; aux environs de Nice (All.); de Turin (Balb.).

5835. Ononis des champs.   *Ononis arvensis.*

Ononis arvensis. Lam. Dict. 1, p. 505. Smith. Fl. brit. 758. —
Ononis spinosa, β. Linn. spec. 1006. — *Ononis spinosa.*
Wild. spec. 3. p. 989. —Fuchs. Hist. 60. ic.
β. *Ononis repens.* Linn. spec. 1006. — Dill. Elth. t. 25. f. 28.

Ses tiges sont dures, très-rameuses, velues ou pubescentes,
quelquefois rougeâtres, et ordinairement un peu couchées sur
la terre : elles n'ont point d'épines dans leur jeunesse, mais
elles en acquièrent presque toujours en vieillissant, sur-tout
dans les terreins arides; les feuilles inférieures sont ternées, et
leurs folioles sont ovales, pubescentes, un peu visqueuses et
dentées; presque toutes les autres sont simples; les stipules
font paroître les pétioles ailés : les fleurs sont axillaires, solitaires ou géminées, portées sur de courts pédicelles et varient
du pourpre au blanc; le pavillon de leur corolle est fort ample et
agréablement rayé. La variété β est plus velue, moins épineuse, et a les folioles plus arrondies. Elle croît dans les lieux
sablonneux, au bord de la mer et le long des torrens. Cette
plante est connue sous les noms de *bugrane*, *arête-bœuf.*

5836. Ononis élevée.   *Ononis altissima.*

Ononis altissima. Lam. Dict. 1. p. 506. —*Ononis hircina.* Jacq.
Hort. Vind. t. 93. — *Ononis fœtens.* All. Ped. n. 1164. t.
41. f. 1. — *Ononis spinosa,* α. Linn. spec. 1006. — *Ononis
arvensis.* Retz. Obs. 3. p. 21. —Clus. Hist. 1. p. 99. f. 1.

Plante droite, pyramidale, haute d'un mètre et davantage,
couverte, dans sa partie supérieure, de poils nombreux, glanduleux, ce qui la rend un peu gluante et fétide ; ses rameaux ne deviennent point épineux, même dans sa vieillesse;

ses stipules sont larges, embrassantes et dentées; les feuilles
inférieures ont 5 folioles elliptiques, dentées en scie dans toute
leur longueur; les supérieures n'ont qu'une seule foliole; les
fleurs sont purpurines, portées sur de courts pédicelles, ordinairement géminées à l'aisselle des feuilles supérieures, disposées en épis terminaux feuillés et plus ou moins serrés. ♃. Elle
croît dans les lieux sablonneux, le long de la Sésia près Verceil; aux environs de Turin; de Martigny; de Mayence.

3857. Ononis à petite fleur.   *Ononis parviflora.*

Ononis parviflora. Lam. Dict. 1. p. 510. — *Ononis columnæ*.
All. Ped. n. 1166. t. 20. f. 3. — *Ononis subocculta*. Vill.
Dauph. 3. p. 429. — *Ononis minutissima*. Jacq. Austr. t. 240.
non Linn.

Sa racine, qui est ligneuse, pousse plusieurs tiges simples,
droites, ou une seule tige rameuse par la base; la plante n'atteint pas 2 décim. de hauteur, et est légèrement pubescente
sur toute sa surface; les stipules sont lancéolées, étroites, acérées, dentées en scie; presque toutes les feuilles sont à 5 folioles oblongues, un peu striées, dentées en scie; les supérieures n'ont quelquefois qu'une seule foliole; les fleurs sont
sessiles à l'aisselle des feuilles supérieures, à-peu-près disposées
en épi terminal et feuillé; les lobes du calice sont scarieux à
leur base, prolongés en une pointe acérée, plus longs que la
corolle, et même que la gousse; la corolle est jaune, assez petite; la gousse ovoïde, brune, pubescente. ♃. Elle croît parmi
les rochers, sur les collines et dans les lieux sablonneux; au
bois de Boulogne; au Mail d'Henri IV près Fontainebleau; au
bois de Frénières, vis-à-vis Villeneuve-sur-Anvers (Guett.);
à Nuits (Dur.); au Puits de Crouel près Clermont, et sur les
côteaux des vignes en Auvergne; à Saint-Adrien près Rouen;
dans le bas Valais; aux environs de Suze, de Vinadio et de
Nice (All.); à Grenoble, Cremieu, Montélimart, Saint-Paul-
Trois-Châteaux, Gap, Romette, Briançon et aux Baux en Dauphiné (Vill.), dans les Pyrénées à la montagne d'Agos, à l'entrée du Lavédan.

5838. Ononis naine.   *Ononis minutissima.*

Ononis minutissima. Linn. spec. 1007. — *Ononis saxatilis*. Lam.
Dict. 1. p. 509. — *Ononis barbata*. Cav. ic. t. 143.

Toute la plante est glabre, à l'exception du fruit, qui est
légèrement pubescent; la tige est grêle, branchue, longue de

1-2 décim. ; les stipules sont scarieuses, étroites, acérées, entières, appliquées, persistantes; les feuilles sont à 3 folioles, en
forme de coin, étroites, striées, dentées en scie; les supérieures
n'ont qu'une foliole : les fleurs sont sessiles, axillaires, disposées en épis terminaux et feuillés ; leur calice est scarieux, à
5 lanières longues, étroites et très-acérées ; la corolle est jaune,
un peu plus courte que le calice, mais plus grande que dans
l'ononis à petite fleur. ⊙ ou ♂. Elle croît parmi les rochers exposés au soleil dans les provinces méridionales; à Suze, Nice
et Oneille; en Provence (Gér.); sur la Bastille près Grenoble
(Vill.); à Montferrier, la Valette, la Colombière et Castelnau près Montpellier (Gou.); à Narbonne.

3839. Ononis striée. *Ononis striata.*

Ononis striata. Gou. Illustr. 47. — *Ononis reclinata.* Lam. Fl.
fr. 2. p. 611. excl. syn. — *Ononis aggregata.* Asso. Fl. arr.

Sa tige est grèle, couchée ou tombante, branchue, longue
d'un décim. au plus ; ses stipules sont striées, acérées, persistantes; les folioles sont en forme de cœur renversé, dentelées sur les bords, pubescentes et striées ; les fleurs sont solitaires et presque sessiles à l'aisselle des feuilles supérieures,
en petit nombre au haut de chaque rameau, assez grandes
comparativement à la grandeur de la plante; leur calice est
velu, visqueux, sillonné, à 5 lanières étroites et acérées ; la
corolle est jaune, plus longue que le calice. ♃. Elle croît dans
les prairies des Cévennes près Campestre (Gou.); dans les Pyrénées à la vallée d'Azun, où elle a été trouvée par M. Ramond ;
dans le Dauphiné à Chaudun et aux Baux près Gap.

3840. Ononis panachée. *Ononis variegata.*

Ononis variegata. Linn. spec. 1008. excl. Tourn. syn. Desf. atl.
2. p. 142. t. 185. Lam. Fl. fr. 2. p. 608. — *Ononis aphylla.*
Lam. Dict. 2. p. 509.

Sa racine pousse plusieurs tiges étalées, longues de 1 décim.,
rameuses et chargées d'un duvet visqueux ; ses feuilles sont simples, ovales-cunéiformes, pliées en deux et denticulées : les stipules sont plus larges que les feuilles, cordiformes, incisées et
dentées ; les fleurs sont jaunes, panachées de pourpre, axillaires,
solitaires et à peine pédonculées ; leur corolle est plus grande que
le calice. ⊙. Elle croît sur les bords de la mer en Provence,
auprès des isles d'Hyères (Gér.)?

§. II. *Fleurs pédonculées.*

5841. Ononis renversée.   *Ononis reclinata.*

Ononis reclinata. Linn. spec. 1011.

Petite plante rameuse, étalée, pubescente et un peu visqueuse; ses stipules sont larges, ovales, obtuses, dentées en scie; ses feuilles sont toutes à trois folioles, ovales-arrondies, striées, dentées vers le sommet, et de consistance un peu charnue; les pédoncules sont axillaires, de la longueur des feuilles, munis vers le haut d'une petite bractée caduque et peu apparente, terminés par une seule fleur, d'abord droite, ensuite pendante; les calices sont velus, à 5 lanières peu aiguës et un peu plus longues que la corolle; celle-ci est blanchâtre, avec l'étendard un peu rougeâtre. ⊙. Elle croît sur les bords de la mer en Languedoc; et aux isles de Sainte-Marguerite (Vill.).

3842. Ononis du mont Cenis.   *Ononis Cenisia.*

Ononis Cenisia. Linn. Mant. 267. All. Ped. n. 1173. t. 10. f. 2. Lam. Dict. 1. p. 507. Barr. ic. t. 354 et t. 1104.

Une racine ligneuse, rabougrie et noirâtre à l'extérieur, émet plusieurs tiges étalées, simples ou peu rameuses, longues de 1 décim. environ, glabres ainsi que le reste de la plante; les stipules sont lancéolées, dentées en scie; les feuilles ont un pétiole court, chargé de 3 folioles insérées au même point, petites, en forme de coin, dentées en scie vers le sommet; les pédoncules sont axillaires, 2 fois plus longs que les feuilles, chargés d'une seule fleur, articulés un peu au-dessous d'elle, et munis d'une très-petite bractée; la corolle est mélangée de blanc et de pourpre; le calice est légerement pubescent, de moitié plus court que la corolle; la gousse est ovale, oblongue, pubescente, longue de 15 millim. ♃. Elle croît dans les pâturages secs et les forêts peu ombragées des Alpes du Dauphiné, du Piémont, de la haute Provence.

3843. Ononis de Cherler.   *Ononis Cherleri.*

Ononis Cherleri. Linn. spec. 1007. Lam. Dict. 1. p. 507. — *Anonis pusilla.* Lam. Fl. fr. 2. p. 610. — J. Bauh. 2. p. 394. f. 1.

Sa tige est haute de 1-2 décimètres, rameuse, diffuse et un peu couchée; ses feuilles sont presque sessiles : leurs folioles sont dentées à leur sommet et chargées en dessous de poils visqueux; les stipules sont un peu dentées, et les fleurs sont
solitaires

solitaires sur des pédoncules longs et velus, chargés un peu au-
dessous de la fleur d'un filet très-court; les lanières du calice
sont à peine plus longues que la corolle, hérissées de poils
mols; la corolle est petite, purpurine; les gousses sont brunes,
pendantes, de la longueur du calice, hérissées de poils. ☉. Elle
croît dans les lieux sablonneux et pierreux des collines et des
basses montagnes dans les provinces méridionales; dans l'isle
de Corse près Saint-Fiorenzo (Vall.); à Bussolina près Suze,
à Villafranca près Nice (All.); en Provence (Gér.); près Montpellier (J. Bauh.); à la source du Lèz et au-delà de Montferrier (Gou.); aux environs de Bayonne.

3844. Ononis rameuse.   *Ononis ramosissima.*

Ononis ramosissima. Desf. Atl. 2. p 142. t. 186. Wild. spec. 3.
p. 1006. — Tourn. Inst. p. 409. n. 5.

Plante visqueuse, pubescente, droite, très-rameuse, haute
de 1-2 décim.; ses stipules sont oblongues, pointues : ses
feuilles portent 3 folioles linéaires, un peu élargies et obtuses
au sommet, dentées en scie sur les bords; les fleurs sont jaunes,
avec l'étendard marqué de raies rougeâtres, portées sur des
pédicelles axillaires 2 fois plus longs que les feuilles; ces pédicelles portent vers les 3 quarts de leur longueur un petit
filet grêle à son sommet : ils se recourbent de sorte que la
fleur et le fruit sont pendans; le calice est strié, à 5 lanières
plus courtes que la corolle. ♃. Elle croît dans les sables maritimes aux environs de Nice, où elle a été trouvée par M. de
Suffren.

3845. Ononis visqueuse.   *Ononis viscosa.*

Ononis viscosa. Linn. spec. 1009. Lam. Dict. 1. p. 508. — Barr.
t. 1239.

β. *Calycibus corollam superantibus.*

Ses tiges sont hautes de 2-3 décimètres, droites, chargées
de poils glutineux et un peu rameuses; ses feuilles sont à 3 folioles ovales, elliptiques, striées, denticulées, assez grandes
et d'un verd pâle; celles du haut de la plante n'ont qu'une
foliole : leur pétiole est presque entièrement couvert par une
stipule large qui se partage supérieurement en 2 oreillettes
pointues; les fleurs sont solitaires, axillaires et portées sur des
pédoncules longs de 5 centim. au moins, chargés d'un filet particulier assez long; la corolle a son pavillon rougeâtre, et ses autres
parties sont d'un jaune pâle. La var. *a* a les folioles courtes et

ovales; les calices plus courts que les corolles, et le filet du pédicelle beaucoup plus court que la fleur. La var. β a les folioles plus oblongues, les calices plus longs que les corolles, et le filet des pédicelles égal à la longueur de la fleur. ☉. Elle croît dans les lieux arides des provinces méridionales; aux environs de Tende, à Menton, entre Bros et Roche-Taillade (All.); en Provence dans les lieux herbeux et humides sur les bords de la mer, entre Hyères et Bormes; à Bouzigues, Frontignan et Balaruc près Montpellier (Gou.).

5846. Ononis natrix.   *Ononis natrix.*

> *Ononis natrix.* Linn. spec. 1008. — *Ononis pinguis.* Lam. Dict.
> 1. p. 508. — *Natrix pinguis.* Mœnch. Meth. 158. — Cam.
> Epit. 444. ic.
> β. *Ononis pinguis.* Linn. spec. 1009.

Ses tiges sont dures, ligneuses, rameuses, chargées, ainsi que toutes les autres parties de la plante, d'un duvet gluant et visqueux, et s'élèvent jusqu'à 5 décim.; ses feuilles sont pétiolées et composées de 3 folioles ovales, assez petites, souvent un peu étroites et dentées seulement à leur sommet : les feuilles florales sont simples; les pédoncules portent chacun une fleur jaune assez grande, striée en son pavillon, et sont chargés d'un filet particulier, comme ceux de l'espèce précédente. La variété α a l'étendard d'un jaune uni; les folioles ovales, les poils peu visqueux; dans la variété β l'étendard est rayé de lignes purpurines; les folioles sont oblongues, et tous les poils extrêmement visqueux ♄. Cette plante croît sur le bord des chemins et des bois. Toutes ses parties exhalent une odeur désagréable.

5847. Ononis arbrisseau.   *Ononis fruticosa.*

> *Ononis fruticosa.* Linn. spec. 1010. Lam. Dict. 1. p. 507. —
> *Natrix fruticosa.* Mœnch. Meth. 158. — Duham. Arb. 1. t. 58.

Cette espèce est très-prononcée par ses stipules scarieuses, engaînantes, d'une seule pièce, terminées par 4 à 8 arêtes : ses tiges sont hautes de 5 décim., nombreuses, ligneuses, glabres, cendrées ou blanchâtres, et feuillées dans toute leur longueur; ses feuilles sont composées de 3 folioles lancéolées, un peu étroites, vertes, dentées en scie et presque sessiles; les pétioles sont à peine longs de 5-6 millim. : les fleurs sont purpurines, assez grandes, presque terminales, et disposées 2 ou 3 ensemble sur chaque pédoncule; les calices sont plus courts que la corolle. ♄. Elle croît sur les côteaux et les montagnes exposées au midi, parmi les débris de rochers; aux environs de Grenoble, dans le Champsaur (Vill.); dans la vallée de Queyras (All.), dans celle de Barcelonnette, aux environs de Digne et ailleurs en Provence.

3848. Ononis à feuilles rondes. *Ononis rotundifolia.*

Ononis rotundifolia. Linn. spec. 1010. Lam. Dict. 1. p. 507. — *Natrix rotundifolia.* Mœnch. Meth. 158.—Lob. ic. 2. p. 73. f. 1.

Toute la plante est pubescente; ses tiges sont hautes de 3 décim., velues, peu rameuses, et à peine ligneuses à leur base; ses feuilles sont pétiolées, composées de 3 folioles fort grandes, arrondies, dentées et d'un verd jaunâtre : la foliole impaire est très-écartée des deux autres; les pédoncules naissent des aisselles supérieures, et portent chacun 2 ou 3 fleurs dont la corolle, plus grande que le calice, est purpurine ou de couleur rose. ♃, ♄. Elle croît dans les Alpes le long des torrens, dans le sable et aux lieux découverts; en Piémont, en Savoie; dans le Champsaur et les environs de Grenoble et de Gap (Vill.); dans la vallée de Barcelonnette (Gér.); dans les Pyrénées au pic d'Ereslids, et dans les taillis entre Pragnières et Gavarni, où elle a été trouvée par M. Ramond.

DCLXXVII. ANTHYLLIDE. *ANTHYLLIS.*

Anthyllis. Linn. Juss. Lam. Gœrtn. — *Vulneraria et Barba Jovis.* Tourn. Mœnch.

Car. Le calice est ovale-oblong, souvent renflé dans le milieu et rétréci à son orifice, velu, persistant, à 5 dents; les étamines sont réunies toutes ensemble par leurs bases; la gousse est petite, à une ou 2 graines, renfermée dans le calice.

Obs. Herbes ou arbrisseaux à feuilles ternées ou ordinairement ailées avec une impaire plus grande que les autres, à stipules adhérentes au pétiole, à fleurs réunies en têtes serrées, terminales.

§. Iᵉʳ. *Tige herbacée.*

3849. Anthyllide à quatre folioles.   *Anthyllis tetraphylla.*

Anthyllis tetraphylla. Linn. spec. 1011. Lam. Dict. 1. p. 202. — *Vulneraria vesicaria.* Lam. Fl. fr. 2. p. 650.—*Vulneraria tetraphylla.* Mœnch. 146. — Barr. ic. 554.

Ses tiges sont longues de 2 décimètres, couchées, velues

et rameuses ; ses feuilles sont composées d'une foliole impaire, ovoïde, fort grande, et de 5 ou 4 autres folioles latérales très-petites ; les calices sont très-renflés, vésiculaires et pubescens : ils renferment presque entièrement la corolle, qui est d'un jaune très-pâle ; la carène est un peu purpurine au sommet. ⊙. Elle croît dans les lieux pierreux et arides, le long des champs et des chemins des provinces méridionales; à Nice (All.); en Provence (Gér.); en Languedoc; à Selleneuve et à Lamousson près Montpellier (Gou.); dans l'isle de Corse.

585o. Anthyllide vulnéraire. *Anthyllis vulneraria.*

Anthyllis vulneraria. Linn. spec. 1012. Lam. Illustr. t. 615. f. 1. — *Vulneraria rustica.* Lam. Fl. fr. 2. p. 649. — *Vulneraria heterophylla.* Mœnch. Meth. 146.
β. *Flore coccineo.* — Dill. Eltham. t. 320. f. 413.
γ. *Flore albo.* Tourn. Inst. 291.
δ. *Hirsuta.*

Ses tiges sont longues de 2-3 décim., velues, assez simples, peu garnies de feuilles et ordinairement couchées ; ses feuilles sont ailées ; les inférieures n'ont qu'un petit nombre de folioles, dont la terminale est beaucoup plus grande que les autres ; les feuilles de la tige ont des folioles plus nombreuses, plus étroites et moins inégales : les fleurs sont terminales ou quelquefois portées sur des pédoncules axillaires ; les têtes qu'elles forment sont partagées en 2 bouquets adossés l'un contre l'autre, et garnis, chacun à leur base, d'une bractée digitée assez remarquable ; les calices sont très-velus et blanchâtres; les corolles sont jaunes ou blanches, ou purpurines, selon les variétés. ♃. On trouve cette plante dans les pâturages montagneux ; elle passe pour vulnéraire. La variété δ, qui est toute hérissée de poils blancs, et qui a la fleur rouge, a été trouvée par M. Ramond au Pic du Midi.

5851. Anthyllide de montagne. *Anthyllis montana.*

Anthyllis montana. Linn. spec. 1012. Lam. Illustr. t. 615. f. 5. — *Vulneraria montana.* Lam. Fl. fr. 2. p. 649. —Barr. ic. 722.

Sa racine est un peu ligneuse, et pousse plusieurs tiges herbacées, velues, couchées et longues de 9-15 centim. ; ses feuilles sont composées de 8 à 10 paires de folioles blanchâtres, velues, ovales, fort petites, toutes égales à l'époque de la floraison ; les fleurs sont purpurines, terminales et disposées en têtes globuleuses : les corolles ont une tache violette sur le

dos de leur pavillon ; leur étendard est tordu obliquement. ♃.
Elle croît dans les lieux pierreux et exposés au soleil des montagnes dans les provinces méridionales ; dans les Pyrénées ; à
l'Espérou près Montpellier (Gou.) ; en Provence, dans les
bois de la Garduelo, à Ryans et à Ollières (Gar.) ; à la montagne de Sainte-Victoire (Lin.) ; en Dauphiné (Vill.) ; dans
le Bugey (Latourr.) ; au mont Genèvre, à Queyras, à Vinadio, Tende et Nice (All.) ; à la Dole et à Salève près Genève
(Hall.).

3852. Anthyllide de Gérard. *Anthyllis Gerardi.*

Anthyllis Gerardi. Linn. Mant. 100. — Ger. Gallopr. p. 490.
n. 5. t. 18.

Ses tiges sont grèles, cylindriques, branchues, longues de
5 - 4 décimètres, herbacées, glabres ainsi que le reste de
la plante ; ses feuilles sont peu nombreuses, ailées, à 7-9 folioles linéaires, dont les deux inférieures tiennent lieu de stipules ; les pédoncules sont nus, beaucoup plus longs que les
feuilles, terminés par une tête composée de 15-20 fleurs serrées, blanchâtres, très-petites ; le calice est à 5 dents égales ;
la gousse est ovoïde, de la longueur du calice. ☉. Elle croît
à l'ombre des pins dans les forêts maritimes de la Provence,
près St.-Tropèz (Gér.) ; dans l'isle de Corse. Elle m'a été communiquée par M. Clarion.

§. II. *Tige ligneuse.*

3853. Anthyllide barbe de *Anthyllis barba Jovis.* Jupiter.

Anthyllis barba Jovis. Linn. spec. 1013. Lam. Dict. 1. p. 304.—
Vulneraria argentea. Lam. Fl. fr. 2. p. 651. — *Barba Jovis
argyrophylla.* Mœnch. Meth. 110.—Duham. Arb. t. 36.

Arbrisseau de 1-2 mètres, dont la tige est droite, rameuse ;
les jeunes rameaux et les feuilles sont couverts d'un duvet court,
très-soyeux et argenté ; les feuilles sont ailées et composées de
15 à 17 folioles ovales-oblongues, assez petites, égales entre
elles : les fleurs sont jaunes et ramassées en têtes pédonculées,
globuleuses, garnies de quelques bractées. ♄. On trouve cet
arbrisseau parmi les rochers, sur les côtes maritimes de la
Provence (Gér.), des environs de Nice (All.) ; dans l'isle de
Corse près St.-Fiorenzo (Vall.).

3854. Anthyllide faux-cytise. *Anthyllis cytisoides.*

Anthyllis cytisoides. Linn. spec. 1013. Gou. Illustr. 47. Lam.
Dict. 1. p. 205. — Barr. ic. 1182.

Sous-arbrisseau de 4–5 décim. de hauteur, divisé dès sa base
en rameaux effilés, couverts d'un duvet blanchâtre extrêmement court ; les feuilles sont éparses, légèrement cotonneuses,
tantôt composées d'une seule foliole ovale articulée au sommet
du pétiole, tantôt à 3 folioles, dont les 2 inférieures fort petites : les fleurs sont disposées en épis terminaux, grèles, droits
et peu garnis ; leur calice est velu, cylindrique ; leur corolle
est jaune. ♄. Il croît sur les collines élevées du Roussillon, à
l'hermitage de Notre-Dame de las Penas, depuis Perpignan jusqu'au Lourg de las Cazas de Peina (Gou.).

3855. Anthyllide hermannia. *Anthyllis hermanniæ.*

Anthyllis hermanniæ. Linn. spec. 1014. — *Aspalathus cretica.*
Linn. spec. 1002. ex Wild. — Alp. exot. t. 26.

Sous-arbrisseau rameux, touffu, haut de 3–5 décim., dont
les rameaux persistent, se durcissent et deviennent presque
épineux ; les feuilles sont éparses, sessiles, simples ou à 3 folioles oblongues, obtuses, un peu rétrécies à la base, légèrement pubescentes en dessous ; les fleurs sont jaunes, petites,
rapprochées 3 ou 4 ensemble au sommet d'un court pédoncule, dépourvues de bractées ; leur calice est en cloche, non
renflé, à 5 dents. ♄. Il croît dans l'isle de Corse, d'où M. Cla-
ren en a reçu des échantillons desséchés.

*** *Étamines diadelphes ; gousse à une seule loge ; cotylédons se changeant ordinairement en feuilles séminales
et sortant toujours de terre à la germination ; feuilles
ternées ou ailées avec impaire.*

DCLXXVIII. PSORALIER.   *PSORALEA.*

Psoralea. Linn. Juss. Fam.

Car. Le calice est à 5 divisions, persistant, parsemé de
points calleux ; les 5 pétales de la corolle sont libres et distincts ; les étamines sont réunies par leurs filets toutes ensemble, ou une exceptée ; la gousse est monosperme.

3856. Psoralier bitumineux. *Psoralea bituminosa.*

Psoralea bituminosa. Linn. spec. 1075. Lam. Illustr. t. 614. f. 1.

Toute la plante a une odeur de bitume ; sa tige est haute

d'un mètre, droite, cylindrique, striée et pubescente vers son
sommet; ses feuilles sont portées sur d'assez longs pétioles,
et composées de 5 folioles lancéolées et velues en dessous : les
fleurs sont bleues ou violettes, disposées en tête, soutenues
par de longs pédoncules qui naissent des aisselles supérieures
de la tige : ces têtes sont velues, et garnies chacune à leur
base de petites bractées ou espèces d'écailles noirâtres et fort
courtes; les divisions des calices sont longues, aiguës, et ont
aussi une couleur noirâtre : la gousse est monosperme, ovale,
cachée dans le calice, hérissée de poils noirs, terminée par une
corne saillante, comprimée, presque glabre. ♃. Elle croît dans
les lieux arides et exposés au soleil des provinces méridionales ;
aux environs de Nice (All.); en Provence (Gér.), à Serres
et au Buis dans le midi du Dauphiné (Vill.); en Languedoc ; à
Castelnau et Gramont près Montpellier (Gou.); à l'Abbaye et
à Tempé près Montauban (Gat.).

DCLXXIX. TRÈFLE. *TRIFOLIUM.*

Trifolium. Ger. All. Juss. Lam. Desf. — *Trifolii sp.* Tourn.
Linn.

Car. Le calice est tubuleux, persistant, à 5 dents; la carène est d'une seule pièce, plus courte que les ailes et l'éten—
dard; la gousse est très-petite, à une ou 2 graines, recouverte
par le calice.

Obs. Herbes à feuilles ternées, à fleurs réunies en tête ou
en épis serrés, à stipules soudées au pétiole ; dans quelques espèces de trèfle, et sur-tout dans plusieurs de la seconde section, tous les pétales sont réunis, et la corolle est monopétale,
quoique papillonacée. Dans presque tous les trèfles, les 3 folioles sont insérées ensemble au sommet du pétiole, et sont
réellement ternées; dans deux espèces voisines des mélilots,
les 2 folioles latérales sont insérées au-dessous du sommet du
pétiole, et la feuille est réellement ailée à 3 folioles.

§. I.er *Calices glabres non renflés après la fleuraison;
étendards caducs ; fleurs blanches ou rougeâtres.*

5857. Trèfle des hautes Alpes. *Trifolium Alpinum.*

Trifolium Alpinum. Linn. spec 1080. Lam. Fl. fr. 2. p. 599. —
J. Bauh. Hist. 2 p. 376. f. 1.
β. *Flore albo.*

Sa racine est longue, garnie vers son collet de beaucoup de

paillettes ou espèces de poils grisâtres, et pousse une ou plusieurs hampes nues, grêles, foibles et longues de 12–15 centim. ;
ses feuilles sont radicales, pétiolées et remarquables par leurs
folioles longues, étroites, glabres et finement nerveuses ; les
fleurs sont purpurines, fort longues, pédicellées, peu nombreuses et disposées en bouquet lâche. ♃. Elle croît dans les
prairies des hautes montagnes ; elle est assez commune dans les
hautes Alpes ; dans les Pyrénées ; au Mont-d'Or et au Cantal ;
à l'Hort de Diou (G. Bauh.) ; à l'Espérou et Villemagne près
Montpellier (Gou.) ; dans les montagnes du Forèz (Lalourr.).
On en trouve une variété à fleur blanche au mont Cenis (All.) ;
au mont Serin (Hall.). On la nomme vulgairement *réglisse do
montagne*, *réglisse des Alpes*, parce que sa racine est douce
et succulente.

3858. Trèfle roide.　　　*Trifolium strictum.*

Trifolium strictum. Linn. spec. 1079. — Mich. gen. t. 25. f. 7.

Sa tige est droite, roide, peu rameuse, glabre, ainsi que le
reste de la plante, haute de 1–2 décim. ; les stipules sont rhomboïdales, finement dentelées, adhérentes entre elles, formant
une large gaîne, dont l'orifice est oblique ; les feuilles sont
lisses, pétiolées, à 3 folioles oblongues, finement dentées en
scie, un peu striées ; les pédoncules sont roides, axillaires,
plus longs que la feuille, terminés par une tête ovoïde, presque
globuleuse ; les fleurs sont petites, d'un blanc rose ; leur étendard est alongé, un peu tordu au sommet ; leur gousse est
droite, à 2 graines ☉. Cette plante croît dans les prés découverts et sur les collines ; à Fontainebleau ; dans le Montferrat
(All.) ; en Provence ; sur les bords de l'Adour, à St.-Sever
dans le département des Landes.

3859. Trèfle rampant.　　　*Trifolium repens.*

Trifolium repens. Linn. spec. 1080. — *Trifolium album*, α et β.
Lam. Fl. fr. 2. p. 603. — J. Bauh. Hist. 2. p. 380. f. 3.

β. *Trifolium luxurians.* Hort. Par. — J. Bauh. Hist. 2. p. 380. f. 1.

Ses tiges sont plus ou moins longues, presque glabres, ordinairement couchées sur la terre et rampantes à leur base ; ses
feuilles sont pétiolées et composées de folioles ovales, souvent
en cœur renversé, et denticulées ; les fleurs sont d'un blanc
décidé, et ne deviennent brunes ou un peu rougeâtres, que
lorsqu'elles se sèchent ou se flétrissent ; elles ont chacune un
pédoncule particulier, long de 2 millim. ; ce qui, dans leur

développement parfait, les rend un peu pendantes, et donne
à leurs têtes l'apparence d'une ombelle : les dents du calice sont
inégales entre elles, et on observe une petite tache rouge de
chaque côté de la base de la dent inférieure du calice ; les gousses
renferment 4 graines, et sont cachées dans le calice. ♃. Ce
trèfle, connu sous le nom de *triolet*, est commun dans les prés,
les pelouses et le bord des chemins.

3860. Trèfle hybride. *Trifolium hybridum.*

> *Trifolium hybridum.* Linn. spec. 1080. — *Trifolium album*, γ.
> Lam. Fl. fr. 2. p. 603. — *Trifolium bicolor.* Mœnch. Meth.
> 111. — Vaill. Bot. t. 22. f. 5.

Cette espèce diffère de la précédente, parce qu'elle est ordinairement plus grande, que ses tiges sont ascendantes et non
rampantes, que ses calices ont les dents presque égales entre
elles, plus longues que le tube, dont les deux supérieures sont
un peu écartées, et l'inférieure non tachée de rouge à sa base ;
on la distingue de la suivante à sa stature beaucoup plus
grande, et à ses folioles un peu échancrées au sommet. ♃. Elle
croît dans les prairies un peu humides et les lieux cultivés aux
environs de Paris, à Palaiseau, Fontainebleau ; à Orléans
(Dub.) ; en Bourgogne (Dur.) ; dans les prairies voisines du
Rhin (Poll.) ; au pied des montagnes de Piosascho et de Cu-
mana en Piémont (All.) ; en Provence (Gér.), et probablement
dans toute la France.

3861. Trèfle gazonnant. *Trifolium cœspitosum.*

> *Trifolium cœspitosum.* Reyn. mem. Suiss. 1. p. 162. Wild. spec.
> 3. p. 1359. — *Trifolium thalii.* Vill. Dauph. 3. p. 478. t. 41.

Ce trèfle ressemble aux deux précédens, mais sa racine, qui
est dure et presque ligneuse, émet plusieurs tiges nullement
rampantes, disposées en gazon touffu, longues d'un décim. au
plus, droites ou à peine inclinées ; les folioles sont ovoïdes,
rétrécies à la base, élargies, obtuses, mais non échancrées au
sommet, finement dentées en scie : les calices ont leurs dents
toutes égales entre elles ; les fleurs sont d'un blanc tendant un
peu vers le pourpre, droites, jamais pendantes, et à peine
étalées à la fin de la fleuraison. ♃. Il croît sur les montagnes
le long des sentiers et des pâturages ; dans les Alpes de la
Provence, du Dauphiné, de la Savoie, du Valais ; dans les
montagnes du Lyonnois (Latourr.) ; dans les Pyrénées.

5862. Trèfle aggloméré. *Trifolium glomeratum.*

Trifolium glomeratum. Linn. spec. 1084. Lam. Fl. fr. 2. p. 606.
—Barr. ic. 882.

Cette plante est entièrement glabre, même sur son calice ;
sa racine est grêle, peu rameuse ; ses tiges sont nombreuses
ou branchues dès la base, étalées ou demi-couchées, longues
de 1-2 décim. ; ses stipules sont lancéolées, très-acérées : les
folioles sont ovales ou en forme d'œuf renversé, obtuses dans
le bas de la plante, pointues dans le haut, dentées en scie ;
les têtes de fleurs sont sphériques, serrées, sessiles, les unes
latérales et n'ayant qu'une feuille à leur base, les autres terminales, munies de 2 feuilles opposées ; le calice est strié, divisé
en 5 lanières égales, acérées, plus courtes que le tube, roides
et étalées à la fin de la fleuraison ; la corolle est petite, couleur de rose. ⊙. Il croît dans les prés secs et pierreux, sur-
tout dans les provinces méridionales ; aux environs de Nice
(All.) ; de Montpellier ; de Dax (Thor.).

5863. Trèfle étouffé.   *Trifolium suffocatum.*

Trifolium suffocatum. Linn. Mant. 276. Jacq. Hort. Vind. t. 60.

Sa racine, qui est composée de fibres grêles, donne naissance à plusieurs tiges étalées, très-courtes, disposées en touffe
serrée ; la plante est entièrement glabre ; les stipules sont très-
étroites, acérées et membraneuses ; les feuilles sont nombreuses,
munies de pétioles aussi longs que la tige, composées de 3 folioles en forme de cœur renversé, dentées en scie au sommet,
tronquées ou un peu échancrées ; les têtes de fleurs sont petites, serrées, sessiles, latérales ou terminales, cachées entre
les feuilles ; le calice est oblong, comprimé, glabre, légèrement strié, à 5 lanières étroites, pointues, recourbées ; la
corolle est petite, blanchâtre, demi-transparente, cachée dans
le calice. ⊙. Il croît dans les sables voisins du bord de la mer ;
aux environs de Nice, d'où M. Balbis me l'a envoyé.

§. II. *Calices velus ou hérissés, non renflés après
la fleuraison ; étendards caducs ; fleurs blanches
ou rougeâtres.*

5864. Trèfle enterreur.   *Trifolium subterraneum.*

Trifolium subterraneum. Linn. spec. 1080. Lam. Fl. fr. 2. p. 605.
Trifolium blesense. Dodart. mem. 4. p. 313. —Barr. ic. t. 881.

Ses tiges sont rameuses, couchées, longues de 1-2 décim. ,

hérissées, ainsi que les pétioles et les pédoncules, de poils longs, mols, blancs et étalés ; les pétioles sont assez longs, munis à leur base de 2 stipules ovales-lancéolées aiguës glabres demi-membraneuses, chargés de 3 folioles velues, en forme de cœur renversé : les pédoncules sont plus courts que les pétioles, d'abord droits et terminés par 3 ou 4 fleurs ; celles-ci sont blanchâtres, munies d'un calice grêle à tube glabre et à 5 lanières hérissées de poils mols ; elles sont d'abord droites, puis pendantes ; alors le pédoncule se recourbe vers la terre, et y enfonce même un peu son sommet ; pendant ce temps, il se développe au-dessus des premières de nouvelles fleurs qui, étant cachées sous terre, avortent, et dont les calices s'endurcissent et se changent en pointes roides, terminées par 5 épines divergentes ; ces pointes se réfléchissent et forment une espèce d'involucre autour du fruit : celui-ci est ovoïde, court, monosperme. ⊙. Cette singulière plante croît dans les pelouses, sur les collines et le bord des bois ; elle est assez commune aux environs de Paris, et dans presque toute la France.

5865. Trèfle des rochers. *Trifolium saxatile.*

Trifolium saxatile. All. Ped. n. 1108. t. 59. f. 3. Wild. spec. 3. p. 1363. — *Trifolium thymiflorum.* Vill. Dauph. 3. p. 487. — J. Bauh. 2. p. 378. (falso notata 383) f. 2.

Sa racine, qui est grêle, simple et pivotante, donne naissance à 4 ou 5 tiges droites ou un peu étalées, longues de 1-2 décim., pubescentes, presque toujours simples et terminées par une seule tête de fleurs, quelquefois munie d'une ou deux petites têtes axillaires : les feuilles ont un pétiole de 2 centim. au plus de longueur, et sont composées de 3 folioles pubescentes, oblongues, presque en forme de coin, échancrées au sommet, entières sur les bords ; les têtes de fleurs sont petites, presque globuleuses, entourées de 2 feuilles dont les stipules sont grandes, colorées, ovales, pointues, et jouent le rôle de bractées ; les calices sont très-velus, et leurs divisions sont grêles, égales à la longueur de la corolle ; celle-ci est petite, blanchâtre. ⊙ All., ♂ Vill. Elle croît dans le sable, le long des glaciers et des torrens des hautes Alpes ; elle a été trouvée dans la Tarentaise, les glaciers de l'Argentière ; dans la vallée de Saas ; au bord de la Romanche, au-dessus du bourg d'Oysans au point de jonction des bras de la Grave et de Vénosque ; aux environs de Nismes (J. Bauh.)?

5866. Trèfle de Cherler.   *Trifolium Cherleri.*

Trifolium Cherleri. Linn. spec. 1081. — *Trifolium involucra-*
tum. Lam. Fl. fr. 2. p. 604. —*Trifolium obvallatum.* Mœnch.
Meth. 112.—J. Bauh. 2. p. 378 (falso notata 383.) f. 1.

Ses tiges sont longues de 15–18 centim. , velues , presque
simples et un peu couchées ; ses feuilles sont portées sur d'assez
longs pétioles , et composées de 5 folioles ovales , entières , un
peu en cœur renversé et velues des deux côtés ; les têtes de
fleurs sont terminales, solitaires, sphériques et remarquables
par les bractées larges , tronquées et demi-membraneuses qui
les accompagnent ; les calices sont très-velus , et leurs dents
sont égales à la longueur de la corolle ; les fleurs sont d'un blanc
jaunâtre. ⊙. Cette plante croît dans les bois et les lieux maritimes ; aux environs de Nice (All.); dans la Provence méridionale (Gér. , n. 13); près de Grenoble le long du côteau
d'Echirolles (Vill.) , à Montpellier près l'évêché (Cherl.);
à Gramont, Bouquet, Valène, et la source du Lès (Gou.).

5867. Trèfle hérissé.   *Trifolium hispidum.*

Trifolium hispidum. Desf. Atl. 2. p. 200. t. 209. f. 1.— *Trifo-*
lium hirtum. All. Auct. p. 20.

Sa racine, qui est dure et blanchâtre , pousse 2 ou 3 tiges
à-peu-près droites , rameuses, cylindriques , hautes de 5 décim. ,
hérissées de poils mols , luisans et étalés , qu'on retrouve sur
les stipules, les pétioles, les folioles , les bractées et sur-tout
les calices ; les stipules dépassent à peine un centim. de longueur ; elles adhèrent au pétiole dans la moitié de cette étendue , et sont grèles et en alène dans la partie libre ; les folioles
sont en forme d'œuf ou de cœur renversé , rétrécies à la base ,
élargies et très-obtuses au sommet, légèrement dentelées ; les
fleurs sont d'un pourpre clair , disposées en têtes ovoïdes , solitaires , terminales , serrées : ces têtes ont à leur base une
feuille dont les stipules sont demi-membraneuses , un peu colorées , larges , terminées en pointe acérée : le calice est très-
hérissé de poils, divisé au-delà du milieu en 5 lanières à peine
inégales entre elles, et qui atteignent la longueur de la carène :
la corolle est monopétale ; son étendard est grèle , alongé. ⊙.
Cette plante croît dans le haut Montferrat, auprès de l'état de
Gènes ; à Gramont près Montpellier ; dans l'isle de Corse.

5868. Trèfle cilié.   *Trifolium ciliosum.*

Trifolium ciliosum. Thuil. Fl. paris. II. 1. p. 38o. — *Trifolium diffusum.* Fl. hung. t. 5o. Desf. Cat. p. 188.

Cette plante ressemble beaucoup à la précédente, mais on la distingue à ses tiges plus couchées, presque glabres, un peu anguleuses; à ses stipules, longues de 2-5 centim., adhérentes au pétiole au moins dans les deux tiers de leur longueur, hérissées de poils seulement à l'extrémité; à ses folioles ovales-oblongues, et dont la largeur diminue également aux deux extrémités; enfin à ses têtes de fleurs entourées de 2 ou 5 feuilles serrées, et dont les stipules ne sont pas remarquablement dilatées. ☉ Thuil., ♂ Desf. Elle a été trouvée par M. Thuilier sur les bords des bois de la plaine de la Glandée près Fontainebleau.

3869. Trèfle bardane.   *Trifolium lappaceum.*

Trifolium lappaceum. Linn. spec. 1082. Lam. Fl. fr. 2. p. 6o6. — J. Bauh. 2. p. 378. (falso notata 383.) f. 3.

Ses tiges sont longues de 12-18 centim., menues, rameuses, diffuses et légèrement velues; ses feuilles sont petites, composées de 3 folioles cunéiformes, arrondies ou un peu échancrées à leur sommet, et légèrement velues; les pétioles ne dépassent guère 1 centim. de longueur; les stipules sont glabres et striées dans la partie adhérente, hérissées vers le sommet : les têtes de fleurs sont globuleuses, fort petites et terminales; les dents des calices sont aiguës et ciliées, égales à la longueur de la corolle, et deviennent roides et divergentes à la maturité : la corolle est petite, d'un blanc jaunâtre. ☉. Elle croît sur le bord des champs et des prés dans les provinces méridionales; aux environs de Nice et de Pignerolle (All.); en Provence; à Roynat près Montélimart (Vill.); à Castelnau (G. Bauh.); la Peissine et Selleneuve près Montpellier (Gou.); à Ardus et Cap-de-Ville près Montauban (Gat.); à Saint-Sever, département des Landes; à Tarbes; dans la Limagne d'Auvergne (Delarb.); entre Epinal et Plombières (Buch.).

3870. Trèfle rouge.   *Trifolium rubens.*

Trifolium rubens. Linn. spec. 1081. Jacq. Austr. t. 385. Lam. Fl. fr. 2. p. 5o3. — J. Bauh. 2. p. 375. f. 1.

Cette plante est entièrement glabre, droite, haute de 3-5 décim.; ses stipules ont jusqu'à 5-6 centim. de longueur; elles

sont étroites, terminées en pointe acérée : le pétiole est court,
chargé de 3 folioles oblongues, obtuses, un peu fermes, longues
de 3-4 centim., bordées de dents aiguës ; les fleurs sont pourpres,
disposées en épis cylindriques ou oblongs, serrés, obtus ;
leur calice est tout garni de poils longs et hérissés ; sa division inférieure est beaucoup plus longue que les autres et atteint
la longueur de la corolle ; celle-ci est monopétale. ♃. Elle croît
dans les prés et sur le bord des bois montagneux.

3871. Trèfle des prés.   *Trifolium pratense.*

Trifolium pratense. Linn. spec. 1082. Lam. Fl. fr. 2. p. 596. var.
α. — Fuchs. 817. ic.

β. *Flore albo.* Afz. Act. soc. Linn. 1. p. 240.

γ. *Villosum.* Hall. Helv. n. 377. δ.

Ses tiges sont ascendantes, peu rameuses, presque toujours
glabres, longues de 3-4 décim. ; ses stipules sont demi-membraneuses, glabres, ovales, surmontées par une pointe fine qui
se termine par un faisceau de poils ; le pétiole porte 3 folioles
elliptiques, à-peu-près glabres, entières ou à peine dentées ; les
fleurs sont d'un rouge pourpre, disposées en une tête arrondie,
serrée, qui est entourée à sa base de 2 feuilles qui forment une
espèce d'involucre ; le calice est presque glabre, à 5 lanières
fines, velues, dont 4 égales entre elles, et dont l'inférieure,
qui est presque double des autres, n'atteint cependant que la
moitié du tube de la corolle : celle-ci est monopétale, et son
étendard est un peu plus long que les ailes. ♃. Cette plante est
commune dans les prés : on la cultive pour la nourriture des
bestiaux.

3872. Trèfle intermédiaire.   *Trifolium medium.*

Trifolium medium. Linn. Succ. 2. p. 558. — *Trifolium flexuo-*
sum. Jacq. Austr. t. 386. — *Trifolium alpestre.* Crantz.
Austr. 407. non Linn.

Sa tige est dressée, flexueuse, branchue, haute de 3-5 décim.,
un peu velue ; ses stipules sont garnies de poils épars dans toute
leur longueur, étroites, longues, terminées par un appendice linéaire ou lancéolé, pointu, droit et alongé ; le pétiole porte 3
folioles oblongues ou elliptiques, un peu velues et très-finement
dentelées ; les fleurs sont d'un rouge pourpre, disposées en têtes
solitaires, terminales, ovoïdes ou globuleuses, moins serrées
que dans le trèfle des prés ; le calice est glabre en dessus, barbu

à l'entrée du tube, à 5 lanières fines et poilues, dont 2 supérieures courtes, 2 moyennes plus longues, et l'inférieure encore plus longue mais cependant plus courte que la corolle : celle-ci est monopétale, et son étendard dépasse à peine la carène. ♃. Cette plante est assez commune dans les bois et les prairies pierreuses des collines et des montagnes.

3873. Trèfle des basses Alpes. *Trifolium Alpestre.*

Trifolium Alpestre. Linn. spec. 1082. Jacq. Austr. t. 433.

Cette plante a le port et le feuillage du trèfle de montagne, et la fleuraison du trèfle des prés; sa tige est droite, ferme, un peu velue, simple ou à peine rameuse; les stipules sont étroites, velues dans toute leur longueur, prolongées en pointes acérées, divergentes dans le haut de la plante; les fleurs sont purpurines, disposées en têtes serrées, globuleuses, solitaires ou géminées; leur calice est velu, à 5 lanières fines, dont 4 courtes, à-peu-près égales entre elles, et dont l'inférieure au moins double en longueur des précédentes, égale la longueur de la corolle : celle-ci est monopétale, et son étendard ne dépasse pas la longueur de la carène. ♃. Elle croît dans les prairies des collines et des montagnes peu élevées; dans les basses Alpes du Piémont, du Dauphiné; dans les Pyrénées.

3874. Trèfle de Hongrie. *Trifolium Pannonicum.*

Trifolium Pannonicum. Linn. Mant. 276. All. Ped. n. 1099. t. 42. f. 2.

Cette espèce se distingue des autres trèfles, par la grandeur de toutes ses parties; sa tige est droite, ferme, simple ou peu rameuse, légèrement velue, longue de 4-6 décim.; ses stipules sont longues, étroites, un peu velues, prolongées en lanières droites, acérées; le pétiole porte 3 folioles oblongues-lancéolées, velues, entières, obtuses ou un peu échancrées dans le bas de la plante; les fleurs sont blanches, disposées en têtes ovoïdes ou oblongues, terminales, grosses et serrées; le calice est velu, à 5 lanières acérées, presque épineuses, dont 4 supérieures égales entre elles, et l'inférieure 2 fois plus longue : la corolle a 3 centim. de longueur; son étendard est grêle et dépasse beaucoup la carène. ♃. Elle croît dans les lieux humides des Alpes de Strop et de la Chianale en Piémont; au-dessus de Guillestre sur le col de Vars en Dauphiné (Vill.); dans les bois de Vignarnau et les prés de Gasseras près Montauban (Gat.).

3875. Trèfle incarnat.   *Trifolium incarnatum.*

Trifolium incarnatum. Linn. spec. 1083. Lam. Fl. fr. 2. p. 602.
— J. Bauh. 2. p. 376. f. 4.

Sa tige est droite, simple ou rameuse, velue, haute de 3-4
décim.; les stipules sont oblongues, non réunies ensemble,
droites, prolongées en une pointe courte et lancéolée; les feuilles
sont écartées, à 3 folioles velues, en forme d'œuf ou de cœur
renversé, arrondies et dentelées au sommet; les fleurs sont
disposées en épis terminaux, oblongs ou cylindriques, obtus,
velus, non entourés de feuilles, d'abord droits, penchés de
côté à la maturité; le calice est très-velu, à 5 lanières fines
égales entre elles, longues, égales à la carène, aiguës, presque
épineuses : la corolle est monopétale, d'un incarnat pâle et de
teinte variable; son étendard est grêle, alongé. ⊙. Cette plante
croît dans les prés un peu humides; aux environs de Paris; de
Péronne (Bouch.); à Conche sur les bords de l'Arve près de
Genève (Saus); à Montpellier, etc. On la cultive comme
fourrage dans le département de l'Arriège et quelques pays voisins, sous le nom de *farouche* ou *faronche.*

3876. Trèfle couleur   *Trifolium ochroleucum.*
d'ochre.

Trifolium ochroleucum. Linn. Syst. nat. 3. p. 233. Lam. Fl. fr.
2. p. 596. — Fuchs. Hist. 818. ic.
β. *Saxatile.*
γ. *Trifolium vaginatum.* Schleich. Cat. 51.
δ. *Ramosum.*

Sa racine pousse une ou plusieurs tiges droites ou ascendantes,
pubescentes, longues de 2-3 décim.; les feuilles sont plus nombreuses vers le bas de la plante, écartées dans le haut, et les
deux supérieures sont opposées et placées au-dessous de l'épi;
les stipules sont un peu velues, étroites, prolongées en pointe
acérée, embrassantes et un peu soudées ensemble par leur base;
les folioles sont un peu velues, entières, oblongues et obtuses
dans le haut, ovales dans le milieu et souvent échancrées en
cœur dans le bas de la plante; les fleurs sont d'un blanc jaunâtre,
disposées en épis terminaux un peu velus, ovales ou arrondis;
leur calice est à 5 lanières fines, dont l'inférieure est beaucoup
plus longue que les autres : la corolle est monopétale. La var. α,
qui croît dans les bois et les prés secs, a la tige simple, haute de 3
décim.; la variété β, qui naît dans les rochers, est plus petite,

plus

plus velue et a les folioles inférieures plus échancrées ; la variété γ ne diffère de la précédente que par sa tige plus couchée ; la variété δ, que j'ai vue dans les jardins, a la tige rameuse et les folioles plus alongées. ♃. Cette plante se trouve aux environs de Paris, à Saint-Germain, Ville-Genis, Bierre, Palaiseau ; à Roleboise près Rouen ; à Montfleuri et ailleurs près Grenoble (Vill.) ; dans le Piémont près l'état de Gênes (All.) ; à Braquedal près Abbeville (Bouch.) ; aux environs de Mayence (Kœl.) ; de Strasbourg.

3877. Trèfle de montagne. *Trifolium montanum.*

Trifolium montanum. Linn. spec. 1087. excl. Fuchs. syn. Lam. Fl. fr. 2. p. 607. — *Trifolium album.* Crantz. Austr. 408. — J. Bauh. 2. p. 380. f. 2.

Sa racine est longue, cylindrique, presque ligneuse ; sa tige est haute de 5 décim., droite, presque simple, fistuleuse et légèrement velue ; ses feuilles sont un peu distantes, et leurs folioles sont lancéolées, denticulées, nerveuses et un peu velues en dessous ; les fleurs sont disposées en tête ovale et terminale, blanches, garnies chacune d'un calice glabre ou pubescent, dont les divisions sont capillaires ; les étendards sont étroits, alongés, échancrés au sommet ; les fleurs sont d'abord droites, ensuite pendantes. ♃. Cette plante croit dans les pâturages des montagnes, aux lieux secs ou sur les pentes ; dans les Alpes ; les pacages du Puy-de-Dôme ; sur les collines de Chailly près Fontainebleau ; aux environs de Strasbourg, etc.

3878. Trèfle à feuille étroite. *Trifolium angustifolium.*

Trifolium angustifolium. Linn. spec. 1083. Lam. Fl. fr. 2. p. 601. var. α. — J. Bauh. 2. p. 376. f. 3.

Sa tige est droite, simple ou rameuse, légèrement velue, et s'élève jusqu'à 5 décimètres ; ses feuilles sont composées de 3 folioles longues, étroites, la plupart pointues, velues et très-entières ; elles sont garnies à la base de leur pétiole d'une stipule engaînante, étroite, acérée et nerveuse : les fleurs forment un épi velu, rude et long de 6-9 centimètres ; leur calice est velu, à 5 lanières étroites, fermes, pointues et presque égales à la corolle : celle-ci est d'un rouge pourpre ; on en trouve des individus dont la corolle dépasse beaucoup le calice. ☉. Elle croit dans les champs, et les lieux secs et découverts des provinces

méridionales; aux environs de Lyon (J. Bauh.); à Roynat près
Montélimart (Vill.); dans le Montferrat, les environs d'Asti,
de Pignerol et de Nice (All.); en Provence; en Languedoc; à
Narbonne; auprès de Montauban (Gat.); de Dax ('Thor.).

5879. Trèfle des guerêts.   *Trifolium arvense.*

Trifolium arvense. Linn. spec. 1083. Lam. Fl. fr. 2. p. 601. —
Trifolium lagopus. Neck. Galloh. 315. — Fuchs. Hist. 494. ic.
β. Trifolium gracile. Thuil. Fl. paris. ed. 2. vol. 1. p. 285.

Sa tige est droite, velue, très-rameuse, grêle, et ne s'élève
pas tout-à-fait jusqu'à 5 décim.; ses feuilles sont composées de
5 folioles fort étroites et portées sur de courts pétioles; les folioles des feuilles supérieures sont ordinairement pointues, mais
celles des inférieures sont comme tronquées à leur extrémité, qui
est chargée d'une petite pointe; les fleurs sont petites, blanches
ou rougeâtres, et forment des épis très-velus, grisâtres, presque
cotonneux, d'abord ovales, mais qui s'alongent et deviennent
cylindriques; les dents du calice sont fines, égales entre elles,
velues et plus longues que la corolle. ⊙. Cette plante est commune dans les champs; elle est connue sous le nom de *pied de
lièvre*. La variété β, qui croît dans les lieux les plus secs, est
grêle, petite, peu rameuse; les lanières de son calice sont brunes
ou violettes, garnies d'un petit nombre de poils.

5880. Trèfle étoilé.   *Trifolium stellatum.*

Trifolium stellatum. Linn. spec. 1083. Lam. Fl. fr. 2. p. 602. —
Barr. ic. t. 860. et t. 755.

Sa racine, qui est grêle et pivotante, émet plusieurs tiges
droites ou un peu étalées, simples ou rameuses, très-velues,
longues de 1-3 décim.; les stipules sont larges, ovales, arrondies et foliacées; les folioles sont velues, crénelées en forme
d'œuf ou de cœur renversé, tronquées ou échancrées au sommet; les fleurs sont purpurines, disposées en épis ovoïdes terminaux ou hémisphériques; les calices sont très-velus, à 5 lanières étroites, acérées, égales entre elles, au moins aussi longues
que la corolle, droites pendant la fleuraison, étalées et en forme
d'étoile à la maturité. ⊙. Il croît dans les lieux stériles le long
des champs et des routes, dans les provinces méridionales; en
Dauphiné près le Buis et Montélimart (Vill.); aux environs de
Nice (All.); en Provence; en Languedoc; à Castelnau, Lavalette et Gramont près Montpellier (Gou.); à Dax ('Thor.).

3881. Trèfle rude.   *Trifolium squarrosum.*

Trifolium squarrosum. Linn. spec. 1082. — *Trifolium dipsa-
ceum.* Thuil. Fl. paris. II. 1. p. 382.—Moris. 2. s. 2. t. 13. f. 1.

Sa tige est droite, rameuse, rougeâtre, presque entièrement
glabre, haute de 2 décim.; les stipules sont étroites, glabres,
un peu membraneuses dans la partie adhérente, grêles, acérées
et ciliées dans la partie libre; le pétiole porte 5 folioles ovales
ou oblongues, obtuses ou quelquefois légèrement échancrées, à
peine pubescentes; les deux feuilles supérieures sont opposées,
placées immédiatement sous les épis; ceux-ci sont terminaux,
oblongs ou ovales : le calice est un peu velu, à 5 lanières étroites,
acérées, dont les 4 supérieures courtes, droites, et l'inférieure
2 fois plus longue et réfléchie, ce qui donne à l'épi un aspect
hérissé à l'époque de la maturité; les fleurs sont d'un rouge
pâle. ☉. Cette plante croît sur le bord des bois et des étangs;
elle a été trouvée à Marcoussis près Paris par M. Thuillier;
dans les bois des Maures en Provence (Gér.); dans les prés
sablonneux aux environs de Dax.

3882. Trèfle irrégulier.   *Trifolium irregulare.*

Trifolium irregulare. Pourr. act. Toul. 3. p. 331. — *Trifolium
maritimum.* Smith. Fl. brit. 786?—*Trifolium stellatum.* Huds.
Angl. 326?—Pluk. t. 113. f. 4.

Sa tige est irrégulièrement rameuse, haute de 2-4 décim.,
droite ou un peu étalée, pubescente ou légèrement velue; les
stipules sont étroites, lancéolées-linéaires, acérées, velues; le
pétiole porte 5 folioles presque entières, oblongues, obtuses
et à-peu-près en forme de coin dans le bas de la plante, pointues et plus étroites dans le haut; les deux feuilles supérieures
sont opposées, et ont le pétiole assez court : les épis de fleurs
sont terminaux, placés 2 ou 3 centim. plus haut que la dernière
paire de feuilles, ovales, obtus, petits, serrés, composés de 15
à 20 fleurs d'un rouge très-pâle : le calice est strié, velu seulement au sommet du tube, à 5 lanières presque égales, roides,
étroites, pointues, un peu velues, marquées de 5 nervures,
plus courtes que la corolle, et qui s'alongent et s'écartent un
peu après la fleuraison; la corolle est petite, et a l'étendard
grêle, un peu alongé. ♃ Pourr., ♂ ou ☉ Sm. Elle croît dans
les prés gras et maritimes à Caunes près Antibes, d'où elle m'a
été envoyée par M. Balbis; aux environs de Narbonne, où elle
a été découverte par M. Pourret.

3883. Trèfle bouclier.   *Trifolium clypeatum.*

Trifolium clypeatum. Linn. spec. 1084. — Alp. exot. 306. ic.

Cette espèce est très-facile à reconnoître à ses calices divisés
en 5 lanières foliacées, ovales-lancéolées, pointues, dont l'inférieure est plus longue que les autres; après la fleuraison, ces
lanières s'étalent, et le tube du calice est fermé par une rangée
de poils courts, de sorte que le calice présente un peu l'aspect
d'un bouclier : la tige est ascendante, rameuse, un peu poilue;
les folioles sont ovoïdes, obtuses, rétrécies à la base; les stipules sont larges, foliacées, ovales, acérées au sommet : chaque rameau se termine par un épi ovale, porté sur un pédicelle qui sort d'entre deux feuilles opposées. ⊙. Elle a été trouvée en Piémont près Casal-Borgone (All.).

3884. Trèfle raboteux.   *Trifolium scabrum.*

Trifolium scabrum. Linn. spec. 1084. Lam. Fl. fr. 2. p. 605. —
Barr. ic. t. 870.— Vaill. Bot. t. 33. f. 1.

Sa racine, qui est grêle et à peine rameuse, pousse plusieurs
tiges étalées ou tout-à-fait couchées, presque simples, à-peu-
près glabres, longues d'un décimètre environ; les stipules sont
lancéolées, acérées, un peu élargies à la base dans les feuilles
florales; les folioles sont en forme d'œuf renversé, obtuses,
entières ou très-légèrement dentelées, pubescentes, assez petites; les têtes de fleurs sont terminales ou axiliaires, sessiles,
ovoïdes; les calices sont un peu velus, à 5 lanières lancéolées,
roides, un peu inégales, presque épineuses, d'abord droites,
puis étalées, plus longues que le tube du calice, et qui dépassent
un peu la corolle à la fin de la fleuraison; la corolle est petite,
blanchâtre. ⊙. Elle croît dans les lieux secs et sablonneux des
pâturages et du bord des bois; aux environs de Paris; d'Abbeville (Bouch.); de Caen (Rouss.); dans les fossés d'Orléans
(Dub.); en Auvergne (Delarb.); à Lautern (Poll.); aux environs de Montpellier; en Piémont et aux environs de Nice
(All.); en Provence (Gér.); aux bords de l'Adour près
Saint-Sever.

3885. Trèfle strié.   *Trifolium striatum.*

Trifolium striatum. Linn. spec. 1085. Lam. Fl. fr. 2. p. 600. —
Vaill. Bot. t. 33. f. 2.

Ses tiges sont au nombre de 3-4, étalées ou presque droites,
grêles, un peu velues, longues de 1-2 décim. : les stipules sont

membraneuses à leur base, étroites et acérées le long de la
tige, ovales et très-développées auprès des fleurs ; les folioles
sont en forme de coin ou d'œuf renversé, obtuses, garnies de
poils couchés, légèrement dentelées au sommet, ou presque
entières ; les têtes de fleurs sont terminales ou rarement axillaires,
ovoïdes, solitaires, sessiles et entourées à leur base par les stipules des feuilles florales : le calice est velu sur toute sa surface, tubuleux, strié, à 5 dents fines, écartées, de moitié
plus courtes que le tube, presque égales entre elles : la corolle
est très-petite, d'un rouge pâle. ⊙. Il croît dans les prés secs,
au bord des routes aux environs de Paris, à Sèvres, Fontainebleau ; à Cambron et Saineville près Abbeville (Bouch.) ; à
Caen (Rouss.) ; dans les fossés d'Orléans (Dub.) ; sur les bords
de l'Allier et dans les champs d'Auvergne (Delarb.) ; aux bords
de l'Adour près Saint-Sever ; en Piémont près Moncrivello,
entre Pralorm et Canale (All.) ; à Mayence (Kœl.).

§. III. *Calices renflés après la fleuraison ; étendards caducs ; fleurs blanches ou rougeâtres.*

5886. Trèfle écumeux.   *Trifolium spumosum.*

Trifolium spumosum. Linn. spec. 1085. — *Trifolium folliculatum.* Lam. Fl. fr. 2. p. 599. excl. syn. — J. Bauh. 2. p. 379. f.
3. malè.

Cette espèce est facile à reconnoître, en ce qu'elle est jusqu'ici
la seule, parmi celles de sa section, qui ait le calice glabre ; ses
tiges sont longues de 2 décim., menues, glabres et couchées ;
ses feuilles sont portées sur d'assez longs pétioles, et composées
de 3 folioles cunéiformes, obtuses, presque en cœur renversé,
glabres et denticulées : les fleurs sont purpurines, et ont un
calice renflé, particulièrement sur le dos, se rétrécissant en
pointe vers son extrémité, et se terminant en 5 découpures
aiguës, sétacées et recourbées : les bractées, aussi bien que
les stipules, sont membraneuses et blanchâtres. ⊙ Lin., ♃ Gér.
Il croît dans les provinces méridionales le long des routes et
dans les pelouses sèches ; entre Nismes et le pont du Gard
(J. Bauh.) ; à Caunelles, Castelnau, le Pérou et l'Estrapade
près Montpellier (Gou.) ; au bois de Gramont (G. Bauh.) ;
en Provence au pied des montagnes (Gér.) ; en Auvergne au
bord des fossés humides (Delarb.) ; à Huningen (Hall.) ; dans
la Bresse et le Lyonnois (Latourr.).

5887. Trèfle renversé.　*Trifolium resupinatum.*

Trifolium resupinatum. Linn. spec. 1086. — J. Banh. 2. p. 379. f. 2.

Sa tige est droite, étalée ou couchée, longue de 1 – 2 décimètres, glabre, rameuse; ses stipules sont membraneuses, acérées; ses folioles sont tantôt ovales et un peu pointues, tantôt très-obtuses et presque en forme de coin, toujours glabres et dentées en scie; les fleurs sont petites, purpurines, disposées en têtes sphériques, nues, portées sur des pédoncules axillaires; leur corolle est renversée de telle sorte, que l'étendard est du côté du bas de la tête, et la carène du côté du sommet : les calices sont membraneux, pubescens, renflés après la fleuraison, terminés par deux petites pointes crochues, ouverts longitudinalement du côté inférieur à la maturité : la gousse est arrondie, cachée dans le calice, à 2 graines. ⊙ Lin., ♃ Gér. Elle croît dans les champs et les prés secs, dans les sables voisins des rivières et de la mer dans les provinces méridionales; aux environs de Nice et le long de la Doire (All.); en Provence (Gér.); en Languedoc près Montpellier, à Cette, Pérauls et Villeneuve (Gou.); à l'Epine et Rozans en Dauphiné (Vill.); au bois de Launay, entre Nantes et St.-Herblain (Bou.).

5888. Trèfle cotonneux.　*Trifolium tomentosum.*

Trifolium tomentosum. Linn. spec. 1086. Lam. Fl. fr. 2. p. 598. Magn. Monsp. 264. ic.

Cette espèce est très-voisine de la précédente; mais elle s'en distingue facilement à ses calices couverts d'un duvet épais, cotonneux et blanchâtre; à ses corolles, qui ne sont pas renversées l'étendard en bas et la carène en haut. ♃ Lin., ⊙ Gér., Desf. Elle croît dans les lieux couverts, herbeux et maritimes des provinces méridionales; à Nice; en Provence (Gér.); en Languedoc près Montpellier, Narbonne.

5889. Trèfle fraisier.　*Trifolium fragiferum.*

Trifolium fragiferum. Linn. spec. 1086. Lam. Fl. fr. 2. p. 698. Vaill. Bot. t. 22. f. 2.

Sa racine, qui est dure, grisâtre, ligneuse, cylindrique, se divise au sommet, et pousse plusieurs tiges étalées ou ascendantes, glabres, ordinairement simples, longues de 1-2 décimètres; les stipules sont membraneuses, glabres, embrassantes, acérées au sommet : le pétiole porte 5 folioles glabres, finement dentées en scie, obtuses ou échancrées, en forme d'œuf ou de cœur renversé ; les pédicelles sont axillaires, glabres ou cotonneux, longs de 9-12 centim. ; les fleurs sont d'un rose pâle, disposées en tête hémisphérique ; pendant la fleuraison, le calice est oblong, couvert de poils couchés, à peine visibles, à 5 dents droites, acérées ; après la fécondation, il se renfle beaucoup, se hérisse de poils, et l'épi forme une tête globuleuse, blanchâtre ou rougeâtre, qui a été comparée à une fraise. ♃. Cette plante croît le long des routes, sur les collines et dans les prairies sèches et stériles ; elle se trouve aussi dans les lieux humides, sur les pelouses voisines des mares ; elle est commune aux environs de Paris ; à Nice le long des torrens (All.) ; dans les montagnes de Provence (Gér.) ; en Dauphiné (Vill.) ; et dans presque toute la France.

§. IV. *Étendards persistans, déjetés en en-bas après la fleuraison ; fleurs jaunes.*

5890. Trèfle bruni. *Trifolium spadiceum.*

Trifolium spadiceum. Linn. spec. 1087. excl. Vaill. syn. — *Melilotus lupulina*, ℓ. Lam. Fl. fr. 2. p. 593. — Barr. ic. 1024.

Une racine épaisse, grisâtre en dehors, jaune à l'intérieur, fibreuse à son extrémité, donne naissance à plusieurs tiges droites ou ascendantes, à peine pubescentes, simples, et dont la longueur varie de 4 centim. à 2-3 décim. ; les stipules sont étroites, presque glabres ; le pétiole porte 3 folioles insérées à son sommet, ovales ou oblongues, obtuses ou très-légèrement échancrées, à peine dentelées ; les têtes de fleurs sont pédonculées, ovales, embriquées ; les fleurs sont droites et d'un jaune clair au commencement de la fleuraison ; elles se déjettent en bas, et prennent une teinte brune après la fécondation ; les dents de leur calice sont grêles, inégales ; les plus longues sont garnies de poils très-visibles avant l'épanouissement des fleurs. ☉. Elle croît dans les prés secs des montagnes ; elle est assez fréquente dans les Alpes ; les Pyrénées ; les Monts-d'Or ; les montagnes du Bugey et du Lyonnois (Latourr.).

5891. Trèfle des campagnes. *Trifolium agrarium*

Trifolium agrarium. Linn. spec. 1087. Wild. spec. 3. p. 1082. — *Trifolium aureum.* Poll. Pal. n. 708. — *Trifolium strepens.* Crantz. Austr. 411. — *Melilotus lupulina*, α. Lam. Fl. fr. 2. p. 593. — Vaill. Bot. t. 22. f. non 3. sed 4.

Cette espèce diffère des deux suivantes, parce que ses 3

folioles sont presque toujours insérées ensemble au sommet du pétiole ; ce caractère la rapproche du trèfle bruni , mais elle s'en distingue facilement à ses tiges plus foibles et plus longues ; à ses stipules plus grandes et presque entièrement glabres ; à ses folioles plus minces et plus visiblement dentées ; à ses corolles plus petites, d'un jaune doré plus clair , et qui ne deviennent pas brunes après la fleuraison ; à son calice , dont les dents sont inégales ; les deux supérieures sont très-courtes ; les trois inférieures sont beaucoup plus longues ; toutes ces dents sont glabres , et quelquefois terminées par un poil : cette structure du calice le distingue encore du trèfle étalé. ☉. Elle croit dans les prairies un peu humides.

5892. Trèfle étalé.   *Trifolium procumbens.*

Trifolium procumbens. Linn. spec. 1088. Smith. Fl. brit. 792. — *Trifolium agrarium.* Curt. Lond. t. 45. — *Trifolium luteum*, α. Lam. Fl. fr. 2. p. 604. — *Melilotus lupulina.* Lam. Dict. 4. p. 63. — Vaill. Paris. t. 22. f. 3.
β. *Erectum.* — *Trifolium spadiceum.* Thuil. Fl. paris. II. 1. p. 385.

Sa racine est petite , fibreuse ; ses tiges sont étalées ou couchées dans la variété α , droites dans la var. β , peu rameuses, glabres ou à peine pubescentes , longues de 2-4 décim. ; les stipules sont ovales , pointues , ciliées ; le pétiole porte 3 folioles en forme d'œuf renversé , obtuses ou un peu échancrées , légèrement dentelées , glabres , et dont les deux inférieures sont insérées 7 ou 8 millim. plus bas que la supérieure ; les fleurs sont jaunes , et deviennent un peu brunes après la fleuraison ; elles sont disposées 15 ou 20 ensemble en un épi ovoïde, porté sur un pédicelle au moins égal à la longueur des feuilles : le calice est pubescent , à 5 dents égales ; leur étendard est large , persistant , sensiblement strié ou sillonné dans le sens longitudinal. ☉. Il croit dans les prés secs et pierreux , et sur le bord des bois. On doit peut-être rapporter cette espèce et la suivante au genre des mélilots , à cause de la disposition de leurs folioles.

5893. Trèfle filiforme.   *Trifolium filiforme.*

Trifolium filiforme. Linn. spec. 1088. Smith. Fl. brit. 792. — *Trifolium luteum*, β. Lam. Fl. fr. 2. p. 604. — Ray. Syn. t. 14. f. 4.
β. *Mineyflorum.* — *Trifolium dubium.* Abbot. Bedf. 163. — *Trifolium procumbens.* Curt. Lond. t. 53.

γ. *Erectum.*

Cette espèce est extrêmement voisine de la précédente, mais elle est en général plus petite et plus grêle ; ses stipules sont plus étroites et plus acérées ; ses fleurs sont plus petites, et d'un jaune plus pâle ; ses étendards sont parfaitement lisses, nullement striés, même après la fleuraison, et ne prennent pas une teinte brune en vieillissant. La variété α a la tige couchée, et les épis composés de 4 à 5 fleurs ; la variété β se rapproche de la précédente par ses épis, composés de 15 à 20 fleurs ; la variété γ s'en rapproche par la largeur de ses stipules et le nombre de ses fleurs ; elle se distingue encore par ses tiges droites ; mais la structure de ses fleurs m'engage à la regarder comme une simple variété des deux précédentes. ⊙. Cette espèce croit dans les lieux sablonneux le long des routes, dans les prés, etc.

DCLXXX. MÉLILOT. *MELILOTUS.*

Melilotus. Tourn. Juss. Lam. Desf. — *Trifolii sp.* Linn.

Car. Les mélilots diffèrent des trèfles par leur gousse saillante hors du calice.

Obs. Leur port est très-différent de celui des trèfles ; leurs fleurs sont jaunes ou bleuâtres, disposées en grappes alongées et axillaires ; leurs stipules n'adhèrent au pétiole que par une partie de leur base, et persistent souvent sur la tige après la chute des feuilles ; celles-ci ont 3 folioles dont les inférieures sont insérées à quelque distance de la foliole terminale, de sorte que la feuille est réellement ailée à 3 folioles ; leurs gousses sont de forme très-diverse, et renferment de une à 3 graines.

3894. Mélilot officinal. *Melilotus officinalis.*

Melilotus officinalis. Lam. Dict. 4. p. 62. — *Trifolium melilotus officinalis.* Linn. spec. 1078. Bull. Herb. t. 235. — *Trifolium officinale.* Wild. spec. 3. p. 1355.

β. *Flore albido.*

γ. *Melilotus altissima.* Thuil. Fl. paris. II. 1. p. 378.

Sa tige est haute de 6 décimètres, dure et rameuse ; ses stipules sont entières, lancéolées ; ses feuilles sont pétiolées, composées de 3 folioles glabres, ovales-oblongues, quelquefois un peu étroites et dentées dans leur partie supérieure ; les fleurs sont petites, de couleur jaune, pendantes et disposées sur des épis grêles, lâches et assez longs ; il leur succède des légumes courts, pendans, un peu ridés, et qui renferment une ou 2 semences. ♂. Cette plante est commune dans les prés et

le long des haies ; elle a une odeur agréable quand elle est sèche.
La variété β ne diffère de la précédente que par sa fleur blanchâtre, et ne doit pas être confondue avec le mélilot blanc
de Sibérie, qui s'élève très-haut, et dont les ailes ne dépassent
pas la longueur de la carène ; ce dernier se trouve dans les environs de Paris, où il a sans doute été semé. La variété γ est
presque ligneuse à la base, s'élève jusqu'à 2 mètres de hauteur, et ses gousses sont noirâtres ; elle est peut-être une espèce
distincte ; on la trouve dans les bois.

3895. Mélilot d'Italie.   *Melilotus Italica.*

Melilotus Italica. Cam. Hort. t. 29. Lam. Dict. 4. p. 67. —
Trifolium melilotus Italica. Linn. spec. 1078. — *Trifolium
Italicum.* Wild. spec. 3. p. 1356. — *Melilotus rugosa.* Mœnch.
Meth. 111.

Sa tige est droite, glabre, rameuse, et s'élève un peu au-delà
de 5 décim. ; ses feuilles sont composées de 5 folioles ovales,
glabres, très-entières, et portées sur des pétioles courts et rougeâtres : les fleurs sont jaunes, disposées par petites grappes
médiocrement garnies, et sont remplacées par des légumes obtus, presque sphériques, irrégulièrement ridés sur les deux
surfaces. ☉. Cette plante croît dans les environs de Montpellier,
à Gramont et à Montferrier (Gou.) ; aux environs de Nice
(All.) ; dans les Pyrénées (Ram.).

3896. Mélilot à petite fleur.   *Melilotus parviflora.*

Melilotus parviflora. Desf. Atl. 2. p. 192. — *Melilotus indica,*
δ. Lam. Dict. 4. p. 65. — *Trifolium melilotus indica,* δ. Linn.
spec. 1077. — *Melilotus indica.* All. Ped. n. 1121.

Sa tige est droite, rameuse ; ses stipules sont lancéolées-
linéaires, légèrement pubescentes dans leur jeunesse, un peu
dentées à leur base dans un âge avancé ; les folioles sont oblongues, dentées en scie, rétrécies à la base, obtuses et comme
tronquées : dans plusieurs individus, les deux inférieures ont
chacune à leur base une foliole accessoire ; les fleurs sont d'un
jaune pâle, extrêmement petites ; la gousse est pendante, légèrement ridée, ovoïde, terminée par le style. ☉. Elle croît
en Piémont le long des prairies sèches, et sur les collines exposées au soleil.

3897. Mélilot sillonné.   *Melilotus sulcata.*

Melilotus sulcata. Desf. Atl. 2. p. 193. — *Melilotus indica,* γ.
Lam. Dict. 4. p. 65. — *Trifolium melilotus indica,* γ. Linn.

spec. 1077. — *Trifolium mauritanicum.* Wild. spec. 3. p.
1354. — J. Bauh. 2. p. 371. f. 1.

Sa racine pousse plusieurs tiges grèles, demi-étalées ou presque
droites, longues de 1-2 décim.; ses stipules sont grèles, pointues; ses folioles presque linéaires et dentées en scie; les fleurs
sont petites, jaunes, disposées en grappes làches, plus longues
que les feuilles; les gousses sont ovoïdes, obtuses, monospermes, un peu comprimées et marquées de plusieurs stries
concentriques et parallèles au bord. ☉. Elle croit en Languedoc.

5898. Mélilot de Messine. *Melilotus Messanensis.*

Melilotus Messanensis. Lam. Dict. 4. p. 66. — *Trifolium melilotus Messanensis.* Linn. Mant. 275. — *Trifolium Messa-
nense.* Wild. spec. 1353. — *Melilotus striata.* Mœnch. Meth.
111. — Moris. s. 2. t. 16. f. 9.

Sa tige est droite ou ascendante, longue de 2-3 décim.; ses
stipules sont élargies à leur base, acérées au sommet; ses folioles sont portées sur un long pétiole, en forme de coin, tronquées au sommet, légèrement dentelées; les grappes des fleurs
sont de moitié plus courtes que les pétioles; les fleurs sont
jaunes, un peu plus petites que dans le mélilot officinal; les
gousses sont assez grosses, ovoïdes, comprimées, terminées
par une pointe, marquées de stries régulières, concentriques,
parallèles au bord. ☉. Elle croit en Piémont, aux environs de
Novare (All.).

DCLXXXI. LUSERNE. *MEDICAGO.*

Medicago. Linn. Juss. Lam. Gærtn. — *Medica et Medicago*
Tourn. Mœnch.

Car. Le calice est à-peu-près cylindrique, à 5 divisions
égales; la carène est un peu écartée de l'étendard; la gousse
est à plusieurs graines, de forme très-diversifiée, toujours
courbée en forme de faulx, ou tortillée en spirale.

Obs. Herbes ou arbrisseaux à feuilles ternées, à folioles dentées en scie, à stipules adhérentes à la base du pétiole, à fleurs
jaunes, disposées en petites grappes, làches ou rarement solitaires.

§. Ier. *Gousses arquées ou courbées en cercle.*

5899. Luserne cultivée. *Medicago sativa.*

Medicago sativa. Linn. spec. 1096. Lam. Dict. 3. p. 627. —
Medica sativa. Lam. Fl. fr. 2. p. 585. — Lob. ic. 2. p. 36. f. 2.
Sa tige est droite, haute de 5 décim., ferme, glabre et rameuse;

les folioles de ses feuilles sont ovales-lancéolées, dentées vers leur sommet, et quelquefois un peu velues : les fleurs sont disposées en grappes axillaires, et sont ordinairement de couleur violette ou purpurine, quelquefois jaunâtres ou bleuâtres : les gousses sont dépourvues de poils et d'épines, étroites, tortillées en escargot, et formant 1 ou 2 tours sur elles-mêmes. ♃. Cette plante croit dans les prés et sur les vieux murs ; on la cultive pour la nourriture des bestiaux ; elle est connue sous le nom de *luzerne*, et dans quelques provinces, sous le nom très-impropre de *sainfoin*.

5900. Luzerne en faucille. *Medicago falcata.*

Medicago falcata. Linn. spec. 1096. Lam. Dict. 3. p. 627. Fl. dan. t. 233. — *Medica falcata.* Lam. Fl. fr. 2. p. 586.

Ses tiges sont longues de 5 décim., et quelquefois davantage, dures, rameuses, couchées inférieurement, mais un peu redressées dans leur partie supérieure ; les folioles de ses feuilles sont lancéolées, un peu étroites, tronquées et dentées à leur sommet : les fleurs sont disposées en grappes lâches, nues et presque terminales ; elles sont ordinairement d'un jaune rougeâtre, ou quelquefois d'un jaune pâle mêlé de bleu ou de violet ; les gousses sont comprimées, oblongues, courbées en forme de faucille, dépourvues de poils et d'aspérités, renfermant 4 graines. ♃. Cette plante croit dans les prés secs et montueux.

5901. Luzerne agglomérée. *Medicago glomerata.*

Medicago glomerata. Balb. Elench. 93.

Cette espèce a beaucoup de rapport avec la luzerne en faucille, mais ses tiges sont plus droites et plus courtes ; ses folioles sont échancrées au sommet, nullement dentées sur les bords : ses fleurs sont toujours jaunes, disposées en petits corimbes serrés ; ses gousses sont roulées en escargot sur elles-mêmes, de manière à décrire deux révolutions, et leur surface est légèrement pubescente ; ce dernier caractère la rapproche de la *medicago glutinosa*, Marsh. ; mais elle s'en éloigne, parce qu'elle n'a ni les calices pubescens, ni les folioles ovales et dentelées, ni les fleurs aussi grandes et aussi écartées. Elle est indigène des montagnes de Tende près Barra, et m'a été envoyée par M. Balbis.

3902. Luserne à souche   *Medicago suffruticosa.*
ligneuse.

Medicago suffruticosa. Ramond. Pyr. ined.

Sa racine, qui est ligneuse, pousse plusieurs tiges couchées
ou ascendantes, longues de 1-5 décim., ligneuses à leur base,
peu ou point rameuses ; les stipules sont larges, foliacées, lancéolées, dentées en scie sur les bords, et presque aussi longues
que le pétiole ; celui-ci porte 5 folioles ovales-arrondies, pubescentes en dessous, entières ou à peine dentelées lorsqu'on
les voit à la loupe : les pédoncules sont deux fois plus longs
que les pétioles, et portent 4 fleurs pédicellées, un peu violettes à leur naissance, puis jaunes, de moitié plus petites
que celles du lotier cornu, et qui tendent au verd en se dessé-
chant ; le calice est pubescent, d'un gris un peu noirâtre ; les
gousses sont pubescentes, comprimées, dépourvues d'aiguillon,
et tordues de manière à décrire un seul tour complet. ♃. Cette
plante a été découverte par M. Ramond dans les Pyrénées, aux
environs de Barrèges.

3903. Luserne houblon.   *Medicago lupulina.*

Medicago lupulina. Linn. spec. 1097. Lam. Dict. 3. p. 629. —
Medica lupulina. Lam. Fl. fr. 2. p. 585. — Fuchs. 819. ic.

β. *Medicago lupulina.* Wild. spec. 3. p. 1406.

Ses tiges sont nombreuses, menues, couchées, et longues
de 2-3 décim. ; ses feuilles sont pétiolées et composées de 5
folioles ovales, un peu élargies vers leur sommet, qui est légèrement denté : les fleurs sont fort petites, de couleur jaune,
et portées sur des pédoncules axillaires, beaucoup plus longs
que les feuilles ; les légumes sont petits, pubescens, monospermes, réniformes, striés, noirâtres dans leur maturité, et
ramassés en tête. ♂. Cette plante est commune dans les champs,
sur les pelouses et sur les vieux murs. La variété *α* a les stipules dentées ; la variété *β*, qui est plus rare, a ses stipules
entières.

3904. Luserne rayonnante.   *Medicago radiata.*

Medicago radiata. Linn. spec. 1096. Gœrtn. Fruct. t. 155. Lam.
Dict. 3. p. 618. — Lob. ic. 2. p. 38. f. 2.

Ses tiges sont couchées, un peu rameuses, longues de 2-3
décim., pubescentes vers le sommet, ainsi que les jeunes

feuilles ; les stipules sont dentées ; les folioles sont ovales, dentelées dans leur moitié supérieure ; les pédoncules portent 2
ou 5 petites fleurs jaunes , auxquelles succèdent des gousses
planes, larges, glabres , courbées sur leur bord supérieur de
manière à prendre une forme demi-orbiculaire, munies sur
les deux bords de petites dentelures saillantes, très-rapprochées
du côté supérieur ou interne , écartées et souvent bifurquées
sur le bord inférieur ou externe; les graines sont ridées, au
nombre de 5-6. ⊙. Elle croit aux environs de Nice (All.).

5905. Luserne bouclée.   *Medicago circinnata.*

Medicago circinnata. Linn. spec. 1096. Lam. Dict. 3. p. 629. —
Barr. ic. 576.
β. *Medicago circinnata.* Gœrtn. 2. p. 348. t. 155.

Cette plante a le port de l'anthyllide cornue; elle est toute
chargée de poils courts , mols et peu serrés ; ses tiges sont foibles , couchées ou demi-étalées ; ses feuilles sont ailées à 5, 7
ou 9 folioles ovales, entières , dont la supérieure dépasse beaucoup les autres en grandeur, et dont les deux inférieures tou-
chent à la tige et remplacent les stipules ; les pédoncules portent 2-4 fleurs d'un jaune tirant un peu sur le rouge, disposées en un petit corimbe, à la base duquel est une foliole ovale,
sessile ; les calices sont velus, non renflés ; les gousses sont pubescentes, semblables à celles de l'espèce précédente, planes ,
courbées sur leur côté supérieur de manière à former un disque à-peu-près orbiculaire , légèrement dentelées sur les bords
dans la variété α , entières dans la variété β : les graines sont
au nombre de 2. ⊙. Cette plante croit sur les bords de la
Méditerranée ; en Provence ; entre Nice et Monaco près Villefranche (All.) ; dans l'isle de Corse.

§. II. *Gousses roulées en escargot et décrivant plusieurs tours de spirales.*

† *Gousses glabres non épineuses.*

5906. Luserne orbiculaire. *Medicago orbicularis.*

Medicago orbicularis. All. Ped. n. 1150. Lam. Dict. 3. p. 631.
— *Medicago polymorpha.* α. Linn. spec. 1097. — *Medica iner-
mis* , a. Lam. Fl. fr. 2. p. 586. — *Medicago orbiculata.* Gœrtn.
Fruct. 2. t. 155. — Moris. s. 2. t. 15. f. 1.

La plante est entièrement glabre ; ses tiges sont étalées ;
ses stipules sont découpées en lanières fines et nombreuses ;

les folioles sont en forme d'œuf renversé, rétrécies à la base,
très-obtuses et dentées vers le sommet : les pédoncules sont
égaux aux pétioles, chargés de 1 ou 2 fleurs jaunes, terminés
par un filet aigu ; les gousses sont glabres, lisses, tortillées en
escargot ; elles font 6 tours sur elles-mêmes, et leurs révolutions sont assez serrées pour former un disque orbiculaire presque plane. ☉. Elle croît dans les prés, les champs et les lieux
cultivés des provinces méridionales ; dans le Montferrat et les
environs de Nice (All.) ; en Provence ; en Dauphiné (Vill.) ;
en Languedoc près Montpellier ; dans les environs de Paris, au
Calvaire près St.-Cloud ; dans les fossés d'Orléans (Dub.).

3907. Luserne écusson.   *Medicago scutellata.*

Medicago scutellata. All. Ped. n. 1155. Gœrtn. Fruct. 2. t. 155.
Lam. Dict. 3. p. 633. var. *a.* — *Medicago polymorpha,* β.
Linn. spec. 1097.—*Medica inermis,* β. Lam. Fl. fr. 2. p. 586.
— Moris. s. 2. t. 15. f. 2.

Cette espèce ressemble à la précédente, mais elle est plus
grande dans toutes ses parties : ses tiges, ses pétioles et ses pédoncules sont pubescens ; ses stipules sont dentées et non laciniées ; ses folioles sont ovales ou oblongues, moins obtuses et
plus sensiblement dentées dans tout leur contour ; ses gousses
sont ordinairement solitaires, roulées en escargot, disposées en
5 ou 6 tours spiraux qui forment un hémisphère convexe en
dessous, plane en dessus. ☉. Elle croît le long des champs et
parmi les moissons dans les provinces méridionales ; aux environs de Nice ; en Provence ; en Dauphiné (Vill.) ; en Languedoc, près Montpellier (Gou.).

3908. Luserne barillet.   *Medicago tornata.*

Medicago tornata. Wild. spec. 3. p. 1409. — *Medicago polymorpha,* γ. Linn. spec. 1098. — *Medica inermis,* γ. Lam.
Fl. fr. 2. p. 586. — *Medicago scutellata,* β. Lam. Dict. 3.
p. 633.

Cette plante ressemble par son port à l'espèce précédente ;
sa tige est glabre, longue, couchée ; ses stipules sont découpées
en dents pointues et étroites ; ses folioles sont dentées en scie,
ovales-arrondies, rétrécies à la base ; ses pédoncules portent
plusieurs petites fleurs ; sa gousse est glabre, non épineuse ni
tuberculeuse, roulée sur elle-même en escargot, à 6 ou 7 tours
disposés en forme de cylindre assez régulier, plane aux deux
extrémités, et à-peu-près d'égal diamètre dans toute son

étendue. ⊙. Elle croît dans les champs et les lieux incultes en Provence (Gér.).

5909. Luserne toupie. *Medicago turbinata.*

Medicago turbinata. All. Ped. n. 1155. — *Medicago polymorpha*, !. Linn. spec 1098. — *Medicago inermis*, δ. Lam. Fl. fr. 2. p. 586. — *Medicago tornata*, α. Lam. Dict. 3. p. 635. Moris. s. 2. t. 15. f. 5.

Cette espèce ressemble beaucoup à la précédente, mais ses stipules sont moins profondément dentées ; ses folioles sont presque rhomboïdales ; ses pédoncules ne portent que une à 2 fleurs, et sur-tout ses gousses sont plus grosses, ont le bord épais et calleux, et sont roulées sur elles-mêmes de manière à former un cylindre un peu ventru dans le milieu, convexe aux deux extrémités, et dont les spires sont assez rapprochées. ⊙. Cette plante croît dans les champs parmi les moissons dans les provinces méridionales ; à Nice (All.); en Provence (Gér.); en Languedoc (Gou.).

5910. Luserne tuberculeuse. *Medicago tuberculata.*

Medicago tuberculata. Wild. spec. 3. p. 1410. — J. Bauh. Hist. 2. p. 385. f. 1.

Elle ressemble aux deux précédentes par sa gousse roulée sur elle-même 5 ou 6 fois, de manière à prendre la forme d'un petit tonneau; mais elle en diffère par cette même gousse, dont le dos est chargé de deux rangées de tubercules courts et épais, disposés symétriquement des deux côtés d'une suture saillante ; les pédoncules ne portent que une ou 2 fleurs; les stipules sont petites, élargies et dentées à leur base. ⊙. Elle croît dans les provinces méridionales (Desf.).

†† *Gousses pubescentes ou cotonneuses, un peu épineuses.*

5911. Luserne roide. *Medicago rigidula.*

Medicago rigidula. Lam. Dict. 3. p. 634. an Linn ?

Cette plante est plus voisine de la luserne-barillet que des autres espèces du même genre; ses tiges sont droites, glabres, hautes de 3-4 décim.; ses stipules sont petites, lancéolées, dentées à la base ; ses folioles sont pubescentes en dessous, en forme de coin, obtuses ou tronquées au sommet, dentelées dans leur partie supérieure; les pédoncules portent 2-3 fleurs ; les gousses sont couvertes d'un duvet court et serré, roulées 5 ou 6 fois en spirale, de manière à prendre la forme d'un petit

tonneau

tonneau cylindrique, un peu applati aux deux extrémités, hérissé sur le dos des spires de petits tubercules aigus qui paroissent des épines avortées. ⊙. Elle croît dans le midi de la France ;
on la retrouve dans les fossés d'Orléans (Dub.)?

3912. Luserne velue.   *Medicago villosa.*

 *α. Leguminibus depressis, aculeis longioribus. — Medicago
  Gerardi. Wild. spec. 3. p. 1415.*
 *β. Leguminibus cylindricis, aculeis brevioribus. — Medicago
  hirsuta. Thuil. Fl. paris. II. 1. p. 390.*

Ses tiges sont nombreuses, couchées, longues de 1-2 décim. ;
les stipules sont petites, dentées ; les folioles sont pubescentes
en dessous, dentées vers le sommet en forme de coin très-évasé
et arrondi vers le haut ; les pédoncules portent environ 2 fleurs ;
les gousses sont couvertes d'un duvet court et serré, et roulées
4 ou 5 fois en spirale sur elles-mêmes. La variété *α* a le fruit
assez gros, large, applati, orbiculaire, et le dos des spires est
hérissé d'épines longues, saillantes, crochues à l'extrémité.
Dans la variété *β*, les gousses forment des tours de spires
moins larges, ce qui donne au fruit une forme plus longue,
plus cylindrique ; le dos des spires porte des épines roides,
plus courtes que dans la variété *α*, et de même crochues à l'extrémité. ⊙. Elle croît dans les champs et les lieux stériles en
Provence, en Dauphiné, aux environs de Paris.

3913. Luserne naine.   *Medicago minima.*

 *α. Medicago hirsuta. All. Ped. n. 1156. — Medicago polymor-
  pha, λ. Linn. spec. 1099. — J. Bauh. 2. p. 386. f. 1.*
 *β. Medicago minima, α. Lam. Dict. 3. p. 636. — Medicago
  polymorpha, μ. Linn. spec. 1099. — J. Bauh. 2. p. 386. f. 1.*
 γ. Medicago recta. Desf. Atl. 2. p. 212. Wild. spec. 3. p. 1415.

Cette espèce se distingue de toutes les autres à sa surface velue et un peu blanchâtre ; à ses stipules entières ou à peine çà et là
dentées ; à ses fruits assez petits, qui décrivent 5 ou 4 tours
de spires, et qui sont hérissés d'épines droites en forme d'a-
lène, légèrement crochues au sommet. La variété *α*, qui croît
dans les champs et les prés un peu humides, est peu velue,
couchée, longue de 2-5 décim. La variété *β*, qui croît dans
les lieux secs et stériles, est étalée ou presque droite, longue
de 1 décim., très-velue et blanchâtre. La variété *γ*, qu'on
trouve dans les lieux chauds et stériles des environs de Narbonne, est encore plus velue, plus petite, et ne diffère de la

précédente que parce que ses fruits sont portés sur de très-courts pédoncules.

5914. Luserne maritime.   *Medicago marina.*

Medicago marina. Linn. spec. 1097. Gœrtn. Fruct. 2. t. 155. Lam. Dict. 3. p. 632. — Clus. Hist. 2. p. 243. f. 2.

Toute la plante est couverte d'un duvet mol, blanchâtre et cotonneux ; ses tiges sont longues de 2-3 décim. , couchées et rameuses ; ses stipules entières ; ses feuilles petites, pétiolées et composées de 5 folioles cunéiformes , obtuses à leur sommet , et presque en cœur renversé : les fleurs sont de couleur jaune, et ramassées en têtes portées sur des pédoncules axillaires un peu plus longs que les feuilles : les gousses sont cotonneuses, un peu tuberculeuses , petites , tortillées en forme d'escargot. ♃. Elle croît dans les sables maritimes des provinces méridionales, depuis Nice jusqu'à Narbonne ; dans l'isle de Corse ; elle se retrouve sur la côte de Barbatre dans l'isle de Noirmoutier (Bon.).

5915. Luserne entremêlée.   *Medicago intertexta.*

Medicago intertexta. Gœrtn. Fruct. 2. p. 350. t. 155. Wild. spec. 3. p. 1411. — *Medicago polymorpha* , ι. Linn. spec. 1098. — *Medicago intertexta* , β. Lam. Dict. 3. p. 637.

Ses tiges sont longues, glabres , demi-couchées et branchues ; ses stipules sont découpées en dents semblables à des cils : ses folioles sont pubescentes à leur naissance , ensuite glabres , dentées , de forme ovale , rétrécies à la base ; les pédoncules sont plus courts que le pétiole , et ne portent qu'une à 2 fleurs jaunes ; les gousses sont roulées sur elles-mêmes 5 ou 6 fois , de manière à former une masse ovoïde , épaisse ; le dos de la gousse est muni de longues épines pointues, divergentes, entre-croisées , hérissées de poils un peu laineux. ☉. Cette plante croît dans les champs et les lieux cultivés des provinces méridionales , et dans les montagnes voisines de Lyon (Latourr.).

††† *Gousses glabres hérissées d'épines saillantes.*

5916. Luserne hérisson.   *Medicago echinus.*

Medicago intertexta. All. Ped. n. 1152. ex. Balbis. — *Medicago intertexta* , α. Lam. Dict. 3. p. 637. — *Medicago echinata* , α. Lam. Fl. fr. 2. p. 557.

Cette espèce, long-temps confondue avec la luserne entremêlée , s'en distingue facilement à ses pédoncules plus longs que les pétioles , et chargés de 5 ou 6 fleurs ; à ses gousses encore plus grosses et parfaitement glabres. ⊙. Elle croît dans les provinces méridionales ; aux environs de Nice (All.).

3917. Luserne déchiquetée.   *Medicago laciniata.*

Medicago laciniata. All. Ped. n. 1159. Lam. Dict. 3. p. 635 — *Medicago polymorpha.* v Linn. spec. 1099 — *Medica echinata*, ι. Lam. Fl. fr. 2. p. 587. — Magn. Monsp. 270. ic.

La plante est entièrement glabre ; ses tiges sont droites , longues de 1-2 décim. ; ses stipules sont découpées en lanières étroites et acérées ; les folioles sont linéaires, oblongues, d'un verd jaunâtre, tronquées au sommet, découpées en dents aigues , écartées , un peu divergentes, qui, selon l'expression de Linné , donnent à la feuille l'apparence d'avoir été rongée par quelque larve : les pédoncules portent une à 2 fleurs ; les gousses décrivent 5 à 6 tours de spirale, d'où résulte un fruit ovoïde , tout hérissé d'épines longues, droites, divergentes , glabres , légèrement crochues à leur extrémité. ⊙. Elle croît dans les champs des provinces méridionales; aux environs de Nice, de Sospello et de Breglio (All.); à Montpellier (Gou.).

3918. Luserne hérissée.   *Medicago muricata.*

Medicago muricata. All. Ped. n. 1158. Wild. spec. 3. p. 1414. non Lam. — *Medicago polymorpha* , ζ. Linn. spec. 1098. — Moris. s. 2. t. 15. f. 11. — Vaill. Bot. t. 33. f. 5.

Les tiges sont rameuses , sur-tout vers la base ; un peu étalées , longues de 2-3 décim., hérissées, sur-tout vers le haut , de poils mols non couchés; les stipules sont divisées en dents acérées; les feuilles sont garnies de poils mols et couchés , à 3 folioles à-peu-près rhomboïdales , ayant les deux côtés inférieurs entiers et alongés , les deux supérieurs courts et dentelés ; les pédoncules sont velus , chargés de 1-3 petites fleurs jaunes; les fruits sont glabres, assez semblables , par la grosseur et par la forme , à ceux de la luserne en toupie , mais chargés sur le dos des spires de pointes saillantes , épineuses , courbées ou crochues vers le sommet. ⊙. Elle croît dans les prés aux environs de Nice; de Turin (Balb.); en Provence (Gér.); à Nions et ailleurs en Dauphiné (Vill.); à Vaugirard et à Issy près Paris (Vaill.).

3919. Luserne tachée.   *Medicago maculata.*

Medicago maculata. Wild. spec. 3. p. 1412. — *Medicago arabica.* All. Ped. n. 1153. — *Medicago cordata.* Lam. Dict. 3.

p. 636. — *Medicago polymorpha*, κ. Linn. spec. 1098. — *Medica echinata*, γ. Lam. Fl. fr. 2. p. 587. — Moris. s. 2. t. 15. f. 12.

Ses tiges sont glabres, foibles, étalées, anguleuses ; ses stipules sont dentées ; ses folioles sont glabres, en forme de cœur renversé, dentelées vers le sommet, le plus souvent chargées en dessus d'une tache brune ; le pédoncule, qui est plus court que le pétiole, porte 2 à 4 petites fleurs jaunes ; les gousses sont comprimées, armées sur le dos de 2 rangs de crochets saillans et acérés, roulées en escargot sur elles-mêmes, de manière à former une petite sphère un peu déprimée et toute hérissée. ⊙. Elle croît dans les lieux sablonneux un peu humides et herbeux ; elle est assez commune aux environs de Paris ; on la retrouve à Nice (All.) ; à Montpellier (Gou.) ; entre Bex et Bornouy près du lac de Genève.

5920. Luserne à petites pointes.   *Medicago apiculata.*

Medicago apiculata. Wild. spec. 3. p. 1414. — *Medicago echinata.* Bouch. Abbev. 56. — *Medicago ciliaris.* Balb. Cat. 29. — *Medicago muricata*, β et γ. Lam. Dict. 3. p. 635. — *Medicago coronata.* Gœrtn. Fruct. 2. t. 155. — J. Bauh. 2. p. 385. f. 2. excl. specim. inf.

Cette plante est droite, rameuse, glabre ou à peine pubescente, haute de 5 décim. ; ses stipules sont découpées en lanières fines et aiguës ; ses folioles sont ovales, très-obtuses, rétrécies à la base, quelquefois un peu échancrées, et à peine dentelées au sommet ; les pédoncules sont égaux au pétiole, chargés de 5 à 7 fleurs jaunes ; les gousses sont glabres, réticulées sur leur surface, munies sur le dos de 2 rangées de tubercules aigus, droits et épineux, tortillées en spirale, et décrivant 2 ou 5 tours. ⊙. Cette plante croît parmi les bleds ; elle a été trouvée par M. Boucher à Epagnette près Abbeville ; aux environs de Nice (All.).

5921. Luserne dentelée.   *Medicago denticulata.*

Medicago denticulata. Wild. spec. 3. p. 1414.

Cette espèce diffère de la précédente par ses gousses, qui ne décrivent que 2 tours de spirale, et qui sont garnies sur le dos d'épines saillantes, divergentes, fines et longues de 4–5 millimètres. ⊙. Elle croît dans les provinces méridionales (Desf.).

3922. Luzerne couronnée.   *Medicago coronata.*

Medicago coronata. Lam. Dict. 3. p. 634. —*Medicago polymorpha*, ϑ. Linn. spec. 1098. — *Medica echinata*, δ. Lam. Fl. fr.
2. p. 587. —J. Bauh. 2. p. 386. f. 3.

Celle plante se distingue facilement à ses fruits réunis 3 à 5
sur un long pédoncule, plus petits que dans toutes les autres
lusernes, très-légèrement pubescens, décrivant à peine 2 tours
de spirale, et munis d'épines droites et régulières qui, au lieu
de naître sur le dos, sont implantées deçà et delà sur le bord
extérieur des gousses, et conséquemment perpendiculaires à
leur surface; la plante est petite, demi-couchée, pubescente;
les stipules sont dentées; les folioles sont en forme de cœur
renversé, dentées dans leur partie supérieure. ☉. Elle croit
dans les champs en Provence; en Languedoc près Montpellier
(Gou.); entre Nismes et Uzès (J. Bauh.).

3923. Luserne tarière.   *Medicago terebellum.*

Medicago terebellum. Wild. spec. 3. p. 1416. —*Medicago acu-
leata.* Gærtn. Fruct. 2. p. 349. t. 155. — *Medicago muricata*,
a. Lam. Dict. 3. p. 634.

La plante est entièrement glabre; ses tiges sont droites, peu
rameuses, ses stipules sont découpées en lanières fines et acérées; ses folioles sont ovales, rétrécies à la base, souvent
échancrées au sommet, dentelées sur les bords, munies d'une
petite arète qui est le prolongement de la nervure longitudinale; les pédoncules portent 3-4 fleurs; les gousses sont glabres, roulées en spirale, décrivant 5 ou 6 tours un peu écartés, disposées en forme de tonneau, munies sur le dos des
spires de petites épines crochues, courtes, divergentes deçà
et delà. ☉. Elle croît en Provence (Gér.); en Languedoc
(Gou.).

DCLXXXII. TRIGONELLE.   *TRIGONELLA.*

Trigonella. Linn. Juss. Lam. Gærtn. — *Fœnum græcum,*
Tourn. —*Fœnum græcum et Buceras.* Mœnch. — *Buceras,*
All.

CAR. Le calice est en cloche, à 5 divisions presque égales;
la carène est très-petite; les ailes et l'étendard sont un peu ouverts, et représentent une corolle à 5 pétales égaux; la gousse
est oblongue, comprimée ou cylindrique, pointue, droite ou
un peu courbée, à plusieurs graines.

Mm 3

Obs. Herbes à feuilles ailées, à 3 folioles, finement dentées; à fleurs axillaires, sessiles ou pédonculées; à stipules distinctes du pétiole.

§. Ier. *Fleurs pédonculées ; gousses comprimées.*

5924. Trigonelle bâtarde. *Trigonella hybrida.*

Trigonella hybrida. Pourr. act. Toul. 3. p. 331.

Sa racine, qui est dure et presque ligneuse, pousse plusieurs tiges couchées ou ascendantes, anguleuses, un peu rameuses, longues de 2-3 décim.; les stipules sont grandes, en forme de fer de flèche, légèrement dentelées sur le bord; les folioles sont en forme de coin, ovales ou en cœur renversé, rétrécies à la base, obtuses ou à peine échancrées, presque entières, glabres, un peu nerveuses; les deux inférieures sont peu écartées de la supérieure; le pédoncule porte 3 à 4 fleurs jaunes; le calice est pubescent; la gousse est comprimée, glabre, marquée de nervures anastomosées et proéminentes, ovales-oblongues, ayant le bord supérieur droit, l'inférieur courbé, et le sommet qui se relève en dessus pour former un crochet terminé par le style; les graines sont au nombre d'une à 3. ♃. M. Pourret a trouvé cette plante dans les Corbières à St.-Paul de Fenouillèdes.

5925. Trigonelle cornue. *Trigonella corniculata.*

Trigonella corniculata. Linn. spec. 1094 Lam. Fl. fr. 2. p. 590. — *Buceras corniculatum.* All. Ped. n. 1153. — J. Bauh. Hist. 2. p. 372. fig. inf.

Sa tige est glabre, droite et rameuse; ses feuilles sont pétiolées, et composées de 3 folioles ovales, rétrécies à la base et dentées à leur sommet; les fleurs sont petites, d'un jaune pâle, odorantes et disposées par bouquets pédonculés; les légumes sont comprimés, disposés 8-10 ensemble en grappes courtes, pendans, mais recourbés un peu en faucille, de manière que leur pointe regarde presque toujours le ciel; ils renferment de 6 à 8 graines rousses et ovales-oblongues. ☉. Cette plante croît dans les provinces méridionales; aux environs de Nice (All.); à Perricard en Provence (Tourn.); au Buis, à Vauréas, à Vinsobre dans le midi du Dauphiné (Vill.).

5926. Trigonelle pied-   *Trigonella ornithopo-*
d'oiseau.   *dioides.*

Trifolium ornithopodioides. Linn. spec. 1078. Smith. Fl. brit. 782. — *Melilotus ornithopodioides.* Lam. Dict. 4. p. 67. —

Trigonella purpurescens. Lam. Fl. fr. 2. p. 590. — Pluk. t.
68. f. 1.

Sa racine pousse plusieurs tiges longues d'environ 1 décim.,
couchées et rameuses ; ses feuilles sont petites, composées
de 3 folioles ovales, denticulées et portées sur d'assez longs
pétioles, garnis à leur base d'une membrane engaînante ; les
fleurs sont axillaires, d'un rouge pâle et disposées 2 ou 3 ensemble sur des pédoncules longs de 12-18 millim. ; il leur succède des légumes un peu épais, médiocrement applatis, longs
de 12-15 millim., légèrement courbés, et qui renferment 8 à
10 semences. Cette plante n'a ni le port ni le fruit des mélilots, et encore moins des trèfles. ☉. Elle croit dans les lieux
herbeux, pierreux et stériles (Smith) ; en France (Lin.), sur
les côteaux aux environs de Caen (Rouss.).

§. II. *Fleurs presque sessiles ; gousses cylindriques.*

3927. Trigonelle fenu-grec.   *Trigonella fœnum-*
grœcum.

> *Trigonella fœnum-grœcum.* Linn. spec. 1095. Lam. Fl. fr. 2.
> p. 589. — *Buceras fœnum-grœcum.* All. Ped. n. 1145. — *Fœ-*
> *num-grœcum officinale.* Mœnch. Meth. 142. — Fuchs. Hist.
> 798. ic.
>
> β. *Sylvestre.* — J. Banh. Hist. 2. p. 365. f. 1.

Sa tige est haute de 2-3 décim., presque simple, cannelée, verte, fistuleuse et légèrement velue ; ses feuilles sont
portées sur des pétioles courts et un peu dilatés vers leur sommet : les folioles sont ovales, obtuses, cunéiformes, crénelées
dans leur partie supérieure, vertes en dessus et d'une couleur
un peu cendrée en dessous ; ses fleurs sont jaunâtres, sessiles,
axillaires, solitaires ou géminées ; les légumes sont fort longs,
un peu courbés, applatis, étroits et terminés par une longue
pointe conique. La variété β a la gousse un peu velue, et pousse
des drageons du collet de sa racine (Lin.). ☉. On trouve cette
plante au bord des champs dans les provinces méridionales ;
en Languedoc ; en Provence ; aux environs de Nice et de Coni
(All.) ; elle est abondamment cultivée en Alsace (Nestl.). Elle
est émolliente, maturative et laxative ; ses semences fournissent
un mucilage très-anodin, employé à l'extérieur ; son amertume
empêche d'en faire usage à l'intérieur.

3928. Trigonelle à plu-   *Trigonella polycerata.*
sieurs cornes.

Trigonella polycerata. Linn. spec. 1093. Lam. Fl. fr. 2. p. 591.
—*Buceras polyceration.* All. Ped. n. 1142. —*Buceras mutica.*
Mœnch. Meth. 142.

Ses tiges sont longues de 2 décim. , menues, rameuses à leur
base , étalées ou couchées sur la terre; ses feuilles sont petites ,
pétiolées, et composées de 3 folioles cunéiformes , presque en
cœur, et dentées à leur sommet : les fleurs sont axillaires ,
presque sessiles, disposées 3 ou 4 ensemble , d'un jaune pâle ;
il leur succède des légumes très-grèles , linéaires , longs de 5
centim. , assez droits et parallèles. ⊙. Cette plante croît dans
les champs et les lieux incultes des provinces méridionales ; en
Languedoc; en Provence (Gér.); à Nice (All.).

3929. Trigonelle de Mont-   *Trigonella Monspe-*
pellier.   *liaca.*

Trigonella Monspeliaca. Linn. spec. 1095. Lam. Fl. fr. 2. p.
591.—*Buceras Monspeliacum.* All. Ped. n. 1144.—*Trigonella
stellata.* Forsk. descr. 140. — *Buceras elliptica.* Mœnch.
Meth. 143. — J. Bauh. Hist. 2. p. 373. f. 1.

Ses tiges sont longues de 2 décimètres, nombreuses, menues , pubescentes et couchées sur la terre ; les folioles de ses
feuilles sont ovales , un peu cunéiformes , arrondies en leur
bord supérieur , qui est denticulé, blanchâtres et légèrement
velues en dessous : les fleurs sont petites , de couleur jaune, et
disposées 8 à 12 ensemble sur des pédoncules communs, axillaires , et dont la longueur égale à peine 5 millim. , ce qui fait
que les petits bouquets de fleurs paroissent sessiles ; les légumes
n'ont jamais 3 centim. de longueur , et sont toujours plus de 6
ensemble; au lieu que dans l'espèce précédente , les légumes
ne sont jamais plus de 4 dans chaque aisselle , et sont deux ou
trois fois plus longs que ceux-ci. ⊙. Cette plante croît sur le bord
des champs en Languedoc ; en Provence ; aux environs de
Nice, de Piosascho , de Pignerol , et sur les collines stériles du
Piémont (All.); à Neuvache près Briançon , et dans le midi
du Dauphiné (Vill.); dans le Bas-Valais; en Bourgogne (Dur.);
à Champigny , au Point-du-Jour et au bois de Boulogne près
Paris.

DCLXXXIII. LOTIER.   *LOTUS.*

Lotus. Tourn. Hall. Lam. Vill. Wild. — *Loti sp.* Linn. Juss.
Gærtn. — *Tetragonolobus, Lotus et Lotea.* Mœnch. — *Lotus
et Tetragonolobus.* Scop.

Cᴀʀ. Le calice est tubuleux, persistant, à 5 découpures
égales ; les ailes sont plus courtes que l'étendard, rapprochées
longitudinalement par le haut ; la gousse est oblongue, droite,
cylindrique, chargée dans quelques espèces de 4 ailes saillantes
et foliacées.

Oʙs. Herbes à fleurs jaunes ou rougeâtres, à stipules
grandes, distinctes du pétiole, et semblables à des folioles.

§. Iᵉʳ. *Gousse à quatre ailes foliacées (Tetrago-nolobus, Scop.).*

5930. Lotier siliqueux.   *Lotus siliquosus.*

Lotus siliquosus. Linn. spec. 1089. Lam. Dict. 4. p. 603. — *Tetragonolobus siliquosus.* Roth. Germ. 1. p. 323. — *Tetragonolobus Scandalida.* Scop. Carn. 938. — *Tetragonolobus
prostratus.* Mœnch. Meth. 164. — J. Bauh. 2. p. 359. f. 2.
ß. *Lotus maritimus.* Linn. spec. 1089. — *Tetragonolobus maritimus.* Roth. Germ. 1. p. 323.

Ses tiges sont longues de 2-5 décim., velues et un peu couchées ; ses feuilles sont composées de 2 stipules ovales et un
peu lancéolées, et de 3 folioles placées au sommet du pétiole,
plus grandes et presque cunéiformes : les deux latérales ont leur
bord intérieur très-diminué ; elles sont toutes molles, légèrement velues et d'un verd un peu glauque ; les fleurs sont grandes,
d'un jaune pâle, solitaires, axillaires et portées sur de longs pédoncules ; elles ont chacune à leur base une bractée composée
de 3 folioles moins longues que le calice : les légumes ont 4
angles feuillés et membraneux. ♃. On trouve cette plante dans
les prés humides. La variété ß croît dans les lieux maritimes des
provinces méridionales, et n'en est distinguée que par ses feuilles
plus glabres et plus charnues.

5931. Lotier à gousse quarrée. *Lotus tetragonolobus.*

Lotus tetragonolobus. Linn. spec. 1089. Lam. Dict. 4. p. 603. —
Tetragonolobus purpureus. Mœnch. Meth. 164. — J. Bauh. 2.
p. 358. f. 2.

Cette espèce se distingue facilement à la couleur pourpre
foncée de ses fleurs ; la plante est velue, molle, demi-couchée ;
sa grandeur varie de 1 à 4 décim. ; ses tiges sont cylindriques,

rameuses ; ses stipules sont ovales-lancéolées, assez grandes ; le
pétiole porte 5 folioles insérées au sommet, ovales, rétrécies
à la base, un peu pointues ; les pédoncules portent une à 2 fleurs
munies d'une feuille à 2-5 folioles sessiles et ovales ; la gousse
est à 4 ailes membraneuses. ⊙. Cette plante croît aux environs de Nice (All.) ; ses gousses se mangent comme celles des
pois sans parchemin ; je l'ai vue cultivée à Dieppe comme plante
potagère.

5952. Lotier conjugal.   *Lotus conjugatus.*

Lotus conjugatus. Linn. spec. 1089. Lam. Dict. 4. p. 604.

Ses tiges sont hautes de 2-5 décim., velues et un peu rameuses à leur base ; ses feuilles sont composées de 5 folioles
qui terminent le pétiole et sont grandes, cunéiformes ou presque
en losange ; les 2 stipules sont fort petites, ovales et pointues : les fleurs sont jaunes, disposées ordinairement 2 ensemble
sur chaque pédoncule, et accompagnées de 5 folioles semblables
à celles des feuilles ; la gousse est cylindrique ; le bord des 2
sutures porte 2 bandes membraneuses, étroites et peu saillantes. ⊙. Elle croît aux environs de Montpellier (Lin.), à Salason, Prades et Montferrier (Gou.) ; dans les marais de l'Auvergne (Delarb.).

5955. Lotier comestible.   *Lotus edulis.*

Lotus edulis. Linn. spec. 1090. Lam. Dict. 4. p. 605. — J. Bauh.
2. p. 365. f. 2.

Il ressemble au lotier siliqueux et au lotier conjugal ; sa tige
est ascendante, un peu branchue, presque glabre, excepté
vers l'extrémité des pousses ; les stipules sont ovales, assez
larges à la base ; le pétiole porte 5 folioles glabres, ovales,
oblongues, un peu rétrécies à la base ; le pédoncule se termine
par une, 2 ou 5 fleurs jaunes, entourées de 2 ou 5 folioles
ovales ; la carène a sa sommité violette ; les gousses sont épaisses,
glabres, un peu courbées, munies dans leur jeunesse de 2 rides
voisines des sutures, et qui disparoissent à la maturité. ⊙. Elle
croît dans les lieux incultes, le long des champs et dans les
prairies sèches aux environs de Nice et d'Oneille (All.).

§. II. *Gousse comprimée, dépourvue d'ailes folia-cées (Lotea, Mœnch.).*

5954. Lotier pied-d'oiseau. *Lotus ornithopodioides.*

Lotus ornithopodioides. Linn. spec. 1091. Lam. Dict. 4. p. 607.

— *Lotea ornithopodioides.* Mœnch. Meth. 151. — J. Bauh. 2.
p. 359. f. 1.

Ses tiges sont assez droites, menues, diffuses , glabres dans
leur partie inférieure, pubescentes vers leur sommet , et hautes
de 3-4 décim. ; ses feuilles sont composées de 5 folioles ovales ,
un peu cunéiformes , quelquefois légèrement velues ; les stipules
sont ovales, un peu pointues, de moitié plus petites que les
folioles : les fleurs sont petites, de couleur jaune , souvent au
nombre de 5 sur chaque pédoncule , et garnies de 5 bractées qui
les surpassent en grandeur ; les gousses sont comprimées , un
peu arquées , et bosselées par la saillie des semences. ⊙. Elle
est commune le long des champs aux environs de Nice (All.) ;
elle se retrouve dans les bruyères maritimes de la Provence
(Gér.) ; au bois de Gramont et dans les lieux cultivés voisins
de Montpellier (Gou.) ; dans les landes près St.-Sever (Thor.) ;
sur les côteaux de l'Auvergne (Delarb.).

§. III. *Gousse cylindrique dépourvue d'ailes mem-braneuses (Lotus , Mœnch.).*

3935. Lotier faux-citise.   *Lotus cytisoides.*

Lotus cytisoides. Linn. spec. 1092 ? All. Ped. n. 1136. t. 20. f. 2.

La racine pousse plusieurs tiges grèles , couchées à la base ,
ascendantes, un peu rameuses , couvertes vers leurs extrémités , ainsi que les jeunes feuilles , les pédicelles et les calices ,
de poils très-courts , blancs et couchés ; les stipules sont ovales-
lancéolées ; les folioles oblongues , élargies et très-obtuses au
sommet ; les pédoncules sont beaucoup plus longs que les feuilles,
terminés par 2 à 4 fleurs jaunes , pédicellées et à-peu-près de
la grandeur de celles du lotier à petites cornes ; le calice est à
5 lanières droites, dont l'inférieure et les deux supérieures
pointues , égales entre elles , et les deux intermédiaires de
moitié plus courtes et obtuses au sommet ; la gousse est cylindrique , glabre, droite ou arquée, un peu bosselée. ⊙. Il croît
dans les lieux arides et maritimes aux environs de Nice , de
Marseille , et dans l'isle de Corse.

3936. Lotier à petites cornes.   *Lotus corniculatus.*

Lotus corniculatus. Linn. spec. 1092. Lam. Dict. 4. p. 610.
β. *Lotus major* Scop. Carn. n. 936.
γ. *Lotus villosus.* Thuil. Fl. paris. II. 1. p. 387.
δ. *Lotus Alpinus.* Schleich. cent. exs. n. 75.

1. *Lotus tenuifolius*. Poll. Pal. n. 711.

Cette espèce se distingue à sa racine vivace, un peu dure ou ligneuse; à ses tiges demi-couchées; à ses pédoncules beaucoup plus longs que les feuilles, et chargés de 8 à 10 fleurs réunies en tête déprimée, jaunes, et qui deviennent vertes par la dessication; enfin à ses gousses droites, roides, cylindriques. Elle offre un grand nombre de variétés, selon les circonstances de sa végétation. La variété α, qui croît dans les prés un peu secs, est légèrement velue, longue de 2 décim., et a ses folioles ovales, un peu rétrécies, et ses stipules ovales, élargies à leur base. La variété β, qu'on trouve dans les lieux un peu humides, est toute glabre, presque droite, et s'élève à 6-7 décim. La variété γ, qui croît sur le bord des bois, est toute hérissée de poils, sur-tout sur les calices, et forme des touffes presque droites, hautes de 5-6 décim. La variété δ, qui naît sur les hautes montagnes, est petite, couchée, presque glabre, et a ses fleurs très-peu nombreuses. Enfin la varité ε, qui croît dans les terreins pierreux, se distingue à sa tige presque droite, haute de 3 décim., et sur-tout à ses folioles et à ses stipules lancéolées-linéaires. ♃.

5957. Lotier poilu. *Lotus hispidus.*

Lotus hispidus. Desf. Cat. 190.

Sa racine, qui est grêle, branchue et fibreuse, donne naissance à plusieurs tiges couchées, rameuses par la base, longues d'un décim.; le bas de la plante est presque glabre; toute la partie supérieure, et sur-tout le calice, est hérissée de longs poils blancs, droits et un peu roides; les stipules sont ovales, pointues, foliacées; les folioles sont ovales-oblongues, un peu rétrécies à la base; les pédicelles sont un peu plus longs que les feuilles, très-hérissés, chargés de 4 à 5 fleurs tantôt nues, tantôt entourées d'une à 2 folioles oblongues; le calice est fortement hérissé, à 5 lanières très-longues, presque égales à la corolle; celle-ci est jaune, et devient toute verte par la dessication. ☉. Cette plante a été découverte dans l'isle de Corse par MM. Miot et Noisette.

5958. Lotier hérissé. *Lotus hirsutus.*

Lotus hirsutus. Linn. spec. 1091. Lam. Dict. 4. p. 607. — *Lotus hæmorroidalis*. Lam. Fl. fr. 2. p. 633. — J. Bauh. 2. p. 360. ic.

Sa tige est droite, cylindrique, dure, un peu ligneuse, rameuse, velue et haute de 5 décim.; les folioles de ses feuilles

sont ovales-lancéolées , velues et d'un verd blanchâtre : les
stipules leur ressemblent par la forme et la grandeur , et se confondent avec elles à cause de la briéveté du pétiole : les fleurs sont
d'un blanc mêlé de couleur de rose , réunies 7-8 ensemble ; elles
forment des têtes assez grandes , non globuleuses, et d'un aspect
très-agréable ; leur calice est velu et légèrement rougeâtre : le fruit
est un légume court et ovale. ♄. On trouve cette espèce dans les
lieux humides et maritimes des provinces méridionales , depuis
Nice jusqu'à Narbonne ; il s'avance vers le nord jusqu'à Thin et
Vienne en Dauphiné (Vill.) ; dans la Limagne d'Auvergne (Del.) ,
et se retrouve aux environs de Nantes (Bon.). Il est connu sous le
nom de *lotier hémorrhoïdal*, non qu'il serve contre les hémor-
rhoïdes , mais parce qu'on a cru trouver une ressemblance entre
la forme de ses fruits et celle des tumeurs hémorrhoïdales.

3939. Lotier droit. *Lotus rectus.*

Lotus rectus. Linn. spec. 1092. Lam. Dict. 4. p. 610. — *Lotus
glomeratus*. Lam. Fl. fr. 2. p. 633. — Barr. ic. t. 544.

Sa tige est haute d'un mètre , droite , velue et rameuse ; les
folioles de ses feuilles sont ovales , cunéiformes , un peu obtuses à leur sommet, molles , velues et d'un verd blanchâtre
en dessous : les stipules ovales , pointues , presque en cœur , de
moitié plus petites que les folioles : les fleurs sont d'un blanc rougeâtre , réunies 20 ensemble en têtes globuleuses , quelquefois
nues et sans bractées ; il leur succède des légumes grêles , droits
et fort courts. ♄. Cette plante croît sur le bord des ruisseaux
dans les provinces méridionales.

DCLXXXIV. DORYCNIUM. *DORYCNIUM.*

Dorycnium. Tourn. Hall. Vill. Wild. non Roy. Mœnch. —
Aspalathi sp. Lam.

CAR. Le calice est à 5 dents, disposées en 2 lèvres ; le stigmate est en tête ; la gousse est renflée , à une ou 2 graines.

OBS. Herbes ou sous-arbrisseaux à feuilles ternées, presque
sessiles, et qui paroissent digitées , parce que les stipules ressemblent absolument aux folioles , et semblent insérées avec
elles ; les fleurs sont petites, d'un blanc rougeâtre.

3940. Dorycnium ligneux. *Dorycnium suffruticosum.*

Dorycnium suffruticosum. Vill. Dauph. 3. p. 416 — *Dorycnium
Monspeliense*. Wild. spec. 3. p. 1396. — *Lotus dorycnium*.
Linn. spec. 1093. — *Lotus digitatus*. Lam. Fl. fr. 2. p. 632. —
Lob. ic. 2. p. 51. f. 1. 2

Sa tige est grêle , ligneuse , rameuse , et s'élève à peine

au-delà de 5 centim. ; ses feuilles sont petites , blanchâtres et composées de folioles étroites , pointues et qui paroissent digitées 5 ensemble parce que le pétiole est si court que les folioles se confondent avec les stipules ; ses fleurs sont blanchâtres , très-petites et ramassées en têtes menues au sommet de longs pédoncules qui naissent des aisselles des feuilles : leur carène est un peu noirâtre ; les calices sont velus et soyeux , et les bractées sont un peu écartées des fleurs. ♄. Ce sous-arbrisseau croît dans les lieux stériles et sablonneux , sur les collines des provinces méridionales ; dans le midi du Piémont et du Dauphiné ; en Provence; en Languedoc ; en Roussillon.

5941. Dorycnium herbacé. *Dorycnium herbaceum.*

Dorycnium herbaceum. Vill. Dauph. 3. p. 417. t. 41. Wild. spec. 3. p. 1397.— *Lotus dorycnium.* Crantz. Austr. 402.

Cette espèce diffère de la précédente par sa tige herbacée , ascendante; par ses folioles plus larges , plus obtuses au sommet, rétrécies à la base; par ses rameaux plus dressés le long de la tige. ♃. Elle naît dans les isles et le long des rivières à Grenoble près du Drac; en Savoie entre Chambéry et le col du Frêne (Vill.); sur les collines voisines de Turin , dans le Montferrat , notamment près de St.-Sébastien (Bell.).

DCLXXXV. HARICOT. *PHASEOLUS.*

Phaseolus. Linn. Juss. Lam. Gœrtn. — *Phaseoli sp.* Tourn.

Car. Le calice est à 2 lèvres , dont la supérieure échancrée , et l'inférieure à 5 dents ; la carène et les organes sexuels sont contournés en spirale ; les gousses sont oblongues , à plusieurs graines.

Obs. Herbes à tige tortillée , grimpante ; à stipules distinctes du pétiole ; à feuilles ailées à 5 folioles articulées sur le pétiole , et munies de petites stipules au point de l'articulation.

5942. Haricot commun. *Phaseolus vulgaris.*

Phaseolus vulgaris. Linn. spec. 1016. var. α. Lam. Dict. 3. p. 71. — Lob. ic. 2. t. 59. f. 2.

α. *Seminibus albis.*

β. *Seminibus rubris aut variegatis.*

Le haricot est originaire de l'Inde , et se trouve maintenant répandu dans tous les jardins potagers ; il se distingue facilement à sa tige grimpante ; à ses grappes solitaires , axillaires , plus courtes que les feuilles ; à ses pédicelles placés deux à deux le long de l'axe ; à ses bractées étalées , plus petites que le calice ; à ses fleurs blanches , ou un peu jaunâtres avant le développement; enfin à ses gousses pendantes. On en distingue plusieurs variétés , d'après la grosseur et la couleur des graines; mais comme plusieurs de ces variétés se conservent par la germination , il y a lieu de penser que ce sont des espèces réellement distinctes. ☉.

3943. Haricot à bouquets.   *Phaseolus multiflorus.*
> *Phaseolus multiflorus.* Lam. Dict. 3. p. 71.
>> *α. Flore coccineo. — Phaseolus vulgaris , β.* Linn. spec. 1016.
>> *— Phaseolus coccineus.* Kniph. Cent. n. 75. Gou. Hort. 364.
>> *β. Flore albo.*

Cette espèce diffère de la précédente par ses grappes égales à la longueur des feuilles ; par ses bractées appliquées et non étalées ; par ses gousses plus courtes et plus grosses. La var. *α,* qui est la plus commune , s'en distingue par ses fleurs d'un rouge vif, et ses graines purpurines ou violettes, marquées de taches noires. La variété *β* a les fleurs et les graines blanches. ☉. On soupçonne que cette plante provient de l'Amérique méridionale; on la cultive comme fleur d'ornement, sous le nom de *haricot d'Espagne , faviole à bouquets ,* etc. ; ses gousses et ses graines sont aussi bonnes à manger que celles du haricot commun.

3944. Haricot nain.   *Phaseolus nanus.*
> *Phaseolus nanus.* Linn. spec. 1017. Lam. Dict. 3. p. 74.
>> *α. Flore albo.*
>> *β. Flore purpureo.*

Cette espèce , connue sous les noms de *haricot - nain , haricot sans rames , haricot en touffe , haricot à pied ,* se distingue à sa tige droite, lisse, non grimpante ; à ses bractées plus grandes que le calice ; à ses gousses pendantes, comprimées et ridées. ☉. On la croit originaire de l'Inde ; elle est cultivée dans tous les potagers ; la grandeur et la couleur de ses graines en fait distinguer plusieurs variétés.

DCLXXXVI. RÉGLISSE.   *G L Y C Y R H I Z A.*
> *Glycyrhiza.* Tourn. Linn. Juss. Lam. Gœrtn.

CAR. Le calice est tubuleux , à 2 lèvres, dont la supérieure à 4 découpures inégales, et l'inférieure simple et linéaire ; la carène est à 2 pétales distincts ; la gousse est courte , un peu comprimée , à 5 ou 6 graines.

OBS. Herbes à feuilles ailées avec impaire , à stipules distinctes du pétiole , à fleurs pédonculées eu tête ou en épis.

3945. Réglisse glabre.   *Glycyrhiza glabra.*

Glycyrhiza glabra. Linn. spec. 1046. Lam. Illustr. t. 625. f. 2.—
Liquiritia officinalis. Mœnch. Meth. 152.

Sa racine est longue, cylindrique, ligneuse, d'une saveur
douce et sucrée ; ses tiges sont hautes de 9-12 décim. , fermes
et rameuses ; ses feuilles sont ailées avec impaire, et composées
de 13-15 folioles ovales , glabres et un peu visqueuses ; les stipules
manquent : les fleurs sont petites , rougeâtres et disposées en épis
grèles , un peu lâches, pédonculés et axillaires ; les légumes sont
glabres , oblongs, et contiennent 3 ou 4 semences.♃. Cette plante
croît dans les provinces méridionales ; en Provence à Peynier
(Gér.) ; à Vic et Mère en Languedoc (Gou.) ; dans le Vercors
près de la Chapelle (Vill.) ; en Bourgogne dans les vignes de
Perrigny , de Chenoves, sur les rochers de Couchey , dans les
haies d'Étaule et de Larrey (Dur.). On la cultive aux environs
de Nancy (Buch.).

DCLXXXVII. GALÉGA.   *GALEGA.*

Galega. Tourn. Linn. Juss. Lam.

Car. Le calice est en cloche, à 5 dents pointues, presque
égales ; la gousse est oblongue , droite , comprimée, souvent
bosselée par la saillie des graines.

Obs. Herbes ou sous-arbrisseaux à feuilles ailées, à stipules
distinctes du pétiole.

3946. Galéga officinal.   *Galega officinalis.*

Galega officinalis. Linn. spec. 1062. Lam. Illustr. t. 625. —
Galega vulgaris. Blakw. t. 92. Lam. Fl. fr. 2. p. 654.

Ses tiges sont hautes d'un mètre , droites , fermes , creuses ,
glabres , striées et rameuses ; ses stipules sont en fer de flèche,
avec 2 oreillettes pointues à leur base ; ses feuilles sont ailées,
terminées par une impaire , et composées de 15 à 17 folioles oblongues , glabres , obtuses ou un peu échancrées à leur sommet .
les fleurs sont disposées en longs épis pédonculés et axillaires ; elles
sont bleuâtres , ou quelquefois tout-à-fait blanches , et pendent la
plupart sur leur pédoncule commun ; leur gousse est grêle , fort
longue , marquée de stries obliques placées entre les semences.♃.
Elle est commune le long des ruisseaux et dans les prés du Piémont
(All.) ; on en retrouve quelques pieds épars dans le reste de la
France jusqu'aux environs de Paris ; à la Varanne près Nantes
(Bon.) ; à Pompiniat en Auvergne, sur le bord des vignes (Delarb.) ;

en Lorraine (Buch.); en Bugey (Latourr). On la connoît sous les noms de *lavanèse*, *rue de chèvre*.

DCLXXXVIII. ROBINIER.   *ROBINIA.*

Robinia. Linn. Juss. Lam. Gœrtn. — *Pseudo-acacia.* Tourn. Mœnch.

Car. Le calice est petit, en cloche, à 4 dents peu apparentes; son style est velu antérieurement; la gousse est oblongue, comprimée, à plusieurs graines comprimées.

Obs. Arbres ou arbrisseaux à feuilles ailées, à stipules distinctes du pétiole.

3947. Robinier faux-acacia.   *Robinia pseudacacia.*

Robinia pseudacacia. Linn. spec. 1043. Lam. Illustr. t. 606. f. 1. — *Pseudacacia odorata.* Mœnch. Meth. 145. — Duham. Arb. t. 42.

Arbre élevé dont le tronc est droit, le bois très-cassant, et les rameaux garnis d'épines souvent doubles à la naissance de leurs divisions; ses feuilles sont ailées avec une impaire: les fleurs sont blanches, forment de belles grappes pendantes, et ont une odeur douce très-agréable; chacune d'elles est solitaire sur son pédicelle; le calice et la gousse sont glabres. ♄. Cet arbre, indigène de la Virginie, est généralement cultivé en France, soit comme arbre d'ornement, soit même afin de profiter de son bois pour le chauffage, de ses feuilles et de ses jeunes pousses pour la nourriture des bestiaux. On cultive encore assez généralement le robinier rose (*robinia hispida*, L.) et le robinier visqueux (*robinia viscosa*, Vent.), tous deux indigènes de l'Amérique septentrionale.

DCLXXXIX. BAGUENAUDIER.   *COLUTEA.*

Colutea. Tourn. Linn. Juss. Lam. Gœrtn. Dec.

Car. Le calice est à 5 divisions; la corolle est papillonacée, à carène obtuse; les étamines sont diadelphes; le style est barbu en dessous dans toute sa longueur; la gousse est à une loge, renflée, vésiculeuse; sa suture supérieure est épaisse, porte les graines, et s'ouvre à la maturité.

Obs. Arbrisseaux à feuilles ailées avec impaire, à stipules distinctes du pétiole.

3948. Baguenaudier arbrisseau. *Colutea arborescens.*

Colutea arborescens. Linn. spec. 1045. Lam. Illustr. t. 624. f. 1. Dec. Astr. p. 40. — *Colutea hirsuta*, Roth. Fl. germ. 1. p.

3o5. — *Colutea arborea.* Mœnch. Meth. 159. — Duham. Arb. 1. t. 72.

Arbrisseau droit, rameux, de 1-2 mètres de hauteur, à écorce grise, fendillée en long, à jeunes pousses pubescentes ; les feuilles sont ailées, à 9 ou 11 folioles ovales, échancrées au sommet, d'un verd un peu glauque ; les fleurs sont jaunes, disposées en grappes axillaires, pédonculées, peu garnies ; le calice est chargé de poils noirâtres appliqués ; l'étendard est marqué d'une raie rouge en forme de cœur ; les gousses sont grandes, renflées, et ne sont point naturellement ouvertes au sommet. ♭. Cet arbrisseau croît dans les haies des provinces méridionales jusqu'aux environs de Genève ; en Bourgogne à Vantoux et au mont Afrique (Dur.) ; en Auvergne (Delarb.). On le cultive dans les bosquets

N. B. M. Nestler a trouvé dans les haies, aux environs de Strasbourg, le *colutea cruenta* ; mais je ne l'indique point ici, dans l'idée qu'il y a été planté.

DCXC. PHAQUE.   *PHACA.*

Phaca. Linn. Dec. — *Astragali sp.* Scop. — *Coluteæ sp.* Lam.

Car. Le calice est à 5 divisions ; la corolle est papillonacée, à carène obtuse ; le style n'est point barbu en dessous ; le stigmate est en tête ; la gousse est à une loge, un peu renflée et légèrement pédicellée dans le calice ; sa suture supérieure est épaisse en dedans, et porte les graines.

Obs. Dans la plupart des espèces de ce genre, la gousse se tord sur son pédicelle pendant la maturation ; de sorte que la suture qui porte les graines, de supérieure qu'elle étoit, devient inférieure, s'ouvre et laisse tomber les graines ; les stipules des phaques ne sont pas adhérentes au pétiole ; les feuilles sont ailées avec impaire.

5949. Phaque des Alpes.   *Phaca Alpina.*

Phaca Alpina. Jacq. ic. rar. t. 151. Dec. Astr. 47. — *Astragalus penduliflorus.* Lam. Fl. fr. 2. p. 636. — *Colutea Alpina.* Lam. Dict. 1. p. 354. — Till. Pis. t. 14. f. 2.

Sa tige est droite, cylindrique, garnie de poils rares, peu rameuse, haute de 3-4 décim. ; les stipules sont petites, linéaires-lancéolées ; les feuilles sont ailées, ayant de 15 à 23 folioles oblongues, obtuses, pubescentes ; les fleurs sont disposées en grappes alongées ; chacune d'elles est pédicellée, pendante, d'un blanc jaunâtre ; les bractées sont en forme de

soie, égales au pédicelle ; le calice est garni de poils noirâtres,
à 5 lanières fines, étroites, égales à la moitié de sa longueur ;
les gousses sont pédicellées dans le calice, pendantes, presque
glabres, demi-ellipsoïdes, renflées, un peu arquées. ♃. Elle
croît dans les lieux pierreux des hautes Alpes de Savoie, de
Valais, de Piémont, de Dauphiné ; dans les Pyrénées au pic
d'Ereslids, où elle a été observée par M. Ramond.

3950. Phaque des pays froids.   *Phaca frigida.*

Phaca frigida. Jacq. Austr. t. 166. Dec. Astr. 46. — *Phaca
ochreata.* Crantz. Austr. 419. t. 2. f. 2.

Cette espèce ressemble à la phaque des Alpes, mais sa tige
est glabre, anguleuse, et ne s'élève qu'à 2-3 décim. ; ses stipules sont larges, ovales, foliacées ; ses feuilles ont le pétiole
glabre, chargé de 7 à 9 folioles glabres, ovales, et dont la longueur atteint 2 centim. ; ses bractées sont oblongues, foliacées,
velues sur les bords ; le calice est glabre, à 5 dents peu profondes ; la gousse est oblongue, droite, renflée, hérissée de
poils assez nombreux. ♃. Elle croît sur les côtes pierreuses et
un peu herbeuses des hautes Alpes ; je l'ai observée dans les environs de l'Allée-Blanche et du grand St.-Bernard ; on la trouve
encore au mont Vesoul (Balb.).

3951. Phaque glabre.   *Phaca glabra.*

Phaca glabra. Clar. Bull. philom. n. 61. Dec. Astr. 48.—*Phaca
Gerardi.* Vill. Dauph. 4. p. 474 ?

Cette plante a beaucoup de rapport avec les deux précédentes, mais ses tiges sont couchées, presque ligneuses à la
base, glabres ainsi que le reste de la plante ; ses stipules sont
membraneuses, pointues, un peu ciliées, quelquefois soudées
ensemble ; les feuilles ont 9 à 15 folioles ovales ou oblongues,
lancéolées, pointues ; les grappes sont axillaires, plus longues
que les feuilles, composées de 8 à 10 fleurs blanches, avec la
carène et le bord inférieur des ailes tachés de violet ; les bractées sont linéaires ; le calice est garni de poils noirs un peu laineux ; les ailes sont entières ; la gousse est pédicellée dans le
calice, ovoïde, parfaitement glabre. ♃. Elle croît dans les
basses Alpes voisines de la Provence.

3952. Phaque du midi.   *Phaca australis.*

Phaca australis. Linn. Mant. 103. Jacq. Misc. 1. t. 3. Dec.
Astr. 51. — *Astragalus australis.* Lam. Fl. fr. 2. p. 637. —

Phaca Halleri. Vill. Dauph. 4. p. 473. — *Colutea australis.*
Lam. Dict. 1. p. 354.

Sa racine , qui est tortueuse, un peu ligneuse, donne naissance à plusieurs tiges étalées , glabres , simples , longues de 2
décim. ; ses stipules sont foliacées , arrondies , obtuses; les
feuilles ont 13 à 15 folioles ovales , glabres ou pubescentes;
les pédoncules sont axillaires , plus longs que la feuille , chargés de 15 à 20 fleurs serrées , étalées , purpurines; les bractées sont très-petites ; le calice est pubescent , à poils noirâtres ;
la corolle a les ailes plus longues que la carène , et bifurquées
ou profondément échancrées à leur sommet : la gousse est pendante , ovoïde , pédicellée dans le calice , hérissée de poils noirâtres dans sa jeunesse , glabres dans un âge avancé. ♃. Elle
croît dans les lieux pierreux et escarpés des montagnes ; en
Piémont au mont Vesoul , au mont Cenis et dans les Alpes des
Vaudois (All.) ; en Dauphiné ; dans les Alpes du Valais (Hall.) ;
dans les Pyrénées au pic du Midi et au pic de Bergons , où elle
a été observée par M. Ramond.

5953. Phaque astragale. *Phaca astragalina.*

Phaca astragalina. Dec. Astr. 52.— *Astragalus Alpinus.* Linn.
spec. 1070. Fl. lapp. t. 9. f. 1. Lam. Dict. 1. p. 310. —*Phaca
minima.* All. Ped. n. 1256.

Ses tiges sont couchées , rameuses , longues de 8 à 12 centim. ;
les stipules sont lancéolées , pointues , étalées ou réfléchies; les
feuilles ont de 19 à 23 folioles pubescentes , ovales ou oblongues , obtuses ou échancrées ; les pédoncules sont axillaires ,
plus longs que les feuilles , chargés de fleurs violettes , écartées ,
pédicellées , pendantes ; les bractées sont pointues , très-petites ;
le calice est pubescent , à poils noirâtres ; les ailes de la corolle
sont entières , plus courtes que la carène ; celle -ci est grande
et obtuse ; les gousses sont pédicellées dans le calice , pendantes ,
renflées , pointues aux deux extrémités , couvertes , sur-tout
dans leur jeunesse , de poils noirâtres. ♃. Cette espèce est assez
fréquente dans les prairies des hautes Alpes et des hautes Pyrénées.

**** *Étamines diadelphes ; gousses séparées en 2 loges par
une cloison longitudinale complette ou incomplette.*

DCXCI. OXYTROPIS. *OXYTROPIS.*

Oxytropis. Dec. — *Astragali sp.* Linn. Juss. Lam.

Car. Le calice est à 5 divisions ; la corolle est papillonacée ;

sa carène se prolonge au sommet en une pointe droite; la gousse est divisée en 2 loges complettes ou incomplettes, au moyen d'une cloison formée par le repli de la suture supérieure.

Obs. Herbes à feuilles ailées avec impaire; à stipules adhérentes ou libres; à fleurs disposées en épis axillaires ou radicaux; à corolles rougeâtres ou d'un blanc sale.

3954. Oxytropis de montagne. *Oxytropis montana.*

Oxytropis montana. Dec. Astr. 53. — *Astragalus montanus.* Linn. spec. 1070. Lam. Fl. fr. 2. p. 646. — *Phaca montana.* Crantz. Austr. 422. — Clus. Hist. 2. p. 240. ic.

Une racine ligneuse, rampante et cylindrique, se divise au collet en quelques souches courtes, garnies de stipules écailleuses qui adhèrent latéralement avec la base des pétioles; les feuilles ont de 21 à 25 folioles ovales-oblongues, un peu velues, souvent courbées en gouttière et glabres en dessous; les pédoncules sont droits, longs d'un décim., et paroissent naître de la racine; ils portent un épi de 7 à 12 fleurs étalées, purpurines ou violettes; le calice est cylindrique, velu; l'étendard de la corolle est ovale, à peine plus long que les ailes; la carène est munie vers le sommet d'une pointe courte et peu apparente : les gousses sont droites, velues, oblongues, presque cylindriques, terminées par le style, divisées en 2 loges par une cloison incomplette. ♃. Elle est assez fréquente dans les prairies sèches et élevées des montagnes; dans les Alpes; au Mont-d'Or et au Cantal; dans les Pyrénées.

3955. Oxytropis d'Oural. *Oxytropis Uralensis.*

Oxytropis uralensis. Dec. Astr. 55. — *Astragalus uralensis.* Linn. spec. 1071. Jacq. ic. rar. 1. t. 155. Lam. Dict. 1. p. 318. non Vill. — *Astragalus sericeus,* α. Lam. Fl. fr. 2. p. 645. — Hall. Helv. n. 410. t. 14.

Sa racine est dure, ligneuse; sa tige est très-courte, et le collet de la racine est garni de stipules écailleuses adhérentes au pétiole; les feuilles sont radicales, à 27 ou 31 folioles oblongues, pointues, garnies sur leurs deux surfaces de longs poils soyeux et blanchâtres; les pédoncules sont plus longs que les feuilles, sur-tout après la fleuraison, très-velus, naissent du collet, et portent un épi de 20 à 25 fleurs purpurines ou violettes, serrées, presque droites; la corolle dépasse peu le calice, qui est très-velu; les ailes enveloppent le dos de la carène; celle-ci se prolonge vers le sommet en une pointe courte; les gousses sont droites, cylindriques, pointues, terminées par le style, un peu enflées, légèrement velues, sillonnées en dessus, à 2 loges complettes. ♃. Elle croît dans les lieux herbeux et fertiles des Alpes du Piémont, au mont Albergia, dans le val Pellina et les Alpes de la Chianale (All.); dans les Pyrénées.

3956. Oxytropis des cam-   *Oxytropis campestris.*
pagnes.

> *Oxytropis campestris.* Dec. Astr. 59. — *Astragalus campestris.* Linn. spec. 1072. Lam. Fl. fr. 2. p. 643. — Scheuchz. itin. 4. p. 330. ic.
>
> β. *Major.* — *Astragalus uralensis.* Vill. Dauph. 3. p. 467. — Hall. Helv. n. 406. t. 13.
>
> γ. *Viscosa.* — *Astragalus viscosus.* Vill. Dauph. 3. p. 468.

Sa racine est longue, cylindrique, divisée au collet en plusieurs souches courtes, garnies de stipules écailleuses adhérentes au pétiole, velues dans la variété α, glabres dans les deux autres; les feuilles sont radicales, à 17 ou 21 folioles elliptiques, pointues, garnies de poils couchés plus ou moins nombreux, quelquefois glabres en dessous; les pédoncules sont radicaux, droits, un peu couchés ou tortueux, égaux aux feuilles, terminés par un épi ovale, composé de fleurs droites, d'un blanc jaunâtre; le calice est garni de poils couchés, un peu noirâtres; les gousses sont droites, ovoïdes, surmontées d'une pointe, pubescentes, légèrement enflées, divisées en 2 loges par une cloison incomplette. ♃. Elle croît dans les prairies sèches et découvertes des collines et des montagnes.

3957. Oxytropis fétide.   *Oxytropis fœtida.*

> *Oxytropis fœtida.* Dec. Astr. 60. — *Astragalus fœtidus.* Vill. Dauph. 3. p. 465. t. 43. — *Astragalus Halleri.* All. Ped. n. 1276. — Hall. Helv. n. 407.

Cette espèce ressemble beaucoup à la précédente, mais toute la plante est glabre, un peu visqueuse, et d'une odeur fétide; ses folioles sont plus petites et en plus grand nombre; ses pédoncules sont un peu laineux au-dessous de l'épi; les fleurs sont au nombre de 5 à 6, d'une teinte plus blanchâtre; ses gousses sont cylindriques, deux fois plus longues que dans l'oxytropis des campagnes. ♃. Elle croît dans les lieux pierreux des Alpes; au col Vieux en Queyras (Vill.); au mont Cenis, au-dessus de Braman, et à la vallée de Lucerna près le mont Vesulo (All.); à Eranbagne et Ternanche (Hall.); à la vallée de St.-Nicolas en Valais.

3958. Oxytropis velue.   *Oxytropis pilosa.*

Oxytropis pilosa. Dec. Astr. 73. — *Astragalus pilosus.* Linn. spec. 1065. Lam. Dict. 1. p. 310. Pall. Astr. t. 80. — *Astragalus ochroleucus.* Gil. Rar. 209.

Sa racine pousse plusieurs tiges droites, simples, hautes de 2-3 décim., garnies de poils blanchâtres; les stipules sont velues, non adhérentes au pétiole; les feuilles ont 21-25 folioles oblongues, pointues, velues; les pédoncules sont axillaires, égaux à la longueur des feuilles, terminés par un épi de 15-18 fleurs d'un blanc jaunâtre; l'étendard de la corolle dépasse à peine la carène, et ses bords se roulent en dehors; la carène est surmontée d'une longue pointe aiguë : les gousses sont droites, cylindriques, pointues, sillonnées en dessus, à 2 loges complettement séparées. ♃. Elle croît parmi les rochers des montagnes, dans les provinces méridionales; en Piémont, au Mont-Cenis, au Jaillon près Suze, au Grasson et le long du torrent d'Aglesso, dans la vallée de Bardonache, entre Suze et Bussolino, Braman et Termignon, Saint-Michel et Saint-Martin. (All.); près Touly et Leuch en Vallais (Hall.); en Dauphiné, du côté de Lyon (Latour.); au Noyer et sur les sables du Drac près Grenoble (Vill.).

DCXCII. ASTRAGALE.   *ASTRAGALUS.*

Astragalus. Dec. — *Astragali sp.* Linn. Juss. Lam. Pall. Wild. — *Astragalus, Tium et Astragaloides.* Mœnch.

CAR. Le calice est à 5 dents; la corolle est papillonacée à carène obtuse; la gousse est à 2 loges, séparées au moyen d'une cloison formée par le repli de la suture inférieure des valves.

OBS. Herbes ou sous-arbrisseaux à feuilles ailées avec impaire, à pétiole herbacé ou plus rarement épineux, à fleurs rougeâtres ou d'un blanc sale, disposées en épis axillaires ou terminaux, à stipules libres ou adhérentes, à gousses très-diverses dans leur forme.

§. Ier. *Stipules non adhérentes au pétiole; fleurs purpurines.*

3959. Astragale d'Autriche. *Astragalus Austriacus.*

Astragalus Austriacus. Linn. spec. 1070. Jacq. Austr. t. 175. Lam. Dict. 1. p. 313. Dec. Astr. p. 79. — *Astragalus sulcatus.* Lam. Fl. fr. 2. p. 639.

Une racine ligneuse donne naissance à plusieurs tiges étalées

ou ascendantes , grèles , anguleuses, glabres ainsi que le reste
de la plante , longues de 1-5 décim. ; les 2 stipules de chaque
feuille sont soudées en une ; les feuilles sont ailées avec impaire , à 6 ou 9 paires de folioles linéaires , échancrées ou fortement tronquées au sommet ; les pédoncules sont plus longs
que les feuilles ; les fleurs sont petites , violettes , étalées , disposées en épi ; l'étendard est large , arrondi , égal à la longueur
des ailes ; la gousse est pubescente , comprimée , pointue aux
2 extrémités , pendantes , à 2 loges qui renferment chacune 2 à
5 graines. ♃. Cette plante croît sur les rochers , en Piémont ,
à Praman et au Sappé près Oulx (All.); à Briançon ; sur les
dunes du bassin d'Arcachon ('Thor.); sur les hautes montagnes
d'Auvergne (Delarb.).

5960. Astragale en étoile. *Astragalus stella.*

Astragalus stella. Linn. Syst. Veg. 567. Lam. Dict. 1. p. 314.
Dec. Astr. 84. — *Astragalus stellatus.* Lam. Fl. fr. 2. p. 641.
— Pluk. t. 79. f. 4.

Sa racine pousse plusieurs tiges longues de 5 décim. , rameuses, diffuses et chargées de poils blancs ; ses feuilles sont
composées de 9 à 10 paires de folioles ovales , obtuses , quelquefois échancrées et velues : les pédoncules sont axillaires ,
presque aussi longs que les feuilles , et soutiennent chacun une
tête composée de 10 à 15 fleurs d'un pourpre bleuâtre ; les
légumes sont pointus et disposés en faisceau étoilé , velus, droits ,
à 2 loges qui renferment chacune 8 à 10 graines. ⊙. Cette
plante croît dans les environs de Montpellier.

5961. Astragale sésame. *Astragalus sesameus.*

Astragalus sesameus. Linn. spec. 1068. Lam. Dict. 1. p. 315.
Dec. Astr. 85. — Garid. Aix. t. 12. — Pluk. t. 79. f. 3.

Ses tiges sont longues de 2 décim. , droites ou étalées , velues
et un peu striées ; les feuilles sont composées de 8 à 9 paires de
folioles ovales , obtuses et un peu échancrées à leur sommet ; les
fleurs sont axillaires , ramassées 4 ou 5 ensemble sur des
pédoncules longs de 5 millim. ; elles sont assez petites et de
couleur bleue ; les légumes sont agglomérés aux aisselles des
feuilles , droits , ascendans et non rayonnans , pointus, un peu
velus , à 7 ou 8 graines dans chaque loge. ⊙. On trouve cette
plante dans les provinces méridionales , aux lieux secs et découverts ; en Provence (Gér.); à Montpellier (Gou.).

3962. Astragale vésiculeux. *Astragalus vesicarius.*

Astragalus vesicarius. Linn. spec. 1071. Vill. Dauph. 3. p. 463.
t. 42. f. 1. Lam. Dict. 1. p. 315. Dec. Astr. 91. — *Astragalus
sericeus ; β.* Lam. Fl. fr. 2. p. 645. — *Astragalus albidus.* Fl.
Hung. t. 40. — Magn. Hort. 27. ic.

Ses tiges sont étalées, longues de 2-3 centim., garnies de
poils très-courts, qui les rendent blanchâtres, ainsi que les
feuilles : celles-ci sont ailées avec impaire, à 9-11 folioles ovales ;
les pédoncules sont droits, pubescens, beaucoup plus longs que
les feuilles ; les fleurs sont au nombre de 6 à 9, rapprochées
au sommet du pédoncule ; leur calice est cylindrique, velu, et
se renfle, sur-tout après la fleuraison ; la corolle est purpurine
un peu mêlée de jaune ; les gousses sont ovoïdes, pointues,
velues, un peu renflées, à 2 loges incomplettes. ♃. Il croît
dans les montagnes des provinces méridionales ; dans la Haute-
Provence ; aux environs de Briançon, sur le chemin du Mont-
Genèvre, dans le Queyras, à Mont-Dauphin, Embrun, Guillestre (Vill.).

3963. Astragale à 5 gousses. *Astragalus pentaglottis.*

Astragalus pentaglottis. Linn. Mant. 274. Dec. Astr. 92. Cav.
ic. t. 188. — *Astragalus dasyglottis.* Pall. Astr. n. 111. —
Astragalus cristatus. Gou. Illustr. 50. — *Astragalus echinatus.* Lam. Illustr. t. 622. f. 5.

Une racine dure, presque simple, émet plusieurs tiges étalées, hérissées, simples, longues de 2 décim. ; les feuilles sont
hérissées, ailées avec impaire, à 7 ou 10 paires de folioles ovales, tronquées ou un peu échancrées au sommet ; les pédoncules
sont striés, au moins de la longueur de la feuille, terminés
par 8 à 10 fleurs rapprochées en tête ; le calice est hérissé ;
la corolle est d'un pourpre violet ; les gousses sont sessiles, disposées en tête serrée, à-peu-près en forme de cœur, comprimées, calleuses, lisses en dessous, hérissées en dessus de
tubercules ou de crêtes saillantes, divisées en 2 loges, terminées par une pointe roide et courbée ; chaque loge renferme
une seule graine. ⊙. Cette plante croît en Provence ; dans l'isle
de Corse, près Saint-Fiorenzo (Vall.).

3964. Astragale pourpre. *Astragalus purpureus.*

Astragalus purpureus. Lam. Dict. 1. p. 314. Dec. Astr. p. 93.
t. 12. — *Astragalus glaux.* Vill. Dauph. 3. p. 459.

Ses tiges sont herbacées, étalées ou ascendantes, peu rameuses, velues , longues de 3 décimètres ; les stipules sont soudées ensemble , non adhérentes au pétiole ; les feuilles ont de 23 à 29 folioles , légèrement velues , ovales-oblongues , terminées par une échancrure à bords aigus et au fond de laquelle on observe à la loupe une petite pointe ; les pédoncules sont beaucoup plus longs que les feuilles ; les bractées sont fines comme des soies ; les fleurs sont au nombre de 8-12 , sessiles , disposées en tête serrée , de couleur purpurine ; l'étendard est échancré au sommet et a les bords roulés en dehors ; les gousses sont droites , réunies en tête , ovales , creusées sur le dos , hérissées de longs poils blancs , terminées par une pointe réfléchie ; chaque loge contient trois graines. ♃. Cette plante croît en Provence , dans les pâturages montueux.

3965. Astragale hypoglotte. *Astragalus hypoglottis.*

Astragalus hypoglottis. Linn. Mant. 474. Dec. Astr. p. 94. t. 14. — *Astragalus epiglottis.* Linn. Syst. Nat. p. 199. excl. syn. — *Astragalus arenarius.* Fl. dan. t. 614. — *Astragalus onobrychis.* Poll. Pal. n. 696. ex. Kœl. — *Astragalus danicus.* Retz. Obs. 2. p. 41. — *Astragalus capitatus.* Lam. Fl. fr. 2. p. 640 ?

Ses tiges sont tantôt un peu étalées , longues de 2-3 décim. ; tantôt simples et dépassant à peine 1 décim. , velues sur-tout vers le haut ; les stipules sont réunies ensemble , distinctes du pétiole ; les feuilles ont de 19 à 29 folioles ovales ou oblongues , obtuses ou échancrées , velues et blanchâtres en dessous , glabres ou garnies de poils rares en dessus ; les pédoncules sont plus longs que les feuilles , terminés par une tête de 8-10 fleurs purpurines ; les bractées sont larges , un peu obtuses ; le calice est garni de poils noirs ; l'étendard est oblong , entier , non replié en dehors ; les gousses sont droites , réunies en tête , ovales , comprimées , sillonnées sur le dos , longues de 5-7 millim. , hérissées de poils blancs ; chaque loge ne renferme qu'une seule graine. ♃. Elle croît dans les pâturages montueux ; M. Clarion l'a trouvée dans les montagnes de Seyne en Provence ; M. Nestler , dans les prairies sèches aux environs de Strasbourg ; et M. Kœler , entre Mayence et Nierstein.

3966. Astragale de Lentz-   *Astragalus Leontinus.* bourg.

Astragalus Leontinus. Jacq. ic. rar. 1. t. 154. Dec. Astr. p. 96.

Sa tige est herbacée , couchée , divisée dès sa base en

rameaux triangulaires, pubescens, longue de 2 décim., garnie de feuilles ailées à 13 ou 19 folioles ovales, pubescentes en dessous ; les stipules sont lancéolées, non adhérentes au pétiole ; les pédoncules sont à-peu-près triangulaires, un peu plus longs que les feuilles ; les fleurs sont purpurines, droites, disposées en épi ovale, entremêlé de bractées lancéolées, plus courtes que le calice ; celui-ci est cylindrique, à 5 dents ; les gousses sont ovoïdes, droites, velues. ♃. Il croît dans les montagnes des Alpes ; dans le Vallais, à la vallée de Saint-Nicolas, et au Mont-Sylvio ; au mont Cenis, et dans la vallée de Suze, le long de la Doire (All.).

3967. **Astragale esparcette.** *Astragalus onobrichis.*

> *Astragalus onobrichis.* Linn. spec. 1070. Jacq. Austr. t. 70. Lam. Dict. 1. p. 313. Dec. Astr. p. 99. var. *α.* — Clus. Hist. 2. p. 238. f. 2.

Ses tiges sont étalées, longues de 2 décim., herbacées, glabres ou pubescentes ; les stipules sont larges, distinctes du pétiole ; les feuilles sont pubescentes, ailées à 21 - 29 folioles oblongues ; les pédoncules sont pubescens, plus longs que les feuilles ; les fleurs sont violettes, droites, disposées en épi ovale arrondi, qui s'alonge à l'époque de la maturation ; l'étendard est droit, linéaire, obtus, 2 fois plus long que les ailes ; les gousses sont droites, pubescentes, triangulaires, terminées par une pointe crochue, marquées sur le dos d'un large sillon, à 2 loges qui se séparent facilement d'elles-mêmes, et qui renferment chacune 5 à 7 graines. ♃. Il croît dans les prairies sèches des Alpes de la Savoye ; du Dauphiné ; de la Provence ; dans le Piémont (All.).

§. II. *Stipules non adhérentes au pétiole; fleurs d'un blanc jaunâtre.*

3968. **Astragale déprimé.** *Astragalus depressus.*

> *Astragalus depressus.* Linn. spec. 1073. Lam. Dict. 1. p. 318. Dec. Astr. 121. All. Ped. n. 1277. t. 19. f. 3.
> *β. Astragalus helminthocarpos.* Vill. Dauph. 3. p. 456. t. 42.

Sa tige est une espèce de souche écailleuse, haute de 3 centim., de laquelle partent latéralement les feuilles et les pédoncules des fleurs ; les feuilles sont longues de 15 à 18 centim., couchées sur la terre et composées d'une vingtaine de folioles blanchâtres, ovales, obtuses, et quelquefois échancrées à leur

sommet : les pédoncules naissent à la base de la souche , sont
longs de 5 à 6 centim. , et soutiennent 4 à 6 fleurs assez petites
et blanchâtres ; les légumes sont longs de 9 millim. , cylindriques,
un peu renflés , grisâtres , glabres et pendans. La var. β ne diffère
de la précédente que par ses gousses un peu plus courtes. ♃.
Cette plante croît dans les Pyrénées ; dans les Alpes ; à la
vallée d'Œx ; à la dent d'Oche ; au Mont-Saxonnet , près
Genève; en Dauphiné (Vill.).

5969. Astragale en hameçon. *Astragalus hamosus.*

Astragalus hamosus. Linn. spec. 1067. Lam. Dict. 1. p. 311.
Illustr. t. 622. f. 4. Dec. Astr. 124.—Clus. Hist. 2. p. 234. f. 2.

Ses tiges sont herbacées, longues de 5-5 décim. , un peu
velues , étalées ou demi-redressées ; les feuilles ont de 19 à 27
folioles elliptiques , tronquées ou échancrées au sommet, pubescentes en dessous ; les pédoncules sont axillaires , plus courts
que les feuilles , chargés de 5 à 10 fleurs d'un blanc jaunâtre ,
disposées en épi court ; les bractées sont fines et velues ; le
calice est cylindrique , velu , à 5 divisions ; les gousses sont
pendantes , arquées , cylindriques , marquées sur le dos d'un
sillon très-léger, glabres, pointues, longues de 4 centim. ☉. Cette
plante croît dans les terreins secs et pierreux ; en Bourgogne
(Dur.) ; en Dauphiné , au Buis , à Nions , et à Systeron (Vill.) ;
dans la basse Provence , le long des routes (Gér.) ; à Nice (All.) ;
à Montpellier ; dans l'isle de Corse , près St.-Fiorenzo (Vall.).

5970. Astragale réglisse. *Astragalus glycyphyllos.*

Astragalus glycyphyllos. Linn. spec. 1067. Lam. Dict. 1. p.
311. Dec. Astr. 127.—Riv. Tetr. t. 103.

Ses tiges sont nombreuses , couchées , rameuses dès la base ,
anguleuses , glabres ou pubescentes , longues de 5-8 décim. ;
les feuilles sont ailées avec impaire , assez grandes , à environ
11 folioles glabres , ovales ou arrondies ; les stipules sont lancéolées ; les pédoncules sont de moitié plus courts que la feuille ;
les fleurs sont d'un blanc jaunâtre , sale , disposées en épi ovale ,
oblong ; les bractées sont linéaires , lancéolées ; l'étendard dépasse à peine les ailes ; les gousses sont glabres , comprimées ,
presque triangulaires , un peu arquées , longues de 5-4 centim.
♃. Cette plante est assez commune dans les prairies ; le long
des bois ; au bord des haies et des buissons.

5971. Astragale épiglotte. *Astragalus epiglottis.*

Astragalus epiglottis. Linn. Mant. 274. Lam. Dict. 1. p. 315.
Dec. Astr. 129. — Riv. Tetrap. t. 109.

Cette plante est fort petite ; ses tiges sont couchées, menues,
pubescentes, blanchâtres, et ont à peine 1 décim. de longueur ;
ses feuilles sont composées de 4 ou 5 paires de folioles un peu
étroites, chargées de poils blancs et soyeux : les fleurs sont
très-petites, d'un blanc pâle, et ramassées en épis courts presque sessiles ; leurs calices sont bordés de poils noirâtres ; les
légumes sont ramassés par paquets, en forme de cœur, terminés par une pointe, repliés sur les bords, pubescens, pendans,
longs de 6-7 millim. ☉. Cette plante croît dans les bois et les
montagnes en Provence.

5972. Astragale pois-ciche.   *Astragalus cicer.*

Astragalus cicer. Linn. spec. 1067. Jacq. Austr. t. 251. Lam.
Dict. 1. p. 311. Dec. Astr. 130. — *Astragalus vesicarius.* Lam.
Fl. fr. 2. p. 637. — Cam. Epit. 205. ic.

Sa tige est herbacée, glabre, tortue ou étalée, longue de
1-2 décim. ; les stipules sont pubescentes, demi-embrassantes ;
les feuilles sont ailées avec impaire, un peu velues, composées
de 21 à 25 folioles ovales ou arrondies, obtuses ; les pédoncules sont plus courts que les feuilles, terminés par un épi ovale
de 10 à 15 fleurs sessiles, d'un blanc jaunâtre ; les bractées
sont en forme d'alène ; le calice est garni de poils noirâtres ; les
gousses sont sphériques, renflées, velues, terminées par une
pointe due au style qui persiste, remplies de 4 à 5 graines. ♃.
Cette plante croît dans les lieux secs le long des murs et des
chemins en Alsace ; le long du pied du Jura du côté de la Suisse ;
en Savoie ; en Dauphiné (Vill.) ; en Piémont (All.).

5973. Astragale queue de   *Astragalus alopecu-*
     renard.   *roides.*

Astragalus alopecuroides. Linn. spec. 1064. Pall. Astr. t. 7. Lam.
Illustr. t. 622. f. 3. Dec. Astr. 145. — *Astragalus alopecuroi-
deus,* var. Lam. Fl. fr. 2. p. 636. — *Astragaloides alopecuros.*
Mœnch. Meth. 168.

Ses tiges sont hautes de 5-6 décim., fermes, épaisses,
striées et velues ; ses feuilles sont fort longues, composées d'un
grand nombre de folioles oblongues, rétrécies un peu en pointe
à leur sommet, et velues seulement en leur bord ; leur pétiole
commun est presque cotonneux ou laineux ; les fleurs forment

des épis extrêmement denses, ovales, un peu cylindriques, très-velus, sessiles et à peine pédonculés ; les bractées et les calices sont laineux ; les corolles sont d'un jaune pâle, égales à la longueur des dents du calice ; les gousses sont laineuses, ovales, comprimées, pointues, renfermées avec les débris de la corolle dans le calice, qui se renfle après la fleuraison. ♃. Il croît à St.-André près Embrun, à côté et au-dessus du lac de Séguret (Vill.).

3974. Astragale de Nar-   *Astragalus Narbonensis.*
bonne.

> *Astragalus Narbonensis*. Gouan. Illustr. 49. Pall. Astr. t. 10.
> Dec. Astr. 147. — *Astragalus alopecuroides*, β. Lam. Dict.
> 1. p. 309.

Cette plante a tout le port de l'espèce précédente, mais elle en diffère, parce qu'elle s'élève rarement au-delà de 3 décim. ; que les feuilles sont composées de 17 à 21 folioles, au lieu d'une quarantaine qu'on compte dans l'espèce précédente ; que les têtes de fleurs sont plus courtes, globuleuses et absolument sessiles ; que les calices sont plus courts que la corolle. ♃. Elle est indigène des environs de Narbonne.

§. III. *Stipules adhérentes au pétiole ; pétiole en-*
durci et épineux à son sommet.

3975. Astragale de Mar-   *Astragalus Massiliensis.*
seille.

> *Astragalus Massiliensis*. Lam. Dict. 1. p. 320. Dec. Astr. 161.
> — *Astragalus tragacantha*. Linn. spec. 1073. Pall. Astr. t. 4.
> f. 1. 2. a. excl. Hall. syn. — *Astragalus tragacanthus*. Lam.
> Fl. fr. 2. p. 642. —Duham. Arb. t. 100.

Sous-arbrisseau rameux, diffus, haut de 2–5 décim. , hérissé par les anciens pétioles, qui sont persistans, endurcis et changés en épines ; les rameaux sont nombreux, couverts d'un duvet court et blanchâtre ; les stipules sont lancéolées, adhérentes au pétiole ; celui-ci porte de 19 à 23 folioles ovales, obtuses, blanchâtres, cotonneuses , qui vont en diminuant de grandeur à mesure qu'elles approchent du sommet, et dont l'impaire tombe très-promptement ; les pédoncules sont axillaires, à peine plus longs que les feuilles, chargés de 5 à 8 fleurs blanches disposées en épi court ; leur calice est à 5 dents courtes et élargies ; leur gousse est ovoïde, pubescente, terminée par une pointe, divisée en 2 loges par une cloison incomplette.

♄. On trouve cette plante sur les bords de la mer aux environs de Marseille.

3976. Astragale à longues   *Astragalus aristatus.*
      dents.

> *Astragalus aristatus.* L'Her. Stirp. p. 170. Dec. Astr. 163. — *Astragalus sempervirens.* Lam. Dict. 1. p. 321. — *Astragalus tragacantha.* Vill. Dauph. 3. p. 470. excl. syn. — *Phaca tragacantha.* All. Ped. n. 1257. — Garid. Aix. t. 104.

Ses tiges sont ligneuses, glabres, nombreuses, branchues, longues de 1-2 décim.; les stipules sont étroites, acérées, adhérentes au pétiole; celui-ci devient ligneux et épineux comme dans l'espèce précédente, et porte de 12 à 18 folioles oblongues, pointues, vertes et hérissées, mais non cotonneuses; les pédoncules sont de moitié plus courts que la feuille, chargés de 5 à 8 fleurs blanches ou purpurines, disposées en épi court; le calice est hérissé, divisé jusqu'au milieu de sa longueur en 5 lanières fines et pointues; la gousse est ovoïde, obtuse, hérissée, et sa cloison atteint à peine le milieu de sa largeur. ♄. Il croît dans les Pyrénées; dans les Alpes du mont Cenis; au mont César près d'Evian; entre Morclos et Javernaz; elle est commune dans les montagnes du Dauphiné, où les paysans la nomment *ajavon;* dans les Alpes de Provence (Gar.).

§. IV. *Stipules adhérentes au pétiole; pétioles qui ne deviennent point épineux.*

3977. Astragale sans tige.   *Astragalus exscapus.*

> *Astragalus exscapus.* Linn. Mant. 275. Jacq. ic. rar. t. 17. Dec. Astr. 176. — *Astragaloides siphilitica.* Mœnch. Meth. 168.

Une racine épaisse, forte et charnue, donne naissance à plusieurs feuilles ailées, dont le pétiole atteint 1 décim. de longueur, porte à sa base deux stipules velues en dehors, et un grand nombre de folioles ovales, velues, sur-tout vers les bords; de l'aisselle de ces feuilles, naissent des pédoncules très-courts, velus, chargés de 3 à 8 fleurs assez grandes, d'un jaune clair, et disposées en épis; le calice est velu, à 5 lanières longues et étroites; les gousses sont sessiles, ovales, comprimées, hérissées, terminées par le style, à 2 loges qui renferment chacune 3 à 4 graines planes. ♃. Elle croît dans les Alpes du Valais à la vallée de St.-Nicolas; sa racine a été vantée pour la guérison des maladies siphilitiques.

5978. Astragale blanc.   *Astragalus incanus.*

Astragalus incanus. Linn. spec. 1072. Lam. Dict. 1. p. 318. Dec.
Astr. 186. — Magn. Bot. p. 32. ic.

Le collet de sa racine se divise en plusieurs souches écailleuses et un peu rougeâtres , sur lesquelles s'insèrent les feuilles
et les hampes qui portent les fleurs ; les feuilles sont composées
de 15 à 18 paires de folioles fort petites , ovales , blanchâtres ,
chargées sur-tout en dessous d'un duvet très-fin , et serrées les
unes contre les autres : les fleurs sont nombreuses , purpurines ,
alongées , et forment des épis courts et un peu serrés ; les légumes
sont blanchâtres , droits , cylindriques , un peu courbés , terminés
par le style , longs de 15-25 millim. ♃. Cette plante croît dans les
lieux stériles et arides des provinces méridionales ; en Provence ;
en Dauphiné du côté de Lyon (Latourr.); à St.-Genis , Tal-
lard , Châteauneuf (Vill.); à Fontanes , Assas , Coulondres , au
mont Saint-Loup près Montpellier (Gou.).

5979. Astragale de Mont-   *Astragalus Monspessu-*
pellier.   *lanus.*

Astragalus Monspessulanus. Linn. spec. 1072. Curt. Mag. t. 219.
Lam. Dict. 1. p. 318. Dec. Astr. 190. — Cam. Epit. 929. ic.

Les hampes de cette plante sont ordinairement glabres , couchées , très-nombreuses , et forment avec les feuilles un gazon
étalé et bien garni ; les feuilles sont composées de 12 à 15 paires
de folioles ovales , verdâtres , glabres ou pubescentes : les fleurs
sont purpurines , ou blanches dans une variété , et disposées en
épi un peu lâche ; elles sont remarquables par le pavillon de leur
corolle , qui est fort alongé , et ont rarement moins de 5 centim.
de longueur ; leur calice est glabre et un peu rougeâtre : les
légumes sont cylindriques , assez grêles et légèrement courbés.
♃. On trouve cette plante dans les provinces méridionales ; on
la retrouve sur les côteaux de Mantes près Paris ; dans le bas
Valais (Hall) ; dans le Dauphiné à Gap , Briançon , Grenoble
(Vill.); aux environs de Barrèges.

DCXCIII. BISERRULE.   *BISERRULA.*

Biserrula. Linn. Juss. Lam. — *Pelecinus.* Tourn.

Car. Le calice est à 5 dents; la corolle papillonacée; la carène obtuse ; la gousse à 2 loges , fortement comprimée ; les
valves sont sinuées ou dentées en scie sur leur angle , de sorte
que la gousse a l'apparence d'une double scie ; les graines sont
nombreuses dans chaque loge.

5980.

3980. Biserrule pelécine.   *Biserrula pelecinus.*

Biserrula pelecinus. Linn. spec. 1073. Lam. Illustr. t. 522. Dec.
Astr. 197. — *Biserrula pelecina.* Lam. Fl. fr. 2. p. 634. —
Pelecinus biserrula. Mœnch. Meth. 169. — Barr. ic. t. 1137.

Sa tige est menue, foible, cylindrique, striée et rameuse ;
ses feuilles sont ailées avec impaire, composées de folioles nombreuses, obtuses et presque en cœur à leur sommet : les pédoncules sont axillaires, et portent à leur extrémité 4 ou 5 fleurs
sessiles, garnies chacune d'une très-petite bractée à leur base ;
ces fleurs sont bleuâtres, très-petites ; leur étendard dépasse à
peine la longueur des ailes. ⊙. Elle se trouve dans les provinces
méridionales ; au bord de la mer près St.-Tropèz en Provence
(Gér.) ; au mas de Garimond près Montpellier (Gou.).

***** *Etamines diadelphes ; gousses à une loge ; cotylédons ne se changeant jamais en feuilles et ne sortant
pas de terre à l'époque de la germination ; feuilles ailées
sans impaire ; pétiole prolongé en filet ou en vrille.*

DCXCIV. GESSE.   *LATHYRUS.*

Lathyrus. Linn. Juss. Lam. Gœrtn. — *Lathyrus, Aphaca, Cly-
menun, Ochrus et Nissolia.* Tourn. et *Cicercula.* Mœnch.

Car. Le calice est en cloche, à 5 découpures, dont 2 supérieures plus courtes ; le style plane, élargi vers le sommet,
velu ou pubescent dans sa partie antérieure ; la gousse oblongue, à plusieurs graines anguleuses ou globuleuses.

Obs. Herbes à tiges souvent grimpantes, à pétioles terminés en vrille, chargés de 2 à 6 folioles, à stipules en demi-fer de
flèche, à fleurs portées sur des pédoncules axillaires.

§. 1er. *Espèces annuelles ; pédoncules à une, deux ou trois fleurs.*

3981. Gesse aphaca.   *Lathyrus aphaca.*

Lathyrus aphaca. Linn. spec. 1029. Lam. Dict. 2. p. 704. — *Lathyrus segetum.* Lam. Fl. fr. 2. p. 571. — Lob. ie. 2. p. 70. f. 1.

Cette gesse est très-remarquable, en ce que ses pétioles ne
portent point de folioles, et se prolongent en une vrille simple
et tortillée ; au contraire les stipules se développent outre mesure, et prennent l'apparence de 2 feuilles opposées, glabres,
en forme de fer de flèche ; les tiges sont grèles, foibles, grimpantes, peu rameuses ; les fleurs sont jaunes, petites, solitaires

Tome IV.   O o

sur de longs pédicelles axillaires munis d'une petite bractée ;
on assure que quelquefois le pédicelle porte 2 fleurs, et, ce qui
est plus rare, que le pétiole porte quelquefois deux folioles
lancéolées. ☉. Elle croît dans les champs parmi les moissons.

5982. Gesse de Nissole.   *Lathyrus Nissolia.*

Lathyrus Nissolia. Linn. spec. 1029. Lam. Dict. 2. p. 704. —
Nissolia uniflora. Mœnch. Meth. 140. —Lob. ic. 2. p. 71. f. 1.

Sa racine pousse plusieurs tiges droites, hautes de 5 décim.,
glabres, ainsi que le reste de la plante ; ses stipules sont avortées, à peine visibles, courtes et en alène : les pétioles communs
sont longs, applatis, dilatés en forme de feuille simple, linéaire,
aiguë, semblable à celle des Graminées ; ils ne se terminent
point en vrille, et ne portent aucune foliole : les fleurs sont
d'un rouge pâle, solitaires ou rarement géminées sur de longs
pédoncules axillaires : les gousses sont linéaires, glabres, longues de 4-5 centim. ☉. Elle croît dans les champs, au bord
des prés et des buissons, dans les terreins pierreux.

5983. Gesse à fleur pâle.   *Lathyrus ochrus.*

Pisum ochrus. Linn. spec. 1027.—*Lathyrus currentifolius* Lam.
Fl. fr. 2. p. 571. — *Ochrus uniflorus.* Mœnch. Meth. 163. —
Moris. s. 2. t. 3. f. 8.

Ses tiges sont longues de 5-4 décim., foibles, droites ou
étalées, glabres, ainsi que les feuilles ; celles-ci ont un pétiole
bordé d'une large membrane foliacée qui se prolonge des deux
côtés sur la tige en aile plus large dans les feuilles supérieures,
et qui va en se rétrécissant dans le bas ; les inférieures n'offrent
qu'un pétiole foliacé, lancéolé, pointu ; dans celles du milieu,
le pétiole se prolonge en 5 vrilles ; dans celles du haut, les 2
vrilles latérales se développent en folioles ovales ; quelquefois
même le pétiole se prolonge, et porte 2 paires de folioles : les
stipules manquent et sont remplacées par l'aile foliacée qui se
prolonge sur la tige, et qui porte souvent un lobe saillant à la
place où devroit être la stipule : les fleurs sont blanchâtres, solitaires sur des pédicelles axillaires plus courts que les feuilles,
articulés dans le milieu de leur longueur ; les gousses sont glabres, oblongues, pendantes, munies sur le dos de 2 ailes membraneuses. ☉. Cette plante croît parmi les moissons aux environs de Nice (All.) ; à la Colombière, à Montferrier et à la
Vérune près Montpellier (Gou.) ; à Dax (Thor.).

3984. Gesse articulée.	*Lathyrus articulatus.*

Lathyrus articulatus. Linn. spec. 1031. Lam. Dict. 2. p. 707. — *Lathyrus hispanicus.* Mill. ic. t. 96. — *Lathyrus cicera.* All. Ped. n. 1218?

β. *Petiolis inferioribus in folia apice cyrrhosa abeuntibus.*

Ses tiges sont anguleuses, ailées, longues de 2-3 décim. : les feuilles inférieures sont dépourvues de stipules, et réduites à un pétiole simple, foliacé, aigu et semblable à celui de la gesse de Nissole dans la variété *α*, terminé dans la variété *β* en vrille tortillée, comme les feuilles de la méthonique superbe; les feuilles supérieures ont le pétiole ailé, large, foliacé, chargé de 4-6 folioles alternes et oblongues, terminé en vrille rameuse, muni à sa base de 2 stipules : les pédoncules sont axillaires, à une ou rarement 2 ou 3 fleurs, longs de 4-5 centim , articulés un peu au-dessous de la fleur; celle-ci est purpurine : la gousse est oblongue, glabre, à 4-5 graines, renflée à la place de chaque graine, resserrée entre elles comme si elle étoit articulée. ☉. Cette plante croît à Nice ; en Languedoc; à Dax (Thore).

3985. Gesse cultivée.	*Lathyrus sativus.*

Lathyrus sativus. Linn. spec. 1030. Lam. Dict. 2. p. 705, *α.* — *Cicercula alata.* Mœnch. Meth. 163. —J. Bauh. 2. p. 306. f. 2.

Ses tiges sont hautes de 3-6 décim. , foibles, glabres et ailées ; ses feuilles sont composées de 2 ou rarement 4 folioles longues de 9 centim. au moins, larges de 6 ou 9 millim., pointues et nerveuses : les fleurs sont solitaires, axillaires, pédonculées et de couleur de rose, ou violette, ou quelquefois tout-à-fait blanche; les légumes sont ovales, larges, comprimés, glabres, chargés sur leur dos de 2 rebords ou espèces d'ailes longitudinales : les pédicelles sont axillaires, uniflores, articulés un peu au-dessous de la fleur, et munis à leur articulation de une ou 2 bractées aiguës à peine visibles ; ces pédicelles s'alongent après la fleuraison, et atteignent jusqu'à 4 centim. de longueur. ☉. Cette plante croît dans les champs et les lieux cultivés ; on la cultive dans les jardins potagers sous le nom de *gesse à large gousse*, de *geisses*, de *pois de brebis.*

3986. Gesse ciche.	*Lathyrus cicera.*

Lathyrus cicera. Linn. spec. 1030. — *Lathyrus sativus, β.* Lam. Dict. 2. p. 705. — *Cicercula anceps.* Mœnch. Meth. 163.

Elle diffère de la précédente par ses gousses fortement

sillonnées sur le dos , mais non prolongées en appendices membraneux ; par ses pédoncules , au moins de moitié plus courts , qui
ne s'alongent pas après la fleuraison , et dont l'articulation est
placée au-dessous du milieu du pédoncule ; sa fleur est de couleur rouge. ☉. Elle croît dans les champs du midi de la France ,
et jusqu'aux environs de Genève ; on la cultive comme fourrage
sous les noms de *gairouttes* à Montpellier , de *jarosse* en Anjou , de *pois breton* en Bas-Poitou.

5987. Gesse anguleuse.   *Lathyrus angulatus.*

Lathyrus angulatus. Linn. spec. 1031. Lam. Dict. 2. p. 705. —
Buxb. cent. 3. t. 42. f. 2.

La racine pousse 2 à 3 tiges droites , anguleuses , branchues
par la base , glabres ainsi que le reste de la plante , hautes
de 2-3 décim. ; les stipules sont étroites , pointues , aussi longues
que le pétiole , prolongées à la base en un appendice droit et
aigu ; le pétiole se prolonge en une vrille simple , et porte 2
folioles linéaires , longues de 6-7 centim. sur 5-6 millim. de
largeur , marquées de 5 à 7 nervures fines , longitudinales : les
fleurs sont rouges , assez petites , solitaires et axillaires ; leur
pédoncule atteint 4 centim. de longueur au temps de la maturité , et porte au-dessous de la fleur un filet droit aussi long
que le pédicelle même : la gousse est oblongue , comprimée ,
et contient 6 à 9 semences anguleuses. ☉. Elle croît dans les
bleds et les lieux stériles et incultes.

5988. Gesse sphérique.   *Lathyrus sphæricus.*

Lathyrus sphæricus. Retz. Obs. 3. p. 39. — *Lathyrus coccineus.*
All. Ped. n. 1222.— *Lathyrus axillaris.* Lam. Dict. 2. p. 706.
— *Lathyrus setifolius.* Gou. Hort. 368.

Cette espèce a le port et la plupart des caractères de la précédente ; elle en diffère par son pétiole , de moitié plus court ;
par son pédoncule , qui ne dépasse pas la longueur du pétiole ,
même à la maturité du fruit , et qui est chargé d'un filet long
d'un centim. au plus ; par sa fleur d'un rouge plus vif ; par sa
gousse nerveuse , bosselée dans les places où se trouvent les
semences ; enfin par ses graines sphériques. ☉. Elle croît dans
les champs secs et pierreux des environs de Turin; de la Provence ; du midi du Dauphiné ; à Caunelles et Montferrier près
Montpellier (Gou.); aux environs de Barrèges.

5989. Gesse à fines feuilles. *Lathyrus setifolius.*

> *Lathyrus setifolius.* Linn. spec. 1031. Lam. Dict. 2. p. 705. —
> J. Bauh. 2. p. 308. ic.
> β. *Lathyrus amphicarpos.* Gou. Hort. p. 363. non. Linn. —
> Sauv. Monsp. 192. n. 148. excl. syn.

Ses tiges sont foibles, couchées, anguleuses, glabres, simples ou peu rameuses, longues de 5-6 décim. : les stipules sont linéaires, prolongées à leur base en une oreillette aiguë ; le pétiole est très-court, se prolonge en une longue vrille trifurquée, et porte 2 folioles fines comme des cheveux, longues de 6 à 10 centim : les fleurs sont rouges, axillaires, solitaires, portées sur un pédicelle long de 5 centim., muni, un peu au-dessous de la fleur, d'une bractée à peine visible : les gousses sont courtes, ovales, un peu renflées, et ne renferment que 2 ou 3 graines sphériques. ⊙. Elle croît dans les lieux arides et stériles des provinces méridionales ; en Languedoc ; près Montpellier ; en Provence ; aux environs de Nice ; à Montélimart et dans le midi du Dauphiné (Vill.) ; en Auvergne (Delarb.); en Savoie entre Thonon et la Bonne-Ville, et dans le Chablais (All.). Quelquefois les pédoncules inférieurs, chargés de fruits, se dirigent vers la terre, et la gousse se trouve ensevelie ; dans cet état, cette plante a été faussement regardée comme étant le *lathyrus amphicarpos*, L.

5990. Gesse annuelle. *Lathyrus annuus.*

> *Lathyrus annuus.* Linn. spec. 1032. Lam. Dict. 2. p. 708. —
> *Lathyrus hispanicus.* Riv. Tetrap. 158. — *Lathyrus luteus.*
> Mœnch. Meth. 138.

Sa tige est longue de 5 décim. ou davantage, rameuse, glabre et un peu ailée ; ses vrilles sont rameuses ; ses feuilles sont composées de 2 folioles fort longues, pointues, un peu étroites, ensiformes et légèrement nerveuses : les stipules sont linéaires, et les fleurs sont assez petites et disposées 2 ensemble sur des pédoncules axillaires ; il leur succède des légumes comprimés et longs presque de 6 centim. ⊙. Cette plante croît dans les champs des provinces méridionales ; en Provence parmi les moissons (Gér.); auprès d'Arène, à Maguelone et à Lattes près Montpellier (Gou.); à Nions et dans le midi du Dauphiné ; au rocher de Murat près du Cantal en Auvergne. Sa racine porte de petits tubercules blanchâtres, semblables à ceux de l'ornithope.

5991. Gesse odorante.   *Lathyrus odoratus.*

Lathyrus odoratus. Linn. spec. 1032. Lam. Dict. 2. p. 707.

Herbe grimpante, à tige ailée ; à stipules en demi-fer de flèche ; à pétioles ailés, chargés de 2 folioles ovales, terminés en vrilles rameuses ; à fleurs grandes, odorantes, portées 2 ou 3 ensemble, sur des pédoncules alongés ; à gousses oblongues, hérissées de poils : on en cultive dans les jardins 2 variétés ; l'une qui a l'étendard violet ou purpurin, les ailes et la carène bleues, passe pour indigène de Sicile ; l'autre, qui a l'étendard rose, les ailes et la carène blanches, est regardée comme originaire de Ceylan ; cette dernière est plus spécialement connue sous le nom de *pois de senteur*, *pois musqué*. ☉.

5992. Gesse hérissée.   *Lathyrus hirsutus.*

Lathyrus hirsutus. Linn. spec. 1032. Lam. Dict. 2. p. 708. — J. Bauh. 2. p. 305, ic.

β. *Pedunculis unifloris.* — *Lathyrus hirtus.* Lam. Dict. 2. p. 706 ?

Sa tige est haute de 6 décim., ailée et rameuse ; ses feuilles sont composées de 2 folioles glabres, oblongues, un peu étroites et chargées d'une petite pointe à leur extrémité ; les fleurs sont petites et portées 2 ou 3 ensemble sur de longs pédoncules ; il leur succède des légumes comprimés, velus, longs de 3 centim. ou davantage, et qui contiennent 8 à 10 semences. Cette plante croit dans les lieux incultes, les champs. ☉. La variété β, qui a tous les pédoncules uniflores, a été trouvée en Provence, par M. Clarion. Le *lathyrus hirtus*, ne s'en distingue que par sa stature moins élevée, et par ses gousses plus courtes et qui ne renferment que 4 à 5 graines.

§. II. *Espèces vivaces ; pédoncules portant plus de trois fleurs.*

5993. Gesse tubéreuse.   *Lathyrus tuberosus.*

Lathyrus tuberosus. Linn. spec. 1033. Lam. Dict. 2. p. 709. — Lob. ic. 2. p. 70 f. 2.

Sa racine est composée de plusieurs tubérosités, attachées à des filets profonds et rampans ; elle pousse des tiges foibles, anguleuses, rameuses et hautes de 3 décim. ; les folioles des feuilles sont obtuses, presque point nerveuses, et chargées d'une très-petite pointe à leur sommet ; les fleurs sont de couleur de rose, et portées 5 ou 6 ensemble sur des pédoncules assez longs et axillaires. ♃. Cette plante croit sur le bord des champs. On mange les tubérosités de sa racine ; elle porte les noms de *anette*, *marcusson*.

3994. Gesse des prés.   *Lathyrus pratensis.*

Lathyrus pratensis. Linn. spec. 1033. Lam. Dict. 2. p. 709. — J.
Bauh. 2. p. 304. f. 2.

Ses tiges sont droites, très-grêles, anguleuses, un peu rameuses, et s'élèvent jusqu'à 5 décim.; ses feuilles sont composées de 2 folioles lancéolées, velues et chargées de 5 nervures
en dessous; les stipules sont sagittées et presque aussi grandes
que les folioles; les vrilles sont la plupart simples; les fleurs sont
jaunes, disposées depuis 2 jusqu'à 8 sur des pédoncules droits qui
les font paroître terminales; le fruit est un légume comprimé, long
de 2-3 centim., et chargé du style de la fleur, qui est persistant. ♃.
Cette plante croît dans les prés humides et les lieux couverts.

3995. Gesse sauvage.   *Lathyrus sylvestris.*

Lathyrus sylvestris. Linn. spec. 1033. Fl. dan. t. 325. Lam. Dict.
2. p. 710. — Lob. ic. 2. p. 68. f. 2.

Sa tige est longue de 6 à 9 décim., ailée, rameuse, et un
peu grimpante; les folioles des feuilles sont longues, lancéolées,
étroites, pointues et nerveuses; les vrilles qui terminent leur
pétiole commun sont rameuses ou trifides; les fleurs sont assez
grandes, fort belles, de couleur de rose ou purpurine, et disposées 4 ou 5 ensemble sur de longs pédoncules axillaires; leurs
gousses sont glabres, inclinées. ♃. On trouve cette plante dans
les bois et les prés montagneux.

3996. Gesse à large feuille.   *Lathyrus latifolius.*

Lathyrus latifolius. Linn. spec. 1033. Lam. Dict. 2. p. 710. —
Cam. Epit. 712. ic.

Ses tiges sont longues de 1 mètre, ailées, glabres et rameuses; ses feuilles sont composées de 2 folioles ovales, larges,
nerveuses en dessous, et chargées d'une petite pointe à leur
sommet, qui est obtus et quelquefois échancré; les stipules
ont leur partie supérieure ovale-lancéolée et un peu nerveuse;
les fleurs sont grandes, fort belles, couleur de rose, et forment
des grappes très-garnies, soutenues par de longs pédoncules. ♃.
Cette plante croît sur le bord des vignes et dans les prés couverts
des provinces méridionales.

3997. Gesse à feuilles va-   *Lathyrus heterophyllus.*
riables.

Lathyrus heterophyllus. Linn. spec. 1034. Lam. Dict. 2. p. 710.
— J. Bauh. 2. p. 304. f. 1.

Sa tige est droite, ferme, ailée; ses stipules sont ovales-lancéolées , acérées , prolongées à leur base en un appendice étroit et aigu ; le pétiole est ailé jusqu'à la première paire de feuilles , nu dans le reste de sa longueur , et se termine par une vrille simple ou rameuse; il porte de 2 à 4 folioles oblongues , alongées , à 5 nervures glabres , terminées par une petite pointe ; quelquefois l'une des folioles de la paire supérieure se change en vrille simple ; les pédoncules portent 6 à 8 fleurs grandes , purpurines ; les gousses sont glabres , comprimées. ♃. Elle croît dans les prairies pierreuses , entre Termignon et Entre-les-Eaux , et dans les lieux ombragés près Lucerame (All.); le long des haies et des bois , à Nions et Montélimart (Vill.); en Provence (Gér.); aux environs de Montpellier et de Narbonne (J. Bauh.); dans les montagnes de Lyon (Latour.) ; à Dax (Thor.).

5998. Gesse des marais.   *Lathyrus palustris.*

Lathyrus palustris. Linn. spec. 1034. Lam. Dict. 2. p. 710. Fl. dan. t. 399. — Pluk. t. 71. f. 2.

Cette plante a le port d'un orobe ; sa tige est ailée , un peu foible , et s'elève jusqu'à 5 décim. ; ses stipules sont aiguës , en forme de demi-fer de flêche ; ses feuilles sont composées de 4-6 folioles alongées , lancéolées , portées sur un pétiole commun qui se termine en une vrille rameuse ; les pédoncules sont axillaires , longs de 9 à 12 centim. tout au plus , et chargés de 5 à 6 fleurs bleuâtres. ♃. Cette plante croît dans les prés humides et marécageux.

D C X C V. POIS.   *P I S U M.*

Pisum. Tourn. — *Pisi sp.* Linn. Juss. Lam. Gœrtn.

Car. Ce genre diffère du précédent par son style triangulaire , creusé inférieurement en forme de carène ; son stigmate est velu ; sa gousse oblongue , à plusieurs graines ; celles-ci sont globuleuses et ont l'ombilic arrondi.

Obs. Les pois se distinguent sur-tout des gesses , par leurs stipules très-grandes et dont la base est arrondie.

5999. Pois cultivé.   *Pisum sativum.*

Pisum sativum. Linn. spec. 1026. Lam. Illustr. t. 633.

α. *Cortice eduli.* Tourn. inst. 394.

β. *Cortice duriore.* Lob. ic. 2. p. 65. f. 2.

γ. *Caule nano.* — *Pisum humile.* Mill. Dict. n. 2.

δ. *Pedunculis subcorymbosis.* — *Pisum umbellatum.* Mill. Dict. n. 3.

Le pois est si généralement répandu dans les jardins , qu'il

est inutile d'en donner une longue description ; on sait qu'il
diffère des autres espèces du même genre par sa racine annuelle ,
non rampante ; par ses pétioles à-peu-près cylindriques ; par ses
stipules grandes , arrondies à la base , crénelées en leur contour ; par ses folioles entières ; et par ses pédoncules chargés
de plusieurs fleurs. ☉. Cette plante n'est peut-être qu'une
variété du pois des champs , produite par la culture ; on la
regarde comme indigène d'Europe , sans pouvoir indiquer sa
patrie avec précision. La variété α , connue sous les noms de
pois goulu , *pois gourmand* , *pois mangetout* , *pois sans parchemin* , a la gousse tendre , charnue , et bonne à manger ;
la variété β , ou le *pois commun* , a la gousse dure et coriace
dès sa naissance , et ses graines seules peuvent servir d'aliment :
on en distingue plusieurs sous-variétés ; la variété γ , ou le
pois nain , a la tige naine , non grimpante , les grains comme
tronqués à leur base , et les folioles plus arrondies ; la variété δ ,
qu'on nomme *pois à bouquet* , a les fleurs nombreuses , disposées en corimbe , et se cultive pour l'ornement.

4000. Pois des champs.　　　*Pisum arvense.*

Pisum arvense. Linn. spec. 1027. — *Pisum sativum* , ι. Poir.
Dict. 5. p. 456. — *Lathyrus oleraceus* . β. Lam. Fl. fr. 2. p.
580. — *Pisum uniflorum.* Mœnch. Meth. 160. — J. Bauh. 2.
p. 297. f. 2.

Cette espèce diffère du pois cultivé parce qu'elle est plus
petite dans toutes ses parties , que ses pédicelles ne portent
qu'une seule fleur blanche ; que ses folioles sont presque toujours crénelées. ☉. On la trouve dans les champs , à Fontainebleau ; à Strasbourg (J. Bauh.) ; en Auvergne (Delarb.) : elle
est cultivée sous les noms de *pisaille* ou *pois de pigeon ;* on
l'emploie comme fourrage , et sa graine sert à la nourriture de
la volaille.

4001. Pois maritime.　　　*Pisum maritimum.*

Pisum maritimum. Linn. spec. 1027. Fl. dan. t. 338. — Moris.
s. 2. t. 1. f. 5.

Sa racine est longue , profonde , rampante , vivace ; ses
tiges sont étalées , peu rameuses , flexueuses , glabres , anguleuses ; ses stipules ont la forme de fer de flèche , et sont dentées à leur base ; les pétioles sont applatis en dessus , terminés
en vrille , chargés de 6-10 folioles elliptiques entières ; les
pédoncules portent 8-10 fleurs pendantes , disposées en grappe ;

leur étendard est purpurin; les ailes et la carène sont d'un bleu
rougeâtre; les gousses sont lisses, comprimées, et renferment
6-8 graines ♃. Il croît dans les lieux pierreux et maritimes;
en Belgique; à la pointe du Hourdel, près l'embouchure de
la Somme; à Nice (All.).

D C X C V I. O R O B E.   *O R O B U S.*

Orobus. Tourn. Linn. Juss. Lam. Gœrtn.

Car. Le calice et la corolle sont comme dans les gesses;
le style est grêle, linéaire, velu à son sommet; la gousse est
oblongue, presque cylindrique, à plusieurs graines dont l'ombilic est quelquefois linéaire.

Obs. Les tiges sont droites, herbacées; les stipules en demi-
fer de flèche; les pétioles se terminent par un filet court,
simple et portent ordinairement de 1 à 3 paires de folioles.

4002. Orobe des bois.   *Orobus sylvaticus.*

Orobus sylvaticus. Linn. spec. 1029. Lightf. Scot. t. 16. Lam.
Dict. 4. p. 627. — *Vicia cassubica.* Fl. dan. t. 98. ex Smith.

Ses tiges sont longues de 2-5 décimètres, couchées, rameuses, très-velues à leur base et presque glabres vers le
sommet; ses feuilles sont composées de 14 à 20 folioles ovales-
oblongues, assez petites, un peu velues et toutes serrées les
unes contre les autres; ces folioles vont en diminuant de grandeur vers le sommet des feuilles; les pédoncules sont axillaires, presque aussi longs que les feuilles, et soutiennent
chacun 6 à 12 fleurs purpurines ou bleuâtres. ♃. Cette plante
a été trouvée au Mont-d'Or par M. Lamarck; au Puy-de-Dôme
et au Cantal (Delarb.); dans le Bellcy et le Bugey (Latour.);
dans les Pyrénées, à la vallée de Gavarny, par M. Ramond;
je l'ai reçue des environs de Sorrèze.

4003. Orobe noirâtre.   *Orobus niger.*

Orobus niger. Linn. spec. 1028. Lam. Dict. 4. p. 625. — Clus.
Hist. 2. p. 230. f. 2.

Ses tiges sont hautes de 5 décim., assez fermes, anguleuses
et rameuses; les folioles de ses feuilles sont petites, au nombre
de 8-12, ovales, pointues et d'un verd un peu glauque; les pédoncules sont axillaires, longs de 9 centim., et soutiennent 4 à
8 fleurs purpurines ou bleuâtres : toute la plante noircit en se séchant. ♃. On la trouve dans les bois et sur le bord des vignes; à

Salève , et au bois de la Batie près Genève ; dans les montagnes du Jura ; à Serrèze ; dans les Pyrénées ; en Flandre ; etc.

4004. Orobe jaune.   *Orobus luteus.*

Orobus luteus. Linn. spec. 1028. Lam. Dict. 4. p. 625. — J. Bauh. 2. p. 343. f. 1.

Sa tige est haute de 6 décim. , droite , anguleuse , striée , glabre , quelquefois simple , mais plus souvent rameuse : ses stipules sont grandes, dentées à la base, en forme de demi fer de flèche ; ses feuilles sont composées de 6 à 10 folioles lancéolées, glabres , vertes en dessus et d'une couleur glauque en dessous : les pédoncules sont longs , nus , striés et soutiennent 5 à 10 fleurs jaunâtres , remarquables par leur grandeur : le calice et même les jeunes pousses portent quelques poils épars. Quelquefois les pétioles , au lieu de se terminer par un filet , portent une foliole terminale impaire. ♃. Il croît dans les prairies et les bois des montagnes ; dans les Pyrénées (Lin.) ; dans le Jura ; au Mont-Thoiry près Genève (J. Bauh.) ; à la grande Chartreuse et à Allevard , en Dauphiné (Vill.) ; en Provence (Gér.) ; à Pralugnan , Vinadio , Saint-Martin de Maurienne , et la Vanoise (All.) ; au Mont-d'Or et au Cantal (Delarb.) ; à Nantes (Bon.) ; dans les Pyénées , au bois de Bagnères , le long des cascades de Tramesaignes , dans le Tourmalet.

4005. Orobe printannier.   *Orobus vernus.*

Orobus vernus. Linn. spec. 1028. Lam. Dict. 4. p. 626. — Clus. Hist. 2. p. 230. f. 1.

Sa racine est rampante , non tubéreuse : ses tiges sont hautes de 5 décim. , foibles , lisses et anguleuses : ses feuilles sont composées de 4 ou 6 folioles fort grandes , ovales , pointues et très-glabres : les stipules sont grandes , entières , en demi-fer de flèche : les fleurs sont bleuâtres ou purpurines , assez belles , et disposées 4 à 8 ensemble sur des pédoncules presque aussi longs que les feuilles. ♃. Cette plante croit dans les bois des provinces méridionales : elle fleurit de bonne heure.

4006. Orobe tubéreux.   *Orobus tuberosus.*

Orobus tuberosus. Linn. spec. 1028. Lam. Dict. 4. p. 626. — J. Bauh. 2. p 334. f. 1. malé.

β. *Orobus tenuifolius.* Roth. Germ. 1. 305.

Sa racine est tubéreuse , garnie de beaucoup de filamens fibreux , et pousse quelques tiges grêles , médiocrement feuillées , bordées d'ailes courantes fort étroites, et qui s'élèvent quelquefois un peu au-delà de 3 décim. : les folioles de ses feuilles sont alongées, pointues, moins larges que celles de l'espèce précédente, vertes en dessus, et d'une couleur glauque ou blanchâtre en dessous ; elles sont rarement au nombre de 6 sur chaque feuille : les fleurs sont d'un rose pourpre et disposées 2 à 4 ensemble sur chaque pédoncule : il leur succède des légumes longs de 4 centim., et d'un rouge noirâtre. ♃. Cette plante est commune dans les bois et les lieux couverts. La variété β a les feuilles linéaires et la tige ailée, seulement vers le haut.

4007. Orobe grèle.　　　*Orobus filiformis.*

Orobus filiformis. Lam. Fl. fr. 2. p. 568. — *Orobus canescens.* Linn. F. suppl. 327. — *Orobus angustifolius,* β. Linn. Syst. ed. 13. p. 550. — *Orobus angustifolius.* Vill. Dauph. 3. p. 435. — *Orobus vicioides.* Vill. Prosp. 41. — J. Bauh. 2. p. 326. f. 1.

Sa racine est fibreuse ; sa tige est haute de 12 à 15 centim., filiforme, anguleuse et un peu rameuse : ses feuilles sont composées de 4 folioles très-étroites, pointues et nerveuses en dessous. le pétiole est court, terminé par un filet ; les stipules sont en alène, entières, plus longues que le pétiole ; les fleurs, au nombre de 4 ou 5, sont disposées sur un seul pédoncule redressé, et dont la hauteur excède le sommet de la tige : la corolle est d'un blanc mêlé de bleu, et le fruit est un légume un peu comprimé. ♃. Il croît dans les lieux stériles et herbeux : dans la Provence méridionale ; dans les montagnes de Nice, près Molinetto ; à Lemps et au Bluys, près du Buis, en Dauphiné (Vill.) : dans le Jura, près Champagnole (J. Bauh.) : à l'Héris et au Mont-Sacou, dans les Pyrénées.

4008. Orobe blanchâtre.　　　*Orobus albus.*

Orobus albus. Linn. suppl. 327. Vill. Dauph. 3. p 426. — *Orobus asphodeloides.* Gou. Illustr. 48 ? — *Orobus pannonicus.* Jacq. Fl. austr. t. 39. — *Orobus austriacus.* Crantz. Austr. t. 1. f. 1. — J. Bauh. 2. p. 326. f. 2.

Sa tige est droite, peu anguleuse, simple, haute de 3 décimètres, glabre, ainsi que le reste de la plante ; ses stipules sont lancéolées - linéaires, beaucoup plus courtes que le pétiole, prolongées à leur base en une oreillette aiguë ; le pétiole est un peu ailé, terminé par un filet simple, foliacé, et porte 2 paires de folioles linéaires, longues de 5-6 centim., dressées et serrées contre la tige : les pédoncules sont 2 fois plus longs

que les feuilles , chargés de 6 à 8 fleurs d'un blanc un peu jaunâtre , de la grandeur de celles de l'orobe printannier. ♃. Elle
croît dans les prés et le long des chemins ; à Rosans , à Belle-
combe , à Gap et aux Baux en Dauphiné (Vill.); dans les Cévennes entre Campestre et la forêt de Salbous (Gou.)?

4009. Orobe des rochers.   *Orobus ? saxatilis.*

Orobus saxatilis. Vent. hort. Cels. n. 94. t. 94.

Une racine grèle et annuelle pousse 4 ou 5 tiges longues de
10–15 centim. , menues, simples , glabres ainsi que toute la
plante ; les stipules sont petites , pointues , en demi-fer de flèche ;
le pétiole se termine par un filet très-court , et porte 2 paires
de folioles linéaires , pointues , longues de 2 centim. : les folioles des feuilles inférieures sont souvent au nombre de 2 , et
terminées par 3 dents : les pédoncules sont axillaires , égaux
au pétiole , terminés par une seule fleur , munis, un peu au-
dessous d'elle , d'une très-petite bractée : le calice est à 5 dents
presque égales ; la corolle est petite , d'un bleu tendre en dehors,
blanchâtre en dedans ; le style est filiforme , un peu dilaté vers
le sommet, pubescent du côté supérieur : la gousse est oblongue,
glabre , à-peu-près cylindrique , et renferme 4 à 6 graines
sphériques. ☉. Cette plante a été découverte par M. Gérard
sur les collines arides et pierreuses du département du Var.

DCXCVII. VESCE.   *VICIA.*

Vicia. Tourn. Juss. — *Viciæ sp.* Linn. Lam. Gœrtn. — *Vicia et
Vicioides.* Mœnch.

Car. Le calice est tubuleux , à 5 dents ou à 5 lanières , dont
deux supérieures plus courtes ; le style est filiforme , et forme
un angle droit avec l'ovaire ; il est velu supérieurement et en
dessous vers le sommet ; la gousse est oblongue , à plusieurs
graines , dont l'ombilic est latéral , ovale ou linéaire.

Obs. Herbes à tige droite ou grimpante , à stipules petites , à
pétioles terminés en vrilles rameuses et chargés de folioles nombreuses.

§. Ier. *Fleurs portées sur un pédoncule alongé.*

4010. Vesce à feuilles de pois.   *Vicia pisiformis.*

Vicia pisiformis. Linn. spec. 1034. Jacq. Austr. t. 364. Lam. Ill.
fr. 2. p. 561. — Clus. Hist. 2. p. 229. f. 1.

Sa tige est haute de 6 décim. , glabre , striée et rameuse ;

ses feuilles sont composées de 8 folioles ovales , un peu en
cœur , fort grandes, tout-à-fait glabres et nerveuses : les 2 folioles inférieures sont très-voisines de la tige, et quelquefois
serrées contre elle : les fleurs sont assez petites, nombreuses,
d'un blanc jaunâtre, disposées en grappe, portées sur un pédoncule un peu plus court que les feuilles : les gousses sont
oblongues , comprimées , glabres. ⚥. Cette plante a été observée dans les bois des Maures en Provence (Gér.); dans
ceux des collines voisines de Turin (All.); dans le Valais près
Fouly (Schleich.); à Beauregard en Bourgogne (Dur.); entre
Steinbach et le Donnersberg dans le Palatinat (Poll.); auprès
de Colmar en Alsace, par M. Nestler.

4011. Vesce des buissons. *Vicia dumetorum.*

Vicia dumetorum. Linn. spec. 1035. Lam. Fl. fr. 2. p. 562. —
Vicia patula. Mœnch. Meth. 147. — J. Bauh. 2. p. 316. f. 2.

La plante est entièrement glabre ; sa tige est anguleuse,
branchue, grimpante, longue d'un mètre et plus; les stipules
sont souvent inégales , lancéolées , rétrécies à la base, bordées
d'une ou 2 dents aiguës , peu profondes; les pétioles se terminent en vrille rameuse, et portent 8 folioles ovales-lancéolées ,
terminées par une petite arête : les pédoncules sont plus longs
que les feuilles , chargés d'une dixaine de fleurs disposées en
grappe, violettes ou rarement blanches ; leur calice est tubuleux , glabre , à 5 dents larges , courtes , membraneuses et
blanchâtres sur les bords ; l'étendard est oblong ; la gousse
est glabre, oblongue, comprimée, terminée en pointe droite.
⚥. Elle croît parmi les buissons et dans les forêts des pays de
montagnes.

4012. Vesce des bois. *Vicia sylvatica.*

Vicia sylvatica. Linn. spec. 1035. Lam. Fl. fr. 2. p. 561. —
Vicioides sylvatica. Mœnch. Meth. 134. — Hall. Helv. n. 426.
t. 12. f. 2.

Elle est glabre, et a le port de la précédente; sa tige est
grimpante , anguleuse, branchue, longue d'un mètre et plus;
ses stipules sont profondément découpées en dents aiguës et
nombreuses; ses pétioles se terminent en vrilles rameuses, et
portent 10 à 12 folioles elliptiques ou oblongues , obtuses,
terminées par une petite arête ; les pédoncules sont un peu
plus longs que les feuilles , et portent 5 à 10 fleurs disposées
en grappe , mélangées de bleu et de blanc; le calice est

obliquement tronqué , à 5 dents écartées , fines , aiguës , inégales : l'étendard est rayé , élargi vers le sommet ; les gousses sont glabres , oblongues , comprimées , terminées en pointe ascendante. ♃. Elle croît dans les bois des montagnes.

4013. Vesce de Gérard.   *Vicia Gerardi.*

Vicia Gerardi. Jacq. Austr. t. 229. — *Vicia cassubica.* Linn.
spec. 1035. ex Wild. spec. 3. p. 1096. — *Vicia incana.* Vill.
Dauph. 3. p. 449. — *Vicia multiflora ,* β. Lam. Fl. fr. 2. p.
560. — Ger. Gallopr. 497. n. 5. t. 19.
β. *Vicia multiflora.* Poll. Pal. n. 683.

Cette plante diffère de la vesce cracca , parce qu'elle est toujours plus velue , que ses pédoncules sont plus courts que les feuilles , et que ses fleurs sont d'un tiers plus petites. La variété α est blanchâtre, couverte de poils nombreux , soyeux ; ses stipules sont assez larges , en forme de demi-fer de flèche , entières sur les bords. La variété β est beaucoup moins velue , et a les stipules plus étroites. ♃. Cette plante croît dans les prairies des montagnes en Languedoc , en Provence , en Dauphiné , en Piémont , dans le Palatinat ; la variété β croît dans les prés de la plaine.

4014. Vesce cracca.   *Vicia cracca.*

Vicia cracca. Linn. spec. 1035. — *Vicia multiflora , a.* Lam. Fl.
fr. 2. p. 560. — Riv. Tetrap. t. 50.

Sa tige est haute de 5-6 décim. , striée , un peu velue , foible et très-rameuse ; ses feuilles sont composées de 16 à 20 folioles linéaires , peu distantes , velues et presque blanchâtres ou soyeuses ; les fleurs sont assez petites , d'un pourpre violet ou bleuâtre , et disposées souvent au-delà de 20 sur chaque grappe ; il leur succède des légumes courts qui contiennent 6 à 8 semences : le calice est à 5 dents aiguës , placées du côté inférieur ; la partie supérieure est entière , tronquée. ♃. Cette plante croît dans les lieux incultes , les champs. Les plantes décrites par M. Thuillier sous les noms de *vicia dumetorum , vicia incana , et vicia nissoliana ,* me paroissent de légères variétés du cracca.

4015. Vesce fausse-esparcette.*Vicia onobrychioides.*

Vicia onobrychioides. Linn. spec. 1036. All. Ped. n. 1198. t.
42. f. 1.

Elle ressemble par le port aux deux précédentes ; sa tige est anguleuse , branchue ; ses stipules sont lancéolées , dentées ,

prolongées à la base en un appendice linéaire ; le pétiole porte
12 à 16 folioles alternes, linéaires, à-peu-près glabres, obtuses ,
terminées par une arête saillante, longues de 5 centim. sur 2-5
millim. de largeur ; les pédoncules sont deux fois plus longs
que les feuilles ; les fleurs sont écartées, disposées en grappe ,
purpurines, remarquables par leur grandeur , qui dépasse 2
centim. : le calice a ses lanières un peu velues ; la gousse est
comprimée, large, glabre. ☉. Elle croît dans les prés et les
champs des montagnes ; dans les champs du Valais près Fouly ,
Branson (Hall.) ; au mont Genèvre ; dans les Alpes de Tende,
de Rifredo , de Serre-la-Guarde en Piémont (All.) ; dans l'Oysans, le Champsaur, les environs de Gap et de Briançon (Vill.) ;
le long des routes dans les basses Alpes de Provence (Gér.) ;
à Lattes et Monteils près Montpellier (Gou.).

4016. Vesce pourpre-noir.   *Vicia atro-purpurea.*

Vicia atro-purpurea. Desf. Fl. atl. 2. p. 164. — *Vicia incana.*
Lam. Fl. fr. 2. p. 560. excl. syn. Linn. — Ger. Gallopr. 498.
n. 7. excl. syn. Linn. et Herm. — Tourn. Inst. p. 397. excl.
syn. Herm.

Toute la plante est velue ; sa tige est tétragone, striée, haute
de 6 décim. ; ses stipules sont ovales, découpées en dents linéaires-lancéolées ; le pétiole est anguleux, terminé en vrille
rameuse, chargé de 12-18 folioles oblongues-lancéolées, obtuses, terminées par une petite arête ; les pédoncules sont un
peu plus courts que les feuilles, et portent 10-15 fleurs disposées en grappe, dirigées d'un seul côté ; leur calice est à 5 lanières fines, aiguës et hérissées ; la corolle est d'un pourpre
noirâtre , glabre, longue de 2 centim. : les gousses sont pendantes, oblongues, comprimées, très-velues. ☉ , Desf. , Gér.
♃ , Tourn. Elle croît dans les isles d'Hyères , et notamment,
selon Garidel, dans celle de Porqueyrolle.

4017. Vesce à une fleur.   *Vicia monantha.*

Vicia monanthos. Desf. Atl. 2. p. 165. non Retz. — *Ervum
monanthos.* Linn. spec. 1040. — *Lathyrus monanthos.* Wild.
spec. 3. p. 1080. — *Lens monantha.* Mœnch. Meth. 131.

La plante est glabre dans toutes ses parties ; sa tige est anguleuse, rameuse par la base, haute de 3-6 décim. ; les stipules sont petites, linéaires, aiguës , munies à leur base d'une
oreillette étroite et acérée ; le pétiole se termine en vrille rameuse, et porte 6 à 12 folioles linéaires, obtuses, échancrées

ou

ou terminées par une petite arète ; les pédoncules sont axillaires, plus courts que la feuille, chargés d'une ou 2 fleurs purpurines assez semblables à celles de la vesce cracca : le calice
est à 5 dents, dont les inférieures, qui sont les plus longues,
n'atteignent pas le tiers de la corolle : le stigmate est barbu au
sommet : la gousse est pendante, glabre, ovale-oblongue, pointue, comprimée, et renferme de 2 à 5 graines. ⊙. Elle croit
aux environs de Nice.

4018. Vesce ers.   *Vicia ervilia.*

Vicia ervilia. Wild. spec. 3. p. 1103. — *Ervum ervilia.* Linn.
spec. 1040. Lam. Dict. 2. p. 389. — *Ervum plicatum.* Mœnch.
Meth. 147. — Cam. Epit. 215. ic.

Ses tiges sont foibles, très-rameuses, et s'élèvent un peu
au-delà de 3 décim. ; ses feuilles sont ailées, à 12-16 folioles
étroites et obtuses ; leur pétiole se termine par un filet simple
très-court ; les pédoncules sont axillaires, plus courts que les
feuilles, et chargés d'une couple de fleurs pendantes et blanchâtres, ou légèrement rayées de violet : les légumes sont
articulés, et contiennent 3 ou 4 semences arrondies et anguleuses. ⊙. Cette plante croit dans les champs. La farine des
semences est résolutive et maturative. On la nomme *ers* ou
alliez.

§. II. *Fleurs presque sessiles à l'aisselle des feuilles.*

4019. Vesce cultivée.   *Vicia sativa.*

Vicia sativa. Linn. spec. 1037. Smith. Fl. brit. 769. Lam. Fl.
fr. 2. p. 564. — J. Bauh. 2. p. 310. f. 2.
β. *Vicia angustifolia.* All. Ped. t. 59. f. 2. Roth. Germ. I. 310.
— *Vicia sativa.* Scop. Carn. n. 895.
γ. *Vicia segetalis.* Thuil. Fl. paris. II. 1. p. 367.
δ. *Vicia peregrina.* Linn. spec. 1038. — Pluk. t. 233. f. 6.

Rien n'est plus variable que le port de cette plante, et la
forme de ses folioles ; elle est plus ou moins pubescente ; sa
tige est couchée ou grimpante lorsqu'elle est grande, et se
soutient d'elle-même lorsqu'elle reste petite ; ses stipules sont
en demi-fer de flèche, dentées sur les bords, marquées d'une
tache enfoncée communément noirâtre ; le pétiole se termine
par une vrille ordinairement rameuse, et porte 5 à 6 paires de
folioles ovales, oblongues ou linéaires, presque toujours terminées par une petite arète, pointues, tronquées ou échancrées

au sommet : les fleurs naissent solitaires ou géminées, presque sessiles à l'aisselle des feuilles ; leur couleur est d'un pourpre assez vif ; il leur succède des gousses comprimées, brunâtres, garnies de petits poils, au moins dans leur jeunesse ; elles renferment plusieurs graines légèrement comprimées, parfaitement lisses et non tuberculeuses ni chagrinées comme dans l'espèce suivante. ☉. Cette plante se trouve dans les champs ; on la cultive pour la nourriture des bestiaux.

4020. Vesce fausse-gesse.   *Vicia lathyroides.*

Vicia lathyroides. Linn. spec. 1037. Smith. Fl. brit. 771. Lam. Fl. fr. 2. p. 565. — *Ervum soloniense.* Linn. spec. 1040. Lam. Illustr. t. 634 f. 2.

Elle diffère de la précédente, parce qu'elle est en général plus petite dans toutes ses parties, que ses stipules sont entières, non tachées, ses gousses glabres dès leur naissance, et que ses graines sont chagrinées de petits points tuberculeux ; ses tiges sont menues, filiformes, très-foibles, rarement droites et longues de 18-24 centim. ; les pétioles des feuilles inférieures ne soutiennent très-souvent que 2 folioles ovales et légèrement velues : les autres feuilles sont composées de 4 ou 6 folioles un peu étroites et pointues ; le pétiole commun se termine par une vrille non rameuse : les fleurs sont petites et de couleur purpurine ou violette. ☉. Cette plante croît dans les lieux couverts et sablonneux.

4021. Vesce à double fruit.   *Vicia amphicarpa.*

Vicia amphicarpa. Dorth. Journ. Phys. 35. p. 131. Ger. Mag. Enc. an. 6. vol. 3. p. 344. ic. — Tourn. Inst p. 397. n. 19.

Cette plante est entièrement glabre, longue de 1-2 décim. ; sa racine, qui est fibreuse, profonde, donne naissance à plusieurs tiges grèles, branchues par la base ; les stipules sont aiguës, vertes, en forme de demi-fer de flèche ; le pétiole se termine par une vrille simple, et porte de 2 à 6 folioles en forme de coin dans le bas de la plante, linéaires dans le haut, tantôt échancrées au sommet, tantôt terminées par une petite arête : les fleurs sont purpurines, de la grandeur de celles de la vesce cultivée, solitaires et sessiles aux aisselles supérieures : le calice est à 5 lanières linéaires-lancéolées, égales entre elles : les gousses sont oblongues, pointues, garnies de petits poils courts, et renferment 5 à 6 graines sphériques ; outre ce fruit, on trouve le long des racines qui naissent du collet, et vers leur extrémité, d'autres gousses étiolées, blanches, ovales, terminées par une petite pointe ; ces gousses ont été précédées par une fleur dépourvue de corolle et d'étamines, et renferment une à 2 graines fertiles, qui mûrissent peu après le fruit placé vers le haut de la plante. Comment ces fruits ont-ils été fécondés ? Les filamens blanchâtres qui les portent ne sont-ils pas plutôt des rameaux inférieurs cachés sous terre ? ☉. Cette singulière plante croît en Provence ; à Montpellier (Gér.).

4022. Vesce des Pyrénées.   *Vicia Pyrenaica.*

Vicia Pyrenaica. Pourr. act. Toul. 3. p. 333. — *Vicia talpa.* Ramond. Pyr. ined.—J. Bauh. hist. 2. p. 323. f. 1. 2? (1).

Ses racines sont longues, tortueuses, traçantes, munies de quelques petits tubercules oblongs ; ses tiges sont nombreuses, longues de 1-2 décim., anguleuses, ascendantes, glabres, ainsi que le reste de la plante : les stipules sont tachées, en forme de demi-fer de flèche, entières ou à peine dentées ; le pétiole se termine en vrille courte, simple ou rameuse, et porte de 3 à 6 paires de folioles, en forme de coin ou ovales, rétrécies à la base, très-obtuses vers les bords supérieurs, terminées par une pointe alongée et très-saillante ; les fleurs sont grandes, purpurines, solitaires et sessiles à l'aisselle des feuilles supérieures ; leur calice est tubuleux, à 5 dents lancéolées-linéaires, presque égales ; l'étendard est large, arrondi : la gousse est glabre, oblongue, pointue ; les graines sont lisses, brunes, un peu comprimées. ☉. Cette plante croît dans les prairies des Pyrénées.

---

(1) La plante décrite et figurée par J. Bauhin sous le nom de *arachidna aut potius, aracoides Honorii Belli*, vol. 2. p. 323. f. 1 et 2, et rapportée mal-à-propos au *lathyrus amphicarpos*, Linn., représente très-bien le port, le feuillage et la position des fruits de notre plante ; mais la figure de Bauhin indique des gousses souterraines tenant à la racine, ce qui pourroit faire penser qu'elle appartient à l'espèce précédente ; mais il faut observer que J. Bauhin doute lui-même si les fruits souterrains, qu'il n'a pas vus, appartiennent à la plante qu'il avoit sous les yeux ; que les tubercules de la racine de notre plante, exagérés par un mauvais peintre, pourroient bien avoir causé l'erreur ; qu'enfin, ces tubercules eux-mêmes sont peut-être des légumes avortés ?

4023. Vesce jaune.   *Vicia lutea.*

Vicia lutea. Linn. spec. 1037. Lam. Fl. fr. 2. p. 563. var. α. — *Vicioides lutea.* Mœnch. Meth. 136. — Moris. s. 2. t. 21. f. 5.

Ses tiges sont striées, rameuses, légèrement velues, un peu foibles, et s'élèvent à peine jusqu'à 5 décim.; ses stipules sont entières, tachées; ses feuilles sont composées de 8 ou 10 folioles oblongues, larges de 6 millim., un peu velues, obtuses, et comme tronquées à leur sommet, qui est chargé d'une petite pointe : les fleurs sont axillaires, solitaires, presque sessiles, et longues de 2 centim.; leur calice est glabre, à 5 lanières fines, dont les supérieures courtes et un peu ascendantes, et les inférieures très-longues; la corolle est jaune dans la plupart des individus; son étendard est rougeâtre dans une variété; l'étendard est glabre : la gousse comprimée, hérissée de poils dont la base est tuberculeuse. ☉. Elle croît parmi les pierres, le long des champs et des routes, et dans les moissons, à Paris, à Genève, à Sorrèze, en Provence, et dans presque toute la France.

4024. Vesce hybride.   *Vicia hybrida.*

Vicia hybrida. Linn. spec. 1037. Jacq. Austr. t. 146. — *Vicia lutea,* β. Lam. Fl. fr. 2. p. 563. —*Vicioides hybrida.* Mœnch. Meth. 136.

Cette plante a le port de la vesce jaune, mais elle est plus ferme, plus droite et plus longue; ses folioles sont plus larges et plus décidément échancrées au sommet; ses stipules sont entières, non tachées de noir; ses fleurs sont d'un jaune citrin, souvent rayées de rouge, et remarquables par leur étendard velu en dehors. ☉. Elle croît le long des champs dans les terreins maigres en Piémont (All.); près de Montélimart? (Vill); dans la partie du Dauphiné voisine de Lyon (Latourr.); aux environs de Montpellier (Gou.), de Montauban (Gat.); de Paris (Thuil.); aux bords de l'Orne près Caen (Rouss.).

4025. Vesce des haies.   *Vicia sepium.*

Vicia sepium. Linn. spec. 1038. Lam. Fl. fr. 2. p. 564. — *Vicioides sepium.* Mœnch. Meth. 136. —J. Bauh. 2. p. 313. f. 2.

Sa tige est haute de 6–10 décim., rameuse, anguleuse, presque ailée et un peu velue; ses feuilles sont composées de 10 à 12 folioles ovales, larges de plus de 6 millim., et légèrement

velues, sur-tout en leurs nervures et en leur bord ; elles vont
un peu en diminuant vers leur sommet, qui est obtus, mais
chargé d'une petite pointe ; les pédoncules sont axillaires, extrêmement courts, et portent 3 ou 4 fleurs d'un pourpre obscur et bleuâtre ; les calices sont hérissés de poils ; les légumes
sont courts, noirâtres, droits, glabres et contiennent 5 ou 6
semences globuleuses, ordinairement tachées. ♃. Elle croît dans
les haies, les bois et les lieux couverts.

4026. Vesce de Narbonne. *Vicia Narbonensis.*

> *Vicia Narbonensis.* Linn. spec. 1038. Lam. Fl. fr. 2. p. 565. —
> *Vicia serratifolia.* Jacq. Austr. app. t. 8.
> β. *Hortensis.* — *Vicia Narbonensis.* Wild. spec. 3. p. 1110. —
> *Vicia latifolia.* Mœnch. Meth. 149.

Cette plante a le port de la fève cultivée ; sa tige est droite,
anguleuse, un peu garnie sur les angles de poils roussâtres
qu'on retrouve sur le bord des feuilles, des stipules, et même
des légumes ; les feuilles ont 2 folioles dans le bas, 4 dans le
milieu, et 6 vers le sommet de la plante ; ces folioles sont
grandes, ovales, inégalement et fortement dentées en scie
dans leur moitié supérieure ; les stipules sont larges, presque
entières dans le bas, fortement incisées dans le haut de la
plante ; les fleurs sont d'un pourpre foncé, portées 2-3 ensemble
sur un court pédoncule ; la gousse est oblongue, pointue, horizontale, glabre sur les faces, bordée sur les 2 sutures de poils
très-apparens, et quelquefois même un peu frangée. ☉. Cette
plante est assez commune dans les Cévennes ; à Campestre ;
aux environs de Narbonne ; de Dax (Thor.) ; en Auvergne
(Delarb.) ; près de Nice, à Exilles (All.), et à la vallée de la
Patonera près Turin (Balb.). Lorsqu'on la cultive, ses stipules prennent la forme de fer de flèche, et les folioles deviennent entières ; c'est ce qui constitue la variété β.

4027. Vesce de Becsangil. *Vicia Bithynica.*

> *Vicia bithynica.* Linn. spec. 1038. All. Ped. n. 1199. t. 26. f.
> 2. Smith. Fl. brit. p. 774. — *Lathyrus bithynicus.* Lam. Dict.
> 2. p. 706. — *Vicia angulosa.* Gat. Montaub. 129.

Cette espèce se reconnoît à ses tiges longues, anguleuses ;
à ses stipules grandes, bordées de dents profondes, inégales et
aiguës ; à ses fleurs, dont l'étendard est violet, les ailes et la
carène blanchâtres ; à ses gousses presque droites, un peu pubescentes ; à ses calices, dont les dents sont ciliées : elle offre

d'ailleurs des variations singulières ; ses folioles sont au nombre
de 2 à 6, tantôt ovales, tantôt oblongues, tantôt presque linéaires ; ses fleurs sont le plus souvent solitaires et presque sessiles à l'aisselle des feuilles supérieures ; quelquefois leur pédicelle acquiert 2-3 centim. de longueur, et porte même une
seconde fleur. ⊙. Cette plante croît dans les bleds, dans le Lavédan et à la plaine de Tarbes ; à Cap-de-Ville près Montauban
(Gat.), et aux environs de Dax, de Bayonne, de Nice.

DCXCVIII. FÈVE.　　　*F A B A.*

Faba. Tourn. Juss. — *Viciæ sp.* Linn. Lam.

CAR. Ce genre se distingue du précédent par sa gousse
grande, coriace, un peu renflée, et par ses graines oblongues,
dont l'ombilic est terminal.

OBS. Il en diffère par ses vrilles simples, presque nulles et
ses folioles grandes et en petit nombre.

4028. Fève commune.　　　*Faba vulgaris.*

Faba vulgaris. Mœnch. Meth. 150. — *Vicia faba.* Linn. spec.
1039. — Blackw. t. 19.

Cette plante, qui est indigène des environs de la mer Cas-
pienne, est généralement cultivée, soit dans les potagers, soit
même en pleins champs : sa tige est droite et s'élève à 8 ou 10
décim. : ses feuilles sont ailées à 4 folioles grandes, ovales-
oblongues, entières, un peu épaisses : le pétiole ne se termine
pas en vrille, et est muni à sa base de 2 stipules un peu dentées en demi-fer de flèche : les fleurs sont presque sessiles,
réunies 2 ou 3 ensemble aux aisselles des feuilles : la corolle
est grande, blanche, avec une tache noire et soyeuse sur le
milieu de chaque aile : les légumes de cette plante servent d'a-
liment à l'homme ou aux animaux : on en distingue plusieurs
variétés. ⊙.

DCXCIX. ERS.　　　*E R V U M.*

Ervum. Linn. Juss. Lam. Gœrtn. — *Ervum et Lens.* Tourn. —
Ervum et Ciceris sp. Wild.

CAR. Le calice est divisé en 5 lanières étroites, pointues,
profondes, presque égales à la corolle ; le stigmate est glabre ;
la gousse est oblongue, à 2-4 graines.

OBS. Les ers ont le port des vesces, et s'en distinguent
par leurs fleurs plus petites, et leurs graines peu nombreuses.

4029. Ers à quatre graines. *Ervum tetraspermum.*

Ervum tetraspermum. Linn. spec. 1039. Lam. Dict. 2. p. 389 —
Vicia gemella. Crantz. Austr. 389. — *Vicia tetrasperma.*
Mœnch. Meth. 148.—J. Bauh. 2. p. 315. f. 2.
β. *Ervum soloniense.* Thuil. Fl. paris. II. 1. p. 371. excl. syn.

Ses tiges sont foibles, anguleuses, longues de 5-6 décim.,
glabres, ainsi que le reste de la plante : les stipules sont entières,
en demi-fer de flèche : le pétiole se termine en vrille rameuse
et porte de 6-10 folioles linéaires, très-obtuses : les pédoncules portent 2-3 petites fleurs rougeâtres, inclinées ou pendantes, auxquelles succèdent des gousses glabres, oblongues,
à 4 graines. La variété β ne diffère que par ses pédoncules
chargés d'une seule fleur. ☉. Elle croît parmi les moissons, le
long des routes et sur les collines, entre les buissons.

4030. Ers velu. *Ervum hirsutum.*

Ervum hirsutum. Linn. spec. 1039. Lam. Dict. 2. p. 389. Fl.
dan. t. 639.—J. Bauh. 2. p. 315. f. 1.

Sa tige est haute de 3 décim., grèle, rameuse et très-foible :
ses feuilles sont composées de 12 ou 14 folioles obtuses, presque
linéaires, et leur pétiole commun se termine par une vrille rameuse : les pédoncules sont axillaires, et portent 2 ou 3 ou
même 4 fleurs fort petites, blanchâtres ou d'un bleu pâle :
le fruit est un légume velu et à 2 graines globuleuses. ☉. On
trouve cette plante dans les champs et quelquefois dans les
bois.

4031. Ers aux lentilles. *Ervum lens.*

Ervum lens. Linn. spec. 1039. Lam. Dict. 2. p. 388. — *Cicer
lens.* Wild. spec. 3. p. 1114. — *Lens esculenta.* Mœnch.
Meth. 131.—Fuchs. Hist. 859. ic.
β. *Lens major.* — Lob. ic. 2. p. 74. f. 1.

Sa tige est anguleuse, un peu velue et haute de 2 décim. :
ses feuilles sont composées de 10 à 12 folioles oblongues,
entières et un peu obtuses à leur extrémité : le pétiole se termine
par un filet court ; les pédoncules sont grèles, axillaires, et portent 2 ou 3 fleurs blanchâtres, dont le pavillon est un peu rayé
de bleu : le fruit est un légume court, assez large et rempli
de 2 ou 3 semences roussâtres ou noirâtres, connues sous le nom
de *lentilles.* ☉. Cette plante croît dans les champs, parmi les
bleds : les lentilles sont employées comme nourriture, et rarement comme remède.

DCC. CICHE.   *CICER.*

Cicer. Tourn. Linn. Juss. Lam. Gœrtn. — *Ciceris sp.* Wild.

Car. Le calice est à 5 divisions presque aussi longues que la corolle, dont 4 penchées sur l'étendard, qui est grand, et 1 placée sous la carène, qui est petite : la gousse est rhomboïdale, renflée, à 2 graines.

4032. Ciche tête de bélier.   *Cicer arietinum.*

Cicer arietinum. Linn. spec. 1040. Lam. Illustr. t. 632. — Cam. Epit. 204. ic.

Sa tige est haute de 5 décim., droite, rameuse, anguleuse et un peu velue, ses feuilles sont ailées avec une impaire, composées de 15 ou 17 folioles ovales, velues et dentées en leur bord : les pédoncules sont axillaires, solitaires, uniflores, pliés et chargés d'un filet court, placé dans le voisinage de leur angle : les fleurs sont d'un pourpre violet, ou blanches dans une variété : le légume est court, à 2 semences qui ressemblent un peu à la tête d'un bélier. ☉. Cette plante est cultivée, sur-tout dans le midi, sous les noms de *pois-chiche, garvance, café françois* : les poils de la plante transudent une liqueur un peu visqueuse, assez fortement acide, qui est l'acide oxalique, selon M. Deyeux.

****** *Etamines diadelphes ; gousses divisées en plusieurs loges monospermes, ne s'ouvrant point d'elles-mêmes, placées bout à bout ou séparées par des articulations transversales.*

DCCI. 'SCORPIURE.   *SCORPIURUS.*

Scorpiurus. Linn. Juss. Lam. Gœrtn. — *Scorpioides.* Tourn.

Car. Le calice est à 5 découpures presque égales : la carène à 2 parties distinctes à sa base ; la gousse coriace, presque cylindrique, contournée en spirale, chargée d'épines ou de tubercules, composée de plusieurs articles monospermes.

Obs. Herbes à feuilles simples rétrécies en pétiole ; à stipules étroites, acérées, adhérentes au bas du pétiole ; à fleurs jaunes, nombreuses et disposées en ombelle au sommet d'un long pédoncule axillaire.

4033. Scorpiure chenille.   *Scorpiurus vermiculata.*

Scorpiurus vermiculata. Linn. spec. 1o5o. Gœrtn. Fruct. 2. t.
155. Lam. Dict. 1. p. 726. — *Scorpioides vermiculata.* Mœnch.
Meth. 119.

Ses tiges sont longues de 18 à 24 centim. , couchées sur la
terre , nombreuses et légèrement velues : ses feuilles sont alternes , alongées , pointues , très-entières , élargies dans leur
partie supérieure , et rétrécies en pétiole vers leur base : les
fleurs sont petites , de couleur jaune , solitaires sur chaque pédoncule , et remarquables par leur calice à cinq dents profondes :
les légumes sont épais et chargés de tubercules obtus , disposés
en séries longitudinales : ils ont la forme d'une chenille roulée
sur elle-même. ☉. Cette plante croît dans les champs des provinces méridionales ; à Nice (All.); à Montpellier (Gou.).

4034. Scorpiure rude.   *Scorpiurus muricata.*

Scorpiurus muricata. Linn. spec. 1o5o. — *Scorpiurus echinata ,*
α. Lam. Dict. 1. p. 726. — *Scorpiurus muricata , α.* Lam. Fl.
fr. 2. p. 582. — Moris. s. 2. t. 11. f. 4.

Il ressemble beaucoup au précédent par son port , mais ses
feuilles sont ordinairement plus larges et plus obtuses : ses
pédoncules portent 1 , 2 ou quelquefois 3 fleurs terminales et
disposées en petite ombelle : les dents de son calice sont très-
acérées et n'atteignent pas le milieu de sa profondeur : sur-
tout, enfin , sa gousse est grêle , légèrement striée , munie sur
le dos de petits tubercules épars , courts et peu apparens ; cette
gousse est droite dans sa partie inférieure , et se courbe vers le
sommet , de manière à former un cercle. ☉. Elle croît sur le
bord des champs et des routes dans les provinces méridionales ;
à Nice (All.); dans les bleds du Dauphiné (Vill.).

4035. Scorpiure sillonné.   *Scorpiurus sulcata.*

Scorpiurus sulcata. Linn. spec. 1o5o. Gœrtn. Fruct. 2. t. 155. —
Scorpiurus echinata , β. Lam. Dict. 1. p. 726. — *Scorpiurus*
muricata , β. Lam. Fl. fr. 2. p. 582.

Il a des rapports très-marqués avec le précédent , mais il
en paroît suffisamment distinct par ses pédoncules chargés de
3 ou 4 fleurs ; par ses gousses marquées de sillons très-pro-
fonds , munies sur leur dos de 4 rangs d'épines droites , grêles ,
roides et pointues; ses gousses se tortillent dans leur partie
supérieure , de manière à décrire 2 tours de spirale concentriques et assez réguliers. ☉. Il croît dans les champs et le

bord des routes des provinces méridionales ; en Provence (Gér.)?
près de Montpellier , au Terrail et à Lavalette (Gou.); dans
le midi du Bas-Dauphiné (Vill.).

4036. Scorpiure velu.   *Scorpiurus subvillosa.*

Scorpiurus subvillosa. Linn. spec. 1050. —*Scorpiurus echinata*,
    γ. Lam. Dict. 1. p. 726. — *Scorpiurus muricata*, γ. Lam. Fl.
    fr. 2. p. 582.— Moris. s. 2. t. 11. f. 2.

Il n'est peut-être qu'une variété du précédent ; on ne peut le
distinguer avant la maturité des fruits , qu'à ce qu'il est plus
ordinairement chargé de poils mols , longs et épars ; ses pédoncules portent de 2 à 4 fleurs ; ses gousses ressemblent à celles
du précédent dans leur jeunesse , mais elles sont chargées d'é-
pines plus serrées et un peu plus longues ; à leur maturité elles
se tortillent sur elles-mêmes très-irrégulièrement, de manière
à former une petite masse hérissée et arrondie. ☉. Il croît dans
les champs des provinces méridionales ; à Nice (All.); en Provence (.Gér.); près de Montpellier.

DCCII. ORNITHOPE.   *ORNITHOPUS.*

Ornithopus. Linn. Juss. Lam. Gœrtn. — *Ornithopodium.* Tourn.

Car. Le calice est tubuleux, persistant, à 5 dents presque
égales ; la carène très-petite ; la gousse arquée , grèle , cylindrique , presque en alène , composée d'articles cylindriques.

Obs. Herbes à feuilles ailées ou ternées, à fleurs petites , pédonculées, axillaires.

4037. Ornithope délicat.   *Ornithopus perpusillus.*

Ornithopus perpusillus. Linn. spec. 1049. Lam. Dict. 4. p. 619.
    Fl. dan. t. 730.
    β. *Ornithopus intermedius.* Roth. Germ. 1. p. 319.
    γ. *Ornithopus nodosus.* Mill. Dict. n. 2.

Ses tiges sont très-menues, presque glabres dans leur partie
supérieure , velues vers leur base , couchées sur la terre , et
longues de 15-18 centim.; ses feuilles sont composées de 8 à
9 paires de folioles ovales-arrondies, très-petites et un peu
velues : les pédoncules sont presque aussi longs que les feuilles ,
et portent 3 ou 4 petites fleurs entourées d'une bractée, d'un
jaune très-pâle , mais dont le pavillon est chargé de stries rougeâtres ou purpurines ; les légumes sont grèles , peu comprimés , à 6 ou 7 articulations, et n'excèdent jamais la longueur
de 5 centim. La variété β a les tiges longues de 2-5 décim. ,
et les stries du pavillon de ses fleurs d'un rouge moins vif ,

quoique toujours très-apparentes. La variété γ a les racines garnies de petits tubercules blanchâtres et charnus. ☉. On trouve
cette plante dans les lieux sablonneux et un peu couverts.

4o38. Ornithope comprimé. *Ornithopus compressus.*

Ornithopus compressus. Linn. spec. 1o49. Lam. Dict. 4. p. 619.
Berg. Phyt. t. 191. — *Ornithopodium compressum.* All. Ped.
n. 1245.

Ses tiges sont longues de 2 décim., légèrement cotonneuses
et couchées sur la terre ; ses feuilles sont composées de 14 à
15 paires de folioles ovales, très-rapprochées, velues et presque cotonneuses : les pédoncules sont plus courts que les feuilles,
et soutiennent 3 ou 4 fleurs entourées d'une bractée ; les légumes
sont longs de 5 centim., comprimés, ridés et terminés par une
pointe en crochet. ☉. Cette plante croît dans les provinces méridionales, aux environs de Nice (All.) ; à Montpellier (Gou.) ;
au Mans (Desp.).

4o39. Ornithope dur.   *Ornithopus durus.*

Ornithopus durus. Cav. ic. 1. p. 31. t. 41. f. 2. Wild. spec. 3.
p. 1157. — *Ornithopus exstipulatus.* Thor. Land. 311.

Cette plante a le port des deux précédentes, mais elle est
toute glabre ; ses stipules sont si petites et si fugaces, qu'elles
paroissent manquer absolument ; ses fleurs sont un peu rougeâtres en dehors, réunies 2-3 ensemble au sommet des pédoncules, qui ne portent aucune feuille ; les gousses sont cylindriques, arquées : la plante est étalée ou couchée, longue de
1-2 décim. ; elle acquiert quelquefois, selon M. Thore, jusqu'à 6 décim. de longueur, et dans cet état elle est rampante.
♃ ? Elle est commune dans les champs du département des
Landes, où elle a été observée par M. Thore ; dans les environs
de Tarbes, où elle a été trouvée par M. Ramond.

4o4o. Ornithope queue de   *Ornithopus scorpioides.*
scorpion.

Ornithopus scorpioides. Linn. spec. 1o49. Cav. ic. t. 37. — *Ornithopodium scorpioides.* All. Ped. n. 1246. — *Ornithopus
trifoliatus.* Lam. Fl. fr. 2. p. 659. — *Ornithopodium triphyllum.* Mœnch. Meth. 121.

Ses tiges sont hautes de 2 décim., lisses, glabres, assez
droites, mais un peu foibles ; les feuilles de la base sont simples, et toutes les autres sont ternées ; elles sont composées

d'une foliole terminale fort grande, ovoide, un peu charnue, et de 2 folioles latérales extrêmement petites ; les fleurs sont aussi fort petites, de couleur jaune, et sont remplacées par 2 ou 3 légumes grèles, longs, glabres, articulés et courbés. ☉. Cette plante croît dans les provinces méridionales, sur le bord des champs, dans le Montferrat, les environs de Tortone et de Nice (All.) ; en Provence (Gér.) ; en Dauphiné (Vill.) ; en Languedoc, où elle porte le nom d'*amarèles* (Gou.) ; à Montauban (Gat.) ; dans l'isle de Corse (Vall.).

DCCIII. HIPPOCRÉPIS.   *HIPPOCREPIS.*

Hippocrepis. Linn. Juss. Lam. — *Ferrum-equinum.* Tourn.

Car. Le calice est à 5 dents inégales ; l'étendard de la corolle porté sur un onglet plus long que le calice ; la gousse oblongue, comprimée, membraneuse, plus ou moins courbée, composée d'articles monospermes, découpée sur un des côtés en échancrures profondes et arrondies.

Obs. Herbes à feuilles ailées avec impaire, à fleurs jaunes, à pédoncules uniflores, ou à plusieurs fleurs en ombelle.

4041. Hippocrépis à fruits   *Hippocrepis unisili-*
    solitaires.   *quosa.*

Hippocrepis unisiliquosa. Linn. spec. 1049 Lam. Illustr. t. 630.
f. 3. — *Ferrum-equinum unifloram*. Mœnch. Meth. 119.

Ses tiges sont menues, rameuses, anguleuses, un peu couchées dans leur partie inférieure, et s'élèvent rarement au-delà de 2 décim. ; ses feuilles sont ailées avec une impaire, et leurs folioles, au nombre de 4 ou 5 de chaque côté, sont échancrées à leur sommet : les fleurs sont fort petites et de couleur jaune, solitaires et à peine pédonculées ; il leur succède des légumes légèrement courbés, un peu hérissés vers les bords, sur-tout derrière chaque graine : leur bord intérieur est rempli d'échancrures très-resserrées à leur entrée, et qui s'élargissent ensuite en formant des trous ou des ouvertures très-arrondies. ☉. Cette plante croît dans les lieux stériles de la Provence (Gér.) ; aux environs de Nice et de Vinadio (All.) ; près Montpellier (Gou.) ; à Gimaux en Auvergne, où elle est très-rare (Delarb.) ; à la Dole et au bord du Rhône près Genève, où elle n'a pas été trouvée depuis Cherler (Hall.) ; elle porte le nom vulgaire de *fer-à-cheval*.

4042. Hippocrépis à plu- *Hippocrepis multisili-*
sieurs gousses.   *quosa.*

Hippocrepis multisiliquosa. Linn. spec. 1050. Lam. Dict. 3. p.
131. — *Ferrum-equinum multiflorum.* Mœnch. Meth. 119.—
Garid. Aix. t. 33. malè.

Ses tiges sont rameuses, striées et hautes de 2 décim.; ses
feuilles sont composées de 4 ou 5 paires de folioles obtuses
ou un peu échancrées à leur sommet : les fleurs sont petites,
de couleur jaune, et disposées 3 ou 4 ensemble sur des pédoncules un peu plus courts que les feuilles : les gousses sont parfaitement glabres, comprimées, contournées en cercle ordinairement complet; les sinuosités sont arrondies, placées du côté
extérieur du cercle, et ne dépassent pas le milieu de la largeur. ☉. Elle croît dans les champs et les lieux stériles des
provinces méridionales; aux environs de Nice (All.); en Provence (Gér.); à Montpellier (Gou.), à Montélimart et dans le
midi du Dauphiné (Vill.); à Lyon (Latour.).

4043. Hippocrépis en ombelle. *Hippocrepis comosa.*

Hippocrepis comosa. Linn. spec. 1050. — *Hippocrepis perennis.*
Lam. Fl. fr. 2. p. 657. — Garid. Aix. t. 34.

Ses tiges sont longues de 2 décim., lisses, dures, diffuses
et un peu couchées; ses feuilles sont composées de 6 à 7 paires
de folioles un peu échancrées ou simplement obtuses ; les
folioles des feuilles supérieures sont assez étroites; les fleurs sont
jaunes, disposées 5 à 8 ensemble en ombelles simples, portées
sur des pédoncules plus longs que les feuilles : les gousses sont
étroites, arquées, rudes, particulièrement sur les graines, flé-
chies en zigzag, et formant deçà et delà des sinuosités larges
et peu profondes. ♃. Elle croît dans les prairies pierreuses, arides
ou sablonneuses.

DCCIV. CORONILLE. *CORONILLA.*

Coronilla. Lam. Gærtn. — *Coronillæ sp.* Linn. Juss. — *Coronilla et Emerus.* Tourn. Mill.

Car. Le calice est court, en cloche, à 5 dents, dont 2 supérieures rapprochées, et 2 inférieures plus petites : l'onglet
des pétales est souvent plus long que le calice; la gousse est
grêle, cylindrique, divisée en articles monospermes (peu distincts dans la coronille émérus) : les graines sont nombreuses,
oblongues ou cylindriques.

Obs. Herbes ou arbrisseaux à feuilles ailées avec impaire , à fleurs ordinairement jaunes, disposées en ombelles.

4044. Coronille émérus.   *Coronilla emerus.*

> *Coronilla emerus.* Linn. spec. 1046. Lam. Dict. 2. p. 119. — *Emerus major.* Mill. ic. t. 132. f. 1. — *Coronilla pauciflora.* Lam. Fl. fr. 2. p. 661. — Duham. Arb. t. 90.
> β. *Emerus minor.* Mill. ic. t. 132. f. 2.

Arbrisseau semblable par le port au baguenaudier , mais glabre dans toutes ses parties; ses rameaux sont nombreux , anguleux , tortus et verdâtres ; les stipules sont très-petites et caduques; les feuilles sont ailées à 5 ou 7 folioles ovales, rétrécies à leur base , très-obtuses et presque tronquées au sommet : les pédoncules sont à-peu-près de la longueur des feuilles , et portent 2 – 3 fleurs jaunes avec l'étendard rougeâtre en dehors , et très-remarquables, parce que les onglets de leurs pétales sont deux ou trois fois plus longs que le calice : les gousses sont grêles , cylindriques , presque en forme d'alène , à peine articulées , et renferment plusieurs graines cylindriques. ♄. Cet arbrisseau croît dans les haies , les buissons et le bord des bois , sur-tout dans la France méridionale ; il est commun le long de la chaîne du Jura ; aux environs de Genève; en Savoie; en Piémont ; en Provence (Gér.); en Dauphiné (Vill.); en Languedoc. Il porte les noms de *séné bâtard* , *émérus* , *faux baguenaudier* , *sécuridaca des jardiniers* , etc.

4045. Coronille à branches   *Coronilla juncea.*
de jonc.

> *Coronilla juncea.* Linn. spec. 1047. Lam. Dict. 2. p. 121. — Barr. ic. t. 133. — J. Bauh. 1. p. 2. p. 383. f. 2.

Sous-arbrisseau de 6-8 décim. , à écorce fongueuse, à rameaux lisses , effilés, presque nus, flexibles; les stipules sont petites , marcescentes; les pétioles portent des folioles oblongues , très-obtuses , glauques et un peu charnues ; celles du bas sont ailées, à 5 folioles opposées par paire, et celle du sommet insérée au même point que la paire supérieure ; celles du haut n'ont que 3 folioles insérées au sommet du pétiole : les pédoncules sont beaucoup plus longs que les feuilles , et portent 7 à 8 fleurs jaunes assez petites , disposées en couronne ; le calice est rougeâtre , à 5 dents obtuses, un peu plus courtes que les onglets. ♄. Il croît parmi les buissons et sur les collines exposées au soleil dans les provinces les plus méridionales ; à Nice (All.) ; en Provence (Gér.), et notamment aux environs de Marseille (Magn.).

4046. Coronille à grandes stipules. *Coronilla stipularis.*

Coronilla stipularis. Lam. Dict. 2. p. 120. — *Coronilla valentina.* Linn. spec. 1047. Mill. ic. t. 107. — *Coronilla coronata.* Lam. Fl. fr. 2. p. 662. excl. syn.

Sa tige s'élève jusqu'à 5 décim. ; elle est droite, très-rameuse, verte, glabre et ligneuse dans sa partie inférieure ; les folioles de ses feuilles sont assez semblables à celles de l'espèce suivante, mais elles sont toujours plus nombreuses et d'une couleur presque bleuâtre ; les folioles inférieures de chaque feuille ne sont point disposées contre la tige à la base de leur pétiole commun ; mais on trouve à la naissance de chaque pétiole, surtout dans la jeunesse de la plante, 2 stipules opposées, arrondies, terminées en pointe, et tout-à-fait différentes des folioles des feuilles : les fleurs sont d'un beau jaune, odorantes pendant la nuit. ♄. Cet arbuste croît dans les lieux secs et montueux des provinces les plus méridionales ; à Montalbano (All.) ; en Provence (Gér.)? aux environs d'Arles (Lam.) ; à Notre-Dame-d'Étang en Bourgogne (Dur.). Il est douteux que cette plante croisse à Montpellier et à Valence, car les synonymes de Gouan et de l'Écluse paroissent appartenir à la coronille couronnée.

4047. Coronille glauque. *Coronilla glauca.*

Coronilla glauca. Linn. spec. 1047. Lam. Dict. 2. p. 120. — Mill. ic. t. 289. f. 2.

Sa tige est haute d'un mètre, et se divise en beaucoup de rameaux souvent un peu rougeâtres ; les stipules sont lancéolées, distinctes ; les folioles de ses feuilles sont cunéiformes, tronquées à leur sommet ou un peu en cœur, d'un verd glauque, partagées en dessous par une nervure remarquable, et insérées sur un pétiole commun légèrement élargi ou presque ailé : les folioles inférieures sont un peu distantes de la tige : les fleurs sont jaunes, disposées en couronne, soutenues par des pédoncules plus longs que les feuilles, et odorantes pendant le jour. ♄. Ce petit arbrisseau croit dans les lieux maritimes des provinces méridionales ; sur les rochers de Nice (All.) ; en Languedoc, près Montpellier (Gou.), à Narbonne.

4048. Coronille couronnée.   *Coronilla coronata.*

Coronilla coronata. Linn. spec. 1047. — *Coronilla minima ,* β.
Lam. Dict. 2. p. 121. — *Coronilla valentina.* Lam. fr. 2.
p. 663.

Cette plante est peut-être une variété de la coronille naine ,
dont elle diffère sur-tout par sa grandeur et sa tige droite ; ses
tiges sont hautes de 5 décim. , nombreuses , ligneuses dans leur
moitié inférieure , menues , foibles et inclinées dans leur autre
moitié ; ses feuilles sont composées de 7 folioles fort petites ,
ovoïdes , d'un verd pâle ou d'une couleur semblable à celle des
feuilles de rue : les folioles inférieures sont très-rapprochées de
la tige ; les stipules sont très-petites , bifides et opposées aux
feuilles : les pédoncules ne portent que 5 ou 6 fleurs petites , un
peu pendantes , d'un jaune pâle , mais souvent chargées d'une
tache roussâtre sur le dos de leur pavillon. ♄. Elle croît dans
les lieux pierreux et les collines des provinces méridionales ;
aux environs de Narbonne ; de Montpellier ; de Turin (All.) ;
dans le Valais au-dessus de Varona ; à Mayence (Kœl.); au
bois de la Bardole près Châlons (Stat.).

4049. Coronille naine.   *Coronilla minima.*

Coronilla minima. Linn. spec. 1048. — *Coronilla minima ,* α.
Lam. Dict. 2. p. 121. — J. Bauh. 2. p. 351. f. 2.

Sa tige est ligneuse , rabougrie , couchée à sa base ; ses rameaux sont nombreux , ascendans , glabres , disposés en touffe
étalée ; les 2 stipules sont assez petites , réunies en une seule
stipule bifurquée , opposée à la feuille ; celle-ci est ailée à 9
folioles ovales , souvent terminées par une petite arète , plus
glauques et plus petites que dans la coronille couronnée : les
2 folioles inférieures sont insérées au bas du pétiole , très-près
de la tige : les fleurs sont jaunes , disposées en couronne au
sommet du pédoncule : les gousses sont anguleuses , noueuses.
♄. ♃. Elle croît sur les collines pierreuses et parmi les rochers ,
sur-tout dans les provinces méridionales , et se retrouve à Genève , à Paris , etc.

4050. Coronille bigarrée.   *Coronilla varia.*

Coronilla varia. Linn. spec. 1048. Lam. Dict. 2. p. 122. —Clus.
Hist. 2. p. 237. f. 2.

Ses tiges sont couchées , rameuses , cannelées et longues de
5 décim. ; ses feuilles sont ailées avec impaire , composées
d'une

d'une vingtaine de folioles glabres, ovales, obtuses et chargées d'une petite pointe à leur sommet : les fleurs sont rassemblées 10 à 12 ensemble en couronnes agréablement mélangées de rose, de blanc et de violet ; ces couronnes sont portées par des pédoncules axillaires, nus et de la longueur des feuilles. ☉. On trouve cette plante sur le bord des champs, des prés et des chemins.

DCCV. SÉCURIGÉRE.   *SECURIGERA.*

Securidaca. Tourn. Mill. Gœrtn. Mœnch. Lam (1). non Linn. Jacq. Lam (2). — *Bonaveria.* Neck. — *Coronillæ sp.* Linn. Juss. Lam (3).

C**ar.** Ce genre diffère du précédent par sa gousse large, comprimée, terminée en une longue corne en forme d'alène, et par ses graines parallélogrammiques.

4051. Sécurigère coronille.   *Securigera coronilla.*

Coronilla securidaca. Linn. spec. 1048. Lam. Dict. 2. p. 122. — *Securidaca lutea.* Mill. Dict. n. 1. — *Securidaca legitima.* Gœrtn. Fruct. 2. p. 337. t. 153. f. 3.

Ses tiges sont herbacées, couchées, nombreuses, cylindriques, cannelées, glabres, longues de 2-5 décimètres ; ses stipules sont ovales, un peu foliacées, distinctes du pétiole ; celui-ci est nu dans le bas, et porte 15 à 17 folioles glabres, en forme de coin, tronquées, terminées par une petite arète ; le pédoncule est un peu hérissé à la base, et porte 6-8 fleurs jaunes, disposées en couronne ; leur calice est hérissé, charnu, à 5 dents disposées en 2 lèvres ; l'étendard est un peu rayé de rouge, égal à la carène, qui est pointue ; les gousses sont glabres, sillonnées en dessus, courbées en faucille. ☉. Elle est commune aux environs de Nice (All.); dans les champs en Auvergne (Delarb.).

DCCVI. SAINFOIN.   *HEDYSARUM.*

Hedysarum. Tourn. Lam. Gœrtn. Corr. — *Hedisari sp.* Linn. Lam.

C**ar.** Le calice est persistant, à 5 divisions ; la carène est transversalement obtuse, assez grande, comparée aux autres pétales ; la gousse est formée d'articulations orbiculaires, comprimées, lisses ou tuberculeuses et monospermies.

O**bs.** Herbes à feuilles ordinairement ailées, à stipules filiformes, distinctes du pétiole.

------

(1) Illustr. t. 629. (2) Illustr. t. 599. (3) Dict. 2. p. 122.

4052. Sainfoin obscur.　　*Hedysarum obscurum.*

Hedysarum obscurum. Linn. spec. 1057. Jacq. austr. t. 168. —
Hedysarum Alpinum. Lam. Fl. fr. 2. p. 664. Gœrtn. Fruct. 2.
t. 155. — *Hedysarum controversum.* Crantz. Austr. t. 2. f.
3. — Hall. Helv. n. 395. t. 12.

Sa tige est épaisse, droite, peu rameuse, glabre, et s'élève à
peine jusqu'à 5 décim. : ses feuilles sont composées de 9 ou
11 folioles ovales, obtuses, ou quelquefois un peu échancrées
à leur sommet : les fleurs naissent sur des pédoncules axillaires
disposés en longues grappes redressées ; elles sont pendantes,
pédicellées, d'un bleu pourpre ou d'un blanc jaunâtre : les bractées sont grêles et plus longues que les pédicelles : la gousse est
pendante, lisse, glabre, comprimée, séparée en 2 ou 3 articles
arrondis et monospermes, bordés en dessus par une aile fort
étroite. ♃. Elle n'est pas rare dans les hautes montagnes, le long
des torrens, auprès des glaciers et aux lieux exposés au nord ; on
la trouve dans les Alpes de la Savoye, du Piémont, du Dauphiné.

4053. Sainfoin à bouquets. *Hedysarum coronarium.*

Hedysarum coronarium. Linn. spec. 1058. Gœrtn. Fruct. 2. t.
155. Lam. Fl. fr. 2. p. 665. var. *α*. — Dod. Pempt. 549.

Ses tiges sont un peu rameuses, et s'élèvent jusqu'à 5 décim. ;
ses feuilles sont composées de 7 ou 9 folioles ovales un peu velues en leur bord, et dont la terminale est plus grande que les
autres : les fleurs sont d'un beau rouge, rarement blanches, assez
grandes, droites ou étalées, jamais pendantes et disposées en
grappes courtes, portées sur des pédoncules plus longs que les
feuilles : les gousses sont composées de 4 ou 5 articles arrondis,
comprimés, glabres, garnis sur leurs deux surfaces de tubercules
saillans et presque épineux. ♃. Cette plante croît dans les prés
aux environs de Rivoli en Piémont ; elle est connue sous les noms
de *sainfoin d'Espagne*, *sulla de Calabre* ; on la cultive comme
fleur d'ornement ; elle peut aussi servir de fourrage.

4054. Sainfoin humble.　　*Hedysarum humile.*

Hedysarum humile. Linn. spec. 1058. — *Hedysarum coronarium, β.* Lam. Fl. fr. 2. p. 665. — J. Bauh. 2. p. 336. f. 2.

Sa racine pousse plusieurs tiges droites ou un peu étalées, longues de 2-3 décim., à-peu-près glabres ; les feuilles sont ailées
avec impaire, à 15-17 folioles petites, oblongues, pubescentes en dessous ; les grappes sont portées sur des pédoncules
plus longs que les feuilles ; les fleurs ressemblent à celles du

sainfoin à bouquets, mais sont de moitié plus petites ; l'étendard est plus court que la carène, et les ailes sont presque
avortées ; les gousses sont composées de 2 ou 3 articles comprimés, orbiculaires, cotonneux sur-tout dans leur jeunesse,
hérissés de tubercules saillans presque épineux. ♃. Il croît aux
lieux pierreux des montagnes, dans les provinces méridionales ; dans les Cévennes; à Fontfrède, Rouquet, Valène et
les Matèles près Montpellier (Gou.) ; aux environs d'Aix en
Provence (Gér.).

DCCVII. ESPARCETTE.   *ONOBRYCHIS.*

Onobrychis. Tourn. Lam. Gœrtn. Corr. — *Hedysari sp.* Linn.
Lam.

Car. Ce genre diffère du précédent par sa corolle, dont
les ailes sont extrêmement courtes ; par sa gousse courte,
comprimée, monosperme, à une seule loge, souvent hérissée
de pointes, toujours tronquée et applatie du côté supérieur.

4055. Esparcette cultivée.   *Onobrychis sativa.*

Onobrychis sativa. Lam. Fl. fr. 2. p. 652. — *Hedysarum ono-*
brychis. Linn. spec. 1059. Jacq. Austr. t. 352. — *Onobrychis*
viciæfolia. Scop. Carn. ed. 2. n. 918. — *Onobrychis spicata.*
Mœnch. Meth. 122.

Ses tiges sont anguleuses, rameuses, fermes, assez droites
ou quelquefois un peu couchées dans leur partie inférieure ;
ses feuilles sont composées de 8 à 9 paires de folioles lancéolées, étroites et terminées par une petite pointe particulière :
ses fleurs forment des épis soutenus par de longs pédoncules
axillaires ; elles sont d'un rouge vif ou blanchâtres, et leur pavillon sur-tout est agréablement rayé de pourpre ; la carène
est plus courte que l'étendard, et les ailes égales à la longueur du
calice ; les gousses sont pubescentes, comprimées, planes sur
le bord supérieur, demi-orbiculaires, marquées sur les 2 faces
de rides proéminentes et bordées de petites dents épineuses
dans toute la partie arrondie de leur contour. ♃. Cette plante
croît sur les collines et dans les pâturages secs et crayeux : elle
est cultivée sous les noms de *sainfoin* ou d'*esparcette*.

4056. Esparcette de montagne. *Onobrychis montana.*

Une souche épaisse et ligneuse donne naissance à quelques
tiges herbacées, tantôt longues de 1-2 décim., et un peu
couchées, tantôt si courtes qu'elles paroissent nulles ; les stipules sont brunes, membraneuses, soudées ensemble, opposées

aux feuilles ; le pétiole commun porte 11-13 folioles ovales-
oblongues , garnies de poils couchés en dessous , terminées
par une petite arète ; les pédoncules sont longs , axillaires ,
dressés , et paroissent radicaux , lorsque la tige est presque
nulle ; les fleurs sont d'un pourpre foncé et ressemblent beaucoup à celles de l'esparcette cultivée , mais la carène est plus
longue que l'étendard , et les ailes sont pointues , plus courtes
que les dents du calice. ♃. Cette espèce est assez fréquente
dans les prairies des hautes Alpes voisines du Mont-Blanc ;
au col Ferret , etc.

4057. Esparcette couchée.   *Onobrychis supina.*
Hedysarum supinum. Vill. Dauph. 3. p. 394.

Cette plante ressemble beaucoup à l'esparcette cultivée , mais
elle est plus petite ; sa tige est couchée ou étalée , plus velue ;
ses folioles sont plus étroites , munies d'une petite arète plus
courte et souvent nulle ; ses fleurs sont plus pâles , de moitié
plus petites ; le calice a les 5 lanières hérissées ; la carène forme
un coude très-prononcé et est plus courte que l'étendard ; les
ailes sont plus courtes que les dents du calice ; le fruit est
pubescent et ressemble à celui de l'esparcette cultivée , mais
il est plus petit , moins comprimé. ♃. Elle croît dans les pâturages herbeux et le long des chemins en Dauphiné ; aux environs de Gap , de Veynes , à Laric , à Serres (Vill.).

4058. Esparcette de roche.   *Onobrychis saxatilis.*
Onobrychis saxatilis. Lam. Fl. fr. 2. p. 653. All. Ped. n. 1191.
t. 19. f. 1. — *Hedysarum saxatile.* Linn. spec. 1059.

Sa tige est fort courte , striée , glabre et rameuse inférieurement ; ses feuilles sont composées de 12 à 15 paires de folioles linéaires , pointues et un peu blanchâtres : ses fleurs sont
disposées en épis portés par des pédoncules plus longs que les
feuilles ; ces fleurs sont blanchâtres , un peu plus petites que
dans l'esparcette cultivée ; leur étendard est égal à la longueur
de la carène ; les ailes sont très-grêles , un peu plus longues
que les dents du calice : celui-ci est noirâtre , hérissé de quelques poils blancs : je n'ai pas vu le fruit, que tous les auteurs
disent glabre. ♃. Cette plante croît parmi les rochers , sur les
collines exposées au soleil , dans les vignes et les terres dé-
gradées; en Languedoc ; en Provence , près d'Aix (Gér.) ; dans
le Queyras , le Gapençois , à Veynes et au Buis en Dauphiné
(Vill.) ; aux environs de Nice et d'Oneille (All.).

4059.Esparcette tête de coq. *Onobrychis caput-galli.*

Onobrychis caput-galli. Lam. Fl. fr. 2. p. 651. — *Hedysarum
caput-galli.* Linn. spec. 1059. — Lob. ic. 2. p. 81. f. 1.

Ses tiges sont grêles, rameuses, striées, diffuses, un peu
couchées et longues de 5 décim. ou un peu plus : ses feuilles
sont composées de 6 à 7 paires de folioles lancéolées et étroites :
les fleurs sont petites, au nombre de 4 ou 5 et garnies d'un
calice dont les divisions sont presque aussi longues que la corolle ; les légumes sont pubescens, arrondis, tronqués en dessus
et très-hérissés de piquans simples, roides et coniques. ♃. Cette
plante croît dans les provinces méridionales ; dans les prairies des
basses Alpes en Provence (Gér.); sur les collines arides et dans
les graviers des torrens aux environs de Nice (All.); à Montpellier, vers St.-Georges et St.-Jean-de-Vedas ; à Clermont
en Auvergne (Delarb.).

4060. Esparcette crête   *Onobrychis crista-galli.*
       de coq.

Onobrychis crista-galli. Lam. Fl. fr. 2. p. 652. Gœrtn. Fruct. 2.
t. 148. — *Hedysarum crista-galli.* Linn. Syst. Veg. 563.

Cette espèce a beaucoup de rapport avec la précédente, mais
sa racine est annuelle ; les folioles de ses feuilles sont plus courtes,
obtuses et souvent échancrées : les épis ne sont composés que
de 5 ou 4 fleurs ; les pétales sont presque égaux entre eux, et
les légumes beaucoup plus grands sont chargés sur le dos d'une
espèce de crête formée par des lames dentées et épineuses. ☉.
On trouve cette plante dans les lieux stériles de la Provence
méridionale (Gér.); aux environs de Nice (All.).

SOIXANTE-TREIZIÈME FAMILLE.

TÉRÉBINTHACÉES.   *TEREBINTHACEÆ.*

Terebinthaceæ. Juss. — *Terebinthaceæ et Nuculaceæ.* Lam.—
Pistaciarum et Eleagnorum gen. Adans. — *Dumosarum et
Amentacearum gen.* Linn.

La famille, presque toute exotique et encore mal circonscrite
des Térébinthacées, ne renferme que des arbres ou des sous-
arbrisseaux dont le suc propre est souvent résineux ou gommo-
résineux, dont les feuilles sont alternes, dépourvues de stipules,

rarement simples, ordinairement ternées ou ailées; leurs fleurs
sont le plus souvent complettes et hermaphrodites, et diversement disposées; leur calice est libre, d'une seule pièce; leur
corolle est rarement nulle, presque toujours composée d'un
nombre déterminé de pétales insérés à la base du calice, alternes avec ses divisions : les étamines sont insérées avec les
pétales, alternes avec eux, en nombre égal ou double des parties du calice et de la corolle; l'ovaire est libre, simple ou multiple; le style est simple ou multiple dans les fleurs à ovaire
simple, en nombre égal à celui des ovaires dans les autres : le
fruit est différent dans différens genres; les semences, qui sont
le plus souvent renfermées dans un noyau osseux, n'ont pas
de périsperme, et ont la radicule de l'embryon penchée sur
les lobes.

Ovaire simple, libre; fruit à une loge, à une graine.

DCCVIII. S U M A C.   R H U S.

Rhus. Linn. Juss. Lam. Gœrtn. — *Rhus, Cotinus et Toxico-*
dendron. Tourn. — *Rhus et Cotinus.* Scop. Ger.

Car. Le calice est à 5 parties; la corolle à 5 pétales; les
étamines au nombre de 5; l'ovaire porte 3 styles courts; le
fruit est une drupe renfermant un noyau monosperme.

Obs. Quelques espèces de ce genre ont des fleurs mâles mêlées parmi les fleurs hermaphrodites; d'autres ont les fleurs mâles
et femelles sur deux pieds différens.

4061. Sumac fustet.   *Rhus cotinus.*

Rhus cotinus. Linn. spec. 383. — *Cotinus coggygria.* Scop. Carn.
ed. 2. n. 368. — *Cotinus coriaria.* Duham. Arb. 1. t. 78.

Arbrisseau de 2 mètres, dont l'écorce est lisse, le bois jaunâtre, et les rameaux cylindriques et flexibles; ses feuilles sont
arrondies, ovoïdes, très-lisses, nerveuses, vertes en dessus,
blanchâtres en dessous, et portées sur de longs pétioles : les
fleurs sont verdâtres et disposées en panicule au sommet des
rameaux. M. Deleuze m'a fait observer que les pédoncules et
les pédicelles sont courts et parfaitement glabres au moment
de la fleuraison, qu'ils s'alongent et divergent beaucoup après
cette époque, que ceux des fleurs fertiles restent glabres,
mais que ceux des fleurs stériles se chargent d'une quantité
considérable de poils hérissés. ♄. Il croît sur les collines des
provinces méridionales; aux environs d'Asti, de Nice, de

Varallo, de Tortone, au mont de Créa, entre Suze et Bussolino en Piémont (All.); en Provence (Gér.); à Grenoble et aux Baux près Gap (Vill.).

4062. Sumac des corroyeurs. *Rhus coriaria.*

Rhus coriaria. Linn. spec. 379. Lam. Fl. fr. 3. p. 75. — Blackw. t. 486.

Arbrisseau de 1-2 mètres, dont les rameaux sont nombreux, flexibles et couverts d'un duvet roussâtre ; ses feuilles sont ailées, à 9 ou 11 folioles ovales-oblongues, velues, dentées, opposées, sessiles et disposées sur un pétiole commun également velu et souvent rougeâtre : les fleurs sont blanchâtres et ramassées au sommet des branches en épis denses et serrés ; il leur succède des baies recouvertes d'un duvet rougeâtre. ♃. Cet arbrisseau croît dans les lieux secs et pierreux des provinces méridionales ; à Baudissé près Turin, et à la Turbia près Nice (All.); dans la Provence méridionale (Gér.); en Languedoc près Montpellier (Gou.). Ses feuilles, ses fleurs et ses fruits sont astringens et rafraîchissans : on le réduit en poudre après l'avoir fait sécher, et on s'en sert pour préparer les cuirs.

** *Ovaire simple, libre ; fruit à plusieurs loges.*

DCCIX. CAMÉLÉE. *CNEORUM.*

Cneorum. Linn. Juss. Lam. — *Chamælea.* Tourn. Gœrtn.

CAR. Le calice est persistant, petit, à 3 dents ; la corolle à 3 pétales ; les étamines au nombre de 3 ; l'ovaire porte un style à 3 stigmates : le fruit est une baie sèche, à 3 coques monospermes.

OBS. Ce genre semble rapprocher cette famille de celle des Euphorbiacées, mais sa graine est dépourvue de périsperme, et la plupart de ses caractères sont ceux des Térébinthacées.

4063. Camélée à trois coques. *Cneorum tricoccon.*

Cneorum tricoccon. Linn. spec. 49. Lam. Illustr. t. 27. — *Chamelæa tricoccos.* Lam. Fl. fr. 2. p. 682. —Cam. Epit. 973. ic.

Arbrisseau d'un mètre, dont la tige est rameuse, et les feuilles alternes, sessiles, glabres, alongées, rétrécies vers leur base, et légèrement élargies vers leur sommet : les fleurs sont petites, de couleur jaune, portées sur de courts pédoncules. ♃. On trouve cet arbrisseau dans les lieux pierreux des

provinces méridionales; sur les rochers autour de Nice (All.);
dans la Provence méridionale (Gér.): en Languedoc au mont
de Cette (Magn.); à Monferrier, derrière le Martinet de Bou-
let, le long du Lés près Montpellier (Gou.); à Narbonne. Il est
âcre, caustique, détersif, et un violent purgatif.

DCCX. PISTACHIER.   *PISTACIA.*

Pistacia. Linn. Lam. — *Terebinthus.* Juss. — *Terebinthus et
Lentiscus.* Tourn.

CAR. Les fleurs sont dioïques, dépourvues de corolle; les
mâles disposées en chaton composé d'écailles uniflores; leur
calice est très-petit, à 5 lobes; les étamines sont au nombre
de 5; les fleurs femelles sont en grappe plus lâche; leur calice
est petit, à 5 lobes; l'ovaire porte 5 styles; le fruit est une
drupe sèche, ovoïde ou presque globuleuse, contenant un noyau
osseux et monosperme.

4064. Pistachier commun.   *Pistacia vera.*

Pistacia vera. Poir. Dict. 5. p. 55o. Lam. Illustr. t. 811. f. 1. 2.
α. *Pistacia vera.* Linn. spec. 145ƒ.
β. *Pistacia trifoliata.* Linn. spec. 1454.
γ. *Pistacia Narbonensis.* Linn. spec. 1454.

Arbre moyen, dont les rameaux sont longs et recouverts
d'une écorce unie et cendrée: ses feuilles sont composées de 5
ou 5 folioles presque sessiles, assez larges, ovales ou quelquefois un peu lancéolées: ses fruits sont presque ovales, rougeâtres, un peu ridés ou réticulés, et renflés d'un côté vers leur
base. ♄. Cet arbre est indigène de la Syrie, d'où il a été apporté
en Italie sous le règne de Vitellius; depuis lors il s'est répandu
dans presque tous les pays qui entourent la Méditerranée: les
deux premières variétés sont cultivées dans le midi de la France;
la variété γ est naturalisée dans les bois aux environs de Montpellier et de Narbonne. L'amande connue sous le nom de *pis-
tache*, est un peu huileuse, nourrissante et agréable au goût.

4065. Pistachier térébinthe. *Pistacia terebinthus.*

Pistacia terebinthus. Linn. spec. 1455. Lam. Fl. fr. 2. p. 242. —
Duham. Arb. 2. t. 87.

Arbre médiocrement élevé et assez semblable au précédent
par son port; ses feuilles sont composées de folioles ovales,
oblongues et ordinairement au nombre de 7, portées sur un
pétiole commun légèrement ailé: ses fleurs sont petites,

paniculées et axillaires, et ses baies sont d'un verd bleuâtre, renflées d'un côté vers leur sommet, moins ridées et de moitié plus petites que celles du précédent. ♄. Il croît dans les champs, sur les collines et les rochers des provinces méridionales ; aux environs de Nice, entre Cartos et Monteu près d'Aqui (All.); dans la Provence, sur-tout vers le midi (Gér.); à Gramont, Castelnau et la Valette près Montpellier (Gou.); à Vienne, Valence et Grenoble (Vill.). Il est connu sous les noms de *térébinthe, pudis ;* c'est cet arbre qui, dans l'Orient, produit la *térébenthine de Scio ;* sa résine est vulnéraire, détersive et diurétique, et ses fruits sont un peu astringens.

4066. **Pistachier lentisque.** *Pistacia lentiscus.*

> *Pistacia lentiscus.* Linn. spec. 1455. Lam. Fl. fr. 2. p. 243. — Duham. Arb. 1. t. 136.
> β. *Angustifolia.* — *Pistacia massiliensis.* Mill. Dict. n. 6.

Arbre beaucoup moins élevé que les précédens ; son écorce est brune ou rougeâtre ; ses rameaux sont nombreux et étendus, et ses feuilles sont composées de 8 folioles lancéolées, un peu étroites, très-entières et portées sur un pétiole commun trèsailé et presque articulé : les fleurs sont petites, paniculées et rougeâtres ; leurs chatons ou leurs panicules naissent 2 à 2 dans les aisselles, et sont presque sessiles : les fruits sont de petites baies qui acquièrent une couleur purpurine ou noirâtre en mûrissant. ♄. Il croît dans les provinces méridionales ; dans les lieux arides et pierreux sur les collines maritimes près de Nice (All.); dans les haies en Provence (Gér.); aux environs de Montpellier (Gou.). La variété β, qui se distingue à ses feuilles extrêmement étroites, croît dans les lieux très-arides aux environs de Marseille (Tourn.). Cet arbre est connu sous les noms de *lentisque, restencle ;* son odeur est forte, mais agréable ; ses sommités, ses baies et sa résine sont dessicatives, astringentes et stomachiques ; la résine qui nous vient de l'isle de Chio, sous le nom de *mastic ,* se retire du lentisque.

*** *Ovaire adhérent (Nuculaceæ,* **Lam.**).

DCCXI. NOYER. *JUGLANS.*

> *Juglans,* Linn. Juss. Lam. Gœrtn. — *Nux.* Tourn. Adans.

Car. Les fleurs sont monoïques, dépourvues de corolle ; les

mâles sont disposées en chaton composé d'écailles, dont les extérieures sont triangulaires, attachées sur le dos des intérieures;
celles-ci sont transversalement oblongues, et à 5 lobes de chaque côté; les étamines sont au nombre de 12-24, insérées sur
un disque glanduleux, et munies de filamens très-courts; les
fleurs femelles sont solitaires dans de petits bourgeons à 4
écailles caduques; l'ovaire est adhérent, chargé de 2 styles,
dont les stigmates sont en massue, déchirés au sommet; la
drupe est ovoïde; son noyau est osseux, à 2 valves, divisé en
4 demi-loges, renfermant une graine sinueuse à 4 lobes dans
sa partie inférieure; l'embryon est droit.

Obs. Ce genre constitue une petite famille intermédiaire
entre les Térébinthacées et les Amentacées.

4067. Noyer commun.   *Juglans regia.*

Juglans regia. Linn. spec. 1415. Lam. Dict. 4. p. 500. —Blackw.
t. 247.

Cet arbre s'élève fort haut, et forme une large tête; ses feuilles
sont grandes, composées de 5 ou 7 folioles ovales et entières : les
fleurs mâles sont ramassées sur des chatons; les fleurs femelles, séparées sur le même individu, sont ordinairement 2 ensemble, et
produisent des fruits connus sous le nom de noix. ♄. Le noyer passe
pour originaire de la Perse; il est maintenant commun dans presque
toute l'Europe; il ne redoute point le froid de l'hiver, mais il
souffre beaucoup des gelées qui surviennent au printemps après
la naissance des feuilles; aussi dans les pays de montagne on
préfère l'exposition du nord, afin que ses feuilles poussent plus
tard; sous ce rapport, la variété connue sous le nom de *noyer
de la Saint-Jean*, qui se feuille tard et qui mûrit à-peu-près
en même temps que les autres, mérite l'attention des cultiva-
teurs. La *noix de jauge*, a le fruit très-gros. La *noix-mé-
sange*, a la coque du fruit mince et délicate; le contraire a
lieu dans la variété connue sous le nom de *noix anguleuse.*
Tout le monde sait que le bois du noyer sert dans la menui-
serie, que son brou donne une teinture gris-brun, et que son
amande fournit de l'huile.

SOIXANTE-QUATORZIÈME FAMILLE.

FRANGULACÉES. *FRANGULACEÆ.*

Rhamni. Juss. Adans. — *Rhamnoideæ.* Vent. — *Sepiariæ.* Ger.
— *Dumosarum gen.* Linn.

LES Frangulacées sont des arbrisseaux à rameaux alternes
ou opposés, quelquefois épineux; leurs feuilles sont presque
toujours simples, munies de stipules, quelquefois persistantes,
alternes ou opposées; leurs fleurs sont petites, sans éclat, quelquefois dioïques ou monoïques par avortement, et diversement
disposées sur la plante.

Le calice est libre, d'une seule pièce, souvent muni à sa base
intérieure d'un disque glanduleux, divisé en 4 ou 5 lobes; la
corolle manque rarement; elle est composée de pétales en
nombre égal à celui des divisions du calice, alternes avec elle,
ordinairement élargis à leur base, quelquefois même soudés
ensemble de manière à former une corolle monopétale; les
étamines sont en nombre égal à celui des pétales, insérées avec
eux, placées tantôt entre eux, tantôt devant eux; l'ovaire est
libre, simple, entouré par le disque glanduleux du calice; il
porte un ou plusieurs styles simples : le fruit est de nature très-
diverse; dans certains genres, c'est une baie à plusieurs
loges ou à plusieurs noyaux; ailleurs, c'est une capsule à plusieurs loges, et s'ouvrant en plusieurs valves chargées chacune
d'une cloison sur le milieu de leur surface interne; les graines
ont un périsperme charnu, un embryon droit, à cotylédons
planes et à radicule inférieure.

Cette famille a des rapports, par la structure des fleurs,
avec les Térébinthacées; par le port, avec les Sapotes, et se
rapproche des Berbéridées par la section seconde, qui a les
étamines placées devant les pétales, comme dans la famille
suivante.

** Etamines alternes avec les pétales.*

DCCXII. STAPHYLIER. *STAPHYLEA.*

Staphylea. Linn. Juss. Lam. Gœrtn. — *Staphylodendron.* Tourn.

CAR. Le calice est à 5 lobes, muni intérieurement d'un disque en godet; la corolle à 5 pétales; les étamines sont au

nombre de 5; l'ovaire est à 2 ou 3 lobes, et porte 2-3 styles;
le fruit est à 2-3 capsules renflées, soudées ensemble dans leur
moitié inférieure; les graines sont osseuses, globuleuses, tronquées à la base, insérées au milieu de la cloison.

Obs. Arbrisseaux à feuilles opposées, ailées ou ternées.

4068. Staphylier ailé.   *Staphylea pinnata.*

Staphylea pinnata. Linn. spec. 386. Lam. Illustr. t. 210.—Cam.
Epit. 171. ic.

Arbrisseau fort grand, dont les feuilles sont ailées avec une
impaire; leurs folioles, au nombre de 5 ou 7, sont ovales-oblongues, pointues et dentées finement en leur bord : les fleurs
sont blanches et disposées en grappes longues et pendantes. ♭.
Cet arbuste est commun sur les collines et dans les haies du
Piémont (All.), et se retrouve en Alsace (Mapp.), et du côté
de Basle (Hall.). On le cultive dans les bosquets sous les noms
de *nez coupé*, *pistachier sauvage*.

DCCXIII. FUSAIN.   *EVONYMUS.*

Evonymus. Tourn. Linn. Juss. Lam. Gœrtn.

Car. Le calice est à 4 ou 5 divisions, plane, muni en dedans d'un disque en forme de bouclier; la corolle est à 4-5
pétales ouverts; les étamines sont en nombre égal aux pétales,
et portées chacune sur une glande saillante au-dessus du disque; l'ovaire porte 1 style et 1 stigmate : le fruit est une capsule à 5 loges, à 5 valves; les graines sont revêtues d'une
arille ou tunique externe colorée, et sont insérées à l'angle interne des loges.

Obs. Arbrisseaux à feuilles simples, opposées, non épineuses
ni persistantes.

4069. Fusain commun.   *Evonymus Europœus.*

Evonymus Europœus. Linn spec. 286. Bull. Herb. t. 135. —
Evonymus vulgaris. Lam. Dict. 2. p. 572. — *Evonymus angustifolius.* Vill. Dauph. 2. p. 540.

Arbrisseau dont l'écorce est lisse et verdâtre, le bois fragile
et d'un jaune pâle, et les jeunes branches légèrement quadran-
gulaires; il s'élève rarement au-delà de 3 mètres; ses feuilles
sont ovales-lancéolées, pointues, vertes, finement dentées en
leur bord, la plupart opposées et soutenues par de courts pétioles; les fleurs sont petites, verdâtres et portées sur des pédoncules longs, filiformes et divisés à leur extrémité en plusieurs

pédoncules particuliers peu alongés ; le fruit est une capsule d'un rouge vif , à 4 ou 5 angles remarquables , contenant 4 ou 5 semences entourées d'une pulpe également colorée. Dans une variété le fruit est tout-à-fait blanchâtre. ♄. Cet arbuste est assez commun dans les haies , les bois et les buissons ; il est connu sous les noms de *bonnet de prêtre* , *bois carré* ; ses fruits sont âcres , purgatifs et émétiques ; ses branches , réduites en charbon , forment les crayons que les dessinateurs nomment *fusains*.

4070. **Fusain à large feuille.**   *Evonymus latifolius.*

> *Evonymus latifolius*. Jacq. Austr. t. 289. Lam. Dict. 2. p. 572.
> — *Evonymus vulgaris* , β. Lam. Fl. fr. 2. p. 524. — Clus. Hist.
> 1. p. 56. f. 2.

Il diffère du précédent par ses feuilles plus grandes et plus larges , par ses pédoncules chargés de 4 - 5 fleurs plus rougeâtres , plus obtuses , et presque toujours à 5 parties ; sur-tout par ses fruits plus gros , et dont les angles sont aigus , saillans et membraneux : les étamines ont les filets plus courts que dans le fusain commun. ♄. Il croît dans les montagnes à l'ombre des forêts ; en Dauphiné (Vill.); à St.-Michel de Maurienne (All.); en Provence (Gér.); à Lamoisson près Montpellier (Gou.); aux environs de Mayence (Kœl.).

DCCXIV. HOUX.   *ILEX.*

> *Ilex*. Linn. Juss. Lam. — *Aquifolium*. Tourn. Gœrtn.

Cᴀʀ. Le calice est petit , à 4 dents : la corolle à 4 pétales soudés ensemble par leur base : les étamines et les stigmates sont au nombre de 4 : le fruit est une petite baie arrondie à 4 noyaux monospermes.

Oʙs. Arbrisseaux toujours verds , à feuilles alternes , dont les dents sont épineuses.

4071. **Houx commun.**   *Ilex aquifolium.*

> *Ilex aquifolium*. Linn. spec. 181. Lam. Illustr. t. 89. — *Aquifolium spinosum*. Lam. Fl. fr. 3. p. 652.
> β. *Ferox*. — Barr. ic. t. 518.

Arbrisseau médiocre , rameux , et s'élevant quelquefois presque à la hauteur d'un arbre : son bois est dur , l'écorce de son tronc grisâtre , et celle de ses rameaux verte , et assez lisse : ses feuilles sont pétiolées , ovales , ondulées , très-lisses , d'un beau verd , coriaces , persistantes , et hérissées d'épines

dures : les feuilles des individus très-vieux et élevés en arbre ,
sont presque planes , perdent leurs épines , et n'ont souvent
que leur pointe terminale : les fleurs sont blanches , petites ,
et naissent dans les aisselles des feuilles portées sur des pédoncules courts et rameux ; le fruit est une baie rouge. ♄. Cet
arbrisseau est commun dans les haies et les bois; sa racine et
son écorce sont émollientes et résolutives; ses baies sont purgatives : on se sert de son écorce moyenne pour faire de la glu.
La variété β a les feuilles plus crépues et hérissées d'épines sur les
nervures, aussi bien que sur les bords; on la cultive sous le nom
de *houx hérisson*.

*** Etamines placées devant les pétales.*

DCCXV. NERPRUN.   *RHAMNUS.*

Rhamnus. Juss. Lam. Gœrtn. Desf. — *Rhamnus*, *Frangula* et
Alaternus. Tourn. — *Rhamni sp*. Linn.

Car. Le calice est en godet , à 4-5 divisions : la corolle est
petite , à 4-5 pétales quelquefois avortés : les étamines sont au
nombre de 4-5 : l'ovaire porte un style à 2-4 stigmates : le
fruit est une baie à 2-4 loges , à 2-4 graines : celles-ci ont à leur
base un ombilic cartilagineux et saillant.

Obs. Arbrisseaux à rameaux souvent terminés en épines : à
feuilles opposées ou alternes, entières ou dentées ; à fleurs axillaires , quelquefois dioïques.

§. Ier. *Rameaux épineux.*

4072. Nerprun purgatif.   *Rhamnus catharticus.*

Rhamnus catharticus. Linn. spec. 279. Lam. Illustr. t. 128. f. 2.
Duham. Arb. ed. 2. vol. 3. t. 10.

Arbrisseau de 3 mètres , droit , rameux , dont le bois est
jaunâtre , l'écorce lisse , et les vieux rameaux piquans à leur
extrémité , qui se change en une épine très-dure ; ses feuilles
sont pétiolées , simples , arrondies ou ovales , finement dentées
en leur bord , lisses et chargées de nervures parallèles et con-
vergentes : ses fleurs sont dioïques, petites et ramassées par
bouquets axillaires ; elles ont un calice à 4 divisions alongées ,
4 pétales et autant d'étamines : ses fruits sont des baies assez
petites , qui deviennent noires en mûrissant. ♄. Il croit dans les
bois , les haies et les lieux incultes : ses baies sont purgatives
et hydragogues : elles fournissent une couleur connue sous le nom
de *vert-de-vessie*.

4073. Nerprun des tein-   *Rhamnus infectorius.*
turiers.

Rhamnus infectorius. Linn. Mant. 49. Lam. Dict. 4. p. 463.
Duham. Arb. ed. 2. vol. 3. t. 11. — Clus. Hist. 1. p. 111. ic.

Cet arbrisseau ressemble beaucoup au précédent , mais il
s'élève de moitié moins; sa tige est moins droite et très-
rameuse dès sa base : son écorce est noirâtre : ses feuilles sont
ovales, elliptiques et un peu velues en dessous, particulièrement sur leurs nervures : ses fleurs sont dioïques, fort petites ,
nombreuses, jaunâtres et ramassées par bouquets axillaires ;
leurs calices ont 4 divisions courtes. ♭. Il croît dans les lieux
stériles et arides des provinces méridionales ; en Provence ;
dans le midi du Dauphiné ; en Languedoc, près de Montpellier ,
de Carcassone : ses baies donnent une teinture jaune qu'on emploie au défaut de la gaude , et sont connues sous le nom de
graine d'Avignon.

4074. Nerprun des rochers.   *Rhamnus saxatilis.*

Rhamnus saxatilis. Linn. spec. 1671. Jacq. Austr. t. 53. Lam.
Dict. 4. p. 463. — Clus. Hist. 1. p. 112. f. 1.

Cette espèce dépasse à peine 2-3 décim. de hauteur : ses
rameaux sont nombreux , noirâtres , très-épineux , disposés
en une touffe hérissée de tous côtés. Ses feuilles sont elliptiques , glabres , très-légèrement dentelées , plus fermes que
dans les espèces précédentes : les fleurs sont petites , hermaphrodites , pédicellées et axillaires : ses baies sont à 4 graines
(Hall.); elles donnent une teinture jaune , aussi bien que celles
de l'espèce précédente , avec laquelle celle-ci paroît avoir été
confondue par plusieurs auteurs. ♭. Elle croît parmi les rochers
dans les montagnes du Dauphiné; dans le Champsaur; au Noyer,
et aux environs de Gap (Vill.).

4075. Nerprun à feuilles d'olivier. *Rhamnus oleoides.*

Rhamnus oleoides. Linn. spec. 279. Lam. Fl. fr. 2. p. 545. —
Rhamnus pubescens. Lam. Dict. 4. p. 464.

Sa tige est haute de 12 à 15 décim. , très-rameuse et recouverte d'une écorce noirâtre ; ses feuilles sont oblongues , obtuses
à leur sommet , entières et souvent un peu roulées en leur bord ,
rétrécies vers leur pétiole, qui est assez court , pubescentes
en dessous, un peu veinées et d'un verd clair : ses fleurs sont
très-petites , jaunâtres , axillaires , solitaires , et portées sur

des pédoncules longs de 4 millim. ; leur calice est profondément quadrifide, et leur style n'a que 2 divisions. ♄. Cet arbrisseau croît entre Caunes et Carcassonne, où il a été trouvé par
Dom Fourmeault.

§. II. *Rameaux non épineux.*

4076. Nerprun alaterne.   *Rhamnus alaternus.*

> *Rhamnus alaternus.* Linn. spec. 281. Lam. Dict. 4. p. 471.
> Duham. Arb. ed. 2. vol. 3. t. 14.
> β. *Alaternus angustifolius.* Mill. Dict. n. 3.
> γ. *Alaternus minore folio.* Tourn. Inst. 595.

Arbrisseau de 5 mètres, toujours verd, très - rameux et
formant d'assez jolis buissons ; ses rameaux sont revêtus d'une
écorce unie et verdâtre ; ses feuilles sont pour la plupart alternes , pétiolées, ovales, quelquefois oblongues, dures, lisses
et dentées en leur bord : les fleurs sont axillaires, d'un verd
jaunâtre , presque sessiles et ramassées par petits bouquets ;
elles sont souvent unisexuelles , et ont 5 étamines : leur stigmate est à 5 divisions ; la variété β a les feuilles plus étroites; la
variété γ les a moins pointues et plus également dentées. ♄. Il
est commun à Nice (All.); en Provence ; dans le midi du
Dauphiné ; en Languedoc ; il se retrouve à Nantes (Bon.);
on le cultive dans les bosquets d'hiver.

4077. Nerprun bourdaine.   *Rhamnus frangula.*

> *Rhamnus frangula.* Linn. spec. 280. Lam. Illustr. t. 128. f. 1.
> Duham. Arb. ed. 2. vol. 3. t. 15.

Arbrisseau de 2-5 mètres, dont le bois est tendre , l'écorce
extérieure brune , et l'intérieure jaunâtre ; ses feuilles sont pétiolées , entières , ovales , un peu en pointe , et chargées de beaucoup
de nervures parallèles ; ses fleurs sont verdâtres , axillaires ,
pédonculées , peu ramassées et ordinairement toutes hermaphrodites; il leur succède des baies d'abord rougeâtres , mais
qui deviennent noires en mûrissant. ♄. On trouve cet arbrisseau dans les bois taillis et dans les lieux un peu humides ; son
écorce intérieure purge fortement par le haut et par le bas :
il porte les noms de *bourdaine*, *bourgène* , *aulne noir.*

4078. Nerprun des Alpes.   *Rhamnus Alpinus.*

> *Rhamnus Alpinus.* Linn. spec. 280. Lam. Dict. 4. p. 469. Duham.
> Arb. ed. 2. vol. 3. t. 13. — Hall. Helv. n. 823. t. 40.

Arbrisseau de 2 mètres , rameux , dont le bois est jaunâtre ,

et

et l'écorce de couleur brune ; ses feuilles sont pétiolées , ovales ,
glabres , très-ridées , finement denticulées en leur bord , et d'un
verd clair tirant sur le jaune : ses fleurs sont unisexuelles , qua-
drifides , axillaires , ramassées et portées par de courts pédoncules ; ses baies sont tétraspermes et noires dans leur maturité.
♄. On trouve cet arbrisseau dans les bois des montagnes ; dans
les basses Alpes du Dauphiné (Vill.); de Provence (Gér.); de
Piémont (All.); de Savoye.

4079. **Nerprun nain.**   *Rhamnus pumilus.*

Rhamnus pumilus. Linn. Mant. 49.
   α. Foliis obtusis subrotundis. — Rhamnus pumilus. Vill. Dauph.
     2. p. 538. Lam. Illustr. n. 2667.
   β. Foliis subacutis ovalibus. — Rhamnus rupestris. Scop. Carn.
     t. 5. — *Rhamnus pumilus.* Jacq. Coll. 2. p. 141. t. 11.

Sous-arbrisseau de 2-3 déc. , très-rameux dès sa base , et garni
de beaucoup de feuilles ovales , glabres en dessus , mais chargées quelquefois sur leurs nervures postérieures d'un duvet jaunâtre très-fin ; ses fleurs sont verdâtres , pédonculées , axillaires
et un peu ramassées dans la partie inférieure des jeunes pousses ;
elles sont composées de 5 étamines très-courtes et d'un pistil
à 5 divisions. La variété α a les feuilles arrondies et obtuses :
la variété β est un peu plus grande et a ses feuilles ovales ,
pointues aux 2 extrémités ; je connois l'une et l'autre trop
imparfaitement pour assurer si elles sont des espèces ou des
variétés. ♄. Cette plante croît dans les fentes des rochers des
montagnes ; la variété α se trouve dans les Alpes voisines du
Valais; dans le Champsaur et les montagnes du Dauphiné (Vill.);
au mont Cenis ; au-dessus de Césane dans les Alpes de Bardonache et de Pragelas (All.) ; la variété β croît sur les montagnes de Languedoc.

DCCXVI. JUJUBIER.   *ZIZYPHUS.*

Zizyphus. Tourn. Juss. Lam. Gœrtn. — *Rhamni sp.* Linn.

CAR. Le calice est ouvert , à 5 divisions , muni à sa base
interne d'un disque glanduleux auquel adhèrent les 5 pétales et
les 5 étamines ; l'ovaire est entouré par le disque , et porte 2
styles ; le fruit est une drupe ovoïde dont le noyau est à 2
loges et à 2 graines.

OBS. Arbres à feuilles alternes munies de 3 nervures à stipules remplacées par des épines.

4080. Jujubier commun. *Zizyphus vulgaris.*

Zizyphus vulgaris. Lam. Illustr. t. 185. f. 1. — *Rhamnus zizyphus.* Linn. spec. 282. Lam. Fl. fr. 2. p. 546. — *Zizyphus sativa.* Duham. Arb. ed. 2. vol. 3. t. 16.—*Zizyphus jujuba.* Mill.
Dict. n. 1. — Cam. Epit. 167. ic.

Grand arbrisseau dont l'écorce est brune , un peu gercée , et
la tige rameuse et tortueuse ; ses jeunes rameaux sont flexibles
et garnis à leur insertion de 2 aiguillons droits , presque égaux ;
ses feuilles sont ovales-oblongues , un peu dures , lisses , marquées de 5 nervures , légèrement dentées en leur bord et portées
par de courts pétioles ; les fleurs sont petites , axillaires , jaunâtres , ramassées et attachées à des pédoncules fort courts; les
baies sont d'un beau rouge dans leur maturité. ♄. Cet arbrisseau a été transporté de Syrie à Rome du temps d'Auguste ,
et s'est ensuite naturalisé sur tous les bords de la Méditerranée ;
à Nice (All.); en Provence , où il porte le nom de *chichour-
lier ;* en Languedoc , où on le nomme *guindoulier.*

DCCXVII. PALIURE. *PALIURUS.*

Paliurus. Tourn. Juss. Lam. Gœrtn. — *Rhamni sp.* Linn. —
Zizyphi sp. Wild.

Car. Ce genre diffère du précédent parce que l'ovaire porte
5 styles et se change en une drupe sèche entourée d'un large
rebord membraneux dont le noyau est à 2 ou 5 loges.

4081. Paliure piquant. *Paliurus aculeatus.*

Paliurus aculeatus. Lam. Illustr. t. 210. — *Rhamnus paliurus.*
Linn. spec. 281. — *Zizyphus paliurus.* Wild. spec. 1. p.
1103. — Cam. Epit. 80. ic.

Arbrisseau assez grand , dont l'écorce est unie , et les rameaux
étalés , plians et garnis à leur insertion de 2 aiguillons fort durs ;
ses feuilles sont alternes , pétiolées , ovales , à peine dentées ,
marquées de 5 nervures , glabres , d'un verd clair en dessous et
garnies à leur base de 2 aiguillons , dont un droit et l'autre
crochu ; ses fleurs sont jaunes , axillaires et disposées par petites
grappes ou bouquets lâches ; ses fruits sont remarquables par le
rebord qui les entoure et leur donne la forme d'un chapeau
dégancé. ♄. Il porte les noms d'*épine de Christ* , *portechapeau* ,
argalou , *arnavaou* , *paliure* , *capelets* ; il croît naturellement
dans le Montferrat , le val d'Aost , les environs de Nice (All.);
en Provence ; en Languedoc ; dans le midi du Dauphiné , près
Orange et Saint-Paul (Vill.).

SOIXANTE-QUINZIÈME FAMILLE.

BERBÉRIDÉES. *BERBERIDEÆ.*

Berberideæ. Juss. — *Papaverum gen.* Adans. — *Corydalium gen.* Linn.

Les Berbéridées n'ont pas un port qui leur soit propre et qui puisse les distinguer des autres polypétales, mais elles offrent dans la forme de leurs anthères et dans la position de leurs étamines, des caractères assez prononcés; leurs fleurs sont hermaphrodites; le calice est formé d'un nombre déterminé de divisions ou de folioles; les pétales sont en même nombre que les parties du calice, souvent placés devant chacune d'elles, simples ou munis à leur base d'une écaille en forme de pétale; les étamines sont hypogynes, placées devant chaque pétale; leurs anthères adhèrent aux filamens par leur surface externe, et s'ouvrent par une petite valve de la base au sommet; l'ovaire est simple; le style est nul ou solitaire et terminé par un stigmate ordinairement simple; le fruit est à une loge, le plus souvent à plusieurs graines; celles-ci sont insérées au fond de la loge, elles ont un périsperme charnu, un embryon droit à radicule inférieure et à cotylédons planes.

DCCXVIII. VINETTIER. *BERBERIS.*

Berberis. Tourn. Linn. Juss. Lam. Gœrtn.

Car. Le calice est à 6 folioles, muni de 3 bractées en dehors; la corolle à 6 pétales munis de 2 glandes à leur base interne; le stigmate est large, sessile, persistant; le fruit est une baie ovale, cylindrique, à une loge, à 2-3 graines.

4082. Vinettier commun. *Berberis vulgaris.*

Berberis vulgaris. Linn. spec. 471. Lam. Illustr. t. 253. f. 1. — Cam. Epit. 86. ic.

Arbrisseau médiocre, dont les tiges sont droites, le bois fragile et jaunâtre, l'écorce mince et cendrée, et qui est garni d'épines ternées à la base de ses rameaux; ses feuilles sont ovales, rétrécies en pétiole, dentées en scie sur leur bord, presque ciliées, d'un verd gai, alternes et disposées comme par paquets; ses fleurs sont jaunes et disposées en grappes axillaires et pendantes; leurs étamines sont au nombre de 6 et remarquables

par l'espèce de sensibilité dont elles sont pourvues , qui les
force de se replier sur le pistil , lorsqu'on les touche avec la
pointe d'une épingle ; les fruits sont des baies ovales , assez petites et d'une couleur rouge. ♭. Cet arbrisseau croît dans les
haies et sur le bord des bois ; sa racine est amère et styptique ,
et ses fruits sont très-rafraîchissans : on en cultive dans les jardins des variétés à fruit violet , à fruit jaune et à fruit sans noyau ;
mais ces variétés ne sont pas indigènes de France.

DCCXIX. ÉPIMÈDE.   *EPIMEDIUM.*

Epimedium. Tourn. Linn. Juss. Lam.

CAR. Le calice est à 4 folioles ouvertes, caduques , dont 2
munies d'une petite bractée à leur base ; la corolle est à 4 pétales , munis chacun d'une écaille pétaloïde qui naît de leur
base interne ; l'ovaire porte un style latéral et un stigmate simple ; le fruit est une silicule oblongue à une loge , à 2 valves ,
à plusieurs graines.

4083. Épimède des Alpes.   *Epimedium Alpinum.*

Epimedium Alpinum. Linn. spec. 171. Lam. Illustr. t. 83.

Cette plante s'élève à 2 décim. ; sa tige est cylindrique ,
garnie d'écailles à sa base , munie de 2 nœuds renflés et hérissés de poils ; du nœud supérieur partent 2 à 3 feuilles dont le
pétiole se renfle au sommet et donne naissance à 3 folioles pétiolées , en forme de cœur alongé , glabres en dessus , garnies
en dessous de longs poils épars , bordées de cils durs et presque
épineux ; deux de ces folioles ont l'oreillette externe plus grande
que l'autre ; du nœud inférieur de la tige part le pédoncule
floral , qui est hérissé , ainsi que les pédicelles , et qui soutient
une panicule très-lâche ; les fleurs sont d'un rouge foncé et
munies extérieurement de cornets jaunes ; les anthères sont
droites , à 2 corps alongés , placés dans deux sillons longitudi-
naux qu'elles abandonnent pour se recoquiller au haut du filet. ♃. Elle croît dans les lieux ombragés des montagnes ; en
Bourgogne , près Dijon , au Mont-Saint-Afrique (Lam.); en
Piémont , dans les Alpes de Garressio , d'Ivrée , de Bugelle ,
et dans la vallée de la Sesia (All.). M. Nestler l'a trouvée
en Alsace , mais une note manuscrite insérée par Lindern dans
son *Tournefortius Alsaticus* , lui a appris que c'étoit ce botaniste qui avoit naturalisé cette plante plus de 60 ans aupa-
ravant.

SOIXANTE-SEIZIÈME FAMILLE.

PAPAVÉRACÉES. *PAPAVERACEÆ.*

Papaveraceæ. Juss. — *Rhœadeæ et Corydalium gen.* Linn. — *Papaverum gen.* Adans.

Les Papavéracées tiennent le milieu entre les Crucifères, les Berbéridées et les Renonculacées, mais se distinguent par un port et par des caractères particuliers ; leur suc propre est le plus souvent coloré en jaune, quelquefois blanc, rarement aqueux ; leurs tiges sont ordinairement herbacées, rameuses, garnies de feuilles alternes, simples ou lobées ; les fleurs sont tantôt solitaires et terminales, tantôt disposées en grappe ou en panicule.

Le calice est le plus souvent à 2 feuilles caduques ; la corolle est ordinairement à 4 pétales réguliers, quelquefois irréguliers ; les étamines sont insérées sous le pistil, en nombre indéterminé dans la première section, fixe dans la seconde ; leurs anthères sont à 2 loges marquées de 4 sillons, souvent adhérentes aux filamens par toute leur surface externe ; l'ovaire est simple, libre ; le style est ordinairement nul ; le stigmate est divisé, et offre dans plusieurs genres un plateau orbiculaire marqué de lignes calleuses disposées comme les rayons d'une roue : le fruit est à une loge, ordinairement à plusieurs graines ; celles-ci sont attachées à des placenta latéraux, demi-couvertes par des enveloppes membraneuses ; elles ont un périsperme charnu, un embryon droit, une radicule inférieure.

** Étamines en nombre indéterminé.*

DCCXX. NÉNUPHAR. *NYMPHÆA.*

Nymphæa. Tourn. Linn. Juss. Lam. Gœrtn.

Car. Le calice est à 4-5 feuilles ; la corolle est à plusieurs pétales, ordinairement disposés sur plusieurs rangs, dont les intérieurs ressemblent aux filets des étamines ; celles-ci sont très-nombreuses, disposées sur plusieurs rangs ; l'ovaire est libre, sans style, muni d'un plateau orbiculaire, sur lequel sont disposés 8-10 stigmates linéaires, rayonnans : le fruit est une baie sèche, globuleuse ou conique, qui est divisée en autant de loges qu'il y a de stigmates, et qui renferme un grand nombre de graines; celles-ci sont ovoïdes, lisses, munies d'un grand périsperme farineux; à la base de ce périsperme, est un embryon en forme de toupie, revêtu d'une tunique propre, et divisé en 2 cotylédons distincts (Bull. Phil. n. 57. t. 3.).

Obs. Les nénuphars sont des plantes aquatiques dont la tige (regardée jusqu'ici comme une racine) est couchée au fond de l'eau, et dont les pétioles et les hampes prennent un accroissement déterminé par la profondeur de l'eau; les feuilles flottent à sa surface, et ont leurs pores corticaux à leur face supérieure.

4084. Nénuphar jaune.   *Nymphæa lutea.*

Nymphæa lutea. Linn. spec. 729. Lam. Dict. 4 p. 455. — Cam. Epit. 635. ic.

Une souche longue, épaisse, charnue et garnie d'écailles brunâtres, donne naissance à des radicules fibreuses, et émet en dessus des feuilles et des fleurs dont les supports s'alongent jusqu'à la surface de l'eau; la feuille est entière, large, arrondie en forme de cœur, ayant les lobes de sa base assez rapprochés; la fleur est d'un beau jaune, exhale une odeur analogue à celle du citron, et se soutient constamment à 1 décim. environ au-dessus de la surface de l'eau; son calice est à 5 grandes folioles jaunâtres et arrondies; les pétales sont très-petits, disposés sur 1 ou 2 rangées; le fruit est conique. ♃. Cette plante croît dans les étangs et les fossés d'eau douce et tranquille.

4085. Nénuphar blanc.   *Nymphæa alba.*

Nymphæa alba. Linn. spec. 729. Lam. Dict. 4. p. 455. — *Nymphæa officinalis.* Gat. Fl. montaub. 99. — Cam. Epit. 634. ic.

Sa souche est longue, épaisse, charnue, noueuse, couverte d'écailles brunes, et pousse les feuilles et les hampes qui soutiennent les fleurs; ses feuilles sont larges, arrondies, cordiformes, épaisses, très-lisses, et portées sur des pétioles qui s'alongent jusqu'à la surface de l'eau, où elles restent flottantes; ses fleurs sont grandes, s'épanouissent à la surface de l'eau, composées de beaucoup de pétales blancs, plus larges et un peu plus longs que les folioles du calice, lesquelles sont au nombre de 4; les pétales intérieurs vont en diminuant de grandeur; le fruit est globuleux. ♃. On trouve cette plante dans les étangs et les eaux tranquilles ou peu agitées : elle porte les noms de *lunette d'eau*, *lys des étangs*.

DCCXXI. PAVOT.   *PAPAVER.*

Papaver. Tourn. Linn. Juss. Lam. Gœrtn.

CAR. Le calice est caduc à 2 folioles ; la corolle à 4 pétales ;
le stigmate persistant, en bouclier, à 6-12 rayons ; la capsule
est oblongue ou globuleuse, s'ouvrant par plusieurs trous sous
la couronne du stigmate, divisée en 6-12 loges par des cloisons
qui n'atteignent pas le centre ; les graines sont très-nombreuses,
adhérentes à des placenta qui sont insérés sur les parois de la
capsule.

OBS. Le suc est jaune ou blanc, toujours épais, un peu
visqueux, âcre et narcotique ; les graines sont huileuses et
exemptes de toute propriété somnifère.

§. Ier. *Capsules hérissées.*

4086. Pavot hybride.   *Papaver hybridum.*

Papaver hybridum. Linn. spec. 725. — *Papaver hispidum.* Lam.
Fl. fr. 3. p. 174. — Lob. ic. 276. f. 1.

Sa tige est haute de 5 décim, un peu rameuse, feuillée
et légèrement velue ; ses feuilles sont 2 ou 3 fois pinnatifides,
et leurs découpures sont étroites, pointues et terminées par
une petite barbe ou un filet particulier, elles sont vertes en
dessus, un peu blanchâtres en dessous, et chargées de quelques
poils en leur bord et sur leurs nervures postérieures ; ses fleurs
sont rouges, terminales et assez petites ; leurs pétales ont les
onglets noirâtres, et la capsule qui leur succède est ovale-glo-
buleuse, très-hérissée de poils roides, dont les sommets se courbent et regardent en haut. ☉. On trouve cette plante dans les
lieux cultivés et les champs, aux environs de Paris, etc. etc.

4087. Pavot argemoné.   *Papaver argemone.*

Papaver argemone. Linn. spec. 725. — *Papaver clavigerum.*
Lam. Fl. fr. 3. p. 175. — Lob. ic. t. 276. f. 2.

Sa racine est dure, presque ligneuse, divisée au sommet
en 2-3 souches, d'où sortent plusieurs tiges feuillées, un peu
étalées, longues de 2 décim., hérissées de poils couchés vers
le haut de la plante et dressés dans le bas ; les feuilles sont
deux fois pinnatifides, hérissées sur les nervures, à découpures étroites, pointues et souvent terminées par un poil ; les fleurs
sont rouges, tachées de noir à leur onglet, plus petites que
celles du coquelicot, portées sur des pédoncules longs, divergens et uniflores ; leur capsule est oblongue, rétrécie à la

base , en forme de massue , hérissée de poils rares , à 6 nervures longitudinales, à 6 valves comme celle des argemonés. ☉.
Elle croit dans les champs et les lieux cultivés.

4088. Pavot des Alpes.   *Papaver Alpinum.*

Papaver Alpinum. Linn. spec. 725. Lam. Fl. fr. 3. p. 174. Jacq.
Austr. t. 83. — *Papaver burseri.* Crantz. Austr. t. 6. f. 4.

Sa racine pousse une ou plusieurs tiges assez courtes , quelquefois cachées à fleur de terre , couvertes d'écailles , qui sont
les débris des anciennes feuilles ; les feuilles sont glabres ,
nombreuses , presque radicales , réunies en touffe , pétiolées ,
2 fois pinnatifides , à lobes étroits , pointus et divisés ; les pédoncules sont droits , grêles , uniflores , longs de 1-2 décim. ,
un peu velus ; ils sortent d'entre les feuilles et paroissent naître
de la racine , lorsque la tige est très-courte ; ces fleurs sont
grandes , d'un blanc jaunâtre avec l'onglet plus foncé ; la capsule est ovale , hérissée ; le stigmate est à 5 rayons. ♃. Elle
croît dans les fentes des rochers et dans les lieux pierreux et
découverts des hautes montagnes ; dans les Alpes de la Savoye ;
du Piémont ; du Dauphiné ; de la Provence ; dans les Pyrénées ; à
Villemagne , Fougères et Lespinouse , près Montpellier (Gou.).

§. II. *Capsules glabres.*

4089. Pavot coquelicot.   *Papaver rhœas.*

Papaver rhœas. Linn. spec. 726. Lam. Fl. fr. 3. p. 172. —
Blackw. t. 2. et t. 560.

Sa tige est droite , rameuse , chargée de poils un peu distans et ouverts , et s'élève jusqu'à 5 décim. ; ses feuilles sont
presque ailées et découpées profondément en lanières assez
longues , velues , pointues , et dentées ou pinnatifides ; ses fleurs
sont grandes , terminales , et d'un rouge éclatant ; leurs pétales
ont une tache noirâtre à leur base ; les étamines sont au nombre de 150 au moins ; leurs filamens sont mordorés et leurs
anthères noires ; la capsule est lisse , en forme de toupie
ovoïde , nullement sillonnée , à 10 loges , et le stigmate est
à 10 rayons. ☉. Cette plante est commune dans les champs ,
parmi les bleds ; on en cultive dans les jardins une variété à
fleur double , et une autre très-élégante , dont les pétales sont
bordés d'une bande blanche. Haller en cite une variété à fleur
blanche.

4090. Pavot douteux.   *Papaver dubium.*

Papaver dubium. Linn. spec. 726. — *Papaver parviflorum.* Lam.
Fl. fr. 3. p. 173. — Moris. 2. s. 11. t. 14. f. 11.

Cette espèce a beaucoup de rapport avec la précédente ; sa
tige est droite , rameuse et chargée de poils écartés , couchés
dans sa partie supérieure , et ouverts ou redressés vers sa base ;
elle s'élève jusqu'à 5 décim. ; ses feuilles sont glabres en dessus,
velues en dessous, 1 ou 2 fois pinnatifides et à découpures très-
menues ; ses fleurs sont petites , terminales et de couleur rouge ;
il leur succède des capsules alongées , un peu grèles , et terminées par un plateau à 6 ou 7 rayons. ☉. Cette plante croît dans
les champs et les lieux cultivés , aux environs de Paris , etc.

4091. Pavot somnifère.   *Papaver somniferum.*

Papaver somniferum. Linn. spec. 726. Lam. Fl. fr. 3. p. 172.
Illustr. t. 451. Bull. Herb. t. 57.
β. *Semine nigro.* C. Bauh. pin. 170.

Sa tige est droite , cylindrique , lisse , plus ou moins rameuse , et s'élève jusqu'à 1 mètre ; ses feuilles sont embrassantes , incisées , inégalement dentées , lisses , glabres , et d'un
verd glauque ; ses fleurs sont grandes , terminales et penchées
avant leur épanouissement ; leur calice est glabre ; leurs pétales
ont une tache d'un rouge noirâtre et livide à leur base , et leurs
pédoncules sont hérissés de quelques poils redressés et distans. ☉.
Cette plante , indigène du midi de l'Europe , croît dans les jardins
et les lieux cultivés. La variété β a la graine noire , tandis que
les autres ont la graine blanche : on cultive dans les parterres
une variété à fleur double , très-grosse , et une autre qu'on désigne sous le nom de *pavot frisé* , qui a les pétales incisés et
crépus au sommet : ces variétés présentent différentes nuances
dans leur couleur ; on en trouve à pétales entièrement blancs ,
à pétales d'un lilas pâle avec l'onglet d'un violet pourpre , à limbe
blanc , rose , ponceau ou violet, avec l'onglet pourpre. La graine
de pavot donne l'huile d'*œillette ;* le suc de sa tige et de sa capsule , épaissi en extrait, est connu sous le nom d'*opium.*

4092. Pavot du pays de Galles. *Papaver Cambricum.*

Papaver Cambricum. Linn. spec. 727. — *Papaver luteum.* Lam.
Fl. fr. 3. p. 173. — Dill. Elth. 2. p. 300. t. 223. f. 290.

Sa tige est droite , presque glabre , feuillée dans sa moitié
inférieure , et s'élève jusqu'à 5 décim. ; ses feuilles sont ailées ,

légèrement velues , et d'une couleur glauque en dessous ; leurs
folioles sont incisées , pinnatifides et un peu courantes sur leur
pétiole commun ; ses fleurs sont au nombre de 2 ou 3 , terminales , assez grandes , portées sur de longs pédoncules , et d'un
jaune tirant sur la couleur du soufre ; il leur succède des capsules ovales , rétrécies vers leur base , glabres , à 4 côtes blanches
et longitudinales , et terminées par un stigmate en bouton à 5
ou 6 rayons seulement. ♃. Cette plante a été observée dans les
Pyrénées , à Salvanaire , du côté de Barrèges , dans les montagnes
d'Auvergne , au Puy-de-Dôme , au Mont-d'Or , au Cantal , au
Puy-Mari , sur la montagne de Côme , à Orcival , et auprès
du pont de la Chartreuse ; dans les montagnes du Lyonnois
(Latourr.).

DCCXXII. CHÉLIDOINE. *CHELIDONIUM.*

Chelidonium. Linn. Lam. — *Chelidonium et Glaucium.* Tourn.
Juss. Gœrtn.

Car. Le calice est caduc , à 2 folioles ; la corole est à 4 pétales ; l'ovaire porte un stigmate en tête à 2 lobes épais ; la capsule est alongée , presque cylindrique , semblable à une silique , composée de 2 (quelquefois 3) valves ; les graines adhèrent
le long de deux placenta situés entre les sutures des valves , et
persistans même après leur séparation.

Obs. Dans la première section , l'espace compris entre les
deux placenta est vide , de sorte que la capsule paroît à une
loge ; dans la seconde , cet espace est rempli par une moëlle
fongueuse , qui ressemble à une cloison , et fait paroître la
capsule à 2 loges : dans l'une et l'autre , le suc propre est d'un
jaune orangé.

§. Ier. *Capsule lisse (Chelidonium , Juss.).*

4093. Chélidoine éclaire.   *Chelidonium majus.*

Chelidonium majus. Linn. spec. 723. Lam. Illustr. t. 450. f. 1.
— *Chelidonium hæmatodes.* Mœnch. Meth. 249. — Fuchs.
Hist. 865. ic.
β. *Chelidonium laciniatum.* Mill. ic. t. 92. —*Chelidonium quer-
cifolium.* Thuil. Fl. paris. II. 1. p. 261. — Clus. Hist. 2. p.
203. f. 2.

Ses tiges sont cylindriques , rameuses, quelquefois un peu
velues, et s'élèvent jusqu'à 5 décim. ; ses feuilles sont grandes,
molles , découpées , ailées ou profondément pinnatifides , à lobes
ou découpures arrondis ou obtus , vertes en dessus , et d'une

couleur glauque en dessous ; ses fleurs sont jaunes et plus
petites que celles des espèces suivantes ; leurs pédoncules particuliers sont réunis sur les pédoncules communs, en manière
d'ombelles ; les siliques sont grèles, et n'ont pas 6 centim. de
longueur. La variété β ne paroît différer de la précédente que
parce qu'elle a les lobes de ses feuilles beaucoup plus découpés,
et les pétales eux-mêmes laciniés. ♃. Cette plante est pleine d'un
suc jaune très-âcre ; elle est commune dans les haies, les lieux
couverts et sur les vieux murs. Elle est connue sous les noms
d'*éclaire*, de *grande éclaire*, de *chélidoine*.

§. II. *Capsule rude (Glaucium, Juss.)*.

4094. Chélidoine glauque. *Chelidonium glaucium.*

> *Chelidonium glaucium.* Linn. spec. 724. Lam. Dict. 1. p. 714.—
> *Glaucium flavum.* Crantz. Austr. 141. — *Glaucium luteum.*
> Scop. Carn. ed. 2. n. 63.— *Chelidonium glaucum.* Thor. Chl.
> Land. 228. — *Glaucium glaucum.* Mœnch. Meth. 249. —Cam.
> Epit. 805. ic.

Ses tiges sont rameuses, ordinairement un peu couchées,
longues de 3-6 décim., lisses, entièrement glabres ou quelquefois légèrement hérissées de poils courts et distans dans leur
partie supérieure ; ses feuilles sont alternes, embrassantes, sinuées, pinnatifides, un peu charnues, très-lisses, ou quelquefois aussi hérissées de poils courts, droits et écartés : elles sont,
ainsi que les tiges, remarquables par une couleur très-glauque
et b'anchâtre : les fleurs sont jaunes, grandes et assez semblables à celles des pavots ; il leur succède des siliques longues de
2 décim. ☉. Cette plante croît dans les graviers le long des lacs
et des rivières, et dans les lieux sablonneux et découverts ; au
bois de Boulogne près Paris ; en Dauphiné ; en Piémont ; en
Provence (Gér.) ; à Cette au pont de la Peyrade (Gou.) ; à
Montauban (Gat.) ; sur les côtes près Nantes (Bon.) ; à Lavier, Port et Saint-Valery (Bouch.).

4095. Chélidoine cornue.   *Chelidonium cornicu-*
latum.

> *Chelidonium corniculatum.* Linn. spec. 724. — *Chelidonium*
> *phœniceum.* Lam. Fl. fr. 3. p. 169. — *Glaucium phœniceum.*
> Crantz. Austr. 141. — Clus. Hist. 2. p. 91. f. 2.
> β. *Chelidonium glabrum.* Mill. Dict. n. 5. — Clus. Hist. 2. p.
> 92. f. 1.

Ses tiges sont hautes de 3 décimètres ou un peu plus, très-rameuses et hérissées de poils blancs un peu écartés ; ses feuilles sont sessiles, presque embrassantes, profondément pinnatifides, hérissées de poils blancs dans la variété *α*, glabres dans la variété *β* : leurs découpures sont pointues et dentées, et leurs angles rentrans sont arrondis ; les pédoncules sont uniflores ; les pétales sont rouges, avec une tache violette ou noirâtre en leur onglet, et les siliques sont longues de 12–15 centim. ; le stigmate est à 2 divisions ; la capsule est à 2 valves. ☉. Elle croît dans les champs parmi les moissons ; aux environs de Nice (All.) ; à Villeneuve et à la mer près Montpellier (Gou.).

4096. Chélidoine hybride. *Chelidonium hybridum.*

Chelidonium hybridum. Linn. spec. 724. Lam. Dict. 1. p. 714.
— *Chelidonium violaceum.* Lam. Fl. fr. 3. p. 169. — *Glaucium trivalve.* Mœnch. Meth. 249. —Clus. Hist. 2. p. 92. f. 2.

Cette espèce s'éloigne un peu des autres chélidoines par son stigmate à 3 divisions, et sa capsule à 3 valves ; sa tige est rameuse, lisse ou chargée de quelques poils écartés, et s'élève jusqu'à 5 décim. ; ses feuilles sont alternes, sessiles, profondément découpées, deux ou trois fois pinnatifides, et à pinnules étroites, pointues et presque linéaires ; ses fleurs sont grandes, d'un violet foncé, et solitaires sur leur pédoncule ; les pétales ont une tache noire en leur onglet, et les siliques n'ont que 6 ou 9 centim. de longueur. ☉. Elle croît dans les champs parmi les bleds ; à Orange, St.-Paul-Trois-Châteaux (Vill.) ; en Provence (Gér.) ; en Languedoc (Lam.) ; à Salason vers Gramont, Mauguio et Castelnau, près Montpellier (Gou.).

**** *Etamines en nombre déterminé.***

DCCXXIII. CORYDALIS. *CORYDALIS.*

Corydalis. Vent. — *Capnoides.* Tourn. Gærtn. Mœnch. — *Fumariæ sp.* Linn. Juss. Lam.

Car. Le calice est très-petit ; la corolle à 4 pétales inégaux, irréguliers, dont un (ou quelquefois deux dans certaines espèces exotiques) se prolonge en éperon : les filamens des étamines sont soudés en 2 faisceaux qui portent chacun 3 (quelquefois une) anthères ; le fruit est une capsule en forme de silique, à une loge, à 2 valves, à plusieurs graines ; celles-ci sont portées sur 2 placenta filiformes insérés entre les sutures des valves.

Obs. Ce genre a la fleur des fumeterres, et le fruit des chélidoines.

4097. Corydalis tubéreuse.   *Corydalis tuberosa.*

Fumaria bulbosa , α. Linn. spec. 983. Lam. Dict. 2. p. 570. —
Fumaria cava. Retz. Prod. ed. 2. n. 860. — *Fumaria bulbosa.*
Wild. spec. 3. p. 860. — *Fumaria major.* Roth. Germ. I. p.
300. — *Capnoides cava.* Mœnch. Meth. 52. — Lob. ic. 759. f. 1.

Sa racine est composée d'un tubercule épais, irrégulier, arrondi ou oblong, quelquefois solide, plus ordinairement creux,
et qui émet des radicules de plusieurs points de sa surface : son
collet donne naissance à 2 ou 3 feuilles radicales et à une tige
simple, chargée de 2 feuilles alternes, haute de 3 décim., terminée par une grappe simple et droite : les feuilles sont pétiolées, trois fois divisées en 3 branches, à folioles larges, glauques, à-peu-près en forme de coin, divisées en 3 lobes incisés ou dentés au sommet : les fleurs sont grandes, portées sur
un court pédicelle, placées dans une position horizontale, de
couleur purpurine ou quelquefois blanches ; leurs bractées sont
grandes, ovales-lancéolées, parfaitement entières ; leur éperon
est très-obtus, courbé en crosse au sommet. ♃. Elle croît le
long des haies, au bord des bois dans les lieux ombragés et fertiles. Elle fleurit au printemps.

4098. Corydalis bulbeuse.   *Corydalis bulbosa.*

Fumaria bulbosa , γ. Linn. spec. 983. Lam. Dict. 2. p. 570. var.
β. — *Fumaria bulbosa.* Retz. Prod. ed. 2. n. 858. — *Fumaria
Halleri.* Wild. spec. 3. p. 863. Fl. dan. t. 1224. — *Fumaria
minor.* Roth. Germ. I. p. 300. — *Fumaria solida.* Smith. Fl.
brit. 748. — *Capnoides solida.* Mœnch. Meth. 52. — Lob.
ic. 759. f. 2.

Sa racine est composée d'un tubercule sphérique, solide,
émettant des radicules par la base seulement, enveloppé de tu-
niques membraneuses qui ressemblent à celles des véritables
bulbes, et qui paroissent de même les rudimens des anciennes
feuilles radicales ; celles-ci sont souvent avortées : la tige est
simple ou bifurquée, haute de 2 décim., chargée de 3 ou 4
feuilles ; la feuille inférieure est le plus souvent réduite à une
simple gaîne membraneuse ; les autres sont 3 fois divisées en 3
branches, à folioles oblongues, souvent entières, quelquefois
trifurquées : les fleurs sont purpurines, plus petites que dans
l'espèce précédente, portées sur des pédicelles un peu plus
longs, disposées en une grappe simple ; leurs bractées sont
grandes, larges, découpées au sommet en 5 ou 7 lobes linéaires
et parallèles : l'éperon est presque droit, le plus souvent dirigé

de bas en haut. ♃. Cette plante croît dans les lieux ombragés
et un peu humides, parmi les saules et dans les montagnes.

4099. Corydalis jaune.   *Corydalis lutea.*

Fumaria lutea. Linn. Mant. 258. Lam. Dict. 2. p. 569. — *Fumaria capnoides.* All. Ped. n. 1084. non Linn. — *Capnoides
lutea.* Gœrtn. Fruct. 2. p. 163. t. 115. f. 3.—*Corydalis.* Matth.
808. ic. —*Barckhausenia lutea.* Fl. wett. 3. p. 19. —Lob. ic.
758. f. 2. — Hall. Helv. n. 347. —Dalech. Hist. 1293. f. 1.

Sa racine est fibreuse; ses tiges sont hautes de 2 décim.,
menues, lisses et fort tendres; ses feuilles sont très-découpées,
et leurs ramifications sont terminées par des espèces de folioles
ou des lobes élargis, incisés, obtus et d'un verd glauque un peu
cendré : les fleurs sont jaunes, disposées en grappes courtes,
lâches et garnies de bractées fort petites et très-pointues; leur
éperon est court, très-obtus; leur capsule est plus courte que
la corolle, oblongue, un peu crêpue, et renferme 6-8 graines
noires, lisses, comprimées. ♃. Cette plante croît dans les lieux
montueux des provinces méridionales; aux environs de Narbonne; de Nice (All.).

4100. Corydalis à vrilles.   *Coridalis claviculata.*

Fumaria claviculata. Linn. spec. 985. Fl. dan. t. 340. — Lob.
ic. t. 758. f. 1.

Sa tige est grèle, foible, grimpante, longue de 2-4 décim.;
ses feuilles ont un pétiole rameux, terminé par une vrille rameuse, chargé par 2 ou (dans le bas de la plante) 4 branches
opposées 2 à 2, divisées en 5 lobes ovales – oblongs, rétrécis
en pétioles à leur base, et imitant de vraies folioles; leur
consistance est délicate; les pédoncules sont axillaires ou opposés aux feuilles, longs de 4 centim., chargés de 7-8 fleurs
jaunes assez petites, disposées en grappe. Je n'ai pas vu les
fruits, qui, selon Smith, sont des siliques lancéolées, lisses,
remplies de 2-3 graines. ☉. Elle croît dans les lieux pierreux
parmi les buissons, le long des haies. M. Dégland l'a trouvée
dans les environs de Rennes. On la trouve dans le bois de Launay et à Gigant près Nantes (Bon.); aux environs du Mans
(Desp.); le long des vignes en Languedoc (Lam.), à Fabrègue,
Mijoulan et Launac près Montpellier (Gou.).

DCCXXIV. FUMETERRE.   *FUMARIA.*

Fumaria. Tourn. Gœrtn. Mœnch. Vent. — *Fumariæ sp.* Linn.
Juss. Lam.

Car. Le calice est très-petit; la corolle à 4 pétales inégaux,

irréguliers, dont un prolongé en éperon ; les filamens des étamines sont soudés en 2 faisceaux qui portent chacun 3 anthères ;
le fruit est une noix sphérique à une loge, à une graine attachée
par un cordon ombilical, à la paroi intérieure du fruit.

4101. Fumeterre grimpante.   *Fumaria capreolata.*

Fumaria capreolata. Linn. spec. 985. Smith. brit. 751. — *Fumaria officinalis, var.* Huds. Angl. 309. Ger. Gallopr 293.

Sa tige est rameuse, foible, grimpante, longue de 5 décim.
et plus ; ses feuilles sont deux fois ternées, à folioles plus larges
que dans la fumeterre officinale, et divisées en 5 lobes oblongs
terminés par une petite pointe : dans les feuilles du haut de la
plante, les branches des pétioles se courbent et s'entortillent
autour des corps voisins, de sorte qu'elles ressemblent alors à de
véritables vrilles : les fleurs sont disposées en épi lâche, plus
grandes que dans la fumeterre officinale ; leur corolle est couleur de chair, avec le sommet d'un pourpre noir ; après la fleuraison, les pédicelles se courbent et portent une capsule globuleuse, lisse, presque luisante. ⊙. Cette plante croît dans les
champs et le long des haies humides ; en Languedoc ; en Provence (Gér.) ; entre la Prea et Rastello en Piémont (All.) ;
à la plaine de Launac et à Fabrègues près Montpellier (Gou.).

4102. Fumeterre officinale.   *Fumaria officinalis.*

Fumaria officinalis. Linn. spec. 984. Lam. Dict. 2. p. 507. Fl.
fr. 2. p. 669. var. *a.* — Fuchs. Hist. 338. ic.

Ses tiges sont menues, rameuses, diffuses, lisses, tendres,
et hautes de 2-3 décim. ; ses feuilles sont très-divisées, et
leurs découpures sont un peu élargies, planes, légèrement obtuses et jamais capillaires : les fleurs forment des épis assez
lâches, et varient du rouge pâle au pourpre, sur-tout le sommet de leur corolle, qui est toujours taché d'un rouge foncé ;
on en trouve une variété à fleur blanche ; les calices sont dentelés ; les fruits sont des capsules monospermes, globuleuses,
très-obtuses, presque échancrées au sommet, lisses et non tuberculeuses. ⊙.Elle croît dans les jardins, les champs et les lieux
cultivés ; elle est un peu amère, incisive, apéritive et utile
dans les maladies de la peau.

4103. Fumeterre à petite fleur. *Fumaria parviflora.*

Fumaria parviflora. Lam. Dict. 2. p. 567. — *Fumaria spicata,*
β. Linn. Syst. Nat. ed. 13. p. 470. Lam. Fl. fr. 2. p. 669. —
Vaill. Bot. 56. t. 10. f. 5.

Sa tige est grêle, rameuse, étalée, longue de 2-3 décim.;

ses feuilles sont plusieurs fois découpées, à folioles linéaires,
étroites, courbées en gouttière, et en apparence presque filiformes : les fleurs sont très-petites, blanches, avec le sommet
brun, disposées en épis lâches; les capsules sont globuleuses,
légèrement terminées en pointe, et ne sont pas lisses à leur
surface. ⊙. Cette plante croît dans les champs sablonneux aux
environs de Paris, à St.-Maur, à Châtillon, à Arcueil, au
côteau de Beauté, etc.; à Montpellier (Magn.) dans les
vignes de Boutonet (Ray.); en Provence (Gér.); en Auvergne (Delarb.).

4104. Fumeterre en épi.   *Fumaria spicata.*

> *Fumaria spicata.* Linn. spec. 985. Lam. Dict. 2. p. 567. — *Fu-*
> *maria spicata*, α. Lam. Fl. fr. 2. p. 669. — Clus. Hist. 2. p.
> 208. f. 2.

Ses tiges sont nombreuses, droites, lisses, tendres, hautes
de 2 décim.; ses feuilles sont glauques, assez semblables à
celles des aneths, découpées en lanières nombreuses, fines,
déliées et capillaires; ses fleurs sont rouges, avec le sommet
d'un pourpre noirâtre, pendantes, disposées en épis courts,
serrés et ovoïdes : les capsules sont monospermes, comprimées,
ovales, entourées d'un rebord calleux; on en trouve des individus dont la fleur est blanchâtre, tachée de brun. ⊙. Elle croît
dans les champs et les lieux cultivés des provinces méridionales;
à Nice (All.); en Provence (Gér.); aux environs d'Hyères
(Ray.); en Languedoc; aux environs de Montpellier (Gou.);
au Buis et à Montélimart (Vill.).

DCCXXV. HYPÉCOUM.   *HYPECOUM.*

> *Hypecoum.* Tourn. Linn. Juss. Lam. Gœrtn.

Cᴀʀ. Le calice est très-petit, à 2 folioles; la corolle est à 4
pétales divisés en 3 lobes; les 2 pétales intérieurs sont petits et
rapprochés; les étamines sont au nombre de 4; l'ovaire porte
2 styles courts; la capsule est alongée, semblable à une silique
marquée d'articulations transversales qui renferment chacune
une graine.

4105. Hypécoüm couché.   *Hypecoum procumbens.*

> *Hypecoum procumbens.* Linn. spec. 181. Lam. Illustr. t. 88. —
> *Hypecoum nodosum.* Lam. Fl. fr. 2. p. 640. — Lob. ic. t. 744.

· Ses tiges sont longues de 2 – 3 décim., un peu inclinées,
nues et simples dans toute leur moitié inférieure, et divisées
en

en 2 ou 3 rameaux courts vers leur sommet : à l'origine de
ces rameaux, ou trouve quelques feuilles découpées très-menu ;
les feuilles de la racine sont grandes, moins longues, malgré
cela, que les tiges, alternativement ailées, et les pinnules multifides ou surcomposées ; elles sont molles et d'un verd glauque : les fleurs sont jaunes et disposées au sommet des rameaux :
les siliques sont articulées, comprimées, courbées et un peu penchées. ☉. Cette plante croît dans les champs en Provence, sur-
tout vers les bords de la mer (Gér.); à Orange et à Montélimart (Vill.); à Cette et aux environs de Montpellier (Gou.);
dans l'isle de Corse. On la nomme vulgairement *cumin cornu*.

4106. Hypécoüm pendant. *Hypecoum pendulum.*

Hypecoum pendulum. Linn. spec. 181. Lam. Dict. 3. p. 161. —
Lob. ic. 743. f. 2.

Cette espèce est un peu plus petite que la précédente ; ses
tiges n'ont qu'un décim. de longueur, et surpassent à peine
la grandeur des feuilles radicales ; elles sont presque simples,
et portent à leur sommet une ou deux petites fleurs jaunes et
pédonculées : les feuilles radicales sont un peu redressées,
molles, assez étroites et découpées très-menu : les siliques
sont cylindriques, non articulées et tout-à-fait pendantes. ☉.
On trouve cette plante dans les champs aux environs d'Aix en
Provence (Gér.); de Montpellier (Gou.); elle est plus rare que
la précédente.

SOIXANTE-DIX-SEPTIÈME FAMILLE.

CRUCIFÈRES. *CRUCIFERÆ.*

Cruciferæ. Tourn. Adans. Juss. Lam. — *Siliquosæ.* Linn.

La famille des Crucifères, ainsi nommée parce que les fleurs
ont 4 pétales disposés en croix, est l'une de celles où les espèces sont liées entre elles par les rapports les plus intimes,
et qui ont été admises par tous les botanistes ; elle se rapproche
des Papavéracées et des Capparidées, parmi lesquelles on observe quelques genres à 4 pétales, à 6 étamines, à fruit siliqueux, et dont les graines sont placées sur des placenta situés
entre les valves. Les Crucifères sont la plupart des herbes
vivaces ou bisannuelles ; leur racine est souvent fusiforme ou

tubéreuse ; leurs feuilles alternes, entières, dentées ou tellement découpées, qu'elles semblent composées ; les poils sont,
dans un grand nombre d'espèces, rameux ou rayonnans ; les
fleurs sont, dans presque toutes, disposées en grappes simples,
d'abord serrées et semblables à un corimbe, mais dont l'axe
s'alonge après la fleuraison.

Le calice est à 4 folioles oblongues, concaves, caduques,
lâches ou serrées ; souvent deux d'entre elles sont bosselées à
la base ; la corolle est à 4 pétales portés sur un disque hypogyne, munis d'un onglet égal à la longueur du calice, et disposés en croix ; les étamines sont au nombre de 6, insérées
avec les pétales, tétradynames, c'est-à-dire que 2 d'entre
elles sont plus courtes que les 4 autres ; les 2 courtes étamines
sont opposées entre elles, et placées devant les plus petites divisions du calice ; l'ovaire est simple, libre, porté sur le disque
quelquefois muni à sa base de 2 ou 4 renflemens glanduleux ;
le style est unique, souvent très-court ; le stigmate est persistant, simple ou à 2 lobes ; le fruit est composé de 2 valves
séparées par une cloison mince, toujours parallèle aux valves,
qui porte les graines sur chacun de ses bords ; quelquefois les
valves sont très-concaves, et alors la cloison leur paroît opposée ;
ailleurs les valves ne s'ouvrent point d'elles-mêmes ; quand elles
sont longues et étroites, le fruit porte le nom de *silique* ; on lui
donne celui de *silicule* lorsqu'il est large et court : les graines
n'ont point de périsperme ; leur embryon est courbé ; leur radicule est penchée sur le bord supérieur et intérieur des lobes ;
les feuilles séminales sont échancrées au sommet, ou rarement
découpées.

* *Siliqueuses.*

DCCXXVI. RADIS.   *RAPHANUS.*

Raphanus. Linn. Juss. Lam. — *Raphanus et Raphanistrum.*
Tourn. Gœrtn.

Car. Le calice est serré ; le disque de l'ovaire porte 4
glandes ; la silique est tantôt cylindrique, pointue, un peu
charnue, à plusieurs loges qui ne s'ouvrent point d'elles-mêmes,
et qui sont disposées sur 2 rangs ; tantôt articulée et divisée en
plusieurs loges placées bout à bout sur un seul rang.

4107. Radis cultivé.   *Raphanus sativus.*

Raphanus sativus. Linn. spec. 935. Lam. Illustr. t. 566.
α. Radice rotundâ. — Lob. ic. t. 201. f. 1.

β. *Radice extus nigrâ.* — Lob. ic. 202. f. 1.
γ. *Radice oblongâ.* — Lob. ic. t. 201. f. 2.

Sa tige est haute de 6-8 décim., rude au toucher, garnie
de feuilles amples, pétiolées, rudes, sur-tout dans le bas de
la plante, découpées en lyre, à lobes oblongs, dentelés et
dont le terminal est beaucoup plus grand que les autres; les
fleurs sont de couleur blanche, lilas ou rougeâtre; les siliques
sont articulées, renflées vers leur base, à-peu-près coniques, divisées intérieurement en 2 loges, et contenant des
semences arrondies. ⊙. On croit que cette plante est indigène de Chine. Elle est cultivée dans tous les potagers, soit
pour ses racines qu'on mange crues et qui ont une saveur
agréablement piquante, soit pour ses graines dont on tire de
l'huile. La variété *α* a la racine tubéreuse, arrondie, blanche
ou rougeâtre à l'extérieur; elle porte les noms de *radis*, de
grand raifort blanc. La variété *β* a son épiderme noirâtre, sa
saveur plus piquante, et sa chair plus ferme; c'est le *radis
noir*, le *raifort cultivé*, le *raifort des Parisiens.* La var. *γ*
a la racine fusiforme, alongée; l'épiderme blanc ou rougeâtre;
on lui donne le nom de *rave* ou *petite rave.*

4108. Radis sauvage.   *Raphanus raphanistrum.*

Raphanus raphanistrum. Linn. spec. 935. Fl. dan. t. 678. —
Raphanus sylvestris. Lam. Fl. fr. 2. p. 495. — *Rapistrum
arvense.* All. Ped. n. 942.—*Raphanistrum innocuum.* Mœnch.
Meth. 217.

Sa tige est haute de 3 décim., rameuse et chargée de poils
durs et piquans; ses feuilles sont ailées ou pinnatifides à leur
base, et se terminent par un lobe fort grand, ovale et denté:
ses fleurs sont assez grandes; elles varient dans leur couleur;
on les trouve quelquefois d'un rouge-violet bien marqué;
d'autres fois elles sont blanches, avec des veines bleuâtres;
enfin souvent on les observe d'un jaune pâle: il leur succède
des siliques cylindriques, lisses, articulées, à une seule loge,
et ne contenant le plus souvent qu'une seule graine brune,
comprimée et orbiculaire. ⊙. Cette plante est commune sur le
bord des champs et des chemins; on la connoît sous les noms de
ravenelle, *ravonaille.*

DCCXXVII. MOUTARDE.   *SINAPIS.*

Sinapis. Tourn. Linn. Juss. Lam. Gœrtn. — *Sinapis et Hirschfeldia.* Mœnch.

Car. Les moutardes ou *seneyés* se distinguent à leur calice lâche et étalé , à leur disque muni de 4 glandes , à leur silique terminée par une languette saillante.

Obs. Les fleurs sont jaunes ou blanches ; les espèces dont le fruit n'est pas terminé par une languette, doivent être rejetées parmi les sisymbres.

4109. Moutarde noire.   *Sinapis nigra.*

Sinapis nigra. Linn. spec. 933. Lam. Fl. fr. 2. p. 492. — J. Bauh. Hist. 2. p. 855. ic.
β. *Sinapis incana.* Thuil. Fl. paris. II. 1. p. 343. non Linn.

Cette espèce se distingue à ses siliques glabres , tétragones , droites et serrées contre la tige , et terminées par une corne extrêmement courte : sa tige est haute d'un mètre , légèrement velue et très-rameuse ; ses feuilles sont un peu charnues , et ressemblent à celles de la rave , mais elles sont moins grandes : les inférieures sont chargées de quelques poils écartés , et toutes les autres sont ordinairement glabres ; les fleurs sont petites , de couleur jaune , et disposées en grappes terminales ; les semences sont globuleuses et de couleur brune. ⊙. Cette plante croît dans les champs arides et pierreux.

4110. Moutarde fausse-roquette. *Sinapis erucoides.*

Sinapis erucoides. Linn. spec. 934. Lam. Dict. 4. p. 344. Jacq. Hort. Vind. t. 170. — Barr. ic. t. 132.

Elle se distingue à son calice velu ; sa racine est grêle ; sa tige est droite , peu rameuse , glabre ou pubescente , haute de 2 à 4 décim. ; les feuilles sont oblongues , obtuses , glabres , rétrécies à la base , à-peu-près découpées en forme de lyre ; les supérieures sont simplement sinuées à la base ; les fleurs sont blanches , disposées en grappes qui s'alongent après la fleuraison ; les siliques sont écartées de l'axe , droites , lisses , grêles , portent un grand nombre de graines et se terminent par une corne assez courte. ⊙. Elle croît au bord des vignes et des chemins , dans les provinces méridionales (Desf.); aux environs de Narbonne.

4111. Moutarde des champs.   *Sinapis arvensis.*

Sinapis arvensis. Linn. spec. 933. Lam. Fl. fr. 2. p. 493. — Fuchs. Hist. 257. ic.

Sa tige est haute de 5 décim. , dure , rameuse et chargée de quelques poils dans sa partie inférieure ; ses feuilles sont larges , presque glabres , n'ayant qu'une couple de pinnules à

leur base , et quelquefois toutes simplement dentées : les fleurs
sont jaunes , plus grandes que celles des espèces précédentes ,
et les pétales sont arrondis à leur sommet ; les siliques sont
pafaitement glabres , écartées de l'axe , presque horizontales ,
longues de 4 à 6 centim. en y comprenant leur corne , et contiennent des semences d'un rouge-brun. ☉. Cette plante est
commune sur le bord des champs ; elle porte les noms de *senéve* ,
jotte.

4112. Moutarde d'Orient.   *Sinapis Orientalis.*

Sinapis Orientalis. Linn. spec. 933. Amœn. 4. p. 280.
β. *Sinapis hispida.* Balb. Misc. p. 33. non Schousb.

Elle ressemble à la moutarde des champs , mais elle diffère
de cette espèce , ainsi que de toutes les autres du même genre ,
par ses siliques cylindriques , garnies de petits poils un peu
roides , dirigés en arrière , terminées par une corne droite ,
glabre et comprimée ; la plante est à-peu-près glabre ; sa tige
est droite , haute de 5 décim. , divisée en rameaux divergens ;
les feuilles sont ovales-lancéolées , irrégulièrement anguleuses
ou sinuées , pointues , pétiolées dans le bas , sessiles et en
petit nombre dans le haut de la plante ; les fleurs sont d'un
blanc jaunâtre , disposées en grappes serrées pendant la fleuraison et qui s'alongent beaucoup pendant la maturité ; les
semences sont d'un roux brun ; les poils des siliques sont sur-
tout visibles dans celles dont les graines avortent. ☉. Cette
plante est jassez commune dans le comté de Neuchâtel , où
elle a été découverte par M. Chaillet ; elle se retrouve à
Mayence (Kœl.). — La variété β , qui croît à Mauriana , près
Breglio , en Piémont , ne diffère de la précédente que par
ses feuilles inférieures plus pinnatifides.

4113. Moutarde blanche.   *Sinapis alba.*

Sinapis alba. Linn. spec. 933. Lam. Illustr. t. 566.
β. *Sinapis flexuosa.* Poir. Dict. 4. p. 341.

Sa tige est haute de 5 décim. , légèrement velue , cylindrique , striée et un peu rameuse , mais moins que celle de
l'espèce précédente ; ses feuilles sont pétiolées , ailées à leur
base , avec un lobe terminal assez grand , pointu , denté , et
souvent lui-même trilobé : elles ne sont velues que sur leur
pétiole et sur leurs nervures postérieures : les fleurs sont d'un
jaune pâle : les siliques sont hérissées de poils ouverts , beaucoup plus petites que leur corne , laquelle est pubescente à sa

base , et sont soutenues par des pédoncules très-ouverts et
écartés de l'axe de leur grappe : les semences sont d'un blanc
jaunâtre : les pédicelles sont striés , glabres ou pubescens. ☉. On
trouve cette plante dans les champs pierreux. La variété β ne
me paroît différer de la précédente que parce qu'elle a les lobes
de ses feuilles plus arrondis , ce qui lui donne quelque ressemblance avec la moutarde à feuilles de cresson.

4114. Moutarde blanchâtre.   *Sinapis incana.*

Sinapis incana. Linn. spec. 934. Lam. Fl. fr. 2. p. 493. Jacq.
Vind. t. 169. — *Hirschfeldia adpressa.* Mœnch. Meth. 264.

Sa tige est haute de 6 décim. , ferme , dure , rameuse ,
rude au toucher , et chargée de poils courts et blanchâtres ;
ses feuilles inférieures sont en lyre , pinnatifides , très-velues ,
et d'un verd jaunâtre ou blanchâtre ; celles de la tige sont
lancéolées , ordinairement entières , peu nombreuses et distantes ; les fleurs sont petites , d'un jaune pâle ; les siliques sont
grêles , très-serrées contre l'axe de leur grappe , glabres et
n'ont que 12 à 15 millim. de longueur. ☉. On trouve cette
plante dans les lieux arides et pierreux.

DCCXXVIII. CHOU.   *BRASSICA.*

Brassica. Linn. Juss. Lam. Gœrtn. — *Brassica , Rapa , Napus
et Eruca.* Tourn.

Car. Le calice est fermé , bosselé à sa base ; le disque de
l'ovaire porte 4 glandes ; le stigmate est émoussé ; la silique
est alongée , comprimée , cylindrique ou tétragone ; les graines
sont globuleuses.

Obs. Ce genre comprend des plantes fort hétérogènes ; on
doit peut-être placer parmi les velars celles dont la silique
est tétragone , et former un genre distinct de celles dont la
silique est terminée par une corne particulière.

§. Ier. *Siliques non terminées par une corne.*

4115. Chou perce-feuille.   *Brassica perfoliata.*

Brassica perfoliata. Lam. Dict. 1. p. 748. — *Brassica Orientalis.* Linn. spec. 931. — *Brassica turrita.* Weig. Obs. 32. —
Erysimum perfoliatum. Crantz. Austr. 27. — *Brassica campestris.* Dur. Fl. bourg. 1. p. 171. — Clus. Hist. 2. p. 127. f. 1.

Cette plante diffère essentiellement des autres espèces de chou,
par ses siliques grêles , longues , exactement tétragones et terminées par une corne obtuse et très-courte ; ses feuilles sont embrassantes , oblongues , spatulées , quelquefois un peu rétrécies en

pétiole vers leur base , mais toujours toutes très-simples, lisses, et membraneuses ou un peu charnues ; les fleurs sont disposées en longues grappes au sommet de la tige et des rameaux ; leurs pétales sont droits ou peu étalés , d'un blanc un peu jaunâtre. ☉. Elle croît parmi les bleds , à Mayence (Kœl.) ; en Lorraine ; en Alsace ; en Bourgogne (Dur.) ; en Dauphiné (Vill.) ; en Provence (Gér.) ; à Nice (All.) ; à Saran et Saint-Jean-de-la-Ruelle, près Orléans (Dub.).

4116. Chou des champs.   *Brassica arvensis.*

Brassica arvensis. Linn. Mant. 95. Lam. Dict. 1. p. 748. —
Brassica perfoliata , β. Lam. Fl. fr. 2. p. 487.

Il est entièrement glabre , lisse , glauque et ressemble par son feuillage au précédent ; sa tige est rameuse , longue de 2-3 décim. ; ses feuilles sont embrassantes, entières ou à peine sinuées ; les inférieures, en forme de spatule arrondie au sommet ; les supérieures , en forme de cœur et presque pointues : les fleurs sont violettes , deux fois plus grandes que celles du précédent et du suivant ; le calice est un peu coloré , muni à sa base de 2 bosses obtuses ; les pétales ont le limbe ouvert, très-obtus ou un peu échancré ; les siliques sont grêles , à 4 angles très-obtus, longues de 3-4 centim. ♃. Il croît le long des routes et dans les champs des provinces méridionales ; à Vintimiglia en Piémont (All.) ; en Provence (Gér.).

4117. Chou des Alpes.   *Brassica Alpina.*

Brassica Alpina. Linn. Mant. 95. Vill. Dauph. 3. p. 330. t. 36
— *Turritis brassica.* Leers. Herb. n. 518.

Il ressemble beaucoup au chou percefeuille , mais s'en distingue par sa racine vivace ; sa tige simple ; ses feuilles dont les radicales sont ovales - oblongues rétrécies en pétiole , les supérieures lancéolées pointues et qui toutes embrassent la tige par deux oreillettes arrondies ; ses fleurs plus blanches et plus petites ; ses siliques plus courtes , droites, portées sur des pédicelles qui s'écartent de la tige sous un angle presque droit. ♃. Il croît dans les bois des montagnes ; en Dauphiné ; au mont Cenis ; entre Suze et Bussolino , Saint-Michel et Saint-Martin , à la Giandola, près Nice (All.) ; en Alsace (Mapp.) ; dans le Palatinat (Poll.).

4118. Chou potager.   *Brassica oleracea.*

Brassica oleracea. Linn. spec. 932. Lam. Dict. 1. p. 742.

Le collet de la racine émet une souche droite, épaisse , persistante, chargée de feuilles vertes ou violettes, lisses, glabres, couvertes d'une poussière glauque; les inférieures sont pétiolées, un peu découpées à la base, sinueuses sur les bords; au moment de la fleuraison, il sort d'entre ces feuilles une tige qui s'élève à 6-10 décim. , qui porte de petites feuilles embrassantes et entières, et qui soutient une panicule de fleurs blanches ou jaunâtres, auxquelles succèdent des siliques presque cylindriques. Les variétés du chou peuvent se groupper en six races tellement prononcées, qu'il est bien probable qu'elles sont des espèces distinctes.

α. Le *colsa* semble être la souche primitive peu altérée; ses tiges sont rameuses; ses feuilles sinuées, plus étroites que dans les races suivantes; ses fleurs sont jaunes. On le cultive surtout en Flandre, pour retirer l'huile de ses graines, ou quelquefois pour nourrir les bestiaux avec ses feuilles.

β. Le *chou verd* a la feuille large, mais ne forme pas la pomme comme la race suivante ; sa tige s'élève jusqu'à 1-2 mètres.

γ. Le *chou-cabu*, *chou-capus*, *chou-pomme*, *chou-pommé* se distingue à ses feuilles grandes, peu découpées , concaves , et qui , avant le développement des fleurs, se recouvrent les unes les autres de manière à former une tête arrondie et serrée , dont le centre est étiolé.

δ. Le *chou-fleur* se distingue, parce que la sève se jette sur les branches naissantes de la tige florale , et les transforme en une masse épaisse, charnue, tendre, mammelonée ou grenue; après cette époque, cette tige informe s'alonge, se divise et porte des fleurs.

ε. Le *chou-rave* ou *chou de Siam* a la souche ou tige persistante de la plante transformée en une masse tubéreuse, succulente et bonne à manger.

ζ. Le *chou-navet* diffère du précédent, parce que les feuilles sortent à fleur-de-terre, et la souche se renfle au collet même en un tubercule arrondi, semblable à un navet, à peau dure et à chair ferme.

4119. Chou à feuilles rudes. *Brassica asperifolia.*

Brassica asperifolia. Lam. Dict. 1. p. 746.
a. Sylvestris. — *Brassica napus* , *a.* Linn. spec. 931. — Lob. ic. 200. f. 2.
k. Napus. — *Brassica napus* , *β.* Linn. spec. 931. — J. Bauh. 2. p. 842.

γ. *Rapa.—Brassica rapa*. Linn. spec. 931.

Cette espèce se distingue de toutes les variétés du chou potager, parce que son feuillage n'est pas glauque, que sa racine est épaisse, charnue, et que ses feuilles inférieures sont hérissées de poils, et découpées en forme de lyre, tandis que les supérieures sont glabres, embrassantes, oblongues, échancrées en cœur. M. Lamarck y rapporte trois races distinctes : 1°. la *navette* a la racine oblongue, fibreuse, peu charnue, les fleurs petites, jaunes, et le calice demi-ouvert; on la cultive dans plusieurs pays pour retirer l'huile de ses graines. 2°. Le *navet* a la racine charnue, épaisse, d'une saveur douce et sucrée; ses fleurs sont jaunes ou d'un blanc jaunâtre; on en distingue un grand nombre de variétés, selon que la racine est longue ou arrondie, blanche, grisâtre ou jaunâtre. 3°. La *rabioule* ou *grosse rave* a la racine charnue, très-grosse, arrondie, un peu déprimée, d'une saveur un peu piquante, et d'une consistance ferme.

4120. Chou de Richer.   *Brassica Richerii*.

Brassica Richerii. Vill. Dauph. 3. p. 331. t. 36. All. Ped. n. 967. t. 58. f. 1. et t. 76. f. 2. — Ger. Gallopr. 367. n. 1.

Sa racine, qui est grosse et tortue, donne naissance à plusieurs souches dures, raboteuses, plus ou moins prolongées; les feuilles sont pétiolées, oblongues, dentées inégalement, sur-tout vers leur base, glabres, ainsi que le reste de la plante, d'un verd un peu grisâtre; le pétiole varie de 2 centim. à 2 décim. de longueur; la tige est presque nue, longue de 3-5 décim. : les fleurs sont jaunâtres, assez grandes, disposées en grappe; les siliques sont droites ou étalées, souvent courbées, tétragones, pointues aux deux extrémités, souvent bosselées dans les places des graines mûres. ♃. Cette plante croît dans les montagnes du Dauphiné, sur le Lautaret, au fond du Queyras et sur le mont Vizo; dans les Alpes de l'Arche en Provence (Gér.); en Piémont au petit mont Cenis, à la Combe d'Ambin et au mont Vezoul.

§. II. *Siliques terminées par une corne.*

4121. Chou roquette.   *Brassica eruca*.

Brassica eruca. Linn. spec. 932. — *Eruca sativa*. Lam. Fl. fr. 2. p. 496. — Fuchs. Hist. 539. ic.

Sa tige est haute de 5 décim., velue et rameuse; ses feuilles sont longues, pétiolées, ailées ou en lyre, avec un lobe terminal grand et obtus; elles sont tendres, vertes, lisses et presque glabres : les fleurs sont d'un jaune citrin fort pâle, et sont marquées de veines violettes ou noirâtres : les siliques sont droites, appliquées le long de la tige, glabres, longues de 2 centim., en y comprenant la corne qui les termine, et qui fait presque la moitié de leur longueur. ⊙. Elle croît dans les champs et les lieux incultes des provinces méridionales ; aux environs de Nice (All.); en Provence (Gér.); en Languedoc. On la cultive dans les potagers.

4122. **Chou fausse-roquette.** *Brassica erucastrum.*

Brassica erucastrum. Linn. spec. 932. — *Eruca sylvestris.* Lam. Fl. fr. 2. p. 497. — *Sisymbrium erucastrum.* Vill. Dauph. 3. p. 342. — Cam. Epit. 307. ic.

Ses tiges sont hautes de 5 décim., nombreuses, rameuses, grèles et un peu rudes; ses feuilles sont alongées, pinnatifides ou en lyre, mais avec des découpures étroites et dentées ; leur lobe terminal n'est ni élargi ni obtus; les fleurs sont jaunes, non veinées, assez grandes ; les siliques sont lisses, longues de 5 centim., terminées par une corne striée, redressées et parallèles à l'axe de leur grappe; les folioles du calice n'ont que 4-5 millim. de longueur, tandis qu'elles atteignent 9-10 millim. dans l'espèce suivante. ⊙. Cette plante croît dans les lieux incultes, sur les vieilles murailles; son goût est extrêmement âcre et un peu amer; elle porte, avec plusieurs autres siliqueuses à fleur jaune, le nom de *ravenelle.*

4123. **Chou giroflée.**   *Brassica cheiranthus.*

Brassica cheiranthus. Vill. Dauph. 3. p. 332. t. 36. var. α. — *Sinapis Tournefortii.* All. Ped. n. 962. excl. syn. β. *Sinapis recurvata.* All. Ped. n. 963. t. 87. auct. p. 17.

Une racine simple et cylindrique, un peu dure, émet une tige ramifiée dès la base, haute de 6-8 décim., garnie çà et là, ainsi que les pétioles, les feuilles et les calices, de poils rares, simples, roides et assez longs; les feuilles sont d'un verd clair, pétiolées, pinnatifides, à lobes distincts jusqu'à la côte moyenne, oblongs, à-peu-près égaux, bordés de larges dentelures dans les feuilles inférieures, entiers dans les supérieures : les fleurs sont d'un jaune clair, assez semblables à celles de la giroflée sauvage; le calice est fermé, un peu coloré; le limbe des pétales est horizontal, arrondi; les siliques sont portées sur des pédicelles de 15-20 millim. de longueur; elles sont droites ou étalées, glabres, longues de 6-7 centim., terminées par une corne qui renferme une graine à sa base. ♂. Cette plante croît dans les champs sablonneux et stériles ; elle a été observée en Alsace près Haguenau, par M. Nestler ; en Dauphiné à Revel au-dessus de Grenoble, dans l'Oysans, le Valgaudemar, dans la Bresse, le Bugey, aux environs de Lyon (Vill.) ; en Pié-mont au-desssus d'Ussellio, sous Roche-Melon près Suze, sur les rochers de Notre-Dame des Fenêtres. La variété β, qui a les siliques étalées ou recourbées vers le bas, ne diffère pas de la précédente, et a été trouvée aux environs de Vina-dio (All.).

4124. Chou de montagne. *Brassica montana.*

Brassica cheiranthus, β. Vill. Dauph. 3. p. 332.

Il diffère du chou-giroflée par sa stature, qui quelquefois ne s'élève pas à 1 décim. de hauteur, et n'en dépasse pas 5 ; par sa racine plus ligneuse et vivace ; par ses tiges nombreuses, un peu étalées, presque nues ; par ses feuilles d'un verd foncé, la plu-part radicales, pinnatifides, à lobes presque triangulaires, un peu pointus, et qui ne parviennent jamais tout-à-fait jusqu'à la côte du milieu ; par ses fleurs d'un jaune moins pâle et un peu veinées ; par ses siliques plus courtes, portées sur un pédicelle de 4-5 millim. ♃. Cette plante croît dans les montagnes des Pyrénées, où elle a été observée par M. Ramond ; dans les Alpes du Dauphiné au Valgaudemar, au Valbonnais, à En-traigues (Vill.).

DCCXXIX. JULIENNE. *HESPERIS.*

Hesperis. Desf. — *Hesperidis sp.* Lam. — *Hesperis, Cheiranthi et Erysimi sp.* Linn. Juss.

Car. Le calice est serré, à 4 folioles linéaires, dont 2 oppo-sées, bossues à leur base ; les pétales sont souvent obliques ; le disque de l'ovaire porte 2 glandes ; le stigmate est à 2 lames plus rapprochées au sommet qu'à la base ; la silique est longue, cylindrique ou comprimée ; les graines n'ont pas de rebord.

Obs. Les fleurs sont blanches ou violettes, très-rarement jaunâtres.

4125. Julienne alliaire. *Hesperis alliaria.*

Hesperis alliaria. Lam. Fl. fr. 2. p. 503. — *Erysimum alliaria.* Linn. spec. 922. — *Sisymbrium alliaria,* Roth. Germ. 1. p. 291. — Fuchs. Hist. 104. ic.

Sa tige est haute de 6-9 décim., cylindrique, un peu velue

et légèrement rameuse; elle est garnie dans toute sa longueur
de feuilles pétiolées, cordiformes, pointues, dentées, et dont
la longueur surpasse à peine la largeur : les inférieures sont obtuses, crénelées et presque réniformes : les fleurs sont blanches, assez petites et terminales; les siliques sont grèles et longues de 6-9 centim. ♂. On trouve cette plante dans les haies
et les lieux couverts; ses feuilles, froissées entre les doigts,
rendent une odeur d'ail : elle est diurétique, incisive.

4126. Julienne des dames. *Hesperis matronalis.*

Hesperis matronalis. Linn. spec. 927. Lam. Dict. 3. p. 321. —
Fuchs. Hist. 459. ic.
β. *Hesperis inodora.* Linn. spec. 927. — *Hesperis sylvestris.*
Crantz. Austr. p. 32.

La tige s'élève jusqu'à 6 décim.; elle est cylindrique, velue et peu rameuse; ses feuilles sont ovales-lancéolées,
longues de 9-12 centim., légèrement velues, pointues et dentées en leur bord; elles sont portées par de courts pétioles; les
fleurs sont terminales, pédonculées, de couleur blanche ou
purpurine; les onglets des pétales sont plus longs que le calice :
au sommet de ces pétales, on observe une échancrure presque
imperceptible, au milieu de laquelle se trouve un très-petit
angle, presque aussi difficile à découvrir. Ces caractères, communs aux deux variétés, ne peuvent être employés pour les
séparer et en former deux espèces à part; les fleurs de la seconde ne sont pas tout-à-fait inodores, et sont d'un pourpre
très-pâle; celles de la première ont une odeur suave, et sont
quelquefois d'un pourpre violet. On en cultive une variété à
fleurs doubles tout-à-fait blanches. ♂. On la conserve dans les
parterres comme fleur d'ornement, sous les noms de *julienne,*
cassolette, beurrée, damas; elle croît naturellement dans
les lieux couverts et cultivés, dans les vignes, le long des haies
et des buissons; le long du Tarn au-dessus de la Molle près Montauban (Gat.); dans le Jura près Valangin (Hall).

4127. Julienne découpée. *Hesperis laciniata.*

Hesperis laciniata. All. Ped. n. 985. t. 82. f. 2.

Sa racine est dure, un peu rameuse; sa tige droite, peu
branchue, longue de 3 décim., hérissée, sur-tout vers la base,
de poils longs roides et blancs; les feuilles sont presque glabres;
les inférieures pétiolées, ovales-oblongues, dentées vers le

sommet, incisées vers la base; les supérieures sessiles, oblongues-lancéolées, fortement dentées vers la base; les fleurs sont
d'un jaune pâle, disposées en grappe lâche, simple, terminale, étalées ou pendantes; les pétales ont l'onglet un peu
plus long que le calice, le limbe ovale et obtus; les siliques sont
cylindriques, un peu comprimées, velues, grêles, étalées,
longues de 12-15 centim. ♂. Elle croît sur les rochers exposés
au soleil aux environs de la Briga et de Sospello en Piémont;
en Provence sur le rocher de Cabasse (Gér.); à Digne du côté
de St.-Benoit.

4128. Julienne d'Afrique. *Hesperis Africana.*

Hesperis Africana. Linn. spec. 928. — *Hesperis diffusa.* Lam.
Fl. fr. 2. p. 504. — *Hesperis hispida.* Roth. Cat. 1. p. 78. —
Bocc. Sic. t. 42. f. 1.

Sa tige est extrêmement rameuse et diffuse; ses feuilles sont
pétiolées, lancéolées, rhomboïdales, garnies en leur bord de
quelques dents écartées et chargées, de même que la tige, de
poils courts fort rudes au toucher: les fleurs sont petites, presque sessiles, terminales, et de couleur blanche ou un peu purpurine; leurs pétales sont étroits, entiers, obtus: les calices et
même les siliques sont chargés de poils roides, blanchâtres, semblables à ceux des autres parties de la plante. ☉. Elle croît au
bord des vignes et des champs, le long des haies à Digne; à
Avignon; à Aix en Provence; à Selleneuve et sous le Pérou
près Montpellier (Gou.).

4129. Julienne printannière. *Hesperis verna.*

Hesperis verna. Linn. spec. 928. — *Turritis purpurea.* Lam. Fl.
fr. 2. p. 491. — Barr. ic. t. 876.

Sa tige est droite, un peu velue, quelquefois rameuse inférieurement, peu garnie de feuilles dans sa partie supérieure,
et haute de 12-15 centim.; ses feuilles radicales sont ovales,
spatulées, dentées et couchées sur la terre: celles de la tige
sont embrassantes et cordiformes; elles sont les unes et les
autres rudes au toucher, velues et comme chagrinées: les fleurs
sont petites, de couleur purpurine ou violette; les siliques sont
droites, glabres, comprimées, obtuses, longues de 6 centim.
☉. Elle croît sur les côtes et dans les lieux ombragés de la Provence méridionale; des environs de Nice (All.); au mont St.-
Loup et à Montferrand près Montpellier (Gou.).

4130. Julienne maritime.   *Hesperis maritima.*

Hesperis maritima. Lam. Dict. 3. p. 324. — *Cheiranthus maritimus.* Linn. spec. 924. excl. Pluk. syn. Curt. mag. t. 166.

Ses tiges sont un peu rameuses, souvent inclinées, dures à
leur base, légèrement velues dans leur partie supérieure, et
s'élèvent rarement jusqu'à 5 décim.; ses feuilles sont pétiolées,
spatulées, obtuses et un peu velues : elles sont chargées en leur
bord de quelques dents peu sensibles; les fleurs sont pédonculées, terminales, assez grandes, d'abord de couleur rouge,
mais elles deviennent ensuite un peu violettes; leurs pétales
sont échancrés au sommet en forme de cœur; le stigmate est
presque simple. ☉. Cette plante croît dans le sable sur les bords
de la Méditerranée aux environs de Nice (All.); en Languedoc (Lam.); dans les Landes au vieux Boucau et sur les bords
du bassin d'Arcachon (Thor.); dans les isles de la Seine et
de la Marne près Paris, où elle a sans doute été naturalisée. On
la cultive pour bordures dans les jardins, sous le nom de *giroflée de Mahon.*

4131. Julienne à petite fleur.   *Hesperis parviflora.*

Cheiranthus lacerus. Gou. Illustr. 44?

Elle ressemble à la giroflée de rivages, mais s'en distingue
par la petitesse de toutes ses parties, sur-tout de sa fleur;
sa racine est longue, peu rameuse; sa tige est très-courte;
souvent, au moment de la fleuraison, elle ne dépasse pas 2.5
centim. de longueur; elle s'alonge quelquefois, et atteint un
décim. : les feuilles sont d'abord serrées et presque en rosette,
ensuite écartées et plus dressées, oblongues, obtuses, entières
ou à peine sinuées sur les bords, couvertes d'un duvet court,
mol et grisâtre, formé de poils rayonnans; les fleurs sont disposées en grappe terminale, presque sessile entre les feuilles;
leur calice est un peu cotonneux; la corolle est très-petite,
d'un violet rougeâtre, avec l'entrée du tube tachée de jaune;
le limbe des pétales est oblong, obtus, presque linéaire; le
stigmate est simple; les siliques sont grèles, cylindriques,
demi-étalées, pubescentes, terminées par une petite corne obtuse, glabre, de 2 millim. de longueur; les graines sont petites, oblongues, non bordées. ☉. Cette plante a été trouvée
par MM. Miot et Noisette, parmi le sable sur les côtes de
l'isle de Corse. M. de Lamarck en a reçu un échantillon de
Provence.

DCCXXX. GIROFLÉE. *CHEIRANTHUS.*

Cheiranthus. Desf. — *Hesperidis et Cheiranthi sp.* Lam. — *Cheiranthi sp.* Linn.

CAR. Ce genre ne diffère du précédent que par son stigmate échancré ou à 2 lobes, et par ses graines entourées d'un rebord membraneux; quelques espèces voisines des velars ont la silique tétragone.

4132. Giroflée à trois pointes. *Cheiranthus tricuspidatus.*

Cheiranthus tricuspidatus. Linn. spec. 926. — *Hesperis tricuspidata.* Lam. Dict. 3. p. 323. — J. Bauh. 2. p. 876. f. 2.

Sa tige est haute de 2-3 décim., cylindrique, un peu rameuse, cotonneuse et blanchâtre; ses feuilles sont alongées, sinuées, presque pinnatifides, étroites à leur base, et un peu obtuses à leur sommet; elles sont molles, cotonneuses et blanchâtres, de même que les calices, les pédoncules et les siliques; les fleurs sont purpurines ou d'une couleur un peu violette; les pétales sont légèrement échancrés en leur limbe, et les siliques sont remarquables par 3 pointes courtes et divergentes qui les terminent. ⊙. Elle croît dans les lieux sablonneux et maritimes; en Corse; en Provence près des isles d'Hyères (Gér.); à Nice (All.); à Nantes (Bon.).

4133. Giroflée triste. *Cheiranthus tristis.*

Cheiranthus tristis. Linn. spec. 925. — *Hesperis angustifolia.* Lam. Dict. 3. p. 322. — *Cheiranthus fruticulosus.* Gouan. Hort. 329. — Barr. ic. t. 803. et t. 999. f. 1. excl. Tourn. syn.

Sa tige est droite, grèle, blanchâtre, légèrement cotonneuse, et s'élève de 2-3 décim.; ses feuilles sont longues, étroites, linéaires, pointues, molles, blanchâtres et chargées en leur bord, de chaque côté, d'une ou 2 dents peu sensibles; les fleurs sont presque sessiles, d'une couleur roussâtre sale ou ferrugineuse, disposées en une espèce de grappe droite, lâche et peu garnie; elles exhalent une odeur aromatique, sur-tout à l'entrée de la nuit; la silique est grèle, linéaire, légèrement cotonneuse, et terminée par un stigmate à 2 lèvres obtuses. ♄. Elle croît sur les murs, les rochers et dans les lieux stériles et pierreux du Midi; dans le Valais à la vallée de St.-Nicolas; en Savoie entre Modane et Termignon; en Piémont près de la Brunetta (All.); en Provence au-dessus d'Orgon (Barr.); à Avignon; à Pérauls et Maguelone près Montpellier (Gou.).

4134. Giroflée de rivage. *Cheiranthus littoreus.*

Cheiranthus littoreus. Linn. spec. 925. — *Hesperis littorea.* Lam. Dict. 3. p. 322. — Clus. Hist. 1. p. 298. f. 2.

Sa tige est haute de 2 décim., grêle, rameuse, cylindrique, cotonneuse et blanchâtre; ses feuilles sont étroites, longues presque de 6 centim., larges de 5 millim. à-peu-près, légèrement obtuses à leur extrémité, et garnies en leur bord de quelques dents peu considérables; elles sont molles, cotonneuses et blanchâtres, de même que les calices des fleurs; les pétales sont de couleur pourpre, un peu échancrés; les siliques sont grêles, linéaires, cotonneuses, terminées par une pointe glabre, acérée, longue de 5-6 millim. ♃. Cette plante croît sur les côtes maritimes des provinces méridionales; à Nice (All.); près Narbonne (Clus.); Bordeaux; Nantes (Bon.).

4135. Giroflée annuelle. *Cheiranthus annuus.*

Cheiranthus annuus. Linn. spec. 925. — *Hesperis æstiva.* Lam. Dict. 3. p. 324. — J. Bauh. 2. p. 875. f. 1.

Cette espèce ressemble beaucoup à la suivante, mais elle s'élève moins, et ne se conserve point pendant l'hiver; ses fleurs sont blanches ou de couleur rouge; ses pétales sont échancrés; ses siliques cylindriques, pointues et non tronquées à leur sommet. ☉. Elle croît dans le voisinage de la mer en Languedoc; on la cultive dans les parterres sous les noms de *quarantain*, *violier d'été.*

4136. Giroflée blanchâtre. *Cheiranthus incanus.*

Cheiranthus incanus. Linn. spec. 924. — *Cheiranthus hortensis.* Lam. Fl. fr. 2. p. 506. — *Hesperis violaria.* Lam. Dict. 3. p. 323. — Cam. Epit. 619. ic.

Sa tige s'élève jusqu'à 6 décim.; elle est presque ligneuse inférieurement, et se divise, dans sa partie moyenne, en plusieurs rameaux cylindriques, droits et blanchâtres; ses feuilles sont alongées, entières, obtuses à leur sommet, molles, blanchâtres et chargées d'un duvet court; les pétales sont entiers; les siliques sont comme tronquées à leur sommet. ♄. Cette plante croît sur les bords de la mer dans les provinces méridionales; on la cultive dans les parterres sous les noms de *giroflée* ou de *violier;* on en a des variétés à fleur rouge, à fleur blanche, et aussi à fleurs doubles et panachées de rouge et de blanc; ses fleurs sont odorantes.

4137.

4137. Giroflée sinuée. *Cheiranthus sinuatus.*

Cheiranthus sinuatus. Linn. spec. 926. — *Cheiranthus murica-*
tus. Lam. Fl. fr. 2. p. 507.—*Hesperis sinuata.* Lam. Dict. 3.
p. 323. — J. Bauh. Hist. 2. p. 876. f. 1.

Sa tige est haute de 3 décim. , droite, rameuse, cotonneuse
et blanchâtre ; ses feuilles sont molles , pareillement cotonneuses, alongées, légèrement sinuées et un peu obtuses à leur
sommet ; ses fleurs sont purpurines, et leurs pétales sont obtus :
les siliques sont fort longues, comprimées, âpres, hérissées et
cotonneuses. ♂. Cette plante croît dans les lieux maritimes des
provinces méridionales ; à Nantes (Bon.) ; à Narbonne ; à Montpellier ; en Provence ; à Villafranca près de Nice (All.).

4138. Giroflée violier. *Cheiranthus cheiri.*

Cheiranthus cheiri. Linn. spec. 924. Lam. Dict. 2. p. 716.—*Ery-*
simum murale, α. Lam. Fl. fr. 2. p. 514. — Blackw. t. 179.
β. *Magno flore.* C. Bauh. Prod. 102.

Sa tige est dure, presque ligneuse, blanchâtre , et pousse
beaucoup de rameaux qui s'élèvent jusqu'à 5 décim. environ ;
les feuilles sont éparses , lancéolées , un peu étroites, pointues ,
verdâtres et ordinairement glabres : les fleurs sont d'un jaune
rouillé , et ont une odeur très-agréable ; leur calice est souvent coloré d'un rouge noirâtre ou un peu violet. La var. β est remarquable
par la grandeur de sa fleur ; on la cultive dans les jardins sous
les noms de *violier jaune*, de *giroflée jaune*, de *ravenelle*
jaune ; elle croît naturellement sur les vieux murs et sur les
toits. La culture en a obtenu une variété à fleur double qui est
vivace , tandis que la souche originelle paroît bisannuelle.

DCCXXXI. VELAR. *ERYSIMUM.*

Erysimum. Linn. Juss. Desf.— *Erysimum et Cheiranthi sp.* Lam.

CAR. Le calice est serré , fermé : le disque de l'ovaire porte
2 glandes : le stigmate est en tête : la silique est tétragone.

OBS. Les velars ont tous la fleur jaune ; les feuilles glabres
ou à peine pubescentes : ceux qui ont la silique cylindrique sont
rejetés parmi les sisymbres ; et ceux à fleurs blanches appartiennent aux juliennes.

4139. Velar des murailles. *Erysimum murale.*

Erysimum murale. Desf. Cat. 129. — *Cheiranthus erysimoides.*
Linn. spec. 923 — *Cheiranthus sylvestris.* Lam. Dict. 2. p.
716. — *Erysimum turritum , α.* Lam. Fl. fr. 2. p. 514. —

Erysimum cheiranthoides. Crantz. Austr. p. 28. — Clus. Hist.
1. p. 299. f. 1.

Sa racine est cylindrique, pousse une ou plusieurs tiges
droites, anguleuses, longues de 5 décim., simples ou peu rameuses, garnies de poils rares et appliqués; les feuilles sont
lancéolées, entières ou à peine dentées, pointues, glabres ou
garnies de poils rares, appliqués, peu apparens; les fleurs sont
d'un jaune clair, presque aussi grandes que dans la giroflée
violier; le calice est pâle, prolongé en deux bosses à sa base;
l'onglet des pétales dépasse le calice; le limbe est ovale, très-
obtus, un peu échancré; les siliques sont menues, droites,
presque glabres, longues de 5 centim. ♂. Elle croît dans les
lieux pierreux des montagnes; dans les Corbières; en Dauphiné (Vill.); dans les basses Alpes de Provence (Gér.); à
Sèvres près Paris (Thuil.); en Bourgogne (Dur.); en Lorraine (Buch.); à Mayence (Kœl.).

4140. Velar de Suisse. *Erysimum Helveticum.*

Cheiranthus Helveticus. Jacq. Vind. t. 9. — *Cheiranthus boccone.*
All. Ped. n. 988. t. 58. f. 2. — *Cheiranthus pallens.* Hall. fil.
ex Schleich. cat. p. 16.

Cette plante est extrêmement voisine de la précédente, mais
en diffère par ses feuilles étroites et linéaires, par ses fleurs
un peu plus petites et dont les pétales ne sont pas échancrés
au sommet; par ses siliques demi-étalées, roides, tétragones, longues de 8 centim., couvertes de poils couchés
et blanchâtres, portées sur un pédicelle qui dépasse à peine
5 millim. ♂. Elle croît dans les lieux secs et pierreux des Alpes
voisines du Valais; au pied du Cramont; à Branson; St.-
Nicolas; en Piémont dans la val d'Aost, et entre Villafranca
et Menton (All.); dans les Pyrénées.

4141. Velar jaunâtre. *Erysimum ochroleucum.*

Cheiranthus ochroleucus. Hall. fil. ex Schleich. cat. 16. — *Chei-*
ranthus dubius. Snt. Fl. helv. 2. p. 65. — Hall. Helv. n. 449. t. 14.
β. *Cheiranthus Alpinus.* Lam. Dict. 2. p. 716. Vill. Dauph. 3.
p. 315.

Une racine longue, cylindrique et souvent rameuse et écailleuse vers le collet, émet une ou plusieurs tiges foibles, demi-
couchées, longues de 2 décim., glabres, feuillées dans toute
leur longueur: les feuilles sont lancéolées, glabres ou munies
de poils rares et couchés, pointues, rétrécies à la base, bordées çà et là de dents écartées: les fleurs forment une grappe

droite ; leurs pétales sont d'un jaune clair , à limbe ovale , obtus , à onglet plus long que le calice : les siliques sont droites,
à-peu-près tétragones , surmontées par le style , garnies de
poils couchés et un peu blanchâtres. ♃. Cette plante croît dans
les lieux pierreux du Jura ; au Chasserale et au Creux-du-
Vent ; dans les Alpes du Dauphiné. La variété β , qui se trouve
dans les hautes Alpes , auprès des glaciers, ne diffère de la précédente que par sa stature de moitié plus basse , ses feuilles
plus étroites et presque toutes entières, ses fleurs un peu plus
petites.

4142. Velar giroflée.   *Erysimum cheiranthoides.*
Erysimum cheiranthoides. Linn. spec. 923. — *Erysimum turri-
tum , var. β.* Lam. Fl. fr. 2. p. 514. — *Cheiranthus turritoides.*
Lam. Dict. 2. p. 716. — Lob. ic. 225. f. 1.

Sa tige est droite , ferme , simple ou rameuse , longue de
5 décim. , anguleuse , garnie de poils rudes exactement appliqués : ses feuilles sont lancéolées , rétrécies à la base et au
sommet , très-entières ou à peine çà et là dentées , garnies
de poils appliqués , rares , simples ou un peu rameux : les fleurs
sont jaunes , à peine plus grandes que celles du velar officinal,
disposées en grappes qui s'alongent beaucoup pendant la fleuraison : le calice est un peu jaunâtre : les pédicelles des siliques sont grêles , presque horizontaux : les siliques sont droites , glabres , menues , tétragones , longues de 2-3 centim. ,
terminées par un stigmate simple et sessile. ☉ . Elle croît dans
les champs , sur le bord des haies et des chemins.

4143. Velar épervière.   *Erysimum hieracifolium.*
Erysimum hieracifolium. Linn. spec. 923. Fl. dan. t. 923. non
Jacq. — *Cheiranthus hieracifolius.* Lam. Dict. 2. p. 717.

Cette espèce a beaucoup de rapport avec les précédentes :
sa tige est haute de 5 décim. , simple , dure , rude au
toucher , et feuillée dans toute sa longueur : ses feuilles sont
longues , étroites , pointues , fortement dentées , éparses et
fort âpres au toucher ; elles deviennent rouges en se séchant ,
et leurs nervures très-courantes sur la tige font paroître cette
partie anguleuse ou chargée de lignes très-saillantes : les fleurs
sont jaunes : les siliques sont garnies de poils courts , rudes et
rayonnans , qui semblent à l'œil nud de petits tubercules
blancs ; elles sont terminées par une petite corne qui soutient
un stigmate à 2 lobes. ♂. Cette plante croît dans les lieux
sablonneux et incultes.

4144. Velar effilé.   *Erysimum virgatum.*

Erysimum virgatum. Roth. Cat. 1. p. 75.
β. *Erysimum longisiliquum.* Schleich. cent. 3. n. 69.

Cette espèce ressemble beaucoup à la précédente par son port, la forme de ses feuilles, la couleur de ses fleurs, et même par les petits poils rameux qui se trouvent sur ses siliques ; mais elle en diffère par ses fleurs un peu plus grandes, par sa tige rameuse, effilée, et sur-tout par ses siliques dont la longueur atteint 6 ou 7 centim. ; elles sont droites, serrées contre la tige, sur-tout dans la variété α. ♂. Elle croît aux environs de Genève.

4145. Velar sinué.   *Erysimum repandum.*

Erysimum repandum. Linn. spec. 923? Jacq. Austr. t. 22. —
Erysimum ramosissimum. Crantz. Austr. p. 29. — *Cheiranthus paniculatus.* Lam. Dict. 2. p. 717.

Sa racine est grêle, annuelle ; la plante est glabre, simple ou rameuse, haute de 1-2 décim. ; la tige est anguleuse ; les rameaux sont axillaires et non opposés aux feuilles ; celles-ci sont alongées, linéaires-lancéolées, pointues, sinuées ou dentées ; les fleurs sont d'un jaune pâle, très-petites, disposées en une ou ordinairement plusieurs grappes ; les siliques sont droites, grêles, filiformes, longues de 5-6 centim., portées sur un pédicelle qui ne dépasse pas 5 millim. de longueur. ☉. Cette plante croît dans les Alpes de Fenestrelle ; à Sorrèze ?

4146. Velar de Sainte-Barbe. *Erysimum Barbarea.*

Erysimum Barbarea. Linn. spec. 922. Smith. Fl. brit. 2. p. 706.
— *Eruca Barbarea.* Lam. Fl. fr. 2. p. 497. — *Erysimum lyratum.* Gat. Montaub. 117. — Fuchs. Hist. 746. ic.

Sa tige est haute de 5 décim., droite, striée, feuillée dans toute sa longueur, et peu rameuse : ses feuilles sont lisses, très-glabres, embrassantes, ailées ou en lyre, et ont un lobe terminal fort grand, ovale ou arrondi ; les supérieures sont ovales, entières ou dentées : les fleurs sont assez petites, d'un beau jaune, et disposées en épis serrés au sommet de la plante : les siliques sont grêles et terminées par une corne ou un style long de 4 à 5 millim. ♃. On trouve cette plante sur le bord des ruisseaux et des chemins humides : elle est amère, nauséabonde, détersive, anti-scorbutique et diurétique : elle porte les noms de *barbarée*, *herbe de Sainte Barbe*, *velar*, *rondotte*.

4147. Velar précoce.   *Erysimum præcox.*

Erysimum præcox. Smith. Fl. brit. 707.

Il a de si grands rapports avec le précédent, que pendant
long‑temps on l'a confondu avec lui; il en diffère par
ses feuilles supérieures, pinnatifides, à lanières entières,
opposées; par ses fleurs plus pâles et dont les folioles cali‑
cinales sont plus larges; par ses siliques 5 fois plus longues;
enfin par une saveur agréable qui approche de celle du cresson
de fontaine (Sm.). ♂. Il croît dans les lieux herbeux et hu‑
mides, au bord des fossés; probablement dans toute la France;
M. Ramond l'a observé à Barrèges; M. Clarion, dans les
montagnes de Seyne, en Provence.

DCCXXXII. SISYMBRE.   *SISYMBRIUM.*

Sisymbrium. Linn. Juss. Lam. Gœrtn. — *Sisymbrium et Radi‑*
cula. Hall. — *Sisymbrium et Brachyolobos.* All.

Car. Le calice est demi‑ouvert ou tout‑à‑fait fermé; les
pétales ont l'onglet court, le limbe ouvert; le stigmate est
obtus; la silique est longue, cylindrique, dépourvue de corne
à son sommet, formée de 2 valves qui s'ouvrent sans élasticité.

Obs. Le port des sisymbres est variable, et ce genre sera
sans doute un jour divisé; leurs fleurs sont ordinairement jaunes,
rarement blanches ou violettes; leurs feuilles pinnatifides, très‑
rarement entières.

Première section. Brachyolobe.   *Brachyolobos,* All.

Silique courte, ovoïde ou oblongue.

4148. Sisymbre cresson.   *Sisymbrium nasturtium.*

S. nasturtium. Linn. spec. 916. — *Cardamine fontana.* Lam. Fl.
fr. 2. p. 499. — *Cardaminum nasturtium.* Mœnch. Meth.
262. — Fuchs. Hist. 723. ic.

Ses tiges sont longues de 5 décim. ; rameuses, creuses, can‑
nelées, vertes, ou quelquefois un peu rougeâtres; ses feuilles
sont ailées avec une impaire, et sont composées de folioles
obrondes ou ovales, ou elliptiques, mais toutes d'un verd
foncé, lisses et un peu succulentes : la foliole terminale est plus
grande que les autres : les fleurs sont petites, de couleur blan‑
che, et disposées en une espèce de grappe courte ou de co‑
rimbe qui ne s'élève presque pas au‑dessus des feuilles : les
siliques sont courtes, horizontales, un peu courbées, à peine aussi
longues que le pédoncule. ♃. Cette plante croît dans les fontaines,

les ruisseaux ; on l'emploie soit dans la médecine, soit sur-tout pour
la cuisine : dans les environs de Rouen on cultive en grand le cresson de fontaine , dans des espèces de jardins à demi-inondés, qu'on
nomme *cressonières*. Cette plante a le port des cardamines.

4149. Sisymbre sauvage.   *Sisymbrium sylvestre.*

> *S. sylvestre.* Linn. spec. 916. Lam. Fl. fr. 2. p. 519. — *Brachio-*
> *lobos sylvestris.* All. Ped. n. 1012. t. 56. f. 2. — *Radicula*
> *pinnata.* Mœnch. Meth. 263.

Sa racine est rampante ; ses tiges sont droites ou un peu
couchées à la base, longues de 2-4 décim. , branchues , un
peu anguleuses ; les feuilles sont glabres , pétiolées , découpées presque jusqu'à la côte moyenne en lobes lancéolés, pointus ,
incisés et dentés ; les fleurs sont d'un jaune doré , disposées en
grappes , qui à la fin de la fleuraison sont longues et flexueuses ;
le calice est coloré ; le style court ; les siliques sont écartées de
l'axe , souvent courbées , grèles , longues de 6-9 millim. , souvent avortées. ♃. Elle croît dans les marais , sur le bord des
rivières et des ruisseaux , parmi les graviers.

4150. Sisymbre des marais.   *Sisymbrium palustre.*

> *S. palustre.* Poll. Pal. n. 625. — *S. terrestre.* Curt. Lond. t. 49.
> — *Radicula palustris.* Mœnch. Meth. 263. — *S. hybridum.*
> Thuil. Fl. paris. II. 1. p. 331. — *S. Islandium.* Fl. dan. t. 409.
> *S. amphibium* , α. Huds. Angl. 296. — *Myagrum palustre.*
> Lam. Dict. 1. p. 572. — *Myagrum aquaticum* , α. Lam. Fl.
> fr. 2. p. 483. — C. Bauh.prod. p. 38. f. 2.
> β. *S. pusillum.* Vill. Dauph. 3. p. 341. t. 39. Thuil. Fl. Paris. II.
> 1. p. 332.

Sa racine est simple , fusiforme , non rampante ; ses tiges
sont tantôt solitaires , droites ; tantôt nombreuses et un peu
étalées , toujours glabres , cannelées , rameuses vers le haut ,
et longues de 5 décim. ; les feuilles sont minces , glabres ,
découpées presque jusqu'à la côte en lobes ovales ou arrondis , sinués irrégulièrement , plus grands vers l'extrémité de
la feuille ; celle-ci embrasse la tige par deux petites oreillettes ;
les fleurs sont d'un jaune pâle , disposées en grappes qui s'a-
longent à la maturation ; les pétales sont plus courts que le calice ;
les siliques toutes fertiles , écartées de l'axe , horizontales,
courtes , un peu renflées , lisses , obtuses , terminées par un
style très-court. ⊙. Elle croît dans les lieux humides ou inondés , sur le bord des marais et des fossés , aux environs de
Paris , sur les bords du lac de Genève , du Rhin , de la Loire ,
et probablement dans toute la France.

4151. Sisymbre amphibie. *Sisymbrium amphibium.*

S. amphibium. Linn. spec. 917. — *Myagrum aquaticum.* Lam.
Fl. fr. 2. p. 483. β. γ. Dict. 1. p. 572. — *Brachiolobos amphi-
bius.* All. Ped. n. 1011. — *Radicula lancifolia.* Mœnch.
Meth. 262.

α. *Foliis simplicibus.* — C. Bauh. prod. p. 38. f. 1.
β. *Foliis variis.* — Lob. ic. t. 319.

Sa racine est fibreuse : ses tiges sont longues de 2-5 décim.,
droites ou flexueuses, garnies de radicules dans le bas, sillonnées, peu branchues : les feuilles sont oblongues, pointues,
rétrécies à la base, un peu embrassantes, dentées en scie,
pinnatifides ou même déchiquetées lorsqu'elles croissent dans
l'eau : les fleurs sont jaunes, disposées en grappes, qui s'a-
longent pendant la fleuraison : les pétales sont plus longs que
le calice : à l'époque de la maturation, les pédicelles s'écartent
de l'axe à angle droit, et soutiennent une silique ovale-glo-
buleuse, polysperme, terminée par le style qui persiste. ♃.
Cette plante croît sur le bord des rivières, des ruisseaux et
des étangs ; la partie qui est submergée est toujours glabre,
dépourvue de pores corticaux ; la partie exposée à l'air est
souvent pubescente, toujours munie de pores corticaux.

4152. Sisymbre des Py-   *Sisymbrium Pyrenaicum.*
rénées.

S. Pyrenaicum. Linn. spec. 916. Wild. spec. 3. p. 491. non Vill.
— *Myagrum Pyrenaicum.* Lam. Dict. 1. p. 571. — *Brachiolobos Pyrenaicus.* All. Ped. n. 1013. t. 18. f. 1.

Sa racine est longue, grêle, cylindrique ; sa tige est droite,
presque simple, cylindrique, très-légèrement pubescente, haute
de 2-3 décim. ; les feuilles de la tige sont découpées jusqu'à la côte
moyenne en lobes linéaires, ordinairement entiers, quelquefois
eux-mêmes découpés ; elles embrassent la tige par 2 appendices oblongs ; les feuilles radicales inférieures ont les lobes
plus larges, sur-tout celui de l'extrémité de la feuille, et sont
simples, entières, ovales ; les fleurs sont jaunes, disposées en
grappes ; les pétales sont oblongs et dépassent peu le calice,
lequel est coloré ; les siliques sont ovales-oblongues, surmontées par le style. ♃. Elle croît dans les prairies sèches et dans
les fentes des rochers des montagnes ; dans les Pyrénées ; les
Cévennes ; les montages de l'Auvergne ; du Lionnois (Latour.) ;
les Alpes du Piémont ; dans les Vosges à la vallée d'Amethal,
et à Sainte-Marie-aux-Mines.

4155. Sisymbre tanaisie. *Sisymbrium tanacetifolium.*

S. tanacetifolium. Linn. spec. 916. — Moris. s. 2. t. 6. f. 19.

Sa racine est dure, cylindrique; sa tige est droite, presque simple, haute de 2-3 décim., garnie, ainsi que les feuilles, de petits poils courts et mols qui, vus à la loupe, paroissent rayonnans; les feuilles sont nombreuses, semblables à celles de la tanaisie, d'une consistance molle, découpées dans toute leur longueur, jusqu'à la côte longitudinale, en folioles oblongues qui sont elles-mêmes pinnatifides, à lobes à-peu-près triangulaires, et semblables à de fortes dentelures en scie; les fleurs sont d'un beau jaune, disposées en plusieurs grappes, dont la réunion forme un corimbe dans le commencement de la fleuraison, mais qui s'alongent beaucoup pendant la maturation; les siliques sont grêles, lisses, longues de 6-8 millim., placées dans une position verticale, soutenues sur un pédicelle oblique sur l'axe, terminées par un style très-court. ♃. Cette plante croit dans les vallées des plus hautes Alpes, dans les lieux pierreux et un peu ombragés; dans les Alpes de Savoie vers le haut de l'Allée-Blanche; au St.-Bernard (Hall.); au mont Cenis, autour de Vinadio, de Valderio, et dans les montagnes des Vaudois en Piémont; dans le Queyras, le Valgaudemar et à Orcière en Dauphiné (Vill.); dans les Alpes de l'Arche en Provence (Gér.).

Seconde section. SISYMBRE.   *SISYMBRIUM.* All.

Silique longue et grêle.

§. Ier. *Tige presque nue.*

4154. Sisymbre des murs. *Sisymbrium murale.*

S. murale. Linn. spec. 918. Lam. Fl. fr. 2. p. 518. *Eruca decumbens.* Mœnch. Meth. 257. — Barr. ic. t. 131.

β. *S. erucastrum.* Gouan. Illustr. 42. t. 20.

γ. *S. Barrelieri.* Thuil. Fl. paris. II. 1. p. 334. — J. Bauh. Hist. 2. p. 862. f. 2.

Ses tiges sont hautes de 2 décim., rameuses et feuillées seulement dans leur partie inférieure; les feuilles radicales sont nombreuses, fortement dentées, rétrécies en pétiole à leur base, élargies vers leur sommet, presque spatulées, un peu âpres au toucher, et chargées de quelques poils en dessous: les fleurs sont jaunes, pédonculées et terminales; les siliques ont près de 5 centim. de longueur. La variété β a les feuilles presque pinnatifides, à lobes irrégulièrement dentés et un peu pointus. La variété γ est plus petite dans toutes ses parties. ☉. Cette plante croît sur les murs et dans les lieux pierreux.

4155. Sisymbre des rochers. *Sisymbrium saxatile.*

S. saxatile. Lam. Fl. fr. 2. p. 517. — *Sisymbrium* n. 8. Ger. Gallopr. p. 360. — *S. monense.* Linn. spec. ed. 2. p. 918. non ed. 1. — Garid. Aix. p. 162. n. 1.

Sa racine est épaisse, vivace (Gér., Gar.); ses feuilles naissent de la racine; elles sont longues de 7-9 centim., pétiolées, un peu charnues, garnies en dessus de quelques poils rares, étroites, pinnatifides, non divisées jusqu'à la côte, à 5 ou 7 lobes entiers, écartés, obtus à leur sommet : d'entre ces feuilles, s'élève une hampe nue, glabre, droite, grèle, longue de 2 décim., terminée par une grappe de fleurs jaunes, pédonculées, et dont les pétales n'ont pas un centim. de longueur; les siliques sont légèrement tétragones (Gér.). ♃. Je décris cette plante d'après un échantillon recueilli sur le haut de la montagne de Ste.-Victoire en Provence, par M. Gérard.

4156. Sisymbre sinué. *Sisymbrium repandum.*

S. repandum. Wild. spec. 3. p. 497. — *S. monense.* Vill. Dauph. 3. p. 350. t. 39.

Cette plante se rapproche de l'espèce précédente par l'épaisseur de ses feuilles, et la forme de ses siliques; elle s'en distingue à sa racine très-alongée, à ses feuilles parfaitement glabres, oblongues, presque ovales, bordées de 5 ou 7 dents obtuses et peu profondes; à ses hampes qui ne dépassent pas 5-6 centim. de longueur. ♃. Elle a été observée en Dauphiné au bas de la montagne du Crépon dans le Noyer, à Chantelouve dans le Queyras, à la Cluse en Devoluy, par M. Villars; en Piémont au-dessus des Clavières et de Pampliné, dans la vallée de Bardonache (All.); sur le mont Genèvre entre Suze et la fabrica dei Marmo (Balb.).

4157. Sisymbre des vignes. *Sisymbrium vimineum.*

S. vimineum. Linn. spec. 919. — *S. pumilum.* Lam. Fl. fr. 2. p. 516. — *S. vineale.* Gat. Fl. mont. 120.

Cette plante est fort petite; sa racine, qui est fibreuse et presque aussi longue que toute la plante, pousse plusieurs tiges nues, très-grèles, la plupart inclinées, et qui s'élèvent rarement jusqu'à 1 décim.; les feuilles sont lisses, radicales, étendues en rond sur la terre, étroites, longues de 5-9 centim., en lyre et obtuses à leur sommet et en leurs découpures ; les fleurs sont jaunes et extrêmement petites ; les pétales dépassent à peine le calice ; les siliques ont 12-15 millim. de longueur. ⊙. On trouve cette plante sur les murailles et dans les lieux arides et sablonneux, dans les vignes aux environs de Paris (Thuil.) ; à Denainvillers, à Argenteuil, à St.-Paul-Trois-Châteaux (Vill.) ; Sospitello (All.) ; en Flandre (Lest.) ; à Orléans (Dub.) ; à Montauban (Gat.).

4158. Sisymbre des sables. *Sisymbrium arenosum.*

S. arenosum. Linn. spec. 919. — *Arabis arenosa.* Lam. Dict. 1. p. 222. — Barr. ic. 196.

Cette espèce se distingue facilement à ses tiges toutes hérissées de poils, et à ses fleurs de couleur lilas ou violettes ; sa tige est haute de 2 décimètres, grèle, velue et presque nue dans sa partie supérieure ; ses feuilles sont alongées, étroites, et vont en s'élargissant vers leur sommet, qui se termine en pointe ; elles sont velues et découpées en lyre, ou garnies de chaque côté de dents cunéiformes ; le calice est glabre ; la silique est grèle, droite, écartée de l'axe. ⊙. Cette plante croît dans les lieux sablonneux des provinces méridionales ; dans les vignes à Argenteuil près Paris (Thuil.) ; à la forêt d'Eu, à Sénerpont près Abbeville (Bouch.) ; à Bonveau et Messigny en Bourgogne (Dur.) ; dans les montagnes du Belley et du Lyonnois (Latourr.) ; sur les rochers des Vosges.

§. II. *Tige feuillée.*

4159. Sisymbre à feuilles menues. *Sisymbrium tenuifolium.*

S. tenuifolium. Linn. spec. 917. — *S. acre.* Lam. Fl. fr. 2. p. 520. *Brassica muralis.* Huds. Angl. 290. — *Eruca tenuifolia.* Mœnch. Meth. 257. — Fuchs. Hist. 262. ic.

Sa tige est haute de 5-6 décim., rameuse, diffuse, feuillée et très-lisse ; ses feuilles sont alongées, rétrécies en pétiole à leur base, irrégulièrement pinnatifides, et composées d'un petit nombre de pinnules un peu étroites, souvent écartées, et qui regardent ordinairement vers le sommet de la feuille ; ces feuilles sont toutes très-lisses et d'un verd un peu glauque ; les supérieures souvent entières ; les fleurs sont jaunes, assez grandes, pédonculées et terminales ; les siliques sont droites, portées sur de longs pédoncules, et n'ont pas beaucoup plus de 5 centim. de longueur. ♃. Cette plante croît sur les murailles et dans les lieux incultes et sablonneux ; sa saveur est extrêmement âcre et brûlante , et son odeur est désagréable.

4160. Sisymbre à plusieurs cornes. *Sisymbrium polycera-tium.*

S. *polyceratium.* Linn. spec. 918. — *S. corniculatum.* Lam. Fl. fr. 2. p. 520. — Dalech. 653. f. 2.

Ses tiges sont hautes de 1-5 décim. , cylindriques, glabres , ordinairement simples et feuillées dans toute leur longueur ; ses feuilles sont alongées , dentées , sinuées , médiocrement en lyre , terminées par un lobe triangulaire , et ont quelque ressemblance avec celles de plusieurs arroches ; les fleurs sont petites, axillaires et d'un jaune pâle ; les siliques sont un peu renflées dans leur partie inférieure , et imitent de petites cornes redressées et disposées dans les aisselles des feuilles ; elles occupent presque toute la longueur de la plante. ☉. On trouve cette espèce dans les lieux incultes et sur les vieux murs ; dans les environs de Narbonne ; de Huningue ; de Lausanne ; d'Asti et de Montferrat (All.) ; sur les montagnes de la haute Auvergne (Delarb.) ; à Caunelles et Montferrier près Montpellier (Gou.) ; à Lagarde près Montauban (Gat.) ; en Provence (Gér.).

4161. Sisymbre pinnatifide. *Sisymbrium pinnatifidum.*

S. *dentatum.* All. Ped. n. 1001. t. 57. f. 3. — *S. bursifolium.* Vill. Dauph. 3. p. 345. — *Cardamine runcinata.* Pourr. Act. Toul. 3. p. 310. — *Arabis pinnatifida.* Lam. Dict. 1. p. 221.

Sa racine est dure, ligneuse, souvent divisée dans le haut ; les tiges sont droites ou un peu étalées, simples , longues de 5-20 centim. , légèrement pubescentes ; les feuilles sont assez nombreuses, petites, presque glabres, un peu fermes, pinnatifides , à lobes assez réguliers, obtus , et dont celui du sommet est le plus grand ; celles du bas de la plante sont pétiolées, tantôt entières, tantôt terminées par un lobe très-grand ; celles du haut sont pinnatifides jusqu'à leur base ; les fleurs sont blanches, disposées en grappe courte, terminale ; leur pédicelle est grêle , et atteint 6 millim. de longueur ; leurs siliques sont droites , grêles , longues de 2-3 centim. ♃. Cette plante croît dans les prairies pierreuses, et parmi les rochers des hautes montagnes ; au Mont-d'Or ; dans les Pyrénées ; dans les Alpes du Dauphiné ; du Piémont ; de la Savoie.

4162. Sisymbre bourse à   *Sisymbrium bursifolium.*
pasteur.

S. bursifolium. Linn. spec. 918. — *Hesperis dentata.* Linn. spec.
928. — *Arabis bursifolia.* Lam. Fl. fr. 2. p. 511. — Dill. Elth.
t. 148. f. 177.

Cette espèce, long-temps confondue avec la précédente, en
est certainement distincte; sa racine est annuelle, divisée par
le bas en fibres grèles; sa tige est droite, anguleuse et un peu
branchue vers le haut, glabre, ainsi que le reste de la plante,
haute de 2-3 décim.; les feuilles sont minces, oblongues,
toutes rétrécies en pétiole; les inférieures sont plus larges vers
le haut, pinnatifides, à lobes nombreux, parallèles, obtus, et
dont le dernier est le plus grand; celles du haut sont peu ou
point découpées, quelquefois entières et presque linéaires; les
fleurs sont blanches, disposées en grappes terminales, leur pédicelle est épais, et ne dépasse pas 5 millim. de longueur;
les siliques sont droites, écartées de l'axe, presque horizontales, grèles, lisses et longues de 4-6 centim. ⊙. Elle croît dans
les Pyrénées à la vallée d'Eynes.

4163. Sisymbre couché.   *Sisymbrium supinum.*

S. Supinum. Linn. spec. 917. — *Arabis supina.* Lam. Fl. fr. 2. p.
512. — *S. supinum*, α. Gou. Illustr. 43. — Isnard. act. Acad.
1724. p. 295. t. 18.

Ses tiges sont longues de 3 décim., légèrement velues, grèles
et un peu rameuses; elles sont étendues sur la terre, où elles
forment quelquefois des gazons assez garnis; ses feuilles sont
en lyre, pinnatifides dans toute leur longueur, et d'un verd un
peu blanchâtre; leur pinnule terminale est plus grande que
les autres; les fleurs sont blanches, petites, ordinairement géminées, portées sur de courts pédicelles axillaires, les siliques sont
un peu courbées, et à peine longues de 3 centim. ⊙. On trouve
cette plante sur le bord des champs sablonneux, et le long des
rivières aux environs de Paris; de Lyon (Latourr.); au mont
Bayard près Gap (Vill.).

4164. Sisymbre à silique rude. *Sisymbrium asperum.*

S. asperum. Linn. spec. 920. Lam. Fl. fr. 2 p. 522. — J. Bauh.
Hist. 2. p. 858. f. 3.

Sa tige est haute de 12-15 centim., verte, d'un aspect glabre, et rameuse vers son sommet; ses feuilles sont toutes profondément pinnatifides ou en lyre; leurs pinnules sont nombreuses,

parallèles , peu distantes et obtuses à leur sommet; les feuilles
radicales sont couchées sur la terre , où elles forment une rosette , comme celles du tabouret bourse-à-pasteur ; les fleurs
sont jaunes , terminales et portées sur de courts pédoncules ;
les siliques sont chargées d'aspérités particulières qui ne sont
pas des poils , mais de petits points blanchâtres, rudes et presque imperceptibles ; on en trouve quelques-uns sur la tige ,
mais ils sont écartés et peu sensibles. ♃ Gér. , ☉ Lin. Cette
plante croît dans les lieux où l'eau a séjourné; en Provence
(Gér.); dans le Champsaur , à Villeneuve , Saint-Bonnet, le
long des lacs du Valjoffrey (Vill.); à Lattes et Pérauls près
Montpellier (Gou.); à Nuits (Dur.); en Auvergne (Delarb.).

4165. Sisymbre sagesse. *Sisymbrium sophia.*

S. sophia. Linn. spec. 922. — *S. parviflorum.* Lam. Fl. fr. 2. p.
519. — *Descurea.* Guett. Etamp. 2. p. 164. — Fuchs. Hist.
p. 2. ic.

Sa tige est haute de 5 décim. , dure, cylindrique, rameuse
et un peu velue; ses feuilles sont blanchâtres , très-finement
découpées , légèrement velues , et ressemblent un peu à celles
de la petite absinthe : ses fleurs sont extrêmemement petites , pédonculées et jaunâtres; les pétales sont moins longs
que le calice , et les siliques sont grèles , cylindriques et soutenues par des pédoncules filiformes. ☉. On trouve cette plante
sur les murs et dans les lieux incultes , les décombres ; elle
est vulnéraire , détersive, astringente, vermifuge et fébrifuge ;
elle est connue sous les noms de *science* ou *sagesse des chirur-
giens , talictron.*

4166. Sisymbre irio. *Sisymbrium irio.*

S. irio. Linn. spec. 921. Jacq. Austr. t. 322. — *S. erysimastrum ,*
α. Lam. Fl. fr. 2. p. 521.

La plante est entièrement glabre; sa tige est droite , peu
rameuse , haute de 2-5 décim. ; ses feuilles sont pétiolées ,
pinnatifides , à lobes étroits, pointus, dentés ou entiers, perpendiculaires sur la nervure principale; le lobe du sommet est
très-long , en forme de fer de flèche; les fleurs sont jaunes ,
disposées en grappes nombreuses qui s'alongent après la fleuraison; le calice est glabre , jaunâtre , fermé ou peu ouvert;
les siliques sont droites , grèles , et atteignent 5-6 centim. de
longueur. ☉. Cette plante est commune le long des murs , des
chemins et des lieux cultivés.

4167. Sisymbre de Lœsel. *Sisymbrium Lœselii.*

S. Lœselii. Linn. spec. 921. Jacq. Austr. t. 324. — *S. erysimas-trum*, β. Lam. Fl. fr. 2. p. 521.

Cette plante est couverte de poils hérissés, mols et nombreux qui lui donnent un aspect grisâtre, et qui se retrouvent, quoiqu'en moindre quantité, sur les calices et même sur les siliques ; sa racine est longue, un peu fibreuse ; sa tige est droite, cylindrique, presque simple ; les feuilles sont petiolées, découpées en lyre ; les lobes inférieurs sont oblongs, petits, entièrement distincts ; les supérieurs sont plus longs, presque triangulaires, sinués ou dentés ; celui du sommet est le plus grand, a la forme d'un triangle alongé, et les bords un peu dentés : les fleurs sont jaunes, disposées en grappes d'abord très-courtes, ensuite alongées ; les siliques sont tortues ou demi-étalées, pubescentes, grèles, longues de 5-4 centim. ⊙. Elle croît sur les murs exposés au soleil, dans les lieux cultivés, secs et pierreux ; elle se trouve à Paris sur le pavillon chinois du jardin des Plantes ; à Saint-Maximin et à Chantilly (Thuil.); autour de Loano en Piémont (Balb.).

4168. Sisymbre dent-de-lion.   *Sisymbrium taraxacifolium.*

Sa racine est dure, presque simple ; elle donne naissance à une tige droite, cylindrique, simple, rougeâtre, haute de 5 décim., glabre, excepté à la base, où elle porte quelques poils épars ; les feuilles radicales sont étalées en rosette, longues de 5-4 centim., un peu pétiolées, pinnatifides, à lobes ciliés, d'autant plus larges qu'ils approchent plus du sommet, presque triangulaires, perpendiculaires sur la côte principale, ou même un peu recourbés ; les feuilles sont peu nombreuses, dressées et appliquées le long de la tige, semblables aux radicales, excepté que leurs lobes sont plus linéaires, plus recourbés et nullement ciliés ; les fleurs sont jaunes, disposées en 2 ou 5 grappes terminales ; leur calice est glabre, jaunâtre, à demi-ouvert ; les siliques sont grèles, étalées ou entièrement déjetées, longues de 2-5 centim., glabres ou munies de poils rares et épars. Cette plante a été découverte dans les montagnes de Seyne en Provence, par M. Clarion.

4169. Sisymbre à lobes pointus.   *Sisymbrium acutangulum.*

Sinapis Pyrenaica. Linn. spec. 934. All. Ped. n. 960. t. 55. f. 1.

— *S. Pyrenaicum*. Vill. Dauph. 3. p. 341. t. 38. non Linn. —
Erysimum Pyrenaicum. Vill. Prosp. p. 39. t. 21. f. 2.

Cette plante ressemble par son feuillage au sisymbre irio,
par ses fleurs au sisymbre tanaisie, et se rapproche du genre
des moutardes par son calice lâche; sa tige est droite, peu
rameuse, presque glabre, haute de 5 décimètres; ses feuilles
sont découpées, jusqu'à la côte moyenne, en lobes lancéolés, dentés et élargis à leur base, très-pointus, perpendiculaires sur la côte, ou même un peu recourbés; le lobe terminal est alongé en forme de fer de flèche; ces feuilles sont pubescentes sur le bord et sur les nervures; les fleurs sont jaunes,
petites, disposées en plusieurs grappes dont l'axe est pubescent; les pédicelles et les calices sont glabres; la silique est
grêle, garnie dans toute sa longueur de petits poils dirigés vers
le sommet, dépourvue de corne au sommet, et terminée par
le stigmate. ♃. Cette plante croît dans les Pyrénées, les Alpes
de Briançon, du Queyras, du Champsaur, du Valgaudemar
(Vill.); au mont Salève (Schleich.); au mont Cenis, dans les
Alpes de Viu et des Vaudois en Piémont.

4170. Sisymbre velar.   *Sisymbrium erysimifolium.*

> *S. erysimifolium*. Pourr. act. Toul. 3. p. 329. — *Sinapis mari-*
> *tima*. All. Ped. n. 961.

Cette plante ressemble beaucoup à la précédente, mais
n'en est certainement pas une variété; elle s'en distingue
à ce qu'elle est parfaitement glabre sur toutes ses parties,
et qu'en particulier ses siliques sont tout-à-fait dépourvues
de poils; à ses feuilles plus étroites, moins profondément
incisées, et souvent sinuées plutôt que pinnatifides; à ses siliques presque tétragones. ♂ All. , ☉ Pourr. Cette plante croît
sur les rochers du bord de la mer aux environs d'Oneille et de
Nice, à la descente du col de Tende, et autour des bains de
Vinadio en Piémont; elle a été aussi trouvée dans les Pyrénées
orientales.

4171. Sisymbre à lobes   *Sisymbrium obtusangulum.*
        obtus.

> *S. obtusangulum*. Schleich. Cat. p. 48. — *Sinapis nasturtiifolia.*
> Lam. Dict. 4. p. 346. — *Sinapis hispanica*. Lam. Fl. fr. 3. p.
> 645. Thuil. Fl. par. II. 1. p. 343.—*S. supinum*, β. Gou. Illustr.
> p. 43. — *S. erucastrum*. Poll. Pal. n. 628. — J. Bauh. 2. p.
> 862. f. 3.

Sa tige est rameuse, chargée de poils extrêmement courts

dans sa partie inférieure, et ne s'élève pas beaucoup au-delà de 5 décim.; ses feuilles radicales sont simplement en lyre, élargies vers leur sommet, qui est arrondi, et remarquables par leurs sinuosités et leurs découpures toutes arrondies et obtuses; les feuilles de la tige sont profondément pinnatifides, et ont leurs pinnules un peu étroites; mais leur sommet et leurs angles sont toujours émoussés ou obtus : les fleurs sont jaunes, leurs pétales ont des onglets très-étroits, et les folioles de leur calice sont colorées et à demi-ouvertes; les siliques sont pédonculées, la plupart redressées, glabres, très-grêles, longues de 3 cent. , à 4 angles obtus, et terminées par une corne fort petite. ⊙ Wild., ♃ Thuil. Elle croît dans les lieux secs au pied des murailles; elle est assez commune aux environs de Paris, et notamment au parc de Vincennes; je l'ai reçue des Pyrénées; du Languedoc; du Valais; du pays de Vaud; de Strasbourg; elle se trouve à Burckheim près Brissac (J. Bauh.); le long du Rhin aux environs de Worms, de Mayence (Poll.).

4172. Sisymbre officinal. *Sisymbrium officinale.*

S. officinale. Scop. Carn. ed. 2. n. 824. — *Erysimum officinale.* Linn. spec. 922. Lam. Fl. fr. 2. p. 515. — *S. officinarum erysimum.* Cranz. Austr. 54. — Fuchs. 592. ic.

Ses tiges sont hautes de 6 - 9 décimètres, cylindriques, dures et rameuses; elles ont ordinairement leurs rameaux étalés et très-ouverts; les feuilles sont en lyre, presque ailées, avec un lobe terminal assez grand, un peu triangulaire, pointu et quelquefois hasté : les fleurs sont jaunes, extrêmement petites, et les siliques sont grêles, cylindriques et toutes appliquées contre l'axe de leur épi, qui est fort long et menu. ⊙. Cette plante est commune dans les lieux incultes, le long des haies et sur les murs; elle porte les noms de *velar, herbe au chantre, tortelle.*

4173. Sisymbre roide. *Sisymbrium strictissimum.*

S. strictissimum. Linn. spec. 922. Jacq. Austr. t. 194. — Cam. Epit. 342. ic.

Sa tige est droite, simple, glabre ou un peu velue, cylindrique, et s'élève jusqu'à un mètre de hauteur; ses feuilles sont oblongues-lancéolées, pubescentes, entières ou dentées, portées sur de courts pétioles; les fleurs sont jaunes, petites, nombreuses, disposées en plusieurs grappes, dont la réunion forme une espèce de panicule; les calices sont un peu colorés; les

siliques

siliques sont roides, grêles, étalées, souvent courbées, glabres, et longues de 3-4 centim. ♃. Il croit dans les lieux montueux, pierreux et découverts; en Dauphiné au mont de Lans en Oysans, et dans le Queyras (Vill.); en Savoie près Moutiers, en Maurienne près Villarodin, St.-Michel, entre Estrouble et St.-Oyen, dans le val d'Aost près la Trouille, et aux environs de Nice; entre St.-Remi et le mont St.-Bernard (Hall.).

DCCXXXIII. ARABETTE.   *ARABIS.*

Arabis. Lam. — *Turritis.* Desf. — *Arabis et Turritis.* Linn. Juss. *Turritis et Leucoii sp.* Tourn.

Car. Le calice est serré et a 2 de ses folioles plus grandes, un peu bossues à la base ; le disque de l'ovaire est nu ou chargé de 2 ou 4 glandes ; la silique est droite, longue, linéaire.

Obs. Les fleurs sont blanches, assez petites ; les siliques serrées contre la tige.

§. 1er. *Feuilles de la tige embrassantes.*

4174. Arabette enfilée.   *Arabis perfoliata.*

A. perfoliata. Lam. Dict. 1. p. 219. — *Turritis glabra.* Linn. spec. 930. — *Turritis perfoliata.* Neck. Gallob. 283. — *Erysimum glastifolium.* Crantz. Cruc. 117. — *Dentaria glabra.* Scop. Carn. n. 839.

Sa tige est haute de 5 décim., simple et chargée dans toute sa longueur de feuilles embrassantes, en forme de fer de flèche, pointues et d'un verd glauque ; les feuilles radicales sont nombreuses, velues, rudes au toucher, dentées, quelquefois entières, quelquefois demi-pennées, et couchées sur la terre ; elles deviennent glabres, comme celles de la tige, en vieillissant ; les fleurs sont blanches et disposées en grappes ; les siliques sont longues de 5 centim., droites, roides, grêles, très-glabres, comprimées, marquées de petites bosselures qui indiquent la place des graines. ♂. Elle est assez commune dans les prés secs et pierreux.

4175. Arabette à oreillettes.   *Arabis auriculata.*

A. auriculata. Lam. Dict. 1. p. 219. — *A. aspera.* All. Auct. p. 18. t. 2. f. 2.
β. *A. recta.* Vill. Dauph. 3. p. 319. t. 37.

Sa racine est grêle, blanchâtre ; sa tige droite, haute de 1-2 décim., simple, souvent rougeâtre, couverte, ainsi que

Tome IV.   V v

les feuilles , de poils roides , courts et rameux au sommet ; les
feuilles sont ovales-oblongues ; celles du bas sont étalées , un
peu rétrécies à la base ; celles de la tige droites., prolongées
à leur base en 2 appendices courts et embrassans : les fleurs
sont blanches , petites , disposées en une grappe terminale,
d'abord assez courte ; ensuite la grappe des siliques occupe
presque la moitié de la longueur de la plante , et son axe est
flexueux : les pédicelles des fruits ont 5 millim. de longueur,
c'est-à-dire, la sixième partie de la longueur des siliques ;
celles-ci sont roides , grèles , peu comprimées , écartées de
l'axe dans la variété β , un peu plus droites dans la variété α ,
longues de 5 centim. $\odot$. Elle croît sur les murs et les rochers
des pays de montagnes ; à Grenoble , et sur les rochers de
Lans en Dauphiné ; dans les montagnes de Seyne en Provence ;
en Piémont , près de Suze , et au-dessus de Tende.

4176. Arabette des rochers. *Arabis saxatilis.*

A. saxatilis. All. Ped. n. 973. — *A. nova.* Vill. Dauph. 3. p.
319. t. 37.

Elle ressemble à la précédente, mais ses siliques atteignent
une longueur double (6 centim.), et sont comprimées , légèrement tétragones , droites ou un peu courbées ; ses pédicelles
s'alongent d'abord après la fleuraison , au point d'atteindre
le tiers de la longueur des siliques : la plante s'élève à 3-4
décim. , et la grappe fructifère n'en occupe pas le quart ; l'axe
de cette grappe est parfaitement droit ; les feuilles de la tige
sont prolongées à leur base en 2 oreillettes pointues. $\male$. Cette
plante croît sur les rochers et dans les lieux stériles et pierreux ;
en Vallais , sur le mont Surchamp ; en Piémont, près Suze ,
la Novalaise et Césane ; en Dauphiné , à Saint-Eynard , près
Grenoble , au Buis , aux Baux , à Die (Vill.).

4177. Arabette des Alpes. *Arabis Alpina.*

A. Alpina. Linn. spec. 928. Lam. Dict. 1. p. 218. — *Turritis
verna.* Lam. Fl. fr. 2. p. 490. — *A. incana.* Mœnch. Meth. 257.
a. Erecta. — Clus. Hist. 2. p. 125. f. 1.
β. *Diffusa.* — Clus. Hist. 2. p. 125. f. 2.

Son port est très-variable ; tantôt elle pousse une tige droite,
simple ; tantôt elle émet plusieurs tiges rameuses par la base ,
étalées et disposées en touffe ; elle atteint 2-3 décim. de longueur ; sa surface entière est couverte de poils mols , hérissés ,
rayonnans à leur sommet ; les feuilles sont oblongues-lancéolées ,

embrassantes , à dents irrégulières et pointues ; celles du bas sont un peu rétrécies en pétiole ; les fleurs sont blanches , disposées en grappes terminales ; leur calice est pubescent , et les deux folioles placées devant les plus courtes étamines , sont plus grandes , prolongées à leur base en une petite bosse , due à une glande saillante qui se trouve à la base des deux étamines courtes ; on trouve deux autres glandes situées entre les deux étamines longues : les siliques sont droites , comprimées , longues de 5 centim. ♃. Elle croît parmi les rochers et dans les lieux secs et découverts des montagnes ; on la trouve aussi dans les lieux ombragés , et alors elle est presque glabre : elle croît dans les Alpes ; le Jura ; les Vosges ; les Pyrénées ; les montagnes du Bugey ; du Lyonnois ; de l'Auvergne ; les rochers de Tercis près Dax (Thor.); à l'Esperou près Montpellier (Gou.).

4178. **Arabette tourette.** *Arabis turrita.*

A. *turrita.* Linn. spec. 930. — *A.* ochroleuca. Lam. Dict. 1. p. 218. — *Turritis ochroleuca.* Lam. Fl. fr. 2. p. 490. — *A. umbrosa.* Crantz. Austr. t. 3. f. 2. — *A. rugosa.* Mœnch. Meth. 259. — Clus. Hist. 2. p. 126. f. 2.

Sa tige est haute de 5 décim. , un peu velue et ordinairement simple ; ses feuilles radicales sont longues , elliptiques , dentées , d'un verd blanchâtre , quelquefois un peu rougeâtres en leur bord et couchées sur la terre : celles de la tige sont embrassantes , lancéolées et un peu dentées ; les siliques sont fort longues , arquées , comprimées , linéaires , un peu épaisses sur les bords , longues d'un décim. environ , droites ou divergentes et presque pendantes ; les fleurs sont d'un blanc jaunâtre , assez grandes. ☉. Elle croît dans les lieux couverts et le long des haies des pays de montagnes ; dans les garennes de Canneville , à la carrière de Montgresin près Paris (Thuil.) ; à Nantes (Bon.); au pied du Puy – de – Dôme (Delarb.); à la Bonneville près Genève , et dans les provinces méridionales.

4179. **Arabette velue.** *Arabis hirsuta.*

A. *hirsuta.* Scop. Carn. n. 835. — *Turritis hirsuta.* Linn. spec. 930. — *A. hispida.* Lam. Dict. 1. p. 219. — C. Bauh. Prod. p. 42. f. 2.

Sa tige est droite , velue , ordinairement simple , et s'élève jusqu'à 6 décim. ; elle est garnie dans toute sa longueur de feuilles éparses , embrassantes , alongées , un peu étroites , dentées en leur bord et presque toujours redressées : les feuilles radicales sont ovales – oblongues , obtuses à leur sommet ,

spatulées , dentées ou sinuées à leur base , et couchées en rond
sur la terre au bas de la plante ; les siliques sont longues , comprimées , presque tétragones , très-grêles et presque parallèles à
la tige : les fleurs sont blanches , très-petites ; leur calice est glabre , et leurs pétales sont droits ; les poils sont simples ou bifurqués
sur les feuilles , toujours simples le long de la tige. ♂. On trouve
cette plante dans les vignes et les lieux un peu couverts.

4180. Arabette d'Allioni.   *Arabis Allionii.*

Turritis stricta. All. Auct. p. 18. Wild. spec. 3. p. 543.

Elle a le port de l'arabette velue , mais est glabre et lisse
sur toute sa surface , et offre à peine quelques cils épars sur
le bord des feuilles ; sa tige est droite , simple , haute de 3-4
décim. ; ses feuilles radicales sont étalées , ovales-oblongues ,
rétrécies à leur base , presque entières ; celles de la tige sont
droites , dentées irrégulièrement , lancéolées , demi-embrassantes , dépourvues de toute oreillette ; les fleurs sont blanches ,
disposées en une grappe qui s'alonge beaucoup après la fleuraison ; les siliques sont grêles , planes , linéaires , droites ,
serrées contre l'axe , longues de 2 centim. Elle croît dans les
pâturages un peu humides , en Piémont , au-dessus de Casetto ,
de Limone et des bains de Valderio.

4181. Arabette paquerette.   *Arabis bellidifolia.*

A. bellidifolia. Linn. Mant. 94. Lam. Dict. 1. p. 219. non Fl.
fr. — *Turritis bellidifolia.* All. Ped. n. 980. t. 40. f. 1.

Sa racine est une souche ligneuse d'où s'élèvent une ou plusieurs tiges droites , glabres ainsi que le reste de la plante ,
souvent rougeâtres , simples , longues de 1-3 décim. ; les feuilles
du bas sont étalées , ovales , rétrécies en un court pétiole et
assez semblables à celles de la paquerette ; celles de la tige
sont droites , demi-embrassantes , elliptiques ou oblongues ;
les unes et les autres sont presque toujours entières ou à peine
dentées ; les fleurs sont blanches , disposées en grappe terminale , ordinairement droite , quelquefois penchée ; les pédicelles
sont deux fois plus longs que le calice : celui-ci est glabre ,
souvent rougeâtre au sommet ; les pétales sont blancs , oblongs ,
presque linéaires , obtus , un peu élargis au sommet , longs de
7-9 millim. ; les siliques sont droites , linéaires , comprimées. 4.
Elle croît dans les Alpes , parmi les pierres , le long des torrens
et des glaciers ; en Piémont ; en Savoye ; dans le Valais.

4182. Arabette rude. *Arabis scabra.*

A. scabra. All. Ped. n. 974. — *A. pumila.* Jacq. Austr. t. 281.
— *A. nutans.* Wild. spec. 3. p. 537.

Cette espèce ressemble beaucoup à la précédente ; elle en
diffère parce que les feuilles , et sur-tout les inférieures , sont
hérissées de poils épars, simples ou bifurqués ; la plante ne
dépasse guères 1 décim. de hauteur, et les fleurs sont cependant un peu plus grandes que dans l'espèce précédente ; les
feuilles de la tige sont moins nombreuses ; la grappe est droite
ou plus souvent penchée , mais ce caractère est variable dans
les deux plantes , et ne peut servir à les distinguer ; les siliques
sont droites , roides , comprimées , linéaires , longues de 3 centimètres. ♃. Elle croît dans les endroits pierreux et sur les
rochers des Alpes du Piémont (All.); du Valais.

4183. Arabette roide. *Arabis stricta.*

A. stricta. Huds. Angl. 292. Velley. pl. Marit. ic. t. 5. — *A. his-
pida.* Ait. Kew. 2. p. 400. — *A. hirta.* Lam. Dict. 1. p. 220.
— *Turritis Rayi.* Vill. Dauph. 3. p. 326. t. 38. — *Hesperis.*
Ray. extr. p. 296.

β. *Turritis ciliata.* Schleich. Cat. 59. Wild. spec. 3. p 544.

Cette espèce est remarquable par la rigidité de toutes ses parties,
et par les poils épars, roides , simples ou bifurqués qui naissent
en nombre très-variable sur le bas de la tige, sur la surface
et sur le bord des feuilles dans la variété *α* ; on ne les retrouve
que sur le bord de la feuille dans la variété β : la racine est
fibreuse ; les feuilles radicales sont étalées en rosette , ovales ,
obtuses , rétrécies en pétiole , bordées de dents obtuses , plus
ou moins nombreuses ; les tiges sont hautes de 1 décim. environ , droites, solitaires ou nombreuses , simples ou rameuses
dans les deux variétés , garnies de quelques feuilles droites ,
sessiles , un peu ciliées ; les fleurs sont au nombre de 5-10 ,
disposées en grappe d'abord courte , alongée après la fleuraison ;
leur calice est glabre ; leurs pétales sont blancs , droits , oblongs ;
les siliques sont droites , serrées contre l'axe , linéaires , comprimées , longues de près de 3 centim. ♃. Cette plante croît
parmi les rochers et les cailloux des montagnes calcaires ; au
mont Salève , près Genève ; en Dauphiné , à l'Hermitage de
Saint-Martin , près Grenoble ; dans le Champsaur , à la montagne des Corps (Vill.); en Piémont, autour d'Ussay ; au mont
Vesoul (All.) ; dans les Corbières ; dans les Pyrénées , où
M. Ramond a trouvé les 2 variétés citées plus haut.

§. II. *Feuilles de la tige nulles ou non embrassantes.*

4184. Arabette de Thalius.   *Arabis Thaliana.*

A. Thaliana. Linn. spec. 929. — *A. ramosa.* Lam. Fl.fr. 2. p. 510. — Barr. ic. t. 269 et 270.

Sa tige est haute de 2–5 décim. , grèle , rameuse et chargée vers sa base de poils courts et écartés ; les feuilles radicales sont ovales , spatulées , légèrement dentées , rétrécies en pétiole à leur base , couchées sur la terre et disposées en rosette au bas de la plante ; celles de la tige sont petites , lancéolées , distantes et peu nombreuses : les unes et les autres sont velues et ciliées en leur bord ; les fleurs sont terminales, et il leur succède des siliques très-grèles et un peu courbées. ⊙. Cette plante croît dans les prés sablonneux.

4185. Arabette serpollet.   *Arabis serpyllifolia.*

A. serpyllifolia. Vill. Dauph. 3. p. 318. t. 37. Lam. Dict. 1. p. 220.

Ses tiges sont grèles , droites , simples , un peu foibles , souvent inclinées ou entremêlées les unes dans les autres , longues de 5–10 centim. , hérissées de poils simples ou bifurqués , dont le nombre est très–variable , soit sur la tige , soit sur les feuilles ; celles-ci sont toutes elliptiques , sessiles , très-entières , réunies en rosette au bas de la plante et éparses le long des tiges ; les fleurs sont blanches ; leur calice est glabre et a 2 de ses folioles prolongées en bosse à leur base ; les pétales sont étroits , presque linéaires ; les siliques sont étroites , comprimées , glabres , droites. ♂. Cette plante croît parmi les rochers et sur les murs des pays de montagnes ; dans les environs de Royans et de Lans en Dauphiné ; dans les Pyrénées ; les montagnes de Seyne en Provence ; dans les Alpes voisines du lac Léman , près le glacier de Panerossaz.

4186. Arabette bleue.   *Arabis cærulea.*

A. cærulea. Wulf. Jacq. Coll. 2. p. 56. — *Turritis cærulea.* All. Ped. n. 981. t. 40. f. 2.

Sa racine est longue , ligneuse , cylindrique , divisée vers le collet en souches courtes et ascendantes ; les feuilles radicales ovales , rétrécies en pétiole , entières ou dentées ; celles de la tige sont au nombre de 2–3 , sessiles , ovales-oblongues ; les fleurs sont bleuâtres , pédicellées , disposées en une petite grappe terminale , souvent penchée ; les siliques sont grèles , longues de 12 à 15 millim. : toute la plante est glabre ; elle atteint au-delà de 1 décim. dans les montagnes les plus basses , mais sa stature diminue à mesure qu'on s'élève , et les individus des hautes sommités des Alpes , n'ont pas 5 centim. ♃. Elle croît sur les rochers , auprès des neiges éternelles , dans les hautes Alpes du Valais (Hall.) ; dans celles du Piémont , à Iseran , Alpré-la-Lombarde , Monet , la Vanoise , et sur le St.-Bernard (All.) ; au sommet le plus élevé du col St.-Remi.

4187. Arabette des pierres. *Arabis petræa.*

A. petræa. Lam. Dict. 1. p. 221. — *Cardamine petræa.* Linn. spec. 913. Delarb. Fl. auv. 48.

Sa racine est une souche ligneuse qui émet une ou deux tiges longues de 1-2 décim. , simples , cylindriques et parfaitement glabres : les feuilles naissent , soit au collet de la racine , soit sur le bas des tiges ; elles sont oblongues , pétiolées , glabres , pinnatifides , à lobes obtus , entiers , perpendiculaires sur la côte principale , plus petits et plus écartés dans le bas de la feuille , plus larges et réunis ensemble vers le haut : les fleurs sont blanches , disposées en grappe terminale , à la base de laquelle se trouve 1-2 feuilles oblongues et entières : les fleurs sont de moitié plus petites que celles de l'arabette hérissée (Dill. Elth. t. 61. f. 71.) avec laquelle notre plante a souvent été confondue : les siliques sont à-peu-près droites , comprimées , longues de 25-50 millim. ♃. Elle a été trouvée sur les pentes sèches des montagnes d'Auvergne ; au Mont-d'Or et au Cantal , par M. Lamarck : on la retrouve sur quelques côteaux de la Limagne (Delarb.).

4188. Arabette de Haller. *Arabis Halleri.*

A. Halleri. Linn. spec. 929. — *Cardamine stolonifera.* Scop. Carn. n. 818. t. 39. — Hall. Opusc. t. 1. f. 1.

Sa tige est grêle , foible , rameuse, longue de 3-4 décim., cylindrique , chargée de poils mols , blanchâtres , hérissés , simples ou bifurqués ; ces poils se retrouvent sur les rameaux , les pédicelles , et même , quoiqu'en petit nombre , à la base des feuilles et des calices : du collet de sa racine partent des rejets grêles et ascendans : les feuilles du bas de la plante sont pétiolées , découpées en lyre , à lobe terminal , grand et anguleux ; celles du haut sont sessiles , lancéolées , incisées ou anguleuses : toutes ont une consistance foible : les fleurs naissent en grappes au sommet de chaque branche , et sont portées sur

de longs pédicelles : les pétales sont blancs, étroits : les capsules grêles, droites, très-écartées de l'axe. ♂. Elle croît dans
les lieux un peu humides des montagnes ; en Piémont, au mont
Sylvio (All.) ; aux environs de Mayence (Kœl.).

DCCXXXIV. CARDAMINE. *CARDAMINE.*

Cardamine. Linn. Juss. Lam. Gœrtn.

Car. Le calice est petit, entr'ouvert : les pétales sont ouverts, à onglets longs et étroits : la silique est longue, grêle,
à deux valves qui s'ouvrent avec élasticité, en se roulant en
dehors de la base au sommet ; la cloison est égale à la longueur des valves.

Obs. Les fleurs sont blanches ou d'un violet pâle ; les feuilles
ordinairement découpées en lobes semblables aux folioles des
feuilles pennées ; l'on doit peut-être rejeter parmi les arabettes
les deux premières espèces de ce genre, qui ont les valves
de la silique peu ou point élastiques.

4189. Cardamine des Alpes. *Cardamine Alpina.*

C. *Alpina.* Wild. spec. 3. p. 481. — C. *bellidifolia.* All. Ped.
n. 949. t. 18. f. 3. — C. *heterophylla.* Host. Syn. 366. — *Arabis bellidioides.* Lam. Dict. 1. p. 220. — *Arabis bellidifolia.*
Lam. Fl. fr. 2. p. 511.

Sa racine est grêle, fibreuse, divisée vers le collet en plusieurs souches courtes et ascendantes ; les feuilles radicales sont
pétiolées, ovales, obtuses, entières ; la tige est droite, presque
nue, simple, et atteint jusqu'à 1 décim. ; mais dans les montagnes très-élevées, elle ne passe guères 2-3 centim. ; les feuilles
de la tige sont sessiles, oblongues et entières ; toute la plante
est glabre, d'un verd foncé, un peu coriace ; les fleurs sont
blanches, petites, peu nombreuses ; les siliques droites, grêles,
linéaires, de couleur foncée, longues de 2 centim. au plus. ♃.
Elle croît auprès des neiges éternelles, parmi les débris de
rochers, et dans les prairies humides ; dans les hautes Alpes ;
sur le Mont-d'Or.

4190. Cardamine réséda. *Cardamine resedifolia.*

C. *resedifolia.* Linn. spec. 913. Al. Ped. t. 57. f. 2. — *Arabis
resedifolia.* Lam. Fl. fr. 2. p. 511.

Cette plante est très-variable et s'approche par son port et
ses caractères, tantôt de la précédente, tantôt de la suivante ;
lorsqu'elle croît dans les lieux bas et humides, elle est d'une

consistance délicate , s'élève jusqu'à 1-2 décim. , et ses feuilles
radicales sont portées sur des pétioles de 5 centim. de longueur ;
quand elle naît sur les rochers , dans les sommités des Alpes ,
sa consistance est plus dure , sa couleur plus foncée ; elle ne
s'élève qu'à 2-3 centim. , et les pétioles de ses feuilles inférieures n'ont pas plus de 5-7 millim. : elle se distingue toujours
à ses feuilles , dont les radicales sont pétiolées , ovales , entières ,
et celles de la tige pinnatifides , à 3 , 5 ou 7 lobes entiers ,
dont le terminal est le plus grand ; les fleurs sont blanches ,
un peu plus grandes et plus nombreuses que dans l'espèce précédente ; les siliques sont droites , longues de 20-25 millim. ♃.
Elle croît dans les montagnes , le long des ruisseaux et dans
les lieux couverts ; dans les Alpes ; les Pyrénées ; les Monts-
d'Or ; au Mont-St.-Loup , et à Montferrier , près Montpellier
(Gou.).

4191. Cardamine pigamon. *Cardamine thalictroides.*

C. thalictroides. All. Ped. n. 951. t. 57. f. 1. — *C. plumieri.* Vill.
Dauph. 3. p. 359. t. 38. — Bocc. Mus. t. 116.

Elle ressemble aux grands individus de la cardamine réséda ,
et s'approche un peu par ses caractères , de la cardamine à
larges feuilles : elle est glabre dans toutes ses parties ; sa tige
est foible , longue de 2-3 décim. , quelquefois rameuse ; ses
feuilles sont peu nombreuses , portées sur de longs pétioles ,
pennées , à 5 folioles ovales ou arrondies , et divisées en 3
lobes obtus ; les inférieures sont simples , ovales , pétiolées ;
les intermédiaires , à 3 folioles : les fleurs sont blanches , presque aussi grandes que dans la cardamine amère , disposées en
grappe courte ; les pétales sont alongés en forme de coin ,
obtus , et ont l'onglet jaunâtre ; les siliques sont étalées , quelquefois déjetées d'un seul côté , longues de 3-4 centim. ♂. Elle
croît dans les bois , aux environs de la grande Chartreuse ,
en Dauphiné (Vill.) ; sur les rochers des Alpes du Piémont ,
près Fenestrelles , Giaveno , Mirabouc , au St.-Bernard et au
mont Cenis ; dans les Pyrénées (Bocc.).

4192. Cardamine asaret. *Cardamine asarifolia.*

C. asarifolia. Linn. spec. 913. Lam. Dict. 2. p. 182. excl. Barr.
syn. — Bocc. Sic. 5. t. 3.

Sa tige est droite , un peu rameuse , cylindrique , longue
de 3-4 décim. , et plus épaisse que dans les autres cardamines ;

ses feuilles sont éparses , toutes pétiolées , grandes , arrondies ,
un peu sinuées sur les bords , fortement échancrées en cœur
à leur base , larges de 6-9 centim. ; les fleurs sont blanches ,
disposées en grappe , portées sur des pédicelles assez longs ,
à-peu-près égales en grandeur à celles du cresson de fontaine ;
les siliques sont droites , linéaires , comprimées , lisses , longues de 3 centim. ♃. Elle croît parmi les graviers , le long
des torrens des Alpes ; au-dessus de Tende , dans la vallée
d'Ussey , et sur-tout au mont Cenis ; dans les Alpes des Vaudois , de Vinadio , de Valderio (All.) ; dans la vallée de l'isi
en Piémont ; dans les Alpes de l'Arche , en Provence.

4193.Cardamine à trois folioles. *Cardamine trifolia.*

C. trifolia. Linn. spec. 913. Lam. Dict. 2. p. 182. Fl. fr. 2. p.501.
var. *α.* — Clus. Hist. 2. p. 127. f. 2.

Sa racine est traçante ; ses feuilles radicales sont nombreuses,
redressées , portées sur de longs pétioles , et composées de 3
folioles ovoïdes , un peu anguleuses , obtuses , glabres et fort
lisses ; du milieu de ces feuilles s'élèvent , à la hauteur de 2 décimètres , plusieurs tiges simples , rougeâtres , presque nues , ou
chargées d'une ou 2 feuilles ternées , mais dont les folioles sont
étroites : les fleurs sont terminales , blanches ou quelquefois un
peu rougeâtres. ♃. Elle croit dans les bois ombragés et un peu
humides ; à St.-Bale en Champagne (Lam.)? dans le Jura sur
le Chasseral , et dans les Alpes du Valais au mont de la Four-
che (Hall.)? au bois St -Denis près Alençon (Ren.)? au Cantal , au bois de Puymari et de Recusset en Auvergne (Delarb.).

4194. Cardamine granulée.   *Cardamine granulosa.*

Cardamine granulosa. All. Auct. p. 16.

La racine est composée de petits tubercules oblongs , blanchâtres , irréguliers , d'où sortent des fibres grêles et menues ;
les feuilles radicales sont peu nombreuses, ovales ou arrondies,
entières , portées sur des pétioles d'un décim. de longueur ; la
tige est droite , simple , haute de 2-3 décim. , garnie de quelques feuilles éparses , pinnatifides , à lobes lancéolés , obtus , entiers ; les fleurs sont blanches , disposées en grappe simple ou
rameuse , presque aussi grandes que celles de la cardamine des
prés ; les pétales sont obtus , non échancrés ; les siliques sont
droites , grêles , serrées contre l'axe , portées sur des pédicelles
longs de 2 centim. ♃. Elle croit dans les prairies des collines
voisines de Turin.

4195. Cardamine de Grèce. *Cardamine Græca.*

C. Græca. Linn. spec. 915. Lam. Dict. 2. p. 184. — *C. lobata.*
Mœnch. Meth. 260. —Bocc. Sic. t. 44 et t. 45. f. 2. Mus. t. 166.

Sa racine est grèle, fibreuse à l'extrémité ; sa tige est droite,
simple ou rameuse , longue de 1-2 décim. ; les feuilles sont toutes
droites , pétiolées, dépourvues d'appendices à leur base , pennées,
à 7 ou 9 folioles élargies en forme de coin, à-peu-près égales
entre elles, pétiolées , divisées en 3 ou 5 lobes obtus; les fleurs
sont blanches , assez petites , disposées en grappe ; leur calice
est droit; la silique est plus grosse que dans aucune cardamine,
comprimée , linéaire , longue de 4 centim. sur 4 millim. de largeur ; ses valves se détachent par le bas ; les graines sont grosses,
en petit nombre. ☉. Elle croit dans l'isle de Corse (Lin.).

4196. Cardamine à large feuille. *Cardamine latifolia.*

C. latifolia. Vahl. Symb. 2. p. 77. — *C. chelidonia.* Lam. Dict.
2. p. 183. — *C. raphanifolia.* Pourr. act. Toul. 3. p. 310. —
Herm. par. p. 204. ic.

Elle est remarquable par la grandeur de ses folioles , et sur-
tout de celle qui termine chaque feuille ; ses feuilles radicales
sont étalées en rosette, pétiolées, à 5 folioles , dont les 4 inférieures petites , écartées, arrondies ; la 5e. très-grande , ovale ;
la tige est droite, striée , jamais glauque vers son sommet (Ram.),
haute de 3-4 décim. , glabre, garnie de quelques feuilles, dont
les supérieures n'ont que 3 folioles; toutes ces feuilles sont glabres ou légèrement pubescentes ; les fleurs sont disposées en
plusieurs grappes qui imitent un corimbe au commencement de
la fleuraison ; elles sont à-peu-près de la même grandeur que
celles de la cardamine des prés , mais acquièrent une teinte
violette plus foncée : les siliques sont droites , roides , comprimées , portées sur des pédicelles obliques sur l'axe , longs de 3
centim. , comme les siliques elles-mêmes. ☉ (Pourr.). Cette
plante croît dans les Pyrénées , où elle a été observée par Tournefort ; M. Pourret l'indique dans les Pyrénées orientales à
Salvanaire ; M. Ramond la trouve abondamment le long des
ruisseaux près Barrèges et Bagnères.

4197. Cardamine amère. *Cardamine amara.*

C. amara. Linn. spec. 915. Vill. Dauph. 3. p. 362. t. 39. — *C.*
parviflora. Lam. Dict. 2. p. 183. — *C. pratensis ,* β. Lam. Fl.
fr. 2. p. 501. — *C. nasturtiana.* Thuil. Fl. Paris. II. 1. p. 330.

Sa racine est une souche horizontale, d'où sort un grand

nombre de fibres grèles et blanchâtres ; la tige est droite, glabre, simple, longue de 2-5 décim. ; de son collet partent souvent des rejets stériles, garnis de quelques feuilles ; les feuilles de la tige sont droites, pétiolées, dépourvues d'oreillettes embrassantes, pennées à 7 ou 9 folioles sessiles, ovales, entières ou irrégulièrement dentées; celles du sommet sont les plus grandes; les feuilles du haut de la plante ont les folioles oblongues et non linéaires; les fleurs sont blanches, un peu plus petites que dans la cardamine des prés. ♃. Elle croit dans les lieux ombragés, humides et herbeux aux environs de Paris, dans les montagnes de l'Auvergne, des Alpes, etc.

4198. Cardamine des prés.   *Cardamine pratensis.*

> *C. pratensis.* Linn. spec. 915. Lam. Dict. 2. p. 184. — Blackw.
> t. 223. —Lob. ic. t. 210. f. 1. 2.
> β. *C. amara.* Lam. Dict. 2. p. 185.

Sa tige est droite, ordinairement simple, glauque vers son sommet, et s'élève jusqu'à 5 décimètres; ses feuilles inférieures sont composées de folioles arrondies, un peu anguleuses, et d'autant plus petites, qu'elles sont moins terminales; les feuilles de la tige ont presque toutes des folioles étroites et linéaires : les fleurs sont grandes, presque toujours un peu purpurines, et disposées en un bouquet lâche, peu garni et terminal. La variété β ne se distingue de la précédente que par sa tige, qui est plus alongée et plus foible. ♃. La cardamine ou *cresson des prés* est commune dans les prairies un peu humides.

4199. Cardamine velue.   *Cardamine hirsuta.*

> *C. hirsuta.* Linn. spec. 915. Lam. Dict. 2. p. 184. var. α. — *C.
> flexuosa.* With. Brit. 578. — *C. parviflora,* α et γ. Lam. Fl. fr.
> 2. p. 500. — Cam. Epit. 270. ic.
> β. *C. parviflora.* Hop. cent. exs.

Cette espèce est d'un verd assez foncé, et hérissée de poils épars plus ou moins nombreux; sa grandeur et son port varient beaucoup; sa racine est grèle, fibreuse; ses feuilles radicales sont étalées en rosette, pétiolées, ailées, à 7 ou 9 folioles pétiolées, alternes ou opposées, arrondies, souvent incisées; la tige s'élève à 1-5 décim. ; elle porte des feuilles sans oreillette, à 7 ou 9 folioles oblongues et incisées dans la variété α, linéaires et entières dans la variété β : les fleurs sont petites, blanches, à 4 ou 6 étamines; les siliques sont presque droites, grèles, comprimées, longues de 25 millim., portées sur un pédicelle de

15 millim., glabres dans mes échantillons, quelquefois poilues (Sm.). ☉. Elle est assez commune dans les lieux cultivés,
ombragés et humides.

4200. Cardamine à petites   *Cardamine parviflora.*
        fleurs.

C. parviflora. Linn. spec. 919. — *C. hirsuta*, β. Lam. Dict. 2.
    p. 184.

Cette plante ressemble extrêmement à la variété β de la cardamine velue, et ne doit peut-être pas en être distinguée ; mais
elle en diffère par sa tige plus droite, plus feuillée ; sa surface entièrement glabre ; ses feuilles inférieures, dont les folioles
sont oblongues ou arrondies, toujours sessiles ; les supérieures
ont des folioles linéaires et entières ; les fleurs sont blanches,
très-petites. ☉. Elle croît dans les prés humides en Provence,
en Languedoc, en Gascogne.

4201. Cardamine impatiente. *Cardamine impatiens.*

C. impatiens. Linn. spec. 914. Lam. Dict. 2. p. 183. — *C. par-
    viflora*, β. Lam. Fl. fr. 2. p. 500. —*C. apetala.* Mœnch. Meth.
    259. — J. Bauh. Hist. 2. p. 886. f. 1.

Sa tige est droite, simple ou branchue, anguleuse, haute de
2-3 décim., garnie dans toute sa longueur de feuilles dont la
base se prolonge en 2 oreillettes aiguës, étroites et embrassantes ; ces feuilles sont pétiolées, pennées, à 15 ou 17 folioles
un peu pétiolées, ovales, à 3 ou 5 dents arrondies, souvent
très-profondes, et semblables à des lobes ; ces feuilles sont
glabres et d'un verd clair ; les fleurs forment une grappe terminale ; selon Linné, Hudson et Reichard, leurs pétales sont
blancs, très-petits, et tombent au moment de l'épanouissement ; selon Pollich, Leers et Ramond, ils manquent totalement, et sont remplacés par les filets des étamines élargis. Ces
observateurs auroient-ils eu sous les yeux deux espèces différentes ? Les siliques sont droites, grèles, et s'ouvrent avec une
élasticité notable. ♂. Cette plante croît dans les lieux humides,
pierreux et ombragés ; dans les Alpes ; les Monts-d'Or ; les Pyrénées ; à Marcoussis près Paris (Thuil.) ; à Meaux ; à Sorrèze ; à Cap-de-Ville près Montauban (Gat.) ; en Bugey (Latourr.) ; au mont St.-Loup et à l'Espérou près Montpellier
(Gou.) ; à St.-Loup, Pully, sur les bords du Loiret près Orléans (Dub.) ; au Donnersberg, à Lauteren et Remisberg près
Manheim (Poll.) ; à la forêt d'Écouves près Alençon (Ren.).

DCCXXXV. DENTAIRE.   *DENTARIA.*

Dentaria. Tourn. Linn. Juss. Lam.

Car. Ce genre diffère du précédent, parce que le calice est
plus serré, le stigmate échancré, et la cloison de la silique
un peu plus longue que les valves.

Obs. La racine est une souche horizontale blanchâtre, tuberculeuse ou dentée; les fleurs sont assez grandes, blanches
ou d'un violet pâle; les feuilles sont à plusieurs lobes profonds,
disposés comme les folioles des feuilles digitées ou pennées.

4202. Dentaire ternée.   *Dentaria enneaphylla.*

D. enneaphylla. Linn. spec. 912. Lam. Dict. 2. p. 267. — *Tur-*
ritis enneaphyllos. Scop. Carn. ed. 1. p. 517. — *Cardamine*
enneaphyllos. Crantz. Cruc. p. 127. —Clus. Hist. 2. p. 121. f. 2.

Sa racine est une souche horizontale, irrégulière, d'où sortent une ou 2 feuilles pétiolées, à 3 folioles ovales, et une tige
longue de 2-3 décim., nue dans toute la partie inférieure, munie vers le sommet de 3 feuilles verticillées, pétiolées, et qui
ressemblent à la collerette des anémones; chacune de ces feuilles
est composée de 3 folioles oblongues, pointues, dentées en
scie, égales, insérées au sommet du pétiole; l'aisselle des folioles ne porte ni glande ni bulbe; les fleurs sont blanches; les
étamines sont de la longueur des pétales. ♃. Elle croît dans les
bois des montagnes; à Bugelle en Piémont (All.); en Auvergne (Delarb.).

4203. Dentaire digitée.   *Dentaria digitata.*

D. digitata. Lam. Dict. 2. p. 268. — *D. pentaphyllos,* β *et* γ.
Linn. spec. 912. — *D. pentaphyllos.* Ait. Kew. 2. p. 387. —
D. pentaphyllos, 2. Lam. Fl. fr. 2. p. 498. — Clus. Hist. 2.
p. 122. f. 1. 2.

Sa racine est blanche, charnue, dentée ou écailleuse, et
pousse une tige haute de 3 décimètres et ordinairement simple,
chargée de 3 feuilles alternes, pétiolées et composées de 5 folioles lancéolées, dentées et disposées en forme de digitations;
les fleurs sont terminales, pédonculées, de couleur blanche,
légèrement rougeâtres en dehors; elles sont quelquefois tout-à-
fait purpurines ou violettes: les étamines sont plus courtes que les
pétales; les siliques sont longues, médiocrement comprimées
et un peu ensiformes. ♃. Cette plante croît dans les bois montagneux; dans le Jura au Creux du Vent, à la Dole; dans les
Alpes de la Savoie; du Piémont (All.); du Dauphiné (Vill.);

de la Provence (Gér.); au mont Afrique (Dur.)? entre Toul
et Nancy, sur la côte des bois de Haie (Buch.); aux Monts-d'Or
(Delarb.).

4204. Dentaire pennée. *Dentaria pinnata.*

D. pinnata. Lam. Dict. 2. p. 268. — *D. heptaphyllos.* Vill.
Dauph. 3. p. 364. — *D. pentaphyllos ,* α. Linn. spec. 912. —
D. pentaphyllos , β. Lam. Fl. fr. 2. p. 498. — Clus. Hist. 2.
p. 123. ic.

Cette espèce, long-temps confondue avec la précédente, lui
ressemble en effet par son port, par ses feuilles alternes dépourvues de bulbes à leur aisselle, par ses folioles lancéolées, dentées en scie; mais elle en diffère par ses feuilles pennées et
non digitées, à 5 ou 7 folioles opposées 2 à 2 avec une impaire,
et non insérées toutes ensemble au sommet du pétiole : ses fleurs
sont blanches, et ont plus rarement une teinte violette. ♃. Elle
est plus commune que la précédente, et croît dans les bois montagneux de toute la France.

4205. Dentaire porte-bulbes. *Dentaria bulbifera.*

D. bulbifera. Linn. spec. 912. Lam. Dict. 2. p. 267. — Clus.
Hist. 2. p. 121. f. 1. — Lob. ic. t. 687. f. 2. — J. Bauh. Hist. 2.
p. 902. n. 2. excl. icon.

Sa tige est droite, simple, haute de 3 décim. ; ses feuilles
sont éparses, au nombre de 6 à 8, et portent la plupart une
bulbe ovoïde à leur aisselle; les inférieures sont pétiolées, ailées à 7 folioles lancéolées, pointues, entières ou dentées en
scie; celles du milieu sont ailées à 5 et ensuite à 3 folioles ;
celles du sommet sont simples, sessiles, rétrécies à la base et
au sommet, très-rapprochées des fleurs; celles-ci sont blanches, en petit nombre, disposées en grappe courte. ♃. Elle
croît dans les lieux ombragés au pied des montagnes; elle n'est
pas rare aux environs de Turin (All.); on la retrouve aux environs de Strasbourg (J. Bauh.); en Auvergne (Delarb.); dans
la forêt de Conches et de Villers-Cotterets (Thuil.); en Picardie
à la forêt de la Broye près d'Hédin.

** *Siliculeuses.*

DCCXXXVI. LUNAIRE. *LUNARIA.*

Lunaria. Tourn. Linn. Juss. Lam. Gœrtn.

Car. Le calice est serré, et à 2 folioles bossues à la base;
l'ovaire pédicellé; le style court, le stigmate échancré; la

silicule grande, plane, arrondie ou elliptique, entière; chaque loge renferme 2 à 4 graines.

Obs. Les fleurs sont grandes, blanches ou violettes; les feuilles en forme de cœur, quelquefois opposées.

4206. Lunaire annuelle.   *Lunaria annua.*

L. annua. Linn. spec. 911. Lam. Illustr. t. 561. f. 2. — *L. ino-dora.* Lam. Fl. fr. 2. p. 457. — *L. biennis.* Mœnch. Meth. 261.

Sa racine est un peu tubéreuse au collet, et pousse une tige rameuse, un peu velue, et haute de 6-9 décim.; ses feuilles sont pétiolées, cordiformes, pointues, dentées en scie, et la plupart opposées: les supérieures sont sessiles, alternes; les fleurs sont d'un violet bleuâtre, inodores et disposées en bouquet au sommet de la tige et des rameaux; les siliques sont larges, elliptiques, obtuses ou arrondies vers leurs deux extrémités, chargées du style qui est persistant, et remarquables par la couleur argentée de leurs valves et même de leur cloison, qui deviennent en séchant tout-à-fait transparentes. ♂. On trouve cette plante en Alsace et en Provence, dans les lieux montagneux et couverts; on la connoît sous les noms de *bulbonac*, *satinée*, *satin blanc*, *passe-satin*, qui lui sont communs avec l'espèce suivante, et sous ceux de *médaille*, *grande lunaire.*

4207. Lunaire vivace.   *Lunaria rediviva.*

L. rediviva. Linn. spec. 911. Lam. Illustr. t. 561. f. 1. — *L. odorata.* Lam. Fl. fr. 2. p. 457. — Clus. Hist. 1. p. 297. f. 2.

Elle diffère de la précédente par sa racine vivace et qui, chaque année, pousse de nouvelles tiges; par ses feuilles, dont les supérieures même sont pétiolées, et qui sont toutes plus pointues; par ses fleurs odorantes, et sur-tout par ses siliques lancéolées, étroites, pointues aux deux extrémités, longues de 6-8 centim., et terminées par un style court et peu apparent. ♃. Elle croît dans les bois des montagnes, dans les Vosges au mont Ballon (Buch.), et dans la vallée de Haslach près la cataracte de Riedeck, où elle a été trouvée par M. Nestler; dans les montagnes du Bugey (Latourr.); à Barousse dans les Pyrénées; dans le Jura au Creux du Vent; au mont Salève près Genève (Hall.); à la grande Chartreuse, à Corranson, à Sassenage en Dauphiné (Vill.); dans les arrière-côtes de Nuits (Dur.).

DCCXXXVII. LUNETIÈRE.   *BISCUTELLA.*

Biscutella. Linn. Juss. Lam. Gœrtn. — *Thlaspidium.* Tourn.

Car. Le calice est serré, un peu coloré, à 4 folioles, dont 2 bossues

bossues à la base ; la silicule plane , à 2 lobes orbiculaires , uni-
loculaires, monospermes, attachés latéralement au côté du style,
et qui s'ouvrent sur la suture marginale.

Obs. Les fleurs sont jaunes ; les feuilles entières ou dentées.

4208. **Lunetière à oreillettes.** *Biscutella auriculata.*

B. *auriculata.* Linn. spec. 911. Lam. Illustr. t. 560. f. 2. — *Clypeola auriculata.* Crantz. Cruc. p. 93.

Sa tige est haute de 5 décim. , droite , verte , chargée de
quelques poils écartés , et rameuse seulement vers son sommet ;
ses feuilles radicales sont longues, un peu sinuées ou garnies
de quelques dents anguleuses et distantes ; elles ont au moins 3
centim. de largeur sur 2 décim. de longueur : celles de la tige
sont sessiles , presque entières , étroites et pointues ; les unes
et les autres sont chargées , principalement en leur bord , de
poils blancs un peu roides et écartés ; les fleurs sont terminales,
assez grandes , d'un jaune pâle , et remarquables par 2 oreillettes formées par la base de leur calice ; la silicule est grande ,
hérissée de tubercules saillans , composée de 2 lobes qui , au
lieu d'être séparés au sommet, se prolongent de l'un et l'autre
côtés du style. ☉. Elle croît sur les montagnes , dans les champs
et les lieux incultes où la terre a été remuée , en Dauphiné sur
le Glandaz , à Die , à Chaudun près Gap (Vill) ; à Suze, Tende,
Sospello , la Briga , et aux environs de Nice (All.) ; en Provence près Bormes (Gér.).

4209. **Lunetière lisse.** *Biscutella lævigata.*

B. *lævigata.* Linn. Mant. 255. Lam. Dict. 3. p. 618. — *B. didyma.* Scop. Carn. n. 804.

Sa racine est dure, tortue, presque simple ; ses feuilles sont
presque toutes radicales, oblongues , droites , velues , entières
ou dentées , rétrécies en pétioles ; la tige est à-peu-près nue ,
droite, peu ou point rameuse, un peu velue , longue de 2–3
décim. , terminée par un corimbe de fleurs jaunes ; les pétales
sont munis à leur base de 2 petites oreillettes ; les siliques sont
parfaitement glabres et lisses , composées de 2 lobes orbiculaires séparés au sommet par une échancrure d'où sort le style ;
de chaque côté de l'échancrure , on observe le plus souvent une
dent proéminente. ♃. Elle croît dans les rochers et les prairies
des Alpes de Savoie, de Piémont , de Dauphiné ; dans les Pyrénées. M. Nestler l'a trouvée au Polygone près Strasbourg.

4210. Lunetière des rochers. *Biscutella saxatilis.*

B. saxatilis. Schleich. cent. exs. n. 69. — *B. longifolia.* Vill.
Dauph. 3. p. 3o5. — *B. didyma.* Hoffm. Germ. 4. p. 44. —
B. subspathulata. Sut. Fl. helv. 2. p. 312.

Elle ressemble si parfaitement à la précédente par son port ,
par sa fleuraison , et même par les petites oreillettes de ses pétales , que peut-être elle ne doit pas en être séparée ; elle s'en
distingue cependant à son fruit , qui n'est pas lisse , mais chargé
sur les 2 surfaces de petits tubercules épars qui lui donnent une
apparence chagrinée ; sa tige est plus souvent feuillée que dans
l'espèce précédente ; les feuilles sont entières , dentées ou incisées. ♃. Elle croît parmi les rochers dans les lieux exposés au
soleil. Je l'ai reçue des Alpes et des Pyrénées.

4211. Lunetière corne- *Biscutella coronopifolia.*
      de-cerf.

B. coronopifolia. Linn. Mant. 255. — *B. apula.* Lam. Dict. 3.
p. 618.

Cette espèce diffère de toutes les précédentes par sa tige
garnie de feuilles dans toute sa longueur , par ses poils roides et
nombreux , par ses feuilles plus fortement dentées , et sur-tout
par ses silicules semblables à celles de la lunetière lisse , mais
bordées d'une rangée de poils mols et blanchâtres. ☉. Elle croît
parmi les rochers des montagnes ; dans la vallée de Bardonache
en Piémont (All.)? sur le mont Ventoux ; la Moucherolle , le
Glandaz , dans l'Oysans et aux Baux en Dauphiné (Vill.)? dans
les Pyrénées au mont Laurenti (Gou.)?

DCCXXXVIII. CLYPÉOLE. *CLYPEOLA.*

Clypeola. Gœrtn. — *Clypeolæ sp.* Linn. Juss. Lam. — *Jonth-*
laspi. Tourn. Ger. — *Fosselinia.* All.

Car. La silicule est orbiculaire , plane , comprimée , à peine
échancrée au sommet , à une loge , à une graine , à 2 valves
planes et membraneuses.

4212. Clypéole jonthlaspi. *Clypeola jonthlaspi.*

C. jonthlaspi. Linn. spec. 910. Lam. Illustr. t. 560. f. 1. — *C.*
monosperma. Lam. Fl. fr. 2. p. 462. et p. 484. — *Fosselinia*
jonthlaspi. All. Ped. n. 901.

Cette plante a le port d'un alyssum ; ses tiges sont hautes de
2 décim. , grèles , foibles , presque simples et blanchâtres ; ses
feuilles sont petites , oblongues , un peu spatulées , d'un gris

blanchâtre, et couvertes d'un duvet ou d'une espèce de coton extrêmement court : les fleurs sont jaunes, fort petites, presque sessiles et disposées en épi terminal; les siliques sont planes, tout-à-fait orbiculaires, un peu échancrées au sommet, monospermes et couvertes, sur-tout vers le bord, d'un duvet semblable à celui des feuilles ou de la tige. ☉. On trouve cette plante sur les murs et dans les lieux sablonneux des provinces méridionales; aux environs de Nice (All.); en Provence, à St.-Eynard près Grenoble; dans le Haut-Valais; au-dessus de Larrey vers Pouilly en Bourgogne (Dur.).

DCCXXXIX. PELTAIRE. *PELTARIA.*

Peltaria. Linn. Gœrtn. — *Clypeolæ sp.* Lam. — *Bohadschia.* Crantz.

CAR. La silicule est ovale, arrondie vers le sommet, plane, comprimée, à une loge, à 2 valves planes qui ne se séparent pas d'elles-mêmes, à une ou 3 graines en forme de rein.

Obs. Ce genre est très-voisin du précédent par les caractères, mais il s'en éloigne beaucoup par le port.

4213. Peltaire à odeur d'ail. *Peltaria alliacea.*

P. alliacea. Linn. spec. 910. — *Boadschia alliacea.* Crantz. Austr. p. 5. t. 1. f. 1. — *Clypeola alliacea.* Lam. Illustr. t. 560. f. 2.

Cette plante est droite, glabre, d'un verd glauque, et haute de 3-4 décim.; sa tige est cylindrique, rameuse vers le haut ; ses feuilles sont sessiles, embrassantes, lancéolées, pointues, un peu échancrées en cœur, et très-entières; les radicales sont pétiolées, ondulées ou anguleuses; les fleurs sont blanches, disposées en corimbe; les silicules sont ovées, planes, pendantes, glabres, monospermes, et ne s'ouvrent point d'ellesmêmes ; toute la plante, froissée, exhale une odeur d'ail. ♃. Elle croît dans les montagnes du Piémont, aux environs de Fenestrelle (All.).

DCCXL. ALYSSON. *ALYSSUM.*

Alyssum. Tourn. Lam. — *Alyssi et Clypeolæ sp.* Linn. — *Alysson, Fibigia et Adyseton.* Mœnch.

CAR. Le calice est serré ; les pétales sont ouverts au sommet; la silicule est orbiculaire, comprimée, et renferme un petit nombre de graines.

Obs. Les fleurs sont jaunes ou blanches, assez petites ; les poils sont ordinairement nombreux et rayonnans. Dans la plupart des espèces à fleur jaune, les filamens des étamines sont dentés à la base ou bifurqués au sommet.

§. Ier. *Fleurs blanches.*

4214. Alysson maritime.   *Alyssum maritimum.*

A. maritimum. Lam. Dict. 1. p. 98. — *Clypeola maritima.* Linn. Mant. 426. — *Draba maritima.* Lam. Fl. fr. 2. p. 461. — *A. halimifolium.* Curt. Mag. t. 101. — *Lepidium fragans.* Wild. Ust. bot. mag. 11. p. 37. — Barr. ic. t. 844.

Ses tiges sont demi-ligneuses, hautes de 2-3 décim., grêles, foibles, rameuses et presque glabres ; ses feuilles sont lancéolées, étroites, pointues, verdâtres et chargées de quelques poils peu sensibles ; les inférieures sont un peu obtuses ; ses fleurs sont blanches, pédonculées et disposées en grappes terminales ; les pétales sont rougeâtres à leur base ; le fruit est une silique non orbiculaire ni échancrée, mais ovale et partagée en 2 loges monospermes par une cloison parallèle aux valves. ♃. Cette plante croît parmi les décombres et dans les lieux stériles et sablonneux ; on la trouve sur les bords de la mer, depuis Nice jusqu'à Narbonne ; elle naît aussi dans l'intérieur des terres aux environs d'Aix en Provence ; à Orange sur les bords du Rhône (Vill.).

4215. Alysson épineux.   *Alyssum spinosum.*

Alyssum spinosum. Linn. spec. 907. —*Draba spinosa.* Lam. Fl. fr. 2. p 461. — Barr. ic. t. 808.

Cette plante est remarquable par ses vieux rameaux floraux, qui sont presque nus, durs, pointus et piquans comme des épines: ses tiges sont hautes de 2 décim., un peu ligneuses, très-rameuses, diffuses, grêles, blanchâtres et soyeuses ; ses feuilles sont alongées, obtuses à leur sommet, rétrécies vers leur base, et blanchâtres des deux côtés ; les fleurs sont blanches, pédonculées et ramassées en bouquet ou en manière de grappe courte et terminale ; les pétales sont entiers ; les graines sont entourées d'un bord calleux non membraneux. ♭. Elle croît sur les rochers exposés au soleil dans le midi du Languedoc ; de la Provence ; à l'extrémité de la forêt de Rambouillet près d'Epernon (Thuil.)?

4216. Alysson à feuilles   *Alyssum halimifolium.*
d'halime.

A. halimifolium. Linn. spec. 907. — *Lunaria halimifolia.* All. Ped. n. 900. t. 54. f. 1. et t. 86. f. 1.

Elle ressemble tellement à la précédente dans sa jeunesse, et offre elle-même un si grand nombre de variations, qu'on a

quelquefois peine à la distinguer de l'alysson épineux ; elle en
diffère par ses feuilles obtuses au sommet , blanchâtres en dessous , mais n'ayant pas une teinte argentée ou soyeuse ; par ses
rameaux floraux , qui ne deviennent point épineux après la
fleuraison ; par ses silicules un peu plus larges, et par ses graines
entourées d'un appendice membraneux. ♄. Elle croît sur les rochers arides exposés au soleil dans les Pyrénées voisines de Narbonne ; en Piémont dans la vallée de Macre , aux environs de
Nice , d'Oneille , de Garrexio, dans les montagnes de Roasca
(All.), et de Tende.

§. II. *Fleurs jaunes.*

4217. Alysson argenté.   *Alyssum argenteum.*

A. argenteum. Wild. spec. 3. p. 461. — *Lunaria argentea.* All.
Ped. n. 901. t. 54. f. 3.—*Draba argentea.* Lam. Dict. 2. p. 329.

Cette plante semble n'être qu'une variété très-grande de
l'alysson des Alpes ; sa tige est ligneuse, un peu couchée à la
base ; ses rameaux sont droits, longs de 2-5 décim. , couverts
ainsi que la surface inférieure des feuilles, les pédicelles les
calices et les siliques, d'un duvet court blanc argenté composé
de poils rayonnans ; ses feuilles sont oblongues , rétrécies en pétiole court, spatulées, obtuses , vertes en dessus ; celles des
rameaux atteignent jusqu'à 2 centim. de longueur ; on trouve
quelquefois à la base de la plante de petits rameaux stériles ,
dont les feuilles n'ont que 4-5 millim. , et ressemblent à celles
de l'alysson des Alpes ; les fleurs sont d'un beau jaune, disposées en plusieurs grappes , dont la réunion forme une petite
panicule ; les siliques sont elliptiques , planes , couvertes d'un
duvet blanc qui tombe avant la maturité totale. ♄. Elle croît
parmi les rochers dans les lieux exposés au soleil dans les Alpes
du Valais ; dans celles du Piémont à la vallée de Suze ; à Piosascho , St.-Michel de la Chaise , Bobbio , et entre Bressan et
St.-Vincent (All.) ; au mont Musiné , où elle a été observée par
M. Balbis.

4218. Alysson des Alpes.   *Alyssum Alpestre.*

A. Alpestre. Linn. Mant. 92. Ger. Gallopr. 352. t. 13. f. 2. All.
Ped. n. 888. t. 18. f. 2. Lam. Fl. fr. 2. p. 478.

Elle s'élève rarement à un décim. de hauteur ; sa racine est
longue, peu rameuse ; elle émet à son collet plusieurs tiges
demi-ligneuses, étalées, simples ou rameuses, couvertes vers

le haut, ainsi que les feuilles , d'un duvet court, blanchâtre,
dont les poils sont rayonnans et visibles seulement à la loupe ;
les feuilles sont ovales , un peu rétrécies à la base, longues de
4-5 mill. : les fleurs sont jaunes, disposées en petit corimbe serré ;
les silicules sont elliptiques , planes, légèrement blanchâtres ,
surmontées par le style : les folioles du calice sont un peu jaunâtres. ♭. Elle croit parmi les rochers sur les hautes montagnes
de la Provence voisines de l'Italie ; du Dauphiné au-dessus de
St.-André près Briançon ; du Piémont au mont Cenis; en des-
cendant du col du mont Cervin au Breuil (Sauss.); à la forêt de
Senlis près la butte d'Aumont (Thuil.)?

4219. Alysson blanchâtre.   *Alyssum incanum.*

A. incanum. Linn. spec. 908. — *Draba cheiriformis.* Lam. Fl.
fr. 2. p. 462.— *Draba cheiranthifolia.* Lam. Dict. 2. p. 328. —
Mœnchia incana. Roth. Germ. 1. p. 273. — Lob. ic. 216. f. 2.

Ses tiges sont hautes de 5 décim., grèles, dures, presque
simples , mais un peu branchues vers leur sommet ; ses feuilles
sont lancéolées , éparses, plus longues que les entre-nœuds ,
et d'un verd blanchâtre ; elles sont quelquefois un peu obtuses
à leur extrémité, et légèrement ciliées en leur bord; les fleurs
sont portées par des pédoncules velus ; elles sont disposées au
sommet de la plante en bouquets courts et semblables à des
corimbes; les pétales sont blancs, alongés, divisés en 2 lobes ;
les silicules sont elliptiques, comprimées, cotonneuses, chargées
du style. ♃. Il croît le long des champs , des chemins et des vignes
dans les pays de montagnes; dans la Provence orientale (Gér.) ;
en Piémont près Turin , Nice, Clarasci, Fossani, Saviliani (All.);
dans le Valais; dans la haute Auvergne entre Lescure et St.-
Flour (Delarb.); aux environs de Manheim, de Worms, d'O-
penheim (Poll.); de Colmar.

4220. Alysson de montagne.   *Alyssum montanum.*

A. montanum. Linn. spec. 907. Lam. Dict. 1. p.97.— *Clypeola
montana.* Crantz. Austr. 19. — *Adyseton montanum.* Scop.
Carn. n. 803. — J. Bauh. Hist. 2. p. 929. f. 1.

Ses tiges sont longues de 2 décim. , nombreuses, couchées,
un peu redressées lorsqu'elles fleurissent, ordinairement simples , grèles et légèrement velues ; les feuilles inférieures sont
courtes, ovales, spatulées, rudes, blanchâtres, chagrinées et
parsemées de points blancs formés par des poils disposés en

étoile ; les supérieures sont lancéolées , pointues et blanchâtres :
les fleurs sont pétiolées , d'un beau jaune et disposées en bouquet terminal ; les étamines ont ordinairement chacune, ou au
moins les quatre plus grandes, une petite dent ou un petit rameau
placé au-dessous de leur anthère. ♃. On trouve cette plante dans
les lieux arides des montagnes ; dans les Alpes de la Provence , du
Dauphiné , du Piémont ; dans les Cévennes ; les montagnes d'Auvergne , de Bourgogne (Dur.); on la retrouve entre Fontainebleau et Bouron (Thuil.); aux environs de Mayence (Kœl.).

4221. Alysson calicinal. *Alyssum calycinum.*

A. calycinum. Linn. spec. 908. — *Adyseton calycinum.* Scop.
Carn. n. 802. — *Clypeola alyssoides.* Crantz. Austr. 19. — *A.
campestre.* Hoffm. Germ. 4. p. 43. — *A. campestre , β.* Lam.
Dict. 1. p. 97. — *Adyseton mutabile.* Mœnch. Meth. 267. —
Clus. Hist. 2. p. 133. f. 2.

Ses tiges sont longues de 1-2 décim., rameuses, presque
ligneuses à leur base , blanchâtres vers leur sommet, couchées
dans leur jeunesse, et droites lorsqu'elles fructifient ; les feuilles
sont alongées, un peu étroites, obtuses et blanchâtres : les fleurs
sont petites , pédonculées , un peu ramassées, et forment un
épi qui s'alonge à mesure qu'elles se développent ; elles sont
d'un jaune pâle dans leur état de perfection , mais elles deviennent blanches en se flétrissant ; les filamens de leurs étamines sont tous dentés sur le côté ; leur calice persiste après la
fleuraison , et tombe un peu avant la maturité des siliques ;
celles-ci sont orbiculaires, un peu échancrées au sommet, planes
sur les bords , un peu convexes vers le milieu, larges de 5-4
millim. , couvertes de poils courts, rayonnans , caduques, mols
et blanchâtres ; le style est placé au fond de l'échancrure, et n'a
pas 1 millim. de longueur. ⊙. On trouve cette plante dans les
lieux secs et pierreux.

4222. Alysson des campagnes. *Alyssum campestre.*

A. campestre. Linn. spec. 909. — *Mœnchia campestris.* Roth.
Germ. 1. p. 274. — *A. campestre , α.* Lam. Dict. 1. p. 97.

Cette espèce diffère certainement de la précédente par sa stature plus élevée, par ses feuilles plus larges, moins blanchâtres ;
par ses calices qui tombent peu après la fleuraison , et sur-tout
par les silicules orbiculaires non échancrées au sommet, couvertes de poils rameux plus roides et plus hérissés ; le diamètre
de ces silicules atteint 6 millim., et le style a 2-3 millim. de

longueur. ⊙. Elle croît dans les lieux secs et pierreux, sur-tout dans les provinces méridionales.

4223. Alysson en bouclier. *Alyssum clypeatum.*

A. clypeatum. Linn. spec. 909. — *Draba clypeata.* Lam. Dict. 2. p. 328. — *Lunaria clypeata.* All. Ped. n. 899. — *Fibigia clypeata.* Mœnch. Meth. 261. — Lob. ic. t. 323. f. 1.

Sa tige est droite, cylindrique, souvent simple, chargée d'un duvet blanchâtre, et s'élève jusqu'à 6 décim.; ses feuilles sont ovales-oblongues, sessiles, d'un verd blanchâtre, et couvertes de poils courts disposés par étoiles : les fleurs sont jaunâtres et remarquables par leurs pétales étroits et pointus; les siliques sont ovales-oblongues, axillaires, blanchâtres et couvertes de poils étoilés, nombreux et blanchâtres; leur longueur atteint 2 centim. sur un centim. de largeur; elles ne sont point pédicellées sur le réceptacle, comme dans les lunaires. ⊙ Lin., ♂ All. Elle croît sur les bords de la mer dans les provinces méridionales; en Languedoc (Lam.); à Maguelone près Montpellier (Gou.); aux environs de Nice (All.).

DCCXLI. VÉSICAIRE. *VESICARIA.*

Vesicaria. Lam. — *Alyssoides.* Mœnch. — *Alyssoides et Vesicaria.* Tourn. — *Alyssi sp.* Linn.

Car. Ce genre diffère du précédent par sa silicule globuleuse, renflée ou vésiculeuse, à valves minces, demi-elliptiques ou hémisphériques; ses graines sont planes et entourées d'un large rebord, ou nues et arrondies.

4224. Vésicaire renflée. *Vesicaria utriculata.*

Alyssum utriculatum. Linn. Mant. 92. — *Alyssoides utriculata.* Mœnch. Meth. 265. — *Alyssum œderi.* Dur. Fl. bourg. 1. p. 161. — Barr. ic. t. 883.

Sa racine est épaisse, ligneuse, divisée au sommet; les tiges sont droites, simples, longues de 5 décim., un peu ligneuses à la base, glabres, ainsi que le reste de la plante; les feuilles sont oblongues, sessiles, assez semblables à celles de la girofée, quelquefois légèrement ciliées; celles qui naissent sur la souche ancienne et ligneuse, sont rapprochées, étalées en rosette irrégulière; celles qu'on trouve sur les jeunes pousses, sont droites, plus écartées : les fleurs sont grandes, jaunes, inodores, disposées en grappe courte, et semblables à celles des giroflées; deux des folioles du calice se prolongent en bosse à leur base; les étamines n'ont pas les filamens dentés; le fruit est enflé, globuleux, glabre, couronné par le style qui est plus long que la silicule. ♃. Cette plante croît le long des rochers et des chemins des montagnes ; en Dauphiné au mont de Lans, au bourg d'Oisans, à Premol et Vizile (Vill.) ; en Piémont près Suze, Viù, Spigno et St.-Jean-de-Maurienne ; en Valais entre Martigny et St.-Branchier ; aux environs de Semur (Dur.).

DCCXLII. D R A V E.   *D R A B A.*

Draba. Linn. Juss. Lam. Gœrtn.

CAR. Le calice est droit ; les pétales sont oblongs, peu ouverts, à onglets courts, à limbe entier, échancré ou bifurqué ; le style est très-court ; la silicule entière, ovale-oblongue, un peu comprimée, souvent tordue obliquement, à 2 loges polyspermes, ovales, presque planes, à graines non entourées d'un rebord membraneux.

OBS. Les fleurs sont jaunes, blanches ou rougeâtres ; les feuilles entières ou dentées, souvent disposées en rosette radicale.

4225. Drave faux-aïzoon.   *Draba aizoides.*

D. aizoides. Linn. Mant. 91. Jacq. Austr. t. 192. — *D. Alpina.* Scop. Carn. n. 786. — *Mœnchia aizoides.* Roth. Germ. 1. p. 273. — *Alyssum ciliatum.* Lam. Fl. fr. 2. p. 479.

Une racine cylindrique, ligneuse, se divise vers le sommet en plusieurs souches courtes, ligneuses, garnies de feuilles nombreuses disposées en rosettes arrondies et serrées ; ces feuilles sont linéaires, pointues, fermes, glabres, bordées de longs cils blancs et un peu roides ; de chaque rosette s'élève un pédoncule nu, long de 2–5 centim., terminé par une grappe courte de fleurs pédicellées ; les pétales sont d'un beau jaune, échancrés au sommet ; le style est presque égal à la moitié de la longueur de la capsule ; celle-ci est oblongue-lancéolée, tantôt glabre, tantôt hérissée de petits poils épars, tantôt glabre sur les faces, et bordée de petits cils roides. ♃. ♄. Cette plante croît sur les rochers découverts et dans les lieux pierreux des montagnes ; dans le Jura, les Alpes, les Pyrénées, les montagnes d'Auvergne.

4226. Drave ciliée.   *Draba ciliaris.*

D. ciliaris. Linn. Mant. 91. Ger. Gallopr. 344. t. 13. f. 1. Lam. Dict. 2. p. 326. Sutt. Helv. 2. p. 45.

Elle ressemble à la précédente, mais est plus petite dans

toutes ses parties; ses fleurs sont blanches, ses pétales ne sont point échancrés au sommet, et ses siliques sont glabres dans tous mes échantillons; l'angle dorsal des feuilles n'est point bordé de cils dans les individus que j'ai sous les yeux; les anciens pédoncules, les pédicelles et les bords des silicules deviennent un peu ligneux, et persistent d'une année à l'autre; dans quelques individus déformés, la tige s'alonge et porte des feuilles dans presque toute sa longueur, comme on le voit dans la figure de Gérardi, mais le port naturel de la plante est de former des touffes serrées, comme l'espèce précédente. ♃. Elle croit dans les Alpes de Provence à la vallée de Barcelonette (Gér.). Je l'ai trouvée dans les hautes sommités voisines du Mont-Blanc.

4227. Drave des Pyrénées.   *Draba Pyrenaica.*

D. Pyrenaica. Linn. spec. 896. Lam. Dict. 2. p. 327. All. Ped. n. 894. t. 8. f. 1. — *D. rubra.* Crantz. Cruc. 95.

Cette plante est fort petite; sa tige est rameuse, un peu couchée dans sa partie inférieure, qui est comme embriquée de feuilles sessiles, embrassantes, un peu rudes, découpées et presque palmées; la partie supérieure de cette tige est nue, et porte 4 ou 5 petites fleurs pédonculées et rougeâtres; quelquefois le pédoncule est si court, que les fleurs semblent sessiles au milieu des feuilles; celles-ci sont quelquefois ciliées à la base; leur consistance approche de celle de la drave aïzoon; les pétales sont obtus ou légèrement échancrés. ♃. Elle croit parmi les rochers sur les hautes montagnes; dans les Pyrénées; dans les Alpes du Dauphiné à la grande Chartreuse, près Grenoble, dans l'Oysans, le Champsaur, le Devoluy, le Queyras (Vill.); dans celles du Piémont au mont Cenis, au Vallon, à Fenestrelle et à la croix au-dessus de Mirabouc; dans les Alpes de Provence (Gér.); dans celles du Valais à la vallée d'Oex.

4228. Drave printannière.   *Draba verna.*

D. verna. Linn. spec. 896. — Lob. ic. t. 469. f. 1.
β. *Foliis incisis.* — Lam. Illustr. t. 556. f. 1.

Ses feuilles sont petites, cunéiformes, pointues, garnies de quelques dents plus ou moins profondes, couchées sur la terre et disposées en rosette au bas de la plante; de leur milieu s'élèvent jusqu'à la hauteur de 9-12 centim., 2 ou 3 tiges nues et fort grèles; ces tiges soutiennent de petites fleurs blanches, pédonculées et disposées presque en corimbe. ☉. Cette plante croit

sur les murs et dans les lieux sablonneux ; elle fleurit de très-
bonne heure.

4229. Drave étoilée. *Draba stellata.*

D. stellata. Wild. spec. 3. p. 427. — *D. hirta.* Vill. Dauph. 3.
p. 282. Lam. Dict. 2. p. 327. Jacq. Austr. t. 432. non. Linn.—
D. austriaca. Crantz. Austr. p. 12. t. 1. f. 4.

Sa racine est ligneuse , cylindrique , divisée vers le collet
en plusieurs souches droites , disposées en gazon serré , très-
courtes , garnies de feuilles très-rapprochées et qui persistent
plusieurs années : ces feuilles sont oblongues , obtuses , sessiles ,
entières ou à peine dentées , couvertes de poils étoilés si nombreux que leur surface entière paroît blanche et cotonneuse ;
d'entre ces feuilles s'élèvent de petites hampes grèles , droites ,
munies d'une feuille vers le milieu de leur longueur , terminées
par une petite grappe de 4 ou 5 fleurs blanches et pédicellées :
le calice est pubescent, un peu violet : les pétales sont obtus ;
les silicules sont dressées , légèrement tordues , oblongues ,
glabres , surmontées d'un stigmate presque sessile. ♃. ♭. Elle
naît dans les fentes et les débris de rochers ; sur les plus hautes
sommités des Alpes de la Savoie , du Piémont , du Dauphiné ,
de la Provence (Gér.) ; dans les Pyrénées.

4230. Drave des neiges. *Draba nivalis.*

D. nivalis. Liljebl. nov. act. Ups. 6. p. 47. t. 2. f. 2. ex Wild.
spec. 3. p. 427. — *D. stellata.* Fl. dan. t. 142.

Cette plante n'est probablement qu'une variété de la précédente , dont elle diffère parce qu'elle forme des gazons moins
serrés et moins persistans, que ses feuilles sont plus lancéolées ,
moins blanchâtres , garnies de poils étoilés , assez écartés les
uns des autres pour laisser voir le verd de la feuille : les calices
sont presque glabres ; les silicules sont tordues. ♃. Elle a été
trouvée dans les Pyrénées par M. Ramond ; dans les Alpes
de la Provence , par M. Clarion ; du Valais , par M. Schleicher ;
dans celles du Piémont , au mont Cenis (Vill.) ; à Iseran
(Balb.).

4231. Drave des murs. *Draba muralis.*

D. muralis. Linn. spec. 897. Lam. Illustr. t. 556. f. 2. — *D. nemorosa.* All. Ped. n. 897. — *D. ramosa.* Gat. Fl. mont. 114. —
C. Bauh. Prod. p. 50. ic.

Sa tige est haute de 2 décim. , droite , menue , légèrement

velue , quelquefois simple et garnie de quelques feuilles un peu
distantes ; ses feuilles radicales sont ovales , chargées de quelques dents vers leur sommet , et rétrécies en pétiole à leur
base ; elles forment une petite rosette sur la terre ; celles de
la tige sont courtes , presque en cœur , dentées , velues et embrassantes ; les unes et les autres sont un peu rudes au toucher ; les fleurs sont blanches , fort petites , pédonculées et
disposées en un corimbe terminal , qui par la suite s'alonge
et se change en une grappe droite ; les siliques sont ovales-
oblongues , glabres , portées sur des pédicelles étalés. ☉. On
trouve cette plante sur les murs et dans les lieux un peu couverts.

4232. Drave blanchâtre.　　　*Draba incana.*

D. incana. Linn. spec. 897. Lam. Dict. 2. p. 328. — *D. contorta.*
Ehrh. Beitr. 7. p. 155.

Sa tige est haute de 2 décim. , rameuse , feuillée , cylindrique et velue ou cotonneuse inférieurement ; ses feuilles sont
ovales , dentées , blanchâtres et couvertes d'un duvet fort court ;
celles de la racine sont alongées , pointues , élargies dans leur
partie supérieure , garnies en leur bord de quelques dents
écartées , et forment une rosette au bas de la plante : les fleurs
sont portées sur de courts pédoncules et disposées en épi ou en
manière de grappe au sommet de la tige et des rameaux ; les
siliques sont oblongues , glabres , un peu étroites et contournées.
♂. Cette plante croît dans les montagnes des provinces méridionales ; au Capouladou près Montpellier (Gou.).

DCCXLIII. CRANSON.　　　*COCHLEARIA.*

Cochlearia. Gœrtn. Lam. — *Cochleariæ sp.* Linn. Juss. —
Cochlearia , Lepidii et Nasturtii sp. Tourn.

CAR. Le calice est entr'ouvert , à folioles concaves ; les
pétales sont ouverts ; le style est court ; la silicule est globuleuse ou ovoïde , entière au sommet , à 2 valves bossues , épaisses , obtuses , à 2 loges qui ne renferment que 1-2 graines
non bordées.

OBS. Les fleurs sont blanches ; les feuilles sont entières ou
dentées.

4233. Cranson officinal.　　*Cochlearia officinalis.*

C. officinalis. Linn. spec. 903. Lam. Illustr. t. 558. f. 1. —
Blackw. t. 227.

Ses tiges sont hautes de 2 à 5 décim. , glabres , tendres ,

foibles , et quelquefois un peu inclinées : les feuilles radicales
sont nombreuses , ovales ou arrondies , en cœur à leur base ,
lisses , vertes, épaisses, succulentes , un peu concaves ou creusées en cuiller , et portées sur de longs pétioles : celles de la
tige sont sessiles , oblongues , sinuées et anguleuses , les supérieures sont embrassantes : les fleurs sont blanches et disposées
en bouquet peu étalé et terminal : ses silicules sont grosses ,
globuleuses. ♂. Cette plante croît dans les lieux humides ,
pierreux ou bourbeux , sur les bords de la mer , aux environs
d'Ostende , de Dunkerque ; sur les bords des ruisseaux des
hautes montagnes ; dans les Pyrénées , auprès de Barrèges ;
dans les Alpes du Piémont , près Lantosca (All.) : on l'emploie en médecine comme un excellent anti-scorbutique : il
porte le nom vulgaire *d'herbe aux cuillers.*

4234. Cranson de Danemarck.   *Cochlearia Danica.*

C. Danica. Linn. spec. 903. — *C. aremorica.* Tourn. Inst. 215.
— Lob. ic. 615. f. 2.

Il ressemble beaucoup au précédent , et n'en est peut-être
qu'une variété : je le sépare à l'exemple de tous les auteurs ,
non seulement parce qu'il est ordinairement plus petit , et que
ses feuilles sont toutes pétiolées , mais sur-tout parce que sa
racine est petite , grèle , fibreuse , annuelle , et que ses silicules
sont ellipsoïdales et non globuleuses : il varie pour son port ;
on le trouve droit ou couché , simple ou rameux , à feuilles
entières ou anguleuses. ⊙. Il croît dans les lieux bourbeux ,
sur les bords de la mer , à Ploucastel , vis-à-vis de Brest , près
l'Isle-Ronde ; aux environs de Dunkerque ; le long de l'Escaut,
au-dessous d'Anvers , près le fort Lillo (Rouç.).

4235. Cranson de Bretagne. *Cochlearia Armoracia.*

C. Armoracia. Linn. spec. 904. — *C. rusticana.* Lam. Fl. fr. 2.
p. 471. — Lob. ic. 320. f. 1.

Sa tige est haute de 6 décim. , droite , cannelée et rameuse
seulement vers son sommet ; ses feuilles radicales sont droites ,
très-grandes , pétiolées , ovales-oblongues , crénelées , glabres
et nerveuses ; les feuilles inférieures de la tige sont quelquefois découpées et demi-pennées : les supérieures sont longues ,
fort étroites et chargées de quelques dentelures ; les fleurs sont
blanches , assez petites et disposées par bouquets ou espèces
de grappes lâches et terminales. ♃. Cette plante croît dans

les lieux humides , sur le bord des ruisseaux ; elle est anti-
scorbutique , diurétique , détersive et emménagogue. On rape
sa racine , qui est fort grosse , et on la mange en place de
moutarde pour assaisonner les viandes et réveiller l'appétit. On
la connoît sous les noms de *grand raifort* , *raifort sauvage* ,
cranson rustique , *cran de Bretagne* , *Meer edyck* , *mérédic* ,
moutarde des Capucins , *moutarde des Allemands* , *cram
des Anglois.*

4236. Cranson à feuilles de *Cochlearia glastifolia.*
   pastel.

   C. glastifolia. **Linn. spec.** 904. **Vill. Dauph.** 3. p. 297? **Lam.**
   Dict. 2. p. 166. — **Lob. ic.** t. 321. f. 2.

Cette plante est entièrement glabre ; elle s'élève à 5 ou 6
décim. ; sa tige est droite , cylindrique , presque simple , garnie dans toute sa longueur de feuilles sessiles , lancéolées ,
pointues , lisses , prolongées à leur base en deux appendices
assez longs , obtus ou un peu tronqués au sommet : les feuilles
radicales sont ovales-oblongues , un peu pétiolées : les fleurs
sont blanches , petites , disposées en plusieurs grappes à l'extrémité des tiges et des rameaux : le fruit est une silicule ovoïde
dont le style est nul ou peu apparent. ♂. Elle croît naturellement dans les champs à Mizoin , dans la plaine de Sisteron
en Provence (Vill.)? dans les jardins à Ajaccio en Corse.

4237. Cranson drave.   *Cochlearia draba.*

   C. draba. **Linn. spec.** 904. **Lam. Dict.** 2. p. 165. — *Lepidium
   draba.* **Roth. Germ.** 1. p. 278. — *Nasturtium draba.* **Crantz.**
   Cruc. p. 81. — **Clus.** 2. p. 124. f. 2.

Sa tige est haute de 3 décim. , droite , striée et presque
simple ; ses feuilles sont ovales-lancéolées , chargées en leurs
bords de quelques dents un peu écartées , légèrement pubescentes des deux côtés , et d'un verd pâle ou blanchâtre , celles
de la tige sont lancéolées , embrassantes et munies d'oreillettes :
les fleurs sont petites , blanches , pédonculées et disposées en corimbe paniculé et terminal : les siliques sont presque en cœur , à 2
lobes un peu échancrés à la base , réunis et un peu pointus au
sommet. ♃. Il croît sur le bord des lieux cultivés et des champs ,
aux environs de Paris , à Montmartre , Montreuil , Charenton ;
en Auvergne , entre Vichy et Cusset , le long du Sichon (Delarb.);
en Dauphiné , à Montélimart , Crest et Grenoble (Vill.) ; en

Piémont, près de Mencastel, d'Alexandrie, et aux environs de Nice (All.); à Montpellier (Gou.).

DCCXLIV. SÉNEBIÈRA. *SENEBIERA.*

Senebiera. Dec. — *Coronopi sp.* Smith. — *Lepidii sp.* Linn.

Car. Le calice est entr'ouvert ; la silicule échancrée au sommet, à 2 globules, à 2 valves épaisses, un peu ridées, qui ne s'ouvrent point d'elles-mêmes, et qui sont attachées à une cloison linéaire plus courte qu'elles : les graines sont solitaires dans chaque loge, arrondies, non entourées d'un bord membraneux.

Obs. Les fleurs sont blanches, très-petites, disposées en grappes latérales ou opposées aux feuilles : ce genre diffère des lunetières par ses valves convexes, et qui ne s'ouvrent pas d'elles-mêmes.

4238. Sénebiéra pinnatifide. *Senebiera pinnatifida.*

S. pinnatifida. Dec. Soc. Hist. nat. an. 7. p. 144. t. 19. — *S. supina.* Thore. Land. 275. — *Lepidium didymum.* Linn. Mant. 92. — *Coronopus didyma.* Smith. Brit. 691. — *Lepidium Anglicum.* Huds. Angl. 280. — *Biscutella apetela.* Walt. Fl. bor. am. 174. — *Cochlearia humifusa.* Michx. Fl. bor. am. 2. p. 27.

Une racine grèle et blanchâtre donne naissance à plusieurs tiges couchées, un peu rameuses, cylindriques, garnies de quelques poils épars, longues de 2-3 décim., et feuillées dans toute leur longueur : les feuilles ressemblent à celles de la corne-de-cerf ; elles sont glabres, pinnatifides, à lobes pointus, dentés du côté supérieur : les grappes de fleurs sont latérales, souvent opposées aux feuilles : les pétales sont blancs, très-petits, et manquent dans plusieurs échantillons : les étamines sont au nombre de 2 ou 4 : les silicules sont petites, ridées, à 2 loges, un peu ventrues et échancrées au sommet et à la base. ☉. Elle croît dans les lieux ombragés, autour des maisons ; elle a été trouvée aux environs de Bordeaux et aux alentours de Dax, notamment au moulin d'Abesse, par M. Thore; elle se retrouve en Amérique, à Monte-Video, et dans la Caroline méridionale.

DCCXLV. CORNE-DE-CERF. *CORONOPUS.*

Coronopus. Gœrtn. Lam. — *Coronopi sp.* Smith. — *Cochlearia sp.* Linn.

Car. La silicule est à-peu-près orbiculaire, non échancrée

au sommet, un peu comprimée, hérissée, à 2 loges monospermes, à 2 valves qui ne s'ouvrent point d'elles-mêmes, et qui sont attachées à une cloison aussi longue qu'elles.

Obs. Ce genre a le port du précédent, dont il diffère, comme les passerages des thlaspi, parce que sa silicule n'est pas échancrée au sommet.

4239. Corne-de-cerf commune. *Coronopus vulgaris.*

C. vulgaris. Desf. Cat. hort. par. 132. — *Cochlearia coronopus.* Linn. spec. 904. — *C. Ruellii.* Gœrtn. Fruct. 1. p. 293. t. 142. Lam. Illustr. t. 558. — *Cochlearia repens.* Lam. Fl. fr. 2. p. 473. — *C. depressus.* Mœnch. Meth. 220. — *Lepidium squammatum.* Forsk. AEgypt. 117.

Ses tiges sont longues de 2 décim., glabres, rameuses et étalées sur la terre, où elles forment souvent des gazons fort arrondis; ses feuilles sont longues, ailées et composées de pinnules découpées : ces pinnules vont en augmentant de grandeur vers le sommet de chaque feuille, et leur bord supérieur est particulièrement découpé et demi-penné : les fleurs sont blanches, fort petites et disposées en bouquets ou en grappes courtes et latérales : les capsules sont latérales et opposées aux feuilles ; la silicule est comprimée, à-peu-près en forme de rein, ridée, tuberculeuse sur les bords, nullement échancrée au sommet, mais prolongée en un style court, pointu. ☉. Cette plante croît le long des routes, auprès des villages et des lieux cultivés.

DCCXLVI. PASSERAGE. *LEPIDIUM.*

Lepidium. Lam. Desf. — *Lepidii sp.* Linn. Juss. Gœrtn.

Car. Le calice est entr'ouvert ; la silicule est entière au sommet, ovale, comprimée, à valves creusées en carène aiguë ; les graines sont nombreuses, non entourées de rebord.

Obs. Les espèces dont la silicule est échancrée, doivent être cherchées parmi les tabourets; les passerages ont les fleurs blanches.

4240. Passerage à large feuille. *Lepidium latifolium.*

L. latifolium. Linn. spec. 899. Lam. Fl. fr. 2. p. 469. — Cam. Epit. 378. ic.

Sa tige est droite, légèrement rameuse vers son sommet, et s'élève jusqu'à 1 mètre : ses feuilles inférieures sont pétiolées, larges, ovales, presque obtuses, dentées seulement dans

leur

leur partie moyenne ; les fleurs sont blanches , fort petites et forment des grappes presque paniculées au sommet de la plante; les silicules sont ovales-arrondies , terminées par le stigmate , qui est sessile. ♃. Cette espèce croît dans les lieux un peu couverts.

4241. Passerage ibéride. *Lepidium iberis.*

L. iberis. Linn. spec. 900. Lam. Illustr. t. 556. f. 1. non. Poll. —*L. gramineum.* Lam. Fl. fr. 2. p. 469. — Cam. Epit. 184. ic.

Sa tige est haute de 3 à 6 décim. , droite , grèle , un peu dure et très-rameuse ; ses feuilles radicales sont lancéolées , un peu élargies vers leur sommet, dentées et quelquefois légèrement pinnatifides : celles de la tige sont entières, fort étroites, linéaires et pointues : les fleurs sont blanches , très-petites et disposées en corimbes peu garnis et peu étalés : plusieurs de leurs étamines avortent assez souvent ; car quelquefois on n'en trouve que 2, d'autres fois 4 , mais quelquefois aussi on les trouve toutes les 6 : les silicules sont ovales , pointues , entières , et nullement échancrées. ☉. Cette plante croit dans les lieux pierreux et sur le bord des chemins. Elle est connue sous les noms de *chasserage*, *petit passerage* , *nasitort sauvage*.

4242. Passerage des Alpes. *Lepidium Alpinum.*

L. Alpinum. Linn. spec. 898. Lam. Fl. fr. 2. p. 468. — *L. Halleri.* Crautz. Austr. p. 5. t. 1. f. 3.—*Draba nasturtiolum.* Scop. Carn. n. 791. — Clus. Hist. 2. p. 128. f. 1.

Sa racine est ligneuse, divisée vers le haut en plusieurs souches courtes , persistantes , demi-ligneuses, et disposées en touffe irrégulière : les feuilles sont radicales , glabres , d'un verd foncé , pétiolées , pinnatifides, à 5 ou 7 lobes ovales-oblongs , entiers , à-peu-près égaux : d'entre ces feuilles s'élèvent des hampes nues , longues de 5-9 centim. , droites, terminées par une grappe qui s'alonge après la fleuraison ; les pétales sont blancs , obtus , deux fois plus longs que le calice et plus grands que dans les autres passerages : la silicule est ovale-oblongue , pointue aux deux extrémités. ♃. Cette plante croit sur les rochers humides des hautes Alpes de la Savoie , du Piémont , du Dauphiné (Vill.); de la Provence (Gér.); dans les Pyrénées ; au Mont-d'Or (Delarb.).

4243. Passerage des rocailles. *Lepidium petræum.*

L. petræum. Linn. spec. 899. — *L. Linnæi.* Crantz. Austr. p. 7.
t. 2. f. 4. 5. — *L. pusillum*, β. Lam. Fl. fr 3. p. 468.

Sa racine est grèle, annuelle, blanchâtre ; sa tige est
grèle, rameuse, feuillée et haute de 6 à 9 centimètres ; ses
rameaux inférieurs sont assez longs, très-ouverts, et paroissent couchés, mais la tige ne l'est point : les feuilles sont pinnatifides et leurs pinnules sont petites, nombreuses, lancéolées et
très-entières : les fleurs sont pédonculées et disposées en corimbe
au sommet de la tige et des rameaux ; elles sont extrêmement
petites et de couleur blanche : les siliques sont ovales, très-
entières, et ne paroissent un peu échancrées que lorsqu'elles commencent à s'ouvrir : les pétales sont échancrés et ne dépassent
pas la longueur du calice. ☉. Elle croît parmi les pierres et les
rocailles, dans les montagnes des Pyrénées, des Alpes, des
Cévennes ; à Fontainebleau (Thuil.) ; à Nantes (Bon.) ; à
Mayence (Kœl.).

4244. Passerage couché. *Lepidium procumbens.*

L. procumbens. Linn. spec. 898. Lam. Illustr. t. 556. f. 2. — *L.*
pusillum, α. Lam. Fl. fr. 2. p. 468. — Magn. Monsp. 184. ic.

Cette plante n'est peut-être qu'une variété de la précédente,
à laquelle elle ressemble par sa racine grèle, annuelle, et par
ses pétales égaux à la longueur du calice : elle paroît en différer
par sa tige plus foible, demi-couchée et longue de 1-2 décim. ;
par ses feuilles, dont les inférieures sont pinnatifides, à lobes
peu nombreux, et qui ne dépassent pas le milieu de la largeur
de la feuille, et dont les supérieures sont oblongues, entières
ou munies d'une ou deux dents. ☉. Elle croît dans les lieux
humides aux environs de Montpellier ; à Lattes et à Perauls
(Magn.) ; en Provence (Gér.) ; à Fontainebleau (Thuil.) ;
sur les remparts de Dijon (Dur.) ; dans la Bresse, le Bugey
et le Lyonnois (Latour.) ; à Nantes (Bon.).

4245. Passerage à feuilles *Lepidium rotundifolium.*
rondes.

L. rotundifolium. All. Ped. n. 925. t. 55. f. 2. — *Iberis rotundi-*
folia. Linn. spec. 905. Wild. spec. 3. p. 454. — *Iberis repens.*
Lam. Fl. fr. 2. p. 674. — Barr. ic. t. 848 ? et 1305.

Ses tiges sont longues de 12 à 15 centim., grèles, couchées
ou ascendantes, peu garnies de feuilles dans leur partie supérieure, et ordinairement simples : les feuilles radicales sont

ovales, pétiolées, glabres, non ciliées, et garnies à leur sommet de quelques dents peu profondes : celles des tiges sont oblongues, très-entières et embrassantes ; les unes et les autres sont lisses et un peu succulentes : les fleurs sont rougeâtres et médiocrement irrégulières, disposées en une grappe courte, serrée et qui s'alonge un peu après la fleuraison : les silicules sont ovales-oblongues, pointues aux deux bouts, nullement échancrées au sommet, surmontées par le style. ♃. Cette plante croît parmi les débris de rochers, auprès des glaciers et des neiges éternelles, dans les hautes Alpes de la Savoie, du Piémont, du Dauphiné, de la Provence : on en trouve une variété à fleur blanche.

DCCXLVII. TABOURET. *THLASPI.*

Thlaspi. Lam. Desf. — *Th'aspi et Lepidii sp.* Linn. Juss. Gœrtn. — *Thlaspi, Nasturtium et Capsella.* Vent.

CAR. Les pétales sont égaux entre eux; la silicule est échancrée au sommet, comprimée, à 2 valves creusées en carène aiguë, et prolongée sur le dos en un appendice pointu ou plus souvent arrondi.

OBS. Les fleurs sont blanches ; la forme générale de la silicule est orbiculaire ou ovale, ou triangulaire, ou à 2 cornes.

§. Ier. NASTURTIUM, Vent. — *Loges monospermes.*

4246. Tabouret des décombres. *Thlaspi ruderale.*

Lepidium ruderale. Linn. spec. 900. — *T. ruderale.* All. Ped. n. 917. excl. Ger. syn. — *Iberis ruderalis.* Crantz. Austr. 21. — *Nasturtium ruderale.* Scop. Carn. 2. n. 801. — *T. tenuifolium.* Lam. Fl. fr. 2. p. 467. — Fuchs. Hist. 307. ic.

Sa tige est rameuse, glabre, et s'élève jusqu'à 3 décim.; ses feuilles radicales sont nombreuses, ailées dans leur moitié supérieure, et composées de pinnules alternes, découpées très-menu; celles de la tige sont petites, simples, linéaires, entières et pointues; ses fleurs sont extrêmement petites, et disposées en grappes terminales; leur corolle manque quelquefois ou tombe de très-bonne heure, et les étamines ne sont souvent qu'au nombre de 2, les autres se trouvant avortées; mais ce ne sont point des caractères naturels à cette plante : les silicules sont très-petites, ovales, obtuses, légèrement échancrées. ☉. Cette plante croît dans les lieux stériles, sur le bord des chemins, auprès des murs et des décombres.

4247. Tabouret cresson-alenois.   *Thlaspi sativum.*

Lepidium sativum. Linn. spec. 899. — *Nasturtium sativum.*
Crantz. Austr. 21.—*T. sativum.* Desf. Cat. 133.—Blackw. t. 23.
ß. *Crispum.* — C. Bauh. Prod. 43. f. 2.

Ses feuilles séminales sont irrégulièrement découpées ; sa
tige est droite, simple ou peu rameuse, haute de 3-4 décim.,
garnie dans toute sa longueur de feuilles dont les inférieures
sont très-découpées, et les supérieures presque entières ; ses
fleurs sont blanches, très-petites, disposées en plusieurs grappes
courtes qui s'alongent après la fleuraison ; toute la plante est
glabre, d'un verd un peu glauque ; les silicules sont orbiculaires, terminées par une échancrure étroite, au fond de laquelle naît le style, qui est plus court que les bords de l'é-
chancrure. ☉. Cette herbe est cultivée dans tous les potagers,
et s'y ressème souvent d'elle-même ; sa patrie est inconnue ;
elle porte les noms de *cresson alenois*, *cresson des jardins*,
ou *nasitort;* dans sa jeunesse, on la mange en salade ; elle est
âcre, anti-scorbutique, sternutatoire.

4248. Tabouret à tige nue.   *Thlaspi nudicaule.*

α. *Iberis nudicaulis.* Linn. spec. 907. Fl. dan. t. 323. Lam. Fl. fr.
2. p. 673.
ß. *Lepidium nudicaule.* Linn. spec. 898. — *T. nudicaule.* Desf.
Atl. 2. p. 67.—Magn. Monsp. 186. ic.

Ses tiges sont hautes de 12-15 centim., assez simples, et
chargées seulement de quelques folioles étroites, un peu distantes ; les feuilles radicales sont alongées, pinnatifides, presque ailées, nombreuses et couchées sur la terre, où elles forment une rosette bien garnie : leurs pinnules vont en augmentant, de sorte que la terminale est plus grande que les autres ;
les fleurs sont petites et de couleur blanche. La variété α est
assez grande dans toutes ses parties, et a les lobes de ses feuilles
larges et arrondis. La variété ß est très-petite, un peu rabougrie, et a les lobes de ses feuilles courts et linéaires. Au reste,
ni l'une ni l'autre n'appartiennent aux deux genres dans lesquels on les avoit placées, puisqu'elles ont les pétales égaux
et la silicule échancrée au sommet. ☉. Elle croît dans les lieux
sablonneux et stériles, dans les bois peu garnis, aux environs
de Paris, dans les vallées des dunes de la Belgique, dans les
Vosges, aux environs de Sorrèze, de Narbonne, etc.

§. II. Capsella, Vent. — *Loges polyspermes, cap-*
sule triangulaire sans rebord.

4249. Tabouret bourse à   *Thlaspi bursa-pastoris.*
pasteur.

> *T. bursa-pastoris.* Linn. spec. 903. Lam. Illustr. t. 557. f. 2. —
> *Nasturtium bursa-pastoris.* Roth. Germ. I. p. 281. — *Iberis*
> *bursa-pastoris.* Crantz. Austr. p. 20. — *Bursa.* Guett. Etamp.
> 2. p. 158. — *Capsella.* Vent. Tabl. 3. p. 110.
> β. *Folio non sinuato.* Tourn. Inst. 116.
> γ. *Folio instar coronopi inciso.* Tourn. Inst. 116.

Sa tige est droite, rameuse, et s'élève jusqu'à 5 décim.;
ses feuilles radicales sont longues, rétrécies à leur base, plus
ou moins sinuées ou découpées en lyre, pubescentes en leur
surface postérieure, et couchées sur la terre; les feuilles de la
tige sont plus petites, alongées, pointues, presque entières,
embrassantes, et sagittées ou oreillées à leur base : les fleurs
sont blanches et fort petites; elles sont toujours disposées en
corimbe; mais comme leur pédoncule commun s'alonge à mesure que la fructification se développe, les siliques qui leur
succèdent sont au contraire toujours disposées en grappe, triangulaires et comme tronquées supérieurement. La variété β ne
diffère que par ses feuilles qui sont toutes très-entières; et la
variété γ est remarquable par ses feuilles radicales, toutes un
peu étroites et finement découpées en lyre. ☉. Cette plante croît
par-tout, même pendant l'hiver; elle est vulnéraire et astringente.

§. III. Thlaspi, Vent. — *Loges polyspermes, cap-*
sule ovale ou arrondie.

4250. Tabouret des champs.   *Thlaspi arvense.*

> *T. arvense.* Linn. spec. 901. Fl. dan. t. 793. Lam. Illustr. t. 557.
> f. 1. — Cam. Epit. 237. ic.

Sa tige est haute de 3 décim., glabre, simple ou rameuse;
ses feuilles sont embrassantes, oblongues, dentées, quelquefois
un peu sinuées, rétrécies vers leur base, et fort lisses en leur
superficie; les fleurs sont blanches, assez petites, pédonculées
et disposées en grappes droites et terminales; les silicules sont
planes, orbiculaires, entourées d'un large rebord, terminées
par une échancrure dont les bords sont arrondis, et dont le style
n'occupe pas le quart de la longueur. ☉. Cette plante est commune dans les champs et les lieux cultivés; on la connoît sous
le nom de *monoyère.*

4251. Tabouret à odeur d'ail.   *Thlaspi alliaceum.*

> *T. alliaceum.* Linn. spec. 901. — *T. arvense*, β. Lam. Fl. fr. 2.
> p. 464. — J. Bauh. 2. p. 932. f. 3.

Cette plante ressemble beaucoup à la précédente, mais s'en distingue par des caractères constans; toutes ses parties, froissées, exhalent une odeur d'ail bien plus forte que le tabouret des champs; ses feuilles radicales sont ovales, en forme de spatule, rétrécies en un pétiole assez long; ses silicules sont ovales, un peu renflées et ventrues, entourées par un rebord fort étroit, et terminées par une échancrure peu profonde et dont le style, quoique très-court, atteint au moins la moitié. ☉. Il croît dans les vignes en Piémont, autour de Mondovi et de Garressio (All.); en Bourgogne (Dur.); dans les bois de Haie en Lorraine (Buch.); aux environs de Lyon (Latour.).

4252. Tabouret de roche.   *Thlaspi saxatile.*

> *T. saxatile.* Linn. spec. 901. Lam. Fl. fr. 2. p. 465. — Barr.
> ic. t. 845.

Sa racine est longue, un peu ligneuse; ses tiges sont hautes de 2 décim., glabres, cylindriques et simples ou rameuses vers leur sommet; ses feuilles sont éparses, lancéolées, un peu charnues, d'un verd glauque et très-entières : les inférieures sont obtuses et presque elliptiques; les fleurs sont petites, de couleur rose, pédonculées et disposées comme celles des espèces précédentes : les siliques sont assez grandes, un peu orbiculaires, comprimées et entourées d'un large rebord arrondi; le style est très-court. ♃. Cette plante croît parmi les rochers et dans les graviers des montagnes des provinces méridionales; aux environs de Grenoble, de Gap et de Die; en Provence; au Capouladou (Barr.); à St.-Guillin-le-Désert, Grabels et Viols près Montpellier (Gou.); dans les Corbières.

4253. Tabouret enfilé.   *Thlaspi perfoliatum.*

> *T. perfoliatum.* Linn. spec. 902. — *T. Alpestre.* Huds. Angl.
> 282. — *T. montanum*, β. Lam. Fl. fr. 2. p. 464. — Barr. ic.
> t. 815. — Clus. Hist. 2. p. 131. f. 2. 3.

Sa racine est grêle, fibreuse, elle pousse une ou plusieurs tiges plus ou moins rameuses, et dont la hauteur est de 1-2 décim.; la plante est entièrement glabre, et d'un verd glauque; les feuilles radicales sont ovales, obtuses, pétiolées; celles de la tige sont embrassantes, munies à leur base d'oreillettes

embrassantes , à-peu-près en forme de fer de flèche , entières
ou un peu dentées ; les fleurs forment des grappes d'abord
serrées , ensuite très - alongées ; les pétales sont blancs , très-
petits , et cependant plus grands que le calice; la silicule est
glabre , en forme de cœur renversé , terminée par 2 lobes arrondis ; le style nait au fond de l'échancrure , et ne dépasse
pas le quart de sa profondeur. ☉. Elle est commune dans les
champs et les prairies pierreuses.

4254. Tabouret de montagne. *Thlaspi montanum.*

> *T. montanum.* Linn. spec. 902. Lam. Fl. fr. 2. p. 464. var. *x.*
> — *T. præcox.* Wulf. Jacq. Coll. 2. p. 124. t. 9. — Clus. Hist.
> 2. p. 131. f. 2.

Sa racine est longue , dure , cylindrique; elle émet une ou
ordinairement plusieurs tiges simples , longues de 1-2 décim. ,
glabre , ainsi que le reste de la plante; les feuilles sont un peu
coriaces , entières ou légèrement dentées ; les radicales sont
ovales , obtuses, pétiolées , étalées; celles de la tige sont droites,
sessiles, prolongées à leur base en petites oreillettes : les fleurs
sont blanches , disposées en grappes qui s'alongent après la fleuraison; les pétales sont assez grands , environ deux fois plus
longs que le calice et les étamines ; celles-ci ont les anthères
jaunes : la silicule est glabre, en forme de cœur renversé , entourée d'un rebord , peu ou point échancrée au sommet, surmontée par un style saillant presque aussi long qu'elle. ♃. Cette
plante croît dans les pâturages secs des montagnes des Alpes ;
de l'Auvergne; au mont Afrique en Bourgogne (Dur.); au Donnersberg près Manheim (Poll.).

4255. Tabouret des Alpes. *Thlaspi Alpestre.*

> *T. Alpestre.* Linn. spec. 903. — *T. montanum.* Huds. Angl. 282.
> — *T. præcox.* Schleich. cent. 3. n. 68.

Cette espèce ressemble beaucoup à la précédente , mais elle
en diffère par ses fleurs plus nombreuses , de moitié plus petites , dont les pétales dépassent à peine la longueur du calice ;
par ses étamines plus saillantes; par ses anthères purpurines ,
et par ses silicules surmontées d'un style de moitié plus court
qu'elles. ♃. Elle croit dans les prairies découvertes des montagnes ; dans le Jura , sur-tout auprès du Creux du Vent; dans
les Pyrénées voisines de Barrèges , où elle a été observée par
M. Ramond.

4256. Tabouret à feuilles   *Thlaspi heterophyllum.*
variables.

Par son port et sa fleuraison, cette plante ne peut être rapprochée que du tabouret des Alpes; mais elle en diffère beaucoup par la forme de ses feuilles; une racine cylindrique, pivotante, donne naissance à 5 ou 6 tiges simples, longues de 1-2 décim., glabres ou à peine chargées de quelques poils, un peu étalées à la base, puis ascendantes; les feuilles sont toutes glabres; les radicales sont pétiolées, obtuses, les unes ovales et entières, les autres sinuées, la plupart découpées en lyre, avec le lobe terminal, grand et arrondi : les feuilles de la tige sont droites, appliquées contre elle, assez petites, nombreuses, oblongues, pointues, un peu dentelées dans le bas, prolongées à leur base en 2 oreillettes courtes, descendantes et remarquablement fines et pointues : les fleurs ne paroissent différer de celles du tabouret des Alpes, que parce qu'elles sont un peu plus petites : la silicule est ovale, légèrement échancrée. ♃. Cette plante a été trouvée dans les Pyrénées voisines de l'Espagne, par M. Clémente. Je la décris d'après l'herbier de M. Clarion.

4257. Tabouret des campagnes. *Thlaspi campestre.*

T. campestre. Linn. spec. 902. — *T. hirsutum*, α. Lam. Fl. fr. 2. p. 465. — *T. vulgatius.* Rouç. Fl. nord. 2. p. 69. — Fuchs. Hist. 306. ic.

Sa tige est haute de 5 décim., droite, cylindrique, chargée d'un duvet fin et blanchâtre, simple dans la plus grande partie de sa longueur, mais un peu rameuse vers son sommet; ses feuilles radicales sont oblongues, spatulées, rétrécies en pétiole à leur base, dentées, sinuées, et souvent pinnatifides dans le voisinage de leur pétiole : celles de la tige sont lancéolées, embrassantes, en forme de fer de flèche, dentées dans leur partie inférieure, éparses, nombreuses et plus longues que les entrenœuds ; les unes et les autres ont un aspect blanchâtre, et sont souvent chargées d'un duvet fort court et peu apparent : les fleurs sont petites, de couleur blanche, portées sur des pédoncules velus, et disposées en grappes terminales : les calices sont un peu rougeâtres à leur sommet : les siliques sont glabres, parsemées sur leur surface de petits tubercules, entourées vers le sommet d'un rebord large et obtus ; l'échancrure est très-petite, et le style peu ou point apparent. ☉ All., ♂ Lin. Il croît dans les champs parmi les moissons.

4258. Tabouret hérissé. *Thlaspi hirtum.*

T. *hirtum.* Linn. spec. 901. — *T. hirsutum*, β. Lam. Fl. fr. 2. p. 465. — C. Bauh. Prod. p. 47. ic.

Cette espèce est voisine de la précédente par son port et ses caractères; elle en diffère, parce que les feuilles de la tige sont beaucoup plus velues; que celles qui naissent près de la racine sont glabres, ovales, un peu sinuées et rétrécies en pétiole; que les fleurs sont trois fois plus grandes, et que les capsules sont hérissées de poils blanchâtres. ♂ Lin., ♃ All. Il croît dans les terreins glaiseux en Dauphiné à Serres, à l'Epine, près de Gap (Vill.); à Nice et à Oneille (All.); dans les lieux herbeux le long des haies en Provence (Gér.); à la Colombière, la Valette et Montferrier près Montpellier (Gou.); à Chantilly et Falguières près Montauban (Gat.).

DCCXLVIII. IBÉRIDE. *IBERIS.*

Iberis. Linn. Juss. Lam. Gœrtn.

Car. Ce genre a 2 pétales extérieurs beaucoup plus grands que les 2 autres; son fruit est semblable à celui des tabourets.

Obs. Les fleurs sont blanches ou violettes, disposées en grappe courte ou en véritable ombelle; les feuilles sont simples ou découpées, souvent un peu charnues; les tiges de quelques espèces sont demi-ligneuses.

§. Ier. *Fruits disposés en grappe.*

4259. Ibéride de tous les mois. *Iberis semperflorens.*

I. *semperflorens.* Linn. spec. 904. Lam. Dict. 3. p. 220. — Bocc. sic. t. 22. f. a. 1.

Cette plante est indigène de la Sicile, mais elle est très-répandue dans les jardins, où on la cultive pour la beauté de ses fleurs; elle est connue sous les noms d'*Ibéride de Perse*, *téraspic*, *thlaspi* ou *taraspi des jardiniers*; elle se distingue de toutes les autres espèces du même genre par sa tige ligneuse, qui s'élève presque à 1 mètre de hauteur, par ses feuilles glabres, un peu épaisses, entières, oblongues, en forme de spatule, obtuses au sommet; ses fleurs sont blanches, disposées en corimbe, et sont épanouies pendant l'automne et l'hiver; les silicules sont larges, applaties, tronquées au sommet. ♄.

4260. Ibéride toujours-verte. *Iberis sempervirens.*

I. *semper-virens.* Linn. spec. 905. Lam. Dict. 3. p. 220. — *I. saxatilis*, var. β. Lam. Fl. fr. 2. p. 674. — Riv. Tetr. 224. f. 1.

β. I. Garrexiana. All. Ped. n. 920. t. 40. f. 3. et t. 54. f. 2.
γ. I. Semper-virens. All. Ped. n. 919. — Barr. ic. 214.

Sa souche est basse , tortueuse , ligneuse , divisée en rameaux redressés , nombreux , herbacés ; les feuilles sont linéaires , un peu pointues ou ordinairement obtuses , entièrement glabres , nullement dentées , légèrement charnues ; celles des rameaux stériles sont plus longues que les autres ; les fleurs sont blanches, disposées en corimbes terminaux , d'abord disposés en ombelle , puis alongés en forme de grappes. La variété β a les feuilles plus longues et plus obtuses. Ces deux plantes croissent parmi les rochers des provinces méridionales ; dans les Pyrénées , les Alpes de Provence et de Piémont. La variété γ , qui a la tige presque herbacée , les feuilles et les fleurs deux fois plus grandes , a été trouvée sur les bords sablonneux du Pallion près Nice (All.) ; elle est peut-être une espèce distincte. ♃ , ♄.

4261. Ibéride des roches.   *Iberis saxatilis.*

I. saxatilis. Linn. spec. 905. Lam. Dict. 3. p. 220. Fl. fr. 2. p.
674. var. *α.* — Garid. Aix. t. 101.

Cette espèce ressemble entièrement à la précédente , mais ses feuilles sont toujours légèrement ciliées , plus étroites et plus aiguës ; ses tiges sont plus grêles , et peut-être moins charnues ; ses rameaux floraux sont plus courts et plus feuillés ; ses fleurs plus souvent rougeâtres. Elle croît de même parmi les rochers et dans les montagnes des provinces méridionales ; dans les Corbières ; les Pyrénées ; la Provence.

4262. Ibéride amère.   *Iberis amara.*

I. amara. Linn. spec. 906. Lam. Dict. 3. p. 222. — *Thlaspi
amarum.* Crantz. Austr. 25. — Riv. Tetr. t. 112.

Sa tige est herbacée , droite , dure , rameuse , haute de 1-2 décim. , garnie de feuilles alternes , alongées , rétrécies en pé-tiole vers leur base , élargies et dentées vers leur sommet ; les dents sont assez grandes , et écartées les unes des autres ; les fleurs sont assez grandes , de couleur blanche tirant quelquefois sur le violet , disposées en corimbe , d'abord semblable à une ombelle , puis alongé comme une grappe ; les silicules sont planes , orbiculaires , surmontées du style persistant , munies au sommet de 2 petites pointes droites , beaucoup plus courtes que le style , et souvent avortées. ☉. Elle est assez commune dans les champs pierreux.

4263. Ibéride pinnatifide.   *Iberis pinnata.*

I. pinnata. Linn. spec. 907. Lam. Dict. 3. p. 223. — Lob. ic. t.
218. f. 2.

β. *I. pandurœformis.* Pourr. act. Toul. 3. p. 320.

γ. *I. crenata.* Lam. Dict. 3. p. 223.

Sa racine, qui est blanchâtre et fibreuse, donne naissance à
une ou plusieurs tiges droites, herbacées, presque simples, longues de 1-2 décim.; les feuilles sont rétrécies en pétiole, un
peu charnues, profondément pinnatifides; celles du bas ont des
lobes arrondis et peu profonds; celles du haut ont leurs lobes
linéaires ecartés et pointus : dans la variété β, la tige est plus
rabougrie, les feuilles plus charnues, et ont toutes leurs lobes
obtus; la variété γ est encore plus naine, plus charnue, et a
les feuilles bordées de lobes courts, arrondis, semblables à de
larges crénelures : les fleurs sont blanches, disposées en ombelles serrées, dont l'axe s'alonge peu après la fleuraison; le
calice est d'une couleur violette; les capsules sont disposées en
grappe courte et serrée, orbiculaires, échancrées au sommet
par une fente étroite que le style dépasse à peine. ⊙. Elle croît
dans les champs et dans les lieux secs et pierreux du midi de
la France; dans les Corbières; les Cévennes; à Montpellier;
en Provence; aux environs de Turin; de Lyon; dans le midi
du Dauphiné (Vill.).

4264. Ibéride intermédiaire.   *Iberis intermedia.*

I. intermedia. Guers. bull. Philom. n. 82. t. 21.

Cette espèce est herbacée, entièrement glabre, s'élève jusqu'à 5-6 décim., et se fait remarquer à l'extrême divergence
de ses rameaux; les feuilles qui se trouvent sur les jeunes tiges
sont serrées, ordinairement obtuses, rétrécies en pétioles, et
dentées en scie sur les bords; ces feuilles tombent lorsque la
tige grandit, et celle-ci porte des feuilles éparses, lancéolées
et entières; les fleurs sont blanches, un peu purpurines à leur
base, disposées en une grappe d'abord serrée en forme de corimbe, puis alongée et presque cylindrique; les silicules sont
oblongues, arrondies à leur base, tronquées au sommet, parce
que les 2 pointes qui les terminent, au lieu d'être parallèles
au style, s'en écartent à angle droit. ♂. Elle croît abondamment sur les roches calcaires qui bordent la Seine entre Rouen
et Duclair, où elle a été découverte par M. Guersent.

§. II. *Fruits disposés en ombelle.*

4265. Ibéride en ombelle.   *Iberis umbellata.*

I. umbellata. Linn. spec. 906. Lam. Dict. 3. p. 222. — *Thlaspi umbellatum.* Crantz. Austr. p. 25.—Lob. ic. t. 216. f. 1.

Cette espèce est plus grande, plus droite que l'ibéride amère ; ses feuilles sont lancéolées, acérées ; les inférieures sont dentelées en scie ; les supérieures très-entières ; les rameaux sont peu divergens, et chacun d'eux porte une ombelle de fleurs blanches, ou le plus souvent purpurines, serrées, et qui persistent sous la forme d'ombelle, même à la maturité des fruits : ceux-ci sont remarquables, parce que chaque valve est surmontée d'une membrane acérée, droite, un peu tuberculeuse, aussi longue à la maturité que le style. ☉. Elle se trouve aux environs de Nice (All.). On la cultive dans les parterres.

4266. Ibéride à feuilles de lin.   *Iberis linifolia.*

I. linifolia. Linn. spec. 905. Lam. Dict. 3. p. 222. — *I. umbellata,* β. Gou. Hort. 319. — Garid. Aix. t. 105.

Sa tige est droite, herbacée, menue et rameuse dans sa partie supérieure ; ses feuilles radicales sont lancéolées-linéaires et dentées vers leur sommet ; elles se sèchent et tombent de bonne heure ; celles de la tige sont linéaires, pointues, très-entières, assez courtes et peu nombreuses ; les fleurs sont petites, de couleur blanche ou rougeâtre, et disposées en corimbe. ♂. On trouve cette plante dans les environs d'Aix en Provence ; dans les basses Alpes ; dans les collines sablonneuses aux environs de Nice près du Var (All.) ; à Nions (Vill.) ; à Montpellier (Gou.).

4267. Ibéride en spatule.   *Iberis spathulata.*

I. cepeæfolia. Pourr. act. Toul. 3. p. 321. —*I. rotundifolia.* Lam. Dict. 3. p. 221.

Cette espèce, confondue avec le passerage à feuille ronde par un grand nombre d'auteurs, et que je trouve mélangée avec lui dans la plupart des herbiers, en diffère par sa stature plus petite, par ses feuilles ovales-arrondies, toutes (même les supérieures) rétrécies en un pétiole cilié et non embrassant ; par ses fleurs disposées en une ombelle serrée qui ne s'alonge pas après la fleuraison ; par ses pétales très-inégaux, et sur-tout enfin par sa silicule ovale-arrondie, surmontée de 2 cornes qui la rendent évidemment échancrée à son sommet ; elle varie à

tiges solitaires ou nombreuses, à feuilles entières ou légèrement
dentées, à fleurs blanches ou rougeàtres. ☉. Elle est indigène des Pyrénées, à la vallée d'Eynes, à Nouris, etc.

4268. Ibéride naine. *Iberis nana.*

I. nana. All. Auct. p. 15. t. 2. f. 1. Wild. spec. 3. p. 456. —
I. aurosica. Vill. Dauph. 1. p. 349. 3. p. 289.

Cette espèce ressemble à la précédente par son port et par
ses fleurs; sa racine pousse 1-3 tiges simples ou divisées par
le bas seulement, hautes de 5-15 centim., garnies de feuilles
glabres un peu charnues, dont les inférieures sont obtuses, un
peu dentées, presque en spatule, et les supérieures linéaires,
entières et pointues : les fleurs sont aussi grandes que dans l'espèce précédente : les silicules sont planes, ovales-arrondies,
surmontées par le style et par 2 appendices droits, pointus,
parallèles au style, aussi longs que lui, mais plus écartés et
plus courts de moitié que dans l'ibéride en ombelle. ♂. Elle a
été observée dans les rochers du mont Auroux (Vill.); dans les
Alpes de Provence par M. Clarion; dans le Piémont à la Raschiera de Montrégal, par Allioni; à Carlin, par M. Balbis.

DCCXLIX. CAMÉLINE. *MYAGRUM.*

Myagrum. L'Her. — *Myagri sp.* Linn. Lam. — *Camelina.* Dod.
Vent. — *Sinostrophum.* Schranck. — *Mœnchiæ sp.* Roth. —
Alyssi sp. Smith.

Car. Le calice est peu ouvert; les pétales sont égaux, munis d'onglets; le style est persistant, conique ou en alène; la
silicule est ovoïde ou globuleuse; à 2 valves concaves à-peu-près
hémisphériques, à plusieurs graines dans chaque loge.

Obs. La circonscription de ce genre et des trois suivans,
ainsi que la synonymie des espèces, est extraite d'une dissertation encore inédite, que j'ai trouvée dans l'herbier de
M. L'Héritier.

4269. Caméline cultivée. *Myagrum sativum.*

M. sativum. Linn. spec. 894. Lam. Dict. 1. p. 570. — *Alyssum
sativum.* Scop. Carn. n. 794. — *Mœnchia sativa.* Roth. Germ.
I. p. 274. — *Camelina sativa.* Crantz. Austr. p. 10. — *Camelina sagittata.* Mœnch. Meth. 255. — Lob. ic. t. 224. f. 2.
β. *Foliis dentato-sinuatis.* — *M. dentatum.* Wild. spec. 3. p.
408. — *M. fœtidum.* Lind. Als. 43. t. 1.

Sa tige est haute de 6 décim., cylindrique et rameuse vers

son sommet; ses feuilles sont embrassantes, munies d'oreillettes, pointues, et garnies de dentelures distantes et peu sensibles; elles sont quelquefois un peu velues : les fleurs sont jaunâtres et disposées en grappes ou presque en panicule au sommet de la plante : les siliques sont en forme de poire, plus larges dans leur partie supérieure, et contiennent de petites semences ovales, marquées par un sillon : celles de la variété β sont plus arrondies, et ont une odeur très-mauvaise. ☉. On trouve cette plante dans les champs; on la cultive pour retirer l'huile de ses semences.

4270. Caméline de roche.   *Myagrum saxatile.*

M. saxatile. Linn. spec. 894. — *Cochlearia saxatilis.* Lam. Fl. fr. 2. p. 471. — *Nasturtium saxatile.* Crantz. Austr. p. 14. t. 1. f. 2. — *Alyssum Alpinum.* Scop. Carn. ed. 2. n. 793. — *Alyssum myagrodes.* All. Ped. n. 887. — Cam. Epit. 338. ic.

Sa tige est haute de 2 décim., très-grêle, foible, glabre, rougeâtre à sa base, et rameuse à son sommet; ses feuilles radicales sont alongées, rétrécies en pétiole à leur base, élargies vers leur sommet, un peu dures, garnies de quelques dents peu profondes, et couchées en rond sur la terre; les feuilles de la tige sont également rétrécies en longs pétioles à leur base; elles sont oblongues et entières : les fleurs sont petites, de couleur blanche, et forment au sommet de la plante une panicule peu garnie; les siliques sont presque globuleuses. ♃. Cette plante croît sur les côtes pierreuses, parmi les rochers.

DCCL. CAQUILLIER.   *CAKILE.*

Cakile. L'Her. — *Cakile et Myagri sp.* Linn. Lam. — *Cakile, Rapistrum, Myagrum.* Gœrtn. Vent.

Car. Le calice est presque fermé; le disque de l'ovaire porte 4 glandes; le style est simple ou nul; le stigmate obtus; la silicule est composée de 2 articles posés l'un sur l'autre, monospermes, et qui ne s'ouvrent point d'eux-mêmes.

4271. Caquillier maritime.   *Cakile maritima.*

C. maritima. Scop. Carn. 2. p. 35. Lam. Illustr. t. 554. f. 1. — — *Bunias cakile.* Linn. spec. 936. — *C. serapionis.* Gœrtn. Fruct. 2. p. 287. t. 141. — *Isatis pinnata.* Forsk. AEgypt. 121. — Lob. ic. 223. f. 1.

Ses tiges sont hautes de 2-5 décimètres, lisses, très-rameuses et diffuses; ses feuilles sont pinnatifides, glabres et un peu charnues; elles ont leurs pinnules distantes et plus ou moins

découpées et dentées : les fleurs sont rougeâtres ou d'un blanc
violet, et naissent disposées par bouquets au sommet des tiges
et des rameaux : l'articulation supérieure de la silique, qui est
lisse et ovale, se détache et tombe la première ; l'autre ensuite
se partage en deux. ☉. On trouve cette plante dans les provinces méridionales sur les bords de la mer, depuis la Provence jusques en Belgique auprès d'Ostende (Rouç.) ; on la
nomme vulgairement *roquette de mer.*

4272. Caquillier vivace.   *Cakile perennis.*

> *C. perennis.* L'Her. ined. — *Myagrum perenne.* Linn. spec. 893.
> Jacq. Austr. t. 414. Lam. Dict. 1. p. 569. — *Rapistrum perenne.*
> All. Ped. n. 941. — *Myagrum biarticulatum.* Crantz. Anstr.
> p. 6. — *Rapistrum diffusum.* Crantz. Cruc. p. 105. — *Myagrum
> perenne ,* α. Lam. Fl. fr. 2. p. 482.

Sa racine est blanche, profonde ; sa tige est droite, très-
rameuse, divisée en rameaux étalés, glabre ou plus souvent
hérissée ; ses feuilles inférieures sont grandes, pétiolées, pointues, pinnatifides, à lobes dentés, plus grands vers le sommet
de la feuille ; les côtes sont blanches, chargées de poils roides
et écartés ; les feuilles de la tige sont plus petites, moins découpées : les fleurs sont jaunes, petites, disposées en grappes
nombreuses qui s'alongent après la fleuraison : les siliques sont
glabres, striées, à 2 articles ovoïdes, dont l'inférieur est souvent stérile, et dont le supérieur se termine par une pointe
acérée, due à la persistance du style. ♃ Lin., ♂ All. Vill. Elle croit
dans les lieux sablonneux le long de la Stura en Piémont (All.) ;
le long des routes et dans les champs en Provence (Gér.) ; aux
environs de Lyon (Latour.) ; de Montauban (Gat.) ; en Dauphiné? près de Mayence (Kœl.).

4273. Caquillier ridé.   *Cakile rugosa.*

> *C. rugosa.* L'Her. ined. — *Myagrum rugosum.* Linn. spec. 893.
> Lam. Dict. 1. p. 569. — *Rapistrum rugosum.* All. Ped. n. 940.
> t. 78. — *Myagrum perenne.* Scop. Carn. ed. 2. n. 795. ex
> L'Her. — *Myagrum perenne ,* β. Lam. Fl. fr. 2. p. 482. —
> *Schrankia rugosa.* Mœnch. Meth. 264. — Mapp. Als. p. 266. ic.

Cette espèce ressemble beaucoup à la précédente ; ses feuilles
inférieures sont moins grandes, moins découpées et obtuses à
leur sommet ; sa tige est très-rameuse, haute de 5 décim. , et
a ses branches plus lâches : les siliques sont en forme de massue
courte, à 2 articles, l'inférieur lisse, monosperme et en forme de
toupie, le supérieur trois fois plus gros, arrondi, sillonné, ridé et

velu ; le style est filiforme, persistant. ⊙. Elle croît dans les moissons ; elle est commune en Piémont (All.); en Provence (Gér.), en Dauphiné (Vill.)? en Alsace près de Strasbourg.

4274. Caquillier enfilé.　　　*Cakile perfoliata.*

C. perfoliata. L'Her. ined. — *Myagrum perfoliatum.* Linn. spec.
893. Lam. Dict. 1. p. 569. var. α. — *Rapistrum perfoliatum.*
Berg. Phyt. 3. t. 167. — C. Bauh. prod. p. 51. f. 2.

Sa tige est cylindrique , glabre , rameuse vers son sommet, et s'élève jusqu'à 5 décim. ; ses feuilles radicales sont alongées, dentées , en lyre , et couchées sur la terre ; celles de la tige sont moins grandes, plus entières , embrassantes et légèrement auriculées ; les unes et les autres sont lisses et d'un verd glauque : les fleurs sont petites et d'un jaune pâle , et les siliques sont pyriformes , monospermes , mais divisées en 3 loges, dont 2 sont stériles. ⊙. Cette plante croît parmi les moissons , à Auteuil près Paris (Thuil.) ; entre Semoi et les Avaux près Orléans (Dub.) ; en Auvergne (Delarb.) ; à Gemeaux en Bourgogne (Dur.) ; et sur-tout dans les provinces méridionales.

D C C L I. B U N I A S.　　　*B U N I A S.*

Bunias. L'Her. — *Bunias et Myagri sp.* Linn. — *Myagri sp.* Lam.
— *Bunias et Erucago.* Vent.

Car. La silicule est arrondie , à 2 ou 4 loges monospermes , à valves osseuses et qui ne s'ouvrent point d'elles-mêmes.

4275. Bunias fausse-roquette.　　*Bunias erucago.*

B. erucago. Linn. spec. 935. — *Myagrum erucago.* Lam. Dict.
1. p. 571. — *Myagrum clavatum.* Lam. Fl. fr. 2. p. 482. —
C. Bauh. prod. p. 41. ic.

Sa tige est haute de 6 décim. , grèle et rameuse dès sa base ; ses feuilles radicales sont longues, en lyre et découpées jusqu'à la côte : leurs lobes sont opposés , triangulaires et dentés en leur bord supérieur : les feuilles de la tige sont étroites , un peu dentées et distantes : les fleurs sont jaunes , pédonculées et disposées en grappes lâches et terminales : les siliques sont courtes, tétragones , chargées du style de la fleur , hérissées d'angles et de dents pointues , à 4 loges qui contiennent chacune une petite semence arrondie. ⊙. Cette plante croît dans les champs des provinces méridionales , jusques dans l'Auvergne , la Bresse : elle porte le nom vulgaire de *masse au bedeau.*

4276.

4276. Bunias en panicule. *Bunias paniculata.*

B. paniculata. L'Her. ined. — *Myagrum paniculatum.* Linn.
spec. 895. Lam. Dict. 1. p. 570. — *Nasturtium paniculatum.*
Crantz. Austr. p. 15. — C. Bauh. Prod. p. 52. ic.

Sa tige est haute de 3 à 4 décim. ; elle est droite, un peu
anguleuse, légèrement velue, et se divise en quelques rameaux
grèles : ses feuilles sont embrassantes, en forme de fer de flèche,
un peu velues, rudes au toucher, et en général assez petites : on
observe quelquefois en leurs bords des dentelures distantes et peu
marquées : les fleurs sont petites, jaunâtres et disposées en
longs épis fort grèles : les siliques sont extrêmement petites,
globuleuses, ridées et chargées du style de la fleur, et ne contiennent qu'une graine. ☉. Cette plante croît sur le bord des
champs.

4277. Bunias faux-cranson. *Bunias cochlearioides.*

B. cochlearioides. Murr. comm. Gœtt. 1777. p. 42. t. 3. —
Crambe corvini. All. Ped. n. 937. — *Crambe bursæfolia.*
L'Her. ined. — *Rapistrum bursifolium.* Berg. Phyt. 3. t. 165.
— *Myagrum bursæfolium.* Thuil. Fl. paris. II. 1. p. 319. —
Myagrum erucæfolium. Vill. Dauph. 3. p. 279. — *Myagrum
perfoliatum,* β. Lam. Dict. 1. p. 569. — *Myagrum rugosum.*
Vill. Prosp. 37. — *Cochlearia auriculata.* Lam. Dict. 2. p. 165.

Sa racine est pivotante, fibreuse à l'extrémité ; elle émet
d'abord des feuilles radicales, étalées en rosette, oblongues,
découpées en lyre, à lobes obtus, assez semblables à celles
de la barbarée : la tige se divise en rameaux longs, grèles,
étalés, et s'élève à 2-3 décim. : les feuilles sont oblongues,
irrégulièrement dentées, pointues, sessiles, prolongées à la
base en 2 oreillettes pointues et embrassantes : les fleurs son
blanches, petites, disposées en grappes éparses ; les filamens
des étamines sont simples : la capsule est sessile, arrondie,
ridée, à une loge et à une graine. ☉. Lher. Wild. All. ♂.
Vill. Thuil. Elle croît au bord des champs et des vignes, aux
environs de Paris ; de Turin ; en Provence ; en Dauphiné (Vill.);
à Candiac en Languedoc (Magn.); en Auvergne, etc.

DCCLII. CRAMBÉ. *CRAMBE.*

Crambe. Tourn. Linn. Juss. Lam. Gœrtn. L'Her.

Car. Les filamens des plus longues étamines sont bifurqués :
la silicule est pédicellée, monosperme, globuleuse, à une
loge, et ne s'ouvre point d'elle-même.

Tome IV.   Z z

Obs. Ce genre s'approche de la famille suivante , à cause
de ses silicules pédicellées.

4278. Crambé maritime.   *Crambe maritima.*

C. maritima. Linn. spec. 937. Lam. Dict. 2. p. 162. — *Cochlearia maritima.* Crantz. Cruc. p. 96. — Lob. ic. t. 245. f. 2.

Cette plante , connue sous le nom vulgaire de *chou-marin* ,
ressemble en effet au chou cultivé , par l'épaisseur de ses feuilles et par leur teinte glauque : elle est entièrement glabre ,
forme une touffe étalée et s'élève de 5 à 8 décim. : ses feuilles
sont pétiolées , oblongues , ovales ou arrondies , ondulées , sinuées , anguleuses ou dentées : les fleurs sont blanches , petites , disposées en plusieurs grappes , qui forment une grande
panicule au sommet de la plante : la silicule est charnue , lisse ,
globuleuse. ♃. Elle croît dans les sables maritimes aux environs
de Nice (All.); au Tréport , près Abbeville (Bouch.), etc.

DCCLIII. PASTEL.   *ISATIS.*

Isatis. Tourn. Linn. Juss. Lam. Gœrtn.

Car. Le calice est peu ouvert ; les pétales sont étalés ; le
stigmate est sessile sur l'ovaire ; la silicule est ovale-oblongue
ou elliptique , comprimée , à une loge , à une graine , à 2 valves fortement creusées en carène , un peu spongieuses , et qui
se séparent difficilement.

Obs. Les fleurs sont jaunes ; les feuilles embrassantes , entières , de couleur glauque ; les silicules ressemblent aux fruits
des frênes.

4279. Pastel des teinturiers.   *Isatis tinctoria.*

I. tinctoria. Linn. spec. 936. Lam. Illustr. t. 554. f. 1.
β. *Sativa latifolia.* — Fuchs. Hist. 331. ic.
γ. *I. Alpina.* Vill. Dauph. 3. p. 308. non All.

Sa tige est droite , très-lisse , rameuse , et s'élève jusqu'à
1 mètre : ses feuilles sont lancéolées , pointues , entières , embrassantes , prolongées à leur base en 2 oreillettes longues et
pointues , glabres , lisses et d'un verd un peu glauque ; les inférieures un peu crénelées : ses fleurs sont petites , de couleur jaune et disposées en panicule au sommet de la plante :
les siliques sont nombreuses , pendantes , lancéolées , unilo-
culaires et monospermes. ♂. On trouve cette plante sur les
côtes sèches et pierreuses : elle fournit une teinture bleue. La
variété β est cultivée en grand dans quelques parties de la

France , et notamment aux environs de Toulouse ; à Laura-
gais , en Provence ; à Quiers , en Piémont : elle a les feuilles
larges et glabres ; elle porte les noms de *pastel* , *guède* ou
guesde ; la variété γ a les feuilles inférieures un peu velues ,
mais sa durée , la forme de ses siliques et de ses feuilles , la
distinguent de l'espèce suivante ; elle se trouve dans le Queyras
(Vill.) ; aux environs de Paris (Thuil.); et en bas Valais.

4280. Pastel des Alpes. *Isatis Alpina.*

I. Alpina. All. Ped. n. 944. t. 86. f. 2. non Vill.

Cette espèce diffère de la précédente par sa racine vivace
(All.) ; par sa stature , qui ne dépasse pas 3 ou 4 décim. ; par ses
feuilles prolongées en oreillettes courtes et presque obtuses ;
par ses fleurs un peu plus grandes , et sur-tout par ses silicules
ovales-oblongues , obtuses aux deux extrémités et non rétrécies à leur base. ♃. Elle croît au mont Vesoul. La figure d'Allioni représente les silicules trop larges.

SOIXANTE-DIX-HUITIÈME FAMILLE.

CAPPARIDÉES. *CAPPARIDEÆ.*

Capparides. Juss. — *Capparideæ* Vent. — *Capparideæ et Dro-
seraceæ.* Lam.

La famille des Capparidées , réduite à ses véritables limites ,
se distingue facilement de presque toutes les autres , à ce que
les fleurs ont un ovaire porté sur un long pédicelle ; elle renferme des herbes et des arbrisseaux dont les feuilles sont le
plus souvent alternes et entières , et ont souvent à leur aisselle 2 stipules glanduleuses ou épineuses ; le calice est à plusieurs folioles ou à plusieurs divisions ; la corolle est à 4 ou 5
pétales hypogynes ; les étamines sont en nombre indéterminé ;
l'ovaire est simple , pédicellé ; le style est nul ou très-court ; le
stigmate est simple ; le fruit est une silique ou une baie à une
loge , à plusieurs graines nichées dans la pulpe ; le périsperme
est nul ; l'embryon est demi-circulaire ; la radicule est courbée
sur les lobes , qui sont cylindriques , appliqués l'un sur l'autre.
Cette famille touche à celle des Crucifères et des Papavéracées ,
sur-tout par le genre cléome.

Vraies Capparidées.

DCCLIV. CAPRIER.   *CAPPARIS.*

Capparis. Tourn. Linn. Juss. Lam.

CAR. Le calice est à 4 folioles ovales, concaves, caduques; la corolle est à 4 pétales ouverts; les étamines sont nombreuses, insérées sur le réceptacle, et ont des filamens ordinairement plus longs que les pétales : le stigmate est obtus et sessile; le fruit est une silique pédiculée, charnue, ovoïde ou cylindrique, à graines nombreuses et nichées dans la pulpe.

4281. Caprier épineux.   *Capparis spinosa.*

C. spinosa. Linn. spec. 720. var. *a.* Lam. Dict. 1. p. 605. Desf. Atl. 1. p. 403. Blackw. t. 417.

ARBRISSEAU dont les tiges ou les sarmens sont nombreux, longs de 6-9 décim., cylindriques, glabres, feuillés et armés d'épines qui tiennent lieu de stipules; ses feuilles sont alternes, pétiolées, arrondies, obtuses, lisses, vertes, et souvent un peu rougeâtres; ses fleurs sont grandes, pédonculées, solitaires, axillaires, et d'un blanc rougeâtre. ♄. Cette plante croît dans les fentes des murs et les lieux pierreux de la Provence; elle est très-commune dans les environs de Toulon; son écorce et sa racine sont diurétiques, apéritifs et emménagogues. On fait macérer les boutons de fleurs dans le vinaigre pour l'usage de la cuisine; ce sont les capres que tout le monde connoît.

** *Plantes qui paroissent voisines des Capparidées.*

DCCLV. RÉSÉDA.   *RESEDA.*

Reseda. Linn. Juss. Lam. Gœrtn. — *Reseda, Luteola et Sesamoides.* Tourn.

CAR. Le calice est à 4-6 parties; la corolle à 4-6 pétales hypogynes, irréguliers, souvent découpés; les étamines au nombre de 10-20; l'ovaire presque sessile, chargé de 3-5 styles très-courts; la capsule anguleuse, à une loge, s'ouvrant par le sommet; les graines sont nombreuses, attachées à des placenta latéraux; elles n'ont pas de périsperme; leur embryon est courbé en demi-cercle.

OBS. Les fleurs sont petites, blanchâtres, disposées en grappes simples; les feuilles sont alternes, entières ou pinnatifides, ordinairement simples; les tiges sont herbacées; ce genre a été rapproché des violettes par Lamarck, des Capparidées par Jussieu; sa place est encore très-indécise.

4282. Réséda herbe à jaunir. *Reseda luteola.*

R. *luteola.* Linn. spec. 643. Lam. Fl. fr. 3. p. 203. Desf. Atl. 1.
p. 373.—Lob. ic. t. 353. f. 1.

Sa tige est droite, glabre, cannelée, feuillée, et s'élève jusqu'à 6-9 décim.; ses feuilles sont éparses, nombreuses, longues, lancéolées, un peu étroites, terminées par une pointe
émoussée, lisses et planes, mais ondulées dans leur jeunesse;
ses fleurs sont petites, de couleur jaune herbacée, et disposées en
un épi fort long, nu et terminal; quelquefois la tige est rameuse
et se termine par plusieurs épis; le calice est à 4 parties; les
pétales sont jaunâtres, au nombre de 4; le supérieur est grand,
arrondi, découpé au sommet, rétréci en onglet; les 2 latéraux sont étroits, un peu élargis au sommet, souvent bran-
chus; l'inférieur est nul ou très-court; les étamines sont au
nombre de 20 environ. ♂. On trouve cette plante sur le bord
des chemins; sa racine est apéritive. On emploie toute la plante
pour teindre en jaune; elle est connue sous les noms de *gaude,*
herbe à jaunir, *herbe jaune.*

4283. Réséda glauque. *Reseda glauca.*

R. *glauca.* Linn. spec. 644. Lam. Fl. fr. 3. p. 206. — Pluk. t.
107. f. 2.

Sa racine est cylindrique, épaisse, ligneuse; ses tiges sont étalées dans leur sol natal, longues de 1-3 décim., foibles, cylindriques, feuillées, glabres et d'un verd glauque; ses feuilles sont
longues, étroites, linéaires, éparses, d'une couleur semblable à
celle de la tige, et chargées vers leur base de quelques dents aiguës, courtes et fort blanches; les fleurs sont disposées en épi
terminal; leurs pétales sont blancs, leurs étamines jaunâtres,
et leur ovaire chargé de 4 pointes droites et distantes. ♂. Cette
espèce croît dans les Pyrénées.

4284. Réséda faux-sésame. *Reseda sesamoides.*

R. *sesamoides.* Linn. spec. 644. — R. *stellata.* Lam. Fl. fr. 3.
p. 204.

Sa racine, qui est dure, un peu ligneuse, pousse plusieurs
tiges un peu étalées, presque toujours simples, longues de 1-2
décim., glabres, ainsi que le reste de la plante, feuillées dans
toute leur longueur: les feuilles sont lancéolées-linéaires, entières et non dentées à leur base: les fleurs sont blanches,
disposées en épis terminaux cylindriques; les calices sont fort

petits; les pétales sont inégalement découpés; les étamines
sont environ au nombre de 12; les capsules sont surmontées de
4 ou 5 pointes divergentes en étoile. ☉. Cette plante croît dans
les champs sablonneux aux environs du Mans; auprès de Dax
(Thor.); dans les Pyrénées; dans les rochers humides aux
environs de Montpellier. Allioni dit avoir trouvé cette plante
en Piémont aux environs d'Aqui, à Mieuje et la Cà di Prà;
mais la figure qu'il en donne (t. 88. f. 3.), ne répond que très-
imparfaitement à notre espèce.

4285. Réséda blanc.   *Reseda alba.*

R. *alba.* Linn. spec. 645. Lam. Fl. fr. 3. p. 206. Desf. Atl. 1. p. 324.

Toute la plante est glabre; sa tige est haute de 3 décim.,
droite, foible, simple ou rameuse, garnie de feuilles nombreuses, profondément pinnatifides, à lobes nombreux, li-
néaires-oblongs, un peu ondulés, disposés comme les folioles
des feuilles ailées avec impaire, et réunis à leur base par
une bande étroite de parenchime : les fleurs sont blanches,
pédicellées, disposées en un épi terminal, grèle, pointu, qui,
au moment de la fleuraison, a déjà 8-10 centimètres de longueur, et qui en atteint 25 à 30 : le calice est à 5 parties; la
corolle à 5 pétales découpés en 3 lobes; les étamines sont
au nombre de 12 à 14; l'ovaire est sessile, à 4 stigmates; la
capsule est oblongue, tétragone, ridée, comme tronquée au
sommet, et de 5-6 millim. de longueur. ☉. Elle croît dans les
sables maritimes des provinces méridionales; à Nice (All.);
en Provence (Gér.); en Languedoc (Gou.).

4286. Réséda ondulé.   *Reseda undata.*

R. *undata.* Linn. spec. 644. Poir. Dict. 6. p. 160.—R. *decussiva.*
Forsk. Æg. 66.

Cette plante ressemble beaucoup au réséda blanc par les
principaux traits de sa structure, mais sa tige est plus ferme,
plus épaisse, plus rameuse; ses feuilles ont des lobes plus larges
et plus ondulés; ses fleurs sont plus grandes, disposées en épis
serrés, obtus, dont la longueur dépasse peu la largeur au moment de la fleuraison, et qui s'alonge au moment de la maturité; ses capsules sont très-grosses, longues d'un centim., surmontées de 5 (rarement 4) pointes épaisses, un peu divergentes.
♃. Cette espèce croît dans le Languedoc, d'où M. Broussonet
m'en a envoyé un échantillon.

4287. Réséda jaune.   *Reseda lutea.*

R. lutea. Linn. spec. 645. Bull. Herb. t. 281. Lam. Fl. fr. 3. p. 205. Dalech. Hist. 1199. f. 1.

Ses tiges sont hautes de 5 décim., un peu couchées dans leur partie inférieure, cannelées, feuillées et médiocrement rameuses; ses feuilles sont ondulées, pinnatifides, et leurs pinnules sont étroites, distantes, simples, ou quelquefois elles-mêmes découpées : les feuilles supérieures sont souvent à 5 lobes : les fleurs sont disposées en épi ou en une espèce de grappe droite, nue, terminale et jaunâtre; leur calice est à 6 divisions profondes et étroites : leurs étamines sont au nombre de 15 à 20, et d'un jaune pâle, ainsi que les pétales : les capsules sont oblongues, triangulaires, tronquées au sommet. ☉, Linn.; ♃, Desf. On trouve cette plante dans les terreins sablonneux, le long des chemins et sur les vieux murs.

4288. Réséda raiponce.   *Reseda phyteuma.*

R. phyteuma. Linn. spec. 645. Lam. Illustr. t. 410. f. 3. — *R. calycinalis.* Lam. Fl. fr. 3. p. 204.

Sa tige est haute de 2 décim., anguleuse, rameuse, feuillée et garnie de quelques poils courts dans sa partie supérieure; ses feuilles radicales sont alongées, spatulées, obtuses et très-entières; celles de la tige sont quelquefois aussi très-entières, mais plus souvent à moitié trilobées : les fleurs, dans cette espèce, sont remarquables par leur calice fort grand, ayant 5 découpures supérieures disposées en éventail, et une inférieure pendante : les pétales sont blancs et profondément laciniés; les anthères sont jaunâtres ou rougeâtres, et les pédoncules sont hérissés de poils courts, ainsi que les angles des capsules. ☉. Cette plante croît dans les lieux sablonneux, dans les champs.

4289. Réséda odorant.   *Reseda odorata.*

R. odorata. Linn. spec. 646. Mill. ic. t. 217.

Cette plante, indigène de l'Egypte et de la Barbarie, est cultivée dans tous les jardins, à cause de l'odeur suave de sa fleur; elle ressemble à l'espèce précédente, mais on la distingue à ses feuilles plus ondulées; à ses calices de moitié plus petits, et qui ne dépassent pas la longueur des pétales; à ses anthères d'un rouge de brique; à ses pétales, qui sont au nombre de 6, dont les 2 supérieurs grands, voûtés et frangés, et les 4 autres petits et étroits. ♂.

DCCLVI. PARNASSIE. *PARNASSIA.*

Parnassia. Tourn. Linn. Juss. Lam. Gœrtn.

Car. Le calice est à 5 parties persistantes ; la corolle est à 5 pétales insérés sous le pistil ; les étamines sont au nombre de 5 ; une ou 2 écailles bordées de cils glanduleux, sont placées à la base de chaque pétale ; l'ovaire est simple, sessile, libre, terminé par 2 ou 4 stigmates persistans ; la capsule a 4 angles obtus, 4 valves qui se séparent par le sommet, et qui portent sur leur face interne des cloisons incomplettes, auxquelles les graines sont attachées ; le périsperme manque ; l'embryon est droit, à radicule inférieure.

4290. Parnassie des marais. *Parnassia palustris.*

P. palustris. Linn. spec. 391. Lam. Illustr. t. 216.

Sa racine est fibreuse, chevelue, et pousse une ou plusieurs tiges menues, très-simples, chargées d'une feuille embrassante et sessile dans leur partie moyenne, et hautes de 3 décim. à-peu-près ; les feuilles radicales sont pétiolées, cordiformes, lisses et très-glabres : celles des tiges sont sessiles et embrassantes ; chaque tige est terminée par une fleur assez grande, de couleur blanche, munie de 5 nectaires qui se divisent chacun en 4 ou 5 branches terminées par un globule jaune, glanduleux ; les étamines sont appliquées sur le pistil, et s'en éloignent successivement après la fécondation. ♃. Cette plante croît dans les prés humides et dans les marais des montagnes.

DCCLVII. ROSSOLIS. *DROSERA.*

Drosera. Linn. Juss. Lam. Gœrtn. — *Rossolis.* Tourn. — *Rorella.* Hall. All.

Car. Le calice est persistant, à 5 divisions ; la corolle est composée de 5 pétales insérés sous l'ovaire, marcescens ; les étamines sont au nombre de 5 ; les anthères adhèrent aux filamens par toute leur surface extérieure ; l'ovaire est arrondi, chargé de 5 styles ; la capsule est arrondie, entourée par le calice et la corolle, à une loge, à 3 ou 5 valves qui s'ouvrent du sommet au milieu ; les graines sont nombreuses, insérées à la paroi interne des valves : elles ont un périsperme charnu, un embryon droit, petit, globuleux, situé à la base du périsperme.

Obs. Herbes à feuilles radicales, entières, chargées de poils rouges, glanduleux au sommet, irritables au toucher. Ce genre n'a de rapports apparens qu'avec le *roridula* et le *dionœa ;* sa place dans l'ordre naturel est encore indécise.

4291. Rossolis à feuilles rondes.   *Drosera rotundifolia.*

D. rotundifolia. Linn. spec. 402. Lam. Illustr. t. 220. f. 1. — *Rorella rotundifolia.* All. Ped. n. 1601. — Lob. ic. 802. f. 3.

Petite plante assez jolie, dont la racine est fibreuse, noirâtre, et pousse beaucoup de feuilles portées sur de longs pétioles, petites, arrondies, orbiculaires, et remarquables par les poils rouges et glanduleux dont elles sont hérissées : du milieu de ces feuilles, naît immédiatement de la racine une ou plusieurs tiges nues, grèles, presque filiformes, hautes de 12-15 cent., qui portent en leur sommet de petites fleurs blanchâtres, disposées en épi unilatéral. ☉. Cette plante croît dans les lieux humides, marécageux et tourbeux.

4292. Rossolis à feuilles longues. *Drosera longifolia.*

D. longifolia. Linn. spec. 403. Lam. Illustr. t. 220. f. 2. — *Rorella longifolia.* All. Ped. n. 1600. — *D. intermedia.* Hayn. journ. Schrad. 1800. p. 37.

Cette espèce ressemble beaucoup à la précédente, mais ses feuilles oblongues et insensiblement rétrécies en pétiole, l'en distinguent suffisamment. Scopoli pense qu'elle n'est qu'une variété de la première, qui dégénère insensiblement, et se change en celle-ci; mais ces deux espèces paroissent être essentiellement distinctes, car on observe souvent que l'une d'elles est très-abondante dans certains lieux, sans qu'on puisse y trouver un seul pied de l'autre. ☉. On la trouve aussi dans les prés humides, les marais; l'une et l'autre espèces sont regardées comme pectorales et béchiques; cependant Haller les dit âcres et un peu caustiques. On a en effet observé qu'elles nuisoient beaucoup aux moutons qui en mangeoient.

4293. Rossolis d'Angleterre.   *Drosera Anglica.*

D. Anglica. Huds. Angl. 135. Smith. Fl. brit. 437. — *D. longifolia.* Hayn. journ. Schrad. 1800. p. 40. — Moris. s. 15. t. 4. f. 1.

Cette plante ressemble extrêmement à la précédente, mais ses feuilles sont plus étroites, plus longues, et sa hampe s'élève à une longueur au moins double de celle des feuilles; ses fleurs ont 8 styles, et sa capsule est à 4 loges (Sm.). ♃. Elle croît dans les marais aux environs de Mayence, où elle a été trouvée par M. Kœler.

DCCLVIII. ALDROVANDE. *ALDROVANDA.*

Aldrovanda. Monti. Linn. Juss. Lam.

Car. Le calice est persistant, en cloche, à 5 parties profondes, ovales, concaves; les pétales et les étamines sont au nombre de 5; l'ovaire porte 5 styles; la capsule est à une loge, à 5 angles, à 5 valves, à 10 graines attachées aux parois de la capsule.

Obs. Ce genre a des rapports avec le droséra, mais sa place dans l'ordre naturel est encore indéterminée.

4294. Aldrovande à   *Aldrovanda vesiculosa.*
vessies.

A. vesiculosa. Linn. spec. 402. Monti. act. Bon. 2. p. 3. p. 404. t. 12. Lam. Illustr. t. 220. — Pluk. t. 41. f. 6.

Herbe grêle, foible, flottante dans l'eau, à tige simple ou peu rameuse, à feuilles verticillées, pétiolées, renflées en vessie arrondie; chaque verticille est composé de 5-9 feuilles; le pétiole est bordé de longs cils dans sa partie supérieure; le pédoncule est axillaire, cylindrique, solitaire, plus long que les feuilles, terminé par une seule fleur blanche assez petite. ♃. Cette plante singulière flotte sur l'eau dans les lacs du Piémont, savoir : aux lacs de Candia, de Viverone, dans les fossés aquatiques de Viverone, au lieu nommé Morigna (All.).

~~~~~~

SOIXANTE-DIX-NEUVIEME FAMILLE.

RUTACÉES.   *RUTACEÆ.*

Rutaceæ. Juss. — *Pistaciarum gen.* Adans. — *Multisiliquæ, β.* Linn.

Les Rutacées sont remarquables, en ce qu'elles offrent, soit dans leur écorce, soit dans le tissu même de leurs feuilles, des glandes remplies d'une huile essentielle ordinairement odorante, tantôt fétide, tantôt parfumée : leur tige est herbacée ou rarement ligneuse; les feuilles sont simples ou composées, alternes ou opposées, nues à leur base, ou munies de 2 stipules membraneuses; les fleurs sont axillaires ou terminales; le calice est d'une pièce, à 5 divisions; la corolle est à 5 pétales hypogynes, alternes avec les divisions du calice; les étamines sont en nombre
~~~~~~

déterminé, presque toujours double de celui des pétales ; l'o-
vaire est simple ; le style est unique ; le stigmate rarement
divisé ; le fruit est à plusieurs (ordinairement 5) loges ou à
plusieurs capsules qui renferment une ou plusieurs graines ;
celles-ci ont un périsperme charnu qui manque dans quelques
genres, un embryon droit, à cotylédons foliacés, et à radicule
le plus souvent supérieure.

** Feuilles opposées, munies de stipules.*

DCCLIX. TRIBULE.   *TRIBULUS.*

Tribulus. Tourn. Linn. Juss. Lam. Gœrtn.

Car. Le stigmate est à 5 lobes ; le fruit est composé d'au-
moins 5 noix rapprochées, armées de pointes, divisées en 2-4
loges, renfermant 2-4 graines ; celles-ci sont attachées à l'angle
central des loges, n'ont point de périsperme, et ont une radicule
inférieure.

Obs. Herbes inodores, à fleurs jaunes, à feuilles ailées avec
impaire.

4295. Tribule couché.   *Tribulus terrestris.*

T. terrestris. Linn. spec. 554. Lam. Illustr. t. 346. f. 1. — Barr.
ic. t. 558.

Ses tiges sont couchées sur la terre, velues, rameuses et
longues de 3 décim. ou quelquefois davantage ; ses feuilles sont
ailées sans impaire, et composées de 12 ou 14 folioles assez
petites, presque égales, oblongues et opposées : les fleurs sont
jaunes, solitaires, axillaires, et portées sur des pédoncules
plus courts que les feuilles ; elles ont 10 étamines : le fruit
est composé de 5 capsules bosselées, armées de piquans, et
réunies en forme de croix de chevalier, ce qui a fait donner à
cette plante le nom de *croix de Malthe.* ⊙. Elle croît le long
des champs et des routes, dans les lieux secs et découverts des
provinces méridionales ; aux environs de Nice, d'Asti, de Suze,
d'Aouste, de Montferrat (All.) ; en Provence (Gér.) ; en Languedoc près Montpellier (Gou.).

*** Feuilles alternes, dépourvues de stipules.*

DCCLX. RUE.   *RUTA.*

Ruta. Tourn. Linn. Juss. Lam. Gœrtn.

Car. Le calice est persistant, à 4-5 parties ; la corolle à
4-5 pétales courbés en cuiller, rétrécis en onglet ; les étamines

sont au nombre de 8-10 ; l'ovaire porte autour de sa base 8-10
pores nectarifères ; le style et le stigmate sont simples ; la capsule est globuleuse , à 4-5 lobes , à 4-5 loges qui s'ouvrent entre
les valves.

Obs. Herbes vivaces , d'une odeur forte , à fleurs jaunes disposées en corimbe, à feuilles entières ou pinnatifides. Ordinairement la fleur supérieure ou centrale est à 5 parties , et toutes
les autres à 4.

4296. Rue fétide.   *Ruta graveolens.*

R. graveolens. Linn. spec. 548. var. *a.* Wild. spec. 2. p. 542. —
R. hortensis. Lam. Fl. fr. 2. p. 527. — Blackw. t. 7.

Sa tige est haute de 6-9 décim. , dure , ferme , rameuse et
cendrée ou verdàtre ; ses feuilles sont pétiolées , surcomposées
et d'un verd glauque : leurs folioles sont un peu charnues , toujours obtuses , d'une forme ovale dans la plante non cultivée ,
mais tout-à-fait cunéiforme dans la variété qu'a formée la culture : les fleurs sont terminales , pédonculées et de couleur
jaune. ♃. On trouve cette plante dans les lieux stériles des provinces méridionales ; on la cultive dans les jardins , où sa tige
persiste comme celle d'un sous-arbrisseau ; son odeur est forte
et désagréable ; elle est emménagogue , alexitère , carminative ,
anthelmintique , sudorifique , anti-hystérique et résolutive.

4297. Rue de montagne.   *Ruta montana.*

R. montana. Clus. Hist. 2. p. 136. Lam. Fl. fr. 2. p. 528. —
R. legitima. Jacq. ic. rar. 1. t. 76. — *R. sylvestris.* Mill. Dict.
n. 3. — *R. tenuifolia.* Desf. Atl. 1. p. 336.

Cette espèce est très-différente de celle qui précède ; sa tige
est plus rameuse , verte , ponctuée , et ne s'élève que jusqu'à 5
décim. ; ses feuilles sont découpées très-menu, d'un verd blanchâtre , à lobes étroits et pointus ; celles du sommet sont simplement composées , et leurs pinnules sont linéaires et longues
de près de 3 cent. : les fleurs sont petites et d'un jaune verdàtre.
♃. Elle croît dans les lieux pierreux des montagnes des provinces méridionales ; à Cusano dans la vallée de Stafora en Piémont (All.); dans la Provence méridionale (Gér.); aux environs de Beaucaire ; à Orange au-dessus du Cirque (Vill.); à
Nisme et à Montpellier (Ray.); à Fonfroide et au Pech de
l'Aguèle près Narbonne (Pourr.); aux environs de Paris à Gou-
vieux près Chantilly. Son odeur est forte et très-pénétrante.

4298. Rue de Chalep.   *Ruta Chalepensis.*

R. Chalepensis. Linn. Mant. 69. Lam. Illustr. t. 345. f. 1.
β. *R. Chalepensis.* Mill. Dict. n. 5. — Moris. 2. s. 5. t. 35. f. 8.

Cette espèce diffère des deux précédentes, parce que ses pétales au lieu d'être entiers sur les bords, ont le limbe garni de dents aiguës ou de cils colorés. La variété *α* ressemble par son feuillage à la rue fétide; ses lobes sont ovales, obtus, et celui qui termine chaque feuille est beaucoup plus grand que les autres; elle se trouve à St.-Paul-Trois-Châteaux. La variété β, qui est très-probablement une espèce distincte, ressemble par son feuillage à la rue de montagne; les lobes de ses feuilles sont courts et étroits; les feuilles supérieures qui naissent sous les rameaux floraux, sont entières, oblongues et très-petites; les cils des pétales sont très-longs; les pointes du fruit sont très-rapprochées; cette plante m'a été envoyée par M. Broussonet, qui l'a découverte dans le Languedoc. ♃.

DCCLXI. PÉGANE.   *PEGANUM.*

Peganum. Linn. Juss. Lam. Gœrtn. — *Harmala.* Tourn. Adans.

Car. Le calice est persistant, à 5 divisions longues et foliacées; les étamines sont environ au nombre de 15; le stigmate est triangulaire; la capsule est globuleuse, un peu triangulaire, à 3 loges, à 3 valves qui portent une cloison sur le milieu de leur face interne; les graines ont la radicule inférieure.

4299. Pégane harmale.   *Peganum harmala.*

P. harmala. Linn. spec. 638. Lam. Illustr. t. 401. — *Harmala multifida.* All. Ped. n. 1652.

Cette plante s'élève de 3-6 décim., et forme une touffe branchue; sa tige est herbacée, glabre, cylindrique, à rameaux nombreux, étalés; ses feuilles sont éparses, sessiles, glabres, charnues, découpées en plusieurs lanières étroites, simples ou rameuses; les fleurs sont solitaires, pédicellées, opposées aux feuilles, de couleur blanche, de 2-3 centim. de diamètre. ♃. Elle croît aux environs de Nice (All.).

DCCLXII. DICTAME.   *DICTAMNUS.*

Dictamnus. Linn. Juss. Lam. — *Fraxinella.* Tourn. Gœrtn.

Car. Le calice est petit, caduc, à 5 parties; la corolle est à 5 pétales inégaux; les étamines sont au nombre de 10; leurs filamens sont penchés de côté, hérissés de tubercules glanduleux;

l'ovaire est porté sur un court support ; le style est penché, terminé par un stigmate simple ; le fruit est formé de 5 capsules réunies par leur bord interne , disposées en étoile, comprimées, terminées par une pointe dirigée en dehors , s'ouvrant à l'angle interne , contenant chacune un arille cartilagineux , à 2 valves et à 2 graines.

4300. Dictame blanc.　　　　*Dictamnus albus.*

D. albus. Linn. spec. 548. Lam. Dict. 2. p. 277. Illustr. t. 344. f. 1. — Clus. Hist. 1. p. 99. f. 2.

Ses tiges sont hautes de 5 décim. , droites , cylindriques, velues et un peu rougeâtres ; ses feuilles sont alternes , ailées avec une impaire, et ressemblent un peu à celles du frêne , ce qui a fait donner à cette plante le nom de *fraxinelle :* leurs folioles sont ovales , luisantes et denticulées : les fleurs sont blanches ou rouges , disposées en grappe droite et terminale ; leur calice et leurs pédoncules sont visqueux et d'un rouge noirâtre ; leurs pétales sont irrégulièrement ouverts , et leurs étamines sont chargées de points glanduleux. ♃. On trouve cette plante dans les bois des provinces méridionales. Dans les temps chauds elle exhale une vapeur inflammable ; son nom spécifique fait allusion à la couleur de la racine ; celle-ci est épaisse, amère et aromatique. J'ai vu une monstruosité de cette plante qui avoit les folioles du calice et les pétales changés en véritables feuilles , et les pistils et les étamines dans leur état naturel.

***

QUATRE-VINGTIÈME FAMILLE.

CARIOPHYLLÉES.　　　*CARIOPHYLLEÆ.*

Cariophylleæ. Juss. — *Cariophyllei.* Linn. — *Alsines.* Adans. *Arenariæ et Cariophylleæ.* Lam.

Les Cariophyllées sont presque toutes des herbes à tiges cylindriques , noueuses d'espace en espace , et dans quelques-unes ligneuses à la base ; leurs rameaux sont opposés , axillaires , et naissent toujours des nœuds de la tige ; leurs feuilles sont opposées, placées à chaque nœud des tiges et des branches , souvent soudées l'une avec l'autre, ordinairement oblongues , entières ou à peine dentées ; leurs nervures, quoique réellement rameuses et anastomosées , paroissent dans quelques espèces simples et parallèles ; leurs fleurs, qui sont blanches ou rougeâtres, presque toujours hermaphrodites, naissent, soit aux sommets des tiges, soit à l'aisselle des feuilles.

Le calice est ordinairement persistant, tantôt ouvert, à 5 folioles distinctes ; tantôt tubuleux, d'une seule pièce, à 5 dents ; la corolle est à 5 pétales rétrécis en onglet, alternes avec les divisions du calice ; elle manque très-rarement : les étamines sont en nombre égal ou plus souvent double des pétales, tantôt alternes avec eux, tantôt placées alternativement entre les pétales et sur les onglets, quelquefois légèrement soudées par leur base ; l'ovaire est simple, souvent pédicellé ; les styles sont ordinairement nombreux ; et lorsqu'il n'y en a qu'un, il est divisé en plusieurs stigmates ; le fruit est une capsule à une ou plusieurs loges, à plusieurs valves, qui s'ouvrent par le sommet ; les graines adhèrent à un placenta central ou au fond de la capsule ; elles ont un périsperme farineux, entouré par l'embryon, qui est courbé ou roulé en spirale ; leur radicule est inférieure.

Les Cariophyllées ne diffèrent des Amaranthacées que par la présence d'une corolle ; elles ont quelques ressemblances dans le port avec les Crucianelles et quelques Rubiacées, et s'approchent, par la structure de leurs fleurs, des Rutacées, des Saxifragées et des Crassulacées.

PREMIER ORDRE.

CARIOPHYLLÉES. *CARYOPHYLLEÆ*, Lam.

Calice tubuleux d'une seule pièce, à quatre ou cinq dents peu profondes.

DCCLXIII. GYPSOPHILE. *GYPSOPHILA.*

Gypsophyla. Linn. Juss. Lam. — *Lychnidis sp.* Tourn.

CAR. Le calice est en cloche, à 5 lobes profonds, membraneux sur les bords ; la corolle à 5 pétales, presque sans onglets, 10 étamines, 2 styles ; la capsule est à une loge, à 5 valves.

OBS. Les fleurs sont blanches, petites, très-nombreuses, disposées en panicule très-rameuse, quelquefois dioïques par avortement.

4301. Gypsophile nivelée.   *Gypsophila fastigiata.*

G. fastigiata. Linn. spec. 582. — *Saponaria fastigiata.* Lam. Fl. fr. 2. p. 541.—Hall. Jen. t. 2. f. 1.

Ses tiges sont hautes de 3 décim. ou un peu plus, droites, articulées, branchues, et comme taillées en niveau ou en

ombelle à leur sommet ; ses feuilles sont linéaires , charnues ,
tournées souvent d'un seul côté , et d'un verd glauque : les
inférieures sur-tout sont nombreuses et ramassées comme par
paquets : les fleurs sont blanches, portées sur de courts pédoncules , et disposées en une espèce de corimbe un peu serré ;
les calices paroissent rayés de verd et de blanc ; les étamines
sont saillantes hors de la corolle. ♃. Elle a été trouvée dans
les lieux sablonneux près de Mayence , par M. Kœler ; à Villemagne et Fougères près Montpellier (Gou.).

4302. Gypsophile rampante.   *Gypsophila repens.*

G. repens. Linn. spec. 581. Ger. Gallopr. 409. t. 15. f. 2. — *Saponaria diffusa.* Lam. Fl. fr. 2. p. 540. — *G. prostrata.* Lam.
Dict. 3. p. 63. var. *a.* All. Ped. n. 1561. non Linn.

Sa racine est fort grande , et pousse des tiges nombreuses ,
très-rameuses , étalées , diffuses , articulées , coudées à leurs
articulations , un peu couchées à leur base , et hautes de 2 décim. ; ses feuilles sont étroites , linéaires , charnues et d'un verd
glauque ; ses fleurs sont blanches ou d'un rouge pâle , et disposées en panicule lâche au sommet de la plante ; elles sont un
peu écartées les unes des autres : le calice est en cloche , à 5
lobes aigus ; les pétales sont un peu échancrés , une fois plus
grands que le calice , et les étamines sont un peu plus courtes
que la corolle ; les anthères sont rousses ou violettes. ♃. Elle
est assez commune parmi les pierres , le long des sentiers et
sur le sable des torrens dans les Alpes ; les Pyrénées ; les montagnes d'Auvergne.

4303. Gypsophile des murs.   *Gypsophila muralis.*

G. muralis. Linn. spec. 583. — *Saponaria muralis.* Lam. Fl. fr.
2. p. 540. — J. Bauh. 3. p. 2. p. 338. f. 1.

Plante glabre, menue , de 5-10 centim. de hauteur, à tige
grêle , branchue ou dichotome , à feuilles linéaires , planes ,
longues de 10-15 millim. ; les pédicelles sont grêles , axillaires,
plus longs que les feuilles , terminés par une seule fleur non
entourée d'écailles à sa base ; le calice est presque cylindrique,
à 5 dents très-courtes ; les pétales sont couleur de chair, veinés
de lignes roses , deux fois plus longs que le calice , échancrés
ou crénelés au sommet : les anthères sont blanches. ♂. Elle
croît parmi les pierres , le long des chemins et dans les chaumes ,
aux environs d'Auvers (Stat.); de Paris ; de Fontainebleau ; de
Strasbourg ;

Strasbourg ; de Genève ; de Sorrèze ; de Turin ; dans les lieux tourbeux de la haute Provence (Gér.).

4304. Gypsophile saxifrage. *Gypsophila saxifraga.*

> *G. saxifraga.* Linn. spec. 584. — *Dianthus saxifragus.* Linn. spec. ed. 1. p. 413.—*Dianthus filiformis.* Lam. Fl. fr. 2. p. 537.
> — *Tunica saxifraga.* Scop. Carn. n. 506. — Barr. ic. 998.

Cette plante a les caractères des œillets, et le port des gypsophiles ; elle ressemble beaucoup à la gypsophile des murs, et n'en diffère que par son calice, entouré à sa base de 4 bractées acérées, opposées deux à deux, de moitié plus courtes que le tube ; ses pétales sont d'un rose un peu plus foncé, et ses anthères sont couleur de rose. ♃. Elle croît dans les terreins pierreux ou sablonneux aux environs de Genève ; de Montpellier (Gou.), etc.

DCCLXIV. SAPONAIRE. *SAPONARIA.*

> *Saponaria.* Linn. Juss. Lam. Gœrtn.—*Lychnidis sp.* Tourn.

Car. Le calice est tubuleux, à 5 dents, non garni d'écailles à sa base ; la corolle a 5 pétales, dont l'onglet égale la longueur du calice, 10 étamines, 2 styles ; la capsule est à une loge.

4305. Saponaire officinale. *Saponaria officinalis.*

> *S. officinalis.* Linn. spec. 584. Lam. Illustr. t. 376. f. 1.—*Lychnis officinalis.* Scop. Carn. n. 510. — *Bootia vulgaris.* Neck. Gallob. 193.
>
> β. *S. hybrida.* Mill. Dict. n. 2.

Sa tige s'élève jusqu'à 6 décim. ; elle est cylindrique, glabre, articulée et un peu branchue ; ses feuilles sont ovales-lancéolées, très-lisses, à 3 nervures, et d'un verd foncé ; les fleurs sont terminales, d'une odeur assez agréable, et disposées en bouquet semblable à une ombelle ; elles sont blanches, ou quelquefois un peu rougeâtres vers leur sommet ; leur calice est cylindrique, glabre. La variété β est une monstruosité à feuille arrondie, courbée, concave, et quelquefois incisée au sommet, et dont les pétales, soudés ensemble, forment une corolle monopétale en entonnoir. ♃. Cette plante croît sur le bord des champs et des vignes ; elle est amère, et passe pour détersive, sudorifique et diurétique.

4306. Saponaire des vaches. *Saponaria vaccaria.*

> *S. vaccaria.* Linn. spec. 585. — *S. rubra.* Lam. Fl. fr. 3. p. 541.
> *S. segetalis.* Neck. Gallob. 194. — *Lychnis vaccaria.* Scop. Carn. n. 511. — J. Bauh. 3. p. 2. p. 357. f. 2.

Sa tige est haute de 5 décimètres, cylindrique, glabre,

articulée et branchue dans sa partie supérieure ; ses feuilles sont ovales, pointues, larges à leur base, sessiles, en apparence perfoliées, lisses et d'un verd glauque : les fleurs sont rouges, pédonculées et disposées en niveau ou en espèce de corimbe ; elles sont remarquables par leur calice pyramidal, et à 5 angles très-saillans et verdâtres. ☉. On trouve cette plante dans les champs parmi les bleds, aux environs de Paris, de Genève, de Strasbourg, etc.

4507. Saponaire faux-basilic. *Saponaria ocymoides.*

S. ocymoides. Linn. spec. 585. — *S. repens.* Lam. Fl. fr. 2. p. 542. — Lob. ic. t. 541. f. 2.

Sa tige est longue de 2 décim., un peu velue, très-rameuse, couchée et étalée sur la terre ; ses feuilles sont ovales, pointues, un peu velues, sur-tout vers les bords, et rétrécies en pétioles à leur base : les fleurs sont assez petites, purpurines, pédonculées, et naissent dans les aisselles ou dans les bifurcations des tiges ; leur calice est un peu velu, oblong et tubulé. ♃. Cette plante croît dans les lieux pierreux et couverts des provinces méridionales; elle est assez commune dans les basses Alpes du Piémont ; dans le Valais près du lac de Genève ; en Auvergne au rocher de Laval près Murat.

4308. Saponaire jaune.   *Saponaria lutea.*

S. lutea. Linn. spec. 585. All. Ped. n. 1560. t. 23. f. 1.

Cette plante a presque le port d'une androsace, et est extrêmement facile à reconnoître, puisqu'elle est la seule vraie cariophyllée à fleur jaune que nous possédions ; une souche épaisse et presque ligneuse, donne naissance à 2 ou 3 tiges droites, cylindriques, longues de 5 à 10 centim. ; la plante est glabre dans le bas, un peu velue vers le sommet ; ses feuilles sont linéaires ou un peu lancéolées, la plupart réunies à la base de la plante ; la tige n'en porte que 2-3 paires écartées ; les fleurs forment un corimbe serré ; leur calice est cylindrique, velu ; leurs pétales jaunes, entiers, obtus. ♃. Cette rare et singulière plante croît dans les Alpes du Valais à la vallée de St.-Nicolas, où elle a été trouvée par M. Necker de Saussure, au mont Ternanche (Hall.), et au col du mont Cervin (Sauss.); dans celles du Piémont au mont Assiète, au col de la Fenêtre, à Savine, à Jaillion (All.), et au petit mont Cenis.

DCCLXV. ŒILLET.   *DIANTHUS.*

Dianthus. Linn. Juss. Lam. Gœrtn. — *Cariophyllus*. Tourn. —
Tunica. Hall.

CAR. Le calice est tubuleux , à 5 dents , entouré à sa base
de 2-4 écailles opposées , embriquées ; la corolle a 5 pétales ,
dont l'onglet égale la longueur du calice , 10 étamines , 2 styles ;
la capsule est à une loge.

OBS. Les pétales sont souvent dentés ou frangés , ordinairement rougeâtres ; les feuilles sont étroites ; quelques espèces ont
la tige ligneuse.

§. Ier. *Fleurs agglomérées.*

4309. Œillet barbu.   *Dianthus barbatus.*

> *D. barbatus*. Linn. spec. 586. Lam. Dict. 4. p. 514. — *Tunica
> barbata*. Scop. Carn. n. 502.
> β. *Angustifolius*. — *D. barbatus*. Lam. Fl. fr. 2. p. 533.

Ses tiges sont nombreuses , lisses, droites, très-feuillées, et
hautes de 5 décim. ou quelquefois davantage ; ses feuilles sont
lancéolées , pointues , d'un verd foncé , très-lisses et chargées
de 3 nervures : ces feuilles , dans la plante cultivée , deviennent
beaucoup plus larges et ovales-lancéolées : les fleurs forment un
faisceau terminal bien garni ; le limbe des pétales est élargi ,
court, cunéiforme , piqueté , panaché de blanc et de rouge , et
denté en son bord supérieur ; les écailles qui entourent le calice
sont aussi longues que le tube , ovales à leur base , et prolongées en une longue pointe en forme d'alène. ♃ Lin. , ♂ Desf.
Elle croît dans les lieux stériles des provinces méridionales; en
Piémont dans la vallée de Fenestrelle (All.); en Languedoc ;
on la cultive dans les jardins sous les noms d'*œillet de poète* ,
de *doux Jean* et de *doux Guillaume.*

4310. Œillet des collines.   *Dianthus collinus.*

> *D. collinus*. Fl. hung. t. 38. Balb. Misc. 21.

Cette espèce est voisine de la variété β de l'œillet barbu et
de l'œillet des chartreux ; elle se distingue de l'espèce précédente par ses tiges plus droites, par ses feuilles un peu rudes
sur les bords, par ses écailles de moitié plus courtes que le calice , par ses pétales poilus à la gorge ; elle diffère de la suivante
par ses feuilles lancéolées et à 5 nervures longitudinales , par
ses fleurs beaucoup plus nombreuses ; enfin elle s'écarte de l'une
et de l'autre par l'aspect blanchâtre de son feuillage , et par ses

fleurs disposées en 2 faisceaux serrés, accolés ensemble. ♃.
Elle croît dans les collines pierreuses du Piémont, entre Savone
et Arbissole.

4311. Œillet des char-   *Dianthus carthusianorum.*
    treux.

D. *carthusianorum.* Linn. spec. 586. Lam. Dict. 4. p. 515. var.
a. — *Tunica carthusianorum.* Scop. Carn. n 504.

Sa tige s'élève un peu au-delà de 3 décim.; elle est droite,
simple et extrêmement grèle; ses feuilles sont en alène, et forment à leur base une gaîne qui se prolonge jusqu'à 9-12 mill.
au-dessus de chaque nœud avant de s'ouvrir; dans la plante sauvage, le faisceau de fleurs en contient rarement plus de 5, et quelquefois 2-3; le calice est coloré et ferrugineux, et ses écailles sont
de moitié plus courtes que le tube, chargées d'une pointe particulière qui n'est pas formée par la diminution insensible de leur
largeur. ♃. On trouve cette plante dans les lieux incultes et stériles. On en cultive dans les jardins une variété remarquable par
le nombre de ses fleurs et la régularité de son corimbe; on la
nomme *bouquet parfait*, désignation qu'on applique aussi quelquefois à l'œillet barbu. Les fleurs offrent presque toutes les
nuances, depuis le blanc au rouge foncé.

4312. Œillet noirâtre.   *Dianthus atro-rubens.*
D. *atro-rubens.* All. Ped. n. 1545. Jacq. ic. rar. 3. t. 467.

Il ressemble beaucoup à l'œillet des chartreux, mais en diffère par sa tige tétragone, plus haute et toujours simple; par
ses feuilles striées dans l'état de dessication, réunies ensemble
en une gaîne plus longue; par ses fleurs d'un pourpre noir,
réunies en un faisceau serré, plus nombreuses et plus sessiles
que dans l'espèce précédente; par ses feuilles florales, ovales à
la base, prolongées en une pointe en forme d'alène; par ses
écailles, qui n'atteignent pas le milieu de la longueur du calice;
par ses pétales, dont le limbe est comparativement plus petit,
et parfaitement glabre. ♃. Il croît sur les collines arides et exposées au soleil, sur le bord des forêts, aux environs de Turin
près de la Vénerie et ailleurs; dans les Alpes à la vallée de
Salvan.

4313. Œillet ferrugineux. *Dianthus ferrugineus.*
D. *ferrugineus.* Linn. Mant. 563. Lam. Dict. 4. p. 516. — Barr.
ic. t. 497.

Sa tige est droite, simple, longue de 2-4 décim., un peu

tétragone ; les feuilles sont linéaires , semblables à celles des Graminées , réunies en une gaine qui , dans le haut de la plante , dépasse encore 1 centim. de longueur; les fleurs sont d'un jaune roussâtre ou ferrugineux , réunies en tête serrée assez semblable à celle des espèces précédentes ; les feuilles florales et les écailles calicinales sont rousses , scarieuses , ovales-oblongues , prolongées en pointe acérée , un peu plus courtes que le tube du calice ; les pétales ont le limbe dentelé , parfaitement glabre , deux fois plus grand que dans l'œillet noirâtre. ♂. Cette plante a été trouvée dans les Pyrénées voisines de Narbonne , par M. Pourret.

4314. Œillet arméria. *Dianthus armeria.*

> *D. armeria.* Linn. spec. 586. — *D. hirsutus.* Lam. Fl. fr. 2. p. 533. — Seg. ver. t. 7. f. 4.

Ses tiges sont hautes de 3 décim. , articulées et un peu rameuses ; ses feuilles sont molles , verdâtres , plus larges que celles de l'espèce précédente , terminées par une pointe émoussée et un peu ciliées à leur base : les fleurs sont rouges et disposées par faisceaux peu garnis ; le limbe des pétales est étroit, court et chargé de quelques dents aiguës : le calice, ainsi que ses écailles , sont très-velus dans toute leur longueur. ☉. Cette plante croît dans les lieux stériles.

4315. Œillet prolifère. *Dianthus prolifer.*

> *a. D. prolifer.* Linn. spec. 587. Lam. Dict. 4. p. 516. — *Tunica prolifera.* Scop. Carn. n. 503. — J. Bauh. 3. p. 2. p. 335. f. 1.
> *β. D. diminutus.* Linn. spec. 587.

Sa tige est haute de 3 décim. , un peu couchée dans sa partie inférieure , et légèrement rameuse ; ses feuilles sont vertes , très-étroites et aiguës; ses fleurs sont petites , d'un rouge très-pâle , et forment des têtes un peu compactes et terminales : les écailles calicinales ne sont point chargées d'une pointe particulière , comme dans l'espèce précédente : les graines sont ovales-oblongues , applaties , très-finement striées lorsqu'on les voit à la loupe. La variété β ne diffère de la précédente que par ses fleurs solitaires. ☉. Cette plante croît sur le bord des bois et des champs.

§. II. *Fleurs solitaires.*

4316. Œillet giroflée. *Dianthus caryophyllus.*

> *D. caryophyllus.* Linn. spec. 587. Wild. spec. 2. p. 674. — *D. coronarius.* Lam. Fl. fr. 2. p. 536. Illustr. t. 376. f. 1.

β. D. imbricatus. Knorr. Del. 1. t. N. 12.

L'œillet des jardins, aussi connu sous les noms d'*œillet gre-
nadin*, d'*œillet à bouquet*, est une plante généralement cultivée et connue de tout le monde; elle se distingue à ses fleurs
odorantes, solitaires, blanches, rouges ou panachées; à ses pétales glabres et crénelés; à ses écailles calicinales ordinairement
au nombre de 4, ovales, très-courtes et terminées par une petite pointe peu apparente. Dans la variété *β*, le nombre des
écailles calicinales augmente beaucoup, et la fleur paroît naître
au sommet d'un long épi; quelquefois même la fleur avorte et
la sommité de la plante ressemble alors aux épis des crucianelles.
♃. Cette plante est indigène des provinces méridionales : par
une culture soignée, sa tige acquiert quelquefois une consistance
ligneuse et 1 mètre ou 2 de hauteur.

4317. Œillet sauvage.   *Dianthus sylvestris.*

D. sylvestris. Jacq. ic. rar. t. 82. — *D. cariophyllus,* *. Linn.
spec. 588. — *D. virgineus.* Poir. Dict. 4. p. 525. — Hall. Helv.
n. 896.

Sa racine est un peu ligneuse; sa tige est droite, glabre,
haute de 2-4 décim., tantôt simple et uniflore, tantôt divisée
en 2 ou 3 rameaux terminés chacun par une fleur : les feuilles
sont linéaires, nombreuses vers le bas de la tige; le calice est
tubuleux, glauque, muni à sa base de 4 écailles courtes, larges,
ovales; les intérieures sont comme tronquées et très-obtuses ;
les extérieures sont plus pointues et quelquefois placées un peu
au-dessous de la fleur : celle-ci est inodore, rougeâtre ; ses pétales sont crénelés, glabres à la base du limbe. ♃. Il croît parmi
les rochers au pied des Alpes et du Jura; dans les environs du
lac de Genève, entre Gap et Grenoble, etc.

4318. Œillet aminci.   *Dianthus attenuatus.*

D. attenuatus. Smith. soc. Linn. 2. p. 301. Wild. spec. 2. p.
679. — *D. longiflorus.* Lam. Dict. 4. p. 522.

Le port de cette plante est très-variable; tantôt elle a une
tige simple, uniflore, longue de 1 décim.; tantôt elle atteint
3 et 4 décim. de longueur, et se divise en plusieurs rameaux
uniflores : ses tiges sont un peu ligneuses à leur base; lorsqu'elles
ne portent pas de fleurs, elles sont étalées, garnies de feuilles
très-serrées; les tiges fleuries sont dressées et ont les feuilles
écartées : celles-ci sont linéaires, en forme d'alène, pointues,

roides, étalées, rudes et comme dentelées sur les bords, d'un
verd glauque et d'environ 2-3 centim. de longueur; les fleurs
sont solitaires, inodores, couleur de chair; leur calice est long
de 3 centim., strié, cylindrique, aminci au sommet, entouré
à sa base par 6 écailles qui n'atteignent pas le milieu de sa longueur; ces écailles sont ovales-lancéolées, droites, terminées
en pointe acérée, membraneuses sur les bords; les pétales ont
le limbe assez petit, crénelé, non barbu. ♃. Elle croît parmi les
rochers maritimes aux environs de Narbonne.

4319. Œillet hérissé.   *Dianthus hirtus.*

D. hirtus. Vill. Dauph. 4. p. 593. t. 46. — *D. scaber.* Chaix. in
Vill. Danph. 1. p. 331. non Thunb. nec. Sut.

Cette plante a été sans doute confondue jusqu'ici avec l'œillet
aminci, auquel elle ressemble par ses feuilles roides, étalées,
pointues, rudes sur les bords, et par les écailles de son calice,
pointues et au nombre de 6; mais je ne puis croire qu'elle en
soit une simple variété; elle est généralement plus petite, jamais rameuse; ses feuilles sont plus courtes, sur-tout dans les
tiges stériles, garnies sur les bords et même sur les nervures,
de petites aspérités visibles à l'œil nu; ses fleurs sont souvent
solitaires, et lorsque la tige en porte plusieurs, elles ne sont pas
placées sur de longs rameaux, mais sessiles et presque disposées en tête; le calice ne passe pas 2 centim. de longueur, et
n'est pas sensiblement aminci au sommet; les écailles qui entourent sa base ne sont point membraneuses sur les bords; enfin, les corolles sont d'un rouge plus foncé et ont leur limbe plus
large et plus crénelé. ♃. M. Clarion l'a recueilli sur les côteaux
en Provence. On la trouve à Reynier dans la haute Provence
(Chaix.); à Aubesagne dans le Champsaur (Vill.).

4320. Œillet fourchu.   *Dianthus furcatus.*

D. furcatus. Balb. act. Tur. 7. p. 12. t. 2.

Sa tige est grèle, foible, droite, divisée au sommet en 2
branches terminées chacune par une fleur, ou très-rarement
elles-mêmes bifurquées; les feuilles sont linéaires, pointues,
lisses sur les bords, beaucoup plus courtes que les entre-nœuds,
sur-tout dans les tiges fleuries; les fleurs sont couleur de chair;
leur calice est cylindrique, long de 2 centim., entouré à sa base
de 2 écailles ovales-lancéolées, acérées, foliacées, de moitié plus
courtes que le tube; les pétales ont le limbe ovale, crénelé,

dépourvu de poils. ♃. Il croît sur le bord des champs, dans les montagnes de Tende en Piémont.

4321. Œillet virginal.   *Dianthus virgineus.*

D. virgineus. Linn. spec. 590. Smith. soc. Linn. 2. p. 302. — *D. rupestris.* Linn. F. suppl. 240. Lam. Fl. fr. 2. p. 536. — *D. pungens.* Poir. Dict. 4. p. 526. — Dod. Pempt. 176. f. 3.

Ses tiges sont hautes de 15-20 centim., très-grêles, simples et chargées de 2 ou 3 paires de feuilles aiguës et fort courtes ; à la base de la plante, les feuilles sont nombreuses et ramassées en gazon comme celles du *statice ;* elles sont étroites, linéaires, aiguës, longues de 2 centimètres, d'un verd glauque, rudes sur les bords, un peu fermes et presque piquantes : les fleurs sont solitaires au sommet des tiges ; les pétales sont échanchés et un peu crénelés : les écailles calicinales sont élargies, obtuses, courtes et terminées en petite pointe. ♃. Cette plante croit dans les provinces méridionales, dans les lieux arides, parmi les rochers ; M. Pourret l'a observée dans les environs de Narbonne ; on la trouve à Montpellier (Lin.).

4322. Œillet deltoïde.   *Dianthus deltoides.*

D. deltoides. Linn. spec. 588. — *D. supinus.* Lam. Fl. fr. 2. p. 534. — J. Bauh. 3. p. 329. f. 4.
β. *D. Pyrenaicus.* Pourr. act. Toul. 3. p. 318.

Ses tiges sont longues de 2 décim., grêles, tout-à-fait couchées dans leur jeunesse, redressées lorsqu'elles fleurissent, et ordinairement rameuses ; ses feuilles sont étroites et pointues, et ses fleurs sont rouges et quelquefois un peu panachées de blanc à l'entrée de leur corolle : les pétales sont dentés à leur sommet ; les écailles du calice sont ovales-lancéolées, pointues, au nombre de 2. ♃. On trouve cette plante dans les allées des bois et dans les lieux incultes ; aux environs de Haguenau, de Villers-Cotterets, d'Antrain, etc.

4323. Œillet superbe.   *Dianthus superbus.*

D. superbus. Linn. spec. 589. — *D. fimbriatus,* α. Lam. Fl. fr. 2. p. 538. — Clus. Hist. 1. p. 284. f. 2.

Cette plante s'élève jusqu'à 3 – 5 décim. ; sa tige se ramifie vers le sommet, où elle porte plusieurs fleurs pédonculées, disposées en corimbe lâche ; ses feuilles sont linéaires, un peu lancéolées, glabres, et atteignent 7-8 millim. de largeur ; ses fleurs sont très-odorantes, d'un rose pâle, ou quelquefois tout-à-fait blanches, remarquables par leurs pétales pinnatifides, divisés au-delà du milieu de leur largeur en lobes linéaires, écartés et élégans; le calice est cylindrique, presque long de 5 centim., souvent rougeâtre ou d'un verd glauque, muni à sa base de 4 écailles ovales, courtes, obtuses, prolongées en pointe aiguë et assez courte. ♂. Elle croît dans les bois et les prés couverts des pays de montagne.

4524. Œillet de Mont-pellier.   *Dianthus Monspeliacus.*

D. Monspeliacus. Linn. spec. 588. Smith. soc. Linn. 2. p. 3oo. — *D. plumarius.* Poir. Dict. 4. p. 521. — *D. fimbriatus,* β et γ. Lam. Fl. fr. 2. p. 538. — Clus. Hist. 1. p. 284. f. 1.

Cette espèce ressemble beaucoup à l'œillet superbe, mais elle s'en distingue, parce qu'elle est communément plus petite, et ne porte que 2-4 fleurs, que ses feuilles sont plus étroites, que son calice est plus court, que les écailles calicinales sont lancéolées, pointues, et atteignent au moins la moitié de la longueur du calice; elle en diffère sur-tout, selon l'observation de M. Ramond, par ses pétales, dont le limbe est plus élargi, divisé en lobes linéaires disposés comme les doigts de la main, et qui n'atteignent pas le milieu du limbe. ♃. Elle croît dans les bois des Alpes, des Pyrénées, des Monts-d'Or.

4325. Œillet mignardise.   *Dianthus plumarius.*

D. plumarius. Linn. spec. 589. Hort. Ups. 1o5. n. 4. — *D. moschatus.* Mayer. bœhm. Abh. 1787. p. 318.

La *mignardise* est cultivée dans tous les jardins, en guise de bordures; sa racine, qui est vivace, pousse plusieurs tiges longues de 2-5 décim., un peu étalées, terminées par 2 ou 5 fleurs d'un rose pâle, et qui exhalent une odeur musquée; les feuilles radicales forment un gazon d'un verd glauque; les écailles du calice sont au nombre de 2, ovales, courtes, surmontées d'une petite pointe; les pétales sont un peu pubescens à l'entrée de la gorge, divisés jusqu'au tiers de leur longueur en lobes linéaires disposés comme dans l'œillet de Montpellier. J'ignore son pays natal. ♃.

4326. Œillet bleuâtre.   *Dianthus cæsius.*

D. cæsius. Smith. soc. Linn. 2. p. 3o2. — *D. cæspitosus.* Poir. Dict. 4. p. 525. — *D. glaucus.* Huds. Angl. 185. — *D. virgineus,* β. Linn. spec. 590. — Dill. Elth. t. 298. f. 385.

Toute la plante a une teinte glauque; elle forme de petits

gazons d'un décim. de hauteur; sa racine est ligneuse; ses tiges simples, uniflores, droites; ses feuilles linéaires, un peu obtuses, rudes sur les bords; ses fleurs sont odorantes, couleur de chair; le calice est cylindrique, entouré de 4 bractées obtuses ou un peu pointues, mais qui ne dépassent pas le tiers de la longueur du calice; les pétales sont crénelés, barbus à la base du limbe. ♃. Il croit sur les rochers des montagnes, dans le Jura au Chasseron et à la Roche-Blanche; dans les Monts-d'Or; dans les Alpes du Dauphiné (Poir.). M. Cels en cultive 2 variétés, l'une à fleur très-pâle et à pétales à peine barbus; l'autre d'un rose vif, à pétales évidemment barbus.

4327. Œillet des Alpes.　　*Dianthus Alpinus.*

D. Alpinus. Linn. spec. 590. Lam. Fl. fr. 2. p. 535. — Clus. Hist. 1. p. 283. f. 1.

Ses tiges sont hautes de 1 décimètre, articulées et uniflores; ses feuilles sont lancéolées-linéaires, un peu obtuses à leur sommet, lisses, d'un verd foncé, et disposées en gazon au bas de la plante; les tiges ne sont chargées que de 2 ou 3 paires de feuilles qui sont plus étroites que les autres; les écailles calicinales sont pointues, presque aussi longues que le calice : les fleurs sont grandes, d'un pourpre foncé, quelquefois mêlé de blanc; elles sont velues à l'entrée de leur corolle, et n'ont aucune odeur bien sensible. ♃. Cette plante croît dans les pâturages des montagnes en Provence; en Piémont (All.).

DCCLXVI. SILENÉ.　　*SILENE.*

Silene. Gœrtn. Smith. — *Silene et Cucubali sp.* Linn. Juss. Lam. — *Lychnidis sp.* Tourn.

Car. Le calice est tubuleux, souvent ventru, à 5 dents; la corolle à 5 pétales, dont l'onglet est égal au calice, dont la gorge est tantôt nue, tantôt couronnée d'écailles, et dont le limbe est souvent bifide; les étamines sont au nombre de 10; l'ovaire porte 3 styles; la capsule est à 3 loges, et s'ouvre en 6 valves.

Obs. Les fleurs sont disposées à l'aisselle des feuilles ou des rameaux, excepté dans quelques espèces à fleur solitaire et terminale; le limbe des pétales se roule en dessus après la fécondation.

§. Ier. *Calice glabre.*

4328. Silené à calice enflé.　　*Silene inflata.*

S. inflata. Smith. Brit. 467. — *Cucubalus bshen.* Linn. spec.

5g1. Fl. dan. t. g14. — *Cucubalus inflatus*. Sal. prod. 3o2. — *Behen vulgaris*. Mœnch. Meth. 7o9.

β. *Angustifolius.*

γ. *Flore rubro.* Ram. Pyr. ined.

δ. *Pubescens.* — *Cucubalus maritimus*. Lam. Dict. 2. p. 220.

ε. *Viridiflorus.* — *Cucubalus viridis*. Lam. Dict. 2. p. 221.

Ses tiges sont droites, lisses, cylindriques, tendres, un peu foibles, branchues, et s'élèvent jusqu'à 5 décim.; ses feuilles sont ovales-lancéolées, glabres et d'un verd glauque; les fleurs sont blanches, et remarquables par leur calice enflé, glabre, veiné et quelquefois rougeâtre; par leurs corolles blanches, à pétales bifurqués et à gorge ordinairement sans appendices. La var. β n'en diffère que par ses feuilles, qui sont plus longues et plus étroites. La var. γ ne se distingue des deux précédentes que par sa fleur rouge; la variété δ, parce que ses feuilles et le bas de sa tige sont garnis de petits poils courts; la variété ε paroît être une monstruosité singulière, dans laquelle le calice est devenu foliacé, à 5 lobes profonds et pointus, et les pétales sont demi-avortés, de couleur verte. Elle a été trouvée par M. Lamarck, à mi-côte sur le Mont-d'Or, en montant aux sources de la Dordogne. ♃. Cette plante est commune dans les champs, les prés et au bord des chemins; elle porte le nom vulgaire de *behen.*

4329. Silené uniflore.   *Silene uniflora.*

α. *S. uniflora.* Roth. Cat. 1. p. 52. — *S. amœna.* Huds. Angl. 188.—*S. maritima.* Smith. Fl. brit. 468.—*Cucubalus behen,* β. Linn. spec. 5g1. — *Cucubalus maritimus.* Bouch. Cat. 33. — Lob. ic. 337. f. 1.

β. *Cucubalus Alpinus.* Lam. Dict. 2. p. 220.—All. spec. t. 5. f. 3.

γ. *Cucubalus fabarius.* Thor. Chl. Land. 172. non Linn.

Cette plante ne me paroît être qu'une variété de la précédente: je n'ose cependant les réunir, puisque leurs différences résistent à la culture; celle-ci s'élève rarement au-delà de 2 décim.; ses tiges sont toujours couchées ou un peu ascendantes; ses fleurs sont solitaires ou géminées au sommet des tiges; ses corolles sont plus grandes, et l'entrée de leur gorge est souvent munie de petits appendices. ♃. La variété α est entièrement glabre, et a les feuilles lancéolées-linéaires: elle croît dans les lieux pierreux et sablonneux sur les bords de l'Océan, à Cayeux près Abbeville, en Normandie. La variété β, qui ne diffère pas sensiblement de la précédente, naît parmi les graviers le long des torrens des Alpes et du Jura. La variété γ, que M. Thore a trouvée sur les sables maritimes entre Biarritz et Arcachon , ne paroît se distinguer des précédentes que par ses feuilles larges , presque en forme de spatule , et un peu ciliées sur les bords.

4330. Silené campanule.   *Silene campanula.*

S. campanula. Pers. Ench. 1. p. 5oo. — *Cucubalus Alpestris.* All. Auct. p. 28. t. 1. f. 3.

Sa racine donne naissance à plusieurs tiges droites ou ge-nouillées à la base , simples ou dichotomes , grêles , cylindri-ques , longues de 2 décim. ; la plante est toute glabre ; ses feuilles sont linéaires, la plupart ramassées vers le bas de la plante; les fleurs sont solitaires au sommet des pédicelles ; ceux-ci sont le plus souvent au nombre de 2 , dont un seul muni de deux bractées; le calice est glabre, en forme de cloche , à 5 dents obtuses , long de 1 centim. ; les pétales ont l'onglet un peu plus long que le calice , le limbe divisé en 2 lobes pro-fonds , blanchâtre en dessous , et d'un rouge brun en dessus ; la gorge des pétales est nue ou souvent munie de 2 tubercules calleux. ♃. Elle croît dans les fentes des rochers ombragés dans les Alpes du Piémont près Mondovi , Tende , et Entraive.

4331. Silené de roche.   *Silene rupestris.*

S. rupestris. Linn. spec. 6o2.—*Cucubalus saxatilis,* β. Lam. Fl. fr. 3. p. 3o — J. Bauh. 3. p. 36o. f. 3.
β. *Linearifolia.*

Plante entièrement glabre , d'un verd glauque , à tiges nom-breuses , droites ou plus souvent étalées , dichotomes sur-tout vers le sommet , à feuilles lancéolées , molles , disposées le long des tiges. La var. β a les feuilles linéaires et la sommité des tiges presque nue ; les fleurs sont pédicellées , terminales , ou placées entre les dernières bifurcations de la tige ; leur calice est ovoïde , court, à 5 dents ; la corolle est d'un blanc de lait ; ses pétales sont échancrés au sommet , munis à l'entrée de leur gorge de 2 écailles droites ; la capsule est ovoïde , presque sessile. ♂. Cette plante est assez commune parmi les rochers frais et om-bragés des montagnes; dans les Pyrénées; les Cévennes; les Monts-d'Or; les Alpes; les Vosges.

4332. Silené à 4 dents.   *Silene quadridentata.*

Lychnis quadridentata. Linn. Syst. Veg. 362. — *S. quadrifida.*

Linn. spec. 602. — *Cucubalus quadrifidus*. Linn. spec. ed. 1.
p. 414. — Seg. ver. t. 5. f. 1.

Cette plante est entièrement glabre, et ressemble au silené
campanule et au silené saxifrage ; sa tige est grèle, ascendante,
longue de 2 décim., bifurquée au sommet, garnie de feuilles
oblongues ou linéaires ; les fleurs sont blanches, pédicellées,
disposées au sommet des rameaux ou entre leurs bifurcations ;
le calice est court, glabre, à 5 dents ; les pétales ont le limbe
à 4 dents profondes ; l'ovaire porte ordinairement 5 styles ;
quelquefois on n'en trouve que 4 ou même que 3 ; la capsule
est arrondie, à 3 loges, et s'ouvre en 6 valves. ⊙, Lin. ♃,
All. Elle croît parmi les rochers auprès des neiges qui se fondent ; au mont Genèvre et dans les Alpes de Montrégal en
Piémont (All.); en Dauphiné à la grande Chartreuse, à St.-
Christophe en Oysans (Vill.).

4333. Silené saxifrage.   *Silene saxifraga.*

S. saxifraga. Linn. spec. 602. — *Cucubalus saxifragus.* Lam.
Fl. fr. 3. p. 29.

Toute la plante est glabre ; ses tiges sont menues, filiformes,
articulées et longues de 2 décim. ; ses feuilles sont lisses ,
étroites, linéaires et disposées par paires peu distantes ; les
fleurs sont terminales, solitaires, droites et portées chacune
sur un pédoncule nu et fort grèle ; leur corolle est blanche ,
un peu rougeâtre en dehors ; les pétales sont divisés en deux
lobes assez profonds ; le calice est court, en forme de massue :
j'ai souvent rencontré des individus qui avoient 5 étamines stériles. ♃. Elle croît dans les rochers exposés au soleil et les
lieux pierreux ; dans les montagnes du Piémont, de la Provence,
du Dauphiné, du Languedoc ; dans les Pyrénées.

4334. Silené sans tige.   *Silene acaulis.*

S. acaulis. Linn. spec. 603. — *Cucubalus muscosus.* Lam. Fl. fr.
3. p. 30. — *Lychnis acaulis.* Scop. Carn. n. 516. — *Cucubalus
acaulis.* Gunn. Norv. n. 117.

α. *S. exscapa.* All. Ped. n. 1584. t. 79. f. 2.

β. *S. acaulis.* All. Ped. n. 1583. t. 79. f. 1.

γ. *S. elongata.* Bell. act. Taur. 5. p. 229.

Ses tiges sont longues de 5 centim., nombreuses, diffuses ,
très-garnies de feuilles et ramassées en un gazon serré qui a
l'aspect d'une mousse ; ses feuilles sont courtes, ouvertes ,
serrées, étroites, linéaires et pointues ; les fleurs sont solitaires ,

terminales , de couleur rouge. La variété *α*, qui croît sur les plus hautes sommités , a la tige presque nulle , et les fleurs sessiles entre les feuilles ; elle a quelquefois les fleurs blanches : cette sous - variété est commune dans les Pyrénées , selon M. Ramond. La variété *β* est commune sur les rochers et les lieux pierreux , à la hauteur des neiges éternelles dans les Alpes et les Pyrénées ; elle a la tige longue de 5-6 centim. , et la fleur presque sessile : enfin la variété *γ* , qu'on trouve quelquefois dans les forêts ombragées des hautes Alpes , a toutes ses parties plus développées , plus alongées , et entre autres le pédicelle des fleurs atteint de 5 à 6 centim. de longueur. ♃.

4335. Silené fermé. *Silene inaperta.*

S. inaperta. Linn. spec. 600. — *Cucubalus inapertus.* Lam. Fl. fr. 3. p. 31. — *S. annulata.* Thore. Chlor. Land. 173. — *S. pseudolinum.* Ram. Pyr. ined.—Dill. Elth. p. 424. t. 315. f. 407.

Sa tige est haute de 2 décimètres , glabre , branchue ou dichotome ; ses feuilles sont lisses et lancéolées , et ses fleurs sont pédonculées , terminales et axillaires ; elles ont un calice glabre , strié et un peu enflé après la fleuraison ; sa base offre un petit bourrelet annullaire ; les pétales sont rouges ou blanchâtres , échancrés , égaux à la longueur du calice , et non ouverts en étoile ; la capsule est sessile , presque globuleuse. ☉. Elle croît dans les provinces méridionales ; à Nice (All.) ; au bois de Gramont près Montpellier (Magn.) ? elle est commune dans les champs de lin , où elle a été observée près de Dax par M. Thore ; entre Tarbes et Bagnères par M. Ramond ; aux environs de Brive par M. Latreille : elle porte dans les Landes le nom de *maydoulin.*

4336. Silené en faisceau. *Silene polyphylla.*

S. polyphylla. Linn. spec. 601. — Clus. Hist. 1. p. 290. f. 2. Dalech. Lugd. 817. f. 2.

Cette plante est glabre ou à peine pubescente ; ses tiges sont grêles , plusieurs fois bifurquées , longues de 3-4 décim. ; ses feuilles sont linéaires , roulées en dessus , presque filiformes , longues de 1-2 centim. ; les inférieures émettent de leurs aisselles des touffes de petites feuilles ; les fleurs sont pédicellées au sommet des branches et à leurs bifurcations ; elles sont petites , blanchâtres , un peu roses en dessus , verdâtres en dessous ; le calice est glabre , court , un peu resserré à la base ; la capsule est ovale-cylindrique , portée sur un pédicelle plus

court qu'elle. ♃. Elle croît dans les champs et sur les monticules à Nions, Mollans et St.-Paul-Trois-Châteaux en Dauphiné (Vill.).

4337. Silené bicolor.   *Silene bicolor.*

S. bicolor. Thor. Chlor. Land. 174. — *S. picta.* Pers. Ench. 498.
non Desf.

Sa racine est grêle, blanchâtre; ses tiges sont glabres, un
peu visqueuses, branchues, droites ou étalées, avec les rameaux inférieurs un peu couchés; quelquefois la tige est droite,
solitaire; les feuilles sont linéaires, presque filiformes; les
inférieures sont nombreuses à chaque aisselle comme dans le
silené en faisceau; les fleurs naissent toutes aux sommités des
branches; elles sont droites; leur calice est cylindrique, glabre,
long de 15-18 millim., marqué de raies ordinairement purpurines, tantôt simples, tantôt réunies par d'autres raies intermédiaires; les pétales ont le limbe divisé en deux parties,
d'un beau blanc en dessus, d'un rouge purpurin en dessous;
les onglets dépassent un peu le calice, et les étamines sont
saillantes; la capsule est ovoïde, arrondie, portée sur un pédicelle plus long qu'elle. Elle croît assez abondamment dans les
Landes entre Bordeaux et Bayonne : M. Thore a observé que
sa fleur s'épanouit de bonne heure et se referme à 10 heures
du matin.

4338. Silené arméria.   *Silene armeria.*

S. armeria. Linn. spec. 601. — *Cucubalus fasciculatus.* Lam.
Fl. fr. 3. p. 27. — Clus. Hist. 1. p. 288. f. 1.

Sa tige est droite, glabre, médiocrement rameuse, et haute
de 3 décim. ou un peu plus; ses entre-nœuds supérieurs sont
enduits d'un suc glutineux qui retient les insectes qui s'y posent :
les feuilles sont larges, ovales, lisses et d'un verd un peu
glauque; les fleurs sont rougeâtres, terminales et disposées
par faisceaux, dont la réunion forme une espèce de corimbe;
le calice est glabre, presque cylindrique, rétréci à sa base,
à 5 dents obtuses; les pétales sont entiers ou échancrés, ordinairement roses, blancs dans une variété : les écailles de la
gorge sont longues et aiguës; la capsule est ovoïde, portée
sur un pédicelle aussi long qu'elle. ☉, Lin. ♂, Vill. Elle croît
dans les bois pierreux et au pied des montagnes en Provence
(Ger.); dans le Valgaudemar à Allemont (Vill.); aux environs de Turin (All.); près Montpellier; à Mayence (Kœl.).

4339. Silené behen.   *Silene behen.*

S. behen. Linn. spec. 599. — Dill. Elth. p. 427. t. 317. f. 409.

Toute la plante est glabre, lisse, d'un verd clair et même un peu glauque; la tige est droite, haute de 2-3 décim., garnie de feuilles ovales-oblongues, rarement simple, ordinairement bifurquée en 2 rameaux nus et alongés, qui sont eux-mêmes bifurqués; les fleurs naissent à l'aisselle ou aux sommets des rameaux, portées sur des pédicelles plus courts que le calice; celui-ci est lisse, ovoïde, un peu renflé et assez semblable à celui du vrai behen (n°. 4327.); la corolle est couleur de rose; le limbe des pétales est à 2 divisions obtuses, et porte à l'entrée de la gorge 2 petites écailles dentelées; la capsule est ovoïde, portée sur un court support. ☉. Cette plante croît dans les environs de Montpellier, et notamment à Gramont et à St.-Georges.

4340. Silené attrape-mouche.   *Silene muscipula.*

S. muscipula. Linn. spec. 601. — *Cucubalus dichotomus.* Lam. Fl. fr. 3. p. 32. — Clus. Hist. 1. p. 289. f. 1.

Ses tiges sont hautes de 5 décim., lisses, cylindriques, branchues dès leur base, plusieurs fois fourchues, et extrêmement visqueuses vers leur sommet; ses feuilles inférieures sont longues, lancéolées et un peu rétrécies à leur base : les supérieures sont presque linéaires; les fleurs sont rouges, portées sur de très-courts pédoncules, et disposées dans les bifurcations supérieures des tiges et de leurs rameaux; le calice est glabre, cylindrique, à 5 dents; la capsule est ovoïde, portée sur un pédicelle presque aussi long qu'elle. ☉. Elle croît dans les lieux stériles en Provence (Ger.); à Lavérune, Caunelles et Lamousson près Montpellier (Gou.); autour de Montélimart (Vill.).

§. II. *Calice velu.*

4341. Silené otitès.   *Silene otites.*

S. otites. Smith. Fl. brit. 469. — *Cucubalus otites.* Linn. spec. 594. — *Lychnis otites.* Scop. Carn. n. 515. — *Cucubalus parviflorus.* Lam. Fl. fr. 3. p. 26. — Clus. Hist. 1. p. 295. f. 1.

Sa tige est droite, assez simple, cylindrique, glutineuse vers son sommet, peu garnie de feuilles, et s'élève jusqu'à 5 décim.; ses feuilles inférieures sont nombreuses, longues, spatulées, rétrécies en pétiole à leur base et d'une consistance

un

un peu ferme : celles de la tige sont étroites et en petit nombre; les fleurs sont fort petites, d'un blanc jaunâtre ou verdâtre , souvent unisexuelles, et ramassées par paquets ou espèces de verticilles qui forment au sommet de la tige un épi interrompu et quelquefois un peu paniculé; les pétales sont entiers , linéaires , ondulés, nus à l'entrée de la gorge. ♃. Cette plante croît dans les lieux stériles et sablonneux.

4342. Silené d'Italie. *Silene Italica.*

Cucubalus Italicus Linn. spec. 593. Jacq. Obs. 4. t. 79. — *Cucubalus silenoides.* Vill. Dauph 4. p. 614.

Toute la plante est couverte d'un duvet court, mol, peu apparent ; la tige est droite, haute de 3 décim. , un peu visqueuse vers le haut, presque nue dans sa longueur, divisée vers le sommet en rameaux opposés, qui forment une panicule lâche et peu garnie; les feuilles radicales sont ovales-lancéolées , rétrécies en un long pétiole; celles de la tige sont écartées , plus étroites et plus courtes; les supérieures sont linéaires ; les fleurs naissent solitaires ou 3 à 5 , munies à leur base de 2 folioles aiguës opposées; les fleurs sont d'un blanc sale, longues d'environ 3 centim. ; le calice est pubescent, étroit, tubuleux, un peu plus court que les onglets; les pétales sont à 2 lobes obtus , nus à l'entré de la gorge. ♃. Cette plante croît dans les lieux pierreux le long des haies, parmi les buissons et à l'entrée des forêts en Piémont, à Suze, Vico di Mondovi, Superga et St.-Raphaël près Turin (All.); elle m'a été envoyée par M. Balbis ; elle a été retrouvée aux environs de Montpellier par M. Broussonet; à Narbonne par M. Pourret; à Rabou, aux Baux, à St.-Julien en Beauchêne dans le Dauphiné (Vill.).

4343. Silené penché. *Silene nutans.*

S. nutans. Linn. spec. 596. Fl. dan. t. 292. — *Cucubalus nutans.* Lam. Fl. fr. 3. p. 35. — *Lychnis nutans.* Scop. Carn. n. 525.

Ses tiges sont hautes de 5 decim. , cylindriques, pubescentes, peu garnies de feuilles, et visqueuses vers leur sommet ; ses feuilles radicales sont élargies dans leur partie supérieure , et rétrécies en pétiole à leur base; celles des tiges sont lancéolées-linéaires et en petit nombre; les fleurs sont penchées ou pendantes, et disposées en panicule lâche sur des pédoncules communs opposés; leur corolle est blanche , quelquefois rougeâtre

en dehors , et ses pétales sont à moitié bifides. ♃. Elle croît au
bord des bois et des vignes , dans les prés secs et le long des murs.

4344. Silené paradoxal.   *Silene paradoxa.*

S. paradoxa. Linn. spec. 1673. Jacq. Vind. 3. t. 84. — *Cucuba-*
lus viscosus. Huds. Angl. 186.

Cette espèce ressemble au silené penché , mais elle s'élève
au-delà d'un mètre de hauteur ; toute la partie supérieure de la
plante est extrêmement visqueuse ; le bas est pubescent : les
feuilles radicales sont presque en spatule, courbées en gouttière
à leur base ; celles de la tige sont linéaires , pointues , peu nombreuses : les fleurs sont disposées en panicule, et chaque rameau en porte ordinairement 5 ; leur calice est pubescent,
étroit, cylindrique , long de 5 centim. ; la corolle est blanchâtre ; le limbe des pétales est divisé en 2 lobes larges et arrondis ; les écailles de la gorge sont demi-avortées , de sorte
que dans la classification de Linné , on hésitoit si cette plante
devoit être rangée parmi les silenés ou les cucubales. ♃. Elle
croît en Dauphiné à la Roche-des-Arnauds , autour du village ,
sur le roc et auprès des vignes (Vill.).

4345. Silené à fleurs vertes.   *Silene viridiflora.*

S. viridiflora. Linn. spec. 597. — Herm. Parad. 199. ic.

Sa tige est ferme , droite , haute de 4-5 décim. , rameuse ,
pubescente , visqueuse dans le haut ; ses feuilles sont ovales ,
un peu pointues , rétrécies à la base , pubescentes et un peu
rudes ; la panicule est alongée , et paroît nue à cause de l'extrême petitesse des feuilles florales ; les branches de cette panicule sont étalées et chargées de 1-5 fleurs pédicellées et penchées ; le calice est très-pubescent , cylindrique, à 10 stries :
les pétales ont l'onglet plus long que le calice , le limbe verdâtre , échancré jusqu'à la moitié , et la gorge munie de 2 écailles.
♂. Cette plante croît dans les lieux pierreux le long des vignes ,
en Piémont aux environs de Suze , et à Montenocte près
Aqui (All.).

4346. Silené de Nice.   *Silene Nicæensis.*

S. Nicæensis. All. Ped. n. 1576. t. 44. f. 2. — *S. villosa.* Mœnch.
Meth. 708.

Les tiges sont un peu foibles , presque droites ou demi-étalées , longues de 5 décim. ; la plante est garnie dans toute sa
surface de poils épars assez épais , qui , sur-tout dans le haut

de la tige, suintent une humeur visqueuse ; les feuilles sont linéaires, longues de 4 centim., un peu charnues : la tige se bifurque une ou plusieurs fois, et chaque branche porte une panicule courte, serrée, composée de fleurs pédicellées ; le calice
est pubescent, visqueux, cylindrique, long de 15-18 millim. ;
les pétales ont le limbe blanchâtre en dessus, d'un jaune rougeâtre en dessous, divisé en 2 parties, muni à la gorge de 2
écailles obtuses ; la capsule est ovoïde, portée sur un pédicelle
plus court qu'elle. ☉. Elle est assez abondante dans les environs
de Nice, le long du Var et sur les bords de la mer.

4347. Silené de nuit. *Silene noctiflora.*

S. noctiflora. Linn. spec. 599. — *Cucubalus noctiflorus.* Lam.
Fl. fr. 3. p. 35.—*Lychnis noctiflora.* Schreb. Spic. p. 31. —
Cam. Hort. t. 34.

Son port ressemble à celui de la lychnide dioïque ; sa tige
est velue, droite, dichotome, et s'élève un peu au-delà de
5 décimètres ; ses feuilles sont ovales-lancéolées, et rétrécies à leur base ; les inférieures sont presque spatulées et pubescentes ; les fleurs sont placées à l'aisselle et au sommet des
rameaux, portées sur des pédicelles très-hérissés ; les calices
sont striés, très-renflés après la fleuraison, et remarquables par
leurs dents fort longues et pointues ; les pétales sont blancs, bifides au sommet ; la capsule est ovoïde, presque sessile, assez
grosse ; les graines sont d'un brun rouge, chagrinées. ☉. Elle
croît dans les champs cultivés et le long des chemins dans les
Vosges ; en Alsace près Strasbourg et Huningue ; dans le Champsaur en Dauphiné (Vill.) ; dans la haute Provence (Gér.) ; aux
environs de Nice (All.).

4348. Silené à feuilles en cœur. *Silene cordifolia.*

S. cordifolia. All. Ped. n. 1581. t. 23. f. 3.

Toute la plante est pubescente, visqueuse ; sa racine, qui
est fibreuse, pousse plusieurs tiges simples, longues d'un décim.,
garnies de 4 à 5 paires de feuilles sessiles, ovales, un peu en
forme de cœur à leur base, pointues au sommet ; les fleurs sont
terminales, presque sessiles entre les 2 feuilles supérieures qui
forment une espèce de collerette ; ces fleurs sont au nombre de
1 à 4, assez grandes, d'un blanc tirant sur le rose ; le calice est pubescent, un peu rougeâtre, cylindrique, à 5 dents ; les pétales
ont le limbe divisé en 2 lanières ; la capsule est ovoïde, pédicellée. ♃. Cette plante croît parmi les rochers des montagnes

du Piémont et du comté de Nice, à Saorgio, Tende, Valdério et Vinadio.

4349. Silené du Valais.   *Silene Vallesia.*

S. Vallesia. Linn. spec. 603. excl. Bocc. syn. All. Ped. n. 1574. t. 23. f. 2.

Sa racine, qui est ligneuse et rabougrie, donne naissance à plusieurs tiges couchées à la base, ascendantes, simples ou un peu rameuses, longues de 1-2 décim.; toute la plante est un peu velue et visqueuse : les feuilles sont un peu plus nombreuses vers le bas, mais cependant disposées dans toute la longueur de la tige, linéaires, oblongues ou lancéolées; dans quelques individus, elles approchent par leur forme de celles du silené à feuilles en cœur; le haut de la tige porte 1 à 3 fleurs terminales ou axillaires, portées sur des pédicelles droits, au moins aussi longs que le calice; celui-ci est cylindrique, pubescent, visqueux, marqué de 10 raies vertes ou rougeâtres, long de 25-30 millim., terminé par 5 dents aiguës, un peu renflé vers le haut à la fin de la fleuraison; le limbe des pétales est en forme de cœur renversé, rouge ou brun en dehors, rose ou blanchâtre en dedans. ♃. Il croît dans les lieux stériles et élevés des Alpes du Valais et du Piémont; au grand St.-Bernard; à Courmayeur; dans les vallées des Vaudois.

4350. Silené de Corse.   *Silene Corsica.*

Lychnis maritima pinguis e Corsica. Bocc. Musc. t. 34.

Cette plante, jusqu'ici confondue avec le silené du Valais, en diffère par sa tige plus couchée, plus rameuse; par ses feuilles et ses calices plus velus et plus visqueux; par ses feuilles, la plupart ovales, obtuses, qui dans le haut de la plante sont un peu oblongues, et dans le bas presque en spatule; par ses pédicelles plus courts que les calices; par ses pétales, dont l'onglet dépasse presque d'un centim. la longueur du calice; par ses fleurs constamment solitaires et terminales. ♃. Elle croît dans le sable sur les bords de la mer dans l'isle de Corse. Je la décris dans l'herbier de M. Clarion.

4351. Silené cilié.   *Silene ciliata.*

S. ciliata. Pour. act. Toul. 3. p. 329.

β. *S. geniculata.* Pour. act. Toul. 3. p. 328.

Sa racine est épaisse, ligneuse, rabougrie; elle pousse une ou 2 tiges droites ou un peu coudées à leur base, toujours simples, longues de 2 décim., presque nues, terminées par 1 à 3 fleurs à-peu-près disposées en grappe unilatérale : toute la plante est pubescente, peu ou point visqueuse ; ses feuilles sont linéaires, ciliées à leur base, longues de 3-5 centim. sur 2-3 millim. de largeur, toutes réunies en une touffe radicale, à l'exception d'une seule paire placée au milieu de la tige ; les fleurs sont droites, portées sur des pédicelles plus courts que le calice ; celui-ci est tubuleux, long de 15-20 millim., pubescent, à 10 raies vertes ou rougeâtres, à 5 dents obtuses ; les pétales sont d'un rouge assez foncé ; leur limbe est divisé en 2 lobes obtus. La variété β ne me paroît différer de la précédente que parce qu'elle est un peu plus glabre, que son calice est plus pâle, et ses pétales blancs. ♃. Cette plante croît dans les lieux stériles et élevés des montagnes ; elle a été observée dans les Pyrénées voisines de Narbonne, par M. Pourret ; dans les hautes Pyrénées au pic du Midi et au pic d'Ereslids, par M. Ramond ; au sommet du Cantal, par M. Lamarck ; elle croît peut-être aussi dans les Alpes du Piémont.

4352. Silené de France.   *Silene Gallica.*

S. Gallica. Linn. spec. 595. — *Cucubalus sylvestris.* Lam. Fl. fr. 3. p. 28. α et β. — Vaill. Bot. t. 16. f. 12.

Sa tige est droite, velue, rameuse, cylindrique, et s'élève jusqu'à 3 décim. ; ses feuilles sont oblongues, légèrement spatulées, rétrécies vers leur base, et chargées de poils écartés et un peu rudes : les fleurs sont petites, droites, alternes et portées sur de courts pédoncules ; leur calice est strié, hérissé et un peu visqueux ; leurs pétales sont blanchâtres ou couleur de chair, non tachés dans le milieu, entiers et assez petits ; les fruits sont ovoïdes, presque sessiles, droits et serrés contre l'axe. ☉. Elle croît dans les champs et les lieux pierreux ; aux environs de Paris ; de Nantes (Bon.) ; de Dax (Thor.) ; de Montpellier ; à Turin, Ciliano, Casalborgone, Caselle, Lombardore, dans le Montferrat (All.).

4353. Silené d'Angleterre.   *Silene Anglica.*

S. Anglica. Linn. spec. 594. — *S. arvensis.* Sal. Prodr. 301. — Dill. Elth. t. 309. f. 398.

Cette espèce diffère de la précédente par ses pétales légèrement échancrés et non entiers, par ses fruits, dont les inférieurs sont divergens ou réfléchis, et non pas droits et serrés contre l'axe. ☉. Elle croît dans les champs sablonneux ; à Lavier, Caux et Pendé près Abbeville (Bouch.) ; aux environs de

Paris (Thuil.); de Nice (All.); dans l'isle de **Corse** près St.-
Fiorenzo (Vall.).

4354. Silené faux-ceraiste.   *Silene cerastoides.*

S. cerastoides. Linn. spec. 595. Vill. Dauph. 4. p. 607. t. 48.—
Dill. Elth. t. 309. f. 397.

Cette espèce ressemble beaucoup au silené de France , mais
elle s'en distingue à ses pétales , dont le limbe est échancré
au sommet; ses tiges sont plus rarement rameuses, garnies ,
sur-tout vers le haut, d'un duvet très-court, et souvent inclinées dans le bas; ses fleurs sont droites , très-petites, rougeâtres en dehors , couleur de chair en dedans. ⊙ Lin., Desf. ,
♂ ou ♃ Vill. Elle croît en Dauphiné à Dieulefit près Montélimart; à Montpellier; à Sorrèze.

4355. Silené à cinq taches. *Silene quinquevulnera.*

S. quinquevulnera. Linn. spec. 595. — *Cucubalus variegatus.*
Lam. Fl. fr. 3. p. 28. — *Lychnis vulnerata.* Scop. Carn. n.
524. — Dodart. Acad. 4. p. 291. ic.

Sa tige est haute de 2–5 décim., droite, velue, simple ou
rameuse ; ses feuilles sont oblongues, étroites , légèrement spatulées et un peu rudes au toucher : les fleurs sont droites, presque sessiles , alternes et disposées au sommet de la tige en épi
unilatéral; leur calice est velu et strié ; leurs pétales entiers ,
pourpres en leur superficie , et blancs en leur bord. ⊙. Elle
croit dans les champs sablonneux ; en Alsace près de Haguenau ; à Nice (All.); en Provence (Gér.); à la Vérune et à
Gramont près Montpellier (Gou.); à la Teste dans les Landes
(Thor.).

4356. Silené à trois dents.   *Silene tridentata.*

S. tridentata. Desf. Atl. 1. p. 349. — Clus. Hist. 1. p. 290. f. 1.

Sa tige est droite ou étalée, rameuse, un peu hérissée ; les
feuilles sont en spatule ou ovales dans le bas, linéaires dans le
haut, garnies, sur-tout vers leur base, de poils un peu roides ;
les fleurs sont axillaires ou terminales, à–peu–près sessiles ,
écartées, droites, même à la maturité des fruits; leur calice
est hérissé; les pétales sont couleur de rose, un peu plus longs
que le calice, terminés par 5 dents : la capsule est ovoïde, et
dépasse à peine la longueur du calice. ⊙ ? Elle croit parmi les
pierres à Tarbes, près du pont de l'Adour, où elle a été observée par M. Ramond.

4357. Silené en épi.   *Silene spicata.*

Cucubalus spicatus. Lam. Fl. fr. 3. p. 34.
α. *S. nocturna.* Linn. spec. 595. — Dill. Elth. t. 310. f. 400.
β. *Cucubalus reflexus.* Linn. spec. 594. — Magn. Monsp. 170. ic.

Sa tige est haute de 3 décim., cylindrique, velue et plus ou
moins rameuse; ses feuilles radicales sont ovales, rétrécies en
pétiole à leur base, un peu rudes au toucher, et étendues sur
la terre; celles de la tige sont alongées et plus étroites : les
fleurs forment un épi unilatéral souvent un peu courbé à son
extrémité avant leur entier développement; leurs pétales sont
blancs et un peu verdâtres en dehors : les calices sont striés et
toujours plus longs que les pédoncules pendant la fleuraison : les
fruits sont sessiles, droits, cylindriques, obtus, serrés contre
l'axe. La variété β ne diffère de la variété α que par sa tige
moins rameuse, et ses pétales munis à leur gorge d'appendices
un peu plus courts. ⊙. Cette plante croit au bord des champs
et des routes, et dans les lieux sablonneux et maritimes; à Nice
dans les plantations d'oliviers (All.); en Provence; en Languedoc; à Boutonet près Montpellier (Gou.); à St.-Sever dans
les Landes (Thor.). Elle fleurit à l'entrée de la nuit.

4358. Silené soyeux.   *Silene sericea.*

S. sericea. All. Ped. n. 1573. t. 79. f. 3.

Une racine grêle, peu rameuse, donne naissance à plusieurs
tiges bifurquées ou dichotomes, longues d'un décim.; la plante
entière est couverte de poils courts qui lui donnent un aspect
blanchâtre; les feuilles sont charnues, oblongues dans le haut
de la plante, presque en spatule dans le bas; les fleurs sont
roses, solitaires au sommet des rameaux; leur calice est
étroit, cylindrique, long de 2 centim., à 10 stries colorées, à
5 dents; les onglets des pétales dépassent le calice; la gorge
est couronnée par une écaille à 2 lobes; le limbe est divisé
en 2 parties; la capsule est ovoïde, portée sur un pédicelle
aussi long qu'elle-même. ⊙. Cette plante croit dans les sables
maritimes; entre Oneille et Porto-Maurizio (All.); dans l'isle
de Corse.

4359. Silené conique.   *Silene conica.*

S. conica. Linn. spec. 598. Jacq. Austr. t. 253. — *Cucubalus
conicus.* Lam. Fl. fr. 3. p. 33.

Sa tige est haute de 2 décimètres, ordinairement simple,

cylindrique et pubescente ; ses feuilles sont longues , lancéolées-
linéaires , aiguës , molles et chargées d'un duvet fort court :
ses fleurs sont rougeâtres , oblongues , terminales , et remarquables par leur calice conique , pointu , chargé de 5o stries et
à 5 dents profondes , presque conniventes entre les pétales ; les
pétales sont couleur de rose , bifides au sommet de leur limbe ;
la capsule est sessile dans le calice , conique , remplie de très-
petites graines légèrement tuberculeuses. ☉. Elle croît dans
les lieux sablonneux exposés au soleil , et parmi les moissons aux
environs de Paris , etc. etc.

4360. Silené conoïde.   *Silene conoidea.*

S. conoidea. Linn. spec. 598. — *Cucubalus conoideus.* Lam. Fl.
fr. 3. p. 27.—Clus. Hist. 1. p. 288 f. 2.

Cette espèce ressemble beaucoup à la précédente , mais elle
en est certainement distincte par ses pétales moins échancrés ,
souvent entiers ; par ses feuilles plus glabres ; par ses fruits deux
fois plus gros ; par ses capsules globuleuses à la base , et subitement amincies en un col alongé ; enfin par ses graines deux
fois plus grosses et plus évidemment chagrinées. ☉. Elle croît
sur le bord des champs , dans les terreins sablonneux exposés
au soleil ; à Nice (All.); au pont de Castelnau près Montpellier (Gou.); aux environs de Mayence (Kœl.); d'Anvers
(Stat.) , etc.

DCCLXVII. CUCUBALE.   *CUCUBALUS.*

Cucubalus. Gœrtn. Smith. — *Lychnanthos.* Gmel. — *Cucubali*
sp. Linn. Juss. Lam. — *Silenes sp.* Roth. Wild.

Car. Ce genre diffère des silenés par son fruit charnu , à
une seule loge , qui ne s'ouvre point de lui-même en plusieurs valves.

4361. Cucubale porte-baie.   *Cucubalus baccifer.*

C bacciferus. Linn. spec. 591. Lam. Dict. 2. p. 220. — *C. bac-*
cifer. Gœrtn. Fruct. 1. p. 376. t. 77. — *C. Plinii.* Mill. ic. t.
112. —*Silene baccifera.* Roth. Germ. I. p. 192.—*Silene fissa.*
Sal. Prod. 302 — *Lychnanthos volubilis.* Gmel. act. Petrop.
1779. v. 14. p. 225. t. 17. f. 1.

Ses tiges sont longues de 6-9 décim. , très-branchues , étalées , diffuses , pubescentes , foibles et un peu sarmenteuses ;
ses feuilles sont ovales , pointues et chargées de poils extrêmement courts : les fleurs sont pédonculées , solitaires , terminales
et blanchâtres ; leur calice est court , campaniforme , non strié

et à 5 lobes : leur corolle est composée de 5 pétales écartés les uns des autres, étroits, laciniés et auriculés à leur base : le fruit est ovale-arrondi, noirâtre. ♃. Cette plante croît dans les lieux couverts et dans les vignes des provinces méridionales.

DCCLXVIII. LYCHNIDE. *LYCHNIS.*

Lychnis et Agrostemma. Linn. Juss. — *Lychnis.* Lam. — *Lych-nis, Agrostemma et Githago.* Desf.

CAR. Le calice est tubuleux, à 5 dents; la corolle à 5 pétales rétrécis en onglet, échancrés ou découpés, ordinairement couronnés à la gorge par un appendice plus ou moins marqué; les étamines sont au nombre de 10 : l'ovaire porte 5 styles; la capsule est à une ou quelquefois à 5 loges.

OBS. Les sections de ce genre sont peut-être autant de genres distincts.

Première section. VISCAIRE. *VISCARIA.*

Capsule à cinq loges; limbe des pétales presque entier.

4362. Lychnide visqueuse. *Lychnis viscaria.*

L. viscaria. Linn. spec. 625. Lam. Dict. 3. p. 640. — Clus. Hist. 1. p. 289. f. 2.

Sa tige est haute de 3 décim., droite, simple, articulée, un peu rougeâtre et visqueuse dans sa partie supérieure; ses feuilles sont glabres, lancéolées et pointues; ses fleurs sont rouges, terminales, et disposées par bouquets opposés et presque paniculés; ses pétales sont purpurins, à peine échancrés au sommet; l'ovaire porte 5 styles, et la capsule est à 5 loges. ♃. Elle croît dans les prairies sèches et sablonneuses; à Fontainebleau; à Strasbourg, etc.

Seconde section. LYCHNIS. *LYCHNIS.*

Capsule à une loge; limbe des pétales découpé ou profondément bifide.

4363. Lychnide de Chal- *Lychnis Chalcedonica.*
cédoine.

L. Chalcedonica. Linn. spec. 625. — Clus. Hist. 1. p. 292. f. 1.

Cette plante, indigène de la Russie méridionale, est cultivée dans les parterres sous les noms de *croix de Jérusalem, croix de Malte;* elle s'élève droite jusqu'à un mètre de hauteur, et se termine par un corimbe serré, nivelé, composé d'un grand nombre de fleurs rarement blanches, et dont la couleur ordinaire est d'un rouge coquelicot tirant sur l'orangé ; les pétales sont à 2 divisions, quelquefois munis de 2 dents aiguës à la base de leur limbe ; la capsule est pédonculée, à 1 loge ; les graines sont chagrinées. ♃.

4364. Lychnide fleur de coucou. *Lychnis flos-cuculi.*

L. flos-cuculi. Linn. spec. 625. Lam. Illustr. t. 391. f. 1. — *L. laciniata.* Lam. Fl. fr. 3. p. 51. — Clus. Hist. 1. p. 292. f. 2. β. *Flore pleno.* — Clus. Hist. 1. p. 293. f. 1.

Sa tige est droite, cannelée, rougeâtre, légèrement visqueuse vers son sommet, et haute de 5 décim.; ses feuilles sont lisses, lancéolées et pointues ; ses fleurs sont grandes, de couleur rouge et fort belles, disposées en panicule lâche ; leur calice est anguleux, strié, rougeâtre et à peine aussi long que les onglets des pétales : ceux-ci sont remarquables par leur limbe profondément lacinié comme dans certains œillets ; la capsule est ovoïde. ♃. On trouve cette plante dans les prés un peu humides ; on en cultive dans les jardins une variété à fleur double.

4365. Lychnide des Alpes.   *Lychnis Alpina.*

L. Alpina. Linn. spec. 626. Lam. Dict. 3. p. 640. — Hall. Helv. n. 922. t. 17. f. 4.

Sa tige est droite, simple et haute de 5-10 centim. ; ses feuilles sont vertes, glabres, linéaires, lancéolées, étroites et pointues ; ses fleurs sont rouges et ramassées en bouquet serré et terminal; les pétales sont bifides, et l'ovaire porte 4-5 styles. ♃. Elle croît dans les prairies des hautes Alpes de la Provence (Gér.); dans l'Oysans, à Auris, Briançon, Lautaret en Dauphiné (Vill.); au mont Cenis, à la vallée d'Aost et de Tigne; à Grassonay, Ré, Courmayeur, et la Vanoise en Piémont; dans les Pyrénées.

4366. Lychnide dioïque.   *Lychnis dioica.*

L. dioica, β et γ. Linn. spec. 626. — *L. dioica.* Fl. dan. t. 792. Lam. Dict. 3. p. 641. var. α. — *L. vespertina.* Sibth. oxon. 146. — *L. alba.* Mill. Dict. n. 2. — *Saponaria dioica.* Mœnch. Meth. 76.

Ses tiges sont hautes de 5 décim., droites, cylindriques, articulées, velues, et un peu rameuses; ses feuilles sont larges, ovales, velues, molles, terminées en pointe et d'un verd foncé; ses fleurs sont blanches, dioïques par avortement, et disposées

au sommet de la plante sur des pédoncules assez courts ; elles
ont leur calice velu , strié et un peu ventru , et leurs pétales
échancrés en cœur ; la capsule est grosse. ♃. Cette plante croît
dans les terreins secs le long des chemins et des haies ; ses
fleurs sont odorantes à l'entrée de la nuit.

4367. Lychnide des bois.   *Lychnis sylvestris.*

> *L. sylvestris.* Hop. Cent. exs. 3. — *L. dioica.* Linn. spec. 626.
> var. α. Lam. Dict. 3. p. 641. var. β. — *L. diurna.* Sibth.
> Oxon. 145.

Cette plante diffère de la précédente par ses fleurs constamment rouges et inodores, plus souvent hermaphrodites ; par ses
feuilles plus ovales ; par sa tige plus foible ; par son calice moins
nerveux ; par sa capsule un peu plus petite ; et enfin parce que
sa surface est couverte de poils plus longs et plus nombreux. ♃.
Elle croît dans les lieux humides et ombragés. Ses différences
se conservent par les graines (Wild.).

Troisième section. AGROSTEMME.   *AGROSTEMMA.*

Capsule à une loge ; limbe des pétales presque entier.

4368. Lychnide coquelourde.   *Lychnis coronaria.*

> *L. coronaria.* Lam. Dict. 3. p. 643. — *Agrostemma coronaria.*
> Linn. spec. 625. — *L. coriacea.* Mœnch. Meth. 709. — Cam.
> Epit. 569.

Toute la plante est couverte d'un duvet cotonneux, épais,
blanchâtre , composé de poils simples , longs, cloisonnés ; la
tige est droite, rameuse , haute de 6-8 décim. ; les feuilles sont
entières , ovales-lancéolées ; les fleurs sont solitaires au sommet
des pédoncules , dont la longueur est de 5 à 8 centim. ; leur
réunion forme un corimbe lâche et irrégulier ; les pétales sont
échancrés , munis d'appendices à l'entrée de leur gorge ; la
fleur est blanche avec le milieu rougeâtre ; dans les jardins ,
elle devient tout-à-fait blanche ou tout-à-fait rouge. ♂. Elle
croît dans les lieux pierreux et au bord des forêts des Alpes ; en
Valais à la vallée de St.-Nicolas ; en Piémont à la val d'Aost
près Bard, à Roburent, Montaldo, Frabosa , etc. (All.).

4369. Lychnide fleur de Jupiter.   *Lychnis flos Jovis.*

> *L. flos Jovis.* Lam. Dict. 3. p. 644. — *Agrostemma flos Jovis.*
> Linn. spec. 625. — *L. umbellifera.* Lam. Fl. fr. 3. p. 52. —
> Moris. s. 5. t. 36. f. 2.

Cette plante ressemble à la précédente par son feuillage et

le duvet cotonneux qui la couvre ; mais elle s'en distingue à ses fleurs réunies plusieurs ensemble en un corimbe serré , placé soit au sommet de la tige , soit au haut des rameaux ; ses pétales sont moins échancrés , et ses calices moins coriaces. ♃. Elle croît sur les rochers exposés au soleil et dans les prairies élevées dans les Alpes de Provence (Gér.) ; du Piémont ; du Dauphiné (Vill.) ; du Valais (Hall.) ; près Hartenburg, Durckheim et Neustadt dans le Palatinat (Poll.); on le nomme vulgairement *œillet de Dieu ;* les paysans des Alpes appliquent ses feuilles sur les plaies en guise de charpie.

4370. Lychnide rose du ciel.   *Lychnis cœli-rosa.*

L. cœli-rosa. Lam. Dict. 3. p. 644. — *Agrostemma cœli-rosa.* Linn. spec. 624. — Moris. s. 5. t. 22. f. 32.

La plante est toute glabre; sa tige est droite , haute de 1-5 décim. ; ses feuilles sont linéaires-lancéolées, un peu embrassantes à leur base ; ses fleurs sont solitaires au sommet de la tige et des rameaux, penchées avant la fleuraison, d'un pourpre vif, sur-tout à leur surface supérieure ; le calice est à 10 côtes saillantes , à 5 lanières courtes, linéaires ; les 5 pétales ont la gorge couronnée par une écaille à 2 lobes aigus , et le limbe obtus , échancré ; la capsule est portée sur un pédicelle aussi long qu'elle-même. ☉. Elle croît dans les environs de Nice (All.) ; dans l'isle de Corse près St.-Fiorenzo (Vall.).

Quatrième section. NIELLE.   *GITHAGO.* Desf.

Gorge de la corolle nue ; dents du calice prolongées en lanières foliacées qui dépassent la corolle.

4371. Lychnide nielle.   *Lychnis githago.*

L. githago. Lam. Dict. 3. p. 643. —*Agrostemma githago.* Linn. spec. 624.— *L. segetum.* Lam. Fl. fr. 3. p. 50. — *L. agrostemma.* Gmel. Sib. 4. p. 136. — *Githago segetum.* Desf. Cat. 159. — Fuchs. 127. ic.

β. *Nicæensis.*

Sa tige est haute de 6 décim. , droite , rameuse ou simple , velue et cylindrique ; ses feuilles sont alongées , linéaires , pointues, velues et presque cotonneuses ; les fleurs sont grandes , solitaires, terminales et d'un rouge bleuâtre : leurs pétales sont légèrement échancrés ; la gorge est dépourvue d'appendices , de couleur blanchâtre piquetée de noir ; le calice a le tube très-velu, et se prolonge en 5 lanières foliacées, linéaires , qui dépassent la longueur des pétales ; la capsule est à 1 loge cachée dans le calice ; les graines sont fortement chagrinées. ☉. Elle croît abondamment dans les champs parmi les moissons , où elle est connue sous le nom de *nielle ;* on en trouve aux environs de Nice une variété à fleur blanchâtre et à calice très-long.

DCCLXIX. VELÈZE.   *VELEZIA.*

Velezia. Linn. Juss. Lam. Gœrtn.

Car. Le calice est tubuleux , à 5-6 dents ; la corolle a 5-6 pétales courts , à onglets filiformes , à limbe échancré , 5-6 étamines , 2 styles ; la capsule est à 1 loge.

4372. Velèze rigide.   *Velezia rigida.*

V. rigida. Linn. spec. 474. Lam. Illustr. t. 186. — Barr. ic. 1017 et 1018.

Sa tige est haute de 1-2 décim. , striée et très-rameuse ; ses feuilles sont en alène , soudées par leur base , et ses fleurs sont axillaires et sessiles ; elles sont remarquables par leur calice long , cylindrique et très-grèle ; et les pétales sont chargés à la base de leur limbe , d'une petite écaille , comme dans la plupart des fleurs cariophyllées. ☉. Elle croît dans les lieux arides et au bord des champs des provinces méridionales ; à Nice (All.); en Provence ; dans les baronies et les plaines de l'Aragne en Dauphiné (Vill.) ; en Languedoc ; à Narbonne.

DCCLXX. FRANKÉNIA.   *FRANKENIA.*

Frankenia. Linn. Juss. Lam. — *Franca.* Mich.

Car. Le calice est presque cylindrique , à 5 dents ; la corolle est à 5 pétales , dont les onglets sont creusés en canal et surmontés d'une petite écaille ; les étamines sont au nombre de 5 ou 6 , alternes avec les pétales ; l'ovaire porte 1 style à 2-3 stigmates ; la capsule est à 1 loge , à 2-3 valves , à plusieurs graines.

4373. Frankénia lisse.   *Frankenia lœvis.*

F. lœvis. Linn. spec. 473. Lam. Dict. 2. p. 543. — Mich. Gen. t. 22. f. 1.

Toute la plante est glabre, lisse et non hérissée de poils roides ; ses tiges sont longues de 12 à 15 centim. , couchées sur la terre , dures , très-rameuses , diffuses , et forment un gazon bien garni ; ses feuilles sont petites , nombreuses , vertes , étroites et linéaires, opposées, fasciculées et comme verticillées; les fleurs sont axillaires, solitaires, presque sessiles et d'un rouge violet; leurs anthères sont de couleur jaune. ♃. Cette plante croît dans les lieux maritimes des provinces méridionales; dans le Languedoc, le Roussillon; et sur les bords de l'Océan aux environs de Larochelle, de Nantes (Bon.); de Vannes.

4574. Frankénia hérissé. *Frankenia hirsuta.*

F. hirsuta. Linn. spec. 473. Lam. Illustr. t. 262. f. 2. — Mich. Gen. t. 22. f. 2.

Cette espèce ressemble à la précédente par son port et ses feuilles linéaires; mais on la distingue facilement à ses tiges hérissées, sur-tout vers le haut, de poils courts, roides et blanchâtres; à ses feuilles supérieures plus fortement ciliées; à ses fleurs réunies en faisceaux, et dont les calices sont hérissés de poils blancs. ♃. Elle croît dans le sable sur les bords de la mer aux environs de Montpellier, notamment à l'isle de Maguelone, au canal Royal, sur le mole à Cette (Gou.); à Narbonne: on la retrouve à Noirmoutier et au Croisic près Nantes (Bon.).

4575. Frankénia pulvé-rulent. *Frankenia pulverulenta.*

F. pulverulenta. Linn. spec. 474. Lam. Illustr. t. 262. f. 3.

Cette espèce a beaucoup de rapport avec les précédentes; ses tiges sont également menues, couchées et rameuses, mais elles forment un gazon moins garni; ses feuilles sont poudreuses, ovales, obtuses, plus courtes, moins étroites et presque blanchâtres, et ses fleurs sont plus petites et d'un violet fort pâle. ☉. On la trouve dans les provinces méridionales sur les bords de la mer, depuis Nice jusqu'à Narbonne.

SECOND ORDRE.

ALSINÉES. *ALSINEÆ, Arenariæ,* Lam.

Calice à quatre ou cinq folioles, ou divisé jusqu'à la base en quatre ou cinq parties.

DCCLXXI. ORTÉGIE. *ORTEGIA.*

Ortegia. Linn. Juss. Lam. Gœrtn.

CAR. Le calice est à 5 parties; la corolle manque; les étamines sont au nombre de 5; l'ovaire porte 1 style, 1 stigmate

en tête ; la capsule est à 1 loge, à 3 valves ; les graines adhèrent au fond de la capsule ; l'embryon est droit (Gœrtn.).

Obs. Ce genre ne seroit-il pas mieux placé parmi les Amaranthacées ?

4376. Ortégie dichotome.   *Ortegia dichotoma.*

O. dichotoma. Linn. Mant. 174. Lam. Dict. 4. p. 635. — All.
Stirp. ped. t. 4. f. 1.

Cette plante a le port d'un gaillet ; sa tige est droite, ferme,
genouillée, divisée dans le bas en rameaux opposés, dichotome dans le haut ; les feuilles sont linéaires, étalées : on observe entre elles, de chaque côté de la tige, deux petites stipules ; les fleurs sont solitaires sur leurs pédicelles, et forment
par leur réunion une panicule terminale. ♃. Elle croît en Piémont près Giaveno (All.).

DCCLXXII. POLYCARPE.   *POLYCARPON.*

Polycarpon. Linn. Juss. Lam. Gœrtn.

Car. Le calice est à 5 parties ; la corolle a 5 pétales courts et
échancrés, 3 étamines, 3 styles ; la capsule est à 1 loge, à
5 valves ; les graines adhèrent au fond de la capsule.

4577. Polycarpe quaterné. *Polycarpon tetraphyllum.*

P. tetraphyllum. Linn. spec. 131. Lam. Illustr. t. 51. —*Mollugo
tetraphylla.* Linn. spec. ed. 1. p. 89. — *Holosteum tetraphyllum.* Thunb. Prod. 24. —Barr. ic. 534.

Ses tiges sont hautes de 9 à 12 centim., menues, cylindriques, presque glabres, fourchues, très-rameuses et paniculées ;
ses feuilles sont ovales-oblongues, un peu spatulées, rétrécies
en pétiole vers leur base, simplement opposées dans la partie
inférieure des tiges, et verticillées 4 ou 5 ensemble aux articulations supérieures : on observe à leur base des stipules fort petites, scarieuses et argentées ; les fleurs sont nombreuses, extrêmement petites, terminales et ramassées par bouquets légèrement
paniculés ; ces bouquets paroissent panachés par les stipules, qui
sont plus sensibles et plus rapprochées vers le sommet des
rameaux. ⊙. Cette plante croît dans les terres cultivées, au
bord des haies et dans les lieux ombragés de toute la France
méridionale.

DCCLXXIII. BUFFONIE.   *BUFFONIA.*

Buffonia. Sauv.— *Bufonia.* Linn. Juss. Lam. Gœrtn.

Car. Le calice est à 4 parties ; la corolle à 4 pétales ;

l'ovaire porte 2 styles , et se change en une capsule comprimée ,
à une loge , à 2 valves, à 2 graines ; celles-ci sont ovales, comprimées, chagrinées, un peu échancrées à la base, insérées au
fond de la capsule.

4378. Buffonie annuelle.   *Buffonia annua.*

B. tenuifolia. Lam. Illustr. n. 1710. t. 87. f. 1. Gœrtn. Fruct. 2.
t. 129. f. 1. — Ger. Gallopr. p. 400.

Sa tige est droite, haute de 2-5 décim., divisée en rameaux
étalés et diffus ; ses feuilles sont opposées, soudées par la base,
grêles, en forme d'alène, glabres, entières, et le plus souvent
desséchées à l'époque de la fleuraison de la plante ; les fleurs
sont sessiles ou pédicellées aux nœuds supérieurs des branches,
à-peu-près disposées en épis le long des rameaux, ce qui forme
une panicule lâche et irrégulière. ☉. Elle croît sur le bord des
haies et des chemins en Provence (Gér); aux environs de
Nice, d'Oulx, et dans la vallée de Queyras (All); en Dauphiné
à Veynes, dans le Champsaur (Vill.); près Gap et Briançon.

4379. Buffonie vivace.   *Buffonia perennis.*

B. perennis. Pourr. act. Toul. 3. p. 309. Lam. Illustr. n. 1711.
t. 87. f. 2 — *B. tenuifolia*, ℓ. Lam. Dict. 1. p. 501. — *B. tenuifolia.* Linn. spec. 179? Gou. Hort. Monsp. 59? — Pluk. t.
75. f. 3.

Elle diffère de l'espèce précédente par sa racine vivace ; **par
ses tiges effilées , moins rameuses ; par ses rameaux , tous dressés ; par ses fleurs peu nombreuses, presque toutes terminales ;
par ses calices beaucoup plus membraneux , et par ses graines
plus grosses.** ♃. Elle croît dans les lieux secs et pierreux sur les
collines ; en Languedoc aux environs de Montpellier et de Narbonne ; en Auvergne ; dans le Valais.

DCCLXXIV. SAGINE.   *S A G I N A.*

Sagina. Linn. Juss. Lam. Gœrtn. — *Alsines sp.* Tourn.

Car. Le calice est à 4 parties; la corolle a 4 pétales, 4 étamines , 4 styles ; la capsule est à 4 loges (Lin.), ou à une loge
(Gœrtn.), à 4 valves.

Obs. Herbes très-petites, à feuilles linéaires, à fleurs blanches très-peu apparentes , et dont la corolle manque quelquefois.

4380. Sagine couchée.   *Sagina procumbens.*

S. procumbens. Linn. spec. 185. Lam. Illustr. t. 90.

β. *Foliis*

β. Foliis subsucculentis. Ray. Angl. 3. p. 345.

Ses tiges sont longues de 6 centim., nombreuses, glabres, très-menues, couchées et disposées en gazon; ses feuilles sont opposées, réunies par leurs bases, étroites, linéaires et aiguës : les pédoncules sont uniflores, et les pétales, beaucoup plus courts que le calice, sont difficiles à appercevoir; ils manquent même quelquefois, et dans ce cas on a confondu cette espèce avec la suivante, dont elle diffère, parce que les pédicelles de ses fleurs sont parfaitement glabres. ☉. Elle est commune au bord des murs, dans les cours entre les pavés, et dans les terreins sablonneux. La variété β, qui a les feuilles plus charnues, croît dans les montagnes. Une variété à fleur double croît naturellement aux environs du Mans (Desp.).

4381. Sagine sans pétales. *Sagina apetala.*

S. apetala. Linn. Mant. 559. — *S. erecta*, β. Lam. Fl. fr. 3. p. 9. — Arduin. specim. 2. t. 8. f. 1.

Elle ressemble tellement à la précédente, qu'elle pourrroit bien en être une simple variété; elle en diffère par ses tiges presque droites, et qui ne poussent jamais de racines à leurs nœuds inférieurs; par les pédicelles poilus ou pubescens; par les pétales qui manquent très-souvent, et qui, lorsqu'ils existent, sont très-petits, échancrés au sommet. ☉. Elle croît dans les lieux sablonneux, au bord des murs et parmi les pavés, aux environs de Turin; en Dauphiné, et probablement dans presque toute la France.

4382. Sagine droite. *Sagina erecta.*

S. erecta. Linn. spec. 185. Lam. Fl. fr. 3. p. 9. var. α. — *Mœnchia quaternella.* Ehrh. Beytr. 2. p. 177. — *Alsinella erecta.* Mœnch. Meth. 222. — *Mœnchia glauca.* Pers. Ench. 153. — Vaill. Bot. t. 3. f. 2.

Sa racine, qui est petite, fibreuse, pousse tantôt une seule tige droite, tantôt plusieurs tiges un peu divergentes; la plante entière est glabre, d'un verd glauque; sa hauteur varie de 5-10 centim.; ses feuilles sont lancéolées-linéaires, pointues; les pédicelles qui naissent à l'aisselle des feuilles, sont solitaires, uniflores, très-longs, proportionnellement à la grandeur de la plante; les folioles du calice sont serrées, lancéolées, aiguës, membraneuses sur les bords; les pétales sont oblongs, entiers, plus courts que le calice; la capsule est oblongue, et s'ouvre en 5 ou 10 dents. ☉. Elle croît dans les prés pierreux et stériles, et parmi les bruyères ; aux environs de Paris ; de Montpellier ; de Lyon ; de Turin (All.); à St.-Marcellin et Pont en Royans (Vill.)? près Tarbes sur les bords de l'Adour, et sur les monticules du Lavédan (Ram.). Elle a le fruit d'un céraiste, et doit peut-être former un genre distinct.

DCCLXXV. ALSINE. *ALSINE.*

Alsine. Lam. — *Holosteum.* Sw. — *Alsine et Holosteum.* Linn. Juss. Gœrtn.

Car. Le calice est à 5 parties ; la corolle à 5 pétales bifides ; le nombre des étamines varie de 5 à 8 ; l'ovaire porte 3 styles ; la capsule est à une loge, à 5 ou 6 valves.

4383. Alsine intermédiaire. *Alsine media.*

A. media. Linn. spec. 389. Lam. Illustr. t. 214. — *A. avicularum.* Lam. Fl. fr. 3. p. 46. — *Holosteum alsine.* Swartz. Obs. 118. — *Stellaria media.* Smith. Fl. brit. 473.

Ses tiges sont longues de 2-3 décim., plus ou moins droites, menues, cylindriques, tendres et rameuses ; ses poils sont disposés sur une seule ligne longitudinale, dont la position alterne à chaque nœud ; ses feuilles sont ovales, pointues, pétiolées et un peu succulentes : les fleurs disposées vers le sommet des tiges, sont axillaires, solitaires, pédonculées et de couleur blanche ; leurs pétales sont profondément bifides, et de la longueur du calice, qui est communément un peu velu. ⊙. Cette plante est commune dans les jardins, les cours et le long des haies ; elle est vulnéraire, détersive et rafraîchissante : on la donne aux petits oiseaux, et sur-tout aux serins, qui l'aiment beaucoup. Elle porte les noms de *morsgeline, mouron des petit oiseaux, mouron blanc.*

4384. Alsine en ombelle. *Alsine umbellata.*

A. umbellata. Lam. Fl. fr. 3. p. 45. — *Holosteum umbellatum.* Linn. spec. 130. Lam. Illustr. n. 1191. t. 51. f. 1.

Sa tige est haute de 12-15 centim., droite, simple, très-menue, et peu garnie de feuilles dans sa partie supérieure ; ses feuilles sont ovales-oblongues, glabres et d'un verd glauque : les fleurs sont blanches, assez petites, et solitaires sur chaque pédoncule ; ces pédoncules, au nombre de 5 ou 6, sont inégaux, s'insèrent tous en un point commun au sommet de la tige, et pendent lorsqu'ils sont défleuris. ⊙. On trouve cette plante sur les vieux murs et les collines.

DCCLXXVI. MŒHRINGIE. *MŒHRINGIA.*

Mœhringia. Linn. Juss. Lam. Gœrtn. — *Alsines sp.* Tourn.

Car. Le calice est à 4 parties ; la corolle à 4 pétales ; les étamines sont au nombre de 8 ; l'ovaire porte 2 styles ; la capsule est à une loge, à 4 valves ; les graines adhèrent au fond de la capsule.

4385. Mœhringie mousse. *Mœhringia muscosa.*

M. muscosa. Linn. spec. 515. Lam. Illustr. t. 314. — Pluk. t. 74. f. 3. et t. 75. f. 1.

β. *Sedoides.* Balb. Misc. p. 20. t. 5.

Ses tiges sont très-menues, presque filiformes, glabres, cylindriques, hautes de 9–12 centim., nombreuses et disposées en touffe ; ses feuilles sont opposées, réunies par leurs bases et capillaires : les fleurs sont pédonculées, solitaires, axillaires et de couleur blanche. ♃. Cette plante croît dans les lieux montagneux et humides, au bord des bois et parmi les rochers ombragés des montagnes. La variété β, qui a été trouvée parmi les rochers découverts aux environs de Tende, de Briga et de Saorgio, a, selon M. Balbis, des feuilles charnues plus courtes que la mœhringie-mousse, et doit peut-être constituer une espèce distincte.

DCCLXXVII. ÉLATINE. *E L A T I N E.*

Elatine. Linn. Juss. Lam. Gœrtn. — *Alsinastrum.* Vaill.

Car. Le calice est à 4 parties ; la corolle à 4 pétales sans onglet ; les étamines sont au nombre de 8 ; l'ovaire est orbiculaire, déprimé, chargé de 4 styles ; la capsule est à 4 loges, à 4 valves : le placenta central est arrondi, et porte 4 cloisons opposées à l'intervalle des valves.

Obs. Dans quelques variétés, les parties de la corolle et du fruit sont au nombre de 5, et les étamines de 6.

4386. Élatine poivre-d'eau. *Elatine hydropiper.*

E. hydropiper. Linn. spec. 527. Lam. Illustr. t. 320. f. 2. — *E. conjugata.* Lam. Fl. fr. 3. p. 11. — Vaill. Bot. t. 2. f. 1. 2.

β. *Hexandra.* — *Tillœa hexandra.* Lapierre. journ. Phys. Flor. an. XI.

Cette plante a le port de la montie des fontaines ; ses tiges sont longues de 12–15 centim., menues, lisses, rampantes, rameuses et diffuses ; ses feuilles sont ovales-lancéolées, opposées et très-glabres : les fleurs sont blanches ou rougeâtres, portées sur des pédoncules plus courts que les feuilles : on en trouve à 3 ou 4 parties sur le même pied ; les graines sont oblongues , courbées , anguleuses , striées en travers (Sm.). ☉. Elle croît dans les mares , les fossés inondés , et le bord des lacs ; aux environs de Paris, à Franchart près Fontainebleau (Vaill.) ; sur les bords de l'Adour au-dessus du pont de Tarbes , selon M. Ramond. La variété *β* , qui n'a que 6 étamines , croît aux environs du Mans (Desp.).

4387. **Élatine fausse-alsine.** *Elatine alsinastrum.*

E. alsinastrum. Linn. spec. 527. Lam. Illustr. t. 320. f. 1. — *E. verticillata.* Lam. Fl. fr. 3. p. 11. — Vaill. Bot. t. 1. f. 6.

Sa tige est simple, un peu épaisse, garnie dans sa partie inférieure de petites racines fibreuses , flottantes , disposées à la manière des feuilles , et s'élève au-dessus de la surface de l'eau de quelques centimètres , dans une direction assez droite; ses feuilles sont nombreuses à chaque nœud , et forment des verticilles peu écartés : celles qui sont cachées sous l'eau , sont capillaires , et longues de 2 centim. ; mais les autres sont beaucoup plus courtes , plus élargies , lisses et un peu succulentes : les fleurs sont petites , de couleur blanche , portées sur de très-courts pédoncules , axillaires et verticillées comme les feuilles : le calice est à 4 parties ovales; les pétales sont persistans , arrondis , alternes avec le calice ; les 8 étamines sont égales en longueur aux pétales ; l'ovaire est orbiculaire , déprimé au sommet , chargé de 4 petits styles jaunâtres ; la capsule est sphérique , un peu enfoncée au sommet , à 4 valves , à une loge : le centre de la capsule est occupé par un réceptacle charnu , globuleux , muni de 4 appendices membraneux , alternes avec les valves : les graines sont nombreuses, vertes, cylindriques, adhérentes aux appendices du réceptacle. ♃. Elle croît dans les mares et les fossés inondés aux environs de Paris , dans les forêts de Fontainebleau , Senart et Bondy ; auprès de Strasbourg; de Mülhausen (Hall.).

DCCLXXVIII. SPARGOUTE. *SPERGULA.*

Spergula. Linn. Juss. Lam. Gœrtn. — *Alsines sp.* Tourn.

Car. Le calice est à 5 parties, la corolle a 5 pétales entiers , 5 ou 10 étamines, 5 styles ; la capsule a une loge , 5 valves.

Obs. Les feuilles sont souvent verticillées et munies de stipules.

§. 1er. *Des stipules à la base des feuilles.*

4388. Spargoute des champs.   *Spergula arvensis.*

S. arvensis. Linn. spec. 630. Lam. Illustr. t. 392. f. 1. Fl. dan. t. 1033.

Ses tiges sont hautes de 2 décim. , articulées , rameuses ou fourchues vers leur sommet , et médiocrement velues : ses feuilles sont linéaires , plus courtes que les entre-nœuds , et au nombre de 8 à 12 à chaque verticille : les fleurs sont blanches , terminales , presque paniculées , et portées sur des pédoncules divergens et pendans lorsqu'ils sont défleuris : le nombre des étamines varie de 5 à 10 : les graines sont arrondies , convexes des deux côtés , un peu chagrinées à leur maturité , entourées d'une nervure ou d'un rebord avorté à peine visible. ☉. Elle croît dans les champs sablonneux.

4389. Spargoute à cinq   *Spergula pentandra.*
étamines.

S. pentandra. Linn. spec. 630. Lam. Illustr. t. 392. f. 2.

Elle a le port de la précédente , mais elle est plus petite , presque toujours glabre ; elle porte un moins grand nombre de feuilles et de fleurs ; ses étamines sont presque toujours au nombre de 5 ; ses graines sont comprimées , lisses , entourées d'une large bordure blanche et membraneuse. ☉. Elle croît dans les lieux sablonneux ; au bois de Boulogne et ailleurs dans les environs de Paris ; au pont de Beauvoisin (Vill.), etc.

§. II. *Point de stipules.*

4390. Spargoute noueuse.   *Spergula nodosa.*

S. nodosa. Linn. spec. 630. Lam. Fl. fr. 3. p. 54. — Pluk. t. 7. f. 4. — J. Bauh. 3. p. 724. ic.

Sa tige est droite , simple ou rameuse par la base , haute de 1 décim. , très – menue , presque filiforme , glabre et garnie d'articulations nombreuses , fort rapprochées les unes des autres , sur-tout celles du sommet ; ses feuilles sont linéaires et réunies par la base : les supérieures sont extrêmement courtes , et les jeunes pousses qui sont dans leurs aisselles , les font paroître fasciculées , et donnent un aspect noueux à la tige : les fleurs sont blanches , pédonculées et latérales ou terminales : le calice a ses folioles ovales , obtuses , lisses , sans nervures. La grandeur de cette plante est de 5 centim. environ dans les lieux secs, et atteint jusqu'à 2 décim. dans les lieux humides. ♃. Elle croît dans les lieux sablonneux et humides, aux environs de Paris, de Strasbourg ; à St.-Valery-sur-Somme, etc.

4391. Spargoute porte-poil. *Spergula pilifera.*

Cette spargoute se distingue facilement à ses feuilles linéaires, un peu roides, parfaitement glabres, nombreuses, souvent disposées en faisceaux, toutes terminées par un poil ferme, semblable à celui qu'on observe à la sommité des feuilles de plusieurs mousses ; ses tiges sont couchées, rameuses, rampantes, entremêlées, disposées en gazon serré ; ses pédoncules sont axillaires, dressés, glabres, uniflores, longs de 2 centim. : les folioles du calice sont obtuses ; les pétales sont ovales, deux fois plus longs que le calice. Elle croît sur les hautes montagnes de l'isle de Corse, d'où M. Robert en a envoyé des échantillons que je décris dans l'herbier de M. Clarion.

4392. Spargoute glabre.   *Spergula glabra.*

S. glabra. Wild. spec. 2. p. 821. — *S. saginoides.* All. Ped. n. 1735. t. 64. f. 1. — Hall. Helv. n. 862.

Ses racines sont fibreuses ; la plante entière est glabre, et a le port de la sagine couchée ; ses tiges sont grêles, couchées ou ascendantes, longues de 5-9 centim. ; ses feuilles sont linéaires, presque filiformes, opposées, réunies par leurs bases ; de leurs aisselles, sortent des touffes de jeunes feuilles : les pédicelles sont longs, glabres, axillaires ou terminaux, chargés d'une seule fleur blanche, droite ou un peu penchée ; le calice est à 5 folioles ovales, bordées d'une membrane blanche ; les pétales sont entiers, plus grands que le calice ; l'ovaire porte 5 styles courts, et se change en une capsule pyramidale à 5 valves, deux fois plus longue que le calice ; les graines sont brunes, très-petites, anguleuses. ♃. Elle croît dans les prés herbeux et ombragés des vallées et des montagnes du Valais et du Piémont ; elle est commune autour de Valderio (All.) ; dans la partie de la val d'Aost voisine du grand St.-Bernard ; elle est abondante en Dauphiné (Vill.) ; dans les montagnes de Seyne en Provence.

4393. Spargoute fausse-sagine. *Spergula saginoides.*

S. saginoides. Linn. spec. 631. Smith. Fl. brit. 504.

Toute la plante est entièrement glabre, même sur ses pédoncules, ce qui la distingue de la spargoute en alène, et ses

pétales sont constamment plus courts que le calice, ce qui la
sépare de la spargoute glabre ; elle ressemble d'ailleurs par son
port aux deux espèces déjà mentionnées ; ses feuilles sont moins
pointues que dans la spargoute en alène ; ses pédicelles sont
très-longs ; son calice a les folioles obtuses ; les pétales sont entiers ; les étamines au nombre de 10 : la capsule est à 5 valves
plus longues que le calice. ♃. Elle a été observée dans les lieux
humides aux environs de Barrèges, par M. Ramond.

4394. Spargoute en alène.   *Spergula subulata.*

> *S. subulata.* Swartz. nov. act. Holm. 1789. t. 1. f. 3. Smith. Fl.
> brit. 505. — *S. saginoides.* Lam. Fl. fr. 3. p. 55. — *S. lari-
> cina.* Fl. dan. t. 858.

Cette petite plante ressemble extrêmement à la sagine couchée ;
ses racines sont fibreuses ; ses tiges forment une petite touffe
haute de 3–5 centim. ; elles sont un peu rameuses, garnies
de poils courts et épars qu'on retrouve sur les feuilles, les pédicelles et les calices : les feuilles sont opposées, menues, linéaires, acérées, en forme d'alène ; les pédicelles sont axillaires, uniflores, aussi longs que la tige ; les folioles du calice
sont ovales, obtuses, lisses ; les pétales sont obtus, de la longueur du calice ; la capsule est un peu plus longue. ♃, Sm. ⊙,
Wild. Elle croît dans les lieux humides et sablonneux ; à Saint-
Léger et ailleurs près Paris.

DCCLXXIX. CÉRAISTE.   *CERASTIUM.*

> *Cerastium.* Linn. Juss. Lam. Gœrtn. — *Myosotis.* Tourn. non
> Linn.

CAR. Le calice est à 5 parties ; la corolle à 5 pétales bifides ;
les étamines sont au nombre de 10 ; les styles de 5 ; la capsule
est à 1 loge globuleuse ou cylindrique, s'ouvrant au sommet
en 10 dents.

OBS. La distinction des espèces de céraiste est difficile et
embrouillée ; on a donné avec raison une grande importance à la
forme des capsules ; mais il est à présumer que plusieurs des espèces auxquelles on a attribué des capsules sphériques avoient
été observées avant leur maturité.

§. 1ᵉʳ. *Pétales égaux au calice ou plus courts que lui.*

4395. Céraiste commun.   *Cerastium vulgatum.*

> *C. vulgatum.* Linn. spec. 627. ex Smith. Fl. brit. 496. — *C.
> obtusifolium,* α. Lam. Fl. fr. 3. p. 58. — *C. viscosum.* Cur.

Lond. t. 35. — *C. vulgatum*, *β*. Lam. Dict. 1. p. 679. — Vail.
Bot. t. 30. f. 3.

β. C. glomeratum. Thuil. Fl. paris. II. 1. p. 226.

Herbe velue, visqueuse, d'un verd pâle, de 2-3 décim. de
longueur ; à racine fibreuse , à tiges cylindriques , feuillées , étalées , disposées en touffe, simples , bifurquées ou dichotomes; les
feuilles sont ovales , obtuses ; les fleurs naissent à la bifurcation
des rameaux, portées sur des pédicelles qui ne dépassent jamais la longueur du calice; les supérieures forment des têtes
serrées; le calice est à 5 folioles lancéolées , dont les intérieures
seules sont membraneuses sur les bords ; les pétales sont oblongs,
entiers ou échancrés , à peine plus longs que le calice; la capsule est cylindrique , un peu courbée, deux fois plus longue que
le calice ; les graines sont rousses , très-petites, légèrement
tuberculeuses, sur-tout vers les bords , lorsqu'on les voit à la
loupe. ⊙, Sm. ♃ , Desf. Cette plante est commune dans les
pâturages secs auprès des murs et des décombres ; elle fleurit
au printemps.

4396. Céraiste visqueux. *Cerastium viscosum.*

C. *viscosum*. Linn. spec. 627. ex Smith. Fl. brit. 497. — *C. vul-*
gatum. Lam. Fl. fr. 3. p. 57. Illustr. t. 392. f. 1. Curt. Lond.
t. 34. — *C. vulgatum*, *α*. Lam. Dict. 1. p. 679. — Vaill. Bot.
t. 30. f. 1.

β. Alsinoides. Pers. Ench. 1. p. 521.

Cette plante diffère de la précédente par ses feuilles moins
obtuses et souvent un peu pointues , par ses fleurs portées
sur des pédicelles 2 fois au moins plus longs que le calice ;
par ses calices, dont les 5 folioles sont un peu membraneuses
sur les bords ; par ses pétales bifides au sommet et à-peu-près
égaux au calice ; par sa capsule un peu plus ventrue ; par ses
graines 2 fois plus grosses , plus brunes, plus fortement tuberculeuses sur toute leur surface. ⊙. Elle croît dans les mêmes
lieux que la précédente , où elle fleurit depuis la fin du printemps au commencement de l'automne ; elle est au moins
aussi commune , et n'est pas plus visqueuse que la précédente.
— La variété *β*, que M. Loiseleur a trouvée dans les sables
aux environs de Bordeaux , a le port de l'alsine et diffère de
la précédente , parce qu'elle est moins velue , que ses feuilles
sont plus rondes , ses pétales un peu plus longs.

4597. Céraiste à courts   *Cerastium brachypetalum.*
     pétales.

C. brachypetalum. Desp. in Pers. Ench. 520.

Cette plante ressemble beaucoup à la précédente; mais elle paroît distincte à cause de sa tige droite, nullement visqueuse; de ses poils plus longs et plus nombreux, et sur-tout de ses pétales de moitié plus courts que le calice. ☉. Elle croît dans les lieux cultivés, et a été observée aux environs du Mans par M. Desportes, et de Strasbourg par M. Nestler.

4598. Céraiste à cinq   *Cerastium semi-decandrum.*
     anthères.

C. semi-decandrum. Linn. spec. 627. Smith. Fl. brit. 497. — *C. obtusifolium,* β. Lam. Fl. fr. 3. p. 58. — *C. vulgatum,* γ. Lam. Dict. 1. p. 679. — Vaill. Bot. t. 30. f. 2.
    β. *C. pusillum.* Curt. Lond. t. 30.

Une racine grêle et peu divisée émet une ou plusieurs tiges droites ou à peine étalées, et dont la longueur ne dépasse pas 1 décim., et quelquefois n'atteint pas 5 centim.; le haut de la plante est velu, un peu visqueux; le bas est presque glabre; les feuilles sont ovales ou un peu oblongues, obtuses dans le bas de la plante, un peu pointues vers le haut; les fleurs sont disposées comme dans les espèces précédentes, mais plus écartées, moins nombreuses; leur pédicelle est plus long que le calice; celui-ci a ses 5 folioles scarieuses sur les bords; les pétales sont de moitié plus courts que le calice, échancrés au sommet; les étamines sont au nombre de 5. Je n'ai pu appercevoir les 5 filets stériles dont parle Linné; la capsule est cylindrique, un peu courbée, 2 fois plus longue que le calice; les graines sont rousses, très-petites, un peu comprimées, peu ou point tuberculeuses. ☉. Elle est commune dans les terreins sablonneux et au bord des champs et des murs, et fleurit dès le premier printemps.

§. II. *Pétales plus longs que le calice.*

4599. Céraiste cotonneux. *Cerastium tomentosum.*

C. tomentosum. Linn. spec. 629? Lam. Dict. 1. p. 680. — J. Bauh. 3. p. 353. f. 1. malé.

Les tiges, les feuilles et les calices de cette plante, sont couverts d'un coton blanc très-remarquable; ces tiges sont hautes de 2 décim., très-rameuses et couchées dans leur partie inférieure ; les feuilles sont étroites et linéaires ; les fleurs sont blanches, grandes, fort belles et portées par des pédoncules rameux ; les ovaires sont globuleux ; il leur succède des capsules courtes, mais cylindriques et jamais globuleuses. ♃. Cette plante croît en Languedoc, au Vigan et au Capouladou près Montpellier (Gou.); en Provence; dans le Jura près de la Chaux de Fond (Hall.).

4400. Céraiste à larges feuilles. *Cerastium latifolium.*

> C. *latifolium.* Linn. spec. 629. Jacq. Coll. 1. p. 256. t. 20. Lam. Dict. 1. p. 680.

Ses tiges sont basses, couchées et divisées en rameaux très-ouverts; ses feuilles sont ovales, un peu épaisses et légèrement cotonneuses. Ses fleurs sont fort grandes, blanches, pédonculées et souvent solitaires sur chaque rameau ; elles ont leur calice velu et leurs pétales profondément bifides, 2 fois plus grands que le calice ; la capsule est ovoïde, courte (Sm.).♃. Il croît assez communément dans les Alpes, les Monts-d'Or.

4401. Céraiste laineux.   *Cerastium lanatum.*

> C. *lanatum.* Lam. Dict. 1. p. 680.
>
> β. *C. lanatum.* Lapeyr. Fl. pyr. t. 10.

Cette espèce forme des gazons serrés, laineux, doux au toucher, composés de plusieurs tiges étalées, longues de 6–7 centim., et qui sont dressées lorsqu'elles portent des fleurs ; les feuilles sont ovales-oblongues, obtuses, rétrécies à la base, quelquefois presque rondes ; les poils sont visqueux dans les individus qui proviennent des Pyrénées : ce caractère ne se retrouve pas dans ceux cultivés au Jardin des Plantes, et qu'on dit provenus des Alpes. Seroient-ce deux espèces différentes ? Dans l'une et l'autre, les fleurs sont pédicellées, solitaires sur leur pédicelle, terminales ou rarement axillaires, assez grandes, de couleur blanche; les folioles du calice sont ovales, laineuses sur le dos, peu scarieuses sur les bords; les pétales sont échancrés, doubles en longueur du calice ; la capsule est droite, oblongue ; les graines sont grosses, rousses, chagrinées. ♃. Elle croît dans les Pyrénées ; dans les Alpes (Lam.).

4402. Céraiste des champs.   *Cerastium arvense.*

> C. *arvense.* Linn. spec. 628. Lam. Dict. 1. p. 680. — Vaill. Bot. t. 30. f. 4.
>
> β. *C. repens.* Linn. spec. 628? Thuil. Fl. paris. II. 1. p. 227. — Vaill. Bot. t. 30. f. 5.

Ses tiges sont hautes de 2 décimètres, cylindriques, pubescentes , articulées , rameuses et un peu couchées dans leur partie inférieure ; les jeunes rameaux non fleuris sont très-garnis de feuilles ; mais les tiges fleuries les ont très-distantes , et paroissent presque nues vers leur sommet : les feuilles sont étroites, lancéolées-linéaires , d'un verd clair, assez glabres en dessus et légèrement velues en dessous , un peu ciliées à la base ; les fleurs sont grandes , de couleur blanche, terminales et portées sur des pédoncules rameux : le fruit est une capsule oblongue , cylindrique. ♃. On trouve cette plante sur le bord des champs , le long des chemins ; elle fleurit au printemps.

4403. Céraiste des Alpes.   *Cerastium Alpinum.*

C. Alpinum. Linn. spec. 628. Fl. dan. t. 6.

Sa racine rampe ; ses tiges sont demi-étalées , longues de 2-3 décim. , simples, pubescentes , terminées par une panicule bifurquée , à 3 ou 5 fleurs pédicellées ; ses feuilles sont oblongues ou elliptiques, obtuses, pubescentes , à poils mols , alongés : Smith dit qu'elles sont quelquefois glabres ; les bractées sont opposées , lancéolées ; les pédicelles pubescens ; les fleurs sont grandes , de couleur blanche ; les folioles de leur calice sont pubescentes sur le dos, très-scarieuses sur les bords, pointues au sommet ; les pétales sont échancrés , 2 fois plus longs que le calice, de grandeur variable ; la capsule est cylindrique , un peu courbée. ♃. Elle croît dans les lieux herbeux ou humides des Alpes ; des Pyrénées.

4404. Céraiste roide.   *Cerastium strictum.*

C. strictum. Linn. spec. 629. — *Centunculus angustifolius.* Scop. Carn. n. 551. t. 19. f. 1.
β. *C. strictum.* Lam. Dict. 1. p. 681.

Cette espèce ne me paroît différer du céraiste des Alpes , que parce qu'elle a la tige plus droite, plus roide et plus rameuse ; ses feuilles linéaires et pointues ; ses fleurs sont un peu plus petites , en panicule une ou deux fois bifurquée dans la variété *α* ; solitaires , terminales dans la variété *β*. ♃. Elle croît dans les lieux pierreux des montagnes; elle est assez commune dans les Alpes ; les Monts-d'Or. Le *cerastium lineare* d'Allioni diffère-t-il de cette espèce ?

4405. Céraiste à souche   *Cerastium suffruticosum.*
dure.

C. suffruticosum. Linn. spec. 629. Wild. spec. 2. p. 816. non

Lam. Pers. — *Myosotis tenuissimo folio rigido.* Tourn. Inst.
205. — *Arenaria Villarsii.* Balb. Misc. p. 21. var. *hirsuta.*

Ce céraiste ressemble tellement au précédent, qu'il mérite
à peine d'en être séparé, et que la culture semble tendre à
les confondre ensemble : celui-ci a les feuilles plus dures, plus
étroites et plus pointues, garnies à leur aisselle par des faisceaux
de jeunes feuilles, comme on le voit dans certaines espèces de
sablines ; ses pétales sont moins grands et moins profondément
bifides. ♃. Elle croit dans les montagnes de la Provence (Gér.) ;
et du Piémont. Je décris cette plante, soit d'après un échantillon
communiqué par M. Balbis, soit d'après des échantillons qui
sont conservés dans l'herbier de M. de Jussieu ; ceux-ci proviennent des herbiers d'Isnard et de Vaillant, où ils sont désignés par la phrase de Tournefort, que j'ai rapportée plus haut,
et que Linné cite pour son *cerastium suffruticosum.* La plante
décrite par MM. Lamarck et Persoon sous le nom de *cerastium
suffruticosum*, est tout-à-fait différente de celle-ci, et doit être
rejetée dans le genre des sablines ; car elle a 3 styles et les pétales entiers.

4406. Céraiste aquatique. *Cerastium aquaticum.*

C. aquaticum. Linn. spec. 629. Lam. Dict. 1. p. 681. — *Stellaria aquatica.* Scop. Carn. n. 546. — Cam. Epit. 581. ic.

Ses tiges sont longues de 5 décim., souvent un peu couchées,
anguleuses, rameuses, articulées, feuillées dans toute leur
longueur, lisses inférieurement, et pubescentes vers leur sommet ; ses feuilles sont larges, ovales, en cœur, pointues, la
plupart entièrement glabres ; mais les supérieures sont un peu
velues en dessous, les inférieures quelquefois pétiolées : les
fleurs sont blanches, pédonculées et terminales ; leurs pétales
sont profondément bifides et un peu plus grands que le calice ;
les fruits sont pendans, presque globuleux ; les graines sont
brunes, un peu tuberculeuses. ♃. Elle croit dans les fossés
aquatiques et au bord des lacs.

DCCLXXX. CHERLERIE. *CHERLERIA.*

Cherleria. Hall. Linn. Juss. Lam.

Car. Le calice est à 5 parties ; la corolle à 5 pétales petits
et échancrés ; les étamines sont au nombre de 10 ; l'ovaire porte
5 styles ; la capsule est à 3 loges, à 3 valves ; chaque loge
renferme 2 graines.

4407. Cherlerie faux-sédum. *Cherleria sedoides.*

C. sedoides. Linn. spec. 608. Lam. Illustr. t. 379. — *C. cæspitosa.* Lam. Fl. fr. 3. p. 46.

Cette plante est fort petite ; sa racine se divise supérieurement en plusieurs souches couchées et rampantes ; ces souches sont garnies chacune vers leur sommet, d'un grand nombre de feuilles étroites, linéaires, aiguës, un peu fermes, réunies par leurs bases, extrêmement rapprochées et disposées en rosettes très-serrées, qui par leur assemblage forment des gazons assez épais ; les fleurs sont d'un jaune verdâtre et portées sur des pédoncules fort courts. ♃. Elle est commune dans les prairies pierreuses et auprès des glaciers dans les Alpes et les Pyrénées.

DCCLXXXI. SABLINE. *ARENARIA.*

Arenaria. Linn. Juss. Lam. Gœrtn. — *Alsines sp.* Tourn.

Car. Le calice est à 5 parties ; la corolle à 5 pétales entiers ; les étamines au nombre de 10 ; l'ovaire porte 3 styles ; la capsule est à 1 loge, s'ouvre en 5 valves.

§. Ier. *Feuilles planes, arrondies, ovales-lancéolées ou linéaires.*

4408. Sabline à quatre rangs. *Arenaria tetraquetra.*

A. tetraquetra. Linn. spec. 605. All. Ped. n. 1718. t. 89. f. 1.
β. *Gypsophila aggregata.* Linn. spec. 581. — *A. capitata.* Lam. Fl. fr. 3. p. 39. — Magn. Monsp. 53. t. 5.

Ses tiges sont hautes de 9 à 12 centim., dures, menues, blanchâtres et rameuses inférieurement ; ses feuilles sont courtes, étroites, aiguës, un peu pliées en gouttière, réunies par la base et fort roides, disposées sur 4 rangs réguliers dans les tiges courtes ou stériles ; les fleurs sont blanches et disposées en tête ou en 1 ou 2 faisceaux placés au sommet des tiges ; ces faisceaux ne sont composés que de 2 à 4 fleurs sessiles, dont les calices sont remarquables par leurs écailles aiguës, roides et scarieuses. ♃. Elle croît dans les lieux secs, stériles des montagnes du midi de la France ; aux environs de Tende (All.) ; dans la Provence méridionale (Gér.) ; auprès de Montpellier au mont du Loup, au Capouladou (Magn.) ; au Vigan (Gou.).

4409. Sabline pourpier. *Arenaria peploides.*

A. peploides. Linn. spec. 605. Fl. dan. t. 624. — *Honkenya peploides.* Ehrh. Beitr. 2. p. 181. *A. portulacea.* Lam. Fl. fr. 3. p. 38.

Ses tiges sont hautes de 9 centim., cylindriques, tendres,

succulentes , simples et feuillées dans toute leur longueur ; ses
feuilles sont ovales , pointues , entières , charnues et assez rapprochées les unes des autres , sur-tout les supérieures ; ses fleurs
sont blanches et ramassées au sommet des tiges ; leurs pétales
sont un peu écartés entre eux, à-peu-près égaux au calice ;
la capsule est arrondie , à 5 loges , et renferme des graines
ponctuées non bordées. ♃. Elle croît dans le sable sur les bords
de l'Océan ; auprès des Landes de Bordeaux , à la Rochelle ,
aux isles de Ré et d'Oléron , le long des marais salans de
Noirmoutier et de Bourgneuf (Bon.) ; au Crotoy et au cap Cornu
près Abbeville (Bouch.) ; à Boulogne ; en Flandre (Lest.) ;
près de Dunkerque.

4410. **Sabline à fleurs géminées.**   *Arenaria biflora.*

> *A. biflora.* Linn. Mant. 71. All. Ped. n. 1699. t. 44. f. 1. et t.
> 64. f. 3.
> β. *A. apetala.* Vill. Dauph. 4. p. 622. t. 48.

Ses tiges sont grèles , rameuses, tout-à-fait couchées, chargées de feuilles serrées, nombreuses, qui ressemblent un peu
à celles du serpollet ; toute la plante est glabre ; ses feuilles sont
arrondies ou un peu ovales , très-obtuses, lisses, sans nervure ;
chaque petit rameau émet à son extrémité deux fleurs blanches
portées sur des pédicelles deux fois plus longs que les feuilles ,
entourés à leur base de 2 bractées linéaires ; les folioles du calice sont ovales , plus courtes que les pétales ; l'ovaire est globuleux , à 4 ou 5 styles. ♃. Elle croît sur les sommités des Alpes ,
auprès des neiges qui se fondent ; on la trouve assez fréquemment dans les Alpes du Mont–Blanc , au grand St.-Bernard ,
au col Ferret ; à la source du Rhône (Hall.) ; au petit mont
Cenis ; au Celos près Lagnelin , et ailleurs dans les Alpes du
Dauphiné.

4411. **Sabline de Mahon.**   *Arenaria Balearica.*

> *A. Balearica.* Linn. Syst. nat. ed. 12. app. 230. L'Her. Stirp. 1.
> t. 15. — *A. muscosa.* Med. act. Pal. 3. p. 202. t. 12.

Elle forme des touffes serrées, arrondies ; ses tiges sont
grèles , rampantes , entrecroisées ; ses feuilles sont d'un verd
foncé, ovales , obtuses, petites, entières , un peu charnues , rétrécies en un court pétiole ; les pédicelles sont solitaires , dressés , longs de 3-5 centim., un peu pubescens , terminés par
une seule fleur blanche, munis vers le milieu de leur longueur
d'une paire de feuilles ; les pétales sont ovales , obtus, deux

fois plus longs que le calice; après la fleuraison, le pédicelle se courbe au sommet, et la capsule est penchée. ♃. Elle a été trouvée dans l'isle de Corse par MM. Labillardière et Noisette.

4412. Sabline à feuilles de céraiste. *Arenaria cerastiifolia.*

A. cerastiifolia. Ram. Pyr. ined.

Cette plante a le port du céraiste à 5 anthères, et seroit confondue avec lui, si on n'observoit que ses pétales sont entiers; sa tige est grèle, brune, un peu ligneuse, divisée en branches nombreuses, blanchâtres, longues de 3-5 centim., garnies de feuilles dont les inférieures sont desséchées; la plante entière acquiert jusqu'à 1 décim. de longueur; elle est garnie dans le haut de petits poils légèrement glanduleux; ses feuilles sont ovales, à 3 nervures, un peu lancéolées, pubescentes; les fleurs sont solitaires, pédonculées, terminales; leur calice a ses folioles oblongues, striées, peu pointues; les pétales sont oblongs; les étamines sont au nombre de 10; l'ovaire porte 3 styles. Elle sort des fentes des rochers à Troumouse, au fond de la vallée de Héas dans les Pyrénées, où elle a été observée par M. Ramond.

4413. Sabline à trois nervures. *Arenaria trinervia.*

A. trinervia. Linn. spec. 605. Fl. dan. t. 429. — *A. nervosa.* Lam. Fl. fr. 3. p. 36.

Ses tiges sont légèrement velues, grèles, rameuses, foibles, et hautes de 2 décim.; ses feuilles sont ovales, pointues, ciliées, chargées de 3 nervures, et distinctement pétiolées, surtout les inférieures : les fleurs sont blanches, pédonculées et solitaires : les pétales sont plus courts que les folioles du calice; celles-ci sont lancéolées, aiguës, courbées en carène, membraneuses et blanches sur les bords, rudes ou un peu ciliées sur le dos. ☉. On trouve cette plante dans les bois.

4414. Sabline ciliée. *Arenaria ciliata.*

A. ciliata. Linn. spec. 608. Lam. Fl. fr. 3. p. 37. Jacq. Coll. 1. t. 16. f. 2.

β. *A. multicaulis.* Linn. spec. 605. Jacq. Coll. 1. t. 17. f. 1. — Hall. Helv. n. 876. t. 17.

Ses tiges sont longues de 6-9 centim., rameuses et presque glabres; ses feuilles sont petites, ovales, nerveuses, un peu rétrécies à la base, à peine charnues, vertes et légèrement ciliées à leur base; ses fleurs sont blanches, pédonculées et plus grandes que le calice. La variété β est remarquable par ses tiges plus rameuses et longues presque d'un décim., et par ses feuilles plus fortement ciliées, sessiles et sans nervures. ♃. On trouve ces plantes dans les lieux pierreux des montagnes de la Provence, du Dauphiné, de la Savoie, du Piémont.

4415. Sabline à feuilles de serpollet.   *Arenaria serpillifolia.*

A. serpillifolia. Linn. spec. 606. Lam. Fl. fr. 3. p. 37. — *Stellaria serpillifolia.* Scop. Carn. n. 544. — Fuchs. Hist. 23. ic.

Ses tiges sont hautes de 1 - 2 décim., menues, rameuses, dichotomes et légèrement velues, ainsi que les feuilles et les calices; ses feuilles sont courtes, sessiles, ovales et très-pointues : les fleurs sont petites, blanches, pédonculées, et naissent dans les bifurcations et vers le sommet des tiges : les corolles sont plus courtes que le calice; la capsule est penchée à sa maturité, et s'ouvre en 6 dents, comme celle des stellaires. ☉. On trouve cette plante sur les murs et dans les champs sablonneux.

4416. Sabline de montagne.   *Arenaria montana.*

A. montana. Linn. spec. 606. Lam. Fl. fr. 3. p. 41. Vent. Cels. t. 34.

β. *A. linariæfolia.* Poir. Dict. Enc. 6. p. 367. — Monn. Obs. 137.

Ses tiges sont longues de 12-15 centim., rougeâtres, droites seulement lorsqu'elles fleurissent; les rameaux stériles sont longs et couchés; ses feuilles sont lancéolées-linéaires, un peu rudes en leurs bords et en leur nervure postérieure : les fleurs sont grandes, blanches et solitaires sur leurs pédoncules, qui sont assez longs : les folioles du calice sont ovales-lancéolées : les pétales sont entiers; après la fleuraison, les pédicelles sont pendans. La variété α a la tige glabre; dans la variété β, elle est pubescente : c'est à cette dernière que je rapporte le synonyme de Lemonnier, car elle est la seule que j'aie retrouvée dans son herbier. ♃. Cette plante croît dans les lieux arides, sablonneux et montueux, aux environs du Mans, de Tours, dans les basses Pyrénées, sur-tout aux environs de Barrèges; M. Ramond l'a vue acquérir jusqu'à 7-8 déc. de longueur lorsqu'elle croît auprès des buissons, sur lesquels elle s'appuie.

4417. Sabline rougeâtre. *Arenaria purpurascens.*

A. purpurascens. Ramond. Pyren. ined.

Ses tiges, qui sont grèles, longues, grisâtres, couchées, un peu rampantes, émettent çà et là des rameaux ascendans, longs de 2-5 centim. ; les feuilles sont ovales-lancéolées, pointues, glabres, parfaitement entières, très-serrées à l'extrémité des rameaux stériles, séparées par des entre-nœuds plus longs qu'elles dans les tiges fleuries : celles-ci sont pubescentes, terminées par 2 à 4 fleurs pédicellées, assez grandes, d'un blanc plus ou moins rose ou lilas ; les pédicelles sont courts, pubescens ; les folioles du calice sont lancéolées, acérées, blanches sur les bords, lisses sur le dos : les pétales sont très-obtus, deux fois plus longs que le calice : la capsule est cylindrique, à 6 dents. ♃. Elle a été découverte par M. Ramond dans les sommités des Pyrénées, aux ports de Gavarni et de Pinède.

4418. Sabline lancéolée. *Arenaria lanceolata.*

A. lanceolata. All. Ped. n. 1715. t. 26. f. 5. excl. Hall. syn. Wild. spec. 2. p. 727.

β. *A. cherlerioides.* Vill. Dauph. 4. p. 626. t. 47.

Une souche grèle, rameuse, couchée ou rampante, pousse plusieurs jets droits ou ascendans, longs de 5-8 centim., cy-lindriques, légèrement pubescens, ainsi que les pédicelles ; les feuilles sont lancéolées-linéaires, aiguës, demi-étalées, roides, un peu écartées, marquées de nervures longitudinales, et bor-dées de très-petits poils visibles à la loupe : tantôt la tige se termine par 1-3 pédicelles, tantôt elle se bifurque au sommet ; chaque rameau porte 2 pédicelles, et il en naît un entre les 2 rameaux ; ces pédicelles sont 2 fois plus longs que les feuilles, terminés par une seule fleur blanche, droite : les folioles du calice sont lancéolées-linéaires, marquées de nervures longi-tudinales : les pétales sont obtus, un peu plus longs que le ca-lice : la capsule est conique, et s'ouvre en 3 valves. ♃. Elle croît dans les prairies pierreuses des Alpes du Piémont ; au mont Cenis, à la val d'Aost, dans la vallée de Queyras, dans les montagnes des Vaudois, aux Alpes de Fenestrelles. La var. β ne diffère de la précédente que parce qu'elle est plus courte, que ses rameaux sont plus courts, plus nombreux, ce qui lui donne quelques ressemblances dans le port avec la sabline à fleurs géminées. Elle croît sur les rochers des montagnes de la Provence et du Dauphiné.

Tome IV.   D d d

4419. Sabline fausse-   *Arenaria polygonoides.*
renouée.

A. polygonoides. Jacq. Coll. 1. p. 241. t. 15. — *A. obtusa.* All.
Ped. n. 1714. t. 64. f. 4. — Hall. Helv. n. 863. var. alp.

Sa racine pousse plusieurs tiges grèles, étalées, rameuses,
longues de 6-8 centim. ; ses feuilles sont linéaires, obtuses,
molles, glabres ainsi que le reste de la plante, assez serrées
aux extrémités des rameaux : les pédicelles sont terminaux,
solitaires ou géminés, deux fois plus longs que les feuilles,
munis à leur base de 2 bractées opposées : les fleurs sont blanches ; le calice est à 5 folioles ovales-oblongues, obtuses, plus
courtes que les pétales, dépourvues de nervure. ♃. Elle croit
dans les prairies pierreuses des hautes Alpes du Valais, de la
Savoie et du Piémont, à l'Allée-Blanche, au St.-Bernard (Hall.),
à Fenestrelle, Céresole et au col de Cogne (All.).

4420. Sabline des tourbières.   *Arenaria uliginosa.*

A. uliginosa. Schleich. Cent. exs. 1. n. 47. — Hall. Helv. n. 863.
var. jurat.

Cette plante ressemble un peu à la précédente, avec laquelle
Haller paroît l'avoir confondue ; sa tige se divise dès sa base en
plusieurs souches grèles, rameuses, ascendantes ; la plante est
entièrement glabre ; ses feuilles sont linéaires, molles, assez
fines, longues d'un centim. : la sommité des branches est dégar-
nie de feuilles, et donne naissance à des pédicelles droits, grèles,
roides, 4 ou 5 fois plus longs que les feuilles, terminés chacun
par une fleur droite, blanche, plus petite que dans l'espèce
précédente ; les folioles du calice sont ovales, lisses, un peu
pointues ; les pétales les dépassent en longueur, et sont un peu
échancrés au sommet (Chaill.) ; l'ovaire porte 5 styles. ♃ ?
Cette petite plante m'a été envoyée par M. Chaillet, qui l'a
découverte dans les marais tourbeux des montagnes du Jura, au
Pont-Martel et aux environs de la Brevine. Elle diffère de la
stellaria biflora de Lapponie par la longueur de ses pédicelles,
et ses calices lisses et non striés.

§. II. *Feuilles en forme d'alène au moins à*
leur extrémité.

4421. Sabline d'Autriche.   *Arenaria Austriaca.*

A. Austriaca. Jacq. Austr. t. 270. All. Ped. n. 1700. t. 64. f. 2.

β. *Glabra.* — *A. Vill'arii.* Balb. Misc. p. 21. excl. var. hirsut.—
A. triflora. Vill. Dauph. 4. p. 623. t. 47.

La racine pousse plusieurs tiges ascendantes, grèles, cylindriques, rameuses sur-tout vers la base, hérissées ainsi que les
pédicelles de petits poils épars et jamais couchés; les feuilles
sont linéaires, striées, pubescentes, un peu écartées, sur-tout
dans le haut de la plante : les tiges se bifurquent au sommet en
2 rameaux droits, courts, chargés d'une fleur ou souvent avortés, entre lesquels sort un pédicelle long, grèle, uniflore; les
folioles du calice sont linéaires-lancéolées, pointues, pubescentes, à 3 nervures saillantes; les pétales sont blancs, plus
longs que le calice, obtus, un peu échancrés au sommet. ♃.
Elle croît dans les lieux pierreux et ombragés des Alpes du Piémont; dans les vallées des Vaudois (All.); aux Alpes de Fenestrelle, d'où elle m'a été envoyée par M. Balbis. La variété β,
que j'ai reçue du même naturaliste, ne me paroît différer de la
précédente que parce qu'elle est plus grande dans toutes ses
parties, que ses fleurs sont un peu plus nombreuses, et qu'elle
est toute glabre, à l'exception des pédicelles et des calices. Elle
croît dans les Alpes de Pisi et de Tende; à Menteyer, Seuse,
Rabou, sur le mont Aiguille près Die, et aux environs de
Gap (Vill.).

4422. Sabline à grande fleur. *Arenaria grandiflora.*

A. grandiflora. Linn. spec. 608. All. Ped. n. 1711. t. 10. f. 1.
β. *Multiflora.* — *A. grandiflora.* Gou. Illustr. p. 30.

Ses tiges sont basses, pubescentes, feuillées médiocrement
vers leur sommet, et chargées chacune d'une fleur seulement;
ses feuilles sont rudes, lancéolées-linéaires, aiguës, sillonnées
et ramassées à la base des tiges; ses fleurs sont blanches, pédicellées, fort grandes, et les folioles de leur calice sont ovales-
lancéolées; les capsules sont de la longueur du calice, et s'ouvrent en 6 valves. ♃. Cette plante croît dans les lieux pierreux des hautes Alpes; au mont Cenis et dans les vallées des
Vaudois en Piémont; dans le Jura au Chasseron (Hal.); à
Salève près Genève. La variété β, que j'indique d'après Gouan,
porte plusieurs fleurs, et se trouve dans les lieux herbeux
des environs de Montpellier au bois de Gramont, au mont de
Saint-Guiral, et entre Campestre et le mont de l'Eperon
(Gou.).

4423. Sabline à trois fleurs.   *Arenaria triflora.*

A. triflora. Linn. Mant. 240. Cav. ic. t. 249. f. 2. Poir. Dict. 6.
p. 348. — *A. juniperina.* Vill. Dauph. 4. p. 624.

Une racine forte et rameuse donne naissance à un grand
nombre de tiges disposées en gazon, ascendantes, longues de
2 décim., cylindriques, pubescentes, au moins vers le haut :
les rameaux sont ordinairement au nombre de 2–3 ; les feuilles
sont roides, ouvertes, plus nombreuses dans le bas de la plante,
lancéolées-linéaires, rétrécies en alène, un peu hérissées en dessous
et ciliées sur leurs bords, au moins à leur base : les fleurs sont ordinairement au nombre de 3 ou 5, portées sur des pédicelles
droits, pubescens, longs de 2 centim. ; les folioles du calice sont
ovales, pointues, droites, pubescentes ; les pétales sont blancs,
oblongs, deux fois plus longs que le calice : la capsule est ovoïde,
un peu plus longue que le calice, s'ouvre en 6 valves peu séparées, et renferme des graines noires un peu chagrinées lorsqu'on les voit à la loupe. ♃. Cette plante croît dans les lieux
montueux, arides, pierreux et sablonneux ; au Mail d'Henri IV
près Fontainebleau ; dans les Pyrénées ; dans le Queyras, les
environs de Briançon et au mont Ventoux (Vill.).

4424. Sabline de Gérard.   *Arenaria Gerardi.*

A. Gerardi. Wild. spec. 2. p. 729. — *A. liniflora.* Jacq. Austr.
t. 445. — *A. verna.* Vill. Dauph. 4. p. 626? — Ger. Gallopr.
p. 405. n. 7. t. 15. f. 1.

Cette espèce est presque entièrement glabre, et ne s'élève
qu'à 6–8 centim. ; sa tige se divise dès sa base en plusieurs
branches grêles, droites, rapprochées, cylindriques ; ses feuilles
sont linéaires, en forme d'alène, droites, un peu roides, à 3
nervures ; les supérieures sont plus courtes et plus larges ; le
sommet de chaque branche se divise en 2–3 pédicelles terminés chacun par une fleur blanche de la grandeur de celle du
lin purgatif : les folioles du calice sont lancéolées, pointues, un
peu membraneuses sur les bords, munies de 3 nervures saillantes : les pétales sont très-obtus, un peu plus longs que le
calice. ♃. Elle croît dans les prairies stériles, nues et élevées
des Alpes de Provence (Gér.), et de Dauphiné (Vill.)?

4425. Sabline printannière.   *Arenaria verna.*

A. verna. Linn. Mant. 72. Smith. Fl. brit. 481. — *A. saxatilis.*
Vill. Dauph. 3. p. 631. All. Ped. n. 1704. — *A. cæspitosa.*
Schleich. Cat. p. 7. — Vaill. Bot. t. 2. f. 3.

Une racine unique, branchue à son extrémité, pousse un

grand nombre de tiges disposées en gazon serré, longues de 5-20 centim., droites ou ascendantes, cylindriques, légèrement pubescentes ; les feuilles sont droites, roides, en forme d'alène, presque obtuses, ordinairement glabres, un peu élargies à leur base, marquées de 3 nervures ; les bractées sont ovales, courtes, à 3 nervures ; les pédicelles sont nombreux, droits, pubescens, longs de 8-12 millim., terminés chacun par une fleur blanche dont le diamètre ne passe pas 8-9 millim. ; les folioles du calice sont ovales, aiguës (ce qui distingue cette espèce de l'*arenaria saxatilis*, Lin.), un peu pubescentes, à 3 nervures écartées, à peine membraneuses sur les bords ; les pétales sont oblongs, plus longs que le calice ; la capsule est cylindrique, à 3 valves. ♃. Elle croît dans les collines sablonneuses et dans les lieux pierreux ; dans les basses Alpes ; le Jura ; les environs de Mayence, de Paris, etc.

4426. Sabline hérissée.   *Arenaria hispida.*

A. hispida. Linn. spec. 608. Wild. spec. 2. p. 725.

Sa racine est dure, tortue, presque simple ; ses tiges sont nombreuses, disposées en touffe, longues de 6-12 centim., hérissées, ainsi que les feuilles, les pédicelles et les calices, de petits poils courts et épars ; les feuilles sont étalées, en forme d'alène, longues de 7-8 millim., un peu élargies à la base, très-rapprochées dans le bas de la plante ; les fleurs sont disposées en panicule dichotome, portées sur de longs pédicelles ; le calice a ses folioles lancéolées, acérées, peu ou point striées ; les pétales sont oblongs, obtus, à peine plus longs que le calice, et de couleur blanche. ♃. Cette plante croît aux environs de Montpellier, au mont de l'Epéron (Lin.), et sur les rochers du Capouladou (Herb. Isnard.).

4427. Sabline à feuilles menues. *Arenaria tenuifolia.*

A. tenuifolia. Linn. spec. 607. Lam. Fl. fr. 2. p. 43. — Vaill. Bot. t. 3. f. 1.

β. *A. barrelieri.* Vill. Dauph. 4. p. 634. —Barr. ic. t. 580.

γ. *Pusilla glabra tri-seu-pentandra.*

δ. *A. hybrida.* Vill. Dauph. 4. p. 634. t. 47.

ε. *A. viscidula.* Thuil. Fl. paris. II. 1. p. 219. —*Alsine viscosa.* Schreb. Spic. p. 30. — *A. dubia.* Sut. Fl. helv. 1. p. 266. — *A. viscosa.* Pers. Ench. 504.,

Ses tiges sont longues de 12-18 centim., extrêmement menues, glabres, rameuses et presque paniculées ; ses feuilles sont

petites , étroites , aiguës et réunies par leur base ; ses fleurs sont
nombreuses , fort petites , pédonculées et de couleur blanche ;
les folioles de leur calice sont aiguës , plus longues que les pétales , et à peine striées , et la capsule est pointue et plus longue que le calice. ☉. On trouve cette plante sur les murs et
dans les lieux sablonneux. La variété α est droite , toute glabre ,
longue de 2-3 décim. La variété β est très-rameuse , un peu
couchée à sa base , entièrement glabre , longue de 1-2 décim.
La variété γ est très-petite , assez droite , toute glabre , et remarquable en ce qu'elle n'a que 3 ou 5 étamines. La variété δ
a le port de la précédente , mais s'en distingue par son calice
pubescent et un peu visqueux ; enfin la variété ε est droite ,
haute de 6-8 centim. , toute couverte de poils courts , hérissés
et visqueux.

4428. Sabline recourbée.   *Arenaria recurva.*

A. recurva. All. Ped. n. 1713. t. 89. f. 3. Jacq. Coll. 1. p. 244. t.
16. f. 1. — Hall. Helv. n. 868.

Ses tiges sont nombreuses , couchées et branchues à la base ;
la plante entière ne passe pas 6-7 centim. de longueur : les
feuilles sont linéaires , en forme d'alène , glabres , serrées sur
les jeunes tiges , écartées sur les tiges fleuries , toutes courbées
d'un même côté , ce qui est sur-tout remarquable dans les jeunes
pousses ; les tiges sont presque nues et pubescentes au sommet ;
les pédicelles sont droits , pubescens , au nombre de 5-6 , entourés à leur base de bractées opposées un peu striées , terminés chacun par une fleur droite , de couleur blanche ; les
folioles du calice sont lancéolées , striées , pubescentes , plus
courtes que les pétales , égales à la capsule ; celle-ci s'ouvre en
3 valves. ♃. Elle croît dans les prairies pierreuses des hautes
sommités des Alpes ; dans les cantons des Vaudois en Piémont
(All.); dans les montagnes de la vallée du Pô ; dans les Alpes
voisines du Mont-Blanc ; à la vallée de St.-Nicolas.

4429. Sabline à fines feuilles.   *Arenaria setacea.*

A. setacea. Thuil. Fl. paris. II. 1. p. 220. — A. heteromalla.
Pers. Ench. 504.

Sa racine est ligneuse , tortue , d'un blanc jaunâtre ; elle
pousse un grand nombre de tiges droites ou demi-étalées , disposées en touffe irrégulière , un peu pubescentes , longues de
2-3 décim. , cylindriques ; les feuilles sont fines comme des
soies , molles , longues de 12-15 millimètres , droites , un peu

engaînantes à leur base au moyen d'un petit bord membraneux ;
elles naissent disposées en touffe comme dans les mélèzes ; les
fleurs sont disposées au sommet des tiges en bouquet serré ;
leurs pédicelles sont droits, glabres ; les bractées sont courtes ,
membraneuses , opposées et réunies par leur base ; les folioles
du calice sont lancéolées , pointues, vertes sur le dos , bordées
de 2 bandes blanches et membraneuses; les pétales sont blancs ,
obtus , plus longs que le calice (ce qui distingue cette espèce de
l'*arenaria fasciculata* , Lin.) ; la capsule est à 5 valves , égale
à la longueur du calice. ♃. Elle croît parmi les rochers , sur les
collines auprès de Paris ; à St.-Maur ; au rocher du Cuvier près
Fontainebleau.

4430. Sabline en faisceaux. *Arenaria fasciculata.*

A. fasciculata. Gou. Illustr. 3o. Lam. Fl. fr. 3. p. 41. Jacq.
Austr. t. 182. — *Alsine mucronata.* Lam. Dict. 4. p. 310. —
Hall. Helv. n. 870. t. 17.

Sa racine , qui est dure et blanchâtre , émet plusieurs tiges
droites, roides, hautes de 2-3 décim. , simples ou divisées en rameaux alternes et dressés ; les feuilles sont longues, fines, droites,
serrées , évasées à la base par un bord membraneux , terminées
en forme d'alène , striées sur le dos : les fleurs sont portées sur
de courts pédicelles , les unes axillaires , les autres réunies en
faisceaux au sommet des tiges ; les folioles du calice sont droites ,
roides, lancéolées, acérées , en forme d'alène , vertes et striées
sur le dos , blanches sur les bords ; les pétales sont blancs ,
trois fois plus courts que le calice ; le nombre des étamines varie de 5 à 10; l'ovaire porte 5 styles , et se change en une capsule à 3 valves , un peu plus courte que le calice ; les graines
sont brunes , arrondies , comprimées , hérissées de petites
pointes disposées en rangées circulaires. ⊙ ou ♂, Vill. Elle
croît dans les sables et sur les graviers exposés au soleil dans le
Valais et le long du lac d'Iverdun ; le long du Drac, à Grenoble ,
dans le Champsaur, à Veynes (Vill.); en Piémont (All.); dans
les environs de Suze; à Boutonet et Meyrueis près Montpellier (Gou.).

4431. Sabline à calices pointus. *Arenaria mucronata.*

Alsine mucronata. Linn. Mant. 358. Gou. Illustr. 22.

Une souche grêle, couchée ou étalée , donne naissance à
plusieurs tiges droites ou ascendantes , un peu rameuses , hautes

de 6-9 centim. , beaucoup plus grêles et plus lâches que dans
la précédente ; les feuilles sont glabres , fines comme des soies,
nombreuses dans le bas de la plante , un peu évasées à la base,
droites, longues de 7-9 millim. ; les fleurs sont pédicellées à
la bifurcation ou aux sommités des rameaux : elles ressemblent
à celles de la précédente , mais sont plus petites ; les folioles
de leur calice sont droites , lancéolées , acérées , roides , blanches sur les bords   vertes et striées sur le dos ; les pétales sont
oblongs , d'un tiers plus courts que le calice : le nombre des
étamines paroît varier de 5 à 10 ; la capsule est oblongue , à
3 valves égales à la longueur du calice ; les graines sont brunes,
ovales , hérissées de pointes disposées en séries régulières. ☉ ?
Elle croit dans les rochers des montagnes du Languedoc ; au
Capouladou , à Meyrueis , à Campestre (Gou.) ; à Anduse.

§. III. *Fausses-spargoutes.* — *Feuilles entourées de
stipules scarieuses.*

4432. Sabline des moissons.   *Arenaria segetalis.*

> *A. segetalis.* Lam. Fl. fr. 3. p. 43. — *Alsine segetalis.* Linn.
> spec. 390. — *Spergula segetalis.* Vill. Dauph. 4. p. 657. —
> Vaill. Bot. t. 3. f. 3.

Sa tige est haute de 12 centim , droite, filiforme, articulée,
rameuse, sur-tout dans sa partie supérieure , et chargée de
quelques poils ; à chaque articulation, même celles du sommet,
on observe une stipule vaginale , courte , transparente et déchirée en ses bords : ses feuilles sont sétacées , linéaires , longues de 15 à 18 millim. , et souvent tournées d'un seul côté ;
les fleurs sont extrêmement petites ; les pédoncules défleuris
sont presque pendans , et la capsule du fruit n'est pas plus longue
que le calice. ☉. Cette plante croit parmi les blés ; à Saint-
Hubert près Paris ; au champ du Meuil près Rouen ; aux environs de Turin et de Ciliano (All.) ; à St.-Romans et le long
de l'Isère (Vill.).

4433. Sabline à fleur rouge.   *Arenaria rubra.*

> *A. rubra.* Linn. spec. 606. Lam. Fl. fr. 3. p. 44.
> α. *A. campestris.* All. Ped. n. 1716. — *A. rubra.* Roth. Germ. 1.
> p. 189. — J. Bauh. 3. p. 723. f. 3.
> β. *A. marina.* Roth. Germ. 1. p. 189.

Ses tiges sont couchées , rameuses , articulées, un peu velues
dans leur partie supérieure, et longues de 9 à 18 centim. ;

chaque articulation est remarquable par une stipule vaginale,
membraneuse, sèche, transparente, et plus ou moins déchirée
en ses bords ; les feuilles sont linéaires, un peu charnues, opposées, paroissant souvent fasciculées à cause des nouvelles
pousses, et presque aussi longues que les entre-nœuds : les
fleurs sont rouges ou d'un pourpre bleuâtre ; les pétales sont à
peine plus grands que le calice, et les pédoncules défleuris sont
très-ouverts ; les graines sont petites, anguleuses, non entourées d'un bord membraneux et un peu chagrinées, lorsqu'on
les voit à la loupe. La variété *α*, qui croît dans les champs et
les lieux sablonneux, est assez velue, sur-tout vers le sommet,
un peu visqueuse, et a les folioles du calice aussi longues que
les capsules. La variété *β*, qu'on trouve sur les bords de la
mer et autour des salines de Lorraine, est presque entièrement
glabre, et a les folioles du calice plus courtes que les capsules.⊙.
On trouve cette plante dans les terreins sablonneux.

4434. Sabline à graines   *Arenaria marginata.*
      bordées.

A. media. Linn. spec. 606. Poir. Dict. 6. p. 367. — *A. marina.*
Smith. Fl. brit. 480.

Cette espèce a le port de la précédente, et s'en rapproche
par presque tous ses caractères ; mais ses fleurs sont 2 fois plus
grandes et ses graines sont plates et entourées d'une aile membraneuse. On en peut distinguer deux variétés, dont l'une est
glabre et l'autre velue. ⊙. Elle croît dans les prairies et les sables
maritimes en Picardie, en Normandie, en Languedoc, et probablement dans tous les départemens maritimes : elle se retrouve
loin de la mer à Gap et dans le Champsaur (Vill.).

DCCLXXXII. STELLAIRE. *STELLARIA.*

Stellaria. Linn. Juss. Lam. Gœrtn. — *Alsines sp.* Tourn.

CAR. Le calice est à 5 parties ; la corolle a 5 pétales bifides ;
les étamines sont au nombre de 10 ; l'ovaire porte 3 styles ; la
capsule est à 1 loge, à 6 valves.

4435. Stellaire des bois.   *Stellaria nemorum.*

S. nemorum. Linn. spec. 603. Fl. dan. t. 271. Lam. Fl. fr. 3. p.
47. — *Alsine nemorum.* Schreb. Spic. 30.

Sa tige s'élève jusqu'à 9-12 décim. ; elle est foible, articulée
et feuillée dans toute sa longueur ; ses feuilles sont molles,
larges de 3 centim. au moins, pointues, et portées sur des pétioles plus longs que le limbe dans le bas de la plante ; les

supérieures sont presque sessiles ; les fleurs sont blanches, terminales et d'une grandeur médiocre ; leurs pétales sont profondément bifides ; les pédoncules se réfléchissent après la fleuraison. ♃. On trouve cette plante dans les bois et les lieux couverts.

4436. Stellaire trompeuse.   *Stellaria mantica.*

Cerastium manticum. Linn. spec. 629. — Hall. Helv. n. 883. —
Seg. Veron. 3. t. 4. f. 2.

Cette plante est entièrement glabre, et a le port d'une stellaire ; sa tige est droite, grêle, ferme, cylindrique, longue de
2-3 décim., simple, excepté vers le sommet, où elle est divisée en 2 rameaux qui sont eux-mêmes bifurqués ; les fleurs
sont portées sur de longs pédicelles, soit au sommet, soit à la
bifurcation des rameaux ; les feuilles sont droites, linéaires-
lancéolées, écartées ; les bractées et les folioles du calice sont
lisses, ovales-lancéolées, entourées d'une bande blanche et
membraneuse ; les pétales sont blancs, étroits, 2 fois plus
longs que le calice ; l'ovaire porte 3, 4 ou 5 styles ; ces variations se rencontrent dans des individus absolument semblables.
☉. Elle croit dans les prairies un peu humides des collines et
des basses montagnes ; en Piémont ; en Suisse.

4437. Stellaire holostée.   *Stellaria holostea.*

S. holostea. Linn. spec. 603. Lam. Illustr. t. 378.

Sa tige est menue, droite, glabre, feuillée, et s'élève jusqu'à 5 décim. ; ses feuilles sont longues, un peu élargies à
leur base, se rétrécissent ensuite insensiblement vers leur sommet, et forment en se terminant une pointe fort aiguë ; elles
sont glabres, d'une consistance sèche, et remarquables par des
aspérités ou de petites dents presque imperceptibles, situées
en leurs bords et sur leur nervure postérieure, qui les rendent
comme accrochantes et rudes au toucher ; les fleurs sont grandes
et de couleur blanche ; les folioles du calice sont lisses, membraneuses sur les bords, de moitié plus courtes que les pétales ;
les bractées ou feuilles florales sont foliacées, et non scarieuses
comme dans les deux espèces suivantes. ♃. On trouve cette
plante dans les haies et les bois taillis.

4438. Stellaire glauque.   *Stellaria glauca.*

S. glauca. With. Bot. 420. — *S. palustris.* Retz. Prod. ed. 2. n.
548. — *S. media.* Sibth. Oxon. 141. — *S. graminea,* β. Linn.
spec. 604.

Cette espèce est exactement intermédiaire entre la précé-

dente et la suivante ; sa tige est foible, lisse, longue de 3-4
décim. ; ses feuilles sont d'un verd glauque, lisses sur les bords,
linéaires-lancéolées ; ses bractées sont scarieuses, et les folioles
de ses calices sont marquées de 3 nervures longitudinales comme
dans la stellaire graminée ; mais ses pétales sont environ 2 fois
plus longs que le calice, comme dans la stellaire holostée. ♃.
Elle croît au bord des fossés, dans les prés humides et les
mares desséchées ; elle a été trouvée à Marcoussis près Paris par
M. Leman ; aux environs de Strasbourg par M. Nestler.

4439. **Stellaire graminée.** *Stellaria graminea.*

S. graminea. Linn. spec. 604. Lam. Fl. fr. 3. p. 48. — J. Bauh.
Hist. 3. p. 2. p. 36. f. 3. pessim.

Cette espèce a beaucoup de rapport avec la précédente ;
mais elle est plus petite dans toutes ses parties ; sa tige est fort
grêle et s'élève rarement jusqu'à 3 décim. ; ses feuilles sont
étroites, aiguës, longues de 2 centim., et presque point rudes
en leurs bords ; ses fleurs sont blanches, assez petites, remarquables par leur calice à 3 nervures saillantes, et par leurs
pétales bifides au-delà de moitié, qui ne surpassent pas ou
quelquefois n'atteignent pas la longueur du calice ; les panicules sont lâches, toujours terminales ; les bractées sont scarieuses. ♃. On la trouve sur le bord des bois et dans les prés.

4440. **Stellaire aquatique.** *Stellaria aquatica.*

S. aquatica. Poll. Pal. n. 422. Lam. Fl. fr. 3. p. 49. — *S. uli-*
ginosa. Curt. Lond. t. 28. — *S. hypericifolia.* All. Ped. n.
1720. — *S. fontana.* Jacq. Coll. 1. p. 327. — *S. alsine.* Hoffm.
Germ. 1. p. 153. — *S. lateriflora.* Krock. Sil. n. 673. t. 4. —
S. graminea, γ. Linn. spec. 604. — *S. dilleniana.* Leers.
Herb. n. 331. — J. Bauh. 3. p. 2. p. 365. f. 2.

Cette plante est foible, couchée, entièrement glabre, lisse
sur les angles de la tige et le bord des feuilles, longue de 2-3
décim., un peu rameuse : ses feuilles sont ovales-oblongues
ou oblongues-lancéolées, obtuses ou terminées en pointe cal-
leuse ; ses fleurs sont latérales, pédonculées, rarement solitaires, plus ordinairement disposées en petites panicules axillaires ;
les bractées sont scarieuses ; le calice a ses folioles plus longues
que les pétales, et marquées de 3 nervures. ☉. Elle croît dans
les marais et les lieux humides et spongieux, au bord des fossés
et des fontaines aux environs de Paris ; de Sorrèze ; de Barrèges ; dans les Alpes au St.-Bernard ; au col de Balme, et
probablement dans toute la France.

4441. Stellaire faux-céraiste. *Stellaria cerastoides.*

S. cerastoides. Linn. spec. 604. — *Cerastium refractum.* All.
Ped. n. 1728. — *Cerastium trigynum.* Vill. Dauph. 4. p. 645.
t. 46.
β. *S. multicaulis.* Wild. spec. 2. p. 714. — *S. cerastoides.* Jacq.
Coll. 1. p. 254. t. 19.

Cette plante forme de petites touffes couchées ou étalées ;
ses racines sont fibreuses, rampantes ; ses tiges se ramifient
par la base, et ne dépassent guères 1 décim. de longueur ; ses
feuilles sont oblongues ou elliptiques, obtuses, entières, pubescentes dans la variété α, ou glabres dans la variété β ; le
sommet de chaque branche émet 1, 2 ou rarement 5 pédicelles
un peu pubescens et visqueux, longs de 2 centim., terminés
chacun par une fleur blanche ; le calice est à 5 folioles oblongues, obtuses, munies de 3 nervures à peine visibles ; les pétales sont fendus au sommet, 2 fois plus longs que le calice ;
le nombre des styles varie de 5 à 5 (Wulf.) : après la fleuraison, les pédicelles divergent et tendent à se réfléchir. ♃.
Elle croît dans les gazons humides, le long des eaux, des glaciers et des neiges sur les hautes Pyrénées ; dans les Alpes de
Savoie ; de Piémont et de Dauphiné.

*** *Genre voisin de l'ordre des alsinées.*

DCCLXXXIII. LIN.   *LINUM.*

Linum. Linn. Juss. Lam. — *Linum et Radiola.* Roth. Sm.

Car. Le calice est persistant, à 5 parties ; la corolle a 5 pétales rétrécis en onglet ; les étamines sont au nombre de 5,
presque toujours un peu soudées par la base ; on trouve 5 écailles
alternes avec les étamines ; l'ovaire porte 5 styles ; la capsule
est globuleuse, terminée par une pointe, à plusieurs valves
rapprochées, et dont les bords rentrans forment autant de
loges monospermes ; les graines sont insérées à l'angle central des loges, ovoïdes, comprimées, lisses, dépourvues de périsperme, à cotylédons planes, et à radicule inférieure.

Obs. Ce genre forme un grouppe intermédiaire entre les alsinées et les géraniées.

§. 1er. *Fleurs jaunes.*

4442. Lin de France.   *Linum Gallicum.*

L. Gallicum. Linn. spec. 401. Ger. Gallopr. p. 421. n. 9. t. 16.
f. 1. — *L. maritimum*, β. Lam. Fl. fr. 3. p. 70.

Ses tiges sont hautes de 1-2 décim., très-menues et rameuses

dans leur moitié supérieure; elles sont glabres et légèrement anguleuses; les feuilles sont lancéolées-linéaires, pointues, éparses,
un peu écartées les unes des autres dans la partie supérieure
des tiges, mais nombreuses, serrées et presque ramassées dans
l'inférieure; les fleurs sont petites, de couleur jaune, terminales
et disposées en panicule, tantôt rapprochées 2 à 2, tantôt solitaires et écartées; leur calice est à 5 parties lancéolées-linéaires,
acérées, presque en alène; la corolle est jaune, et dépasse à
peine le calice; les capsules sont petites; les graines sont luisantes, d'un roux pâle, très-petites. ☉. Il croît dans les bois
secs, les champs, les lieux stériles et couverts de la France méridionale; en Corse; sur les collines du Piémont (All.); en
Provence; en Languedoc près Sorrèze, Montpellier; sous les
châtaigniers aux environs d'Angoulême; au Pouy d'Eouse et à
Tercis près Dax (Thor.); au bourg de Vertou et à la Fremoire
près Nantes (Bon.); aux environs du Mans.

4443. Lin maritime. *Linum maritimum.*

L. maritimum. Linn. spec. 4oo. Jacq. Vind. *t.* 154. Lam. Dict.
3. p. 5a3. — Lob. icon. 41a. f. 2.

Cette espèce ressemble à la précédente par son port, ses
feuilles linéaires-lancéolées, et ses fleurs jaunes; mais elle s'en
distingue, parce qu'elle atteint de 4-6 décim. de hauteur, que
ses feuilles inférieures sont elliptiques et opposées; que ses
fleurs sont solitaires, portées sur de plus longs pédicelles, souvent opposés aux feuilles; que ses corolles sont deux fois plus
grandes que le calice; que les folioles du calice sont ovales, terminées par une très-petite pointe. ♃. Elle croît dans les lieux
herbeux, humides, sur les bords de la mer dans les provinces
méridionales; à Nice, sur-tout auprès du Var (All.); en Provence (Gér.); aux environs de Montpellier; de Narbonne; elle
se retrouve à Nantes (Bon.); dans le Dauphiné le long des eaux,
à Seuze, Courteizon près l'étang salé (Vill.).

4444. Lin en cloche. *Linum campanulatum.*

α. *L. campanulatum.* Linn. spec. 4oo. Lam. Fl. fr. 3. p. 68. —
Lob. ic. 414. f. 2.
β. *L. flavum.* Linn. spec. 399. — Clus. Hist. 1. p. 317. f. 2.

Une racine épaisse et ligneuse donne naissance à plusieurs
tiges droites, glabres ainsi que le reste de la plante, longues
de 1-2 décim., simples ou un peu rameuses vers le sommet;
les feuilles sont éparses, lancéolées-linéaires; les inférieures

sont plus courtes, et à-peu-près en forme de spatule; à l'aisselle
de chaque feuille, se trouve de l'un et de l'autre côté un point
brun proéminent, qui semble tenir lieu de stipule; les fleurs
sont grandes, en forme de cloche, de couleur jaune, et disposées ordinairement 3 ensemble au sommet des tiges et des rameaux; les folioles de leur calice sont lancéolées-linéaires, acérées, entières sur les bords, quelquefois sur les mêmes pieds
légèrement dentelées. ♃. Cette plante croît sur les collines pierreuses et stériles de la France méridionale; au mont du Loup
près Montpellier; dans le Dauphiné à Ventavon (Vill.); dans
la Provence à Digne, Sisteron; à Nice et entre Drap et l'Escarène (All.).

4445. Lin roide.   *Linum strictum.*

L. strictum. Linn. spec. 400. — *L. sessiliflorum.* Lam. Dict. 3.
p 523. — Lob. ic. t. 411. f. 2.

Sa tige est haute de 2-5 décim., roide, menue, droite et divisée
vers son sommet en rameaux disposés en corimbe; ses feuilles
sont lancéolées-linéaires, pointues, assez roides, rudes en leurs
bords, et un peu serrées contre la tige : les fleurs sont jaunes,
terminales, ramassées en bouquets, et leurs folioles calicinales
sont longues et aiguës. ☉. On trouve cette plante sur le bord des
chemins en Provence et en Languedoc; aux environs de Nice,
Suze et Montferrat (All.); à la tête de Busch dans les Landes
(Thor.).

§. II. *Fleurs bleuâtres ou rougeâtres; feuilles alternes.*

4446. Lin commun.   *Linum usitatissimum.*

L. usitatissimum. Linn. spec. 397. Lam. Dict. 3. p. 519. — *L.*
arvense. Neck. Gallob. 159.
β. *L. humile.* Mill. Dict. n. 2.

Sa tige est lisse, cylindrique, feuillée, rameuse seulement
à son sommet, et s'élève jusqu'à 5 décim.; ses feuilles sont
éparses, lancéolées-linéaires, pointues, et d'un verd un peu glauque; ses fleurs sont bleues, pédonculées et terminales; les folioles du calice sont ovales, pointues, à 3 nervures; les pétales
sont un peu crénelés, et ont l'onglet blanc; la capsule est sphérique, terminée en pointe roide. ☉. Cette plante croît dans les
champs; on la cultive pour sa grande utilité, qui est suffisamment connue. Sa semence est très-mucilagineuse; on l'emploie

dans les lavemens émolliens, et on en tire par l'expression une huile très-anodine.

4447. Lin de Narbonne. *Linum Narbonense.*

L. Narbonense. Linn. spec. 399. Lam. Dict. 3. p. 520. — Barr. ic. 1007.

Sa tige est haute de 5 décim. tout au plus, grêle, cylindrique, feuillée et rameuse à son sommet; ses feuilles sont éparses, lancéolées-linéaires, très-aiguës, presque toutes rapprochées de la tige, un peu roides et d'un verd clair; les fleurs sont fort grandes, d'un beau bleu, pédonculées et terminales; elles ont leurs écailles calicinales très-aiguës et membraneuses en leurs bords, et leurs étamines réunies à leur base. ♃. Cette plante croît dans les lieux secs et stériles du Languedoc; aux environs de Montpellier (Magn.); d'Avignon; dans la Provence méridionale (Gér.); dans les rochers entre Lucérame et Touet, Castiglione et Menton, l'Escarène et Breglio en Piémont (All.).

4448. Lin des Alpes. *Linum Alpinum.*

L. Alpinum. Linn. spec. 1672. Jacq. Austr. t. 321. — *L. Narbonense.* Snt. Fl. helv. 1. p. 184. — *L. perenne.* Lam. Fl. fr. 3. p. 66? —Hall. Helv. n. 837.

Une souche ligneuse pousse 7 ou 8 tiges droites, simples, longues de 2 décim., garnies de feuilles; celles-ci sont alternes, linéaires, pointues, entières, droites; les fleurs sont pédicellées, d'un beau bleu, au nombre de 2-3 vers le sommet des tiges; leurs calices sont à 5 folioles ovales-oblongues, qui ne sont ni bordées de cils glanduleux (comme dans le lin à feuilles menues), ni marquées de 5 nervures (ce qui distingue cette espèce du lin à feuilles étroites), ni prolongées en une longue arète (comme dans le lin de Narbonne); mais les extérieures sont un peu pointues, et les intérieures tout-à-fait obtuses. ♃. Elle est assez commune dans les prairies des montagnes du Jura et des basses Alpes.

4449. Lin à feuilles étroites. *Linum angustifolium.*

L. angustifolium. Huds. Angl. 134. Smith. Fl. brit. 344. — *L. tenuifolium,* ζ. Linn. spec. 399. — *L. Pyrenaicum.* Pourr. act. Toul. 3. p. 322. — *L. Alpinum.* Lam. Dict. 3. p.521. a.

Sa racine, qui est grèle, presque ligneuse, émet plusieurs tiges demi-couchées, ascendantes; les feuilles sont linéaires, un peu lancéolées, entières, pointues, à 3 nervures; les fleurs sont bleuâtres, portées sur de longs pédicelles, disposées en grappes lâches; les folioles du calice sont ovales, pointues, marquées de 5 nervures très-visibles, sur-tout après la fleuraison, un peu membraneuses sur les bords, non garnies de cils glanduleux : les capsules sont globuleuses, prolongées en un bec droit et pointu ♃. Elle croît sur le bord des chemins aux environs du Mans; dans les Pyrénées orientales; en Languedoc; en Provence.

4450. Lin à feuilles menues.　　*Linum tenuifolium.*

L. tenuifolium. Linn. spec. 399. Lam. Dict. 3. p. 520. — Clus. Hist. 1. p. 318. f. 2.
β. *Caule pubescente.*

Cette espèce se distingue facilement à ses calices, dont les folioles sont bordées de cils glanduleux; ses tiges sont hautes de 5 décim. , menues, assez dures et garnies dans toute leur longueur de feuilles éparses, très-étroites, linéaires, aiguës, un peu roides et rudes en leurs bords; ses fleurs sont grandes, pédonculées, terminales, et ordinairement purpurines ou couleur de chair; elles ont, comme celles du lin de Narbonne, leurs étamines réunies à leur base. ♃. On trouve cette plante sur les collines sèches et arides aux environs de Paris et dans presque toute la France. La variété β est plus courte, et a la tige légèrement pubescente. Elle se trouve à Montpellier.

4451. Lin hérissé.　　　　*Linum hirsutum.*

L. hirsutum. Linn. spec. 398. Lam. Dict. 3. p. 520. — Clus. Hist. 1. p. 317. f. 1.

Cette espèce est très-caractérisée, parce que sa tige, ses feuilles inférieures, ses branches, ses pédicelles et ses ovaires sont hérissés de poils mols et blanchâtres, et que ses feuilles supérieures et ses calices sont bordés de poils roides, glanduleux au sommet; sa tige est droite, cylindrique, haute de 3-4 décim. ; ses feuilles sont ovales-lancéolées, pointues, à 5 nervures; ses fleurs sont presque sessiles le long des rameaux supérieurs, assez grandes, d'un bleu grisâtre pâle; l'ovaire ne porte que 4 styles, et la capsule est à 4 loges, comme dans le *linum radiola.* ♃. Il croît le long des haies et des buissons, dans les montagnes de Garrexio; dans le Montferrat, les environs de Nice, près Vernone, la Morra.

§. III.

§. III. *Fleurs blanches ; feuilles opposées.*

4452. Lin purgatif. *Linum catharticum.*

L. catharticum. Linn. spec. 402. Lam. Dict. 3. p. 522. — Barr. ic. t. 1165. f. 1.

Sa tige est haute de 2 décim., droite, très-menue, glabre et rameuse à son sommet ; ses feuilles sont ovales-oblongues, lisses et plus courtes que les entre-nœuds ; ses fleurs sont assez petites, pédonculées et terminales ; leurs pétales sont blancs, jaunâtres en leur onglet, et une fois plus longs que le calice. ☉. On trouve cette plante dans les prés secs ; elle est amère, purgative et légèrement hydragogue.

4453. Lin radiola. *Linum radiola.*

L. radiola. Linn. spec. 402. — *L. multiflorum.* Lam. Fl. fr. 3. p. 70. — *Radiola linoides.* Roth. Germ. I. p. 71. — *Radiola millegrana.* Smith. Fl. brit. 202. — Vaill. Bot. t. 4. f. 6.

Sa tige s'élève à peine jusqu'à 5 centim. ; elle est extrêmement rameuse, paniculée et remarquable par ses nombreuses bifurcations : son épaisseur ne surpasse pas celle d'un fil ordinaire ; ses feuilles sont ovales, glabres, et n'ont pas plus de 3 millim. de longueur ; ses fleurs sont blanches, très-petites, très-nombreuses, et disposées au sommet des rameaux ; elles ont un calice de 4 feuilles divisées en 2-3 lobes, 4 pétales, 4 étamines, et un ovaire chargé de 4 styles ; leur fruit est une capsule à 8 loges, à 8 graines. ☉. On trouve cette plante dans les allées des bois, les lieux couverts et humides.

<hr>

QUATRE-VINGT-UNIÈME FAMILLE.

VIOLACÉES. *VIOLACEÆ.*

Violaceæ. Juss. Vent. — *Cistorum gen.* Juss. Vent. — *Calcaracearum gen.* Lam.

Cette famille, long-temps réunie avec la suivante, s'en distingue, parce que la corolle est irrégulière, que les étamines sont en nombre égal à celui des pétales, et souvent soudées par les anthères, parce que leur fruit est à une loge, et que les graines ont l'embryon droit et non courbé ; on peut ajouter que les Violacées sont la plupart des plantes herbacées, que leurs

Tome IV.   E e e

feuilles sont rarement opposées, et qu'enfin les racines de toutes
ces plantes sont longues, fibreuses, douées de propriétés émétiques plus ou moins prononcées.

DCCLXXXIV. VIOLETTE.　　*VIOLA.*

Viola. Tourn. Linn. Juss. Lam. Gœrtn.

Car. Le calice est à 5 divisions prolongées au-dessous de
leur base; la corolle est à 5 pétales inégaux, dont le supérieur
est plus grand et se prolonge à sa base en éperon; les étamines
sont au nombre de 5; les filamens sont distincts; les 2 supérieurs
se prolongent en appendices qui pénètrent dans l'éperon; les
anthères sont rapprochées ou soudées, membraneuses au sommet; l'ovaire porte 1 style simple, aigu ou en entonnoir;
la capsule est à 3 angles, à 1 loge, à 3 valves; les graines sont
nombreuses, attachées le long du milieu des valves; le périsperme est charnu, l'embryon droit, et la radicule inférieure.

§. Ier. Les Violettes. — *Stigmate courbé et aigu.*

4454. Violette découpée.　　*Viola pinnata.*

V. pinnata. Linn. spec. 1323. — J. Bauh. 3. p. 544. f. 2.

Une souche longue, cylindrique, souterraine, donne naissance
à 3-4 feuilles glabres, portées sur des pétioles d'un décim. de
longueur, et dont le limbe est partagé en 3 ou 5 lobes découpés
eux-mêmes presque jusqu'à la base en lanières linéaires, souvent lobées, obtuses au sommet : d'entre ces feuilles sort un
pédoncule radical, tantôt de moitié plus court que les pétioles,
tantôt égal à leur longueur, muni vers le haut de 2 bractées linéaires, et terminé par une seule fleur; celle-ci est petite,
violette, penchée, souvent demi-avortée; son éperon est un
peu crochu; la capsule est grande, ovoïde, à 3 valves, en
forme de carène, à plusieurs graines sphériques et d'un rouge
brun. ♃. Elle croît dans les Alpes sur le mont Assiète entre
Albergia et Fenestrelle, entre les monts Genèvre et Césane,
à la vallée de Tigne, au-dessus de Termignon, au mont Cenis
près l'hospice (All.); près Guillestre sur le col de Vars (Vill.);
dans la vallée de Saas (Hall.); et dans celle de St.-Nicolas.

4455. Violette hérissée.　　*Viola hirta.*

V. hirta. Linn. spec. 1324. — Moris. s. 5. t. 35. f. 4.

Cette espèce diffère de la violette odorante, parce que ses
feuilles et sur-tout ses pétioles sont hérissés de poils nombreux,

courts, nullement couchés, et parce que le collet de sa racine
n'émet pas de rejets rampans, ou que du moins ses rejets sont
courts et avortés; ses pétioles sont assez longs; ses feuilles
plus pointues, et exactement en forme de cœur ; ses pédoncules sont glabres, droits, uniflores, munis de 2 bractées au-
dessous du milieu de leur longueur, plus longs que les feuilles,
selon Smith, beaucoup plus courts qu'elles dans les échantillons que j'ai sous les yeux; le calice est glabre, obtus, de
moitié plus court que dans la violette odorante; la capsule est
poilue; les graines sont blanchâtres, ovoïdes; la fleur est bleue,
penchée, inodore, et a ses pétales latéraux marqués d'une
ligne poilue (Sm.); les premières qui paroissent sont souvent
dépourvues de pétales (Thor.). ♃. Elle croît dans les lieux
secs et montueux aux environs de Paris, de Strasbourg; à Oro
près Dax ; au vallon d'Asté près Bagnères ; à Gap et aux
Baux en Dauphiné (Vill.) : elle n'est pas rare le long des haies
et des forêts du Piémont (All.).

4456. Violette odorante.   *Viola odorata.*

V. odorata. Linn. spec. 1324. Lam. Fl. fr. 2. p.675. Bull. Herb.
t. 169.

Le collet de sa racine pousse les fleurs, les feuilles et plusieurs rejets traçans qui multiplient la plante; les feuilles sont
cordiformes, dentées en leurs bords, glabres ou un peu pubescentes, et portées sur de longs pétioles : les fleurs naissent
entre les feuilles, soutenues chacune par un pédoncule foible
et très-grèle, glabre, long de 8–10 centim.; leur couleur et
l'odeur agréable qu'elles exhalent, sont assez connus : les folioles du calice sont obtuses, 5 fois plus longues que larges;
on en trouve dans les bois une variété à fleur blanche, et on
en cultive dans les jardins une variété à fleur double. ♃. Cette
plante fleurit de bonne heure, et croit le long des haies et
dans les lieux un peu couverts; ses fleurs sont anodines, ra-
fraîchissantes et béchiques; les feuilles sont émollientes, et les
racines sont émétiques.

4457. Violette des Pyrénées.   *Viola Pyrenaica.*

V. Pyrenaica. Ramond. Pyr. ined.

Cette violette ressemble beaucoup à l'espèce précédente,
et s'en rapproche en particulier par ses fleurs odorantes et par
ses calices obtus ; elle en diffère par sa racine plus ligneuse,

plus épaisse, plus divisée, et qui n'émet aucuns drageons ; par ses stipules plus vertes et plus étroites ; par ses feuilles peu ou point échancrées en cœur, et dont les pétioles sont élargis au sommet ; par ses éperons plus courts, plus droits et plus obtus ; par ses fleurs moins odorantes, plus petites, et dont le pétale inférieur est rayé de lignes plus foncées : on en trouve quelquefois des individus à plusieurs éperons. ♃. Cette plante a été découverte par M. Ramond dans les Pyrénées au couret d'Onchet, et au Tourmalet parmi les pierres.

4458. Violette de marais.　*Viola palustris.*

V. palustris. Linn. spec. 1324. Lam. Fl. fr. 2. p. 676. Fl. dan. t. 83. — Moris. s. 5. t. 35. f. 5.

La racine est rampante, fibreuse ; ses feuilles sont radicales, pétiolées, réniformes, obtuses, crénelées en leurs bords, glabres des 2 côtés, et nerveuses en dessous ; les fleurs sont très-petites et d'un bleu clair ou aqueux ; les calices sont obtus ; l'éperon très-court ; les pétales inférieurs sont chargés de quelques lignes rougeâtres. ♃. Elle croît dans les lieux humides, spongieux et couverts de mousse, au bord des petits ruisseaux et des lacs des Alpes ; dans les Alpes du Mont-Blanc autour du lac de Pormenaz ; au grand St.-Bernard et aux environs de Tende (All.) ; près de St.-Robert à Grenoble (Vill.) ; dans les lieux ombragés des Alpes de Provence (Gér.) ; dans le Jura près de la Brévine et de la Chaux de Fond (Hall.) ; dans les Pyrénées entre le lac d'Escoubous et le lac Blanc, au lac de Liéou sous le pic du midi, où elle a été observée par M. Ramond.

4459. Violette nummulaire. *Viola nummularifolia.*

V. nummularifolia. Vill. Dauph. 2. p. 663. All. Ped. n. 1640. t. 9. f. 4. — *V. rupestris.* Schmidt. Bohem. n. 249.

Cette petite plante est entièrement glabre ; ses tiges sont courtes, simples, un peu couchées ; ses stipules sont lancéolées, dentées ; ses feuilles sont pétiolées, ovales ou orbiculaires, entières, non échancrées en cœur à la base : les pédicelles sont axillaires, 2 fois plus longs que les feuilles, munis de bractées extrêmement petites, terminés par une fleur d'un bleu pâle, à éperon court et obtus. ♃. Elle croît parmi les pierres et les débris de rochers dans les Alpes du Piémont ; au col de la Femme morte près Valderio, à Entraive, à

Lantosca , Tende et à la madonne de la Fenêtre (All.); à la
Moissière près Gap (Vill.).

4460. Violette du mont Cenis.   *Viola Cenisia.*

V. Cenisia. Linn. spec. 1325. All. Ped. n. 1641. t. 22. f. 6.

Elle est entièrement glabre , et se distingue à la consistance
légèrement charnue de ses feuilles; ses racines , qui sont grêles
et traçantes , émettent plusieurs tiges simples , couchées ,
longues de 2-3 centim. ; ses stipules sont entières, en forme
d'alène; les feuilles sont ovales , entières , rétrécies en un
pétiole aussi long que le limbe; le pédoncule , qui naît d'entre
les feuilles , et qui s'élève à 4-5 centim. , porte une fleur
assez semblable à celle de la violette cornue , assez ouverte ,
de couleur bleue; les folioles du calice sont glabres et pointues; l'éperon est grêle , pointu , long de 7-8 millim. ⚲. Elle
croît parmi les rochers dans les Alpes de Provence; dans celles
du Piémont au col de Sestrières, et à Ronche sur le mont
Cenis (All.).

4461. Violette de Valderio.   *Viola Valderia.*

V. Valderia. All. Pedem. n. 1644. t. 24. f. 3. — *V. Cenisia.* Vill.
Dauph. 2. p. 665 ? — Hall. Helv. n. 565?

Cette espèce n'est peut-être qu'une variété de la précédente,
dont elle a le port et la plupart des caractères; elle s'en distingue , 1°. à ses feuilles, dont les inférieures sont ovales et les
supérieures oblongues , étroites , rétrécies aux 2 extrémités ;
2°. à ce que tout son feuillage et même son calice est couvert de
poils courts , serrés et un peu grisâtres. ⚲. Elle croît parmi
les rochers des Alpes; je l'ai reçue de M. Balbis , qui l'a
trouvée au col des Fenêtres ; elle a été découverte près de
Valderio au pied du mont St.-Jean (All.); elle se trouve encore en Dauphiné à Cornafion , à la Moucherolle en Lans , aux
Haies près Briançon et sur le mont Ventoux (Vill.)? M. Ramond l'a trouvée dans les Pyrénées parmi les éboulemens du
port de Plan , et des montagnes de St.-Lary au fond de la
vallée d'Aure.

4462. Violette étonnante.   *Viola mirabilis.*

V. mirabilis. Linn. spec. 1326. Jacq. Fl. austr. t. 19. — Dill.
Elth. p. 408. t. 303. f. 390.

Une racine fibreuse pousse plusieurs souches blanches et ligneuses à l'intérieur , courtes, couvertes d'écailles roussâtres ,

d'où s'élèvent une ou 2 tiges grèles , triangulaires , longues de
2 décim.; les feuilles sont les unes radicales , les autres placées vers le haut des tiges , portées sur des pétioles très-longs
dans celles qui naissent de la racine ; ces pétioles sont marqués
d'une raie poilue le long de leur surface supérieure ; la feuille
est en forme de cœur , pointue , crénelée , glabre ; les fleurs
sont de 2 sortes ; les unes naissent de la racine portées sur de
longs pédoncules , munies d'une corolle d'un bleu violet assez
semblable à celles de la violette odorante ; elles sont presque
toujours stériles , quoique munies en apparence de tous les
organes fructificateurs ; les autres naissent vers le haut de la
tige , à l'aisselle des feuilles , portées sur de courts pédicelles :
elles sont dépourvues de corolle ; mais elles portent une capsule
et des graines fertiles. ♃. Cette plante est assez fréquente dans
les bois des collines voisines de Turin : on la retrouve à Martigny (All.) ; à Bex en Valais (Schl.) ; à Salève près Genève
(J. Déc.) ; aux environs de Grenoble à Seyssin et Sassenage
(Vill.).

4463. Violette des sables.　　*Viola arenaria.*

V. nummularifolia. Schl. Cent. exsic. 29. Sut. Fl. helv. 2. p.
211. non All.

Sa racine , qui est brunâtre et écailleuse au collet, émet 2
ou 3 tiges simples , longues de 3-4 centim. , légèrement pubescentes , étalées ; les feuilles sont alternes , pétiolées , arrondies , échancrées en cœur à leur base , légèrement crénelées ,
presque glabres ; les stipules sont lancéolées , aiguës , dentées ;
les pédoncules sont axillaires , 3 ou 4 fois plus longs que les
feuilles , terminés par une fleur penchée , d'un bleu pâle ou
blanchâtre ; l'éperon est épais et obtus ; les bractées sont linéaires , aiguës , longues de 8-10 millim. , placées sur le pédoncule à 2 centim. au-dessous de la fleur. ♃. Elle croît dans
les lieux sablonneux du bas Valais , d'où elle m'a été envoyée
par M. Schleicher.

4464. Violette de chien.　　*Viola canina.*

V. canina. Linn. spec. 1324. — *V. sylvestris*. Lam. Fl. fr. 2. p.
680. — J. Bauh. Hist. 3. p. 544. f. 1.

Sa racine est demi-ligneuse ; la plante paroît dépourvue de
tige dans sa jeunesse , et offre alors des feuilles et des hampes
radicales : ensuite ses tiges s'alongent , portent des feuilles et

des pédoncules axillaires ; elles sont demi-cylindriques ou un peu creusées en canal ; les stipules sont alongées, pointues, incisées ou ciliées ; les pétioles sont de longueur très-variable ; les feuilles ont exactement la forme d'un cœur ; elles sont crénelées, tantôt glabres, tantôt pubescentes, sur-tout en dessus ; les pédoncules portent chacun une fleur penchée, bleue, inodore, de la grandeur de celle de la violette odorante ; les folioles du calice sont étroites, pointues ; la capsule est glabre : le port de cette plante est très-variable. ♃. Elle croît le long des haies, dans les bois, les buissons et parmi les bruyères.

4465. Violette fer de lance. *Viola lancifolia.*

V. lancifolia. Thor. Land. 355. *V. lactea.* Smith. Fl. brit. 247.

Cette espèce est très-voisine de la violette de chien, et offre, de même que la précédente, de grandes variations dans son port et dans sa grandeur ; elle s'en distingue par ses feuilles, qui sont ovales-lancéolées, jamais échancrées en cœur à leur base, presque toujours glabres ; par ses fleurs un peu plus petites et d'une couleur assez pâle, tantôt bleuâtre, tantôt rougeâtre, avec l'éperon blanc ou rougeâtre. ♃. Elle croît dans les terreins découverts et sablonneux, dans les landes, les dunes, les bruyères ; MM. Thore et Dufour l'ont observée dans les environs de Dax, où elle est assez commune ; je l'ai trouvée dans les dunes de Hollande, auprès de Camp.

4466. Violette de montagne. *Viola montana.*

V. montana. Linn. spec. 1325. Lam. Fl. fr. 2. p. 677. — Cam. Epit. 911. ic.

Ses tiges sont herbacées, droites, un peu foibles, simples, et s'élèvent quelquefois au-delà de 3 décim. ; ses feuilles sont ovales-lancéolées, quelquefois échancrées en cœur à leur base dans le bas de la plante, pointues, dentées, et 2 fois plus longues que leur pétiole : les fleurs sont axillaires, solitaires, et portées sur de longs pédoncules ; les calices ont les folioles longues et pointues ; la corolle est d'un bleu pâle, quelquefois blanchâtre ; son éperon est court et obtus ; la capsule est oblongue. Cette plante est entièrement glabre : elle offre plusieurs variétés dans la forme de ses stipules, qui sont grandes, oblongues-lancéolées, foliacées, entières, dentées ou demi-pinnatifides. ♃. Elle croît dans les prairies des montagnes ; dans les Alpes ; le Jura ; aux environs de Mayence (Kœl.); aux bords de l'Ill près Strasbourg. La *viola Ruppii* (All. ped. n. 1646. t. 26. f. 2.) semble être une variété de cette espèce ou de la précédente. Le n°. 567 de Haller ne doit point être rapporté à cette espèce , mais à la violette jaune.

4467. Violette à deux fleurs.   *Viola biflora.*

V. biflora. Linn. spec. 1326. — *V. lutea.* Lam. Fl. fr 2. p. 680.
— Pluk. t. 233. f. 7. et t. 234. f. 1.
ß. Uniflora. — J. Bauh. Hist. 3. p. 545. f. 1.

Ses tiges sont longues d'un décim. , très-grèles , foibles , un peu couchées et terminées par une ou deux petites fleurs jaunes : ses feuilles, ordinairement au nombre de 2 sur chaque tige , sont arrondies , réniformes , légèrement crénelées , d'un verd pâle et portées par de longs pétioles : les stipules sont ovales : les fleurs sont soutenues par des pédoncules plus longs que la feuille supérieure : le pétale inférieur de sa corolle est plus alongé que les autres , d'un jaune plus foncé et marqué de 5 lignes noirâtres. ♃. Elle croît auprès des neiges éternelles et dans les prairies humides des hautes Alpes; des Pyrénées; du Jura.

§. II. LES PENSÉES. —*Stigmate droit et en forme d'entonnoir.*

4468. Violette tricolore.   *Viola tricolor.*

V. tricolor. Fl. dan. t. 623. — *V. tricolor ,* ß. Linn. spec. 1326.
Lam. Fl. fr. 2. p. 679. — Cam. Epit. 912. ic.

Cette plante, connue sous le nom de *pensée*, se distingue facilement à ses belles fleurs , 2 fois plus grandes que le calice , mélangées de blanc , de jaune et de violet pourpre d'un aspect velouté; la plante est glabre , rameuse , diffuse , haute de 2 décim. ; sa tige est anguleuse ; ses feuilles sont pétiolées , oblongues , obtuses , bordées de larges crénelures ou un peu incisées ; les stipules sont pinnatifides; les pédoncules sont longs , axillaires , uniflores. ⊙. Cette plante croît dans les prés montueux des basses Alpes et du Jura; on la cultive comme fleur d'ornement, et tous les jardiniers savent que ses graines reproduisent constamment la même plante, quoique semées dans les mêmes terreins que ceux où l'espèce suivante croît naturellement.

4469. Violette des champs.   *Viola arvensis.*

V. arvensis. Murr. Prod. 73. — *V. tricolor ,* α. Linn. spec. 1326.
Lam. Fl. fr. 2. p. 679. — Cam. Epit. 913. ic.

Sa tige est anguleuse , rameuse , diffuse , glabre , longue

de 2 décim., et plus ou moins droite ; ses feuilles sont ovales, pétiolées, crénelées, et les stipules sont pinnatifides à leur base ; les fleurs sont axillaires, portées sur des pédoncules plus longs que les feuilles, et agréablement mélangés de blanc et de jaune, ou bien de blanc jaunâtre et de violet pâle ; les pétales dépassent à peine la longueur du calice, de sorte que la corolle est de moitié plus petite que dans la pensée. ☉. Elle est commune dans les champs, les jardins et les terres cultivées.

4470. Violette de Rouen. *Viola Rothomagensis.*

V. rothomagensis. Desf. Cat. 153. — *V. hispida.* Lam. Fl. fr. 2. p. 679.

Ses tiges sont rameuses, diffuses, très-hérissées de poils blancs, et longues d'un décim. ; ses feuilles sont ovales, crénelées, pétiolées et assez petites ; elles sont, ainsi que les stipules, chargées de poils semblables à ceux de la tige ; ces stipules sont grandes et profondément pinnatifides ; les fleurs sont axillaires, bleuâtres, plus grandes que celles de la violette pensée, et portées sur de longs pédoncules presque glabres. ♃. M. Lamarck a trouvé cette plante sur les côteaux de la route de Rouen à Paris, depuis le port St.-Ouen jusqu'à la mi-voie ; dans les environs de Mantes. Je l'ai trouvée dans les dunes de Dunkerque.

4471. Violette jaune. *Viola lutea.*

V. lutea. Huds. ed. 1. p. 331. Smith. Fl. brit. 248. — *V. grandiflora.* Linn. Mant. 120. Lam. Fl. fr. 2. p. 678. — Hall. Helv. n. 567.

Sa tige est droite, simple, anguleuse, glabre, haute de 2-3 décim. ; ses stipules sont pinnatifides, légèrement ciliées ; ses feuilles sont peu nombreuses, oblongues, pointues, rétrécies en pétiole, dentées sur les bords : les pédicelles sont axillaires, 3 fois plus longs que les feuilles, chargés d'une seule fleur assez semblable à celle de la violette pensée, mais toute jaune avec l'éperon bleuâtre ou violet ; cet éperon est plus court que les pétales ; ceux-ci sont doubles en longueur du calice ; le supérieur est marqué de raies noires à l'intérieur : le calice a ses folioles pointues, et se prolonge à la base en appendices pointus, un peu dentés, presque égaux à l'éperon. ♃. Elle croît dans les prés montueux ; dans le Jura près de la Chaux de Fond ; dans les Alpes du Dauphiné et de la Provence ; dans les Vosges.

4472. Violette à long éperon.　　*Viola calcarata.*

V. calcarata. Linn. spec. 1325. Lam. Fl. fr. 2. p. 678. — Hall.
Helv. n. 566. t. 17. f. 1. — Barr. ic. 692.
β. *V. Zoysii.* Jacq. Coll. 4. t. 11. f. 1. — Barr. ic. t. 691.

Cette espèce est très-variable dans son port et la couleur de
sa fleur, mais elle se distingue de toutes les pensées à ses stipules étroites, entières ou simplement dentées, mais non pinnatifides ; à ses feuilles glabres, presque radicales, et dont chaque
rosette émet une seule fleur portée sur un long pédoncule ; à son
éperon grèle, 2 ou 3 fois plus long que les appendices de la base
du calice ; enfin à son calice prolongé à sa base en appendices
obtus et un peu dentés : les feuilles sont oblongues ou ovales,
crénelées ou presque entières : la grandeur de la fleur varie de
2-4 centim. de diamètre ; sa couleur est tantôt jaune, tantôt
bleuâtre, tantôt mélangée de jaune et de bleu violet. ♃. Elle
est commune dans les prairies des hautes montagnes ; dans les
Alpes ; les Pyrénées (Lin.).

4473. Violette cornue.　　　*Viola cornuta.*

V. cornuta. Linn. spec. 1325. Lam. Fl. fr. 2. p. 677. — Tourn.
Inst. 421. n. 12.
β. *Acaulis.* Ramond. Pyr. ined.

Cette espèce se distingue des précédentes, parce qu'elle a
les feuilles et les stipules ciliées ; elle s'éloigne en particulier
de la violette jaune et de la violette de Rouen par son éperon
aussi long que les pétales ; de la violette à long éperon, parce
que son calice a les folioles étroites, aiguës, 4 fois plus longues que les appendices qui naissent à sa base ; son port est
très-variable : dans les prairies et les basses montagnes, sa tige
acquiert 2-3 décim. de hauteur ; elle est garnie dans toute sa
longueur de feuilles pétiolées, échancrées en cœur à la base,
arrondies ou ovales, crénelées et ciliées ; les stipules sont larges,
ovales, fortement dentées, sur-tout à la base ; les fleurs naissent aux aisselles des feuilles supérieures, et sont grandes, de
couleur bleuâtre. La variété β, qui croît sur les hautes montagnes, a la tige très-courte, les feuilles disposées en rosette radicale, très-foiblement échancrées en cœur ; les fleurs plus petites, solitaires sur une hampe en apparence radicale. ♃. Cette
plante croît dans les hautes Pyrénées.

QUATRE-VINGT-DEUXIÈME FAMILLE.

CISTES. *CISTI.*

Cisti. Juss. — *Cistoideæ.* Vent. Lam. — *Cistorum gen.* Adans. *Rotacearum gen.* Adans.

LES Cistes sont des herbes ou des sous-arbrisseaux à feuilles simples, presque toujours opposées et munies de 2 stipules foliacées; leurs fleurs sont pédicellées, disposées en grappe simple d'abord courbée en queue de scorpion, et qui se déroule successivement pendant la fleuraison : ces fleurs sont d'un aspect agréable, se succèdent les unes aux autres, et chacune d'elles ne reste épanouie que pendant un temps très-court, et tombe ordinairement dans le jour même où elle s'est ouverte : le calice est à 5 divisions persistantes, souvent inégales : la corolle est à 5 pétales fugaces; les étamines sont nombreuses, distinctes, hypogynes; l'ovaire est libre, simple, surmonté d'un style et d'un stigmate simples; le fruit est une capsule polysperme, à une ou plusieurs valves, à 3 ou 5 loges; les graines sont attachées le long du milieu des valves à des placenta plus ou moins saillans; elles ont un périsperme charnu, un embryon roulé en spirale, ou simplement courbé.

DCCLXXXV. CISTE. *CISTUS.*

Cistus. Tourn. Juss. Gœrtn. Desf. Vent. — *Cisti sp.* Linn. Lam.

CAR. Le calice est à 5 divisions presque égales, la capsule à 5-10 loges, et 5 ou 10 valves qui portent une cloison sur le milieu de leur face interne; les graines sont attachées à la base de l'angle intérieur des loges; leur embryon est filiforme, roulé en spirale.

OBS. Arbrisseaux droits, toujours dépourvus de stipules, et qui suintent, en quantité plus ou moins considérable, une matière gommo-résineuse, visqueuse, odorante et aromatique, connue sous le nom de *ladanum;* leurs fleurs sont grandes, blanches ou purpurines.

§. Ier. *Fleurs roses ou purpurines.*

4474. Ciste crépu. *Cistus crispus.*

C. *crispus.* Linn. spec. 738. Lam. Dict. 2. p. 14. — Clus. Hist. 1. p. 69. f. 2.

Sa tige est haute de 5 décim., rameuse, tortueuse, plus ou

moins droite, et recouverte d'une écorce brune ; ses jeunes rameaux sont velus et blanchâtres ; ses feuilles sont petites, lancéolées, ridées, frisées sur les bords, cotonneuses et blanchâtres
des deux côtés, et un peu ramassées vers le sommet des rameaux ; ses fleurs sont terminales, purpurines, presque sessiles
et entourées de feuilles florales : leurs pétales sont légèrement
échancrés en cœur, et les folioles intérieures de leur calice sont
terminées par une pointe particulière. ♭. On trouve cet arbrisseau dans les isles d'Hyères (Gér.); aux environs de Nice
(All.); de Montpellier (Gou.); de Narbonne.

4475. Ciste blanchâtre.   *Cistus incanus.*

> *C. incanus.* Linn. spec. 736. Lam. Dict. 2. p. 14. — Clus. Hist.
> 1. p. 69. f. 1.

Cet arbrisseau s'élève à 6-7 décim. ; ses rameaux sont nombreux, velus et blanchâtres ; ses feuilles sont opposées, sessiles,
ridées sur-tout dans leur jeunesse, un peu cotonneuses et blanchâtres sur-tout à la surface inférieure, toujours rétrécies à
leur base, tantôt obtuses et en forme de spatule, tantôt pointues et lancéolées, marquées de 3 nervures visibles en dessous :
les fleurs sont purpurines, portées sur des pédicelles simples,
longs de 2-4 centim., chargés de poils blancs, ainsi que les
calices : les pétales sont échancrés en forme de cœur, longs de
15-20 millim. ♭. Il croît sur les collines incultes et pierreuses des
provinces les plus méridionales ; à Narbonne ; à Nice (All.).

4476. Ciste cotonneux.   *Cistus albidus.*

> *C. albidus.* Linn. spec. 737. — *C. tomentosus.* Lam. Fl. fr. 3.
> p. 168. — Clus. Hist. 1. p. 68. f. 2.

Cette espèce est toute couverte d'un duvet court, serré et
blanchâtre ; elle forme un arbrisseau touffu et qui s'élève à
peine jusqu'à un mètre de hauteur : ses rameaux sont cotonneux et non velus : ses feuilles sont opposées, sessiles, oblongues, elliptiques, planes, marquées en dessous de nervures
un peu saillantes : les fleurs sont purpurines, terminales, portées sur des pédicelles cotonneux, longs de 3 centim.; leurs
pétales sont obtus au sommet, et atteignent presque 5 centim.
de longueur : la capsule est pubescente, globuleuse, un peu
conique, à 5 valves. ♭. Cet arbrisseau croît sur les collines
arides et pierreuses des provinces méridionales ; à Orange et
Courteison (Vill.); auprès de Narbonne ; de Montpellier ; de Marseille ; de Nice et d'Oneille (All.); dans l'isle de Corse (Vall.).

§. II. *Fleurs blanches ou jaunâtres.*

4477. Ciste à feuilles de sauge. *Cistus salviæfolius.*

C. salvifolius. Linn. spec. 738. Lam. Dict. 2. p. 15. Jacq. Coll.
2. p. 120. t. 8. — Clus. Hist. 1. p. 70. ic.
β. *C. corbariensis.* Pourr. in herb. Lam.

Arbrisseau de 5 décim., rameux et plus ou moins droit :
son écorce est d'un brun rougeâtre, et ses jeunes pousses sont
velues et cotonneuses : les poils de ses feuilles et de ses branches sont disposés en petites houppes rameuses par la base :
ses feuilles sont opposées, pétiolées, ovales, obtuses, ridées,
d'un verd blanchâtre en dessus, et presque cotonneuses en
dessous, sur-tout dans leur jeunesse : les pédoncules sont longs
de 3-6 centim., et soutiennent chacun une fleur blanche ou
légèrement jaunâtre à leur onglet : les folioles du calice sont
larges, en forme de cœur, et deviennent glabres à la maturité
de la capsule : celle-ci est à 5 angles, à 5 valves glabres plus
courtes que le calice. ♃. Cet arbrisseau, connu des Langue-
dociens sous le nom de *mouges*, croît sur les collines et les
rochers des provinces méridionales ; à Noirmoutier (Bon.) ;
aux environs de la Rochelle ; dans les landes voisines d'Agen
(St.-Am.) ; à Narbonne, dans les Corbières, le Languedoc,
la Provence (Gér.) ; à Crest et à Vienne en Dauphiné (Vill.) ;
aux environs de Nice, d'Aqui, d'Asti (All.) ; dans l'isle de Corse
(Vall.). La variété β a les feuilles inférieures élargies à la base,
presque en forme de cœur.

4478. Ciste à longue feuille. *Cistus longifolius.*

C. longifolius. Lam. Dict. 2. p. 16. — *C. nigricans.* Pourr. act.
Toul. 3. p. 311.

Arbrisseau rameux, tortu, haut de 6-8 décim., et remarquable par sa teinte noirâtre ; ses jeunes pousses sont brunes,
à peines garnies de quelques poils ; ses feuilles sont opposées,
rétrécies en un pétiole cilié, lancéolées, pointues, bordées de
longs poils, marquées de nervures proéminentes en dessous, un
peu crépues sur les bords ; les pédoncules sont axillaires, longs de
5-6 centim., chargés de 2 à 5 fleurs ; les folioles du calice sont
en forme de cœur, hérissées de longs poils : je n'ai pas vu
la corolle. ♃. Il croît à Donos, dans les Corbières près Narbonne.

4479. Ciste à feuilles de laurier. *Cistus laurifolius.*

C. *laurifolius.* Linn. spec. 736. Lam. Dict. 2. p. 16. — Clus. Hist. 1. p. 78. f. 1.

Arbrisseau de 6–9 décim, dont la tige est rameuse, l'écorce d'une couleur brune ou rougeâtre, et les jeunes pousses un peu velues; ses feuilles sont opposées, portées sur des pétioles velus, rougeâtres, réunis ensemble par leur base de manière à former une courte gaîne; le limbe de ces feuilles est ovale-lancéolé, pointu, glabre, luisant et un peu visqueux en dessus, velu en dessous, marqué de 5 nervures: les fleurs sont blanches, terminales, portées plusieurs ensemble sur des pédoncules nus et assez longs: la capsule est globuleuse, velue, à 5 valves. ♄. Il croît sur les collines des provinces méridionales; à Bistagno en Piémont (All.); à St.-Georges et Caunelles près Montpellier (Gou.); dans les Corbières près Narbonne; à Montauban (Gat.).

4480. Ciste lédon.　　　*Cistus ledon.*

C. *ledon.* Lam. Dict. 2. p. 17. — C. *ladaniferus.* Lam. Fl. fr. 3. p. 165. — C. *glaucus.* Pourr. act. Toul. 3. p. 311. — Duham. Arb. t. 66.

Arbrisseau de 5–6 décim., dont l'écorce est brune, les jeunes rameaux velus et les feuilles opposées, lancéolées, chargées d'un suc très-visqueux, un peu ridées, nerveuses, d'un verd foncé en dessus, cotonneuses et blanchâtres en dessous; ses fleurs sont blanches, portées sur des pédoncules un peu rameux, droites, disposées en corimbe, et n'ont jamais plus de 5 centim. de diamètre; les pétales sont jaunâtres en leur onglet; le style qui soutient le stigmate n'a qu'un millim. de longueur, mais ne manque jamais entièrement: les calices sont couverts de poils blancs assez longs. ♄. Cet arbrisseau croît à Cascastel, dans les environs de Narbonne, où il a été observé par M. Pourret; à Gramont, Montferrier et Lavalette près Montpellier (Gou.); dans les bois de la Provence méridionale (Ger.). Son odeur est forte et balsamique.

4481. Ciste de Montpellier.　*Cistus Monspeliensis.*

C. *Monspeliensis.* Linn. spec. 737. Lam. Dict. 2. p. 17. — Clus. Hist. 1. p. 79. f. 1.

Cet arbrisseau ressemble beaucoup au précédent, et pourroit peut-être lui être réuni, comme n'en étant qu'une variété: il n'en diffère en effet que par ses feuilles, qui sont une fois plus étroites et chargées de quelques poils fort courts en dessus; mais le suc visqueux qui les enduit, les fait paroître glabres et quelquefois un peu luisantes; ses fleurs sont blanches, portées sur des pédoncules velus et rameux, et n'ont pas plus de 2 centim. de diamètre. ♄. Il est assez commun dans les petits bois et sur les collines du Roussillon, du Languedoc, de la Provence méridionale; il se retrouve dans le midi du Dauphiné, à Orange (Vill.); à Berra et à Villafranca près Nice (All.).

DCCLXXXVI. HÉLIANTHÉME. *HELIANTHEMUM.*

Helianthemum. Tourn. Juss. Gœrtn. Desf. Vent. — *Cisti sp.* Linn. Lam.

Car. Le calice est à 5 divisions, dont 2 extérieures plus petites; la capsule à une loge, à 3 valves tapissées intérieurement d'une membrane très-mince: les graines sont attachées à une nervure saillante sur le milieu des valves; leur embryon a sa radicule courbée légèrement sur les lobes, qui sont presque planes.

Obs. Herbes ou sous-arbrisseaux souvent munis de stipules à la base de leurs feuilles, à fleurs plus petites que dans les cistes, blanches ou jaunes, rarement roses.

§. Ier. *Feuilles dépourvues de stipules à leur base.*

4482. Hélianthéme à ombelles.   *Helianthemum umbellatum.*

H. umbellatum. Desf. Cat. 152. — *Cistus umbellatus.* Linn. spec. 739. Lam. Dict. 2. p. 18.

Sa tige est ligneuse, brune, tortue, branchue, s'élève jusqu'à 2-3 décim.; elle est garnie de beaucoup de rameaux grèles, feuillés, pubescens et un peu visqueux; ses feuilles sont linéaires, très-rapprochées, marquées d'un sillon longitudinal, d'un verd obscur en dessus, et un peu blanchâtres en desssous: les fleurs sont blanches, très-fugaces, portées sur un pédoncule alongé, et disposées 5 ou 6 ensemble en manière d'ombelle terminale; il en naît encore quelques-unes disposées par étages à la base ou vers le milieu des pédoncules. ♄. Il croît dans les lieux secs et sablonneux sur le bord des bois et des taillis; on le trouve assez abondamment dans la forêt de Fontainebleau; au Mans; dans la Sologne (Dub.).

4483. Hélianthême grêle.   *Helianthemum levipes.*

H. levipes. Desf. Cat. 152. — *Cistus levipes.* Linn. spec. 739. —
Cistus glaucophyllus. Lam. Fl. fr. 3. p. 162. — Ger. Gallopr.
394. t. 14.

Ses tiges sont longues de 2 décim., ligneuses, brunes ou cendrées, un peu couchées et très-rameuses; ses feuilles sont nombreuses, alternes, sétacées-linéaires, longues d'un centim.,
d'une couleur glauque, et toutes garnies dans leurs aisselles de
paquets d'autres feuilles plus petites, formées par les nouvelles
pousses : les fleurs sont jaunes, pédonculées, et disposées au
sommet des rameaux 5 à 8 ensemble, en manière de grappes;
elles ont leur calice velu, et sont portées chacune sur un pédicelle long, grêle, étalé, glabre. ♭. Il croît sur les rochers exposés au soleil; à Nice (All.); dans le midi de la Provence
(Gér.); du Languedoc; à Montpellier (Lin.); à Narbonne.

4484. Hélianthême fumana. *Helianthemum fumana.*

H. fumana. Desf. Cat. 152. — *Cistus fumana.* Linn. spec. 740.
Jacq. Austr. t. 252. — *Cistus nudifolius.* Lam. Fl. fr. 3. p.
163. — *Cistus parviflorus.* Gat. Fl. mont. 98.
β. *Cistus calycinus.* Linn. Mant. 565. — *C. ericoides.* Cav. ic.
t. 172. — *C. fumana,* α. Desf. Atl. t. 105.

Sa tige est grêle, rameuse, feuillée. dure, ligneuse à sa
base, plus ou moins droite, et haute de 2 décimètres ; ses
rameaux sont très-ouverts, et les inférieurs sont couchés sur
la terre ; ses feuilles sont alternes, vertes, glabres, très-menues, remarquables par quelques aspérités en leurs bords,
et ressemblent un peu à celles de la linaire commune, mais
elles sont beaucoup plus petites : les inférieures ont quelques
rameaux naissans dans leurs aisselles, mais presque toutes les
autres sont nues : les fleurs sont jaunes, solitaires sur leur
pédicelle, et souvent même sur chaque rameau. ♭. Cette plante
croît sur les collines arides exposées au soleil. La variété β,
qui n'en diffère que par sa tige un peu plus droite et plus élevée, et par ses feuilles plus grandes, naît sur le bord des torrens parmi le sable, et sur les collines des provinces méridionales.

4485. Hélianthême à   *Helianthemum lunulatum.*
lunule.

Cistus lunulatus. All. Auct. p. 30. t. 2. f. 3.

Petit sous-arbrisseau de 1-2 décim. de hauteur, à tige dure,
tortue,

tortue, rameuse, à branches tuberculeuses à cause des cicatrices des feuilles, à jeunes pousses courtes et pubescentes : les feuilles sont planes, opposées, elliptiques ou oblongues, glabres, bordées de cils longs et épars, un peu blanchâtres en dessous ; les fleurs naissent 2 à 4 ensemble au sommet des branches, portées sur des pédicelles grèles, velus, plus longs que les feuilles ; les pétales sont jaunes, marqués vers leur base d'une tache orangée en forme de croissant ; la capsule est triangulaire dès sa jeunesse, recouverte dès le calice. ♄. Il croît dans les montagnes du Piémont, au-dessus de Limone, d'Orméa, à l'extrémité de la vallée de Pesio, sur les sommets de la Raschiera (All.); dans les Alpes de Garrexio.

4486. Hélianthème d'Œland.   *Helianthemum Œlandicum.*

> Cistus Œlandicus. Linn. spec. 741. Lam. Dict. 2. p. 20. — *Cistus Alpestris.* Crantz. Austr. p. 103. t. 6. f. 1. Lam. Fl. fr. 3 p. 161. — *Cistus seguieri.* Crantz. Austr. p. 104. — *Cistus hirtus.* Latourr. Chl. p. 15? — Clus. Hist. 1. p. 73. f. 2.

Sa tige est ligneuse, et se divise à sa base en beaucoup de rameaux couchés, grèles, rougeâtres, velus, diffus, étalés et divergens ; ses feuilles sont petites, ovales-oblongues, opposées, presque sessiles, verdâtres, velues et comme ciliées en leurs bords et sur la nervure postérieure, mais vertes et non cotonneuses en dessous : ses fleurs sont jaunes, assez petites, pédonculées et disposées aux extrémités des rameaux : leur calice est chargé de poils blancs, droits et un peu écartés : leurs pétales sont un peu échancrés, non tachés. ♄. Cette espèce croît dans les prairies et sur les rochers des collines et même des montagnes élevées ; dans le Piémont ; la Provence ; le Dauphiné ; la Savoie ; le Jura ; au Grabel, au mont St.-Loup, au Capouladou et à Montferrier près Montpellier (Gou.).

4487. Hélianthème à feuilles de marum.   *Helianthemum marifolium.*

> Cistus marifolius. Linn. spec. 741. Smith. Fl. brit. 372. — *Cistus myrthifolius.* Lam. Fl. fr. 3. p. 161. — *Cistus hirsutus.* Huds. Angl. 232. — *Cistus Anglicus.* Linn. Mant. 295. — Barr. ic. t. 441.
>
> β. *Cistus canus.* Linn. spec. 740. — Clus. Hist. 1. p. 74 f. 1.

Ses tiges sont longues de 1–2 décim., ligneuses, rameuses, très-grèles, feuillées dans leur partie supérieure et sur leurs

rameaux : ses feuilles sont petites, ovales , pointues , verdâtres ou
chargées de quelques poils blancs en dessus , mais cotonneuses
et fort blanches en dessous : ses fleurs sont jaunes, petites, terminales et disposées en bouquets courts , semblables à des ombelles : le port de cette plante, la forme , la grandeur de ses
feuilles , le nombre de ses poils , sont extrêmement variables;
mais on la distingue toujours à la surface inférieure de ses feuilles,
blanche et cotonneuse. ♄. Cette plante croît sur les rochers des
montagnes des provinces méridionales , aux environs de Nice
(All.); en Provence ; sur la montagne de Néron près Grenoble
(Vill.); à Thoiri et à Salève près Genève (Hall.); à St.-Guil-
lin-le-Désert et à la Serane près Montpellier (Gou.); aux environs de Narbonne ; dans les Corbières ; les Pyrénées ; les
montagnes d'Auvergne (Delarb.); elle a été retrouvée au mont
Adrien près Rouen , par M. Guersent.

4488. Hélianthème faux-   *Helianthemum alyssoides.*
      alysson.

    H. alyssoides. Vent. Choix. n. 20. t. 20. — *Cistus alyssoides.*
    Lam. Dict. 2. p. 20.

Cette espèce est remarquable , parce que ses branches et
ses feuilles sont garnies de petites taches blanches proéminentes qui , vues à la loupe , paroissent formées par des poils
rayonnans semblables à ceux des alyssons : outre ceux-ci, on
trouve encore sur les jeunes feuilles , et sur-tout sur les pédicelles et les calices , de longs poils simples et soyeux : la tige
est demi-ligneuse , droite à sa base , divisée en rameaux nombreux , tombans ou couchés ; les feuilles sont ovales-oblongues,
opposées , rétrécies à la base , à 5 nervures peu prononcées :
les fleurs sont jaunes , pédicellées, disposées 2 ou 3 ensemble
au sommet des rameaux : le calice est à 3 folioles lancéolées. ♄.
Il croît dans les landes des environs du Mans ; de Dax ; d'Agen
(St.-Am.); dans le Roussillon près Colliouvre (Pourr.) : le
cistus stellulatus de Link et le *cistus scabrosus* d'Aiton dif-
fèrent-ils de cette espèce ?

4489. Hélianthème tu-   *Helianthemum tuberaria.*
      béraire.

    H. tuberaria. Mill. Dict. n. 10. — *Cistus tuberaria.* Linn. spec.
    744. Cav. ic. t. 67. Lam. Dict. 2. p. 22. — J. Bauh. 2. p. 12. f.
    4. et p. 13. f. 1.

Sa racine est ligneuse , tortue , cylindrique : elle donne

naissance à 1 ou 2 tiges herbacées , glabres , longues de 2-3 décim. : les feuilles inférieures sont ovales-oblongues , pointues , munies de 5-7 nervures saillantes et longitudinales , chargées de longs poils blancs et soyeux : celles de la tige sont écartées , petites , glabres et peu nombreuses : les fleurs sont jaunes , pédicellées : leur calice est assez grand , lisse , glabre, 2 fois plus long que la capsule, qui est pubescente. ♃. Cette plante croît dans les isles d'Hyères ; dans les montagnes de la Provence méridionale; parmi les rochers aux environs de Nice (All.); au bord de la mer, à Villemagne et à Fougères près Montpellier (Gou.) : son nom provient de ce qu'on assure qu'elle naît de préférence dans les lieux où se trouvent des truffes.

4490. Héliantême taché. *Helianthemum guttatum.*

H. guttatum. Mill. Dict. n. 18. — *Cistus guttatus.* Linn. spec.
741. Lam. Dict. 2. p. 23.
ß. *Immaculatum.*

Sa tige est droite , herbacée, un peu rameuse , hérissée de poils blancs , et s'élève jusqu'à 2 décim. : ses feuilles sont assez grandes , oblongues-lancéolées, à 5 nervures , opposées , sessiles , velues et un peu rudes au toucher : les supérieures sont alongées et étroites ; les fleurs sont pédonculées , d'un jaune quelquefois fort pâle , et sont remarquables par 5 taches violettes , disposées en rond à la base des pétales. ☉. Cette plante croît dans les lieux sablonneux, secs , découverts ou peu ombragés , aux environs de Paris et dans les provinces méridionales et occidentales. La variété ß , trouvée à Barrèges par M. Ramond, a les pétales sans taches.

§. II. *Feuilles munies de deux stipules à leur base.*

4491. Héliantême à feuilles   *Helianthemum ledi-*
     de lédon.   *folium.*

Cistus ledifolius. Linn. spec. 742. Lam. Dict. 2. p. 27. var. α.—
Lob. ic. 2. p. 118. f. 2.

Sa tige est haute de 2 décim. , droite, cylindrique , feuillée, pubescente ou presque glabre : ses feuilles sont opposées , pétiolées , verdâtres , plus ou moins glabres et accompagnées de stipules assez grandes : les inférieures sont ovales-oblongues ou elliptiques , et les supérieures sont lancéolées : les fleurs sont alternes, non axillaires, et disposées vers le sommet de

la tige sur des pédoncules plus courts que le calice : le fruit
est une capsule lisse, très-grosse, triangulaire. ⊙. Cette plante
croît dans les provinces méridionales, dans les lieux secs et
stériles ; à Nice (All.); en Provence (Gér.) ; en Languedoc.

4492. Hélianthème à feuilles   *Helianthemum sali-*
            de saule.   *cifolium.*

Cistus salicifolius. Linn. spec. 742. excl. Clus. (1) syn. Lam.
Dict. 2. p. 27. — Seg. Ver. 3. t. 6. f. 3.

Sa racine, qui est grèle et pivotante, donne naissance à
une tige qui se divise dès sa base en plusieurs branches étalées ou ascendantes, pubescentes, simples, herbacées, longues
de 1 décim. : les feuilles sont ovales ou oblongues, opposées,
pubescentes, munies de stipules lancéolées qui atteignent
presque le milieu de la longueur des feuilles : les fleurs sont
petites, d'un jaune pâle, disposées en grappe, portées sur des
pédicelles plus longs que le calice, et qui divergent de l'axe
de la grappe à l'époque de la fleuraison. ⊙. Cette plante
croît dans les champs et les lieux stériles et découverts de la
Provence méridionale ; dans les environs de Nice (All.); à
Bramon dans le Valais.

4493. Hélianthème à feuilles   *Helianthemum lavan-*
            de lavande.   *dulæfolium.*

H. lavandulæfolium. Desf. Cat. 153. — *Cistus lavandulæfo-*
lius. Lam. Dict. 2. p. 25. — *Cistus syriacus.* Jacq. ic. rar. t.
96. — Barr. ic t. 288.

Cette espèce a le port d'une lavande lorsqu'elle n'est pas
encore en fleur : sa tige est ligneuse, haute de 3-4 décim. ,
divisée en plusieurs branches droites, couvertes, ainsi que les
feuilles, les pédoncules et les calices, d'un duvet court, serré
et blanchâtre : les feuilles sont lancéolées-linéaires, pointues,
un peu roulées sur les bords : les stipules sont pointues, linéaires, velues : les fleurs sont jaunes, nombreuses, disposées
en grappes terminales, serrées, courbées sur elles-mêmes
avant l'épanouissement. ♄. Elle croît sur les collines arides aux
environs de Marseille.

----

(1) La figure de l'Ecluse (Hist. 1. p. 76. f. 2), copiée par Lobel (2. t.
118. f. 2.) et par J. Bauhin (2. p. 13. f. 3.), représente très-bien une
autre plante que celle-ci, et dont je possède un échantillon recueilli aux
environs de Malaga.

4494. Hélianthème glu-
tineux.

*Helianthemum glu-
tinosum.*

Cistus glutinosus. Linn. Mant. 246. Lam. Dict. 2. p. 25. —Barr.
ic. t. 415.

β. *Cistus thymifolius.* Linn. spec. 743. —Barr. ic. t. 444.

Sa tige est haute de 2 décim. , rameuse, tortue, ligneuse,
cotonneuse, visqueuse et blanchâtre dans sa partie supérieure;
ses feuilles sont disposées sur les rameaux , ovales–oblongues,
un peu étroites, presque linéaires , la plupart opposées, blan-
châtres des deux côtés , mais particulièrement en dessous :
ses fleurs sont jaunes , et disposées 2 ou 3 seulement au som-
met de chaque rameau ; elles ont leurs pétales courts , un peu
échancrés , et leur calice cotonneux. La variété β ne diffère de
la précédente que parce qu'elle est plus rabougrie , qu'elle a
les feuilles plus courtes et un peu pliées en long. ♄. Cette
plante croît dans les lieux stériles et sur les rochers ; en Lan-
guedoc ; en Provence et aux environs de Nice. La figure de
l'Ecluse (hist. 1. p. 74. f. 2.), citée par Linné pour son *cistus
pilosus* , me paroît appartenir à notre variété α.

4495. Hélianthème
commun.

Helianthemum vulgare.

H. vulgare. Desf. Cat. 153. — *Cistus helianthemum.* Linn. spec.
744. Lam. Dict. 2. p. 24. Fl. dan. t. 101.

Ses tiges sont longues de 2 décim. , grèles, légèrement
velues , rameuses , diffuses et couchées sur la terre : ses feuilles
sont opposées , portées sur de courts pétioles , ovales – oblon-
gues , souvent un peu étroites , vertes en dessus et blanchâtres
en dessous : les fleurs sont jaunes , pédonculées et disposées
en manière d'épi aux extrémités des tiges; elles ont leur calice
presque glabre , et sont penchées ou pendantes avant leur épa-
nouissement. ♄. Cette plante est commune sur les collines ,
dans les lieux secs et sur le bord des bois : elle passe pour
vulnéraire et astringente.

4496. Hélianthème à grande
fleur.

*Helianthemum gran-
diflorum.*

Cistus grandiflorus. Scop. Carn. ed. 2. n. 648. t. 25. Lam. Fl. fr.
3. p. 158. — *Cistus helianthemum* , β. Wild. spec. 2. p. 1209.

Cette plante a beaucoup de rapport avec l'hélianthème

commun ; mais elle est presque droite, plus grande dans toutes
ses parties : ses feuilles ont près de 3 centim. de longueur sur 6
millim. ou plus de largeur : elles sont vertes des 2 côtés, et
la plupart ne sont pas sensiblement repliées en leurs bords : ses
fleurs ont de 25-30 millim. de diamètre et sont d'un beau jaune.
♄. On trouve cette plante dans les lieux montagneux et un peu
couverts, sur le bord des bois ; au mont Cenis ; dans les montagnes de Seyne en Provence, etc.

4497. Hélianthême hérissé. *Helianthemum hirtum.*

Cistus hirtus. Linn. spec. 744. — Barr ic. t. 488.
β. *Cistus hispidus.* Lam. Dict. 2. p. 24. — J. Bauh. Hist. 2. p.
20. f. 2.

Cette espèce est très-voisine de l'hélianthême commun,
mais elle en diffère, parce que son calice est tout hérissé de
poils un peu roides, nullement couchés ; par ses tiges plus
droites et plus ligneuses ; par ses feuilles et ses fleurs ordinairement plus petites. La variété α a les feuilles ovales ; elles
sont oblongues dans la var. β. ♄. Cette plante croît dans les
lieux arides des provinces méridionales.

4498. Hélianthême rose. *Helianthemum roseum.*

Cistus roseus. Jacq. Vind. 3. t. 65. All. Ped. n. 1675. t. 45. f. 4.
— *Cistus helianthemum*, δ. Wild. spec. 2. p. 1209.
β. *Niveum.*

Cette espèce se distingue facilement à la couleur rose ou
coquelicot de ses fleurs ; mais cette couleur est un caractère de
peu d'importance, et cette plante pourroit bien être une simple
variété de l'hélianthême commun ou de l'hélianthême des
Apennins : sa tige est ligneuse à la base, branchue, demi-
étalée : ses branches sont rougeâtres, pubescentes : les feuilles
sont opposées, pétiolées, oblongues, un peu roulées sur les
bords, sur-tout dans leur jeunesse, à-peu-près blanchâtres en
dessous, couvertes en dessus de poils rayonnans : les calices
sont garnis de poils mols, longs et peu nombreux. ♄. Il croît
dans les environs de Nice et d'Oneille (All.) ; dans les Pyrénées au port de Pinède et au pic d'Ereslids. La variété β, que
M. Ramond a observée au cirque de Gavarny, ne paroît
différer de la précédente que par ses pétales blancs.

4499. Hélianthême à feuilles   *Helianthemum poli-*
    de polium.   *folium.*

Cistus polifolius. Linn. spec. 744. — *Cistus splendens.* Lam.
Dict. 2. p. 26. — Dill. Elth. 175. t. 145. f. 172.

Cette espèce est à l'hélianthême poilu, ce que l'hélianthême
des Apennins est à l'hélianthême poudreux : sa tige est ligneuse
à la base, branchue, demi-étalée : ses branches sont pubescentes : les feuilles sont opposées, pétiolées, oblongues, un
peu ovales, légèrement blanchâtres et cotonneuses en dessous,
vertes et glabres en dessus, munies à leur base de stipules
acérées : les fleurs sont en grappe; leur calice est rougeâtre,
glabre et lisse : la corolle est blanche. ♄. Elle croît sur le bord
des bois en France (Lam.) ?

4500. Hélianthême poilu. *Helianthemum pilosum.*

Cistus pilosus. Linn. spec. 744. All. Ped. n. 1672. t. 45. f. 2.

Sa tige est droite, tortue, ligneuse, d'un gris brun, haute
de 1-2 décim., divisée en branches cylindriques, couvertes
d'un duvet blanc et cotonneux : les feuilles sont opposées,
linéaires, un peu cotonneuses à la surface inférieure, et ont
les bords roulés en dessous : les stipules sont droites, grèles,
alongées, pointues : les fleurs sont pédicellées, disposées en
grappe, qui se relève et se déroule à mesure que la fleuraison
avance : les calices sont glabres, rougeâtres, à folioles obtuses,
marquées de 3-5 nervures saillantes : la corolle est blanche,
2 fois plus grande que le calice. ♄. Cette plante croît dans les
lieux arides et sur les rochers des collines dans les provinces
méridionales.

4501. Hélianthême pou-   *Helianthemum pulveru-*
    dreux.   *lentum.*

Cistus pulverulentus. Pourr. act. Toul. 3. p. 311. Thuil. Fl.
paris. II. 1. p. 267. — *Cistus polifolius.* Lam. Dict. 2. p. 26.
non Linn.

Sa racine et sa tige sont ligneuses, brunes, tortueuses; ses
rameaux sont droits ou étalés, cylindriques, longs de 1-5
décim., couverts, ainsi que les feuilles, d'un duvet court, et
d'un gris blanchâtre : les feuilles sont obtuses, linéaires, et
ont leurs bords roulés en dessous : les stipules sont grèles,
linéaires, droites; les fleurs sont blanches, pédicellées, disposées en grappe simple : les calices sont larges, obtus, un

peu cotonneux sur toute leur surface ; caractère qui distingue
cette espèce de l'hélianthême poilu et de l'hélianthême à feuilles
de polium , avec lesquels on l'a souvent confondue. ♄. Elle
est assez fréquente dans les terreins arides et pierreux, sur les
collines et les lieux découverts ; à Fontainebleau ; au parc de
Vincennes; en Normandie; à Bacon près Meung aux environs
d'Orléans (Dub.) ; au mont Serrat; dans les environs de
Gènes ; dans les Corbières, les Pyrénées , et probablement
dans presque toute la France méridionale.

4502. Hélianthême de　*Helianthemum Apenninum.*
　　　l'Apennin.

　　　　Cistus Apenninus. Linn. spec. 744? Thuil. Fl. paris. II. 1. p.
　　　　266. — *Cistus hispidus ,* β. Lam. Dict. 2. p. 26.

Sa tige est courte, ligneuse, brunâtre , divisée en rameaux
longs, étalés, pubescens : les feuilles sont opposées, pétiolées,
oblongues-lancéolées , presque linéaires et roulées sur les
bords dans leur jeunesse, planes dans leur développement
complet : la surface inférieure est couverte d'un duvet blanc ,
serré et très-court ; la supérieure porte dans les jeunes feuilles
des poils mols disposés en faisceaux rayonnans ; elle devient
glabre dans un âge avancé : les fleurs sont blanches , pédicellées, disposées en grappe simple ; le calice est pubescent.
♄. Cette plante croît sur les collines pierreuses exposées au
soleil ; à Fontainebleau; à Compiègne (Thuil.); à St.-Adrien
près Rouen (Guers.).

～～～～～～～～～～～～～～～～～～～～～～～～～～～～

QUATRE-VINGT-TROISIÈME FAMILLE.

TILIACÉES.　　　*TILIACEÆ.*

　　　　Tiliaceæ. Juss. — *Columniferarum gen.* Linn. — *Tiliarum gen.*
　　　　Adans.

CETTE famille, quoique nombreuse et naturelle, a été long-
temps méconnue, parce qu'elle n'offre qu'un seul genre euro-
péen : les végétaux qui la composent sont la plupart des arbres
à écorce souple , à feuilles simples, alternes, munies de 2
stipules axillaires ; les fleurs sont ordinairement hermaphrodites ; leur calice est à plusieurs folioles ou à plusieurs parties ;
leur corolle a plusieurs pétales hypogynes, alternes avec les

parties du calice : les étamines sont ordinairement distinctes et très-nombreuses, quelquefois monadelphes et en petit nombre ; l'ovaire est simple ; le fruit est une baie ou une capsule à 1 ou plusieurs loges, à 1 ou plusieurs graines : dans les capsules, les cloisons sont insérées sur le milieu des valves ; les graines ont un périsperme charnu, un embryon un peu courbé, à cotylédons planes, et à radicule presque toujours inférieure.

DCCLXXXVII. TILLEUL. *TILIA.*

Tilia. Tourn. Linn. Juss. Lam. Gœrtn. Vent.

Car. Le calice est caduc, à 5 parties : la corolle est à 5 pétales : les étamines sont nombreuses : l'ovaire est globuleux, velu ; le style filiforme ; le stigmate en tête à 5 dents : le fruit est une noix qui ne s'ouvre point d'elle-même, à 5 loges dispermes avant la fécondation, à 1 loge monosperme à la maturité.

Obs. Dans les tilleuls d'Europe, les pétales sont nus à leur base ; dans ceux d'Amérique, ils portent une petite écaille à leur base : les uns et les autres ont leurs feuilles séminales inégalement dentées en scie, presque lobées ; les fleurs sont d'un blanc sale, disposées plusieurs ensemble sur un pédoncule rameux au sommet, adhérent à sa base avec une bractée oblongue et membraneuse.

4503. Tilleul à petites feuilles. *Tilia microphylla.*

T. microphylla. Vent. Monogr. 4. t. 1. f. 1. — *T. Europæa,* γ. Linn. spec. 773. — *T. ulmifolia.* Scop. Carn. e l. 2. n. 642. — *T. parvifolia.* Ehrh. ex. Sut. Fl. helv. 1. p. 317. — *T. sylvestris.* Desf. Cat. 152.

Arbre d'un beau port, d'une longue durée, dont la hauteur atteint de 16-20 mètres, et dont le tronc a de 6-12 mètres de circonférence ; son écorce est épaisse, crevassée dans la partie inférieure, lisse dans le haut ; ses feuilles sont fermes, pétiolées, arrondies, échancrées en cœur à leur base, terminées en pointe, dentées en scie, glabres en dessus, munies en dessous, à l'aisselle des nervures latérales, d'une petite touffe de poils ferrugineux ; elles ont environ 4-6 centim. de diamètre ; le péricarpe est une noix arrondie, quelquefois pointue à ses deux extrémités, mince, fragile, presque lisse et pubescente. ♄. Cet arbre se trouve dans les bois de presque toute la France ; il est connu sous les noms de *tilleul des bois, tillau.*

4504. Tilleul à grandes feuilles. *Tilia platyphyllos.*

T. platyphyllos. Scop. Carn. ed. 2. n. 641. Vent. Monogr. p. 6.
t. 1. f. 2. — *T. Europœa,* a. Linn. spec. 733. — *T. grandifolia.*
Ehrh. ex Sut. Fl. helv. 1. p. 317. — *T. Europœa.* Desf. Cat.
172. — *T. fœmina.* Lob. Hist. 606.

Cet arbre diffère du précédent, parce qu'il ne s'élève point
à une aussi grande hauteur ; que ses feuilles sont environ d'un
tiers plus grandes, plus molles, plus velues et inégalement dentées en scie ; que ses fleurs s'épanouissent un mois plutôt ; que
son péricarpe est en forme de toupie, de consistance ligneuse
et épaisse, relevé de 5 côtes proéminentes. ♄. Il est moins
commun dans les bois que le précédent ; on le cultive dans les
jardins et les cours des maisons de campagne, sous le nom de
tilleul de Hollande.

QUATREVINGT-QUATRIÈME FAMILLE.

MALVACÉES.   *MALVACEÆ.*

Malvaceœ. Juss. — *Columniferarum gen.* Linn. — *Malvœ.*
Adans.

La famille des Malvacées, considérée dans son ensemble,
est l'une des plus nombreuses en espèces, des plus intéressantes
par sa structure, et des plus importantes par la grandeur et
l'utilité de quelques-uns des végétaux qu'elle renferme ; mais
l'Europe ne possède qu'un petit nombre de ces plantes : nos
Malvacées sont des herbes ou des arbrisseaux à bourgeons nus,
à feuilles alternes, simples, souvent palmées ou digitées, toujours munies à leur base de 2 stipules axillaires : leurs fleurs sont
assez grandes, axillaires ou terminales, hermaphrodites : leur
calice est à 5 divisions, le plus souvent double, c'est-à-dire
entouré d'un calice externe à plusieurs lobes ou à plusieurs folioles : la corolle est régulière, à 5 pétales tantôt distincts et
hypogynes, tantôt réunis par la base avec la colonne des étamines : celles-ci sont très-nombreuses, hypogynes ; leurs filamens sont distincts dans les genres exotiques, plus souvent soudés ensemble en une colonne qui entoure le style ; quelques-
uns d'entre eux sont stériles : les anthères sont situées au
sommet ou à la surface du tube des filamens : l'ovaire est

simple, souvent à plusieurs lobes : le style est ordinairement unique : le stigmate est ordinairement divisé : le fruit est tantôt formé de plusieurs capsules, soit verticillées autour de la base du style, soit agglomérées sur un réceptacle commun ; tantôt simple, à plusieurs loges, à plusieurs valves qui portent une cloison sur leur face interne : les graines sont solitaires ou nombreuses dans chaque loge ou capsule ; leur embryon est dépourvu de périsperme, à lobes froncés, courbés sur la radicule.

** Fruit composé de plusieurs capsules.*

DCCLXXXVIII. MALOPE.   *MALOPE.*

Malope. Linn. Juss. Lam. Cav. — *Malacoides.* Tourn.

CAR. Le calice est double, l'intérieur à 5 parties, l'extérieur à 3 folioles ; les capsules sont nombreuses, agglomérées en tête, monospermes, et ne s'ouvrent point d'elles-mêmes.

4505. Malope fausse-mauve.   *Malope malacoides.*

M. malacoides. Linn. spec. 974. Cav. Diss. 2. n. 143. t. 27. f. 1. Lam. Illustr. t. 583. f. 1. — Barr. ic. t. 1189.

Ses tiges sont longues de 2–5 décim., couchées ou ascendantes, cylindriques, rougeâtres et presque glabres ; ses feuilles sont alternes, pétiolées, ovales-oblongues, un peu en pointe à leur sommet, légèrement échancrées en cœur à leur base, crénelées, et communément très-glabres ; on trouve quelques poils écartés sur leur pétiole : les fleurs sont grandes, fort belles, rougeâtres ou purpurines, pédonculées, et placées dans les aisselles supérieures des feuilles : les folioles du calice extérieur sont larges, cordiformes et pointues. ♃. Cette plante croît en Provence, à la forêt de la Ste.-Beaume (Gar., Gér.).

DCCLXXXIX. MAUVE.   *MALVA.*

Malva. Linn. Juss. Lam. Cav. — *Malva et Alceæ sp.* Tourn.

CAR. Le calice est double, l'intérieur à 5 divisions, l'extérieur à 3 folioles : les capsules sont au nombre de 8 au moins, disposées circulairement, ordinairement à une graine, et ne s'ouvrent point d'elles-mêmes.

OBS. Les mauves d'Europe sont des herbes à feuilles arrondies, à poils simples ou rayonnans, à fleurs blanches ou rougeâtres.

§. 1ᵉʳ. *Plusieurs pédoncules à l'aisselle de chaque feuille supérieure.*

4506. Mauve à petite fleur.   *Malva parviflora.*

M. parviflora. Linn. spec. 969. Lam. Dict. 3. p. 745. Jacq. Vind. t. 39. Cav. Diss. 2. n. 110. t. 26. f. 1.

Sa tige est rameuse, haute de 2-5 décim., glabre ou garnie de poils épars, irrégulièrement cylindrique ; les stipules sont lancéolées, ciliées ; les feuilles pétiolées, molles, presque glabres, à 5 ou 7 nervures principales, à 5 ou 7 lobes arrondis, crénelés : les fleurs naissent ramassées aux aisselles, portées chacune sur un pédicelle court : le calice extérieur est à 3 folioles linéaires ; l'intérieur est glabre, à 5 divisions droites pendant la fleuraison, ensuite un peu ouvertes : les pétales sont d'un blanc rougeâtre, échancrés au sommet, et ne dépassent pas la longueur du calice : les capsules sont au nombre de 10, pubescentes, un peu dentelées sur les angles. ☉. Elle croît aux environs de Nice (All.).

4507. Mauve de Nice.   *Malva Nicæensis.*

M. Nicæensis. All. Ped. n. 1416. Cav. Diss. 2. n. 134. t. 25. f. 1.

Cette plante a de grands rapports avec la mauve à feuilles rondes ; ses tiges sont couchées, simples ou peu rameuses, hérissées de poils épars, longues de 1-5 décim. : les stipules sont lancéolées, membraneuses : les feuilles sont portées sur de longs pétioles, molles, presque glabres, demi-orbiculaires, à 5 lobes pointus : les pédoncules sont droits, axillaires, uniflores, presque égaux entre eux, au nombre de 1-4 ; la corolle est d'un rouge clair, à pétales échancrés au sommet, 2 fois plus longs que le calice ; celui-ci a ses folioles extérieures ouvertes, ciliées, ovales-lancéolées ; les capsules sont velues, un peu roussâtres, au nombre de 11 ; les graines sont lisses. ☉. Elle croît aux environs de Nice, près du port de Limpia.

4508. Mauve à feuilles rondes. *Malva rotundifolia.*

M. rotundifolia. Linn. spec. 969. Cav. Diss. 2. n. 133. t. 26. f. 3. Lam. Dict. 3. p. 752. — Lob. ic. 651. f. 1.

Ses tiges sont longues de 2-5 décim., rameuses et couchées sur la terre ; ses feuilles sont petites, arrondies, crénelées, à 5 lobes à peine sensibles, échancrées en cœur à leur base, et portées sur de longs pétioles ; ses fleurs sont d'un blanc un peu rougeâtre, axillaires, pédonculées et fort petites ; les pédoncules

sont inégaux, au nombre de 5, ordinairement presque glabres ; les folioles de leur calice extérieur sont très-étroites. ⊙.
Elle est très-commune sur le bord des chemins et dans les lieux
incultes ; elle a les mêmes vertus que la suivante ; elle porte le
nom vulgaire de *petite mauve*. M. Raimond en a trouvé dans les
Pyrénées une variété remarquable par la grandeur de sa fleur.

4509. Mauve sauvage. *Malva sylvestris.*

M. sylvestris. Linn. spec. 969. Cav. Diss. n. 131. t. 26. f. 2. Lam.
Dict. 3. p. 752. — Lob. ic. t. 650. f. 2.

Ses tiges sont hautes de 6 décim. , velues et rameuses ; ses
feuilles sont pétiolées , vertes , légèrement velues, arrondies, à
5 lobes obtus et crénelés ; les pédoncules et les pétioles sont
très-velus ; les fleurs sont grandes , pédonculées , axillaires et
rougeâtres ou purpurines ; les divisions de leur corolle sont
échancrées , et les folioles de leur calice extérieur sont ovales-
lancéolées , égales au calice intérieur. ⚲. Cette plante est commune dans les lieux incultes et le long des haies ; elle est émolliente , laxative , adoucissante. Elle porte les noms de *mauve ,
grande mauve.*

4510. Mauve crépue. *Malva crispa.*

Malva crispa. Linn. spec. 970. Cav. Diss. n. 123. t. 23. f. 1.

Cette plante est indigène de Syrie , mais elle est presque naturalisée dans les jardins et les lieux cultivés , où elle se ressème
d'elle-même ; on la distingue facilement à sa tige droite , qui
atteint la hauteur d'un homme ; à ses feuilles à 5 lobes , finement frisés sur les bords ; à ses fleurs agglomérées aux aisselles
des feuilles ; à sa surface presque glabre et d'un beau verd. ⊙.
Cavanilles est parvenu à fabriquer d'assez bonnes cordes avec
les fibres de son écorce.

§. II. *Pédoncules solitaires à l'aisselle des feuilles.*

4511. Mauve alcée. *Malva alcea.*

M. alcea. Linn. spec. 971. Cav. Diss. 2. n. 125. t. 17. f. 2. Lam.
Fl. fr. 3. p. 141. — Fuchs. Hist. 80. ic.

Sa tige est haute de 6-12 décim. , un peu rameuse , dure ,
cylindrique , et chargée de poils fort petits , couchés , rameux ,
rayonnans et disposés comme par faisceaux ; ses feuilles sont alternes , distantes , pétiolées , rudes au toucher, et partagées en

5 ou en 3 segmens découpés, pinnatifides, quelquefois très-
profonds, mais jamais prolongés jusqu'au point où s'insère le
pétiole ; ses fleurs sont grandes, fort belles, de couleur de chair
ou purpurines, pédonculées, disposées dans les aisselles supérieures et au sommet de la tige : les divisions de la corolle sont
échancrées, et les calices sont velus. ♃. Cette plante croît sur
le bord des bois, dans les lieux incultes et couverts ; elle est
émolliente, adoucissante.

4512. Mauve musquée.   *Malva moschata.*

M. moschata. Linn. spec. 971. Cav. Diss. 2. n. 126. t. 18. f. 1.
Lam. Fl. fr. 3. p. 141.
β. *Malva laciniata.* Lam. Dict. 3. p. 750.

Sa tige est haute de 5 décim., droite, souvent simple, cylindrique, et hérissée par des poils simples, tuberculeux à leur
base, jamais couchés, assez longs, droits et distans ; ses feuilles
sont alternes, pétiolées, arrondies et découpées jusqu'au pétiole
en 5 ou 3 parties, multifides et presque ailées ; celles de la racine
sont réniformes et incisées : les fleurs sont grandes, rougeâtres
ou purpurines, la plupart terminales, ramassées, et quelques-
unes solitaires dans les aisselles supérieures : les divisions de
la corolle sont échancrées, et les calices sont hérissés de poils
et de points colorés, semblables à ceux de la tige : ces fleurs
ont une odeur musquée. ♃. On trouve cette plante dans les lieux
secs et stériles. La var. β ne diffère de la précédente que parce
qu'elle a toutes les feuilles, même les inférieures, découpées.
M. Ramond en a, au contraire, trouvé dans les Pyrénées une
variété dont les feuilles sont toutes entières.

4513. Mauve de Tournefort. *Malva Tournefortiana.*

M. Tournefortiana. Linn. spec. 971. Cav. Diss. 2. n. 122. t. 17.
f. 3. — *M. maritima.* Lam. Fl. fr. 3. p. 140. — Pluk. t.
44. f. 4.

La plante que je décris ici n'est peut-être qu'une variété de
l'espèce précédente ; elle paroît en différer, parce qu'elle est
plus grêle, plus foible ; sa tige est presque glabre ; les feuilles
sont toutes profondément découpées, et les inférieures sont
portées sur de longs pétioles ; leurs lobes sont ciliés, étroits,
linéaires, divisés en 3 lanières à leur extrémité ; les fleurs sont
portées sur des pédicelles axillaires, solitaires, et dont les
inférieurs sont un peu plus longs que la feuille, et portent quelquefois eux-mêmes une foliole découpée. ☉. Elle croît dans les

lieux maritimes du Languedoc ; on assure qu'elle croît aussi en Provence (Tourn. , Pluk.) ; mais M. Gérard n'a pu la retrouver.

DCCXC. GUIMAUVE. *ALTHÆA.*

Althæa. Cav. Wild. Desf. — *Althæa et Alcea.* Tourn. Linn. Lam.

Car. Ce genre diffère du précédent, parce que le calice extérieur est à 6 ou 9 lanières profondes, que les capsules sont nombreuses, toujours monospermes.

§. 1er. *Capsules entourées d'un rebord membraneux et sillonné.*

4514. Guimauve passe-rose. *Althæa rosea.*

A. rosea. Cav. Diss. 2. n. 156. t. 28. f. 1. — *Alcea rosea.* Linn. spec. 966. Lam. Illustr. t. 581. f. 1.

Sa tige est herbacée, haute de 1-2 mètres, droite, ferme, épaisse, cylindrique, velue et feuillée ; ses feuilles sont alternes, pétiolées, larges, arrondies, un peu en cœur à leur base, crénelées, sinuées, anguleuses et velues ; ses fleurs sont très-grandes, souvent doubles, roses, purpurines, blanches ou panachées de blanc, disposées sur de courts pédoncules dans les aisselles supérieures, formant un peu l'épi par leur rapprochement. ♂. Cette plante est indigène des environs de Nice (All.), et des montagnes de la Provence méridionale (Gér.). On la cultive comme ornement dans les jardins, sous les noms de *rose trémière*, *passe-rose*, *mauve rose.*

§. II. *Capsules non bordées.*

4515. Guimauve officinale. *Althæa officinalis.*

A. officinalis. Linn. spec. 966. Cav. Diss. 2. n. 161. t. 30. f. 2. Lam. Dict. 3. p. 58. — Fuchs. Hist. p. 15. ic.

Ses tiges sont hautes d'un mètre, dures, cylindriques, velues, assez simples, creuses et feuillées dans toute leur longueur ; ses feuilles sont alternes, pétiolées, un peu en cœur, anguleuses, pointues, dentées, molles, blanchâtres, et chargées d'un coton ou d'un duvet presque soyeux ; ses fleurs sont presque sessiles et disposées dans les aisselles des feuilles supérieures ; elles sont blanches ou légèrement purpurines. ♃. Cette plante croît sur le bord des ruisseaux et dans les lieux un peu humides ; elle est très-émolliente et adoucissante ; sa racine est mucilagineuse, laxative, anodine, béchique et apéritive.

4516. Guimauve de Narbonne. *Althœa Narbonensis.*

A. Narbonensis. Pourr. act. Toul. 3. p. 307. Cav. Diss. 2. n. 163. t. 29. f. 2. Jacq. ic. rar. t. 138.

Sa tige est droite, branchue, haute d'un mètre, couverte, ainsi que le reste de la plante, par un duvet grisâtre formé de poils nombreux, rayonnans et un peu hérissés; ses feuilles sont pétiolées, dentées, échancrées en cœur à la base, les inférieures à 5 angles larges et pointus, les supérieures presque en fer de lance, à 5 lobes, dont celui du milieu est le plus long; les fleurs sont solitaires ou rarement géminées sur des pédicelles axillaires, longs de 8-10 centim. : leur corolle est d'un violet clair, et a ses pétales échancrés au sommet. ♃. Elle a été observée par M. Pourret près de Narbonne, au bois de Moujan dans le Minervois; elle y porte le nom vulgaire de *fialasso;* son écorce sert aux mêmes usages que celle du chanvre.

4517. Guimauve à feuilles de chanvre. *Althœa cannabina.*

A. cannabina. Linn. spec. 996. Cav. Diss. 2. n. 162. t. 30. f. 1. Lam. Dict. 3. p. 58. — Lob. ic. 656. f. 1.

Toute la plante est couverte de poils grisâtres, courts, rayonnans et nombreux; sa tige est droite, branchue, herbacée, et s'élève jusqu'à la hauteur d'un homme; ses feuilles sont portées sur de courts pétioles, divisées jusqu'à la base en 5 ou 5 lobes étroits, pointus, dentés, dont celui du milieu est toujours le plus long; les pédoncules sont axillaires, plus longs que les feuilles supérieures, presque toujours bifurqués vers le sommet, et chargés de 2 fleurs roses, dont les pétales sont crénelés. ♃. Elle croit au bord des bois, des haies et des vignes en Languedoc; en Provence.

4518. Guimauve hérissée. *Althœa hirsuta.*

A. hirsuta. Linn. spec. 966. Cav. Diss. 2. n. 164. t. 29. f. 1. Lam. Dict. 3. p. 59. — *A. hispida.* Mœnch. Meth. 612.

Sa tige est rameuse, plus ou moins droite, longue de 2-4 décim., et très-hérissée, ainsi que les pétioles, les pédoncules et les calices, de poils blancs, droits, assez longs et épars; ses feuilles sont alternes, pétiolées, d'un verd pâle ou blanchâtre, et presque glabres en dessous; les inférieures sont réniformes et à 5 lobes arrondis et crénelés; les supérieures sont découpées
profondément

profondément en 5 lobes oblongs, dentés vers leur sommet, et toujours un peu obtus : les fleurs sont blanches ou d'un rouge pâle, portées sur de longs pédoncules, et disposées dans les aisselles des feuilles; les divisions de leur calice sont hérissées et ciliées. ☉. Cette plante croît dans les haies et les lieux incultes.

DCCXCI. LAVATÈRE. *LAVATERA.*

Lavateræ sp. Linn. Juss. Lam. Cav. Gœrtn. — *Anthema et Olbia.* Med. Mœnch. — *Althææ sp.* Tourn.

CAR. Ce genre diffère de la mauve, parce que le calice extérieur est d'une seule feuille à 5 divisions : les capsules sont nombreuses, monospermes.

OBS. Arbrisseaux ou herbes à fleurs axillaires, blanches ou rougeâtres, à poils rayonnans ordinairement très-nombreux.

4519. Lavatère de Hyères. *Lavatera Olbia.*

L. Olbia. Linn. spec. 972. Cav. Diss. 2. n. 148. t. 32. f. 2. — *L. acutifolia.* Lam. Fl. fr. 3. p. 137. — *Olbia hastata.* Mœnch. Meth. 613. — Lob. ic. 653. f. 2.

Ses tiges sont ligneuses, hautes de 9-12 décim., cylindriques et velues dans leur partie supérieure : ses feuilles sont alternes, pétiolées, assez grandes, molles, blanchâtres et un peu cotonneuses; les inférieures sont courtes, un peu en cœur et à 5 angles médiocres; les supérieures sont beaucoup plus longues, elles ont 3 angles, dont celui du milieu est fort grand et pointu : les fleurs sont purpurines ou violettes, presque sessiles, solitaires dans les aisselles supérieures; les pétales sont échancrés au sommet; les capsules sont au nombre de 17 à 20. ♃. Cet arbrisseau croît aux environs de Nice (All.); en Provence dans les rocailles voisines du bourg de Cabasse, et sur les bords de la mer vis-à-vis les isles d'Hyères (Gér.); auprès de Toulon (Gar.).

4520. Lavatère à trois lobes. *Lavatera triloba.*

L. triloba. Linn. spec. 972. Cav. Diss. 2. n. 149. t. 31. f. 1. Lam. Dict. 3. p. 430. — Pluk. t. 8. f. 3.

Toute la plante est couverte de poils courts et un peu cotonneux, entremêlés d'autres poils plus grands, rayonnans à leur sommet : la tige est ligneuse, branchue, haute d'environ 1 mètre : les stipules sont larges, en forme de cœur, pointues : les feuilles sont pétiolées, arrondies, un peu échancrées en cœur, crénelées, à 5 lobes courts, arrondis; les pédicelles naissent 2 à 3 (6-7 selon Gouan) ensemble à l'aisselle des feuilles supérieures, n'atteignent pas la moitié de la longueur du pétiole, et portent chacun une fleur grande, d'un pourpre clair. ♄. Elle croît aux environs de Montpellier à Miraval près de l'hermitage (Magn.), et à la plaine de Launac à gauche sur la montagne (Gou.).

4521. Lavatère maritime.　*Lavatera maritima.*

L. maritima. Gouan. Illustr. 46. t. 21. f. 2. Cav. Diss. 2. n. 152. t. 33. f. 3. — *L. rotundifolia.* Lam. Fl. fr. 3. p. 138.

Toute la plante est couverte d'un duvet ras, serré et blanchâtre, formé par de petites houppes de poils égaux et un peu rayonnans ; sa tige est ligneuse, rude, tortue, haute de 7-9 décim. : les jeunes rameaux sont couverts de houppes cotonneuses ; les stipules sont petites, caduques, en forme d'alène : les feuilles sont pétiolées, arrondies, crénelées, à 3 lobes courts et très-obtus : les pédicelles sont axillaires, solitaires, au moins égaux à la longueur des pétioles : la corolle est grande, blanchâtre, entourée d'un double calice très-velu, dont l'extérieur est à 3 divisions profondes. ♄. Cet arbrisseau croît parmi les rochers sur les côtes de la Méditerranée ; à la Clape près de Narbonne ; en Provence? (Gou.) : il est commun aux environs de Nice (All.).

4522. Lavatère en arbre.　*Lavatera arborea.*

L. arborea. Linn. spec. 972. Cav. Diss. 5. t. 139. f. 2. Lam. Dict. 3. p. 431. — *Anthema arborea.* Mœnch. Meth. 612.

Sa tige est herbacée, épaisse, ferme, droite, s'élève à 2-3 mètres de hauteur, et a le port d'un petit arbre : elle est simple la première année, et devient rameuse la seconde : ses feuilles sont pétiolées, molles, pubescentes, à 5 ou 7 lobes peu profonds et arrondis dans les feuilles de la tige, un peu pointus dans celles des rameaux : les fleurs sont assez petites, violettes, aggrégées 3 ou 4 ensemble à l'aisselle des feuilles supérieures, portées sur des pédicelles beaucoup plus courts que les pétioles, et très-velus : le calice extérieur est grand, velu, à 3 lobes ovales, obtus ; les capsules sont au nombre de 7. ♂. Cette plante croît parmi les rochers sur les côtes de Nice (All.) ; dans l'isle de Corse près St.-Fiorenzo (Vall.).

4523. Lavatère de Thuringe. *Lavatera Thuringiaca.*

L. Thuringiaca. Linn. spec. 973. Cav. Diss. 2. n. 153. t. 31. f. 3.
Lam. Dict. 3. p. 432. — Dill. Elth. 9. t. 8. f. 8.

Sa tige est herbacée, droite, cotonneuse, branchue, haute
de 6-7 décim. : ses feuilles sont pétiolées, un peu cotonneuses ;
les inférieures divisées en 5 lobes pointus, anguleux, dentés ;
les supérieures à 5 lobes : toutes ont le lobe du milieu plus
long que les autres ; les pédoncules sont axillaires, solitaires,
2 fois plus longs que les pétioles ; les fleurs sont grandes, ouvertes, d'un violet clair, à pétales fortement échancrés : les
capsules sont au nombre de 14 environ. ♃. Cette plante croît
dans les environs de Nice (All.) ; de Montpellier (J. Bauh.)?

4524. Lavatère ponctuée. *Lavatera punctata.*

L. punctata. All. Auct. p. 26. Wild. spec. 3. p. 797.

Sa tige est herbacée, droite, rameuse, haute de 3 décim.,
verte ou rougeâtre, ponctuée de petites taches blanches qui,
vues à la loupe, paroissent des poils rayonnans ; les feuilles
sont pétiolées, pubescentes, ovales-lancéolées presque en forme
de lance, ou à 5 lobes, bordées de larges crénelures, étalées
ou déjetées vers la terre : les pédicelles sont axillaires, solitaires, ponctués, dressés, 3 fois plus longs que les pétioles ;
les calices sont velus, à lobes pointus ; la corolle est purpurine,
en cloche ; les capsules tombent facilement. ⊙. Elle est commune aux environs de Nice. M. Desmarets l'a trouvée en
Provence entre St.-Tropez et Fréjus.

DCCXCII. STÉGIE.   *STEGIA.*

Lavatera. Tourn. Dill. Med. Mœnch. — *Lavaterœ sp.* Linn.
Juss. Lam. Gœrtn. Cav.

Car. Ce genre diffère des lavatères, par son calice extérieur
découpé en 5 ou 6 lobes peu profonds, et par son fruit, dont
le réceptacle s'évase au sommet en un large plateau orbiculaire qui recouvre comme un toit toutes les capsules, rangées
en cercle autour du pied du réceptacle.

Obs. Il en diffère encore par le port ; car l'espèce qui com-
pose ce genre a les poils simples, et non pas rameux ni en
faisceau comme ceux des lavatères. — C'est proprement à ce
genre que Tournefort avoit primitivement donné le nom de
lavatera ; mais l'usage en ayant ensuite étendu la signification,
j'ai préféré laisser ce nom au plus grand nombre des espèces

de Linné, et donner à celle-ci seule un nom nouveau. Ce nom vient du mot grec στεγος, qui signifie *toit*.

4525. Stégie lavatère.   *Stegia lavatera.*

Lavatera trimestris. Linn. spec. 974. Gœrtn. Fruct. 2. p. 257. t. 36. Cav. Diss. 2. n. 155. t. 31. f. 2. — *Lavatera grandiflora.* Lam. Fl. fr. 3. p. 137.

Sa tige est haute de 5 décim., velue, cylindrique et un peu rameuse : ses feuilles sont alternes, pétiolées, velues et verdâtres : les inférieures sont arrondies et simplement dentées, et les supérieures sont très-anguleuses : les fleurs sont fort grandes, d'un pourpre vif, terminales, axillaires, et solitaires sur leur pédoncule. ⊙. Cette élégante espèce croit à Villefranche près Nice dans les plantations d'oliviers (All.); aux environs de Montpellier (Sauv. Lin.)?

DCCXCIII. SIDA.   *S I D A.*

Sida. Linn. Juss. Lam. Cav. — *Abutilon.* Tourn.

Car. Le calice est simple, à 5 divisions : les capsules sont nombreuses, disposées circulairement, très – rapprochées les unes des autres, à 1 loge, à 1, 2 ou 3 graines, à 2 valves.

4526. Sida abutilon.   *Sida abutilon.*

S. abutilon. Linn. spec. 963. Lam. Dict. 1. p. 6. — Cam. Epit. 668. ic.

Toute la plante est couverte de poils mols, fins, simples, qui lui donnent une teinte un peu grisâtre : ses tiges sont presque simples, hautes de 1-2 mètres ; ses feuilles sont pétiolées, dentées, échancrées en cœur à leur base, arrondies dans leur contour, et terminées par une pointe étroite et alongée ; les pédoncules sont solitaires, plus courts que les pétioles, chargés d'une seule fleur jaune : les capsules sont au nombre de 15, noirâtres, velues, tronquées, surmontées de 2 pointes, et contiennent chacune 5 graines. ⊙. Cette plante est commune en Piémont auprès des villages et des villes, et dans les vignes de Borgomasino (All.).

** *Fruit simple à plusieurs loges.*

DCCXCIV. HIBISQUE.   *H I B I S C U S.*

Hibiscus. Linn. Juss. Lam. Cav. Gœrtn. — *Ketmia.* Tourn.

Car. Le calice est double ; l'intérieur à 5 dents ou 5 lobes ; l'extérieur à plusieurs folioles ou plusieurs parties très-profondes ;

le style est simple, et porte 5 stigmates ; la capsule est unique,
à 5 loges, à 5 valves : chaque loge renferme 1 ou ordinairement plusieurs graines.

4527. Hibisque de Syrie.   *Hibiscus Syriacus.*

H. Syriacus. Linn. spec. 978. Cav. Diss. 3. p. 169. t.69.f. 1. —
Ketmia Syriaca. Scop. Carn. n. 863.

Cet arbrisseau, indigène de la Syrie et de la Carniole, est
cultivé dans un grand nombre de jardins sous le nom de
guimauve en arbre ; il se distingue à ses feuilles glabres,
ovales, presque en forme de coin, à 5 lobes pointus et dentés ;
à son calice extérieur divisé en 8 lanières, égal à la longueur
du calice interne ; à ses fleurs grandes, blanches ou purpurines,
souvent doubles : il passe l'hiver en pleine terre, même dans
le nord de la France. ♃.

4528. Hibisque des marais.   *Hibiscus palustris.*

H. palustris. Linn. spec. 976? Thor. Chlor. 295. —Pluk. t. 6. f. 3.

Sa tige est herbacée, très-simple, assez ferme, lisse dans
le bas, munie vers le haut de quelques faisceaux de poils
rayonnans : ses feuilles sont éparses, pétiolées, un peu en
cœur à la base, ovales, terminées par une pointe alongée,
dentées en scie, et tendant à se diviser en 5 lobes : leur surface
supérieure est glabre ; l'inférieure est couverte d'un duvet
court, serré et blanchâtre ; de l'aisselle des feuilles supérieures
part un rameau nu, un peu hérissé, plus long que le pétiole,
au sommet duquel s'articule un pédicelle uniflore, court,
cotonneux : la fleur est grande, purpurine; les 2 calices sont
cotonneux ; l'extérieur est à 10 ou 12 lanières étroites, presque
égales au calice intérieur. Cette plante est assez commune dans
le département des Landes sur les bords de l'Adour, du Luy
et des étangs de la côte : elle diffère de *l'hibiscus palustris*
cultivé dans les jardins, et décrit par Cavanilles, en ce qu'elle
a la fleur purpurine et non pas jaune. Elle se distingue de *l'hibiscus moscheutos*, parce que la feuille florale naît à la base
du rameau floral, et non vers son sommet.

4529. Hibisque vésiculeux.   *Hibiscus trionum.*

H. trionum. Linn. spec. 981. Cav. Diss. 3, p. 171. t.64.f. 1. —
Ketmia trionum. Scop. Carn. n. 862. — Lob. ic. 656. f. 2.—
Barr. ic. t.471.

Sa tige est herbacée, rameuse par le bas, droite ou étalée,
hérissée de poils un peu rudes, longue de 5 à 6 décim. : ses

feuilles sont éparses, pétiolées, glabres, divisées en 3 lobes principaux, dentés, plus profonds dans le haut de la plante, mais qui n'atteignent jamais jusqu'au pétiole : les fleurs sont axillaires, solitaires, portées sur des pédoncules rudes, plus courts que la feuille; le calice extérieur est à 12 folioles lancéolées; l'intérieur est renflé, diaphane, marqué de raies rouges longitudinales; la corolle est d'un jaune pâle avec le fond purpurin : le fruit est caché dans le calice. ⊙. Cette plante croît dans les champs entre Novarre et le Tesino (All.).

QUATREVINGT-CINQUIÈME FAMILLE.
GÉRANIÉES.　　*GERANIEÆ.*

Gerania. Juss. —*Geranioideæ.* Vent. —*Geraniorum gen.* Adans. — *Gruinalium gen.* Linn.

Les Géraniées, ainsi que leur nom l'indique, sont remarquables parce que leur fruit se termine par une longue pointe qu'on a comparée au bec d'une grue : la plupart, sur-tout dans nos climats, sont des herbes à tiges cylindriques, à feuilles découpées, à stipules un peu membraneuses, à pédoncules chargés de 1, souvent 2 et quelquefois plusieurs fleurs : ces pédoncules sont opposés aux feuilles quand celles-ci sont alternes, et axillaires quand elles sont opposées.

Le calice est persistant, à 5 parties profondes ou à 5 folioles; la corolle à 5 pétales rétrécis en onglet, souvent inégaux et irréguliers; les étamines sont en nombre déterminé (5-10); leurs filamens sont inégaux, soudés par la base, quelquefois stériles; l'ovaire est simple, libre, pentagone, nu ou entouré de 5 glandes, terminé par un seul style, lequel se divise en 5 stigmates; le fruit est tantôt simple et à 5 loges, tantôt formé de 5 coques prolongées en arêtes; les graines sont solitaires dans les loges ou les coques, dépourvues de périsperme : leur embryon a sa radicule un peu courbée et les lobes repliés sur eux-mêmes de bas en haut.

* *Vraies Géraniées.*

DCCXCV. ÉRODIUM (1).　　*ERODIUM.*

Erodium. L'Her. Ait. Wild. —*Geranii sp.* Linn. Juss. Lam. Cav.

Car. Les érodiums ont un calice à 5 folioles égales; une

(1) Les descriptions de ce genre et du suivant ont été faites par

corolle à 5 pétales ; le style a 5 stigmates et 5 étamines fertiles , alternes et réunies par la base , avec 5 filamens stériles et sans anthères : à la base de chaque étamine fertile est une glande : le fruit est formé d'un axe central , prismatique , anguleux , autour de la base duquel sont placées 5 capsules monospermes , jointes chacune au sommet de l'axe par une arète velue sur sa face interne , et qui à la maturité détache la capsule de l'axe , et se roule en spirale alongée.

Obs. Les érodiums ont la plupart plus de 2 fleurs sur chaque pédoncule , et les feuilles très-rarement peltées.

§. Ier. *Feuilles composées , ailées ou ternées.*

4530. Érodium des rochers.   *Erodium petrœum.*

> *E. petrœum.* Wild. spec. 3. p. 625.—*Geranium petrœum.* Gouan. Illustr. p. 45. t. 21. f. 1. Cav. Diss. 2. p. 224. t. 96. f. 2. Lam. Fl. fr. 3. p. 672.

Sa racine est longue , épaisse , ligneuse et un peu écailleuse ; elle pousse une touffe de feuilles , entre lesquelles naissent les pédoncules : ses feuilles sont 2 fois découpées ou ailées , et portées par des pétioles velus , longs de 6-9 centim. : les divisions des feuilles sont tantôt linéaires et pointues , et tantôt oblongues et obtuses : les pédoncules sont velus comme les pétioles , et d'un tiers plus longs que les feuilles ; ils se terminent par 3 à 5 fleurs assez grandes , d'un rouge violet , plus foncé à la base des pétales ; ceux-ci sont oblongs , égaux entre eux , presque ronds , et plus longs que les folioles du calice. ♃. Il se trouve dans les fentes des rochers , dans les Pyrénées et en Languedoc.

4531. Érodium glanduleux. *Erodium glandulosum.*

> *E. glandulosum.* Wild. spec. 3. p. 628. — *E. macrademum.* L'Her. Ger. t. 1. — *Geranium glandulosum.* Cav. Diss. 2. p. 271. t. 125. f. 2. Lam. Dict. 2. p. 665.—*Geranium radicatum.* Lapeyr. Pyren. 1. p. 1. t. 1.

Cette espèce , très-voisine de la précédente par son port et par la forme et les découpures de ses feuilles , en est très-distincte par ses pétales inégaux , d'un violet pâle , plus petits , ovales , un peu aigus , et dont les 2 supérieurs sont plus larges et marqués à la base de veines purpurines très – agréables : la

---

M. Léman , d'après ses propres observations et celles que l'Héritier a laissées inédites dans son herbier. .

plante entière est ordinairement très‑velue, ainsi que ses feuilles; celles-ci ont leurs découpures étroites et profondes. ♃. Elle croît dans les rochers des Pyrénées.

4532. Érodium à feuilles   *Erodium cicutarium.*
    de ciguë.

> *E. cicutarium.* L'Her. in Hort. Kew. 2. p. 414. — *Geranium cicutarium.* Linn. spec. 951.
> *α. Geranium præcox.* Cav. Diss. 5. n. 398. t. 126. f. 1.
> *β. Geranium pimpinellæfolium.* Cav. Diss 4. p. 398. t. 126. f. 1.
> *γ. Geranium chærophyllum.* Cav. Diss. 4. n. 319 t. 95. f. 1.
> *δ. Geranium pilosum.* Thuil. Fl. paris. II. 1. p. 347.
> *ε. Geranium cicutarium.* Thuil. Fl. par. II. 1. p. 346.

Cet érodium est extrêmement commun par‑tout, et varie à l'infini; il est remarquable par ses pétales, qui ne sont jamais égaux; il en offre toujours 2 plus petits et égaux : ce sont les inférieurs; les 3 autres sont plus grands, et celui du milieu est plus alongé : les feuilles sont formées par plusieurs paires de folioles diversement découpées, alternes ou opposées, et toujours sessiles. La variété *α* n'a point de tige; sa racine, fusiforme et perpendiculaire, pousse plusieurs feuilles étalées, appliquées contre terre, et dont les folioles sont peu découpées : les pédoncules sont radicaux, chargés de 2 à 4 fleurs rougeâtres ou blanches, disposées en ombelle : les pétales sont plus longs que le calice. Elle croît sur les murailles et le long des chemins; elle fleurit au printemps. — Dans la variété *β*, la racine pousse plusieurs tiges d'abord couchées, ensuite droites, et qui ont jusqu'à 3 décim. de longueur : les feuilles sont portées par de longs pétioles, sur‑tout les radicales; leurs folioles sont alternes, écartées et à découpures aiguës : les pédoncules naissent sur la tige dans les aisselles des feuilles, et portent 5 à 7 fleurs rougeâtres, dont les pétales sont presque égaux au calice. Cette variété, beaucoup moins velue que les autres, vient dans les prairies artificielles. — La variété *γ* est remarquable par ses folioles finement découpées, et à divisions très‑étroites; ses tiges naissent plusieurs d'une même racine, et sont couchées : ses fleurs sont rougeâtres ou blanches, disposées en ombelle à l'extrémité de pédoncules axillaires. Cette variété croît sur les pelouses sèches et dans les lieux pierreux. — La var. *δ* ressemble beaucoup à la précédente, mais s'en distingue par ses fleurs d'un violet foncé, et par les poils nombreux et blancs qui couvrent toute la plante.

Elle croît dans les lieux sablonneux et arides des bois de Fontainebleau. — Enfin la variété ε, qui ressemble beaucoup à la
plante figurée dans Barrelier (pl. 1245), et que Linné donne
pour son *geranium romanum*, est très-distincte par les folioles
de ses feuilles, qui sont oblongues, découpées assez profondément, et à divisions arrondies ; on ne peut la confondre avec
le *geranium romanum*, ses pétales étant inégaux : elle est ordinairement velue ; ses feuilles radicales sont nombreuses, longues et étalées à terre ; ses tiges sont courtes et souvent nulles :
les fleurs varient du rose pâle au rose foncé. On trouve cette
variété dans les champs arides et sablonneux voisins des bois ;
elle offre une sous-variété à feuilles moins découpées et couvertes de poils blancs, et dont les fleurs tirent sur le violet foncé.
Elle a été trouvée entre Aix et Salon, par M. Desmarest. C'est
peut-être elle que Latourette a pris pour le *geranium romanum*
de Linné. ♃.

4533. Érodium musqué.   *Erodium moschatum.*

E. moschatum. Wild. spec. 3. p. 631. — *Geranium moschatum.*
Linn. spec. 951. Cav. Diss. 4. p. 227. t. 94. f. 1 (at glabra).—
Lob. ic t. 658. f. 2. — Hall. Helv. n. 945.

Sa racine est perpendiculaire ; elle pousse une tige rameuse,
haute de 5 décim. et plus, feuillée et couverte ainsi que les
feuilles, sur leur nervure, de poils glanduleux : les feuilles sont
opposées, ailées, et garnies à la base de 2 stipules blanches,
membraneuses et luisantes : les folioles sont portées par un petit pétiole propre, simplement dentées sur leur bord avec quelques lobes plus profonds ; elles sont inégales à la base, l'un de
leurs côtés se prolongeant davantage sur le pétiole : les pédoncules qui portent les fleurs sont axillaires, au moins deux fois
plus longs que les feuilles, pubescens et terminés chacun par une
ombelle de 6 à 12 fleurs purpurines. ☉. On trouve cette plante
à Basle ; à Genève ; à Prades, Valène, Rouquet près Montpellier
(Gou.) ; aux environs de Nice (All.) ; d'Abbeville (Bouch.).

4534. Érodium bec de cigogne. *Erodium ciconium.*

E. ciconium. Wild. spec. 3. p. 629. — *Geranium ciconium.* Linn.
spec. 952. Lam. Dict. 2. p. 668. Cav. Diss. 4. p. 228. t. 95. f. 2.

Ses tiges sont longues de 5 décim. , épaisses , cylindriques ,
légèrement velues et un peu couchées ; ses feuilles sont grandes,
pétiolées, ailées, à pinnules larges, incisées, et dont les découpures sont presque obtuses ; les pédoncules sont axillaires , et

soutiennent chacun 4 à 6 fleurs violettes, dont les calices sont striés et terminés par des barbes ; les becs des capsules sont longs de 12-15 centim. ☉. On trouve cette plante dans les provinces méridionales.

4535. Érodium bec de grue.   *Erodium gruinum.*

E. gruinum. Wild. spec. 3. p. 639. — *Geranium gruinum.* Linn. spec. 952. Cav. Diss. 4. p. 218. t. 90. f. 2. — J. Bauh. Hist. 3. p. 479. f. 1.

Ses tiges sont rameuses, hautes de 5 décim., noueuses et couvertes de poils blancs et réfléchis ; les feuilles sont opposées, pétiolées et garnies en dessus de quelques poils courts et épars ; les radicales, au nombre de 2, sont ovales, en cœur, à dentelures rondes ; celles de la tige sont formées de 5 folioles principales, crénelées et lobées ; la foliole du milieu, dans les feuilles inférieures, est profondément découpée en 3 ou 4 autres lobes ; les pédoncules sont axillaires, et quelquefois naissent de la racine ; ils ont 6-12 centim. de longueur, et portent 2 fleurs rougeâtres, auxquelles succèdent des capsules velues dont l'arête a 9 centim. de longueur ; les folioles du calice sont ovales, terminées par une arête molle et épaisse. ☉. On la trouve à Montpellier sur le bord des haies (Gou.).

§. II. *Feuilles simplement lobées.*

4536. Érodium fausse-mauve. *Erodium malachoides.*

E. malacoides. Wild. spec. 3. p. 638. — *Geranium malacoides.* Linn. spec. 952. Cav. Diss. 4. p. 220. t. 91. f. 1. Lam. Dict. 2. p. 663. — J. Bauh. Hist. vol. 3. p. 472. t. 1.

Ses tiges sont longues de 5 décim., rameuses sur-tout vers le bas, légèrement velues, quelquefois un peu droites, mais plus ordinairement couchées ; ses feuilles sont pétiolées, ovales, en cœur, crénelées, découpées de chaque côté en un ou 2 lobes obtus, velues et d'un verd un peu blanchâtre ; les stipules sont membraneuses, sèches, blanches et transparentes ; les pédoncules sont axillaires, plus longs que les feuilles, et terminés par une ombelle de 5 à 8 fleurs petites, rougeâtres ou violettes, et dont le calice est velu, strié et presque sans barbes. ☉. Il croît dans les champs de la Provence ; aux environs de Nice (All.).

4537. Érodium de Corse.   *Erodium Corsicum.*

Ses caractères essentiels sont d'avoir les feuilles pétiolées,

ovales, en cœur, très-velues, molles au toucher , et divisées
en 3 ou 5 lobes peu profonds et à crénelures très-obtuses; les
pédoncules très-longs et à une ou 2 fleurs; quelquefois la
racine pousse les feuilles et les pédoncules en même temps ;
la plante entière a alors 3-6 centimètres de hauteur; ses pédoncules sont plus longs que les feuilles , et celles-ci très-velues. Dans d'autres individus, la racine pousse quelques tiges
simples, feuillées, longues de 6-12 centim., et velues ; les
feuilles de la tige sont opposées , à stipules membraneuses et
lancéolées, et portées sur des pétioles à peine égaux à leur longueur, tandis que dans les feuilles radicales, ces pétioles ont
jusqu'à 6 centim., c'est-à-dire le double; les pédoncules sont
axillaires , alternes, deux fois plus longs que les feuilles , velus
et à 2 fleurs; ces fleurs ont leurs pétales entiers, deux fois plus
longs que le calice et que les étamines; les folioles du calice
sont velues et ovales-aiguës; les fruits sont pubescens, et trois
fois plus longs que le calice; leurs arètes se roulent en tire-bou-
chon. Cette plante a été rapportée de Corse par M. Noisette,
et nous a été communiquée par M. Clarion.

4538. Érodium maritime. *Erodium maritimum.*

Geranium maritimum. Linn. spec. 951. Lam. Dict. 2. p. 662.
Cav. Diss. 4. n. 305. t. 88. f. 1.

Ses tiges sont un peu velues, rameuses, longues de 3 décim. ,
couchées et appliquées sur la terre ; ses feuilles, portées par
de longs pétioles , sont petites , velues , ovales , en cœur, crénelées et divisées ordinairement en 5 ou 6 lobes peu profonds;
les pédoncules , tantôt plus longs et tantôt plus courts que les
feuilles , portent une , 2 ou 3 fleurs au plus, petites et rougeâtres ; le calice est un peu velu; le fruit est très-lisse, et n'a que
9-12 millim. de longueur; par exception aux caractères généri-
ques, le style est divisé en 5 stigmates , et les arètes des capsules ne
sont point velues sur leur face intérieure. Cette plante croît dans
les sables de la côte aux environs de Narbonne; près Abbeville (Bouch.).

4539. Érodium des rivages. *Erodium littoreum.*

E. maritimum , var. β. L'her. mss.

Sa racine est perpendiculaire , et pousse quelques tiges
dures, un peu velues, courtes , et qui paroissent couchées; les
feuilles sont petites, rudes au toucher, et non poilues comme

dans l'espèce ci-dessus; elles sont toutes profondément découpées en 5 lobes, à crénelures obtuses; les supérieures sont presque sessiles, à lobes latéraux écartés; les inférieures ont un pétiole court dans celles de la tige, et long dans celles de la racine : les stipules sont blanches et larges; les pédoncules sont axillaires dans de petites feuilles qui n'ont que 6-9 millim. de long, tandis qu'ils ont 3 centim., en y comprenant les pédoncules propres des fleurs; celles-ci sont petites comme dans l'espèce précédente, à calice plus velu, plus strié, et dont l'arête de chaque foliole est plus prononcée; le fruit est velu, et d'une longueur excessive; il a 3-4 centim. de long, et ses arêtes sont velues sur leur face intérieure, selon L'Héritier, ce qui n'a point lieu dans l'érodium maritime, où le fruit est très-lisse et long de 9-12 millim. Cette espèce croît sur les bords de la mer Méditerranée près Narbonne.

4540. Érodium faux-chamœdrys. *Erodium chamœdryoides.*

E. chamœdryoides. L'Her. Ger. t. 6. — *Geranium Reichardi.* Murr. Comm. Gott. t. 3. an. 1780. p. 11. t. 3. — *Gerani m chamœdryoides.* Cav. Diss. 4. p. 197. t. 76. f. 2. Lam. Dict. 2. p. 653.

Sa racine est grosse, noire, et divisée au sommet en plusieurs branches; chaque branche pousse un grand nombre de petites feuilles lisses ou parsemées de quelques poils en dessus, arrondies, échancrées en cœur, crénelées, quelquefois à 3 ou 5 lobes, et portées par des pétioles fins, longs de 6 centim., et un peu velus; les pédoncules naissent de la racine; ils sont plus longs que les feuilles, très-fins, garnis en leur milieu d'une petite membrane, et constamment terminés par une seule fleur blanche et un peu en cloche; les anthères sont jaunâtres. ♃. Elle croît sur le mont St.-Michel dans l'isle de Corse (Bocc.).

DCCXCVI. GÉRANIUM. *GERANIUM.*

Geranium. L'Her. Ait. Wild. — *Geranii sp.* Linn. Juss. Lam.

CAR. Le calice des géraniums est composé de 5 folioles égales; la corolle a 5 pétales égaux; le style est terminé par 5 stigmates; les étamines, au nombre de 10, alternativement plus grandes, sont toutes fertiles; à la base de chacune des plus grandes adhère une glande miellée; les fruits ont un axe central, anguleux, et 5 capsules à une loge et à une graine;

chaque capsule est surmontée d'une arête fixée par un bout au
sommet de l'axe, et qui, lors de la maturité, détache la capsule avec élasticité de la base de ce même axe, et se replie en
cercle ou spirale concentrique; ces arêtes sont glabres sur leur
face intérieure, et jamais barbues.

Obs. Herbes à feuilles arrondies, incisées, peltées, à pédoncules ordinairement chargés de 2 fleurs.

4541. Géranium sanguin.   *Geranium sanguineum.*

 α. G. sanguineum. Linn. spec. 938. Cav. Diss. 4. p. 195. t. 76.
  f. 1. Lam. Dict. 2. p. 651.
 β. G. prostratum. Cav. Diss. 4. p. 195. t. 76. f. 3.
 γ. G. prostratum, villosissimum, floribus purpureo-violaceis.

Ses tiges sont droites, un peu rameuses, velues, et s'élèvent
jusqu'à 5 décim. ; ses feuilles sont pétiolées, arrondies, et
profondément découpées en lobes étroits, la plupart trifides :
ses fleurs sont grandes, de couleur rouge ou violette, et portées
sur de longs pédoncules simples. ♃. On trouve cette plante
dans les bois et les prés couverts; elle est vulnéraire et astringente. La variété β a ses tiges couchées, ses feuilles plus découpées, et ses fleurs couleur de chair avec des veines rougeâtres; elle fleurit en été comme la précédente. La variété γ a
ses tiges également couchées, et ses feuilles plus découpées ;
mais elle est très-velue, et ses fleurs sont d'un violet pourpre,
avec les onglets des pétales blancs ; elle fleurit vers la fin du
printemps. On la trouve dans les lieux sablonneux de Fontainebleau. Dans toutes les variétés, les graines sont lisses, et les
pédoncules très-simples.

4542. Géranium à longues   *Geranium macrorhi-*
racines.   *   zum.*

 G. macrorhizum. Linn. spec. 953. Cav. Diss. 4. p. 212. t. 85. f.
  1. Lam. Dict. 2. p. 659.

Sa racine est longue, écailleuse vers le sommet; elle pousse
quelques feuilles pétiolées, velues, divisées en 5 à 8 lobes
incisés et obtus : la tige est droite, simple sur quelques pieds,
dichotome sur d'autres, haute de 3 à 6 décim. ; ses fleurs sont
globuleuses, portées sur des pédoncules dichotomes, et remarquables par la longueur des étamines et du style, qui est le
plus grand et penché : le calice est rond, un peu velu et rouge :
les pétales sont arrondis, entiers et pourpres. ♃. Cette plante
croît au mont Cenis? et au-dessus de Tende (All.).

4543. Géranium livide.   *Geranium phæum.*

G. phæum. Lam. Dict. 2. p. 658.

α. *G. phæum.* Linn. spec. 953. Cav. Diss. 4. p. 210. t. 89. f. 2.
Vill. Dauph. 3. p. 369. — Hall. Helv. n. 934.

β. *G. lividum.* L'Her. Ger. t. 39. — *G. patulum.* Vill. Dauph. 3.
p. 371. — *G. subcæruleum.* Schleich. Cat. p. 25. — Hall. n. 935.

Ce géranium varie considérablement dans la forme et la
couleur de ses fleurs ; ses feuilles sont alternes ou opposées, et
sa tige est droite ou un peu couchée à la base, et plus ou moins
velue ; mais son caractère essentiel réside dans ses capsules velues, et marquées à leur partie supérieure de quelques plis
transversaux très-prononcés et très-constans. Ce géranium s'é-
lève à 5 décim. de hauteur ; sa tige est velue, et garnie de
feuilles pétiolées, et divisées en 5 lobes dentés et incisés : les
feuilles supérieures sont sessiles ; les pédoncules sont biflores,
opposés aux feuilles et alongés. Dans la variété α, les pétales
sont d'un rouge brun livide, et marqués d'une tache blanche à
leur base, avec 5 stries ; ces pétales sont terminés en pointe et
un peu onduleux, quelquefois très-arrondis, comme dans la var. β ;
ils se réfléchissent plus ou moins par l'âge. La variété β a ses
feuilles presque toujours alternes, et est ordinairement plus
velue : ses fleurs sont d'un rose violet, planes, et leurs pétales
très-arrondis et même échancrés au sommet. Ces 2 variétés
ont leur calice velu et à 5 folioles obtuses : elles sont quelquefois très-velues, et d'autres fois couvertes d'un duvet peu
abondant ; et dans ce cas, leurs feuilles sont plus dures, plus
coriaces, et semblables à celles que Linné donne à son *geranium fuscum*, que nous regardons avec Cavanilles comme un
état différent de la même espèce. Cette espèce croît dans les prés
des montagnes principalement, et en Belgique (Lest.).

4544. Géranium réfléchi.   *Geranium reflexum.*

G. reflexum. Linn. Mant. 257. Cav. Diss. 4. p. 208. t. 81. f. 1.
Lam. Dict. 2. p. 657. excl. syn. Hall. — Barr. ic. 39.

Le géranium réfléchi a le port de l'espèce précédente ; ses
tiges sont velues ; ses feuilles sont alternes, molles au toucher,
plus velues, et partagées en 5 ou 7 lobes crénelés et aigus ;
les supérieures sont sessiles ; les pédoncules sont opposés aux
feuilles, alongés et biflores comme dans l'espèce ci-dessus ;
mais les fleurs sont très-différentes ; elles sont rougeâtres, avec
les anthères jaunes et bordées de rouge ; leurs pétales sont

oblongs, de la longueur du calice et crénelés ou frangés au
sommet; ils se réfléchissent totalement, de manière à laisser
les étamines à nu; le calice est velu, et ses folioles lancéolées,
obtuses; les graines sont velues et plissées, comme dans le géranium livide. Il croit sur les montagnes de l'Auvergne; dans
les Alpes (Desf.).

4545. Géranium noueux.   *Geranium nodosum.*

G. *nodosum.* Linn. spec. 953. Cav. Diss. 4. p. 208. t. 80. f. 1.
Lam. Dict. 2. p. 657.

Ses tiges sont droites, rameuses, et s'élèvent jusqu'a 5 déc.;
ses feuilles sont pétiolées, presque glabres, nerveuses et luisantes en dessous, et divisées en lobes simples, ovales, dentés
et pointus : les inférieures ont toujours 5 lobes, mais les supérieures n'en ont ordinairement que 3, et sont portées sur des
pétioles beaucoup plus courts : les pédoncules portent 2 fleurs
d'un rouge tirant sur le violet et à pétales échancrés; les filamens de leurs étamines persistent assez long-temps avec le fruit:
ses capsules sont couvertes de poils assez nombreux et couchés.
♃. Cette plante croit sur les montagnes en Dauphiné; en Languedoc; en Provence; en Piémont.

4546. Géranium des bois.   *Geranium sylvaticum.*

α. G. *sylvaticum.* Linn. spec. 954.
β. G. *batrachioides.* Cav. Diss. 4. p. 211. t. 85. f. 2. Lam. Dict.
2. p. 659. — G. *sylvaticum.* Lam. Fl. fr. 3. p. 20.

La tige est droite, dichotome, velue, et haute de 5 décim.
et quelquefois plus : ses feuilles sont velues, palmées, à 5 lobes
plus ou moins profonds, découpés et incisés : les inférieures sont
alternes et pétiolées, et les supérieures sessiles et opposées; les
stipules sont lancéolées, rousses et membraneuses; les fleurs
forment les dernières bifurcations de la tige, et sont portées sur
des pédoncules velus : elles ont la grandeur de celles du géranium des bois, et sont purpurines; leurs pétales sont oblongs,
ordinairement très-arrondis, et quelquefois munis d'une échancrure peu profonde; les capsules, ainsi que leurs arêtes, sont
velues; elles n'ont point de plis ni de rides, et leurs graines sont
lisses et noires. La variété α est beaucoup moins velue dans toutes
ses parties; ses feuilles sont même presque glabres, à lobes plus
profonds et à découpures plus aiguës : les pétales sont échancrés
au sommet. Elle croit dans les Alpes, près du col Ferret; dans

les Vosges sur les montagnes ombragées. La var. β est commune dans les lieux humides et ombragés des bois montueux.

4547. Géranium des marais.   *Geranium palustre.*

G. palustre. Linn. spec. 954. Cav. Diss. 4. p. 211. t. 87. f. 2. Lam. Dict. 2. p. 659.

Ses tiges sont rameuses, droites ou inclinées à la base, velues, hautes de 5 décim., et garnies de feuilles opposées, toutes pétiolées, velues, palmées et divisées en 5 lobes assez écartés et dentés : les pédoncules sont axillaires, très-longs et divisés en 2 pédoncules propres, chargés chacun d'une fleur grande, purpurine, à pétales entiers et arrondis ; le calice est strié, à folioles ovales et pubescentes, ainsi que le fruit. Cette plante croît dans les lieux humides et les prairies.

4548. Géranium à feuilles d'aconit.   *Geranium aconitifolium.*

G. aconitifolium. L'Her. Ger. t. 40. — *G. rivulare.* Vill. pl. Dauph. 3. p. 372. t. 40.

Ce géranium est remarquable par ses feuilles découpées comme celles de l'aconit, et par ses fleurs blanches rayées de lignes purpurines : sa racine brune et écailleuse pousse des tiges hautes de 3 décim., jaunâtres, pubescentes et dichotomes dans leur moitié supérieure : les feuilles, alternes, pétiolées et presque peltées, sont velues des 2 côtés et découpées en 5 ou 7 lobes profonds, partagés en lanières étroites également profondes, aiguës et dentées ; les pédoncules sont axillaires ou terminaux, pubescens et chargés de 2 ou très-rarement de 3 fleurs ; les pétales sont d'un tiers plus longs que le calice, bien arrondis et blancs, avec des veines purpurines ; le calice est chargé de poils blancs assez longs ; ses capsules sont couvertes des mêmes poils, mais plus lâches ; les arêtes sont simplement pubescentes. Cette plante croît dans les Alpes du Dauphiné (Vill.).

4549. Géranium des prés.   *Geranium pratense.*

G. pratense. Linn. spec. 954. Cav. Diss. 4. p. 210. t. 87. f. 1. Lam. Fl. fr. 3. p. 16.

Il ressemble au précédent par son feuillage ; mais il est 2 fois plus grand, beaucoup plus velu, sur-tout dans sa partie supérieure ; les poils qui couvrent sa tige sont lâches et point appliqués sur sa surface, comme dans l'espèce ci-dessus ; les

fleurs

fleurs sont très-grandes en comparaison , et formées de 5 pétales bleus ou blancs et arrondis au sommet ou terminés par
une petite pointe ; le calice est composé de 5 folioles lancéolées ,
striées et velues , ainsi que les capsules ; les poils qui recouvrent
les arètes du fruit sont longs et nombreux ; les graines sont
lisses. ♃. On trouve cette espèce dans les prés humides.

4550. Géranium argenté.   *Geranium argenteum.*

G. *argenteum.* Linn. spec. 21. Cav. Diss. 4. p. 205. t. 77. f. 3.
Lam. Dict. 2. p. 656. Vill. Dauph. 3. p. 375. t. 40.

Ce joli géranium a une racine grosse , longue et divisée
supérieurement en plusieurs branches épaisses , courtes , écailleuses , et qui donnent naissance à une touffe de feuilles et quelquefois à des rejets feuillés et couchés , parmi lesquelles sont
les hampes ou les pédoncules ; les feuilles sont petites , portées sur de longs pétioles , soyeuses et blanchâtres , comme
toute la plante , arrondies , et divisées jusqu'au pétiole en 5 ,
6 ou 7 lobes partagés chacun en 5 laniéres écartées et étroites :
les pédoncules sont nus , radicaux , de la longueur des pétioles
à-peu-près , et portent chacun 2 fleurs grandes , rougeâtres et
rayées en long , mais moins fortement que dans l'espèce suivante ;
les pétales sont 2 fois plus longs que le calice , en cœur renversé , et plus ou moins échancrés. ♃. Elle croît sur les montagnes alpines du Dauphiné et du Piémont.

4551. Géranium cendré.   *Geranium cinereum.*

G. *cinereum.* Cav. Diss. 4. p. 204. t. 89. f. 1. Lam. Dict. 2. p.
656. — G. *varium.* L'Her. Ger. t. 37. — G. *cineraceum.* Lapeyr.
Pyren. 1. p. 3. t. 2.

Cette plante , dans l'état naturel , ressemble absolument à la
précédente pour le port et la proportion des parties : elle est
verte , et s'en distingue par les lobes et les divisions de ses
feuilles , qui sont courts , très-obtus et larges : les feuilles sont
aussi marquées de nervures fortes , de couleur glauque , vertes ,
légèrement velues ou pubescentes et nullement argentées , et
soyeuses comme dans l'espèce ci-dessus ; les pédoncules sont
un peu plus longs que les feuilles et pubescens ; ils portent 2
fleurs rougeâtres élégamment veinées de pourpre et à pétales
échancrés : les folioles du calice sont terminées par une pointe
ou arète molle , qu'on ne voit pas dans le géranium argenté. ♃.
On trouve cette plante dans les Pyrénées.

4552. Géranium des Py-   *Geranium Pyrenaicum.*
rénées.

> *G. Pyrenaicum.* Linn. Mant. 97. Smith. Brit. 2. p. 735. Cav. Diss.
> 4. p. 203. t. 79. f. 2. Lam. Dict. 2. p. 655.

Ses tiges sont cylindriques, velues, rameuses, hautes de 6
décim. et garnies de feuilles poilues, vertes, pétiolées, larges,
très-arrondies et partagées, jusqu'aux 2 tiers de la longueur,
en 5 ou 7 lobes trifides et très-obtus; leurs stipules sont membraneuses et rougeâtres? le pétiole des feuilles radicales a 5 décim.
de longueur; il diminue sensiblement jusqu'au sommet des
dernières branches, où il devient presque nul; les fleurs naissent dans les aisselles des feuilles supérieures, et sur des pédoncules biflores; elles sont petites, rougeâtres, et formées de
5 pétales échancrés en cœur au sommet, et 2 fois plus longs
que le calice; il leur succède des fruits pubescens à graines parfaitement lisses, ce qui distingue fortement cette espèce des
suivantes. ♃. On trouve ce géranium dans les Pyrénées et les
Alpes du Dauphiné.

4553. Géranium luisant.   *Geranium lucidum.*

> *G. lucidum.* Linn. spec. 955. Cav. Diss. 4. p. 214. t. 80. f. 2.
> Lam. Dict. 2. p. 660.

Ses racines, d'un rouge noirâtre, poussent plusieurs tiges
rameuses, qui s'élèvent jusqu'à 3 décim.; ses feuilles sont
opposées, pétiolées, et découpées jusqu'à leur moitié en 5 ou
6 lobes obtus, garnis de quelques dents peu profondes et obtuses; elles sont luisantes, mais chargées de quelques poils
épars : les fleurs sont petites, de couleur rose, à pétales entiers et remarquables par leur calice pyramidal, anguleux,
ridé en travers et très-lisse; ces fleurs sont portées sur des
pédoncules biflores et axillaires; les fruits sont composés de 5
capsules sillonnées et chagrinées sur le dos. ☉. On trouve cette
plante dans les lieux montueux et pierreux, où elle acquiert
souvent une couleur rougeâtre.

4554. Géranium mollet.   *Geranium molle.*

> *G. molle.* Linn. spec. 955. Cav. Diss. 4. p. 203. t. 83. f. 3. Lam.
> Dict. 2. p. 655. — *G. malvæfolium.* Schleich. Cat. p. 25. excl.
> syn. — Vaill. t. 15. f. 3.

Il est facile de distinguer ce géranium à ses capsules ridées
et lisses, et à ses pétales échancrés; il se trouve par-là très-
caractérisé du géranium fluet, avec lequel on le confond

souvent : sa racine pousse plusieurs tiges velues , rameuses , diffuses, longues de 6 centim. jusqu'à 3 décim. , et qui sont garnies à la base d'un assez grand nombre de feuilles radicales , portées sur de longs pétioles, velues, molles , arrondies , larges de 3 centim. , découpées en 7 ou 9 lobes obtus et crénelés; les feuilles de la tige sont opposées et découpées comme les radicales ; les fleurs sont de couleur rougeâtre , portées sur de longs pé- doncules axillaires et biflores ; leurs pétales sont à - peu - près aussi longs que le calice , et échancrés à l'extrémité ; le calice est velu comme toute la plante, et chacune de ses folioles ovale , alongée et terminée par un petit point glanduleux et noir : le fruit, y compris l'arète , a une longueur double du calice ; ses capsules sont glabres, mais ridées en travers, et ses graines lisses sans aucune aspérité.⊙. On trouve cette plante dans les lieux secs et montueux, dans les champs arides, etc. — J'observe ici avec Lamarck, que la figure de Vaillant re- présente mieux la plante que la figure de Cavanilles : les fleurs de cette plante ont 10 étamines ; j'ai eu occasion d'observer dans plusieurs individus , qu'il n'y en avoit quelquefois que 5 de fertiles.

4555. Géranium colombin. *Geranium columbinum.*

G. columbinum. Linn. spec. 956. Cav. Diss. 4. p. 200. t. 82. f. 1. Lam. Fl. fr. 3. p. 22.

Cette espèce a beaucoup de rapport avec la suivante ; ses tiges sont rameuses, foibles , souvent un peu couchées , et longues de 5 décim. ou davantage ; ses feuilles sont multifides et portées sur de longs pétioles; ses fleurs sont assez grandes, de couleur rouge ou bleuâtre , et soutenues deux ensemble par des pédoncules fort longs , ou qui surpassent ordinairement la lon- gueur des pétioles ; les pétales ont assez communément une petite pointe dans leur échancrure; les calices sont presque glabres, et terminés par des barbes longues de 5 millim. au moins; les pétales et les arètes du fruit sont couverts de poils très-courts et appliqués sur leur surface; les capsules sont lisses , et les graines chagrinées. ⊙. On trouve cette plante dans les lieux cultivés et couverts , sur le bord des haies.

4556. Géranium disséqué. *Geranium dissectum.*

G. dissectum. Linn. spec. 956. Cav. Diss. 4. p. 199. t. 78. f. 2. Lam. Fl. fr. 3. p. 22.

Ses tiges sont rameuses , légèrement velues , foibles , plus

ou moins droites , et hautes de 5 décim.; ses feuilles sont portées sur de longs pétioles , et découpées profondément en lanières étroites , pointues , simples ou trifides ; les pédoncules
sont très-courts , et portent chacun 2 fleurs purpurines assez
petites, dont le calice est terminé par des barbes ou filets particuliers ; ses capsules sont velues , ainsi que son calice , et ses
graines chagrinées comme celles du géranium colombin. ☉. On
trouve cette plante le long des haies et sur le bord des bois.

4557. Géranium à feuilles rondes.   *Geranium rotundifolium.*

G. *rotundifolium.* Linn. spec. 957. Cav. Diss. 4. p. 214. t. 93. f.
2. Lam. Dict. 2. p. 661.

Cette plante est un peu visqueuse ; ses tiges sont légèrement
velues , rameuses, foibles et quelquefois un peu couchées; ses
feuilles sont pétiolées , arrondies , divisées presque jusqu'au mi-
milieu en 5 lobes obtus , incisés ou crénelés , bordées dans leur
jeunesse de points rouges , et chargées , particulièrement en
dessous , d'un duvet court et visqueux ; les fleurs sont petites ,
rougeâtres , portées 2 à 2 sur les pédoncules; leurs pétales sont
entiers , très-obtus , à peine plus grands que le calice; les capsules sont velues , presque membraneuses , et renferment des
graines chagrinées comme dans les 2 espèces précédentes , tandis que les graines sont lisses dans les géraniums mollet et fluet.
☉. On trouve cette plante dans les lieux cultivés et au pied des
murs , où elle fleurit jusqu'en automne.

4558. Géranium fluet.   *Geranium pusillum.*

G. *pusillum.* Linn. spec. 957. Cav. Diss. 4. p. 202. t. 83. f. 1. —
G. *malvæfolium.* Lam. Fl. fr. 3. p. 18.—Vaill. Par. 79. t. 15. f. 1.
β. G. *humile.* Cav. Diss. 4. p. 202. t. 83. f. 2.

Ce géranium n'est point velu comme le géranium mollet , mais
seulement pubescent, ce qui le fait distinguer à la première vue;
ses capsules ne sont point ridées ni glabres comme celles de
cette espèce, mais pubescentes; il arrive souvent que ses fleurs
n'ont que 5 étamines fertiles; les 5 autres sont représentées par 5
filets sans anthères; ses tiges sont longues de 1-2 décim. , couchées , rameuses et légèrement velues ; ses feuilles sont pétiolées , arrondies , à sept lobes incisés , obtus à leur sommet; les
fleurs sont petites, de couleur bleue ou violette , remarquables
par leurs pétales échancrés en cœur , et par leur calice dont les
folioles sont pointues , mais sans filets ni barbe particulière ; les

pédoncules sont biflores et axillaires. La var. β ne diffère que par
sa petitesse et par ses feuilles plus finement découpées. ☉. On
trouve cette plante sur les pelouses, le long des chemins et dans
les lieux cultivés.

4559. Géranium herbe à   *Geranium Robertianum.*
Robert.

> G. *Robertianum*. Linn. spec. 955. Cav. Diss. 4. p. 225. t. 86. f. 1.
> Lam. Dict. 2. p. 661.
> β. *G. purpureum*. Vill. Delph. 3. p. 374. t. 40.

Ses tiges sont rameuses, velues, rougeâtres, noueuses, hautes
de 3 décim. environ, et garnies de feuilles opposées, pétiolées,
et divisées en 5 lobes ailés ou pinnatifides, semblables à des
folioles, et dont les dentelures sont grosses et obtuses : la surface de ces feuilles est couverte de poils blancs, épars ; les fleurs
sont portées 2 à 2 sur des pédoncules axillaires et plus longs
que le pétiole des feuilles qui les accompagnent ; ces fleurs sont
d'un rouge incarnat, et composées de 5 pétales entiers, ouverts
et plus longs que le calice : celui-ci est velu, strié, et ses folioles sont terminées par une barbe ou filet particulier ; le fruit
est lisse et formé de 5 capsules glabres, mais marquées de rides
très-prononcées, transversales ou réticulées. La variété β est
beaucoup plus petite en toutes ses parties ; les lobes de ses feuilles
sont moins découpés, et les rides des capsules plus fortes et plus
nombreuses. ♂. On trouve cette plante sur les vieux murs,
dans les haies, les lieux secs, etc. Sa variété croît dans les
lieux très-secs et pierreux ; elle est presque toujours d'un rouge
vif dans toutes ses parties : l'*herbe à Robert* est vulnéraire et
astringente.

**** *Plantes voisines des Géraniées.***

DCCXCVII. CAPUCINE.   *TROPÆOLUM.*

> *Tropæolum*. Linn. Juss. Lam. Gœrtn. —*Cardamindum*. Tourn.

Car. Le calice est à 5 lobes profonds, et se prolonge en
éperon ; la corolle est irrégulière, à 5 pétales insérés au calice,
dont 2 supérieurs sessiles, et 3 inférieurs munis d'un onglet
oblong, cilié ; les étamines sont inégales, au nombre de 8,
portées sur le disque qui entoure l'ovaire ; celui-ci est triangulaire, chargé d'un style à 3 stigmates ; le fruit est composé de
3 baies monospermes attachées à la base du style ; l'embryon est
très-grand, sans périsperme, à radicule inférieure et à 2 cotylédons applatis qui ne se séparent pas à l'époque de la germination.

Obs. Ce genre diffère des Géraniées par l'absence des stipules, par les étamines distinctes, et par la structure de la graine. On ne peut cependant le rapprocher de plus près d'aucune autre famille.

4560. Capucine à larges feuilles. *Tropæolum majus.*

T. majus. Linn. spec. 490. Lam. Illustr. t. 277. f. 1.
β. *Flore pleno.* Lam. Dict. 1. p. 611.

La capucine est indigène du Pérou, d'où elle a été apportée en Europe. On la cultive maintenant dans les jardins, où elle se distingue par ses belles fleurs orangées; par ses feuilles orbiculaires, un peu sinuées, insérées par leur centre sur un long pétiole. La plante périt après avoir porté ses graines, et conséquemment elle est annuelle lorsque la fleur est simple; mais dans la variété β, dont la fleur est double et stérile, la tige ne meurt point après la fleuraison, et la plante est vivace.

DCCXCVIII. IMPATIENTE. *IMPATIENS.*

Impatiens. Linn. Lam. — *Balsamina.* Tourn. Juss. Gœrtn.

Car. Le calice est à 2 feuilles caduques, colorées; la corolle a 4 pétales hypogynes, dont le supérieur large, en forme de voûte, l'inférieur prolongé en éperon, et les 2 latéraux à 2 lobes ou 2 appendices; les étamines sont au nombre de 5, à filamens courts, hypogynes, à anthères soudées; l'ovaire est simple, chargé d'un stigmate aigu; la capsule est oblongue, à 5 loges dont les cloisons disparoissent à la maturité, à 5 valves qui, à la maturité, se roulent en dedans avec élasticité; les cloisons adhèrent aux valves et au placenta central; les graines sont nombreuses, dépourvues de périsperme, à embryon droit, à radicule supérieure.

Obs. Ce genre a été rapproché des pavots par B. de Jussieu, des géranium par A. L. de Jussieu, des violettes par Lamarck. Sa place est encore indécise.

4561. Impatiente balsamine. *Impatiens balsamina.*

I. balsamina. Linn. spec. 1328. Lam. Dict. 1. p. 363. — Rumph. Amb. 5. t. 90.

La balsamine, indigène de l'Inde, est maintenant cultivée dans tous les parterres; c'est une herbe droite, de 2-3 décim., de consistance délicate, garnie de feuilles lancéolées, alongées, de l'aisselle desquelles partent des pédoncules terminés chacun par une belle fleur rose ou blanche. ⊙.

4562. Impatiente n'y-tou-   *Impatiens noli tangere.*
      chez-pas.

I. noli-tangere. Linn. spec. 1328. Lam. Dict. 1. p. 364. — *I. lu-*
tea. Lam. Fl. fr. 2. p. 666. — Barr. ic. t. 1197.

Sa tige est haute de 5 décim., rameuse, cylindrique, glabre
et souvent un peu enflée sous l'insertion de ses rameaux; ses
feuilles sont ovales, dentées, pétiolées et alternes : les pédoncules sont axillaires, moins longs que les feuilles, et portent
2 ou 3 fleurs jaunes assez grandes et garnies d'un éperon. ♃.
On trouve cette plante dans les bois et les lieux couverts et
montagneux; sans être très-commune nulle part, elle se trouve
cependant dans presque toute la France.

DCCXCIX. OXALIDE.   *OXALIS.*

Oxalis. Linn. Juss. Lam. Gœrtn. — *Oxys.* Tourn. All.

CAR. Le calice est persistant, à 5 parties; la corolle est à 5
pétales égaux, hypogynes, munis d'onglets un peu réunis par
le côté; les étamines sont au nombre de 10, un peu réunies
par la base des filamens, qui sont alternativement plus courts;
l'ovaire est simple, à 5 styles; la capsule est à 5 loges, à 5
angles, à 5 valves dont les bords rentrans adhèrent à un placenta central; les graines sont striées en travers, munies d'une
arille charnue qui s'ouvre avec élasticité, et lance la graine; le
périsperme est cartilagineux; l'embryon est droit, à radicule
supérieure.

OBS. Herbes à feuilles composées, dont les folioles sont articulées sur le pétiole; ce genre paroît voisin des Rutacées et
des Géraniées; sa place est encore indécise.

4563. Oxalide oseille.   *Oxalis acetosella.*

O. acetosella. Linn. spec. 620. Lam. Illustr. t. 391. f. 1. Jacq.
Oxal. t. 80. f. 1. — *Oxys acetosella.* All. Ped. n. 1602. —
Oxys alba. Lam. Fl. fr. 3. p. 60. — Lob. ic. 2. p. 32. f. 1.

Sa racine est écailleuse et dentée; elle pousse beaucoup de
feuilles portées sur de longs pétioles, composées de 3 folioles
en cœur renversé, d'un verd clair, d'une saveur acide; les
fleurs sont blanches, et soutenues par des pédoncules foibles,
égaux aux feuilles, et qui naissent immédiatement du collet de
la racine, entre les feuilles; les styles sont égaux à la longueur des
étamines intérieures. ♃. On trouve cette plante dans les lieux
couverts, les bois; elle est rafraichissante et tempérante; elle
porte les noms de *pain de coucou, surelle, alléluia.* C'est du

suc de cette plante qu'on retire l'oxalate acidule de potasse, connu sous le nom de *sel d'oseille*.

4564. Oxalide cornue.   *Oxalis corniculata.*

O. *corniculata*. Linn. spec. 623. Jacq. Oxal. t. 5. — *Oxys corniculata*. All. Ped. n. 1603. —*Oxys lutea*. Lam. Fl. fr. 3. p. 60.

Ses tiges sont longues de 1-2 décim., menues, couchées, feuillées, rameuses et diffuses; ses feuilles sont pétiolées et composées de 3 folioles en cœur renversé, et légèrement velues : les pédoncules sont axillaires, et portent chacun 2 à 5 fleurs de couleur jaune; les siliques sont droites, grêles, prismatiques. ⊙. Elle croît sur les collines, au bord des haies et des vignes; en Piémont; dans la Provence méridionale (Gér.); en Dauphiné (Vill.); en Languedoc; dans les basses Pyrénées; dans les Landes (Thor.); aux environs du Hâvre, de Paris, etc.

4565. Oxalis droite.   *Oxalis stricta.*

O. *stricta*. Linn. spec. 624. Jacq. Oxal. t. 4. — *Oxys stricta*.
All. Ped. n. 1604. — *O. corniculata*. Fl. dan. t. 873. Lam.
Dict. 4. p. 683. var. *β*.

Cette plante n'est très-probablement qu'une variété de la précédente; elle en diffère par sa tige droite et non couchée ni rampante, par ses feuilles presque glabres, et par ses pétales toujours parfaitement entiers. ♃. On la dit originaire d'Amérique; elle croît cependant très-abondamment le long des haies et dans les bois aux environs de Turin (All.); dans le Palatinat près Lauteren (Poll.); à Genève du côté de St.-Gervais et de Frontenex.

QUATRE-VINGT-SIXIÈME FAMILLE.

SARMENTACÉES.   *SARMENTACEÆ.*

Vites. Juss. — *Sarmentaceæ*. Vent. — *Capparidum gen.* Adans.
— *Hederacearum gen.* Linn. — *Vitisiæ*. Lam.

Les Sarmentacées sont des arbrisseaux à tige grimpante, à rameaux composés d'articles qui sont un peu noueux à leurs extrémités, et qui se séparent souvent d'eux-mêmes à leur point de jonction; leurs feuilles sont alternes, garnies de stipules; du point opposé aux feuilles, naissent les pédoncules qui portent les grappes de fleurs; quand les fleurs avortent, le pédoncule se change en vrille ou en main; ces vrilles opposées aux feuilles,

sont propres à cette famille ; les fleurs sont petites, verdâtres,
ordinairement hermaphrodites ; leur calice est court, presque
entier, d'une seule pièce ; la corolle est formée de 4 à 6 pétales
élargis par la base ; les étamines sont en nombre égal à celui
des pétales, insérées sur un disque hypogyne, placées chacune
devant un pétale ; l'ovaire est simple ; le style unique ou nul ;
le stigmate simple ; le fruit est une baie à une ou plusieurs loges,
à une ou plusieurs graines ; celles-ci sont osseuses, dépourvues
de périsperme ; leur embryon est droit, leurs cotylédons planes,
et leur radicule inférieure.

DCCC. VIGNE. *VITIS.*

Vitis. Tourn. Linn. Juss. Lam. Gœrtn.

Car. Le calice est à 5 dents ; les pétales sont au nombre de
5, souvent adhérens par le sommet, s'ouvrant par la base, et
se détachant comme une coëffe ; le stigmate est en tête ; l'ovaire
est à 5 loges ; la baie mûre est à une loge, à 5 graines attachées
par un cordon ombilical au sommet de l'axe.

4566. Vigne porte-vin. *Vitis vinifera.*

V. vinifera. Linn. spec. 293. Lam. Fl. fr. 2. p. 543.

α. *V. sylvestris labrusca.* Tourn. Inst. 613. Thor. chl. Land. 82.

β. *Vitis sativa.* — Duham. Arb. fruit. ed. 8°. vol. 3. p. 202. t.
1-7. — Rozier. Dict. agr. 10. p. 175. t. 2-27.

La vigne sauvage est un arbrisseau foible, sarmenteux, dif-
forme, qui s'entortille autour des corps de son voisinage, et
s'y attache par le moyen de vrilles dont il est garni ; ses feuilles
sont pétiolées, alternes, un peu velues, et profondément divisées en 3 ou 5 lobes incisés et dentés ; ses fleurs sont petites,
de couleur verdâtre ou jaunâtre, et disposées en grappes opposées aux feuilles ; son fruit est une petite baie qui contient
quelques semences assez dures, et devient noire en mûrissant.
♄. Cet arbrisseau croît dans les lieux couverts et le long des
haies ; en Provence ; dans le Languedoc, la Guienne, l'Alsace, etc. Il porte, dans plusieurs provinces, les noms de *lam-
brouche* ou *lambrot*, qui dérivent évidemment de son ancien
nom, *labrusca*, que Linné a transporté à une espèce de vigne
indigène d'Amérique. C'est probablement cet arbrisseau, amé-
lioré par la culture, qui est cultivé dans presque toute la France.
Les variétés de la vigne cultivée sont trop nombreuses et encore trop mal distinguées, pour que nous osions les énumérer
ici ; nous renvoyons pour cet objet à l'ouvrage de Duhamel, et
à l'article *Vigne* du dictionnaire de Rozier, cités plus haut.

QUATRE-VINGT-SEPTIÈME FAMILLE.
MÉLIACÉES.   *MELIACEÆ.*

Meliæ. Juss. — *Meliaceæ.* Vent. — *Pistaciarum gen.* Adans.—
Trihilatæ, a. Linn.

LES Méliacées se distinguent de toutes les dicotylédones polypétales, parce que leurs anthères sont placées au sommet ou sur la
face interne d'un tube formé par la soudure des filets des étamines;
elles sont presque toutes des arbrisseaux exotiques, à feuilles
alternes, à fleurs élégantes; leur calice est d'une seule pièce;
leur corolle est à 4-5 pétales, souvent réunis par la base; les
étamines sont soudées ensemble, en nombre égal ou double de
celui des pétales; l'ovaire est simple, libre; le style simple; le
fruit est de structure variable.

M. de Jussieu rapporte maintenant à cette famille le genre
styrax, que, d'après sa première opinion, nous avions placé
parmi les Ebénacées avant la publication de son mémoire.

DCCCI. MÉLIA.   *MELIA.*

Melia. Linn. Juss. Lam. Gœrtn. —*Azedarach.* Tourn.

CAR. Le calice est petit, à 5 lobes; la corolle à 5 pétales; les
étamines au nombre de 10, dont les filets sont soudés en un
tube à 10 dents, et dont les anthères naissent à la face interne
des dents; le fruit est un drupe globuleux, dont le noyau est à 5
loges, à 5 graines; le périsperme est mince, charnu.

4567. Mélia azedarach.   *Melia azedarach.*

M. azedarach. Linn. spec. 550. Lam. Dict. 1. p. 341. — Cam.
Epit. 181. ic.

Arbrisseau élégant, à feuilles alternes, rapprochées aux sommités des branches, deux fois ailées, à folioles ovales-oblongues, incisées ou dentées, glabres, un peu luisantes et d'un
verd agréable; ses fleurs sont d'un lilas bleuâtre, disposées en
plusieurs grappes droites, terminales, moins longues que les
feuilles; ces fleurs paroissent panachées, parce que le tube des
étamines est d'un violet plus foncé. ♄. Cet arbuste, connu sous
les noms de *margousier, lilas des Indes, azedarach*, est cultivé dans les jardins du midi de la France; on assure qu'il est indigène des environs de Nice (All.), et qu'il est comme naturalisé en Provence (Lam.).

QUATRE-VINGT-HUITIEME FAMILLE.
HESPÉRIDÉES.　　*HESPERIDEÆ.*

Citri. Juss. — *Hesperideæ.* Vent. — *Pistaciarum gen.* Adans. —
Bicornium gen. Linn.

LES Hespéridées sont des arbres tous exotiques, et dont
quelques-uns seulement sont cultivés dans le midi de la France;
ils se distinguent par leurs feuilles alternes, persistantes, souvent munies de glandes pleines d'huile essentielle transparente
qui les rendent ponctuées; leur calice est d'une seule pièce;
leurs pétales sont élargis, et quelquefois soudés par la base;
leurs étamines souvent réunies par les filets; l'ovaire est simple, chargé d'un style simple; le fruit est ordinairement une
baie à plusieurs loges; les graines n'ont point de périsperme;
leur embryon est droit, et a sa radicule supérieure et ses cotylédons charnus.

DCCCII. CITRONNIER.　　*CITRUS.*

Citrus. Linn. Juss. Lam. Gœrtn. — *Citrus, Aurantium et Limon.*
Tourn.

CAR. Le calice est petit, à 5 lobes; la corolle à 5 pétales;
les filets des étamines sont disposés en cylindre, réunis en plusieurs faisceaux; les anthères sont environ au nombre de 20; le
fruit est une baie dont l'écorce extérieure est colorée, parsemée
de vésicules pleines d'huile essentielle, et l'intérieure blanche, un
peu coriace; cette baie est divisée par des cloisons membraneuses et diaphanes, en 9-18 loges, dont chacune renferme
plusieurs graines.

OBS. La graine de l'oranger renferme 5 embryons; celle du
pampelmousse contient 18-20 petits cotylédons.

4568. Citronnier commun.　　*Citrus medica.*

C. medica. Linn. spec. 1100. Lam. Illustr. t. 639. f. 2. — Ferr.
Hesp. t. 73.
β. *Limon vulgaris.* Ferr. Hesp. t. 189. 193. 197. 199.

Cet arbre, qui passe pour originaire de l'Asie mineure, est
généralement cultivé dans les parties les plus chaudes de l'Europe, et notamment dans quelques cantons de la Provence et
des environs de Nice; c'est un arbre toujours verd, à bois
blanc, dur, à feuilles oblongues, portées sur des pétioles simples et non ailés; à fleurs blanches, odorantes, disposées par

bouquets ; à fruits ovales ou oblongs , dont le suc est acide. On en distingue un grand nombre de variétés qui se réunissent toutes sous 2 races principales : le *citronnier*, qui est peu épineux , et dont le fruit a l'écorce épaisse ; le *limonnier*, qui est plus épineux , qui a le fruit plus petit , et à écorce plus mince.

4569. Citronnier oranger.   *Citrus aurantium.*

      C. aurantium. Linn. spec. 1100. Lam. Illustr. t. 639. f. 1. — Ferr. Hesp. p. 377. ic.

      β. *C. sinensis.* — Ferr. Hesp. p. 433. ic.

L'oranger, qui passe pour originaire des Indes , est presque naturalisé dans le midi de l'Europe , et se cultive en pleine terre dans les départemens les plus méridionaux de la France ; c'est un arbre à bois dur, blanc ; à cime arrondie , à feuilles persistantes , ovales-lancéolées , articulées sur le pétiole, lequel est bordé d'une aile foliacée ; à fleurs blanches , odorantes , disposées en bouquets ; à fruits sphériques , dont le suc est doux ou amer, mais non acide. On en distingue un grand nombre de variétés. *Voyez* Ferrari, *Hespéridées* ; le Dictionnaire de Rozier, le Dict. Encyclopédique , etc.

~~~~~~

QUATRE-VINGT-NEUVIÈME FAMILLE.

HYPÉRICÉES.   *HYPERICEÆ.*

Hyperica. Juss. — *Hypericoideæ.* Vent. — *Cistorum gen.* Adans.

LES Hypéricées sont des herbes ou des sous-arbrisseaux dont le suc propre est résineux, quelquefois coloré , et dont les feuilles sont presque toujours munies de vésicules qui sont remplies d'huile essentielle , et qui paroissent tantôt comme des points noirâtres , plus souvent comme de petites taches demi-transparentes ; leurs feuilles sont opposées , simples , le plus souvent entières ; leurs fleurs sont de couleur jaune , disposées en corimbe terminal ; le calice est à 4 ou 5 parties ; la corolle est à 4 ou 5 pétales hypogynes ; les étamines sont nombreuses , réunies plusieurs ensemble par les filets, de manière à former de 1 à 8 faisceaux ; l'ovaire est simple , surmonté de plusieurs styles filiformes ; le fruit est polysperme , rarement charnu et à une loge , presque toujours à plusieurs valves, à plusieurs loges formées par les rebords rentrans des
~~~~~~

valves ; les graines sont insérées ou sur le bord des valves, ou
sur un placenta central dans les fruits capsulaires , sur des
placenta latéraux dans les fruits charnus ; le périsperme est
nul ; l'embryon est droit, à lobes demi-cylindriques, et à radicule inférieure.

DCCCIII. ANDROSÈME.   *ANDROSÆMUM.*

Androsæmum. Tourn. Adans. All. Gœrtn. — *Hyperici sp.* Linn.
Juss. Lam.

Car. Les étamines sont réunies en 5 faisceaux ; l'ovaire
porte 5 styles ; le fruit est une baie à une loge, à 5 placenta
attachés chacun aux parois de la baie par le moyen d'une lame
d'abord entière, ensuite divisée en 2 parties, et laissant alors
un espace vide entre ses deux divisions.

4570. Androsème officinal. *Androsæmum officinale.*

A. officinale. All. Ped. n. 1440. — *Hypericum androsæmum.*
Linn. spec. 1102. Lam. Dict. 4. p. 153. — *Hypericum bacciſe-
rum.* Lam. Fl. fr. 3. p. 151. — *Androsæmum vulgare.* Gœrtn.
Fruct. 1. p. 282. t. 59. f. 2. — Blackw. t. 94.

Ses tiges sont ligneuses , hautes de 6-9 décim. , cylindriques,
chargées de 2 lignes saillantes , ou espèces d'angles très-petits ,
et feuillées dans toute leur longueur ; ses feuilles sont grandes ,
ovoïdes , sessiles , glabres , nerveuses et veinées en dessous ;
elles deviennent d'un rouge obscur en automne , ou lorsqu'elles
se sèchent : les fleurs sont jaunes , petites en proportion des
autres parties , pédonculées et disposées en une espèce d'ombelle terminale ; leur calice est à 5 folioles inégales , ovales-
arrondies , obtuses , entières , non bordées de glandes noirâtres ;
leur fruit est une sorte de baie noirâtre , sphérique et polysperme. ♄. Ce sous-arbrisseau est assez commun le long des fossés ,
des ruisseaux et dans les bois des provinces méridionales : on assure qu'il se retrouve à la forêt d'Eu près Abbeville (Bouch.);
à Fontainebleau sur la côte de Valvin (Thuil.)? Il est connu
sous le nom de *toute saine.*

DCCCIV. MILLEPERTUIS.   *HYPERICUM.*

Hypericum. Tourn. All. Gœrtn. — *Hyperici sp.* Linn. Juss. Lam.
— *Hypericum et Elodes.* Adans.

Car. Les étamines sont réunies en 3 ou 5 faisceaux ; l'o-
vaire porte 3 ou rarement 5 styles ; le fruit est une capsule à
3 loges.

§. Ier. *Folioles du calice entières.*

4571. Millepertuis té-   *Hypericum quadran-*
      tragone.   *gulum.*

H. quadrangulum. Linn. spec. 1104. — *H. quadrangulare.* Linn.
Syst. ed. 14. p. 701. Lam. Dict. 4. p. 163. var. *β.* — Cam.
Epit. 676. ic.

Sa tige est haute de 5 décim., très-droite, sensiblement
quadrangulaire, glabre et à peine branchue, ou garnie seulement de rameaux extrêmement courts; ses feuilles sont ovales,
vertes, glabres, munies sur leur disque de glandes transparentes, et bordées d'une rangée de points noirs; elles sont nombreuses, et forment dans toute la longueur de la tige des entre-
nœuds peu considérables : ses fleurs sont terminales, assez petites, et disposées en une panicule médiocre; leur calice est à
5 folioles lancéolées, pointues, entières, non tachées de points
noirs. ♃. On trouve cette plante dans les marais et les fossés
humides.

4572. Millepertuis douteux.   *Hypericum dubium.*

H. dubium. Leers. Herb. 165. — *H. fallax.* Grimm. nov. act.
Nat. Cur. 3. p. 362.— *H. maculatum.* All. Ped. n. 1433. t. 83.
f. 1.— *H. delphinense.* Vill. Dauph. 3. p. 497. t. 44.— *H. qua-*
drangulare, *β.* Vill. Dauph. 4. p. 163.

Cette espèce a le port du millepertuis tétragone et du millepertuis perforé; sa tige est droite, à 4 angles peu prononcés;
ses jeunes pousses sont d'un rouge vif; ses feuilles sont ovales,
dépourvues de glandes transparentes, munies sur le bord
d'une rangée de glandes noirâtres; les folioles de son calice
sont elliptiques, obtuses, entières; les pétales sont jaunes,
tachés de points noirâtres. ♃. Cette plante croît parmi les buissons et au bord des bois dans les pays de montagnes; en Dauphiné; en Piémont; dans les Pyrénées.

4573. Millepertuis perforé. *Hypericum perforatum.*

H. perforatum. Linn. spec. 1105. — *H. officinarum.* Crantz.
Austr. p. 99. — *H. vulgare.* Lam. Fl. fr. 3. p. 151. — *H. offi-*
cinale. Gat. Fl. mont. 135.— Fuchs. Hist. 831. ic.

Sa tige est haute de 6 à 9 décimètres, très-branchue, assez
ferme, cylindrique, mais garnie à chaque entre-nœud de 2
angles opposés, produits par la nervure moyenne de chaque
feuille qui est courante, et se prolonge seulement dans la longueur de son entre-nœud inférieur; les feuilles sont ovales-
oblongues, obtuses, vertes, glabres et remarquables par des

points transparens parsemés sur leur disque, ce qui les fait
paroître criblées de petits trous : les fleurs sont jaunes, terminales et disposées en niveau ou en une espèce de corimbe
assez garni ; les folioles du calice sont lancéolées. ♃. Cette plante
est commune dans les bois, les lieux incultes et le long des haies.

4574. Millepertuis couché. *Hypericum humifusum.*

> *H. humifusum.* Linn. spec. 1105. Lam. Dict. 4. p. 166. —Clus.
> Hist. 2. p. 181. f. 3.
>
> β. *H. liottardi.* Vill. Dauph. t. 44.

Ses tiges sont très-menues, presque filiformes, rameuses,
éparses sur la terre, et longues de 1-2 décimètres ; ses feuilles
sont ovales-oblongues, glabres, chargées en leurs bords de
quelques points noirs, et souvent perforées, c'est-à-dire remarquables par des points transparens, parsemés sur leur disque ; les fleurs sont jaunes, terminales ou solitaires sur des
pédoncules axillaires. ♃. Cette plante croît dans les terreins sablonneux et les pâturages secs. La variété β diffère de la précédente par sa tige droite, naine ; par ses fleurs souvent à 4 parties, et par sa durée bisannuelle : elle croît près de Grenoble
dans les champs après la moisson.

4575. Millepertuis crépu. *Hypericum crispum.*

> *H. crispum.* Linn. Mant. 106. — *H. triquetrifolium.* Tuir. Fars.
> 12. —Bocc. Mus. 2. t. 12.

Sa tige est cylindrique, un peu ligneuse, glabre, ainsi que
le reste de la plante, haute de 3-5 décim., divisée en rameaux
nombreux et opposés ; ses feuilles sont très-petites, sessiles,
demi-embrassantes, lancéolées, entières, crépues à la base,
ouvertes, longues de 6-7 millim. ; les fleurs sont petites, terminales, disposées en un corimbe très-peu garni ; les folioles
du calice sont petites, obtuses, entières, non bordées de
glandes ; les pétales n'ont pas 6 millim. de longueur. ♃. Il
croît sur le mont Cenis (All.).

§. II. *Folioles du calice bordées de dents ou de cils
glanduleux.*

4576. Millepertuis frangé. *Hypericum fimbriatum.*

> *H. fimbriatum.* Lam. Dict. 4. p. 148. — *H. Richeri.* Vill. Dauph.
> 3. p. 501. t. 44. — *H. barbatum.* All. Ped. n. 1435. — Pluk. t,
> 9'. f. 6.
>
> β. *H. androsæmifolium.* Vill. Dauph. 3. p. 502. t. 44. — *H.
> Alpinum.* Vill. Dauph. 1. p. 294.

La plante entière est g'abre, et ne dépasse pas 2 décim. de

longueur : sa tige est simple, droite ou ascendante, presque
couchée dans la variété β, à-peu-près cylindrique, garnie de
feuilles ovales, sessiles, plus longues que les entre-nœuds, bordées d'une rangée de points noirs ; les fleurs sont au nombre de
5 à 9, disposées en corimbe, assez grandes, de couleur jaune,
toutes tachetées de petits points noirs ; les bractées et les calices sont de même piquetés de noir, bordés de longs cils légèrement glanduleux au sommet ; la fleur du centre du corimbe
qui naît au sommet de la tige, et qui fleurit la première, a
4 ou 5 styles ; toutes les autres en ont 5 : cette observation de
M. Chaillet concilie les contradictions de divers botanistes au
sujet des styles de cette plante. ⚥. Elle croît dans les prairies
un peu humides et les petits bois des montagnes ; dans le Jura
au mont Chasseron ; dans les Alpes du Dauphiné aux environs
de Gap, de Briançon et de Bourg d'Oysans ; dans celles du
Piémont, sur-tout au mont Cenis (All.) ; dans les Pyrénées.
Je pense avec Pluknet que cette plante est l'*ascyrum magno
flore* (C. Bauh. Prod. p. 15o), que Burserus a trouvé dans les
Pyrénées, et qui a été rapporté par Linné à l'*hypericum ascy-
ron*, indigène de Sibérie, et par Lamarck à l'*hypericum calycinum*, originaire de la Grèce.

4577. Millepertuis de montagne.   *Hypericum montanum.*

H. montanum. Linn. spec. 1105. Lam. Dict. 4. p. 172. — J.
Bauh. 3. p. 2. p. 383. f. 2.

Sa tige est haute de 5 décim., droite, cylindrique et très-
simple ; ses entre-nœuds supérieurs sont très-grands, et la font
paroître presque nue vers son sommet ; ses feuilles sont ovales-
oblongues, bordées de points noirs, terminées par une pointe
obtuse, nerveuses et d'un vert blanchâtre en dessous ; les fleurs
sont terminales et disposées en une panicule courte et resserrée ;
les bractées et les folioles du calice sont bordées de dents terminées par des glandes noires : dans certains échantillons, les
feuilles sont toutes marquées de glandes transparentes ; dans
la plupart, ces glandes ne sont visibles que dans les jeunes
feuilles. ⚥.On trouve cette plante dans les bois et les lieux montagneux et couverts ; j'ai trouvé à Fontainebleau une variété à
feuilles verticillées 5 à 5.

4578. Millepertuis élégant.   *Hypericum pulchrum.*

H. pulchrum. Linn. spec. 1106. Lam. Illustr. t. 643. f. 4. — *H. elegantissimum.* Crantz. Austr. p. 97. — J. Bauh. 3. p. 2. p. 383. f. 1.

Sa tige est haute de 5 décim. , droite, cylindrique, très-grêle et légèrement branchue ; ses feuilles sont beaucoup plus petites que celles de l'espèce précédente , et forment des entre-nœuds moins inégaux : elles sont perforées ou parsemées de points transparens, en forme de cœur , embrassantes , et jamais bordées de points noirs ; les fleurs sont d'un beau jaune et disposées en panicule étroite et peu garnie ; les calices sont bordés de dentelures noires et glanduleuses : lorsque cette plante vieillit ou se dessèche , elle acquiert une belle couleur rouge dans toutes ses parties. ♃. On la trouve dans les bois secs et pierreux.

4579. Millepertuis velu.   *Hypericum hirsutum.*

H. hirsutum. Linn. spec. 1105. Lam. Dict. 4. p. 173. — *H. villosum.* Crantz. Austr. p. 96.—J. Bauh. Hist. 3. p. 2. p. 382. f. 2.

Sa tige est haute d'un mètre , très – droite , cylindrique , pubescente, peu branchue et feuillée dans toute sa longueur ; ses feuilles sont ovales, elliptiques , molles , velues, et d'un verd pâle en dessous ; elles sont nombreuses, et forment des entre-nœuds peu considérables ; les fleurs sont disposées en une panicule terminale, alongée et assez garnie ; les divisions de leur calice sont bordées de points noirs très-abondans. ♃. On trouve cette plante dans les bois montagneux.

4580. Millepertuis co-   *Hypericum tomentosum.*
tonneux.

H. tomentosum. Linn. spec. 1106. Lam. Dict. 4. p. 175. Fl. fr. 3. p. 152. var. α. — Clus. Hist. 2. p. 181. f. 1 et 2.

Ses tiges sont ascendantes , dures à la base , cylindriques , longues de 2-5 décim. , simples ou rameuses, cotonneuses , sur-tout dans la partie inférieure ; les feuilles sont sessiles , demi - embrassantes, un peu cotonneuses , ovales , obtuses , très-rapprochées dans le bas de la plante, écartées vers le haut ; les fleurs forment un corimbe , ou dans les tiges très-rameuses une espèce de panicule ; elles sont de la grandeur de celles du millepertuis élégant ; leurs calices sont velus, bordés de den-telures noires et glanduleuses ; les étamines sont réunies en

3 faisceaux. ♃. Cette plante croît dans les prés un peu humides et au bord des ruisseaux des provinces méridionales ; aux environs de Nice (All.) ; en Provence (Gér.) ; à Boutonet, Lattes et Selleneuve près Montpellier ; aux environs de Narbonne.

4581. Millepertuis des marais. *Hypericum elodes.*

H. elodes. Linn. spec. 1106. Lam. Dict. 4. p. 174. — *H. tomentosum*, ℓ. Lam. Fl. fr. 3. p. 152. — *H. tomentosum.* Dur. Bourg. 1. p. 219.

Cette plante est très - voisine du millepertuis cotonneux ; mais sa tige est foible, herbacée, pubescente, cylindrique, couchée, rampante à sa base ; ses feuilles sont ovales, arrondies, sessiles, pubescentes ; ses calices sont glabres, bordés de dents glanduleuses et noirâtres ; ses fleurs restent peu de temps épanouies dans le milieu du jour. ♃. Elle croît dans les prés très-humides et les marais tourbeux : on la trouve dans les mares de Franchard près Fontainebleau ; dans les environs d'Anvers (Stat.) ; en Belgique (Lest.) ; aux environs de Caen (Rouss.) ; à Louan et Saint-Cir près Orléans (Dub.) ; en Bourgogne (Dur.) ; à la baie de Verrières près Nantes (Bon.) ; aux environs de Dax (Thor.) ; de Sorrèze ; dans les Pyrénées.

4582. Millepertuis nummulaire.   *Hypericum nummularium.*

H. nummularium. Linn. spec. 1106. Lam. Illustr. t. 643. f. 3. — Pluk. t. 93. f. 4.

Ses tiges sont hautes de 9-15 centim., très-grèles, foibles, ascendantes, cylindriques, et souvent un peu branchues ; ses feuilles sont petites, orbiculaires, glabres, vertes en dessus, et légèrement blanchâtres en dessous ; elles sont bordées postérieurement de points noirs extrêmement petits ; les fleurs sont terminales et disposées en un bouquet ou une espèce de panicule courte et peu garnie ; les calices sont obtus, bordés de dents noires et glanduleuses. ♃. Cette plante croît sur les rochers des montagnes ; en Dauphiné près la grande Chartreuse sur le chemin des Echelles ; au mont de la Grotte, en Savoie (All.) ; dans les Pyrénées ; les Vosges (Buch.) ; les montagnes du Bugey (Latourr.).

4583. Millepertuis à feuilles *Hypericum coris.*
de coris.

H. coris. Linn. spec. 1107. — *H. verticillatum.* Lam. Fl. fr. 3. p.
149. — J. Bauh. 3. p. 2. p. 384. f. 3.

Sa tige est haute de 2 décim., cylindrique, dure, rougeâtre
et très-branchue dans sa partie inférieure ; ses feuilles sont
petites, nombreuses, étroites, obtuses, linéaires, roulées sur
les bords, glabres et toujours disposées 3 ensemble à chaque
nœud, indépendamment des jeunes pousses ou des stipules qui
font souvent paroître les verticilles plus garnis ; les fleurs sont
terminales, pédonculées et en petit nombre : leurs pétales sont
2 ou 3 fois plus longs que le calice ; celui-ci a des folioles
linéaires bordées de dents noires et glanduleuses. ♃. Il croît
parmi les rochers sur les côteaux arides de la Provence ; du
Piémont et des environs de Nice (All.).

QUATRE-VINGT-DIXIÈME FAMILLE.

ÉRABLES. *ACERA.*

Acera. Juss. — *Malpighiacearum gen.* Vent. — *Trihilatarum
gen.* Linn. — *Tiliarum gen.* Adans.

ARBRES élevés, à bourgeons coniques, écailleux, souvent
visqueux, à feuilles opposées, simples ou composées ; leurs
fleurs sont axillaires ou terminales, ordinairement hermaphrodites, portées sur des pédicelles souvent articulés dans le milieu ; leur calice est persistant, d'une seule pièce à 5 divisions ;
la corolle est rarement nulle, ordinairement insérée sur un
disque hypogyne, à 5 pétales rétrécis en onglet et alternes avec
les divisions du calice ; les étamines sont distinctes, en nombre
déterminé, insérées sur le disque ; l'ovaire est simple ou à 3
lobes ; les stigmates sont au nombre de 1 à 2 ; le fruit est cap-
sulaire, à 2 ou 3 loges monospermes ; les graines n'ont point
de périsperme, et ont leur radicule penchée sur les lobes.

Cette famille diffère à peine de celle des Malpighiacées,
avec laquelle Ventenat et Lamarck la réunissent.

DCCCV. ÉRABLE. *ACER.*

Acer. Tourn. Linn. Juss. Lam. Gœrtn.

CAR. Le calice est à 5 parties, la corolle à 5 pétales ; les

étamines sont communément au nombre de 8 ; l'ovaire est à
2 lobes, chargé d'un style et de 2 stigmates pointus : le fruit
est composé de 2 samares réunies à leur base, surmontées
chacune d'une aile membraneuse, à 1 loge, à 1 ou 2 graines.

OBS. Quelques Erables exotiques ont les feuilles composées ;
ceux d'Europe ont tous les feuilles simples, palmées ou lobées ;
les fleurs sont pédicellées, disposées en corimbes lâches, de
couleur verdâtre ; le nombre de leurs parties est variable ;
quelques-unes d'entre elles sont mâles : les Erables ont en
général une sève sucrée, et quelques-uns d'entre eux produisent du sucre dans l'Amérique septentrionale.

4584. Érable sycomore.   *Acer pseudo-platanus.*

A. pseudo-platanus. Linn. spec. 1495. — *A. montanum.* Lam.
Fl. fr. 2. p. 553. —Duham. Arb. 1. t. 9.

Arbre élevé, dont le bois est blanc, l'écorce un peu
roussâtre et la tête étalée, garnie d'un feuillage épais ; ses
feuilles sont portées sur un pétiole creusé en gouttière, opposées, larges et à 5 lobes pointus et dentés ; elles se distinguent fortement de celles de l'espèce suivante par leurs
angles rentrans tous aigus, et par leur surface supérieure d'un
verd très-foncé, et l'inférieure blanchâtre d'une couleur glauque
et très-nerveuse : les fleurs sont petites, de couleur herbacée,
et disposées en grappes longues, très-garnies et pendantes. ♄.
Cet arbre croît dans les bois des montagnes. Il est cultivé
dans les bosquets sous les noms de *faux-platane, sycomore.*
On en cultive une variété dont les feuilles sont panachées de
jaune et de vert.

4585. Érable plane.   *Acer platanoides.*

A. platanoides. Linn. spec. 1496. Lam. Dict. 2. p. 379. —Pluk.
t. 252. f. 1. — Cam. Epit. 63. ic.
β. *Laciniosum.* Desf. Cat. p. 136.

Arbre droit, d'un beau port et de 10-12 mètres de hauteur,
à bourgeons écailleux, dont les écailles sont opposées comme
les feuilles, les extérieures courtes et brunâtres, et les intérieures grandes, jaunâtres et ouvertes ; à pétioles cylindriques ;
à feuilles glabres, divisées en 5 lobes pointus, bordés de dents
longues et étroites ; à fleurs jaunes, terminales, polygames,
disposées en corimbe ; leur calice est à 5 divisions ; leur corolle
à 5 pétales en forme de spatule ; les étamines sont au nombre
de 8, insérées sur un disque glanduleux ; l'ovaire avorte dans

les fleurs mâles ; il est glabre, plane et à 2 ailes dans les fleurs
hermaphrodites ; les fleurs mâles sont les plus grandes, s'épanouissent les premières, et tombent après la fleuraison. ♄. Cet
arbre, connu sous les noms de *plane, plasne, faux sycomore,*
croît naturellement dans les bois des montagnes de l'Auvergne,
des Alpes, des Cévennes ; il est plus rare que le sycomore. La
variété β, ou l'érable lacinié, ne diffère de la souche primitive
que par ses feuilles très-découpées.

4586. Érable à feuilles d'obier.   *Acer opulifolium.*

A. opulifolium. Vill. Dauph. 4. p. 802. — *A. hispanicum.* Pourr.
act. Toul. 3. p. 305. — *A. rotundifolium.* Lam. Dict. 2. p. 382.

Arbre de 3-4 mètres, à écorce pointillée, brune ou grisâtre,
à bois jaunâtre et veiné lorsqu'il est sec, et qui ressemble un
peu aux deux espèces précédentes ; ses feuilles sont portées sur
un pétiole rouge, d'un tissu ferme, un peu blanchâtres en dessous, orbiculaires, à 5 lobes courts et obtus ; ses fleurs sont
pendantes, en grappe tronquée en forme de corimbe ; ses fruits
ont leurs 2 ailes presque parallèles, et beaucoup moins divergentes que dans l'espèce précédente. ♄. Cet arbre est commun
aux Baux en Dauphiné, où il est connu sous le nom d'*ayart ;*
on le retrouve aux environs de Grenoble (Vill.) ; de Paris, et
au mont Serrat.

4587. Érable champêtre.   *Acer campestre.*

A. campestre. Linn. spec. 1497. Lam. Dict. 2. p. 382. — J. Bauh.
Hist. 1. p. 2. p. 166. ic.
β. *Mas.* Vaill. Bot. p. 2.

Arbre peu élevé, très-rameux, et dont l'écorce est rude,
crevassée ou gercée ; ses feuilles sont opposées, pétiolées, à 3
ou 5 lobes obtus à leur sommet et en leurs angles : ses fleurs
sont petites, verdâtres et disposées en grappes paniculées,
quelquefois assez droites ; elles sont hermaphrodites, excepté
dans une variété observée par Vaillant, qui n'en porte que
de mâles ; ses fruits sont pubescens, munis de 2 ailes très-
divergentes. ♄. Cet arbre est commun dans les bois et les haies.

4588. Érable de Montpellier.*Acer Monspessulanum.*

A. Monspessulanum. Linn. spec. 1497. — *A. trilobatum.*
Lam. Dict. 2. p. 382. — *A. trilobum.* Mœnch. Meth. 56. —
Pluk. t. 251. f. 3.

Arbre moyen, très-rameux, dont l'écorce est rougeâtre, les

feuilles petites, opposées, pétiolées et découpées en 3 lobes pointus, entiers ou quelquefois dentés; elles sont d'un verd foncé en dessus, nerveuses en dessous, et de la consistance de celles du lierre : ses fleurs sont petites, pédonculées, et forment des bouquets peu garnis; les ailes des fruits sont rougeâtres, glabres, presque parallèles, un peu divergentes. ♄. Cet arbre croît dans les lieux chauds et pierreux du Languedoc, du Dauphiné, de la Provence, du Piémont.

DCCCVI. MARONNIER. *ÆSCULUS.*

Æsculus. Linn. Juss. — *Hippocastanum.* Tourn. Gærtn.

CAR. Le calice est en cloche, à 5 dents; la corolle à 5 pétales inégaux ; les étamines sont au nombre de 7, distinctes, inclinées et inégales; l'ovaire porte un style en alène; le fruit est une capsule coriace, hérissée de pointes, à 3 loges, à 3 valves qui portent les cloisons sur le milieu de leur face interne; chaque loge renferme 2 graines arrondies, à écorce lisse, coriace, à ombilic large. grisâtre et arrondi; l'embryon est courbé; les cotylédons sont très-épais, et ne se changent pas en feuilles séminales à la germination.

OBS. Les graines et les loges du fruit sont sujettes à avorter.

4589. **Maronnier d'Inde.** *Æsculus hippocastanum.*

Æ. hippocastanum. Linn. spec. 488. Lam. Fl. fr. 2. p. 551. —
Hippocastanum vulgare. Gærtn. Fruct. 2. p. 135. t. 111.
Duham. Arb. 2. ed. 2. p. 54. t. 13 et 14.

Arbre fort grand, dont la tige est droite, le bois tendre et la tête large et fort belle; ses feuilles sont pétiolées et composées de 5 ou 7 folioles lancéolées, pointues, dentées et disposées en manière de digitations; les fleurs sont blanches et un peu rougeâtres; elles sont composées de 7 étamines inclinées, de 5 pétales ouverts, et d'un calice court à 5 dents; le fruit est une capsule hérissée de pointes molles qui renferme une ou 2 semences lisses, assez semblables à celles du châtaignier, mais sans pointe. ♄. Cet arbre est originaire des Indes, et se trouve presque naturalisé en France; ses semences sont amères, un peu âcres, sternutatoires, errhines et astringentes; son écorce est fébrifuge.

QUATRE-VINGT-ONZIÈME FAMILLE.

RENONCULACÉES. *RANUNCULACEÆ.*

Ranunculaceæ. Juss. — *Ranunculorum et Cistorum gen.* Adans. — *Multisiliquæ.* Linn. excl. sect. β.

Les Renonculacées sont des herbes ou des sous-arbrisseaux sarmenteux; leurs racines sont le plus souvent composées de fibres épaisses ou de tubercules disposés en faisceau; leurs feuilles sont ordinairement alternes, tantôt simples, souvent découpées, quelquefois composées, toujours dépourvues de stipules, fréquemment élargies à leur base en forme de gaîne; la disposition et l'apparence des fleurs est très-variable. Le suc de ces plantes est généralement caustique.

Le calice est à plusieurs folioles, quelquefois colorées; il manque dans quelques genres; la corolle est ordinairement régulière, à 4, 5 ou plusieurs pétales insérés sur le réceptacle; dans quelques genres, ces pétales sont irréguliers, prennent la forme de cornets ou d'éperons, et ont été nommés nectaires par plusieurs botanistes; les étamines sont insérées sur le réceptacle, en nombre indéterminé, et qui dépasse ordinairement 20-30; les anthères sont oblongues, et adhèrent aux filamens par leur face extérieure; les ovaires sont rarement solitaires, ordinairement disposés plusieurs ensemble sur le réceptacle, munis chacun d'un style simple, terminal ou un peu latéral, et d'un stigmate simple; chaque ovaire se change en une capsule tantôt monosperme et ne s'ouvrant point d'elle-même, tantôt remplie de plusieurs grappes, et s'ouvrant comme une follicule par une fente longitudinale; dans le premier cas, les graines pourroient être appelées nues, car elles paroissent le plus souvent dépourvues de cordon ombilical distinct; dans le second, elles sont attachées le long des bords de la fente; ces graines ont un embryon très-petit, et un grand périsperme corné; tantôt la radicule est supérieure, et l'embryon est logé au sommet du périsperme; tantôt la radicule est inférieure, et alors l'embryon est à la base du périsperme.

Iii 4

* *Plusieurs ovaires ; capsules monospermes et qui ne s'ouvrent pas.*

DCCCVII. CLÉMATITE.   *CLEMATIS.*

Clematis. Tourn. Lam. — *Clematis et Atragene.* Linn. Juss. Gœrtn.

Car. Le calice est nul ou réduit à une petite écaille à 2 lobes ; la corolle est ordinairement à 4 ou 5 pétales ; dans la seconde section du genre, les étamines extérieures avortent naturellement, et se changent en un grand nombre de petits pétales ; les capsules sont nombreuses, surmontées, dans la plupart, d'une longue queue plumeuse.

Obs. Les *clematis viorna* et *viticella* ont leurs graines dépourvues de l'appendice garni de poils qu'on remarque dans toutes les autres espèces. Mœnch a fait de ces espèces un genre particulier sous le nom de *viticella*. Les clématites sont des arbrisseaux grimpans, à feuilles opposées, quelquefois simples, plus souvent ternées ou pennées.

§. Ier. *Fleurs en panicule ; pédoncules rameux.*

4590. Clématite des haies.   *Clematis vitalba.*

C. vitalba. Linn. spec. 766. Lam. Illustr. t. 497. f. 2. — *C. sepium.* Lam. Fl. fr. 3. p. 306.

β. *latifolia.* Cam. Epit. 697. ic.

Ses sarmens sont nombreux, anguleux, feuillés, grimpans, et s'alongent souvent au-delà de 2 mètres ; ses feuilles sont toutes ailées, composées ordinairement de 5 folioles un peu en cœur, pointues et plus ou moins dentées ; les pétioles, comme dans la plupart des autres espèces, s'accrochent à tout ce qu'ils rencontrent, en se roulant ou se tortillant en manière de vrille : les fleurs sont blanches, et disposées en une panicule formée par des pédoncules plusieurs fois trifides ; les semences sont ramassées, et forment, par leurs aigrettes, des plumets blancs, soyeux et très-remarquables. ♃. Cette plante est commune dans les haies ; elle est caustique, vésicatoire. Elle porte les noms de *viornes* et d'*herbe aux gueux*, parce que les mendians se frottent avec son suc pour se faire des ulcères qui ont une grande surface et peu de profondeur.

4591. Clématite flammule.   *Clematis flammula.*

C. flammula. Linn. spec. 766. Lam. Dict. 2. p. 42. — *C. mari-*
tima. All. Ped. n. 1081. ex auct. p.20.—Dalech. Hist. 1171. f.1.

Ses sarmens sont nombreux, rampans ou grimpans, feuillés
et un peu anguleux ; ses feuilles sont ailées, composées de folioles fort petites, ovales-lancéolées, découpées dans le bas de
la plante, et la plupart très-entières dans le haut : ses fleurs
sont blanches et disposées en une espèce de panicule terminale
sur des pédoncules 3 à 3 ; elles sont odorantes, plus petites que
dans l'espèce précédente ; leurs pétales sont pubescens sur le
bord, et non sur le dos ; leurs ovaires, qui sont au nombre de
5-8, se terminent par un appendice bordé de soies. ♭. Elle
est commune dans les haies et les buissons du midi de la France.
On la cultive aux environs d'Aigues-Mortes, et on en donne
les feuilles sèches aux bestiaux qui les mangent avidement,
tandis que la plante fraîche est un poison pour eux (Bouv. Bull.
Phil. 1, p. 13').

4592. Clématite droite.   *Clematis erecta.*

C. erecta. Linn. spec. 767. Lam. Dict. 2. p. 42.—Lob. ic. 627. f. 2.

Ses tiges sont droites, feuillées et hautes d'un mètre ; ses
feuilles sont grandes, ailées, composées de folioles ovales, pointues, très-entières, pubescentes en dessous, pétiolées et distantes : les fleurs sont blanches, terminales, et disposées en une
espèce de panicule formée par des pédoncules droits, 2 ou 3 fois
ternés ou trifides ; les semences sont en petit nombre. ♃. Cette
plante croît dans les lieux stériles et incultes des provinces méridionales. Allioni (Auct., p. 20) observe que sa *clematis*
flammula, n°· 1080, n'est qu'une variété de cette espèce.

4593. Clématite maritime.   *Clematis maritima.*

C. maritima. Linn. spec. 767. Lam. Dict. 2. p. 42.

Ses tiges sont menues, striées, couchées dans leur partie inférieure, et longues de 5 décim. ; ses feuilles sont opposées,
ailées, à 5 folioles linéaires, dont 2 inférieures très-écartées
des supérieures ; celles-ci sont souvent réunies par leurs bases ;
la sommité de la plante et les feuilles sont légèrement pubescentes ; les fleurs sont blanches, petites, assez semblables à
celles de la précédente, mais moins nombreuses. ♃. On trouve
cette plante dans les lieux incultes et maritimes des provinces
méridionales ; en Provence ; à Castelneuf et au bois de Gramont
près Montpellier (Magn.).

§. II. *Fleurs axillaires; pédoncules simples.*

4594. Clématite des Alpes.   *Clematis Alpina.*

C. Alpina. Lam. Dict. 2. p. 44. — *Atragene Alpina.* Linn. spec.
764. Lam. Fl. fr. 3. p. 202. — *Atragene clematides.* Crantz.
Austr. 111. t. 5.

Sa tige est haute de 2-3 décimètres, glabre, d'un rouge noirâtre, foible, simple, chargée de 2 paires de feuilles, et terminée par une seule fleur; ses feuilles sont pétiolées, 2 fois
ternées, composées de folioles ovales-lancéolées, pointues,
dentées et incisées : la fleur est pédonculée, terminale et paroît
composée d'un calice de 4 pièces fort grandes, lancéolées, pointues et de couleur blanche ou bleuâtre; de 10 à 12 pétales
étroits, obtus, beaucoup plus courts que le calice, et qui paroissent formés par un développement particulier des étamines
extérieures ; de plus de 10 étamines un peu plus courtes que
les pétales; et de plusieurs ovaires ramassés, dont les styles
sont velus et soyeux. ♃. Cette plante croît dans les montagnes
élevées, dans les fentes des rochers et parmi les buissons; au
mont Salève près Genève; dans les Alpes de Fenestrelles et au
mont Cenis près le lac de Laros (All.); en Dauphiné (Vill.);
en Provence (Gér.).

DCCCVIII. PIGAMON.   *THALICTRUM.*

Thalictrum. Tourn. Linn. Juss. Lam. Gœrtn.

CAR. Le calice est nul; la corolle est composée de 4 ou quelquefois 5 pétales très-caducs; les capsules sont nombreuses,
sillonnées, terminées par une petite pointe un peu recourbée.

OBS. Les feuilles sont tantôt une ou 2 fois ailées, tantôt 2
ou 3 fois ternées; les fleurs sont nombreuses, disposées en épi,
ou plus ordinairement en panicule.

4595. Pigamon des Alpes.   *Thalictrum Alpinum.*

T. Alpinum. Linn. spec. 767. Lam. Dict. 5. p. 321. Fl. dan. t. 11.

Cette plante n'a que 4-8 centim. de hauteur; elle est entièrement glabre; sa tige est simple, presque nue, cannelée; ses
feuilles naissent de la racine; elles sont pétiolées, de moitié
plus courtes que la tige, 2 fois ailées ou 2 fois ternées, à folioles rétrécies à la base en forme de coin, larges au sommet,
où elles offrent 3 ou 5 crénelures obtuses; les fleurs sont en petit nombre, disposées en grappe simple ou à peine rameuse;
les pétales sont très-petits, oblongs, pointus, au nombre de 4;

les étamines sont au nombre de 10 à 20 sur différentes fleurs
du même individu ; les pistils sont tantôt entièrement avortés,
tantôt au nombre de 2 ou 3. ♃. Cette plante croît dans les
hautes Pyrénées; dans les Alpes du Valais au mont Fouly et au-
dessus de Bagnes (Hall.).

4596. Pigamon tubéreux.　　*Thalictrum tuberosum.*

　　T. tuberosum. Linn. spec. 768. Lam. Dict. 5. p. 321.—Mill.ic.
　　t. 265. f. 2.

Cette espèce est très-remarquable par la grandeur de sa fleur,
qui ressemble à celle des anémones : sa racine est composée
de 8-10 fibres simples, renflées vers leur origine en un tubercule ovoïde ou oblong; sa tige est droite, cannelée, peu rameuse, glabre, ainsi que le reste de la plante, haute de 4 à 5
décim.; ses feuilles sont 3 fois ailées, à folioles arrondies,
terminées par 3 dents ou 3 lobes larges et obtus; les fleurs sont
au nombre de 3 ou 4 au sommet de chaque rameau, et ressemblent à celles des anémones ou des renoncules; elles ont
5 pétales grands, arrondis, d'un blanc jaunâtre, et plus persistans que dans les autres pigamons; les étamines sont droites,
nombreuses, munies d'anthères linéaires aussi longues que les
filamens. ♃. Elle croît dans les Pyrénées (Lin.).

4597. Pigamon fétide.　　*Thalictrum fœtidum.*

　　T. fœtidum. Linn. spec. 768. Lam. Illustr. t. 497. f. 3. — *T.
　　saxatile.* Vill. Dauph. 3. p. 714.—Hall. Helv. n. 1140.

Sa tige est haute de 3 décim. ou un peu plus, grêle, cylindrique, feuillée, pubescente et rameuse; ses feuilles sont 3
fois ailées, composées de folioles très-petites, courtes, à 3 lobes
entiers ou dentés, d'un verd obscur en dessus et pubescentes
des 2 côtés; les fleurs sont disposées en panicules très-lâches;
les capsules, au nombre de 5 à 8, sont ramassées, et divergent
en formant l'étoile. ♃. Cette plante croît dans les lieux pierreux et exposés au soleil; dans le Dauphiné, la Provence et
le Languedoc; en Savoie; au mont Salève près Genève; dans
les Alpes du Piémont (All.); à Castelnau près Montpellier
(Gou.); dans le Champsaur et aux environs de Gap. Elle a
une odeur fétide.

4598. Pigamon mineur.　　*Thalictrum minus.*

　　T. minus. Linn. spec. 769. Lam. Fl. fr. 3. p. 309.—Seg. Ver. t. 11.

Sa tige est haute de 3 décim., un peu striée et feuillée seulement dans sa partie inférieure; ses feuilles sont petites, 2

ou 3 fois ailées, composées de folioles ovales, un peu cunéiformes, et partagées à leur sommet en 3 lobes rarement entiers : le lobe du milieu est à 3 dents, et les lobes latéraux
n'en ont communément que 2 ; la panicule de fleurs est nue ,
très-lâche, et occupe la plus grande partie de la tige ; les fleurs
sont penchées ; les capsules sont très-pointues, cannelées et au
nombre de 3 à 6. ♃. On trouve cette plante dans les prés montagneux et les bois ; au bois de Boulogne près Paris, à Colmar, etc.

4599. Pigamon penché.   *Thalictrum nutans.*

T. nutans. Desf. Cat. 123. Poir. Dict. 5. p. 317.

Cette plante s'élève presque jusqu'à 1 mètre de hauteur ;
elle est glabre, d'un verd foncé, et remarquable par sa panicule, dont les rameaux sont longs, grèles, étalés et divergens ;
sa tige est droite, cylindrique ; ses feuilles sont grandes , 2 ou
3 fois ailées ; les ramifications inférieures partent tellement
près de sa base, que les feuilles supérieures semblent insérées
3 ensemble au même point ; les folioles sont en forme de coin,
arrondies à leur base , à 3 lobes pointus , un peu glauques en
dessous ; les feuilles florales sont linéaires, très-acérées ; les fleurs
sont pendantes ; les fruits sont redressés, composés de 3-7 capsules oblongues, cannelées et divergentes à leur maturité. ♃.
Elle est cultivée depuis long-temps au Jardin des Plantes ,
sans qu'on eût l'indication de son lieu natal : j'en ai reçu des
échantillons desséchés trouvés par mon frère dans les Alpes
voisines de Genève, à la dent d'Oche et au Cramont.

4600. Pigamon élevé.   *Thalictrum majus.*

T. majus. Jacq. Austr. 5. t. 420. Wild. spec. 2. p. 1297.

Cette plante ressemble beaucoup au pigamon penché, et ne
mérite peut-être pas d'en être distinguée ; elle en diffère cependant par sa verdure moins foncée, par ses folioles, dont
les 3 lobes sont arrondis et terminés par une pointe abrupte
(*mucro*) ; enfin par sa panicule entremêlée de folioles ovales
et non linéaires. ♃. J'ai reçu cette plante de M. Schleicher,
qui l'a trouvée dans les Alpes du Valais au mont Enzeindaz :
j'en possède un échantillon, que je crois originaire du Languedoc.

4601. Pigamon à feuilles   *Thalictrum angustifo*
étroites.   *lium.*

T. angustifolium. Linn. spec. 769. Lam. Dict. 5. p. 316. — *T.*
Bauhini. Crantz. Austr. 105. — C. Bauh. Prod. 146. ic.

β. Galioides.

Cette espèce a beaucoup de rapport avec la précédente ; sa tige est haute de 9-12 décim. , droite , striée , feuillée et peu rameuse : ses feuilles sont 2 fois ailées , composées de folioles étroites , linéaires , longues presque de 3 centim. , la plupart très-entières , ridées et luisantes en dessus ; les fleurs sont petites , herbacées , et disposées en panicule terminale , un peu resserrée. ♃. Cette plante croît dans les prés , en Alsace , en Provence, etc. La var. *β* , que M. Nestler a découvert dans les bois voisins du Rhin près Strasbourg , est remarquable par ses folioles très-étroites ; par ses feuilles supérieures presque sessiles , et par son port , qui la fait prendre pour le *galium verum* , lorsqu'on la voit de loin ; sa tige est solitaire , très-droite , longue de 3-4 décim.

4602. Pigamon simple. *Thalictrum simplex.*

T. simplex. Linn. Mant. 78. Wild. spec. 2. p. 1301. — *T. angustifolium.* Vill. Dauph. 3. p. 712. excl. syn.

Sa tige est droite , simple, haute de 4 décim. , glabre , ainsi que le reste de la plante , cylindrique dans le bas , munie de nervures proéminentes , qui sont les prolongemens de celles des gaines des feuilles ; les feuilles sont ailées , assez semblables à celles du pigamon jaunâtre , mais de moitié plus petites et les supérieures plus étroites ; les fleurs forment une grappe alongée et serrée ; elles sont pendantes , sur-tout avant la fécondation ; les étamines sont ordinairement au nombre de 14, et ont leurs filamens purpurins. ♃. Cette plante croît dans les prés marécageux des montagnes de la Provence ; du Languedoc ? du Dauphiné (Vill.).

4603. Pigamon jaunâtre. *Thalictrum flavum.*

T. flavum. Linn. spec. 770. Lam. Fl. fr. 3. p. 308. var. *α.* Fl. dan. t. 939.

β. T. pauperculum. Herm. Alsat. ined.

Sa racine est jaunâtre , presque rampante ; sa tige est haute de 6 à 9 décim. , droite, un peu dure , striée , et plus ou moins rameuse ; ses feuilles sont grandes , 2 ou 3 fois ailées, composées de folioles ovales , à 3 lobes obtus , nerveuses , presque ridées , et d'une couleur pâle , mais non glauque en dessous ; ses fleurs sont droites , forment une panicule jaunâtre et terminale ; les étamines sont environ au nombre de 17, et ont les filets d'un jaune pâle. ♃. Cette plante est assez commune dans les prés humides, le long des haies et des fossés : sa

racine peut servir à teindre en jaune. La var. *β*, que M. Nestler
m'a envoyée de Strasbourg, et que M. Herman regardoit
comme une espèce distincte, diffère du précédent par sa stature
plus grèle; par ses feuilles florales presque égales aux inférieures, et sur-tout par sa panicule simple, composée de 10–
12 fleurs. C'est à ceux qui verront cette plante dans son lieu
natal, ou qui la cultiveront, à décider si elle est une espèce
ou une variété.

4604. Pigamon élégant.   *Thalictrum speciosum.*

T. speciosum. Desf. Cat. 123. Poir. Dict. 5. p. 315. — *T. flavum*, *β*. Reich. Syst. 2. p. 648.

Cette plante, long-temps confondue avec la précédente,
s'en distingue par des caractères que la culture n'altère point;
sa tige est plus grande, cylindrique, non sillonnée et un peu
glauque; ses folioles sont glauques en dessous, de consistance
plus mince, et divisées en 3 lobes toujours marqués d'une ou
deux fortes dentelures; ses fleurs sont presque disposées en
corimbe épais et jaunâtre. ♃. Elle croit dans les départemens
méridionaux de la France aux environs de Montpellier (Poir.).

4605. Pigamon à feuilles   *Thalictrum aquilegifo-*
d'ancolie.   *lium.*

T. aquilegifolium. Linn. spec. 770. Jacq. Austr. t. 318. Lam.
Dict. 5. p. 314.

Cette espèce se distingue facilement de toutes les autres aux
stipules larges, obtuses et un peu membraneuses, qui se trouvent à la base des feuilles et de chacune des ramifications du
pétiole; sa tige est haute de 6 ou 9 décim., cylindrique, à
peine striée et d'un bleu rougeâtre; ses feuilles sont fort grandes,
3 fois ailées, composées de folioles larges, ovoïdes, légèrement
trilobées ou crénelées à leur sommet, et d'une couleur glauque;
les fleurs sont disposées en une panicule dense, terminale et
un peu purpurine : il leur succède des capsules pendantes,
triangulaires et presque ailées. ♃. On trouve cette plante dans
les bois et les prés couverts des montagnes; elle porte le nom
vulgaire de *colombine plumacée.*

DCCCIX. ANÉMONE.   *ANEMONE.*

Anemone. Hall. Mœnch. — *Anemone et Pulsatilla.* Tourn. —
Anemones sp. Linn. Juss. Lam. Gœrtn.

CAR. Le calice est remplacé par un involucre à 3 feuilles
simples ou découpées, placé à une certaine distance de la fleur,

et d'où sortent une ou plusieurs fleurs pédicellées ; les pétales
sont au nombre de 5 à 9 ; les capsules sont nombreuses, surmontées d'une queue plumeuse dans les pulsatilles , d'une
simple pointe dans les vraies anémones.

Obs. Herbes à feuilles radicales, pétiolées, ordinairement
découpées.

§. Ier. Pulsatilles. — *Graines terminées par une
longue arête velue.*

4606. Anémone printannière.   *Anemone vernalis.*

A. vernalis Linn. spec. 759. Lam. Dict. 1. p. 164. Fl. dan. t.
29. — *A. sulphurea.* All. Ped. n. 1921. non Linn. — *Pulsatilla
vernalis.* Mill. Dict. n. 3.

Sa racine est une souche ligneuse, brune et épaisse, dont le collet
pousse plusieurs feuilles assez fermes, presque glabres, pétiolées, ailées, à 5 ou 7 folioles qui sont en forme de coin , et
divisées au sommet en 5 lobes presque pointus et divergens :
ces feuilles sont étalées , de moitié au moins plus courtes que
la hampe ; celle-ci est droite , longue de 1 centim. au plus ,
cylindrique , hérissée de poils mols , terminée par une fleur
solitaire , droite , grande , blanchâtre ; cette fleur est sessile sur
l'involucre à sa naissance ; peu-à-peu son pédicelle s'alonge ,
et à l'époque de la maturité , les fruits sont portés sur un pédoncule 2 fois plus long que l'involucre : celui-ci est très-
abondamment couvert de poils soyeux et roussâtres , et composé de quelques feuilles profondément divisées en lobes linéaires , qui semblent autant de folioles. ♃. Elle croît dans les
pâturages secs et stériles des montagnes ; dans les Pyrénées ,
au Mont-d'Or ; au Cantal et au Puy-Mari en Auvergne ; dans
les Alpes de la Provence (Gér.); du Champsaur et au Noyer en
Dauphiné (Vill.); en Piémont (All.); au St.-Bernard et dans
le Valais (Hall.).

4607. Anémone de Haller.   *Anemone Halleri.*

A. Halleri. All. Ped. n. 1922. t. 80. f. 2. — Hall. Helv. n. 1148.

Elle est intermédiaire entre l'anémone printannière et l'anémone pulsatille ; elle s'élève à 2 décim. au plus ; elle est entièrement couverte d'un duvet long , blanc et soyeux ; ses feuilles
radicales sont plus courtes que la hampe, ailées , à folioles
découpées en 2 ou 5 lobes profonds, qui sont eux-mêmes divisés en 2 ou 5 lanières lancéolées et pointues : la hampe est

droite, terminée par une grande fleur droite, velue en dehors
et d'un bleu gris de lin ou un peu violet ; la collerette est très-
velue, à folioles découpées en lobes linéaires. ♃. Elle croît
dans les prairies pierreuses des Alpes : elle a été trouvée en
Piémont près Fenestrelles ; en Dauphiné près Briançon ; dans
le Queyras ; le Vallouise ; à la Salette près de Corp ; aux Baux ;
en Valais à la vallée de St.-Nicolas.

4608. Anémone pulsatille. *Anemone pulsatilla.*

> *A. pulsatilla.* Linn. spec. 759. Lam. Dict. 1. p. 163. Fl. fr. 3. p.
> 320. var. *a.* — *Pulsatilla vulgaris.* Mill. Dict. n. 1. — *A. pra-*
> *tensis.* With. Fl. brit. 498. non Linn. — Cam. Epit. 392. ic.
> β. *A. rubra.* Lam. Dict. 1. p. 163.

Sa tige est haute de 2 décim. , cylindrique et velue ; elle
porte à son sommet une fleur violette assez grande , dont les
pétales sont oblongs , droits et un peu velus en dehors ; à 2
centim. au-dessous de la fleur, on remarque une collerette
profondément découpée en lanières velues et étroites : les feuilles
sont radicales, pétiolées, alongées, 2 fois ailées , velues et
blanchâtres dans leur jeunesse , presque glabres dans un âge
avancé, et à découpures fines et pointues. ♃. On trouve cette
plante sur le bord des bois et dans les prés montagneux. La
variété β , que M. Lamarck a observée dans les montagnes d'Auvergne, ne me paroît différer de la précédente que par sa fleur
plus rouge et un peu plus ouverte. Haller en indique une variété à fleur blanche : cette espèce est connue sous les noms de
coquelourde, coquerelles.

4609. Anémone des prés. *Anemone pratensis.*

> *A. pratensis.* Linn. spec. 760. Lam. Dict. 1. p. 163. — *A. pul-*
> *satilla,* β. Lam. Fl. fr. 3. p. 320. — *Pulsatilla pratensis.* Mill.
> Dict. n. 2. — *A. sylvestris.* Vill. Dauph. 4. p. 726. excl. syn.
> Ger. Linn. — Clus. Hist. 1. p. 246. f. 2.

Elle diffère de la précédente par sa fleur penchée , de moitié
plus petite, et dont les pétales sont ouverts ou même réfléchis
au sommet ; par ses feuilles radicales, dont les pétioles sont
proportionnellement plus longs. M. Sprengel dit qu'on trouve
des glandes jaunes et pédicellées entre les étamines et les pétales ; les feuilles radicales sont assez mal représentées dans la
figure de l'Ecluse , qui donne bien l'idée de la fleur. ♃. Cette
plante croît dans les pelouses sèches et montueuses en Auvergne (Delarb.) ; en Provence (Gér.) ; entre Caramagnole et
Carignan

Carignan (All.); dans les landes près Dax (Thor.); à Briançon,
St.-André , Gap , Rabou, aux Baux , et à Cremieu près Lyon
(Vill.); au bord de l'Ahr près Mayence (Kœl.).

4610. Anémone des Alpes.   *Anemone Alpina.*

A. *Alpina.* Linn. spec. 760. Lam. Fl. fr. 3. p. 319. — Hall. Helv.
n. 1149.

a. A. *apiifolia.* Hop. Herb. — A. *Alpina major.* Lam. Dict. 1.
p. 165. — A. *Alpina.* Vill. Dauph. 4. p. 726.

β. A. *Alpina.* Hop. Herb. Jacq. Fl. austr. t. 85. — A. *Alpina, a.*
Wild. spec. 2. p. 1275. — A. *myrrhidifolia, a.* Vill. Dauph. 4.
p. 727. — A. *baldensis.* Lam. Dict. 1. p. 164. — A. *burseriana.*
Scop. Carn. n. 664. — Clus. Hist. 1. p. 245. ic.

γ. A. *sulphurea.* Linn. Mant. 78. — A. *Alpina, β.* Lam. Dict.
1. p. 165. — A. *myrrhidifolia, β.* Vill. Dauph. 4. p. 727. —
A. *apiifolia.* Wild. spec. 2. p. 1276. — Cam. Epit. 393. ic.

Les 3 plantes , qu'à l'exemple de Haller et de Linné je réunis
ici sous un seul nom spécifique, se distinguent de toutes les
pulsatilles par leur fleur ouverte, et qui n'est jamais ni bleue
ni purpurine ; par leur collerette composée de 3 grandes feuilles
sessiles , embrassantes, divisées chacune en 3 folioles ailées et
déchiquetées ; par leurs feuilles radicales, dont le pétiole se
divise en 3 branches, dont chacune est 2 fois ailée à folioles
fortement incisées, un peu réunies par leurs bases. ♃. Ces plantes
croissent naturellement dans les montagnes des Alpes , des
Monts-d'Or, des Pyrénées ; en Bourgogne (Dur.). La var. *a*
s'élève jusqu'à 3-4 décim. ; ses feuilles sont peu velues , assez
fermes , à découpures divergentes et pointues ; sa fleur est
blanche , légèrement teinte de violet en dehors , composée de
pétales oblongs, étroits, sur-tout à la base , et écartés les uns
des autres : elle croît le long des torrens des montagnes. La
variété *β* est plus petite dans toutes ses parties, a ses feuilles
moins fermes et à lobes moins divergens ; sa fleur est de la
même couleur que dans la var. *a* ; mais ses pétales sont ovales-
oblongs , plus larges et plus rapprochés : elle croît dans les
prairies. La variété *γ* se distingue des 2 précédentes par sa
fleur jaune, par ses feuilles très-abondamment velues, à découpures plus fines ; ses pétales sont ovales, élargis et très-
rapprochés : elle croît dans les prairies des hautes montagnes,
et est plus rare que les 2 précédentes. Ces 3 plantes sont probablement 3 espèces distinctes : on en trouve quelquefois dans
la nature des individus à fleur double.

Tome IV.   Kkk

§. II. Anémones. — *Graines à arète nulle ou très-courte.*

4611. Anémone des jardins. *Anemone hortensis.*

A. hortensis. Linn. spec. 761. — *A. stellata.* Lam. Dict. 1. p. 166. — Clus. Hist. 1. p. 249. f. 2.

Sa racine est composée de une ou plusieurs tubérosités garnies de fibres, et pousse une tige haute de 2-4 décim., cylindrique, à peine velue et uniflore; les feuilles radicales sont portées sur d'assez longs pétioles, presque digitées, composées de 3 folioles profondément incisées : les feuilles de la collerette sont au nombre de 3, sessiles, un peu soudées par la base et peu ou point découpées; la fleur est terminale, grande, légèrement purpurine, et composée de 9 pétales longs, étroits, marqués de quelques lignes et un peu velus en dessous. ♃. Cette plante croît dans les lieux stériles de la Provence; aux environs de Roche et de Moutru en Valais; à Nice (All.); dans les vignes de St.-Pandelon près Dax (Thor.), et aux environs de S.-Sever. On en cultive dans les jardins de très-belles variétés, dont les pétales sont moins étroits et les couleurs beaucoup plus vives.

4612. Anémone couronnée. *Anemone coronaria.*

A. coronaria. Linn. spec. 760. Lam. Dict. 1. p. 165. — Cam. Epit. 386. ic.

Une racine tubéreuse donne naissance à plusieurs feuilles glabres, radicales, pétiolées, palmées, à 5 lobes profondément découpés en lanières divergentes et assez étroites; d'entre ces feuilles s'élève une hampe droite, glabre, velue au-dessus de la collerette, cylindrique, longue de 2-4 décim., terminée par une grande et belle fleur solitaire, de couleur rouge ou bleue dans la nature, diversement bigarrée dans les individus cultivés; la collerette est composée de 3 folioles verticillées, profondément découpées et laciniées; les pétales sont grands, ovales, au nombre de 5 à 8. ♃. Cette plante croît naturellement dans les environs de Nice, de Montpellier : on en cultive dans les jardins une foule de variétés relatives à la couleur des fleurs, au nombre des pétales et à la largeur des feuilles.

4613. Anémone du mont Baldo. *Anemone Baldensis.*

A. Baldensis. Linn. Mant. 78. All. Ped. n. 1928. t. 44. f. 3. et t. 67. f. 2. — *A. fragifera.* Jacq. ic. rar. t. 103. — *A. Alpina.* Scop. Carn. t. 26.

Une souche longue, cylindrique, rampante, brunâtre et

couverte vers le haut par les débris des anciennes feuilles, donne naissance à quelques feuilles radicales portées sur un pétiole souvent rougeâtre et un peu velu, divisées en 3 parties pétiolées qui sont elles-mêmes découpées une ou 2 fois en lobes oblongs ou linéaires, presque glabres; ces feuilles ressemblent assez à celles de la renoncule des glaciers; la hampe est droite, longue de 5 à 10 centim., garnie de poils épars, terminée par une fleur solitaire assez petite, blanche, un peu rougeâtre en dehors; la collerette est ordinairement placée vers le milieu de la hampe, très-loin de la fleur, et quelquefois si près de la base, que ses folioles se confondent avec les feuilles radicales, dont elles ne diffèrent que par la brièveté de leur pétiole; les pétales sont oblongs, au nombre de 7 à 9; les capsules sont laineuses, surmontées par le style, qui est court et persistant. ♃. Cette plante croît sur les rochers des hautes Alpes; elle a été trouvée en Piémont depuis les Alpes maritimes jusqu'au mont Cenis, par M. Allioni; dans les montagnes de la Provence; en Dauphiné, sur le Glandaz, en Queyras, en Champsaur près Briançon, par M. Villars; en Valais à la vallée de St.-Nicolas, dans celles de la Savoie au mont Saxonet près Genève.

4614. Anémone sauvage.   *Anemone sylvestris.*

A. sylvestris. Linn. spec. 761. Bull. Herb. t. 59. Lam. Dict. 1. p. 166. non Vill. — Clus. Hist. 1. p. 244. ic.
β. *Parviflora.* Lob. ic. 280. f. 2.

Sa tige est haute de 2 décim., cylindrique, un peu velue, et chargée à son sommet d'une fleur blanche, composée de 6 pétales ovales-oblongs et assez grands; à quelques centimètres au-dessous de la fleur, on trouve une collerette composée de 3 à 5 feuilles pétiolées, et partagées en lobes profonds et incisés; les feuilles radicales sont pétiolées, et composées de 5 digitations incisées et anguleuses; les semences sont entourées d'un duvet laineux. ♃. Cette plante croît dans les bois et les haies en Alsace, près Osswald et Lingelsheim (Mapp.); à Mulhouse (Hall.); le long du Rhin entre Burcken et Offenbourg, près de Francfort (J. Bauh.); dans les vignes de Gésainville et sur la côte de Ste.-Catherine en Lorraine (Buch.); dans les montagnes du Piémont près Coasso (All.); dans celles de Provence (Gér.); aux environs de Lyon et dans le Dauphiné (Latourr.); au bois de Boves près Abbeville (Bouch.); à la forêt de Senlis près d'Aulmont (Thuil.).

4615. Anémone à trois feuilles. *Anemone trifolia.*

A. trifolia. Linn. spec. 762. Lam. Dict. 1. p. 168. — Lob. ic.
281. f. 1.

Une souche blanche, rampante, émet en dessous quelques
fibres simples, et pousse çà et là en dessus une ou 2 feuilles
pétiolées, à 3 folioles dentées en scie; la hampe est haute de
15-18 centim., grèle, cylindrique, et porte à son sommet une
fleur blanche ou un peu rougeâtre; à 6 centim. au-dessous de
cette fleur, on trouve 3 feuilles pétiolées, disposées en verticille, et composées chacune de 3 folioles ovales, pointues et
dentées: elles sont un peu luisantes en dessous, et rougeâtres
en leur pétiole. ♃. Cette plante croît dans les bois, aux environs de Paris (Dal.); à Hérivaux, à Chantilly du côté de
Coie (Thuil.); en Piémont dans les prés montueux de Monte-
netto, et au pont de Prato (Balb.); à gauche du ruisseau de
l'Espinouse près Montpellier (Gou.); à Nantes (Bon.).

4616. Anémone sylvie. *Anemone nemorosa.*

A. nemorosa. Linn. spec. 762. Lam. Dict. 1. p. 168. —Lob. ic.
673. f. 2.
β. *Purpurea.* J. Bauh. Hist. 3. p. 412.
γ. *Cœrulea.*

Une souche horizontale et noirâtre émet en dessous des radicules fibreuses, et pousse à l'une de ses extrémités une ou 2
feuilles radicales pétiolées, à 3 folioles découpées, incisées,
glabres et pubescentes; du même point sort une hampe grèle,
longue de 1-2 décim., munie vers les 2 tiers de sa longueur
d'une collerette de 3 feuilles pétiolées, lobées, incisées, dentées, presque glabres; la fleur est terminale, solitaire, pédicellée, composée de 5 à 6 pétales oblongs, blancs, souvent un
peu rougeâtres en dehors. La variété β a la fleur toute purpurine. La variété γ, qui, d'après M. Dufour, est assez commune dans le département des Landes, a la fleur d'un beau
bleu, mais ne doit point, d'après ce caractère, être confondue
avec l'anémone de l'Apennin, qui, à ma connoissance, n'a pas
encore été trouvée en France. ♃. La sylvie croît dans les bois
et le long des haies, et fleurit à l'entrée du printemps; on la
cultive quelquefois comme fleur d'ornement, et la culture en a
obtenu une variété double. J'ai eu occasion de voir à Harlem
une plate-bande de sylvies dont toutes les fleurs avoient les
ovaires changés en pétales, quoique les étamines fussent de-
meurées fertiles.

4617. Anémone renoncule. *Anemone ranunculoides.*

A. ranunculoides. Linn. spec. 762. Lam. Dict. 1. p. 169. — *A.
lutea.* Lam. Fl. fr. 3. p. 318. — Lob. ic. 674. f. 1.

Sa tige est haute de 2 décim., menue, chargée de quelques poils, et porte à son sommet une ou 2 fleurs jaunes, petites, et dont les pétales sont arrondis; à peu de distance au-
dessous de la fleur, on trouve une collerette de 3 feuilles portées sur de courts pétioles, divisées profondément en 3 ou 4
lobes incisés ou dentés, et qui ressemblent à des digitations;
les feuilles radicales sont quelquefois nulles, toujours en petit
nombre, portées sur de longs pétioles, divisées en 5 ou 7 lobes
digités, incisés et dentés. ♃. Cette plante croît dans les bois
et les prés couverts; elle fleurit au printemps.

4618. Anémone à fleurs *Anemone narcissiflora.*
    de narcisse.

A. narcissiflora. Linn. spec. 763. Lam. Dict. 1. p. 168. — *A.
umbellata.* Lam. Fl. fr. 3. p. 322. — Clus. Hist. 1. p. 235. f. 1.

Sa tige s'élève depuis 2 jusqu'à 5 décim., ou quelquefois un
peu davantage; elle est velue, et porte à son sommet 3 à 6
fleurs blanches, soutenues par des pédicelles courts et disposés
en ombelle : les pétales sont ovales et pointus; la collerette est
composée de 3 feuilles sessiles, petites, découpées et presque
palmées; les feuilles radicales sont pétiolées, arrondies et partagées en 3 ou 5 lobes profondément bifides ou trifides. ♃. Elle
croît dans les prairies sèches des montagnes en Provence; en
Dauphiné; dans le Piémont; la Savoie; sur les sommités du
Jura; sur le mont Rotabac dans les Vosges (Buch.).

DCCCX. HÉPATIQUE. *HEPATICA.*

Hepatica. Dill. Hall. Mœnch. — *Anemones sp.* Tourn. Linn.
Juss. Lam. Gœrtn.

Car. Le calice est à 3 feuilles persistantes; la corolle est à
6 pétales; les capsules sont nombreuses, oblongues, un peu
pointues, mais non munies d'appendices.

Obs. Si l'on vouloit considérer le calice de l'hépatique comme
un involucre, il faudroit encore convenir qu'il diffère de celui
des anémones par ses feuilles entières, et parce qu'il est placé
immédiatement sous la corolle.

4619. Hépatique à trois lobes. *Hepatica triloba.*

H. triloba. Chaix. in Vill. Dauph. 1. p. 336. — *Anemone hepatica.*

Linn. spec. 758. Lam. Dict. 1. p. 169. — *H. nobilis*. Mœnch.
Meth. 216.

α. *Flore cæruleo*. Clus. Hist. 2. p. 247. f. 3.
β. *Flore rubro*. Clus. Hist. 2. p. 248. f. 1.
γ. *Flore albo*.
δ. *Flore pleno*. Clus. Hist. 2. p. 248. f. 2.

Ses tiges sont hautes d'un décim., grêles, foibles et terminées chacune par une fleur assez belle, de couleur blanche ou
bleue, ou rougeâtre : le calice est formé par 3 petites feuilles
lancéolées, entières ; les feuilles radicales sont nombreuses,
simples, trilobées, un peu coriaces, et portées sur des pétioles
la plupart plus longs que les tiges. ♃. On trouve cette plante
dans les lieux couverts des montagnes ; on la cultive dans les
jardins pour la beauté de ses fleurs qui paroissent de très-bonne
heure ; elle est vulnéraire, astringente et tonique ; on la nomme
vulgairement *hépatique*, *herbe de la Trinité*.

DCCCXI. FICAIRE.   *FICARIA.*

Ficaria, Dill. Hall. Juss. Roth. — *Ranunculi sp.* Linn. Lam. —
Scotanum. Adans.

CAR. Le calice est à 5 folioles caduques ; les pétales sont au
nombre de 8 à 9, munis à leur base interne d'une petite écaille
en forme de poinçon ; les capsules sont nombreuses, comprimées, obtuses.

4620. Ficaire renoncule.   *Ficaria ranunculoides*

F. ranunculoides. Roth. Germ. I. p. 241. — *Ranunculus ficaria.*
Linn. spec. 774. Lam. Fl. fr. 3. p. 191. — Fuchs. Hist. 867. ic.

Ses tiges sont longues de 1-2 décimètres, lisses, feuillées,
couchées et rampantes ; ses feuilles sont pétiolées, cordiformes,
arrondies à leur sommet, quelquefois un peu anguleuses ou légèrement lobées, vertes, glabres et très-lisses ; ses fleurs sont
jaunes, assez grandes et pédonculées : leur corolle est composée de 8 ou 9 pétales oblongs ; les pédoncules sont uniflores,
axillaires, et paroissent dans la jeunesse de la plante, naître
immédiatement de la racine. ♃. On trouve cette plante dans
les lieux couverts, les haies ; elle fleurit de bonne heure ; elle
n'est point âcre comme la plupart des Renonculacées ; ses feuilles,
cueillies au premier printemps et accommodées comme des épi-
nards, peuvent servir d'aliment ; on la connoît sous les noms
de *ficaire*, *éclairette*, *petite éclaire*, *petite chélidoine*.

DCCCXII. ADONIDE. *ADONIS.*

Adonis. Linn. Juss. Lam. Gœrtn. — *Ranunculi sp.* Tourn.

CAR. Le calice est à 5 folioles ; la corolle est à 5 pétales, ou quelquefois plus ; les capsules sont nombreuses, ovoïdes, surmontées d'une petite pointe.

OBS. Les feuilles sont découpées en lanières nombreuses, fines, divergentes et linéaires ; ce genre diffère des renoncules, parce que les pétales n'ont pas d'écaille à leur onglet.

4621. Adonide annuelle. *Adonis annua.*

> *A. annua.* Mill. Dict. n. 1. Gou. Fl. monsp. 321. Lam. Dict. 1.
> p. 45. — Hall. Helv. n. 1158.
> *a. A. autumnalis.* Linn. spec. 771. Lam. Fl. fr. 3. p. 201. — *A.*
> *miniata.* Jacq. Austr. 4. t. 354.
> β. *A. æstivalis.* Linn. spec. 771. Lam. Fl. fr. 3. p. 201. — Cam.
> Epit. 648. ic.
> γ. *A. flammea.* Wild. spec. 2. p. 1304. Jacq. Austr. 4. t. 355.

Sa racine est fusiforme, grèle, annuelle ; sa tige est droite, cylindrique, simple ou rameuse, un peu cannelée sous les fleurs, glabre ou quelquefois pubescente, haute de 2-4 décim. ; ses feuilles sont découpées en lobes nombreux et linéaires ; les fleurs sont solitaires au sommet de la tige et des rameaux ; leur calice est à 5 folioles ordinairement glabres et un peu colorées ; leurs pétales sont ovales ou oblongs, de grandeur et de couleur variables, marqués à leur base d'un onglet noir et luisant ; leur nombre varie de 5 à 8 ; les capsules sont nombreuses, ovoïdes, un peu sillonnées ou ridées, terminées par une pointe courte et ascendante, adhérentes à un réceptacle qui s'alonge après la fleuraison, d'où résulte un épi ovale, oblong ou cylindrique : la fleur est tantôt d'un rouge pourpre, tantôt d'un rouge de minium, tantôt couleur de feu, tantôt un peu jaunâtre ; la longueur des pétales, et conséquemment la grandeur de la fleur, est très-variable, mais ne dépasse pas 2-3 centim. ⊙. Cette plante croît dans les champs aux environs de Paris, de Turin, de Montpellier, et dans presque toute la France ; elle fleurit à la fin de l'été ; on la cultive dans les parterres, et on préfère la variété d'un rouge foncé, qui est connue sous le nom de *goutte de sang.*

4622. Adonide printannière. *Adonis vernalis.*

> *A. vernalis.* Linn. spec. 771. Gou. Illustr. p. 33. Lam. Fl. fr. 3.
> p. 201. — *A. Apennina.* Jacq. Austr. t. 44. — *A. helleborus.*
> Crantz. Austr. p. 110.

β. Multiflora, petalis angustioribus.

Sa racine est épaisse, fibreuse, noirâtre et vivace; la tige
est droite, haute de 1-3 décim., ordinairement simple, terminée par une seule fleur, et munie de rameaux stériles, quelquefois, comme dans la variété β, divisée dès la base en rameaux alongés, terminés chacun par une fleur; les feuilles sont
nombreuses, sessiles, découpées très-avant en lanières nombreuses et linéaires; elles entourent la tige au moyen d'une
gaîne très-remarquable, sur-tout dans les feuilles inférieures
ou radicales; dans ces dernières, le limbe est ordinairement
avorté, et la feuille est réduite à une simple gaîne écailleuse;
les fleurs sont d'un jaune un peu pâle, grandes, placées immédiatement au - dessus des feuilles; leur diamètre n'est pas
moindre de 4-5 centim., et atteint jusqu'à 6 ou 7 : les pétales
sont au nombre de 12 à 15, oblongs, larges de 10-15 millim.
dans la variété α, et de 6 - 8 seulement dans la variété β; les
capsules sont velues (Gou.), disposées en une tête ovale. ♃.
Cette plante croît dans les hautes Alpes, assez près des neiges
éternelles; elle y fleurit de bonne heure, et lorsqu'on la trans-
porte dans nos jardins, elle s'ouvre au premier printemps. On
la trouve dans les Alpes du Valais à la vallée de Branson, d'où
elle m'a été envoyée par M. Necker de Saussure; dans les environs de Montpellier à Meyrueis, à l'Esperou et au mont de l'E-
peron (Gou.). On l'indique dans les champs incultes en Lorraine (Buch.); en Alsace entre Dessenheim et Brissac près
Neubrissac (Gagn.). La variété β a été trouvée dans les Alpes
par M. Desmarets. Cette plante a passé pendant long - temps
pour le véritable hellébore noir des anciens; mais on sait maintenant que c'est l'*helleborus orientalis*, Lam.

4623. Adonide de l'Apennin.   *Adonis Apennina.*

A. Apennina. Linn. spec. 772. Gou. Illustr. p. 33. — *A. vernalis*, β. Lam. Dict. 1. p. 45.

Cette plante est certainement distincte de la précédente,
et s'en distingue assez facilement d'après les caractères indiqués par Gouan; elle s'élève plus haut, et a une consistance plus ferme; ses feuilles radicales sont portées sur des pétioles dont la longueur atteint presque celle de la main; leurs
découpures sont aussi nombreuses, mais un peu moins étroites
que celles de l'espèce précédente; les fleurs sont portées au
sommet par un pédicule nu et strié, de sorte qu'il existe un

intervalle marqué entre la fleur et la dernière feuille ; enfin les capsules sont glabres, anguleuses, pointues , réunies en une tête ovale. ♃. Elle croît dans les Pyrénées à la vallée d'Eynes.

DCCCXIII. RENONCULE.   *RANUNCULUS.*

Ranunculus. Hall. Juss. — *Ranunculi sp.* Tourn. Linn. Lam. Gœrtn.

Car. Le calice est à 5 folioles ; la corolle est à 5 pétales , dont la base interne est munie d'une petite écaille, convexe ou concave ; les capsules sont nombreuses , terminées par une petite pointe , comprimées , lisses ou munies sur leurs faces d'épines ou de tubercules.

Obs. M. Villars a observé que les renoncules à fleur blanche ont à la base de leurs pétales un cornet évasé en languette ; tandis que celles à fleur jaune ont une simple écaille.

§. Ier. *Fleurs blanches ; feuilles entières.*

4624. Renoncule des Py-   *Ranunculus Pyrenœus.*
        rénées.

R. *Pyrenœus.* Linn. Mant. 248. Lam. Fl. fr. 3. p. 186.
β. *R. plantagineus.* All. Ped. n. 1445. t. 76. f. 1.

Ses racines sont composées d'un faisceau de fibres longues , charnues et cylindriques, qui naissent à la base d'une espèce de bulbe oblong , étroit , formé par la dilatation des pétioles des feuilles radicales ; sa tige est grèle , droite , le plus souvent simple et terminée par une seule fleur ; quelquefois, comme dans la variété β , elle porte 3-4 fleurs portées sur de longs pédoncules : dans l'un et l'autre cas , ces pédoncules sont garnis vers leur sommet de poils mols et blanchâtres ; les folioles du calice sont oblongues ; la fleur est blanche ; les feuilles sont oblongues , pointues aux 2 extrémités , très-entières ; les radicales sont rétrécies en pétiole ; les supérieures plus étroites , sessiles et demi-embrassantes : on en trouve des individus à feuilles linéaires. ♃. Elle croît dans les prairies des montagnes des Alpes , des Pyrénées. La variété α ne se trouve que sur les cimes très-élevées auprès des glaciers. La variété β croît dans les prairies humides au pied des hautes sommités.

4625. Renoncule embras-   *Ranunculus amplexi-*
         sante.   *caulis.*

R. *amplexicaulis.* Linn. spec. 774. Lam. Fl. fr. 3. p. 185. —
Moris. s. 4. t. 30. f. 36.

β. Uniflorus.

Sa racine est fasciculée ; les pédoncules des fleurs sont parfaitement glabres , et le calice a ses folioles ovales ; sa tige est
haute de 2 décim. , droite, lisse , garnie de quelques feuilles ,
et soutient à son sommet 5 à 6 fleurs blanches, pédonculées et
terminales ; ses feuilles sont glabres, nerveuses et un peu dures :
les radicales sont ovales et presque pétiolées ; celles de la tige
sont embrassantes et plus étroites. La variété *β* se rapproche
de la suivante par sa tige uniflore et ses feuilles plus étroites.
♃. Elle croît dans les prairies fertiles et un peu humides des
montagnes ; dans les Pyrénées ; les environs de Montpellier.

4626. Renoncule par-   *Ranunculus parnassifolius.*
nassie.

> *R. parnassifolius.* Linn. spec. 774. Lam. Fl. fr. 3. p. 186. Jacq.
> Coll. 1. p. 191. t. 9. f. 3.

Sa racine a la même structure que celle de la renoncule des
Pyrénées ; elle lui ressemble encore par les poils mols qui
naissent sur les pédoncules ; elle s'élève à peine à 1 décim. ;
sa tige porte de une à 4 fleurs presque disposées en corimbe ,
d'un blanc souvent mêlé de rouge; les folioles du calice sont
larges , arrondies, un peu membraneuses et rougeâtres ; les
feuilles radicales , pétiolées , ovales, un peu obtuses, presque
en forme de cœur , de consistance coriace , souvent garnies de
poils mols sur leurs bords , et même quelquefois sur leur face
supérieure ; celles de la tige sont sessiles , lancéolées. ♃. Cette
plante est rare : on la trouve dans les Pyrénées sur le sommet
du Canigou ; au mont Perdu ; à la vallée d'Eynes auprès des
sources parmi les schistes (Gou.) ; dans les Alpes du Dauphiné
au mont de Lans en Oysans (Berard) ; au Saint-Bernard ; au
mont Fouly ; à Jaman ; à la Dent du Midi dans le Valais (Hall.).

§. II. *Fleurs blanches ; feuilles découpées.*

4627. Renoncule aconit. *Ranunculus aconitifolius.*

> *R. aconitifolius.* Linn. spec. 776. Lam. Fl. fr. 3. p. 188. —Hall.
> Helv. n. 1164.
> *α. R. aconitifolius.* Linn. Mant. 79.—Clus. Hist. 1. p. 236. f. 1. 2.
> *β. R. platanifolius.* Linn. Mant. 79. — Lob. ic. t. 668. f. 1.

Sa tige est haute de 5 décim. , quelquefois beaucoup davantage , droite , lisse , fistuleuse et rameuse ; ses feuilles sont
glabres , palmées , anguleuses , et composées de 3 ou 5 lobes

assez grands, pointus et dentés en scie : les fleurs sont blanches, pédonculées et terminales ; leur calice est petit et tombe de bonne heure. La variété β diffère de la précédente, selon Wildenow, par ses feuilles à lobes plus obtus ; par ses feuilles florales plus étroites, et par sa fleur plus grande ; selon Linné, par ses feuilles à lobes moins profondément séparés ; selon Villars, par sa tige plus haute à rameaux moins divergens : mais sous ces divers rapports, on trouve tant de nuances intermédiaires, qu'il m'est impossible de ne pas croire avec Haller, Gérard, Scopoli, Lamarck, et Linné lui-même, que ces plantes appartiennent toutes à une même espèce ; ses fleurs doublent facilement, et sont cultivées dans les jardins sous le nom de *bouton d'argent*. La variété α croît dans les Alpes ; les Pyrénées ; les montagnes d'Auvergne ; de Languedoc, dans les prairies et sur le bord des eaux : dans les hautes Alpes, elle n'a pas plus de 2 décim. de hauteur. La var. β croît dans les montagnes un peu plus basses ; on la trouve sur le bord des bois ; elle s'élève jusqu'à 10-12 décim.

4628. Renoncule déchirée. *Ranunculus lacerus.*

R. *lacerus*. Bell. act. Tur. 5. p. 233. t. 8. — R. P*y*renæus, var. C. Vill. Dauph. 4. p. 733. — R. *vallesiacus*. Sut. Fl. helv. 1. p. 335. — Hall. Helv. n. 1180. β.

Sa racine est composée d'un faisceau de longues fibres cylindriques, épaisses, simples et blanchâtres ; ses feuilles radicales sont pétiolées, élargies à la base du pétiole, glabres, d'un verd un peu glauque, assez grandes, en forme de coin, incisées au sommet en plusieurs lobes pointus, inégaux, et dont les 2 latéraux sont fortement dentés sur les bords ; elles ont quelque ressemblance avec celles du gincko ou du caryota : la tige est cylindrique, glabre, un peu tortueuse, garnie de 2 ou 3 feuilles avortées, linéaires, simples ou divisées en 2 ou 3 lobes : cette tige se divise au sommet en 3 ou 4 longs pédicelles, terminés chacun par une fleur blanche très-semblable à celles de la renoncule à feuilles d'aconit. Cette plante seroit-elle une hybride de la renoncule des Pyrénées et de la renoncule à feuilles d'aconit, ou une variété singulière de l'une ou de l'autre. ♃. Elle croît dans les prairies fertiles des hautes Alpes ; en Dauphiné près Grenoble et Gap (Vill.) ; en Piémont près Limone (Bell.) ; au mont de Mille au-dessus de la vallée de Bagne (Hall.).

4629. Renoncule d'Asie.   *Ranunculus Asiaticus.*

R. Asiaticus Linn. spec. 777. Mill. ic. t. 216.
β. *R. sanguineus.* Mill. Dict. n. 10.

Cette plante, originaire d'Asie, est cultivée dans tous les parterres pour la beauté de sa fleur ; on recherche sur-tout les variétés à fleurs doubles : ces fleurs sont blanches, rouges, purpurines, couleur de sang ou bigarrées de blanc et de rouge dans différentes variétés ; la tige est rameuse dans la var. α, simple dans la var. β, velue, cylindrique, haute de 2-5 décim. : les feuilles sont découpées en 3 lobes profonds, qui sont eux-mêmes dentés et trilobés, pointus dans la var. α, obtus dans la var. β ; le calice est un peu velu, étalé, mais non réfléchi, du moins dans les fleurs simples : la racine est composée d'un faisceau de tubercules oblongs. ♃.

4630. Renoncule des glaciers. *Ranunculus glacialis.*

R. glacialis. Linn. spec. 777. Lam. Fl. fr. 3. p. 188. Jacq. Coll.
1. t. 8. et t. 9. f. 1. 2.

Sa racine est composée de fibres longues, simples et cylindriques, qui sortent d'une espèce de bulbe oblongue ; sa tige est haute de 15-18 centim., peu garnie de feuilles, ordinairement simple, et chargée communément d'une couple de fleurs assez grandes, dont la couleur est blanche ou un peu purpurine ; les calices sont chargés de poils luisans, roussâtres ou rougeâtres : les feuilles radicales sont portées sur de longs pétioles, très-découpées et d'une consistance un peu épaisse ou succulente ; le nombre des fleurs varie de 1-4. ♃. Cette plante croît dans les fentes de rochers auprès des glaciers et des neiges éternelles, dans les Pyrénées autour du lac du mont Perdu ; dans les hautes Alpes de la Savoie, du Piémont, du Dauphiné : elle est connue des paysans sous le nom de *carline* ou *caralline ;* ils l'emploient en décoction dans l'eau pour exciter la sueur (Vill.).

4631. Renoncule des Alpes. *Ranunculus Alpestris.*

R. Alpestris. Linn. spec. 778. Lam. Fl. fr. 3. p. 187. — Clus.
Hist. 1. p. 234. f. 1 et 2.

Ses racines sont des fibres grêles très-longues, un peu jaunâtres et souvent rameuses : sa tige est haute de 9 centim., chargée d'une couple de feuilles ligulées, ordinairement très-entières, élargies à la base en 2 oreillettes membraneuses, et soutient à son sommet une seule fleur assez grande et de couleur blanche ; son calice est glabre ; ses feuilles inférieures ou radicales sont pétiolées, arrondies, lobées, incisées ou dentées, très-lisses et presque luisantes ; leurs lobes ou leurs dents sont obtus ou arrondis. ♃. Cette plante est assez commune sur les sommets des hautes montagnes dans les Alpes de la Provence, du Piémont, du Dauphiné, de la Savoie ; dans le Jura au creux du Vent et au Sucheron ; dans les Pyrénées.

4632. Renoncule de Seguier. *Ranunculus Seguieri.*

R. Seguieri. Vill. Dauph. 4. p. 737. t. 49. — *R. columnæ.* All. Ped. n. 1453. t. 67. f. 3. 4. — Barr. ic. 1153. f. 2.

Elle est voisine de la renoncule des Alpes ; mais sa tige est un peu plus rameuse ; ses feuilles sont portées sur de plus longs pétioles, découpées jusqu'à la base en 5 lobes, dont les 2 latéraux eux-mêmes trifurqués et dentés ; les lobes et les dents sont très-pointus : ces feuilles sont d'une consistance un peu charnue, tantôt glabres, tantôt très-hérissées de poils mols ; les pédoncules sont nus ou quelquefois chargés de 1-2 folioles aiguës et dentées ; le calice est glabre ; les pétales sont blancs, et munis à leur base d'une écaille en demi-cornet, qui porte elle-même un pore à sa face interne ; les capsules sont au nombre de 5 à 9, assez grosses (Vill.). ♃. Elle croît parmi les débris de rochers calcaires, et dans les graviers le long des torrens des hautes Alpes ; en Dauphiné à la Moucherolle, à Cornafion ; sur le Glandaz ; en Champsaur ; en Noyer ; en Piémont dans les montagnes de Limon et au-dessus de Carlin (All.).

4633. Renoncule à feuilles de rue.   *Ranunculus rutæfolius.*

R. rutæfolius. Linn. spec. 777. All. Ped. t. 67. f. 1. Lam. Fl. fr. 3. p. 187.

Cette espèce est bien distincte par ses feuilles, qui, dans leur jeunesse, sont repliées en dedans comme celles de quelques pigamons ; par ses pétales, au nombre de 8-10, à onglets rouges, et dont les écailles sont à peine visibles ; par ses capsules, qui sont assez grosses et en petit nombre : sa tige est haute de 12 centim., cylindrique, chargée d'une ou 2 feuilles qui ont quelques découpures étroites, et soutient à son sommet une fleur blanche ou rougeâtre ; ses feuilles radicales sont

pétiolées , oblongues , ailées , et leurs pinnules sont très-découpées , presque palmées ou divisées en lobes nombreux et divergens. ♃. Cette plante est rare : elle croit parmi les rochers
auprès des neiges éternelles dans les hautes montagnes du Dauphiné, au villard de Lans et dans le Dévoluy; en Piémont au
mont Cenis et à Fenestrelles (All.) ; dans les Vosges sur le
Ballon et le Rotabac (Buch.) ; dans les Pyrénées.

4634. Renoncule à feuilles de lierre. *Ranunculus hedera-ceus.*

R. *hederaceus.* Linn. spec. 781. excl. Bauh. syn. Fl. dan. t. 321.
non Vill. All. Poir.

Elle ressemble beaucoup aux variétés de la renoncule aquatique, qui croissent hors de l'eau, et qui ont toutes les feuilles
arrondies, et s'en rapproche en particulier par ses capsules
ovoïdes, ridées transversalement; mais elle en diffère par sa
consistance plus foible et plus délicate, par sa tige plus rampante, par ses feuilles à 3 ou 5 lobes arrondis, entiers et peu
profonds, sur-tout enfin par sa fleur 3 fois plus petite, composée de pétales presque linéaires et un peu pointus. ♃. Elle
croit dans les lieux humides et bourbeux au bord des sources
et des fossés, en Belgique; aux environs d'Abbeville; à St.-
Léger près de Paris; dans les mares de la forêt d'Orléans
(Dub.) ; à St.-Hubert des Ardennes; dans les Pyrénées.

4635. Renoncule aquatique. *Ranunculus aquatilis.*

R. *aquatilis.* Linn. spec. 781. Smith. Fl. brit. 2. p. 596. — R. *ca-
pillaris.* Gat. Fl. montanb. 102.

α. R. *hederaceus.* Poir. Dict. 6. p. 130. excl. syn. — J. Bauh. Hist.
3. p. 782. f. 2.

β. R. *heterophyllus.* Hoffm. Germ. 197. — R. *aquatilis.* Thuil.
Fl. paris. II. 1. p. 278. — R. *peltatus.* Mœnch. Meth. 214. —
J. Bauh. Hist. 3. p. 781. f. 1.

γ. R. *capillaceus.* Thuil. Fl. paris. II. 1. p. 278. — R. *divaricatus.* Mœnch. Meth. 214. — R. *trichophyllus.* Chaix. in Vill.
Dauph. 1. p. 335. — J. Bauh. Hist. 3. p. 781. f. 2.

δ. R. *cæspitosus.* Thuil. Fl. paris. II. 1. p. 279. — R. *pumilus.*
Poir. Dict. 6. p. 133. — R. *circinnatus.* Sibth. in Sm. Fl. brit.
2. p. 596. — R. *rigidus.* Pers. in Hoffm. Fl. germ. 4. p. 257.

ε. R. *peucedanifolius.* All. Ped. n. 1469. — R. *fluitans.* Lam. Fl.
fr. 3. p. 187. — R. *fluviatilis.* Wild. spec. 2. p. 1333. — J.
Bauh. Hist. 3. p. 782. f. 1.

Cette espèce se distingue de toutes les renoncules, 1°. par
ses capsules ovoïdes, marquées de rides transversales; 2°. par

ses pétales blancs, munis d'un onglet jaune, un peu rétrécis à la base, très-obtus ou un peu échancrés au sommet en forme de coin ou de cœur; 3°. par ses fleurs axillaires, solitaires et pédonculées; 4°. par sa superficie toujours glabre; 5°. par ses feuilles arrondies et divisées en 3 ou 5 lobes cunéiformes, lorsqu'elles naissent hors de l'eau, déchiquetées en lanières nombreuses et linéaires lorsqu'elles croissent sous l'eau. Les variétés indiquées ici sont tellement prononcées, qu'on pourroit les désigner sous des noms spéciaux, s'il ne paroissoit pas prouvé qu'elles doivent leur origine aux circonstances dans lesquelles se trouvent divers individus d'une même race. La var. α croît sur le bord des mares et dans les lieux autrefois inondés; ses feuilles n'étant jamais submergées, sont toutes arrondies, à 3 lobes profonds en forme de coin, munis au sommet de 1-3 dents. La var. β, qui est la plus commune, croît dans les fossés et les mares peu profondes; ses feuilles submergées sont découpées en lanières fines et bifurquées; les supérieures qui sont hors de l'eau, ressemblent à celles de la précédente. La var. γ naît dans les eaux profondes et tranquilles; toutes ses feuilles sont arrondies, découpées jusqu'à leur base en lanières fines, divergentes, bifurquées; le pédoncule s'alonge pour élever la fleur au-dessus de l'eau. La var. δ ne diffère de la précédente que parce qu'elle est plus basse, plus serrée, plus ferme : ces différences sont dues à ce qu'elle naît dans des lieux d'abord inondés et ensuite laissés à sec, de sorte qu'elle se trouve exposée à l'air avec des feuilles nées dans l'eau. Enfin, la var. ε croît dans les eaux profondes et courantes; elle s'alonge beaucoup dans toutes ses parties, et les lanières de ses feuilles étant entraînées par le courant de l'eau, paroissent parallèles au lieu d'être divergentes.— M. Nestler m'écrit que les paysans des environs de Strasbourg riverains de l'Ill retirent cette plante de l'eau, la font sécher, et la donnent à manger aux vaches; ils assurent qu'elle rend le lait plus abondant et le beurre de meilleure qualité.

§. III. *Fleurs jaunes; feuilles découpées.*

4636. Renoncule de   *Ranunculus montanus.*
    montagne.

R. montanus. Wild. spec. 2. p. 1321. — *R. nivalis.* Jacq. Austr. t. 325. 326. Lam. Fl. fr. 3. p. 193. var. α. —Hall. n. 1168. α.

Cette plante ne s'élève qu'à 1-2 décim. de hauteur; elle

porte une belle fleur d'un jaune doré ; le haut de la plante est
légèrement pubescent, tandis que le bas est entièrement glabre ;
sa racine est composée d'un faisceau de fibres cylindriques ; sa
tige est droite, simple ; ses feuilles radicales sont pétiolées, glabres, presque luisantes, sur-tout en dessous, arrondies, divisées en 3 ou 5 lobes profonds qui vont en s'élargissant vers le
sommet, où ils sont dentés ; celles de la tige sont au nombre de
1-2, sessiles, découpées en 3-7 lobes digités, linéaires-lancéo-
lés, très-entiers ; les pétales sont grands, larges, très-obtus,
luisans sur toute leur surface intérieure. ♃. Elle croît dans les
prairies des montagnes ; je l'ai trouvée sur le Jura dans les lieux
mêmes indiqués par Haller, savoir, au Chasseron et au Creux
du Vent ; elle se retrouve dans les Alpes du Piémont (All.);
en Dauphiné près Gap, Briançon et au Lautaret (Vill.).

4637. Renoncule de Villars. *Ranunculus Villarsii.*

R. *Lapponicus*. Vill. Dauph. 4. p. 743. excl. syn.

Cette espèce est très-voisine de la renoncule de montagne,
avec laquelle plusieurs botanistes l'ont confondue ; elle en diffère par ses feuilles toutes pubescentes ou un peu velues, même
dans le bas de la plante ; par sa fleur moins luisante et de moitié plus petite : sa racine est un peu oblique, garnie de fibres
simples et brunâtres ; elle donne naissance à une ou plusieurs
tiges simples, longues de 5-20 centim. ; ses feuilles radicales
sont pétiolées, demi-orbiculaires, à 3 lobes pointus, inégalement incisés et dentés au sommet ; la tige porte une seule
feuille sessile, découpée jusqu'à la base en 3 ou 5 lobes linéaires ; le calice est pubescent ou presque glabre ; les capsules
sont d'un brun roux, lisses, comprimées, disposées en tête
arrondie. ♃. Cette plante n'est pas rare dans les prairies des
plus hautes Alpes aux environs du Mont-Blanc ; dans le Dauphiné sur le mont Genèvre, au Glandaz près Die, à Brande
en Oysans (Vill.).

4638. Renoncule de Gouan. *Ranunculus Gouani.*

R. *Gouani*. Wild. spec. 2. p. 1322. —R. *Pyrenæus*. Gou. Illustr.
p. 33. t. 17. f. 1. 2. non Linn. — R. *nivalis*, β. Lam. Fl. fr. 3.
p. 192.

Cette espèce varie beaucoup dans son port, sa grandeur et
les poils de sa tige ; on la reconnoît toujours à sa tige uniflore,
à sa fleur d'un jaune luisant et foncé, et dont le diamètre
atteint

atteint 3 centim. ; ses feuilles radicales sont pétiolées, orbiculaires, découpées jusqu'au milieu en 5 ou 7 lobes incisés ou dentés au sommet ; celles de la tige sont sessiles, divisées en 5 ou 7 lobes digités et dentés; quelquefois la feuille supérieure a les lobes entiers ; la tige est quelquefois toute hérissée de poils horizontaux, quelquefois garnie de poils couchés; sa longueur varie de 5 à 5o centim.; les feuilles radicales sont ordinairement velues, très-rarement glabres; le calice est à 5 folioles velues, et dont la longueur atteint presque celle des pétales. ♃. Elle croît parmi les rochers dans les Pyrénées, au mont Laurenti et du côté de Barrèges; entre Pollein et Brissogne en Piémont (All.).

4639. Renoncule scélérate. *Ranunculus sceleratus.*

R. sceleratus. Linn. spec. 776. Lam. Fl. fr. 3. p. 197. — Fuchs. Hist. 159. ic.

Sa tige est haute de 5 décim. , un peu épaisse, lisse, feuillée et très-rameuse ; ses feuilles radicales sont pétiolées, arrondies, demi-trilobées, incisées et crénelées ; celles de la tige ont des découpures plus profondes, plus étroites et sont presque digitées ou palmées; les unes et les autres sont lisses et d'un verd pâle ; les fleurs sont nombreuses, pédonculées, terminales et fort petites ; les ovaires se développent dès l'épanouissement de la corolle, dont ils surpassent bientôt la grandeur, et se changent en un fruit oblong et un peu conique. ☉. On trouve cette plante dans les marais et sur le bord des eaux; elle est très-âcre, détersive, caustique et dépilatoire.

4640. Renoncule tête d'or. *Ranunculus auricomus.*

R. auricomus. Linn. spec. 775. Lam. Fl. fr. 3. p. 198. — Lob. ic. t. 669. f. 2.

β. *R. polymorphus.* All. Ped. n. 1449. t. 82. f. 2.

Sa tige est haute de 2 décim., glabre, feuillée et rameuse ; ses feuilles radicales sont pétiolées, simples, réniformes et crénelées ; celles de la partie inférieure de la tige sont palmées et incisées, et celles du sommet sont sessiles, digitées et profondément découpées en lanières étroites et divergentes; ses fleurs sont jaunes, pédonculées, terminales, et remarquables par leurs pétales qui ne se développent que les uns après les autres, et qui avortent quelquefois. ♃. Cette plante est commune dans les bois et les lieux couverts; elle fleurit de bonne heure.

4641. Renoncule en épi.   *Ranunculus spicatus.*

R. spicatus. Desf. Atl. 1. p. 438. t. 115. — *R. saxatilis.* Balb.
Misc. p. 27.

Sa racine est composée d'une touffe de fibres un peu épaisses,
serrées, et qui dégénèrent en filets grèles et un peu rameux ;
elle pousse plusieurs feuilles radicales portées sur un pétiole
hérissé, arrondies, velues, divisées en 3 ou 5 lobes qui ne
dépassent pas le milieu de la feuille, et qui sont dentés et arrondis au sommet ; la hampe est grèle, velue, un peu rameuse, presque nue, chargée de quelques fleurs jaunes portées sur de longs pédoncules ; ceux-ci naissent à l'aisselle de
feuilles velues, sessiles, divisées en 2-3 lobes profonds, entiers et linéaires ; les supérieures sont linéaires et entières ; le
calice est à 5 folioles qui se réfléchissent à la fin de la fleuraison ; le réceptacle des ovaires est très-long, et s'alonge après
la fleuraison, de sorte que les capsules forment un épi cylindrique
de 2-5 centim. de longueur ; ces capsules sont comprimées,
lisses, terminées par le style crochu et persistant. ♃. Je décris cette plante d'après des échantillons recueillis par M. Balbis dans les lieux arides près Utelle, et entre Pollein et Brissogne, dans la val d'Aost en Piémont.

4642. Renoncule rampante.   *Ranunculus repens.*

R. repens. Linn. spec. 779. Lam. Fl. fr. 3. p. 196. — Lob. ic.
664. f. 2.
β. *R. prostratus.* Poir. Dict. 6. p. 113.

Le collet de la racine produit des rejets rampans ou des
tiges couchées ; ses tiges fleuries sont droites, hautes de 3 décim., et légèrement velues ; ses feuilles sont grandes, pétiolées, presque ailées, et composées de folioles anguleuses, lobées,
incisées, dentées, chargées de quelques poils, d'un verd foncé,
et quelquefois veinées ou parsemées de taches blanchâtres ; les
feuilles supérieures des tiges sont partagées en lobes lancéolés-li-
néaires : les fleurs sont jaunes, terminales, peu nombreuses, et
soutenues par des pédoncules sillonnés. ♃. Cette plante est commune dans les prés, les lieux cultivés et un peu couverts ; elle a
peu d'âcreté ; elle porte les noms de *pied de poule*, *bacinet*. La
variété β, qu'on trouve dans les lieux secs et montueux, se rapproche beaucoup de celle que je viens de décrire ; mais ses tiges
sont tout-à-fait couchées, même lorsqu'elles sont fleuries ; ses

feuilles sont fort petites, velues et composées de 3 folioles
trifides ou incisées. On pourroit la distinguer comme une espèce.

4643. Renoncule âcre.   *Ranunculus acris.*

R. acris. Linn. spec. 779. Lam. Fl. fr. 3. p. 199. — *R. napelli-*
folius. Crantz. Austr. p. 114. n. 10. t. 4. f. 2.
β. *R. polyanthemos.* Lob. ic. t. 666. f. 1.
γ. *Flore pleno.*

Sa tige est fistuleuse, haute de 5-6 décim., rameuse, médiocrement feuillée, et presque glabre; ses feuilles radicales
sont pétiolées, légèrement velues, larges de 1 décimètre au
plus, palmées, anguleuses, et découpées en lobes pointus
et incisés; elles ont souvent une tache brune dans leur milieu ;
celles de la tige sont plus découpées, digitées, et les supérieures
sont partagées en 5 lanières étroites, ou sont simples et linéaires : les fleurs sont terminales, pédonculées et d'un beau
jaune; leurs pétales sont luisans et comme vernissés. ♃. Cette
plante est commune dans les prés et les pâturages ; elle est fort
âcre et caustique. La variété β a les feuilles radicales plus découpées; elle est très-bien représentée dans la figure de Lobel,
mais ne peut appartenir au *ranunculus polyanthemos*, parce
qu'elle n'a ni les pédoncules sillonnés, ni la tige hérissée. La
variété γ, qui a la fleur double, est cultivée dans les jardins
sous le nom de *bouton d'or.*

4644. Renoncule laineuse. *Ranunculus lanuginosus.*

R. lanuginosus. Linn. spec. 779. Lam. Fl. fr. 3. p. 199. — J.
Bauh. Hist. 3. p. 417. f. 2.
β. *R. sylvaticus.* Thuil. Fl. paris. II. 1. p. 276.

Sa tige est droite, solide, cylindrique, velue, rameuse,
feuillée, et s'élève jusqu'à 5 décim.; ses feuilles sont grandes,
trifides, à lobes pointus, incisés et dentés, d'un verd obscur
en dessus, blanchâtres, très-velues et presque cotonneuses en
dessous, particulièrement sur leur pétiole, et larges d'un décim.
ou davantage : les fleurs sont jaunes, pédonculées et terminales. ♃.
On trouve cette plante dans les bois et les prés des montagnes.

4645. Renoncule de Mont-   *Ranunculus Monspe-*
pellier.   *liacus.*

R. Monspeliacus. Linn. spec. 778 ? Poir. Dict. 6. p. 111. — *R.*
illyricus. Vill. Dauph. 3. p. 752. non Linn.

Sa racine est composée de 15-20 tubercules oblongs, serrés,
et dont l'extrémité dégénère en fibres menues ; la tige est
droite, peu rameuse, haute de 2-3 décim., abondamment cou-

verte, ainsi que les feuilles, de poils blancs, soyeux et couchés ; chaque rameau se termine par une fleur jaune, plus
grande que celle de la renoncule bulbeuse, et dont le calice
est velu, déjeté en arrière ; les feuilles radicales sont pétiolées,
partagées jusqu'à leur base en 5 parties qui sont elles-mêmes
divisées en 5 lobes oblongs et entiers; celles de la tige sont en
petit nombre, presque sessiles, partagées jusqu'à la base en 5
parties oblongues, presque linéaires et entières. ♃. Cette belle
plante croît dans les lieux herbeux sur le bord des champs, aux
environs de Montpellier ; dans la Provence méridionale (Gér.)?
au Buis et dans le midi du Dauphiné (Vill.).

4646. Renoncule cerfeuil. *Ranunculus chœro-*
                                 phyllos.

R. *chœrophyllos*. Linn. spec. 780. Lam. Fl. fr. 3. p. 199. — *R.
illyricus*. Poir. Dict. 6. p. 121. excl. syn. —Barr. ic. 581.

Sa racine offre un collet épais, d'où partent quelques fibres
simples, charnues et presque tubéreuses à leur origine, menues à leur extrémité ; les feuilles radicales sont pétiolées, velues, multifides, à lanières profondes et elles-mêmes découpées très-menu ; les plus inférieures ont les lobes obtus ; les
autres ont leurs divisions presque pointues : la hampe est droite,
haute de 2-5 décim., velue, cylindrique, chargée de 1-2 fleurs
jaunes, pédonculées ; les feuilles supérieures sont linéaires ou
divisées en 3 lobes linéaires et profonds ; le calice est à 5 folioles lancéolées, velues, ouvertes, mais non réfléchies dans
mes échantillons ; le fruit est oblong, presque cylindrique,
composé de graines glabres, serrées, terminées par une petite
pointe. ♃. Elle croît dans les lieux secs, montagneux et couverts, aux environs de Paris, de Montpellier, du Mans, etc.

4647. Renoncule en faucille. *Ranunculus falcatus.*

R. *falcatus*. Linn. spec. 781. Lam. Fl. fr. 3. p. 192. —*Ceratoce-
phala spicata*. Mœnch. Meth. 218. — *R. testiculatus*. Crantz.
Austr. 119. — Moris. s. 4. t. 28. f. 22.

Cette espèce est la plus petite que l'on connoisse de ce genre ;
ses tiges sont des hampes nues, très-grêles, pubescentes, cotonneuses, uniflores, et hautes à peine de 6 décim. ; ses feuilles
sont radicales, pétiolées, presque palmées, et partagées en découpures linéaires, rameuses et un peu courtes; les fleurs sont
petites et de couleur jaune ; il leur succède des semences velues, disposées en épi, et remarquables chacune par une pointe

très-aiguë, comprimée, alongée et un peu courbée en faucille ;
le calice est à 5 folioles persistantes. ☉. Cette plante croît dans
les champs des provinces méridionales ; en Provence ; en Languedoc près Montpellier (Gou.).

4648. Renoncule bulbeuse. *Ranunculus bulbosus.*

R. bulbosus. Linn. spec. 778. Lam. Fl. fr. 3. p. 194. var. *a.* —
Lob. ic. 667. f. 1.

Sa racine est ronde, bulbeuse, et pousse une ou plusieurs
tiges hautes de 5 décim., droites, un peu couchées dans leur
jeunesse, légèrement velues, feuillées et divisées en quelques
rameaux uniflores ; ses feuilles inférieures sont pétiolées, partagées en 5 parties, crénelées, incisées et même trilobées :
elles sont d'un verd noirâtre, et souvent veinées ou tachées
de blanc ; les feuilles supérieures ont des découpures plus fines
et plus étroites ; les fleurs sont jaunes, terminales, solitaires,
peu nombreuses, et remarquables par leur calice tout-à-fait
réfléchi, lorsqu'elles sont entièrement épanouies ; les fruits sont
ovales, comprimés, lisses, et nullement tuberculeux sur les 2
surfaces. ♃. Cette plante est commune dans les prés, le long
des haies et dans les jardins ; on la nomme vulgairement *grenouillette, rave de St.-Antoine.*

4649. Renoncule des mares. *Ranunculus philonotis.*

R. philonotis. Retz. Obs. 6. p. 31. Poir. Dict. 6. p. 118. — *R.
hirsutus.* Curt. Lond. t. 40. — *R. bulbosus,* β. Lam. Fl. fr. 3.
p. 194. — *R. pallidior.* Vill. Dauph. 4. p. 751. — *R. sardous.*
Crantz. Austr. p. 111. Poir. Dict. 6. p. 118. — *R. agrarius,*
All. Auct. p. 27. Poir. Dict. 6. p. 117.

β. *Subglaber.* — *R. pumilus.* Thuil. Fl. paris. II. 1. p. 277. non
Poir. — *R. intermedius.* Poir. Dict. 6. p. 116.

Quoique cette plante ait été décrite sous une multitude de
noms différens, elle est cependant très-facile à reconnoître,
1°. à sa racine fibreuse et non bulbeuse ; 2°. à son calice velu,
rejeté en arrière à la fin de la fleuraison, et dont les folioles
sont pointues ; 3°. à ses capsules qui sont comprimées, ovales-arrondies, et marquées sur chaque face d'une rangée irrégulière de petits tubercules placés vers le bord ; 4°. à ses feuilles
inférieures divisées jusqu'à la base en 3 parties qui sont elles-mêmes incisées ; son port est très-variable ; elle est ordinairement toute hérissée de poils ; on en trouve des individus presque glabres ; sa racine pousse plusieurs tiges qui forment une

espèce de touffe rameuse, haute de 1-3 décim. ☉. Elle croît sur le bord des mares, des fossés, des grandes routes; dans les lieux inondés pendant l'hiver; elle est assez commune; on la trouve en fleur tout l'été. J'ai observé une monstruosité de cette plante dont les pétales étoient changés en feuilles, et munis de pores corticaux.

4650. Renoncule à petite fleur. *Ranunculus parviflorus.*

R. parviflorus. Linn. spec. 780. Lam. Fl. fr. 3. p. 196. non Gou. — Moris. s. 4. t. 28. f. 21.

Cette espèce a beaucoup de rapport avec la précédente, mais ses tiges sont une fois plus longues, très-velues, rameuses, diffuses, foibles et presque couchées : ses feuilles sont moins grandes, plus profondément incisées et portées sur des pétioles longs et très-velus ; ses fleurs sont petites, solitaires, pédonculées et remplacées par 12-15 semences médiocrement hérissées d'aspérités ou de pointes courtes, latérales. ☉. On trouve cette plante dans les champs; à Fougères près Rennes (Poir.); à Thomery près Fontainebleau (Thuil.); à Fleury et à l'Egoutier près Orléans (Dub.); à Colombiers près Alençon (Ren.); à Rougres et Beau-Soleil près Montauban (Gat.); à Sorrèze; à Dax (Thor.); à Bordeaux; à Nantes (Bon.); au Mans (Desp.); à Nice (All.).

4651. Renoncule hérissée. *Ranunculus muricatus.*

R. muricatus. Linn. spec. 780. Lam. Illustr. t. 498. f. 2. — *R. lobatus.* Mœnch. Meth. 214. — J. Bauh. Hist. 3. p. 858. f. 2.

Sa tige est haute de 9-15 centim., un peu épaisse, droite, quelquefois légèrement oblique, glabre et simple, ou divisée en une couple de rameaux courts; ses feuilles sont assez grandes, glabres, arrondies, partagées en 3 lobes incisés, dentés, et sont portées sur de longs pétioles chargés de quelques poils ; les fleurs sont jaunes, pédonculées et remplacées par 8 ou 10 semences très-hérissées de pointes latérales. ☉. Cette plante croît dans les lieux humides des provinces méridionales; aux environs de Nice (All.); dans les marais de l'Auvergne (Delarb.).

4652. Renoncule des champs. *Ranunculus arvensis.*

R. arvensis. Linn. spec. 780. Lam. Fl. fr. 3. p. 195. Bull. Herb. t. 117. — *R. echinatus.* Crantz. Austr. 118. — Fuchs. 157. ic.

Sa tige est haute de 2-3 décim., feuillée, un peu rameuse

et chargée de quelques poils très-fins; ses feuilles sont glabres, pétiolées et découpées très-menu : les inférieures ont les découpures moins étroites, et les radicales sont simplement partagées en 5 lobes oblongs et trifides; les fleurs sont terminales, pédonculées, assez petites et d'un jaune pâle ; il leur succède des semences comprimées et hérissées latéralement de pointes nombreuses et fort grandes. ⊙. Cette plante croît dans les champs, parmi les bleds.

§. IV. *Fleurs jaunes ; feuilles entières ou dentées.*

4653. Renoncule grumeleuse. *Ranunculus bullatus.*

R. *bullatus*. Linn. spec. 774. — Clus. Hist. 1. p. 238. f. 1.

Sa racine est composée d'une botte de fibres cylindriques ; ses feuilles sont radicales , rétrécies en pétiole, ovales, fortement dentées, velues en dessous, notamment sur les nervures; leur surface est souvent bosselée ; les hampes sont un peu velues, longues de 7–10 centim. , terminées par une fleur jaune ; les pétales sont oblongs, obtus; les capsules sont lisses, ovoïdes , terminées par une petite pointe. ♃. Elle croît dans l'isle de Corse , aux environs d'Ajaccio.

4654. Renoncule thora.   *Ranunculus thora.*

R. *thora*. Linn. spec. 775. Lam. Fl. fr. 3. p. 192. — R. *phthora*.
Crantz. Austr. 119. — Cam. Epit. 825 et 826. ic.

Sa tige est haute de 1–2 décim. , glabre , menue, et chargée d'une ou 2 feuilles assez grandes , arrondies , réniformes, crénelées, glabres , veinées et un peu coriaces; elle porte à son sommet une, 2 ou 3 fleurs jaunes, petites, et au-dessous desquelles on trouve souvent une bractée ou une petite feuille découpée en 3 ou 4 lobes. ♃. Cette plante croît sur les sommités des montagnes du Jura, à la Dole, à Thoiry; sur les Alpes de la Savoie; du Piémont; du Dauphiné; de la Provence; dans les Pyrénées; dans le bois de Notre-Dame d'Etang en Bourgogne (Dur.); dans les Vosges, sur-tout à Rocheberg (Buch.). Son suc est âcre, caustique : on prétend que les anciens s'en servoient pour empoisonner leurs flèches.

4655. Renoncule nodiflore. *Ranunculus nodiflorus.*

R. *nodiflorus*. Linn. spec. 773. Lam. Fl. fr. 3. p. 191. — Vaill.
act. Acad. 1719. p. 52. t. 4. f. 4.

Sa racine est une touffe serrée de fibres menues et capillaires ; sa tige est grêle, droite, ordinairement bifurquée ;

chaque **rameau** se divise plusieurs fois en 2 branches ; l'une
très-courte, à peine visible, porte une fleur ; l'autre s'alonge
et va se bifurquer de nouveau : c'est ainsi que les fleurs paroissent latérales, quoiqu'elles soient réellement terminales
comme dans toutes les renoncules ; les feuilles radicales sont
ovales, entières, portées sur de très-longs pétioles ; celles de
la tige sont oblongues, presque linéaires, rétrécies à la base ;
les fleurs sont sessiles, petites, de couleur jaune ; les fruits
forment une tête sphérique, pédicellée ; chacun d'eux est comprimé, jaunâtre, tuberculeux sur les 2 faces : toute la plante
est glabre, d'un verd jaunâtre ; sa hauteur est de 5-15 centim.
☉. Elle croît au bord des mares peu ombragées de la forêt de
Fontainebleau, à Belle-Croix, à Franchart.

4656. Renoncule graminée. *Ranunculus gramineus.*

R. gramineus. Linn. spec. 773. Lam. Fl. fr. 3. p. 190. Bull. Herb.
t. 123. — J. Bauh. Hist. 3. p. 866. f. 2.

Sa racine est composée de fibres cylindriques, simples, jaunâtres, divergentes, qui naissent à la base d'une espèce de
bulbe formée par les débris desséchés et filamenteux des anciennes feuilles ; sa tige est haute de 2-4 décim., droite, cylindrique, glabre, lisse, peu garnie de feuilles, et porte à son
sommet 2 à 4 fleurs jaunes, dont les pétales sont arrondis, luisans, et les calices très-glabres ; ses feuilles sont alongées,
étroites, linéaires, pointues, lisses, striées et un peu nerveuses ; elles ressemblent à celles des plantes graminées. ♃.
On trouve cette espèce dans les prés sablonneux, secs et montagneux ; à Fontainebleau ; Montpellier ; aux Baux, à Mondet
et à Corrie (Chaix.) ; au Cours près Dijon (Dur.).

4657. Renoncule langue.   *Ranunculus lingua.*

R. lingua. Linn. spec. 773. Fl. dan. t. 755. — *R. longifolius.*
Lam. Fl. fr. 3. p. 189.

Sa tige est droite, cylindrique, velue, un peu rameuse, et
haute de 6 décim. au moins ; ses feuilles sont fort longues,
pointues, légèrement velues, chargées de quelques dentelures
distantes et peu sensibles, et embrassent la tige par une espèce de gaîne : ses fleurs sont grandes, terminales, pédonculées et d'un beau jaune ; leurs pétales sont luisans, et leur calice
est un peu velu. ♃. On trouve cette plante sur le bord des étangs
et des fossés aquatiques ; elle est âcre et caustique.

4658. Renoncule flammète. *Ranunculus flammula.*

> *R. flammula.* Linn. spec. 772. Lam. Fl. fr. 3. p. 190. — Lob. ic.
> 670. f. 1.
> β. *Foliis serratis.* — Lob. ic. 670. f. 2.
> γ. *Foliis omnibus ovalibus, caule humifuso.*
> δ. *Foliis ovalibus, caule erecto.* — *R. ophioglossifolius.* Vill.
> Dauph. 3. p. 731. t. 49?

Sa tige est longue de 2 décim. ou davantage, un peu couchée et quelquefois rampante dans sa partie inférieure, lisse, feuillée et légèrement rameuse; ses feuilles sont glabres, ovales-lancéolées, un peu dentées en leurs bords, et sensiblement pétiolées, sur-tout les inférieures; leur pétiole embrasse la tige par une gaîne membraneuse; les fleurs sont jaunes, pédonculées, terminales et moins grandes que celles des deux espèces précédentes. La variété β est remarquable par ses feuilles, qui ont des dentelures très-marquées. La variété γ est rampante dans la plus grande partie de sa longueur, et a toutes les feuilles ovales. La variété δ est presque droite, et a les feuilles ovales. ☉. On trouve cette plante dans les prés humides; elle est âcre, caustique et nuisible aux bestiaux; on la connoît sous le nom de *petite douve*.

4659. Renoncule radicante. *Ranunculus reptans.*

> *R. reptans.* Linn. spec. 773. Fl. lapp. t. 3. f. 5. Fl. dan. t. 108.
> *R. flammula,* γ. Smith. Fl. brit. 587.

Cette espèce pourroit bien être une simple variété de la précédente, comme le pensent Haller et Smith; elle en diffère, parce qu'elle est très-petite dans toutes ses parties, que ses feuilles sont toutes linéaires et entières, et que sa tige émet à chaque nœud une touffe de radicules. ♃. On la trouve parmi les pierres et le gravier, sur le bord des lacs des pays de montagne; je l'ai rencontrée souvent sur les bords des lacs de Genève, de Neuchâtel; elle se retrouve autour de presque tous les lacs des Alpes.

DCCCXIV. RATONCULE. *MYOSURUS.*

> *Myosurus.* Linn. Juss. Lam. Gœrtn. — *Ranunculi sp.* Tourn.

Car. Le calice est à 5 folioles colorées, caduques, un peu prolongées au-dessous de leur point d'attache; la corolle est à 5 pétales courts, à onglets filiformes, tubuleux; les étamines sont au nombre de 5 à 12; les capsules sont nombreuses, pointues, portées sur un réceptacle très-long, et disposées en épi cylindrique.

4660. Ratoncule naine.   *Myosurus minimus.*

M. minimus. Linn. spec. 407. Lam. Illustr. t. 221.

Plante fort petite, dont la racine est grèle, simple vers le collet, divisée à l'extrémité en fibres nombreuses, dont les feuilles sont radicales, linéaires, dressées, très-fines, glabres, longues de 1-3 centim., et dont la hampe qui sort d'entre les feuilles ne dépasse pas 3 à 5 centim. de hauteur ; les fleurs sont d'un verd jaunâtre, solitaires, terminales, très-petites : après la fleuraison, le pédicelle qui soutient les ovaires s'alonge au point que ceux-ci sont disposés en une longue queue droite, serrée et cylindrique. ☉. Cette plante croît ordinairement par touffes dans les terreins sablonneux ou pierreux, autrefois inondés ; au bord des mares desséchées, et dans les marais salés.

** *Plusieurs ovaires ; capsules s'ouvrant du côté intérieur par une fente longitudinale ; pétales irréguliers.*

DCCCXV. TROLLE.   *TROLLIUS.*

Trollius. Linn. Juss. Lam. Gœrtn.— *Hellebori sp.* Tourn.

CAR. Le calice est composé d'environ 14 folioles colorées ; les pétales sont environ au nombre de 9, tubuleux, à une lèvre, plus courts que le calice ; les capsules nombreuses, presque cylindriques, rapprochées en tête.

4661. Trolle d'Europe.   *Trollius Europœus.*

T. Europœus. Linn. spec. 782. Lam. Illustr. t. 499.—*T. globosus.* Lam. Fl. fr. 3. p. 323. — *T. connivens.* Mœnch. Meth. 313. — *T. altissimus.* Crantz. Austr. 134.

Sa tige est haute de 2-5 décim., feuillée, ordinairement simple et uniflore ; ses feuilles sont palmées, anguleuses, à 5 lobes pointus, incisés et dentés ; elles ont quelque ressemblance avec celles de la renoncule âcre : la fleur est grande, terminale, de couleur jaune, et ramassée en boule. ♃. Elle croît dans les prés montagneux des Alpes ; du Jura ; du Bugey, du Forêt (Latourr.) ; des Monts-d'Or ; des Cévennes ; des Pyrénées ; dans les Vosges au mont Ballon.

DCCCXVI. HELLÉBORE.   *HELLEBORUS.*

Helleborus. Lam.— *Helleborus et Isopyrum.* Linn. Juss. Gœrtn. — *Helleborus, Helleboroides et Olfa.* Adans.

CAR. Le calice est assez grand, à 5 folioles, tantôt persistantes et coriaces, tantôt caduques et délicates, souvent colorées ; les pétales sont au moins au nombre de 5, beaucoup plus courts que le calice, à 2 lèvres ou à 5 lobes ; les capsules sont au moins au nombre de 3, comprimées, terminées par une pointe.

Obs. Le port des hellébores est très-divers dans différentes espèces ; plusieurs ont des feuilles découpées en forme de pédale : quelques espèces de la seconde section ont le port des fumeterres.

§. 1er. *Folioles du calice persistantes et un peu coriaces.*

4662. Hellébore fétide.   *Helleborus fœtidus.*

H. fœtidus. Linn. spec. 784. Lam. Dict. 3. p. 96. Bull. Herb. t. 71. — Lob. ic. 679. f. 2.

Sa tige est droite, cylindrique, épaisse, ferme, feuillée, et haute de 5 décim. ; ses feuilles sont coriaces, glabres, pétiolées, digitées, d'un verd noirâtre, souvent rougeâtres vers l'épanouissement de leur pétiole, et à digitations longues, pointues et çà et là dentées en scie ; les corolles sont verdâtres et un peu rouges en leurs bords ; les pédoncules sont pubescens : les étamines sont presque aussi longues que les folioles du calice ; celles-ci sont verdâtres, un peu rougeâtres sur le bord, droites et fermées, ce qui donne à la fleur l'aspect d'une flèche. ♃. On trouve cette plante dans les lieux stériles et pierreux, au bord des chemins ; elle a une odeur fétide : elle est âcre et purge avec violence. Elle porte le nom vulgaire de *pied de griffon.*

4663. Hellébore livide.   *Helleborus lividus.*

H. lividus. Ait. Kew. 2. p. 272. Curt. Mag. t. 72. —*H. triphyllus.* Lam. Dict. 3. p. 97.
α. *Integrifolius.* — *H. trifolius.* Mill. Dict. n. 4. non. Linn.
β. *Serratifolius.* Moris. 3. s. 12. t. 4. f. 7.

Sa racine est fibreuse, traçante ; ses tiges sont droites, feuillées, peu rameuses, fermes et glabres, ainsi que le reste de la plante, hautes de 2-3 décim. ; ses feuilles sont alternes, coriaces, luisantes en dessus, d'un verd livide, sur-tout en dessous, pétiolées, composées de 3 folioles ovales-lancéolées, grandes, pointues, quelquefois presque entières, plus souvent bordées de dentelures écartées, pointues et très-saillantes ; les 2 folioles latérales sont obliques à leur base, et forment en dehors un coude obtus, à-peu-près comme dans certains haricots ; les feuilles florales sont ovales, sessiles et entières ; les fleurs sont terminales , portées sur de courts pédoncules, au nombre de 3 à 5, d'un verd blanchâtre ; les étamines sont de moitié plus courtes que les folioles du calice. ♃. Cette plante a été découverte dans l'isle de Corse par M Labillardière.

4664. Hellébore à racine noire. *Helleborus niger.*

H. niger. Linn. spec. 783. Bull. Herb. t. 33. — *H. niger, α.* Lam. Fl. fr. 3. p. 314. — Lob. ic. 681. f. 1.

Sa racine est composée d'une souche courte , épaisse , d'où partent plusieurs fibres noirâtres , souvent hérissées d'un duvet brunâtre ; le collet pousse une hampe et quelques feuilles radicales , qui sortent d'écailles membraneuses, disposées en forme de bourgeon ; les feuilles sont portées sur un pétiole au moins égal à la hampe, divisé au sommet en 7-8 lobes distincts disposés en pédale, oblongs , dentés en scie , pointus , glabres et coriaces ; la hampe porte une ou rarement 2 fleurs assez grandes, de couleur rose ; les pétales et les étamines sont 2 fois plus courts que les folioles du calice. ♃. Elle croît dans les lieux frais, pierreux et ombragés des montagnes, dans la val d'Aost (Lob.) ; aux environs de Nice et de Montferrat (All.) ; dans le Briançonnois (Vill.) ; à Colmars et Allos en Provence (Gér.) ; à la Bastide près Montauban (Gat.) ; dans les Vosges (Buch.). On la cultive dans les jardins sous le nom de *rose de Noël :* elle fleurit en effet au milieu de l'hiver.

4665. Hellébore à fleurs vertes. *Helleborus viridis.*

H. viridis. Linn. spec. 784. Lam. Dict. 3. p. 96. — Lob. ic. t. 680. f. 2.

Ses racines sont fibreuses , noirâtres ; elles poussent quelques tiges nues dans le bas , hautes de 2 décim. , divisées en 2-3 rameaux, qui sortent chacun de l'aisselle d'une feuille ; les feuilles sont glabres, un peu molles, partagées en 7 ou 9 lobes oblongs fortement dentés en scie : celles qui naissent de la racine sont pétiolées ; les autres sont sessiles ; les fleurs naissent à la sommité de chaque rameau, presque à l'aisselle de la feuille supérieure ; elles sont penchées, d'un verd jaunâtre , ouvertes, de 3-4 centim. de diamètre ; les étamines et les pétales sont de couleur jaune, 2 fois plus courts que les folioles du calice. ♃. Il croît dans les bois et les lieux pierreux au pied des montagnes, dans les Pyrénées ; aux environs de Dax (Thor.) ; à Sillé près le Mans (Desp.) ; à l'Espérou près Montpellier (Gou.) ; sur la montagne de Rabou en Dauphiné (Vill.) ; en

Auvergne à la côte de Vande, à la fontaine de Jalcirac, dans les taillis d'Ardans, dans les prés de Miallet et de Charlus (Delarb.); à Montflières près Abbeville (Bouch.); aux environs de Turin (All.).

§. II. *Folioles du calice caduques et semblables à des pétales.*

4666. Hellébore d'hiver.   *Helleborus hyemalis.*

H. hyemalis. Linn. spec. 783. Lam. Dict. 3. p. 98. Bull. Herb. t. 35. — *H. monanthos.* Mœnch. Meth. 313. — Lob. ic. t. 676. f. 1. 2. — Garid. Aix. t. 3.

Le collet de sa racine est un tubercule ovoïde, noirâtre, garni de fibres menues, et qui émet à son sommet une feuille et une hampe qui sortent de quelques écailles membraneuses ; la feuille est portée sur un long pétiole, glabre, arrondie, divisée presque jusqu'à la base en 7 lobes en forme de coin, incisés à leur sommet ; la hampe, qui s'élève à 1 décim. de hauteur, se termine par une fleur jaune assez petite, placée immédiatement sur une feuille orbiculaire profondément partagée en lobes évasés et incisés au sommet : cette feuille joue le rôle de la collerette qu'on observe dans les anémones ; le calice est à 6 folioles oblongues, jaunes, caduques, semblables à des pétales ; les vrais pétales sont petits, tubuleux à leur base, et comme labiés au sommet. ♃. Elle fleurit à la fin de l'hiver : on la trouve dans les lieux humides et couverts, au pied du Jura, des Alpes; aux environs de Turin et de Mont-régal (All.); en Provence (Gér.); dans les Vosges (Buch.); dans les bois de la Queue en Brie (Thuil.) ; à la Boische, à St.-Denis en Val près Orléans (Dub.) ; dans le bois du parc de Denainvillers en Beauce.

4667. Hellébore pigamon. *Helleborus thalictroides.*

H. thalictroides. Lam. Dict. 3. p. 99. — *Isopyrum thalictroides.* Linn. spec. 783. — Barr. ic. t. 480.

Sa racine est un faisceau de fibres légèrement renflées vers leur origine ; sa tige est haute de 1-2 décim., grêle, d'un verd un peu rougeâtre, feuillée, et plus ou moins rameuse ; ses feuilles sont pétiolées, une ou 2 fois ternées, composées de folioles ovales, légèrement trilobées, petites, tendres, et d'une couleur un peu glauque : ses fleurs sont blanches et solitaires sur leurs pédoncules, plus petites que dans toutes les espèces précédentes; le calice est à 5 folioles ovales-oblongues, ouvertes, colorées et caduques ; les vrais pétales sont fort petits, et munis d'oreillettes ; les capsules sont au nombre de 2-3, un peu arquées en dehors. ♃. Elle fleurit au premier printemps, dans les lieux ombragés des montagnes ; dans les Pyrénées, aux échalassières de la Mirande, sur la gauche du ruisseau de Prouyau ; dans l'Auvergne ; aux environs de Grenoble, à Varce, à Eybens, au pont de Beauvoisin.

DCCCXVII. NIGELLE.   *NIGELLA.*

Nigella. Tourn. Linn. Juss. Lam. Gœrtn.

Car. Le calice est grand, coloré, à 5 folioles rétrécies à la base ; les pétales sont au nombre de 5 à 8, plus courts que le calice, et à 2 lèvres ; les capsules sont au nombre de 5 à 10, oblongues, pointues ou terminées par une arête, tantôt distinctes, tantôt réunies en une seule capsule à plusieurs loges.

Obs. Herbes à feuilles divisées en lobes linéaires, à fleurs bleues, souvent entourées d'une collerette découpée.

4668. Nigelle de Damas.   *Nigella Damascena.*

N. Damascena. Linn. spec. 753. Lam. Illustr. t. 488. f. 2. — *N. cærulea.* Lam. Fl. fr. 3. p. 312. — *N. multifida.* Gat. Fl. montaub. 100.

Sa tige est haute de 5 décim. ou un peu plus, glabre, striée, feuillée et rameuse dans sa partie supérieure ; ses feuilles sont alternes, sessiles et découpées très - menu ; ses fleurs sont grandes, terminales, et de couleur bleue, entourées par une collerette feuillée et multifide. ☉. On trouve cette plante dans les champs et les vignes des provinces méridionales. On en cultive dans les parterres des variétés à fleur double et à fleur blanche : elle est connue sous les noms de *barbeau, barbiche, barbe de capucin, cheveux de Vénus, toute épice, nielle,* etc.

4669. Nigelle des champs.   *Nigella arvensis.*

N. arvensis. Linn. spec. 753. Lam. Illustr. t. 488. f. 1.

Cette espèce est un peu plus petite que la précédente dans toutes ses parties ; ses fleurs sont sans collerette, et blanches ou d'un bleu très-pâle ; sa capsule est oblongue, rétrécie inférieurement et profondément divisée, au lieu que celle de la première est globuleuse et presque entière. ☉. Elle croît dans les champs, parmi les blés : ses semences passent pour incisives, emménagogues et diurétiques.

DCCCXVIII. GARIDELLE. *GARIDELLA.*

Garidella. Tourn. Linn. Juss. Lam. Gœrtn.

CAR. Ce genre diffère du précédent, parce que le calice est petit; que la corolle est à 5 pétales plus grands que le calice; que les étamines sont au nombre de 10, et qu'il n'y a que 3 capsules polyspermes rapprochées, presque réunies.

4670. Garidelle nigelle. *Garidella nigellastrum.*

G. nigellastrum. Linn. spec. 608. Lam. Illustr. t. 379. f. 1. — Garid. Aix. p. 203. t. 39.

Sa tige est haute de 3-6 décim., grêle, anguleuse, glabre, divisée en quelques rameaux droits et presque nue dans sa partie supérieure; ses feuilles radicales sont longues, ailées et finement découpées; celles de la tige sont écartées, peu nombreuses, et composées de 3 ou 5 découpures linéaires : les fleurs sont terminales, rougeâtres et solitaires. ☉. Cette plante croît dans les vignes, les champs et les vergers d'oliviers de la Provence méridionale (Gér.); notamment au pied du Monteiguez, de la Touesso, au Tholonet, à la Morée et à Crémado près Aix (Gar.); aux environs de Nice (All.); de Nancy (Lamour.)?

DCCCXIX. ANCOLIE. *AQUILEGIA.*

Aquilegia. Tourn. Linn. Juss. Lam. Gœrtn.

CAR. Le calice est à 5 folioles; les pétales au nombre de 5, en forme de cornets, élargis et tronqués obliquement en leur limbe, terminé par un tube conique, obtus, recourbé à l'extrémité; les 5 ovaires sont entourés de 10 écailles; les capsules sont réunies par la base, droites, surmontées d'une pointe.

OBS. Les feuilles sont grandes, 2 ou 3 fois ternées.

4671. Ancolie commune. *Aquilegia vulgaris.*

A. vulgaris. Linn. spec. 752. — *A. sylvestris.* Neck. Galloh. p. 234. — Lob. ic. 761. f. 1. 2.

β. *Grandiflora.*

Elle s'élève à 6 et 10 décim.; sa tige est droite, pubescente vers le haut, peu rameuse; ses feuilles radicales sont portées sur un long pétiole divisé en 3 branches; chaque branche porte 3 folioles sessiles dans la branche du milieu, pédicellées dans les 2 latérales : ces folioles sont glauques en dessous, grandes, arrondies, à 3 lobes larges et dentés au sommet; celles du bas de la tige sont presque sessiles, à 3 folioles pétiolées, lobées et dentées; celles du haut sont à 3 folioles oblongues et

presque entières ; les fleurs sont ordinairement nombreuses ,
pédonculées, terminales, de couleur bleue; on en cultive dans
les jardins des variétés à fleur rouge , blanche , couleur de
chair , ou panachée , mais jamais jaune; les cornets sont courbés
en crochets; les fleurs et les ovaires pubescens en dehors. ♃.
Cette plante croît dans les haies , les bois et les lieux couverts.
On la cultive dans les jardins pour la beauté de ses fleurs ,
qui doublent facilement. Elle est connue sous les noms de *ancolie* , *ayglantine* , *gants de Notre-Dame.* La variété β , qui croît
dans les montagnes d'Auvergne , a la fleur plus grande.

4672. Ancolie visqueuse.　　*Aquilegia viscosa.*

A. viscosa. Linn. Mant. 77. Gou. Illustr. 33. t. 19.

Une souche oblique, brunâtre et un peu écailleuse, donne
naissance à plusieurs feuilles radicales , portées sur un pétiole
long de 7-9 centim. , divisé en 3 branches, dont chacune porte
3 folioles sessiles, un peu en forme de coin, d'une consistance
plus ferme et de moitié plus petites que dans l'ancolie commune ;
ces folioles sont à 3 lobes courts, dentés au sommet ; la tige
est droite, simple ou peu rameuse, haute de 3-4 décim. , garnie , sur-tout vers le haut , de poils courts et visqueux , munie
de 1 à 3 feuilles, dont l'inférieure est à 3 folioles simples et
oblongues , et dont les supérieures n'ont qu'une foliole simple ;
les fleurs sont au nombre de 1 à 5 , terminales , pédonculées ,
grandes, de couleur bleue. ♃. Elle croît dans les lieux ombragés
des Alpes.

4673. Ancolie des Alpes.　　*Aquilegia Alpina.*

A. Alpina. Linn. spec. 752. All. Ped. n. 1508. t. 66.
β. *A. Alpina.* Lam. Dict. 1. p. 150.

Elle diffère des deux précédentes, parce que les cornets de
ses fleurs sont droits , à peine courbés à l'extrémité, et que ses
folioles sont profondément incisées en lobes linéaires ; elle se
distingue en particulier de l'ancolie vulgaire , parce que ses folioles sont sessiles sur le pétiole, et qu'elle porte rarement plus
de 2 ou 3 fleurs ; on la sépare de l'ancolie visqueuse par ses pétioles beaucoup plus longs , parce que les feuilles inférieures de sa
tige sont découpées et pétiolées comme les radicales ; le haut
de la plante est légèrement pubescent et visqueux. La variété α
s'élève jusqu'à 4-5 décim. , et a les feuilles assez grandes ; je
l'ai trouvée dans les lieux humides et ombragés des Alpes aux
environs

environs du Mont-Blanc; elle se retrouve au mont Cenis, à Pralugnan, au mont Rose, au-dessus de Fenestrelle et dans les Alpes de Lemie en Piémont (All.). La variété ß est 5 fois plus petite, et a en particulier les feuilles beaucoup moins grandes, quoique sa fleur conserve les mêmes dimensions. Elle a été trouvée dans les Pyrénées par M. Lemonnier.

DCCCXX. DAUPHINELLE.　　*DELPHINIUM.*

Delphinium. Tourn. Linn. Juss. Lam. Gœrtn.

Car. Le calice est coloré, à 5 ou 6 parties, dont la supérieure se prolonge en éperon à sa base; les pétales sont au nombre de 2 à 4, savoir: 2 pédicellés qui manquent dans la première section, et 2 qui sont prolongés à leur base en 2 éperons enfilés dans l'éperon du calice; ces deux derniers pétales sont soudés ensemble dans la première section du genre; les capsules sont droites, solitaires dans la première section, 3 à chaque fleur dans la seconde; les graines de la plupart des espèces sont un peu hérissées.

§. Ier. *Capsules solitaires; éperon d'une seule pièce à l'intérieur.*

4674. Dauphinelle consoude. *Delphinium consolida.*

D. consolida. Linn. spec. 748. — *D. segetum.* Lam. Fl. fr. 3. p. 325. — Cam. Epit. 521. ic.

Sa tige est haute de 3-6 décim., cylindrique, presque glabre, rameuse, et un peu paniculée ou à rameaux très-ouverts; ses feuilles sont presque sessiles, découpées très-menu, et ses fleurs, ordinairement d'un beau bleu, sont disposées au sommet de la tige et des rameaux, en bouquets lâches formant à peine l'épi; les corolles, avant leur épanouissement, ont un peu la forme d'un dauphin; l'éperon est long, conique; l'ovaire est simple, et se change en une capsule pubescente qui s'ouvre longitudinalement, et qui renferme des graines d'un brun noir, anguleuses et hérissées. ⊙. Cette plante est commune dans les champs parmi les blés; elle est vulnéraire.

4675. Dauphinelle d'Ajax.　　*Delphinium Ajacis.*

D. Ajacis. Linn. spec. 748. Lam. Dict. 2. p. 263.

Elle est voisine de la précédente, et ne doit peut-être ses différences qu'à la culture; elle s'élève jusqu'à 6-8 décim.; ses rameaux sont plus alongés, plus droits; ses fleurs forment des épis longs et serrés; leur éperon est un peu plus court,

Tome IV.　　　　　　　　　　M m m

proportionnellement à la grandeur de la fleur ; à la base interne du pétale, on observe 3 ou 4 petites raies flexueuses, où les anciens avoient cru lire les lettres A I A, qui font le commencement du nom d'Ajax ; la fleur offre toutes les nuances de bleu, violet, rose et blanc. On en cultive une variété à fleur double. ⊙. Cette plante, connue sous les noms de *pied d'alouette*, *béquette*, est commune dans tous les parterres, et s'est même répandue autour des habitations ; on la dit originaire de la Suisse.

§. II. *Trois capsules ; éperons de deux pièces à l'intérieur.*

4676. Dauphinelle voya-   *Delphinium peregrinum.* geuse.

> *D. peregrinum.* Linn. spec. 749. All. Ped. n. 1508. t. 25. f. 3.—
> C. Bauh. Prod. p. 74. f. 1.
> β. *Petalorum limbo ovato nec basi cordato.*

Cette espèce se distingue facilement de toutes les dauphinelles de France par ses capsules, qui sont au nombre de 3 ; par ses éperons plus longs que la fleur, formés à l'intérieur de 2 appendices distincts, enveloppés dans une tunique commune ; par ses 2 pétales intérieurs, qui sont glabres, pédicellés, à limbe arrondi, échancré en cœur à la base dans la variété *α*, ovale dans la variété β, entier au sommet ; elle est remarquable par les variations nombreuses de ses feuilles ; les inférieures sont découpées à-peu-près comme celles de la dauphinelle d'Ajax ; les supérieures sont entières et linéaires ; dans quelques individus, les feuilles sont presque toutes découpées ; ailleurs, elles sont presque toutes entières ; la plante est droite, peu rameuse ; ses fleurs sont bleues, et ressemblent à celles des 2 précédentes. ⊙. Je décris cette plante d'après des échantillons recueillis en Languedoc ; elle se trouve à Moncau près Montauban (Gat.) ; aux environs de Nice (All.).

4677. Dauphinelle élevée.   *Delphinium elatum.*

> *D. elatum.* Linn. spec. 749. Lam. Dict. 2. p. 265. var. *α.*
> β. *Villosum.*

Sa tige est droite, creuse, simple, haute de 4-8 décim., et atteignant quelquefois la hauteur d'un homme (Hall. n. 1201.) ; la var. *α* ne porte de poils que sur les pétioles et les nervures des feuilles ; la variété β est velue sur toute sa surface, et même à l'extérieur de la fleur ; les feuilles sont nombreuses, pétiolées,

arrondies, profondément divisées en 5 lobes qui sont eux-
mêmes découpés au sommet en lanières pointues; les fleurs
sont bleues, et forment un épi simple, terminal; leur éperon
est droit, plus long que la fleur, composé de 2 lames enveloppées dans une tunique commune; les 2 pétales pédicellés ont
un limbe un peu concave à la base, à 2 lobes à son sommet,
hérissé de poils très-apparens sur la surface interne; les capsules
sont au nombre de 5. ♃. Cette belle plante croît dans les lieux
pierreux et ombragés des Alpes; en Valais (Hall.); en Piémont
aux Alpes de Sée, de Groscaval, de Vinadio (All.); en Dauphiné sur les montagnes du Queyras au mont Vizo (Vill.);
dans les montagnes voisines de Narbonne.

4678. **Dauphinelle sta-**   *Delphinium staphysagria.*
     physaigre.

> *D. staphysagria.* Linn. spec. 750. Lam. Dict. 2. p. 265. — Lob.
> ic. 689. f. 1.
> β. *Floribus pallidis.*

Sa tige est droite, pleine, cylindrique, peu rameuse, toute
hérissée de poils mols, et haute de 4-6 décim.; ses feuilles
sont pétiolées, assez fermes, glabres, profondément découpées en lobes divergens, lancéolés, pointus, entiers ou quelquefois bifurqués; les fleurs sont assez grandes, disposées en
grappes simples ou rameuses, d'un bleu foncé dans la var. α,
très-pâles dans la variété β; leur pédicelle est très-velu, et
sort d'entre 3 bractées entières, oblongues, dont une inférieure et 2 supérieures; leur éperon est plus court que la fleur,
et est composé à l'intérieur de 2 lames courtes. ☉. Cette plante
croît parmi les décombres près des villages, dans les lieux maritimes et un peu ombragés des provinces méridionales; à
Nice (All.); en Provence (Gér.); en Languedoc au bois de
Gramont, et à Prades près Montpellier (Gou.). Elle est connue sous le nom d'*herbe aux poux*, parce que sa graine, réduite en poudre, sert à détruire ces insectes.

DCCCXXI. ACONIT.   *ACONITUM.*

> *Aconitum.* Tourn. Linn. Juss. Lam. Gœrtn.

Car. Le calice est à 5 folioles, dont la supérieure est concave, en forme de casque; les pétales sont nombreux, très-
petits, en forme d'écailles; les 2 supérieurs (nectaires, Linn.)
sont alongés, cachés sous le casque, munis d'un long onglet,
coudés à l'extrémité, de sorte que leur limbe est réfléchi et a

la forme d'une lèvre, et que leur extrémité est épaisse, obtuse, en forme de crosse; les capsules sont le plus souvent au nombre de 5, oblongues, droites, pointues.

§. Ier. *Fleurs jaunâtres.*

4679. Aconit tue-loup. *Aconitum lycoctonum.*

A. lycoctonum. Linn. spec. 750. Lam. Dict. 1. p. 32. — Cam. Epit. 827. ic. — Barr. ic. 599.

Sa tige est haute de 6-9 décim., cylindrique, feuillée et un peu rameuse; ses feuilles sont pétiolées, larges d'un décim., palmées, à 3 ou 5 lobes pointus, incisés et dentés; elles sont d'un verd foncé ou un peu noirâtre : les fleurs sont terminales, d'un blanc jaunâtre, et disposées en grappe alongée; la division supérieure de leur calice est alongée en manière de toque ou de bonnet presque conique, obtus à son sommet, pubescent et anguleux ou ridé; les autres sont légèrement pubescentes en dehors, et fortement barbues en dedans vers leur sommet; les 2 pétales supérieurs sont cachés dans le casque qu'ils traversent en diagonale; leur sommité se roule en arrière, en forme de spirale; le limbe du pétale est ovale-oblong, presque entier. ♃. Elle croît dans les forêts ombragées des montagnes de presque toute la France.

4680. Aconit des Pyrénées. *Aconitum Pyrenaicum.*

A. Pyrenaicum. Linn. spec. 751? Lam. Dict. 1. p. 33. non Wild. — Ray. Europ. 367. n. 3. excl. syn. Matth. — Tourn. Inst. 424. n. 4. ex herb. Vaill.

Elle ressemble à l'aconit tue-loup par son port, la couleur de ses fleurs, leur structure, et en particulier par la spirale que décrit l'extrémité de chacun des pétales cachés sous le casque; elle en diffère, parce qu'elle est plus grande dans toutes ses parties; ses feuilles inférieures atteignent 2 et presque 3 décimètres de diamètre; elles sont découpées en 7-11 lobes qui n'atteignent jamais jusqu'au pétiole, et laissent un intervalle de 2-3 centim.; ces lobes sont eux-mêmes divisés en 3-5 découpures palmées, divergentes et incisées; les découpures latérales de plusieurs lobes recouvrent celles des lobes voisins; les fleurs sont plus grandes, disposées en grappe plus serrée et rameuse à la base; le casque est plus long, comparativement à la longueur des autres parties, et son bord antérieur se prolonge en un bec aigu et un peu saillant. ♃. Cette plante croît dans les Pyrénées.

4681. Aconit anthora. *Aconitum anthorà.*

A. anthora. Linn. spec. 751. Lam. Dict. 1. p. 33. — Cam. Epit. 837. ic.

Sa tige est droite, cylindrique, branchue, glabre ou pubescente, haute de 5-6 décim.; ses feuilles sont palmées, à 5 ou 7 lobes divisés eux-mêmes en segmens profonds, étroits, linéaires, pointus et divergens; leur forme générale est arrondie; les fleurs forment de petites grappes au sommet de la tige et des rameaux, de sorte qu'elles paroissent quelquefois disposées en panicule feuillée; leur calice est grand, jaunâtre, velu en dehors; le casque est très-convexe en dessus, et se prolonge subitement à l'extrémité en un bec pointu; les 2 pétales supérieurs (nectaires, Linn.) sont alongés, suivent la courbure du casque, se terminent par une crosse roulée en dehors, et portent en dedans un limbe qui a la forme d'un cœur renversé. ♃. Elle croît parmi les pierres, les fentes des rochers, dans les montagnes basses exposées au soleil; au mont Thoiry, près Genève; dans les Alpes de Savoie, de Dauphiné, de Piémont, de Provence; dans les Pyrénées; les montagnes du Bugey (Latourr.).

§. II. *Fleurs bleues ou violettes.*

4682. Aconit napel. *Aconitum napellus.*

A. napellus. Linn. spec. 751. Lam. Dict. 1. p. 33. — Clus. Hist. 2. p. 96. f. 2.

Sa tige est droite, simple, ferme, feuillée, et haute de 6 décim.; elle se termine par un épi un peu dense, dont les fleurs sont d'un bleu violet, assez grandes, serrées et solitaires sur leur pédoncule; ses feuilles sont pétiolées, palmées, multifides, à découpures linéaires, d'un verd noirâtre, luisantes; les pédicelles sont pubescens; le casque des fleurs est convexe, et d'une longueur double de sa hauteur; les 2 pétales cachés sous le casque ont la sommité obtuse, tendant très-légèrement à se rouler en dehors. ♃. On trouve cette plante dans les lieux couverts et humides des montagnes; elle est âcre, caustique, et passe pour un poison dangereux; cependant son extrait, donné à petites doses, peut, selon les expériences de M. Storck, être employé avantageusement et sans danger dans les maladies où il est nécessaire d'exciter la transpiration et la sueur. Elle est connue sous les noms de *napel*, de *thore.*

4683. Aconit en panicule. *Aconitum paniculatum.*

A. paniculatum. Lam. Dict. 1. p. 33. — *A. tauricum.* Jacq. ic.
rar. 3. t. 492. — *A. humile.* Delarb. Fl. auv. p. 2. — *A. cam-*
marum. Vill. Dauph. 4. p. 706? — Clus. Hist. 2. p. 95. f. 2.

Sa tige est droite, cylindrique, un peu rougeâtre, rameuse
dans le haut, longue de 6-8 décim., garnie de feuilles pétiolées dans le bas, sessiles dans le haut, palmées, à 5 lobes
divisés jusqu'au pétiole, rétrécis à la base, demi-pinnatifides,
à divisions divergentes et pointues ; les fleurs sont grandes,
d'un bleu violet, plus écartées et plus ouvertes que dans le
napel, disposées en panicule courte et lâche, portées sur des
pédicelles pubescens ; le casque est grand, fortement voûté, de
sorte que son extrémité se rapproche plus de la base que le
sommet de sa voûte ; les 2 pétales cachés sous le casque ont la
sommité très-obtuse, et qui se recourbe en dehors ; leur limbe
est lancéolé, roulé, bifurqué. ♃. Cette plante croît dans les
lieux pierreux et découverts des montagnes ; elle a été observée au mont d'Or sous le rocher du capucin, par M. Lamarck ;
dans les montagnes de Seyne en Provence, par M. Clarion ; en
Dauphiné ? en Piémont ?

*** *Plusieurs ovaires ; capsules polyspermes s'ouvrant du*
côté intérieur par une fente longitudinale ; pétales ré-
guliers.

DCCCXXII. POPULAGE. *CALTHA.*

Caltha. Linn. Juss. Lam. Gœrtn. — *Populago.* Tourn.

CAR. Le calice est nul ; les pétales sont au moins au nombre
de 5 ; les capsules sont au nombre de 5-12, comprimées,
pointues, ouvertes.

4684. Populage des marais. *Caltha palustris.*

C. palustris. Linn. spec. 784. Lam. Illustr. t. 500. — *Populago*
palustris. Lam. Fl. fr. 3. p. 323. — *Populago major.* Mill.
Dict. n. 1.
β. *Populago minor.* Mill. Dict. n. 2.

Ses tiges sont hautes de 3 décim., cylindriques, lisses,
feuillées, et quelquefois rameuses ; elles soutiennent des fleurs
d'un beau jaune, assez grandes, composées de 5 pétales oblongs,
d'un grand nombre d'étamines et de 10 à 12 ovaires qui se
changent en capsules polyspermes : les feuilles sont grandes,
pétiolées, arrondies, réniformes ou un peu en cœur, très-
glabres et crénelées en leur contour. ♃. On trouve cette plante

dans les marais et sur le bord des fossés et des étangs ; elle est âcre, un peu caustique et détersive.

DCCCXXIII. PIVOINE. *PÆONIA*.

Pæonia. Tourn. Linn. Juss. Lam. Gærtn.

Car. Le calice est persistant, à 5 folioles ou à 5 parties ; la corolle a au moins 5 pétales grands et arrondis ; les ovaires sont au nombre de 2 à 5, chargés de stigmates épais ; les capsules ovales-oblongues, ventrues, souvent cotonneuses, terminées par une pointe droite ou recourbée : les graines sont presque globuleuses, lisses et luisantes.

4685. Pivoine officinale. *Pæonia officinalis.*

P. officinalis. Retz. Obs. 3. p. 35. — *P. officinalis*, var. 2. Linn. spec. 747. Lam. Illustr. t. 481. — Fuchs. Hist. 202. ic.

Sa racine est tubéreuse, et pousse une ou plusieurs tiges hautes de 5-6 décim., rameuses et souvent un peu rougeâtres ; ses feuilles sont presque 2 fois ailées et découpées en folioles ou en espèces de lobes oblongs, elliptiques ou lancéolés, incisés, au moins ceux du sommet ; les fleurs sont solitaires, terminales, grandes, fort belles, et d'un rouge vif ; les capsules sont droites, pubescentes, au nombre de 2-5. ♃. On trouve cette plante dans les bois et les lieux pierreux des montagnes des provinces méridionales ; au bois de Valène près Montpellier ; en Provence (Gér.) ; en Dauphiné près de Ribiers et au-dessus de Saint-André près Embrun (Vill.) ; en Piémont autour de St.-Michel de la Chaise et au-dessus de Piossasco (All.) : on en cultive dans les parterres une variété à fleur double ; on y cultive aussi la pivoine mâle (*pæonia corallina*, Retz), qui diffère de la précédente par les lobes de ses feuilles entiers et non divisés. La figure 79 de Garidel me paroît appartenir à cette espèce ou à la *pæonia humilis*, et nullement à la *pæonia tenuifolia*, qui est originaire de l'Ukraine et de la Sibérie.

**** *Un seul ovaire ; baie à une loge, à plusieurs graines attachées à un seul placenta.*

DCCCXXIV. ACTÉE. *ACTÆA*.

Actæa. Linn. Juss. Lam. Gærtn. — *Christophoriana.* Tourn.

Car. Le calice est à 4 folioles caduques ; la corolle à 4 pétales ; l'ovaire unique, sans style, muni d'un stigmate en tête ; la baie à une loge, à plusieurs graines attachées à 1 seul placenta latéral.

4686. Actée en épi.   *Actœa spicata.*

A. spicata, α. Linn. spec. 722. Lam. Illustr. t. 448. f. 1. —
Christophoriana spicata. Mœnch Meth. 279. Lob. ic. 682. f. 1.

Sa tige est haute de 5 décim. , herbacée et rameuse ; ses
feuilles sont grandes , composées, 2 ou 3 fois ailées , vertes ,
glabres et presque luisantes : leurs folioles sont ovales , pointues,
dentées en scie et plus ou moins incisées ; les fleurs sont petites,
de couleur blanche, et ramassées en épi court et ovale ; les étamines sont plus longues que la corolle ; l'ovaire se change en
une baie ovale , noirâtre dans sa maturité. ♃. On trouve cette
plante dans les bois montagneux de presque toute la France.

GENRES NON CLASSÉS.

DCCCXXV. CORROYÉRE.   *CORIARIA.*

Coriaria. Niss. Linn. Juss. Lam.

CAR. Les fleurs sont tantôt monoïques ou dioïques par avortement , tantôt hermaphrodites ; le périgone est simple , à 5
parties ; les étamines sont au plus au nombre de 10, insérées
sous l'ovaire ; les anthères sont presque sessiles , oblongues,
droites , et ont leurs loges distinctes à la base ; le centre de la
fleur est occupé par 5 ovaires soudés par la base , et dont
chacun porte 1 style et 1 stigmate : entre ces ovaires se trouvent
5 glandes saillantes en dehors des étamines, et regardées par
Linné comme des pétales , le fruit est composé de 5 capsules
rapprochées , monospermes , qui ne s'ouvrent point d'elles-
mêmes, et qui sont recouvertes latéralement par les glandes ,
devenues grandes et charnues : la graine a un embryon droit ,
dépourvu de périsperme.

OBS. La place de ce genre , dans l'ordre naturel, est tout-
à-fait indéterminée. Se rapproche-t-il des Térébinthacées ,
parmi lesquelles les anciens botanistes l'avoient classé ; des
Atriplicées , où B. de Jussieu l'avoit placé ; des Cistes , aux-
quels Adanson l'avoit réuni ; ou des Malpighiacées , dont
A. L. de Jussieu l'avoit autrefois rapproché ?

4687. Corroyère à feuilles de   *Coriaria myrtifolia.*
      myrte.

C. myrtifolia. Linn. spec. 1467. Lam. Illustr. t. 822.

Arbrisseau peu élevé, dont les rameaux sont flexibles, lâches
et épars ; ses feuilles sont opposées, simples, ovales, pointues,
entières, glabres et portées sur de courts pétioles : ses fleurs

terminent les rameaux, et forment de petites grappes garnies de bractées. ♭. Il croît dans les provinces méridionales, le long des haies dans tous les environs de Nice (All.); sur le bord de la route entre Figanière et Seillans en Provence (Gér.); en Languedoc où elle porte le nom de *rédoux*; on l'emploie comme astringent dans la teinture et la tannerie.

DCCCXXVI. MONOTROPE.   *MONOTROPA.*

Monotropa. Linn. Juss. Lam. — *Orobanchoides*. Tourn. — *Hypopitys*. Dill.

Car. Le calice est à 4 folioles colorées; la corolle est à 4 pétales hypogynes, alternes avec les feuilles du calice, de la même couleur et de la même durée qu'elles; leur base est prolongée en 2 appendices concaves en dedans, bosselés en dehors; les étamines sont en nombre double de celui des pétales; l'ovaire est libre, surmonté d'un style cylindrique, terminé par un stigmate en bouclier; la capsule est ovale-oblongue, à 4 sillons, à 4 loges, à 4 valves chargées d'une cloison sur le milieu de leur face interne; les graines sont nombreuses, attachées à un réceptacle central et quadrangulaire. Dans quelques fleurs, le nombre de toutes les parties augmente d'un cinquième.

Obs. Ce genre a le port des orobanches, dont sa fructification l'éloigne entièrement. Seroit-il voisin des Crassulées ou des Rutacées?

4688. Monotrope succpin.   *Monotropa hypopitys.*

M. hypopithys. Linn. spec. 555. Lam. Illustr. t. 362. f. 2.—Pluk. t. 209. f. 5.

Cette plante est d'une couleur pâle et un peu jaunâtre dans toutes ses parties; sa racine est écailleuse, charnue, et naît ou s'attache sur celles des arbres; elle pousse une tige droite, très-simple, garnie d'écailles oblongues, pointues, éparses, et presque embriquées inférieurement: les fleurs sont oblongues, jaunâtres et disposées en épi terminal penché avant leur épanouissement: la fleur du sommet est à 5 pétales, à 10 étamines; les autres ont 4 pétales et 8 étamines. ♃. On trouve cette plante dans les bois au pied des pins, des sapins, des hêtres, des chênes; à Fontainebleau; en Dauphiné près Grenoble, Gap, Die, etc. (Vill.); dans le Jura; à Selleneuve près Montpellier (Gou.); dans les montagnes du Belley et du Lyonnois (Latourr.); en Alsace (Mapp.); près Lauteren dans le Palatinat (Poll.).

ADDITIONS ET CORRECTIONS
DU TOME IV.

CDLXXXIX*. SÉRIOLE.   *SERIOLA.*

Seriola. Linn. Juss Lam. Gœrtn.

Car. L'involucre est à plusieurs folioles égales, disposées extérieurement sur un seul rang ; le réceptacle est garni de paillettes, entremêlées avec les fleurons ; les graines sont rétrécies en pédicelle, couronnées par une aigrette de 7 à 8 poils membraneux à leur base, légèrement plumeux vers le sommet.

2963*. Sériole de l'Ethna.   *Seriola Æthnensis.*

Seriola Æthnensis. Linn. spec. 1139. Gœrtn. Fruct. 2. p. 370. t. 59. Lam. Illustr. t. 656. f. 1.

Cette plante s'élève à 2-4 décim. ; sa tige est rameuse, surtout vers la base, hérissée çà et là, ainsi que les feuilles, les pédicelles et les involucres, de poils un peu roides ; les feuilles naissent, sur-tout vers le bas de la plante, à l'origine des rameaux inférieurs ; elles sont obtuses, ovales ou oblongues, rétrécies en pétiole, assez fortement dentées ; les fleurs sont nombreuses, à-peu-près disposées en corimbe, portées sur des pédicelles longs, nus, souvent bifurqués, toujours uniflores ; la fleur est jaune ; les graines de la circonférence sont dépourvues d'aigrette. ⊙. Elle croit dans les champs, dans l'isle de Corse, d'où M. Noisette en a envoyé des échantillons à M. Clarion.

2980*. Scorzonère à folioles pointues.   *Scorzonera aristata.*

Scorzonera aristata. Ram. Pyren. ined.

Sa racine est ligneuse, épaisse, cylindrique, noire en dehors ; ses feuilles sont radicales, nombreuses, longues de 4-5 décim., linéaires, presque entières, glabres, molles, et ne dépassent pas 5 millim. de largeur : elles sont marquées de 5 nervures ; la hampe est nue, cylindrique, garnie d'un léger coton blanchâtre, soit à la base des feuilles, soit à celle de l'involucre ; celui-ci est glabre, composé de folioles lancéolées, acérées, longues de 25 millim., et moins serrées que dans la plupart des espèces de ce genre : la corolle est jaune , très-grande; les graines sont glabres , striées ; l'aigrette est blanche, composée de poils plumeux, presque nus à leur sommet. ♃. Cette plante a été trouvée par M. Ramond dans les Pyrénées , sur les vallons herbeux qui descendent de la cime du pic d'E-reslids , à la hauteur de 1800 à 2,000 mètres.

3182*. Seneçon à feuilles ovales. *Senecio ovatus.*

Senecio ovatus. Wild. spec. 3. p. 2004. — *Jacobea ovata.* Fl. wett. 3. p. 312. ex Wild.

Cette plante est entièrement glabre, et s'élève à 3-5 décim. ; sa tige est simple, droite, rougeâtre : ses feuilles sont ovales , rétrécies en pointe aux 2 extrémités, presque sessiles , dentées en scie sur les bords, et d'une consistance mince; les fleurs sont jaunes , disposées au sommet de la plante en un corimbe lâche ; les bractées sont linéaires , alongées, presque filiformes ; l'involucre est cylindrique, à 7-8 folioles soudées, dont l'ex-trémité est obtuse et noirâtre ; les demi-rayons sont longs , planes, étalés, au nombre de 4-5. ♃. Elle croît dans les bois aux environs de Mayence , d'où elle m'a été envoyée par M. Kœler.

3018. Lisez *carduus podacanthus ;* et à la ligne 6 de la description, lisez 5 *décimètres* au lieu de 3 *centim.*

3073. A la ligne 6 de la description, au lieu de *les fleurs sont grosses ou purpurines* , lisez *les fleurs sont gros-ses, blanches ou purpurines.*

3095. Ligne 15 de la description , effacez *et la précédente.*

DXXXIV*. PAQUEROLE. *BELLIUM.*

Bellium. Linn. Juss. Lam. Gœrtn. — *Bellidis sp.* Gou.

Car. L'involucre est composé d'une rangée de folioles égales entre elles; le réceptacle est nu; les fleurs sont radiées ; les fleurons tubuleux sont hermaphrodites, à 4 dents , à 4 étamines; les languettes sont femelles ; les graines sont couronnées par une rangée de 8 écailles prolongées en poils acérés.

Obs. Les paqueroles ont le port des paquerettes.

3201*. Paquerolle fausse-paquerette. *Bellium bellidioides.*

Bellium bellidioides. Linn. Mant. 285. — *Bellis droseræfolia.* Gou. Illustr. p. 69. — Triumf. Obs. 82. ic.

Cette petite plante ressemble à la paquerette annuelle ; ses feuilles sont nombreuses, radicales, pétiolées, ovales, obtuses, entières, légèrement poilues en dessus ; les hampes sont nues, longues de 6-8 centim, grèles, pubescentes, terminées par une fleur solitaire assez petite, à disque jaune et à rayon blanc. ☉. Elle croît dans les lieux herbeux, aux environs d'Ajaccio en Corse, d'où elle a été envoyée à M. Clarion.

5213. La var. β, qui croît aussi sur les hautes montagnes de l'isle de Corse, est très−probablement une espèce distincte, qui sera pour nous *pyrethrum minimum*. Elle diffère des 2 autres variétés, parce qu'elle est toute cotonneuse et blanchâtre, que ses feuilles sont plus arrondies, moins profondément incisées, ses dents plus arrondies, ses pédicelles plus courts.

5455. A la ligne 10 de la description, au lieu de *profondes, divisées*, lisez *profondément divisées*, et ajoutez à la fin de la description le signe ☉?

5966*. Astragale glaux.   *Astragalus glaux.*

> *Astragalus glaux.* Linn. spec. 1069. Lam. Dict. 1. p. 314. Dec. Astr. 97. — Clus. Hist. 2. p. 241. f. 1.

Sa racine, qui est ligneuse, pousse 2-3 tiges demi-étalées, longues de 2-3 décim., couvertes ainsi que les feuilles et les calices, de poils grisâtres, couchés, un peu roides ; les stipules sont lancéolées, distinctes ; le pétiole porte 17-21 folioles ovales-oblongues ; les pédoncules dépassent la longueur des feuilles et portent un épi court, ovoïde, pointu, composé de fleurs purpurines, serrées, remarquables par leur étendard long, étroit et linéaire ; les dents du calice sont garnies de poils un peu noirâtres ; la gousse est ovoïde, velue, à peine plus longue que le calice. ♃. Il a été trouvé par M. Stein, sur le château de Bombaz, entre Avignon et Cavaillon près de la Durance.

Avec les Supplémens, le nombre des plantes de la Flore Française s'élève à 4748.

FIN DU QUATRIÈME ET DERNIER VOLUME.

EXPLICATION DES ABRÉVIATIONS.

§. Ier. *Durée des plantes.*

⊙.............................. Plante annuelle.
♂.............................. bisannuelle.
♃.............................. vivace et herbacée.
♄.............................. vivace et ligneuse.

§. II. *Sexe des plantes.*

♂.............................. mâle.
♀.............................. femelle.
☿.............................. hermaphrodite.

§. III. *Mesure des plantes.*

Mètr.................... mètre, soit.... 3 pieds   11 lignes $\frac{296}{1000}$.
Décim................... décimètre, ... 3 pouces 8 lignes $\frac{3\cdot2}{1000}$.
Centim.................. centimètre,.... 4 lignes $\frac{412}{1000}$.
Millim.................. millimètre, ... $\frac{441}{1000}$ de ligne.

§. IV. *Liste des auteurs qui ont écrit sur les plantes de la France, et qui sont cités dans cet ouvrage.*

(All.) *Allioni.* Rariorum Pedemontii Stirpium specimen, 1 vol. in-4°. Turin, 1755.
    Stirpium Nicæensis agri Enumeratio, 1 vol. in-8°. Paris, 1757.
    Flora Pedemontana, 3 vol. in-fol. Turin, 1785.
    Auctuarium ad Floram Pedemontanam, 1 vol. in-4°. Turin, 1789.
(Balb.) *Balbis.* Elenco delle Piante crescenti ne contorni di Turino, 1 vol. in-8°. Turin, IX.
    Additamentum ad Floram Pedemontanam ; à la suite de l'ouvrage précédent.
    Mémoire sur trois nouvelles espèces d'Hépatiques à ajouter à la Flore du Piémont. Turin, in-4°.
    De Crepidis nova specie : adduntur etiam aliquot cryptogamæ Floræ Pedemontanæ. Turin, in-4°.
    Miscellanea botanica. Turin, in-4°.
    Observations sur les Œillets, avec la Description de trois nouvelles espèces. Turin, in-4°. ; insérées avec les trois précédens Opuscules dans les Mémoires de l'académie de Turin, vol. 6 et 7.
(Barb.) *Barbeu – Dubourg.* Le Botaniste françois, 2 vol. in-8°. Paris, 1767. — Le second volume contient une Liste des Plantes des environs de Paris.
(J. Bauh.) *J. Bauhin.* Universalis Plantarum Historia, auctoribus J. Bauhino, J. H. Cherlero, D. Chabræo, 3 vol. in-fol. Yverdun, 1650

— Il cite un grand nombre de Plantes des environs de Montbé-
liard et de Genève.

(Barr.) *Barrelier*. Plantæ per Galliam, Hispaniam et Italiam observatæ,
à J. Barrelier, opus posthumum editum curâ A. de Jussieu, 1 v.
in-fol. Paris, 1714.

(Bell.) *Bellardi*. Appendix ad Floram Pedemontanam. Mémoires de
l'académie de Turin, vol. 5, p. 209.

Stirpes novæ vel minus notæ Pedemontii descriptæ et iconibus il-
lustratæ. Mémoires de l'académie de Turin, vol. 7, p. 444.

(Bon.) *Bonamy*. Floræ Nannetensis prodromus, 1 vol. in-8°. Nantes,
1782.

(Bouch.) *Boucher*. Extrait de la Flore d'Abbeville et du département
de la Somme, 1 vol. in-8°. Paris, XI.

(Brouss.) *J. L. Victor Broussonet*. Corona Floræ Monspeliensis, 1 vol.
in-8°. Montpellier.

(Buch.) *Buc'hoz*. Tournefortius Lotharingiæ, ou Catalogue des Plantes
qui croissent dans la Lorraine et les trois évêchés, 1 vol. in-8°.
Paris et Nancy. 1763.

Dictionnaire universel des Plantes, Arbres et Arbustes de la France,
4 vol. in-8°. Paris, 1770 et 1771.

(Bull.) *Bulliard*. Herbier de la France, ou Collection complette des
Plantes indigènes de ce royaume. Paris, in-fol., 1780 ; 600 plan-
ches, qui comprennent les plantes vénéneuses et les champignons.

Histoire des Champignons de la France, 1 vol. in-folio, 1791.

Flora Parisiensis, ou Descriptions et Figures des Plantes qui croissent aux environs de Paris. Paris, 1776, 5 vol. in-8°.

(Chaill.) *Chaillet*. Notes inédites sur les Plantes du Jura et du comté
de Neufchâtel.

(Chaix.) *Chaix*. Plantæ Vapincenses, sive Enumeratio plantarum in agro
Vapincensi à valle le Valgaudemar ad amniculum le Buech prope
Segesteronem spontè nascentium ; imprimé dans l'histoire des
Plantes de Dauphiné, vol. 1, p. 309.

(Chantr.) *Girod - Chantrans*. Recherches chimiques et microscopiques
sur les Conferves, Bisses et Tremelles (notamment sur celles des
environs de Besançon), 1 vol. in-4°. Paris, X.

(Clar.) *Clarion*. Notes inédites sur les Plantes des Montagnes de Seyne
en Provence, communiquées par M. le Dr. Clarion, aide-major
de la Pharmacie impériale.

(Clus.) *Clusius* ou *l'Ecluse*. Rariorum Plantarum Historia, 1 v. in-fol.
Anvers, 1601. — Il a voyagé en Languedoc et en Guienne.

(Coll.) *Collet*. Liste des Plantes qui viennent aux environs de Dijon,
impr. dans le Dictionnaire de Buc'hoz, vol. 4, p. 224.

(Corn.) *Cornuti*. Enchiridium Botanicum Parisiense, impr. à la suite de
son Histoire des Plantes de Canada. p. 215.

(Dal.) *Dalibard*. Floræ Parisiensis prodromus, 1 vol. in-8°. Paris, 1749.

(Daub.) *Daubenton*. Liste des Arbres et Arbustes de la Bourgogne,
impr. dans le Dictionnaire de Buc'hoz, vol. 4, p. 221.

(J. Dec.) *J. M. F. Decandolle.* Notes inédites sur les Plantes des Alpes voisines de Genève, communiquées par mon frère.

(De l'Arb.) *De l'Arbre.* Flore d'Auvergne, 1 vol. in-8°. Clermont-Ferrand, 1795.

(Desf.) *Desfontaines.* Tableau de l'École de Botanique du muséum d'Histoire naturelle, 1 v. in-8°. Paris, 1804.

(Desm.) *Desmoueux.* Liste des principales Plantes des environs de Caen, impr. dans le Dictionnaire de Buc'hoz, vol. 4, p. 260.

(Desp.) *Desportes.* Notes inédites sur les Plantes des environs du Mans.

(Dub.) *Dubois.* Méthode éprouvée avec laquelle on peut parvenir facilement et sans maître à connoître les plantes de l'intérieur de la France, et en particulier celles des environs d'Orléans, 1 v. in-8°. Orléans, XI.

(Dul.) *Dulac.* Liste des Plantes des montagnes de Pila, impr. dans le Dictionnaire de Buc'hoz, vol. 4, p. 233.

(Dup.) *Dupaty.* Liste des Plantes qui croissent aux environs d'Angers; impr. dans le Dictionnaire de Buc'hoz, vol. 4, p. 258.

(Dur.) *Durande.* Flore de Bourgogne, pour servir aux cours de l'académie de Dijon, 2 vol. in-8°. Dijon, 1782.

(Fabr.) *Fabregou.* Description des Plantes qui croissent aux environs de Paris, 1 vol. in-12. Paris, 1740.

(Forsk.) *Forskœlh.* Florula littoris Galliæ ad Estac prope Massiliam in Flora Ægyptiaco Arabica. p. 1. 1 vol. in 4°. 1775.

(Fourm.) *Fourmault.* Liste des Plantes d'Auvergne, impr. dans le Dictionnaire de Buc'hoz, vol. 4, p. 238.

   Liste des Plantes de Souillac en Quercy, et de Beaulieu en bas Limosin, *idem*, p. 249.

   Liste des Plantes qui se trouvent entre Souillac et Saint-Jean-d'Angely, *idem*, p. 254.

(Gagn.) *Gagnebin.* Liste de quelques Plantes trouvées en Alsace, *idem*, p. 232.

(Gar.) *Garidel.* Histoire des Plantes qui naissent en Provence, et principalement aux environs d'Aix, 1 vol. in-fol. Paris, 1719.

(Gat.) *Gateau.* Description des Plantes qui croissent aux environs de Montauban, 1 vol. in-8°. Montauban, 1789.

(Gér.) *Gérard.* Flora Gallo-Provincialis, 1 vol. in-8°. Paris, 1761.

(Gil.) *Gilibert.* Histoire des Plantes d'Europe, 2 vol. in-8°. Lyon, VI.
   — Le second volume contient l'indication des plantes des environs de Lyon.

(Gou.) *Gouan.* Hortus regius Monspeliensis sistens Plantas tum indigenas tum exoticas, 1 vol. in-8°. Lyon, 1762.

   Flora Monspeliaca, 1 vol. in-8°. Lyon, 1765.

   Illustrationes et Observationes Botanicæ, seu rariorum Plantarum indigenarum Pyrenaicarum, etc., adumbrationes, 1 vol. in-folio. Zurich, 1773.

   Herborisations des environs de Montpellier, 1 v. in-8°. Montpellier, IV.

(Guers.) *Guersent.* Notes inédites sur les Plantes des environs de Rouen.

(Guett.) *Guettard.* Observations sur les Plantes (notamment sur celles des environs d'Etampes), 2 vol. in-8°. Paris, 1747.

(Guill.) *Guillemeau jeune.* Calendrier de Flore des environs de Niort, 1 vol. in-8°. Niort, IX.

(Hall.) *Haller.* Historia stirpium indigenarum Helvetiæ, 3 vol. in-fol. Berne, 1768. — Il cite des plantes de Genève, de Mulhouse, et des frontières de France.

(Jourd.) *Jourdain.* Liste des Plantes de Picardie, impr. dans le Dictionnaire de Buc'hoz, vol. 4, p. 260.

(Kœl.) *Kœler.* Descriptio Graminum in Galliâ et Germaniâ, tam spontè nascentium quam humana industria copiosius provenientium, 1 v. in-8°. Francfort-sur-Mein, 1802.

Liste inédite des Plantes du département du Mont-Tonnerre, non indiquées par Pollich.

(Lam.) *Lamarck.* Flore françoise, ou Description succincte des Plantes qui croissent naturellement en France, 3 vol. in-8°. Paris, 1778. — Seconde édition, Paris. II.

Encyclopédie méthodique. Botanique, 4 vol. in-4°. Paris, 1783 et suiv.

(Lamour.) *Lamoureux.* Mémoire pour servir à l'Histoire littéraire du département de la Meurthe, in-8°. Nancy, XI.

(Lapeyr.) *Picot-Lapeyrouse.* Flore des Pyrénées, 4 décad. in-fol. Paris, an III — IX.

Mémoire inséré parmi ceux de l'académie de Toulouse, v. 1, p. 209.

(Latour.) *Latourette.* Botanicon Pilatense, ou Catalogue des Plantes qui croissent au mont Pila, impr. avec son Voyage au mont Pila, p. 109. Avignon, 1770. Et dans le Dictionnaire de Buc'hoz, v. 4, p. 315.

Chloris Lugdunensis, 1 vol. in-8°. 1785.

(Lecl.) *Leclerc.* Liste des Plantes de la Bourgogne, impr. dans le Dictionnaire de Buc'hoz, vol. 4, p. 202.

(Lemon.) *Lemonnier.* Liste des Plantes observées dans le Roussillon et les montagnes du diocèse de Narbonne, impr. dans le Dictionnaire de Buc'hoz, vol. 4, p. 277.

Liste des Plantes qui croissent dans le Berri, *idem*, p. 283.

Liste des Plantes observées au Puy-de-Dôme, au Mont-d'Or et au Cantal, *idem*, p. 285.

Observations d'Histoire naturelle, 1 vol. in-8°. Paris, 1744.

(Lest.) *Lestiboudois.* Botanographie belgique, 1 vol. in-8°. Lille, 1781. — Seconde édition, Lille, an VII, 4 vol., dont le second contient l'indication des Plantes des environs de Lille.

(Lin.) *Linné.* Flora Monspeliensis Dissertation resp. T. E. Nathorst in Amœnit. academ., vol. 4, p. 468.

(Lind.) *Lindern.* Tournefortius Alsaticus cis et transrhenanus, 1 vol. in-8°. Strasbourg, 1728.

Hortus Alsaticus, 1 vol. in-8°. Strasbourg, 1747.

(Magn.) *Magnol.* Botanicon Monspeliense, 1 v. in-12. Montpellier, 1686.

(Mapp.)

(Mapp.) *Mappus.* Historia Plantarum Alsaticarum posthuma, edita à J. C. Ehrmann, 1 vol. in-4° Strasbourg, 1742.

(Neck.) *Necker.* Deliciæ gallo-belgicæ sylvestres, seu tractatus generalis Plantarum gallo-belgicarum, 2 vol. in-8°. Strasbourg, 1768.

(Neck. Sauss.) *Necker de Saussure.* Notes inédites sur quelques Plantes des Alpes voisines de Genève.

(Nestl.) *Nestler.* Notes inédites sur les Plantes de l'Alsace.

(Ord.) *Ordinaire.* Liste inédite des Plantes des environs de Béfort, adressée à la Société d'agriculture du département de la Seine.

(Pal.) *Palasso.* Plantes observées sur les monts Pyrénées, dans son Essai sur la Minéralogie des monts Pyrénées, p. 297. Paris, 1 vol. in-4°.

(Pet.) *Petit.* Liste des plantes de la généralité de Soissons, impr. dans le Dictionnaire de Buc'hoz, vol. 4, p. 173.

(Pin. Ang.) *Pinard et d'Angerville.* Liste des principales Plantes des environs de Rouen, impr. dans le Dictionnaire de Buc'hoz, vol. 4, p. 259.

(Poir.) *Poiret.* Encyclopédie méthodique. Suite de la Botanique, 5e. et 6e. vol. Paris. XII.

(Poll.) *Pollich.* Historia Plantarum in Palatinatu electorali spontè nascentium, 3 vol. in-8°. Manheim, 1776.

(Pourr.) *Pourret.* Chloris Narbonensis, insérée par extraits dans les Mémoires de l'Académie de Toulouse, pour 1788, vol. 3, p. 305.

(Ram.) *Ramond.* Description des Plantes inédites des hautes Pyrénées, insérée dans le Bulletin des Sciences par la Société Philomatique, n°. 41 et suivans.

   Voyages au mont Perdu et dans la partie adjacente des hautes Pyrénées, 1 vol. in-8°. Paris, an IX.

   Notes inédites sur les Plantes du département des hautes Pyrénées.

(Rauss.) *Raussin.* Liste des plantes des environs de Rheims, impr. dans le Dictionnaire de Buc'hoz.

(Ray.) *Ray.* Stirpium Europæarum extra Britannias nascentium Sylloge, 1 vol. in-8°. Londres, 1794.

(Ren.) *Renault.* Flore du département de l'Orne, 1 vol. in-8°. Alençon, XII.

(Rich. Bell.) *Richer de Belleval.* Opuscules publiés par M. A. Broussonet, 1 vol. in-8°., 1785.

(Rouç.) *Rouçel.* Flore du nord de la France, ou Description des Plantes indigènes et de celles cultivées dans les départemens de la Lys, de l'Escaut, de la Dyle et des Deux-Nèthes, 2 vol. in-8°. Paris, XI.

(Rouss.) *De Roussel.* Flore du Calvados et terreins adjacens, 1 vol. in-8°. Caen, IV.

(St.-Am.) *Saint-Amans.* Bouquet des Pyrénées, ou Catalogue des Plantes observées dans ces montagnes, impr. dans son Voyage aux Pyrénées, 1 vol. in-8° Metz, 1789.

   Notice sur les Plantes rares ou peu connues du département de Lot et Garonne, insérée dans le recueil des travaux de la Société d'agriculture, sciences et arts d'Agen, 1er. cahier, an XIII.

(St.-Mart.) *Juge de Saint Martin.* Notice des Arbres et Arbustes du Limousin, 1 vol. in-8°. Limoges, 1790.

(Sauss.) *De Saussure.* Voyages dans les Alpes, 4 vol. in-4°. Neuchâtel, 1779—1796.

(Sauv.) *Sauvages.* Methodus foliorum, seu Plantæ Floræ monspeliensis juxta foliorum ordinem digestæ, 1 vol. in-8°. La Haie, 1751.

(Schleich.) *Schleicher.* Catalogus Plantarum in Helvetia cis et transalpina spontè nascentium, 1 vol. in-8°. Bex.

Centuriæ exsiccatæ. Bex. — Il indique des plantes de la Savoie et des environs de Genève.

(Spielm.) *Spielman.* Prodromus floræ argentoratensis, 1 vol. in-8°. Strasbourg, 1766, sans nom d'auteur.

(Stat.) Recueil des Statistiques des départemens, rédigées par les préfets, et publiées par le ministre de l'intérieur.

(Stolz.) *Stolz.* Flore d'Alsace, ou Flore des plantes qui croissent dans les départemens du Haut et Bas-Rhin, 1 vol in-8°. Strasbourg, X.

(Sut.) *Suter.* Flora helvetica, 2 vol. in-12. Zurich, 1802. — Il cite des plantes de Mulhouse, de Genève et des frontières de France.

(Thor.) *Thore.* Essai d'une Chloris du département des Landes, 1 vol. in-8°. Dax, XI.

(Thuil.) *Thuillier.* La Flore des environs de Paris. 1re. édition, 1 vol. in-12. Paris, 1790. — 2e. édition, 1 vol. in-8. Paris, VII.

(Tourn.) *Tournefort.* Histoire des Plantes qui naissent aux environs de Paris, 1 vol. in-12. Paris, 1698.

Seconde édition, revue et augmentée par M. Bernard de Jussieu, 2 vol. in-12. Paris, 1725.

Plantarum Alpinarum, Pyrenaicarum rariorum manipulus, ex Horti Regii Parisiensis catalogo. In Rayi Sylloge . p. 367.

(Trouf.) *Troufflaut.* Liste inédite des Plantes les plus remarquables du Morwand, dans une lettre à M. Coquebert-Montbret.

(Vaill.) *Vaillant.* Prodromus Botanici Parisiensis, 1 v. in-8°. Leyde 1723. Botanicon Parisiense, 1 vol. in-fol. Leyde, 1726.

(Vall.) Florula Corsicæ, seu catalogus Plantarum quas collegit Valle in Corsica prope Sancto Fiorenzo, et descripsit C. Allioni in miscellanei Taurinensibus, vol. 2, p. 204.

(Vauch.) *Vaucher.* Histoire des Conferves d'eau douce (notamment de celles des environs de Genève), 1 vol. in-4°. Genève, XI.

(Vill.) *Villars.* Flora Delphinalis in Linnæi systemate plantarum Europæ, edito a Gilibert, vol. 1 p. 137.

Histoire des Plantes du Dauphiné, 4 vol. in-8°. Grenoble, 1786.

(A. Young.) *Arthur Young.* Voyages en France, traduits de l'anglais, 3 vol. in-8°. Paris, 1794.

TABLE
DES NOMS LATINS
DES GENRES ET DES FAMILLES.

N. B. La Table française est à la fin du premier volume.

TABLE GÉNÉRALE.

Tome IV.   O o o

TOME TROISIÈME.

Fin de la Table générale.

NOTE POUR LE RELIEUR.

TOME Ier.

Une feuille a, paginée en chiffres romains : *Frontis-pices* et *Lettre à M. de Lamarck*.

Quatorze feuilles, depuis A jusques et compris O, paginées en chiffres arabes : *Discours prélimi-naire* et *Principes de Botanique*.

Un *Tableau* sur demi-feuille, à placer en tête de la Méthode analytique.

Vingt-quatre feuilles, depuis a jusques et y compris a a, nouvelle pagination en chiffres arabes : *Mé-thode analytique* et *Table des noms français*.

Un quart de feuille b b : fin de la *Table des noms français* et du premier tome. Ce quart de feuille est joint à la *Table générale*, aux *Frontispices de la seconde partie du tome IV*, à la *Note pour le Relieur*, et aux *Étiquettes*.

TOME I I.

Une feuille a, paginée en chiffres romains : *Fron-tispices, Explication de la Carte botanique*, et *Frontispices du tome III*.

Trente-sept feuilles, depuis A jusques et compris O o : *Description succincte des Plantes*, etc.

Une feuille, composée de dix pages Pp, *Additions et corrections du tome II*, d'un carton de quatre pages ★A, et d'un onglet ★T 3, à placer dans leur lieu, même tome II.

TOME I I I.

Les *Frontispices* forment un carton compris dans la première feuille du tome II.

NOTE POUR LE RELIEUR.

Quarante-cinq feuilles, depuis A jusques et y compris Yy : *Description succincte des Plantes*, etc.

Une feuille, composée de quatorze pages Zz, *Additions et corrections du tome III*, et d'un onglet *N 4 du même tome.

TOME IV.

PREMIÈRE PARTIE.

Les *Frontispices* sont avec la feuille N n n de ce tome.

Vingt-cinq feuilles, depuis A jusques et y compris Bb : *Description succincte des Plantes*, etc.

SECONDE PARTIE.

Les *Frontispices* sont avec le quart de feuille bb du premier tome, et la demi-feuille O o o du présent tome IV.

Trente-trois feuilles, depuis et compris Cc jusques et compris Mmm : *Description succincte des Plantes ; Additions et corrections du tome IV ; Explication des abréviations.*

Une feuille, composée de douze pages N n n, *fin de l'Explication des abréviations* et *Table des noms latins*, et de quatre pages des *Frontispices du tome IV, première partie.*

Une demi-feuille O o o, *Table générale, Note pour le Relieur et Etiquettes ;* sont joints à cette demi-feuille les *Frontispices du tome IV, seconde partie*, et les quatre pages bb, fin du premier volume.